中国机械工业标准汇编

量具量仪卷(上)

(第三版)

全国量具量仪标准化技术委员会 编
中　国　标　准　出　版　社

中国标准出版社
北　京

图书在版编目(CIP)数据

中国机械工业标准汇编.量具量仪卷.上/全国量具量仪标准化技术委员会,中国标准出版社编.—3版.—北京:中国标准出版社,2017.8
ISBN 978-7-5066-8478-1

Ⅰ.①中… Ⅱ.①全… Ⅲ.①机械工业—标准—汇编—中国②量具—标准—汇编—中国 Ⅳ.①TH-65

中国版本图书馆CIP数据核字(2016)第276724号

中国标准出版社出版发行
北京市朝阳区和平里西街甲2号(100029)
北京市西城区三里河北街16号(100045)

网址 www.spc.net.cn
总编室:(010)68533533 发行中心:(010)51780238
读者服务部:(010)68523946
中国标准出版社秦皇岛印刷厂印刷
各地新华书店经销
*
开本 880×1230 1/16 印张 47.5 字数 1 423 千字
2017年8月第三版 2017年8月第三次印刷
*
定价 260.00 元

第三版出版说明

《中国机械工业标准汇编　量具量仪卷》系列丛书自出版以来，受到广大读者的好评，已出版两版，对量具量仪及相关产业的发展起到了巨大的促进作用。随着国家“十三五”规划的全面实施，我国标准化事业飞速发展，在与国际标准接轨的同时不断发展适合我国国情的相关产业标准。由于近几年大量新制修订标准的实施，为满足广大读者对量具量仪及相关产业最新标准版本的需求，全国量具量仪标准化技术委员会与中国标准出版社（中国质检出版社）共同选编并出版了《中国机械工业标准汇编　量具量仪卷（第三版）》。本卷汇编收录截至2016年11月1日批准发布的现行量具量仪相关标准。本卷汇编与第二版相比有较大变化，涵盖范围更广，收录标准更全，必能更好地满足读者的需要。

量具量仪卷系列汇编分为上、下两个分册，上册包括术语及方法、长度测量器具、角度测量器具标准，共收录国家标准42项，机械行业标准28项；下册包括形位误差测量器具、表面结构质量测量器具、齿轮测量器具、螺纹测量器具、其他测量器具、测量链标准，共收录国家标准36项，机械行业标准29项。适用于从事量具量仪设计、生产、制造及检验人员使用，也可作为大专院校相关专业师生的参考用书。

愿第三版的出版能对标准的宣传贯彻和量具量仪产品质量的提高起到更加积极的推广作用，并得到广大读者的认可。

编　者

2017年3月

目　　录

（上）

术语及方法

长度测量器具

角度测量器具

术语及方法

ICS 17.040.30
J 42

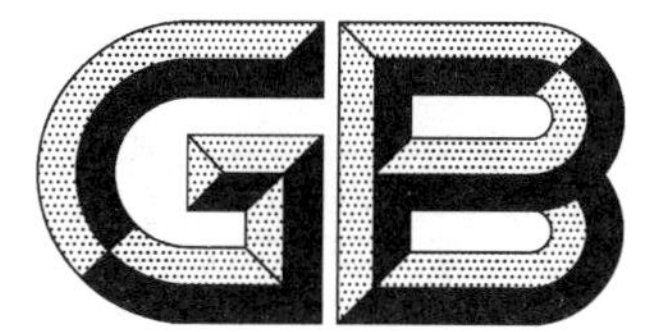

中华人民共和国国家标准

GB/T 17163—2008
代替 GB/T 17163—1997

几何量测量器具术语　基本术语

Glossary of terms used in dimensional measuring instruments—General terms

2008-11-02 发布　　2009-05-01 实施

中华人民共和国国家质量监督检验检疫总局
中国国家标准化管理委员会　发布

前　言

本标准是对 GB/T 17163—1997《几何量测量器具术语　基本术语》的修订。修订时主要参考了英国国家标准 PD 6461:Part 1 1995《计量学词汇　第 1 部分:基础和通用术语(国际版)》。

本标准与 GB/T 17163—1997 相比内容变化比较多,附录 A 给出了本标准与 GB/T 17163—1997 主要变化情况对照表。

本标准的附录 A 为资料性附录。

本标准由中国机械工业联合会提出。

本标准由全国量具量仪标准化技术委员会(SAC/TC 132)归口。

本标准负责起草单位:成都工具研究所。

本标准参加起草单位:桂林量具刃具有限责任公司、中国计量科学研究院、中国计量学院。

本标准主要起草人:韩春阳、邓宁、赵伟荣、张恒、赵军、吴庆良。

本标准所代替标准的历次版本发布情况为:

——GB/T 17163—1997。

几何量测量器具术语　基本术语

1　范围

本标准界定了几何量测量器具的一般术语、测量器具术语、测量器具特性术语和测量标准、基准术语的定义。

本标准适用于几何量测量器具及其相关领域。

2　一般术语

2.1　量和单位

2.1.1

[可测量的]量　[measurable]quantity

现象、物体或物质可定性区别和定量确定的属性。

注1：术语"量"可指广义的量和或特定量。广义的量如长度、时间、质量、温度、电阻、物质的量浓度；特定量如某根棒的长度、某段导线的电阻、给定酒样的酒精浓度。

注2：可以相互按大小排序的量称为同种量。

注3：同种量可组合在一起形成量的种类，如波长、厚度、周长；功、热、能。

注4：量的符号在 ISO 31(GB 3100～3102)中给出。

2.1.2

几何量　geometrical product

几何学中空间位置、形状与大小的量。

2.1.3

量值　value of a quantity

一般由一个数乘以测量单位表示特定量的大小。

例如：5.34 m，0.633 μm 或 633 nm，15 kg，10 s，−40 ℃。

注：对于不能由一个数乘以测量单位所表示的量，可以参照约定参考标尺，或参照测量程序，或两者都参照的方式表示。

2.1.4

[量的]真值　true value[of a quantity]

与给定的特定量的定义一致的值。

注1：真值只有通过完善的测量才有可能获得。

注2：真值按其本性是不确定的。

注3：与给定的特定量的定义一致的值不一定只有一个。

2.1.5

[量的]约定真值　conventional true value[of a quantity]

为某一给定目的，被赋予特定量的值，该值有时被约定采用并具有适当不确定度。例如：

a)　米定义：光在真空中 1/299 792 458 s 内经过的距离为 1 m；

b)　在给定位置，通过参考标准复现的量所指定的值可以作为约定真值；

c)　常数委员会(CODATA)(1986)推荐的阿伏加德罗常数值，NA：$6.002\ 136\ 7\times10^{23}\ mol^{-1}$。

注1：约定真值有时被称为指定值、最佳估算值、约定值或参考值。这里的参考值不应与"参考条件"定义注中所提的参考值混淆。

注2：通常用某量的多次测量结果来确定一个约定真值。

2.1.6

[量的]数值　numerical value [of a quantity]

在量值表达式中与单位相乘的数。

例如:在 2.1.3 例中的数字 5.34 、0.633、633 、15、10 和—40。

2.1.7

[测量]单位　unit [of measurement]

为表示同种量大小而与之比较的,约定地确定和采用的特定量。

注 1:测量单位具有约定的名称和符号。

注 2:同量纲量(不一定是同种量)的单位可有相同的名称和符号。

2.2　测量

2.2.1

测量　measurement

为确定量值进行的一组操作。

注:该操作可被自动执行。

2.2.2

测试　measurement and test

具有试验性质的测量。

2.2.3

检验　inspection

为确定被测量值是否达到预期要求所进行的操作。

2.2.4

静态测量　static measurement

对不随时间变化的量值的测量。

注:这里指的静态是针对被测量而非测量方法。

2.2.5

动态测量　dynamic measurement

对随时间变化量值的瞬间量值的测量。

注:这里指的动态是针对被测量而非测量方法。

2.2.6

测量原理　principle of measurement

测量的科学基础。例如:

a)　应用于长度测量的光电效应;

b)　应用于温度测量的热电效应;

c)　应用于电位差测量的约瑟夫森效应;

d)　应用于速度测量的多普勒效应。

2.2.7

测量方法　method of measurement

进行测量时所用的,按类别叙述的一组操作的逻辑次序。

注:测量方法可分为多种,如替代法、微差法、零位法。

2.2.8

测量程序　measurement procedure

进行特定测量时所用的,根据给定的测量方法具体叙述的一组操作。

注:测量程序通常被记录在被称为"测量程序"(或测量方法)的文件中,并且足够详尽,不需补充材料,即可完成一次测量操作。

2.2.9

被测量　measurand

受到测量的特定量。

例如：给定量块在 20 ℃时的长度。

注：对某一被测量的详细说明可能需要叙述象时间、温度和压力这样的量。

2.2.10

影响量　influence quantity

不是被测量但对测量结果有影响的量。

例如：用千分尺测量长度时的温度。

2.2.11

测量信号　measurement signal

表示被测量并与该量有函数关系的量。例如：

a）　电感传感器输出的电信号；

b）　压力传感器输出的电信号；

c）　电压频率变换器的频率。

注：测量系统的输入信号可称为激励，输出信号可称为响应。

2.2.12

［被测量］变换值　transformed value［of a measurand］

表示给定被测量的测量信号的值。

2.2.13

直接测量法　direct method of measurement

不必测量与被测量有函数关系的其他量，而能直接得到被测量值的测量方法。例如：

a）　用刻度尺测量长度；

b）　用等臂天平测量质量。

注：为了确定影响量以便进行相应修正，虽然需要进行辅助测量，但仍为直接测量方法。

2.2.14

间接测量法　indirect method of measurement

通过测量与被测量有函数关系的其他量，来得到被测量值的测量方法。例如：

a）　通过测量液柱高度进行压力测量；

b）　利用电阻温度计进行温度测量。

2.2.15

定义测量法　definitive method of measurement

根据量的定义来确定该量的测量方法。

2.2.16

直接比较测量法　direct-comparison method of measurement

将被测量直接与已知量值的同种量相比较的测量方法。

例如：用刻度尺测量长度。

2.2.17

替代测量法　substitution method of measurement

将选定的且已知量值的同种量代替被测量，使在指示装置上得到相同效应，以确定被测量值的测量方法。

例如：借助天平和已知质量的砝码，利用波大替代方法确定质量。

2.2.18

微差测量法　differential method of measurement

将被测量与同它只有微小差别的已知同种量相比较，通过测量这两个量值间的差值来确定被测量值的测量方法。

例如：借助量块和比较仪进行活塞直径测量。

2.2.19

零位测量法　null method of measurement

调整一个或几个已知量值的量与已知关系的被测量达到平衡来确定被测量值的测量方法。

例如：利用桥式电路和零位探测器进行电阻测量。

注：被测量与可调整量可以是不同种类的量。

2.3　测量结果

2.3.1

测量结果　result of a measurement

由测量所得到的并赋予被测量的量值。

注1：在给出测量结果时，应说明它是示值、未修正测量结果或已修正测量结果，还应表明是否是几个值的平均。

注2：在测量结果的完整表达中应包括测量不确定度，必要时还应说明有关影响量的取值范围。

2.3.2

[测量器具]示值　indication [of measuring instruments]

测量器具所给出的量的值。

注1：由显示装置上读取的值可称为直接示值，将它乘以仪器常数即为示值。

注2：这里的量可以是被测量、测量信号或用于计算被测量值的其他量。

注3：对于实物量具，示值即为它所标出的值。

2.3.3

未修正结果　uncorrected result

系统误差修正前的测量结果。

2.3.4

已修正结果　corrected result

系统误差修正后的测量结果。

2.3.5

测量准确度　accuracy of measurement

测量结果与被测量真值之间的一致程度。

注1：准确度是一个定性概念。

注2：术语精密度不应用作为准确度。

2.3.6

[测量结果]重复性　repeatability [of results of measurement]

在相同测量条件下，同一被测量的连续多次测量结果之间的一致程度。

注1：这些条件称为重复性条件。

注2：重复性条件包括：相同的测量程序、相同的观测者、在相同的条件下使用相同的测量仪器、相同地点、在短时间内重复。

注3：重复性可以用测量结果的分散性定量地表示。

2.3.7

[测量结果]复现性　reproducibility [of results of measurements]

在测量条件改变时，同一被测量的测量结果之间的一致性。

注1：符合复现性的叙述，需要改变条件的规范来给出。

注 2：改变条件可包括：测量原理、测量方法、观察者、测量仪器、参考测量标准、地点、使用条件、时间。

注 3：复现性可用测量结果的分散性定量地表示。

注 4：测量结果在这里通常理解为已修正结果。

2.3.8

实验标准偏差　experimental standard deviation

对同一被测量的 n 次测量，其表征测量结果分散性的量 s 由下式计算：

$$s=\sqrt{\frac{\sum_{i=1}^{n}(x_i-\overline{x})^2}{n-1}}$$

式中：x_i 为第 i 次测量的结果，$\overline{x}$ 为 n 个测量结果的算术平均值。

注 1：当将 n 个值作为分布的取样时，$\overline{x}$ 为该分布的平均值 μ 的无偏差估计，s^2 为该分布的方差 σ^2 的无偏差估计。

注 2：$s/\sqrt{n}$为 $\overline{x}$ 分布的标准偏差的估计，称为平均实验标准偏差。

注 3：平均实验标准偏差有时误称为平均标准误差。

2.3.9

测量不确定度　uncertainty of measurement

与测量结果相联系的参数，表征可被合理地赋予被测量的量值的分散特性。

注 1：此参数可以是诸如标准偏差或其倍数，或是已说明了置信水平的区间的一半宽度。

注 2：测量不确定度一般由多个分量组成。其中一些分量可用测量列结果的统计分布估算，并用实验标准偏差表征。其他分量也可用标准偏差表征，可用基于经验或其他信息的假定概率分布估算。

注 3：应当理解测量结果是被测量值的最佳估计，而所有的不确定度分量均归于分散性，包括那些由系统效应引起的分量，如与修正值和参考标准有关的分量。

2.3.10

标准不确定度　standard uncertainty

以标准偏差表示的测量不确定度。

2.3.11

不确定度的 A 类评定　type A evaluation of uncertainty

用对观测列进行统计分析的方法，来评定标准不确定度。

注：不确定度的 A 类评定，有时也称为 A 类不确定度评定。

2.3.12

不确定度的 B 类评定　type B evaluation of uncertainty

用不同于对观测列进行统计分析的方法，来评定标准不确定度。

注：不确定度的 B 类评定，有时也称为 B 类不确定度评定。

2.3.13

合成标准不确定度　combined standard uncertainty

当测量结果由若干个其他量的值求得时，按其他各量的方差或（和）协方差算得的标准不确定度。

2.3.14

扩展不确定度　expanded uncertainty

确定测量结果区间的量，合理赋予被测量之值分布的大部分可望含于此区间。

注：扩展不确定度有时也称展伸不确定度或范围不确定度。

2.3.15

包含因子　coverage factor

为求得扩展不确定度，对合成标准不确定度所乘之数字因子。

注 1：包含因子等于扩展不确定度与合成标准不确定度之比。

注 2：包含因子有时也称覆盖因子。

2.3.16

[测量]误差 error [of measurement]

测量结果减去被测量的真值。

注1：由于真值不能确定，实际上用的是约定真值(见2.1.4和2.1.5)。

注2：当有必要与相对误差区别时，此术语有时称为测量的绝对误差。注意不要与误差的绝对值相混淆，后者为误差的模。

2.3.17

偏差 deviation

一个值减去其参考值。

2.3.18

相对误差 relative error

测量误差除以被测量的真值。

注：由于真值不能确定，实际上用的是约定真值(见2.1.4和2.1.5)。

2.3.19

随机误差 random error

测量结果与在重复性条件下，对同一被测量进行无限多次测量所得结果的平均值之差。

注1：随机误差等于误差减去系统误差；

注2：因为测量只能进行有限次数，故可能确定的只是随机误差的估计值。

2.3.20

系统误差 systematic error

在重复性条件下，对同一被测量进行无限多次测量所得结果的平均值与被测量的真值之差。

注1：系统误差等于误差减去随机误差；

注2：如真值一样，系统误差及其原因不能完全获知；

注3：对测量仪器而言，参见“偏移”(4.25)。

2.3.21

修正值 correction

用代数方法与未修正测量结果相加，以补偿其系统误差的值。

注1：修正值等于负的系统误差。

注2：由于系统误差不能完全获知，因此这种补偿并不完全。

2.3.22

修正因子 correction factor

为补偿系统误差而与未修正测量结果相乘的数字因子。

注：由于系统误差不能完全获知，因此这种补偿并不完全。

3 测量器具术语

3.1

几何量测量器具 dimensional measuring instruments

单独地或连同辅助装置一起用以确定几何量值的器具。

3.2

测量仪器 measuring instrument

单独地或连同辅助装置一起用以进行测量的器具。例如：

a) 坐标测量机；

b) 激光干涉仪；

c) 电感传感器；

d） 百分表；

e） 游标卡尺。

3.3

实物量具 material measure

使用时以固定形态复现或提供给定量的一个或多个已知量值的器具。例如：

a） 钢直尺；

b） 螺纹量规；

c） 铸铁平板；

d） 量块。

3.4

测量传感器 measuring transducer

提供与输入量有给定关系的输出量的部件。例如：

a） 光栅传感器；

b） 电感传感器；

c） 激光器。

3.5

测量链 measuring chain

构成测量信号从输入到输出通道的测量仪器或测量系统的系列单元。

例如：由激光管、稳频器、靶镜、光电转换器、放大器、滤波整形器、信号处理器、显示器组成的激光测量链。

3.6

测量系统 measuring system

由测量器具和辅助装置组成，用于进行特定测量的整体。例如：

a） 高精螺旋线测量装置；

b） 校准医用温度计的装置。

注 1：测量系统可包括实物量具和化学试剂。

注 2：固定安装的测量系统称为测量装备。

3.7

显示式[测量]仪器 displaying [measuring] instrument

指示式[测量]仪器 indicating [measuring] instrument

显示示值的测量仪器。例如：

a） 电感测微仪；

b） 百分表；

c） 千分尺。

注 1：显示可以是模拟的（连续或断续）或数字的。

注 2：多个量值可以同时显示。

注 3：显示式测量仪器也可提供记录。

3.8

记录式[测量]仪器 recording [measuring] instrument

提供示值记录的测量仪器。例如：

a） 轮廓仪；

b） 热释光剂量计；

c） 记录式光谱仪。

注1：记录(显示)可以是模拟的(连续或断续)或数字的。

注2：多个量值可以同时记录(显示)。

注3：记录式测量仪器也可显示示值。

3.9

累计式[测量]仪器　totalizing [measuring]instrument

通过对从一个或多个源中同时或依次得到的各分量值的求和，以确定被测量值的测量仪器。例如：

a)　累计式轨道衡；

b)　总加式电功率表。

3.10

积分式[测量]仪器　integrating [measuring]instrument

通过一量对另一量积分，以确定被测量值的测量仪器。例如：电能表。

3.11

模拟式测量仪器　analogue measuring instrument

模拟式指示仪器　analogue indicating instrument

其输出或显示为被测量或输入信号的连续函数的测量仪器。

注：本术语与输出或显示形式有关，而与仪器的工作原理无关。

3.12

数字式测量仪器　digital measuring instrument

数字式指示仪器　digital indicating instrument

提供数字化输出或显示的测量仪器。

注：本术语与输出或显示形式有关，而与仪器的工作原理无关。

3.13

显示装置　displaying device

指示装置　indicating device

测量仪器显示示值的部件。

注1：本术语可包括用于显示或设定由实物量具提供的量值的装置。

注2：模拟显示装置提供模拟显示，数字显示装置提供数字显示。

注3：由末位有效数字的连续变动进行内插的数字显示，或由标尺和指示器补充读数的数字显示称为半数字显示。

3.14

记录装置　recording device

提供示值记录的测量仪器部件。

3.15

感应器　sensor

敏感元件

测量仪器或测量链中，直接感受被测量作用的元件。例如：

a)　液位计的浮子；

b)　涡轮流量计的转子；

c)　压力计的波登管。

注：在一些领域将术语探测器用于此概念。

3.16

探测器　detector

用于指示某个现象的存在，而不必提供有关量值的装置或物质。例如：

a)　钢筋扫描探测仪；

b)　卤素泄漏探测器；

c) 石蕊试纸。

注1：只有当量值达到阈值时才产生示值，有时称该阈值为探测器的探测限。

注2：在一些领域将术语探测器用于感应器的概念。

3.17

指示器 index

指示装置中固定的或可动的部分，根据它相对于标尺标记的位置能够确定示值。例如：

a) 指针；

b) 光点；

c) 液面；

d) 记录笔。

3.18

[测量仪器]标尺 scale [of a measuring instrument]

由一组有序的标记连同相关的标数一起构成显示装置的部分。

注：每一标记称为标尺标记。

3.19

标尺长度 scale length

对于给定的标尺，始末两标尺标记之间且通过全部最短标尺标记中点的光滑连线的长度。

注1：该线可能是真实的或虚构的，弯曲的或直的。

注2：标尺长度用长度单位表示，与被测量的单位或标注在标尺上的单位无关。

3.20

示值范围 range of indication

极限示值界限内的一组值。

注1：对模拟显示，可被称为标尺范围。

注2：示值范围可用标注在显示器上的单位表示，与被测量单位无关，通常用其上下限说明，如，100 ℃～200 ℃。

注3：参见4.2注。

3.21

标尺分度 scale division

任意两相邻标尺标记之间的部分。

3.22

标尺间距 scale spacing

沿着标尺长度的同一条线测得的两相邻标尺标记之间的距离。

注：标尺间距用长度单位表示，与被测量的单位或标注在标尺上的单位无关。

3.23

标尺间隔 scale interval

分度值

对应两相邻标尺标记的两个值之差。

注：标尺间隔用标注在标尺上的单位表示，与被测量的单位无关。

3.24

线性标尺 linear scale

在整个标尺中每个标尺间距与其对应的标尺间隔呈恒定比例关系的标尺。

注：具有恒等标尺间隔的标尺称为规则标尺。

3.25

非线性标尺 non-linear scale

在整个标尺中每个标尺间距与其对应的标尺间隔呈非恒定比例关系的标尺。

注：有些非线性标尺具有特殊名称，如对数标尺、平方律标尺。

3.26

抑零标尺　suppressed-zero scale

标尺范围内不含零值的标尺。

例如:医用温度计的标尺。

3.27

扩展标尺　expanded scale

标尺范围的一部分所占的标尺长度,不成比例地大于其他部分的标尺。

3.28

度盘　dail

带有一个或多个标尺的固定或可移动的显示装置的部分。

注:有些显示装置的度盘做成带有数字的鼓形或盘形,并相对于固定指示器或窗口移动。

3.29

标尺标数　scale numbering

与标尺标记关联的一组有序数字。

3.30

调准　gauging

按照所对应的被测量值,确定实物量具标记位置或测量仪器标尺标记位置的操作。

3.31

[测量仪器的]调整　adjustment [of a measuring instrument]

使测量仪器性能进入适于使用状态的操作。

注:调整可以是自动的、半自动的或手动的。

3.32

[测量仪器的]使用者调整　user adjustment [of a measuring instrument]

可由使用者进行的调整。

4　测量器具特性术语

4.1

标称范围　nominal range

测量仪器的操纵器件调到特定位置时所得到的示值范围。

注1:标称范围通常用其上限和下限表明,例如100 ℃～200 ℃。若下限为零,标称范围一般只用其上限表明,例如0 V～100 V的标称范围表示为100 V。

注2:见4.2注。

4.2

量程　span

标称范围两极限值之差的模。

例如:对于－10 V～＋10 V的标称范围,其量程为20 V。

注:在有些知识领域,最大值和最小值之差称为范围。

4.3

标称值　nominal value

用于指导使用的测量器具特性的圆整值或近似值。例如:

a)　标注在标准电阻上的标注值100 Ω;

b)　单标记量杯上标注的1 L。

4.4

测量范围　measuring range

工作范围　working range

测量器具的误差在规定极限内的一组被测量的值。

注1：相对于约定真值确定误差。

注2：见4.2的注。

4.5

额定工作条件　rated operating conditions

测量器具的规定计量特性处于给定的极限范围内的使用条件。

注：额定工作条件一般规定被测量或影响量的范围或额定值。

4.6

极限条件　limiting conditions

测量器具在额定工作条件下连续工作时，为不受损坏及其计量特性不会降低而规定的极端条件。

注1：贮存、运输和工作的极限条件可不相同。

注2：极限条件可包括被测量和影响量的极限值。

4.7

参考条件　reference conditions

为测量器具的性能试验或测量结果相互比对而规定的使用条件。

注：受影响量影响的测量仪器，其参考条件一般应包括参考值或参考条件。

4.8

仪器常数　instrument constant

为给出被测量的示值或用于计算被测量的量，必须与测量仪器的直接示值相乘的系数。

注1：单个显示的多量程测量仪器有几个仪器常数，比如它们对应选择开关的不同位置。

注2：仪器常数为1时，通常不必在仪器上标明。

4.9

响应特性　response characteristic

在规定条件下，激励与对应响应之间的关系。

例如：热电偶的电动势与温度的函数关系。

注1：这种关系可用数式、数表或图表示。

注2：当激励按时间函数变化时，响应特性的一种形式为变换函数(响应的拉氏变换除以激励的拉氏变换)。

4.10

灵敏度　sensitivity

测量仪器的响应变化除以相应的激励变化。

注：灵敏度取决于激励值。

4.11

鉴别力[阈]　discrimination [threshold]

使测量仪器的响应未产生可察觉变化的激励的最大变化，这种激励应在单向缓慢地产生。

注：鉴别力阈可取决于诸如噪声(内部的或外部的)。它也可取决于激励值。

4.12

[显示装置]分辨力　resolution [of a displaying device]

能被有效辨别的显示装置的示值间的最小差异。

注1：对于数显装置，即为最小有效数字变化一个步距时的示值变化。

注2：本概念也适于记录装置。

4.13

死区　dead band

在双向改变激励而未引起测量仪器响应变化的最大区间。

注1：死区可取决于变化速率。

注2：有时故意做得大些，以防止激励的微小变化引起响应变化。

4.14

稳定性　stability

测量仪器保持其计量特性随时间恒定的能力。

注1：当稳定性被认为与其他量有关而非时间时，则应明确说明。

注2：稳定性可用几种方式定量表示，例如：

用计量特性变化某个规定的量所经过的时间；

用计量特性在规定时间的变化。

4.15

超然性　transparency

测量仪器不改变被测量的能力。例如：

a)　质量天平是超然的；

b)　电阻温度计通过加热介质来测量温度不是超然的。

4.16

漂移　drift

测量仪器的计量特性缓慢变化。

4.17

响应时间　response time

从激励受到规定的突变瞬间，到响应变化及其最终稳定值保持在规定极限内瞬间的时间间隔。

4.18

测量仪器准确度　accuracy of a measuring instrument

测量仪器给出接近真值的响应的能力。

注：准确度是定性的概念。

4.19

准确度等级　accuracy class

符合一定的计量要求，使误差保持在规定极限以内的测量器具的级别。

注：通常约定采用的并称其为级别指示的数字或符号代表准确度等级。

4.20

测量仪器[示值]误差　error [of indication]of a measuring instrument

测量仪器的示值与对应输入量的真值之差。

注1：由于真值不能确定，实践中使用约定真值(见2.1.4和2.1.5)。

注2：本概念主要用于测量仪器与参考标准相比较的地方。

注3：对于实物量具，示值即为赋予它的值。

4.21

[测量器具]最大允许误差　maximum permissible error [of measuring instruments]

[测量器具]允许误差极限　limits permissible error [of measuring instruments]

对于测量器具，由技术规范、规程等允许的误差极限值。

4.22

[测量仪器]基值误差　datum error [of a measuring instrument]

为核查仪器而选择在规定的示值或规定的被测量值处的测量仪器的误差。

4.23

[测量仪器]零值误差　zero error [of a measuring instrument]

被测量值为零值的基值误差。

4.24

[测量仪器]固有误差　intrinsic error [of a measuring instrument]

在参考条件下确定的测量仪器的误差。

4.25

[测量仪器]偏移　bias [of a measuring instrument]

测量仪器示值的系统误差。

注：测量仪器的偏移通常用适当次数重复测量的示值误差的平均值来评估。

4.26

[测量仪器]抗偏移性　freedom from bias [of a measuring instrument]

测量仪器给出不含系统误差的示值的能力。

4.27

[测量仪器]重复性　repeatability [of a measuring instrument]

在相同测量条件下，重复测量同一被测量，测量仪器提供相近示值的能力。

注1：这些条件包括：观测者引起的变化减至最小、相同的测量程序、相同的观测者、在相同的测量条件下使用相同的测量装备、在相同地点、在短时间内重复。

注2：重复性可以用示值的分散性定量地表示。

4.28

[测量仪器]引用误差　fiducial error [of a measuring instrument]

测量器具的误差除以仪器的特定值。

注：特定值一般称为引用值，例如它可以是测量器具的量程或标称范围的上限值。

5　测量标准、基准术语

5.1

[测量]标准　[measurement]standard

基准　etalon

为了定义、实现、保存和复现量的单位或一个或多个量值，而用作为参考的实物量具、测量仪器、参考物质或测量系统。例如：

a)　标准量块；

b)　1 kg 质量标准；

c)　100 Ω 标准电阻；

d)　标准电流表。

注1：一组相似的实物量具或测量仪器，通过它们的组合使用所构成的标准称为集合标准。

注2：一组其值经过选择的标准，它们可单独或组合使用，从而提供一系列同种量值，称为标准组。

5.2

国际[测量]标准　international [measurement]standard

经国际协议承认的测量标准，在国际上作为对有关量的其他测量标准定值的依据。

5.3

国家[测量]标准　national [measurement]standard

经国家决定承认的测量标准，在一个国家内作为对有关量的其他测量标准定值的依据。

5.4

原级标准　primary standard

基准

具有最高的计量学特性，其值不必参考相同量的其他标准，被指定的或普遍承认的测量标准。

注：基准的概念等效于基本量和导出量。

5.5

次级标准　secondary standard

副基准

通过与相同量的基准比对而定值的测量标准。

5.6

参考标准　reference standard

在给定地区或在给定组织内，通常具有最高计量学特性的测量标准，在此所进行的测量由它传递。

5.7

工作标准　working standard

用于日常校准或校验实物量具、测量仪器或参考物质的测量标准。

注1：工作标准通常用参考标准校准。

注2：用于确保日常测量工作正常进行的工作标准称为校验标准。

5.8

变换标准　transfer standard

在测量标准相互比较中用作媒介的测量标准。

注：当媒介不是测量标准时，应该用术语变换装置。

5.9

移动的标准　travelling standard

有时为特殊结构，用于在异地间传送的测量标准。

例如：由电池供电的便携式铯频率标准。

5.10

溯源性　traceability

通过一条具有规定不确定度的不间断的比较链，使测量结果或测量标准的值能够与规定的参考标准，通常是与国家测量标准或国际测量标准联系起来的特性。

注1：本概念常用形容词"可溯源的"表达。

注2：不间断的比较链称为溯源链。

5.11

校准　calibration

在规定条件下，为确定测量仪器或测量系统所指示的量值，或实物量具或参考物质所代表的量值，与对应的由标准所复现的量值之间关系的一组操作。

注1：校准结果既可给出被测量的示值，又可确定示值的修正值。

注2：校准也可确定其他计量特性，如影响量的作用。

注3：校准结果可记录在文件中，有时称为校准证书或校准报告。

5.12

检定　verification

查明和确认计量器具是否符合法定要求的程序，它包括检查、加标记和(或)出具检定证书。

5.13

测量标准的保持　conservation of a measurement standard

为使测量标准的计量特性保持在规定限度内所必需的一组操作。

注：这些操作通常包括周期校准、合适条件下的贮存和精心使用。

5.14

参考物质　reference material（RM）

标准物质

具有一种或多种足够均匀的并很好地确定了的特性值，用于校准测量装置，评价测量方法或给材料赋值的材料或物质。

注：参考物质可以是纯的或混合的气体、液体或固体。例如校准黏度用的水，量热计法中作为热容量校准物的蓝宝石，化学分析校准用的溶液。

5.15

有证参考物质　certified reference material（CRM）

有证标准物质

附有证书的参考物质，它的一种或多种特性值通过建立了溯源性的程序确定，使之单位准确的复现，其中的特性值得到表示，以及每一种确定的值都附有给定置信水平的不确定度。

注1：有证参考物质一般成批制备，其特性值是通过对代表整批物质的样品进行测量而确定，并具有规定的不确定度。

注2：将物质装进特制装置时，有证参考物质的特性有时可方便和可靠地确定。

例如：将已知三相点物质装入三相点瓶；已知光密度的玻璃装入透射滤光器；尺寸均匀的球状颗粒安装在显微镜的载物片上；这些装置也可被认为是有证的参考物质。

注3：所有有证参考物质均符合"国际基本和通用计量学词汇（VIM）"给出的"测量标准"或"基准"的定义。

注4：有些参考物质和有证参考物质，由于不能和已确定的化学结构相关联或出于其他原因，其特性不能按严格规定的物理和化学测量方法确定。这类物质包括某些生物物质，如疫苗，世界卫生组织已规定了它的国际单位。

附　录　A
（资料性附录）
本标准与 GB/T 17163—1997 主要变化情况对照表

A.1　本标准与 GB/T 17163—1997 相比，主要变化见表 A.1。

表 A.1

序号	主要变化	本标准中章节号	GB/T 17163—1997 中章节号
1	按照 GB/T 1.1—2000 对编排格式进行了修订		
2	参照 PD 6461:Part 1 1995 对术语定义进行了文字修改	大部分条款	
3	增加了对术语条款的举例说明和注解	大部分条款	
4	增加了"[可测量的] 量"术语及定义	2.1.1	
5	增加了"[量的]数值"术语及定义	2.1.6	
6	增加了测量不确定度的相关术语及定义	2.3.10、2.3.11、2.3.12、2.3.13、2.3.14、2.3.15	
7	增加了"[测量]误差"和"偏差"术语及定义	2.3.16、2.3.17	
8	删除了"测量绝对误差"术语及定义		2.3.11
9	删除了有关误差的术语及定义		2.3.17、2.3.18、2.3.19、2.3.20、2.3.21、2.3.22、2.3.23、2.3.24
10	取消了 2.4 条，其中条款作了相应调整	5.12、5.11、3.30、3.31	2.4.1、2.4.2、2.4.3、2.4.4
11	删除了有关几何量测量器具分类的术语及定义		3.2、3.3、3.4、3.5、3.6、3.7、3.8
12	将"测量装置"改为"测量系统"	3.6	3.12
13	将"测量变换器"改为"测量传感器"	3.4	3.19
14	将"传感器"改为"感应器"	3.15	3.20
15	删除了"记录载体"和"标尺标记"术语及定义		3.23、3.24
16	将"标尺范围"改为"示值范围"	3.20	4.3
17	增加了"标尺间隔"术语及定义并与"分度值"术语及定义等同，更改了"分度值"定义	3.23	4.7
18	增加了"抑零标尺"、"扩展标尺"和"[测量仪器的]使用者调整"术语及定义	3.26、3.27、3.32	
19	增加了"工作范围"术语，其定义与"测量范围"相同	4.4	
20	增加了"超然性"、"[测量仪器]固有误差"和"[测量仪器]抗偏移性" 术语及定义	4.15、4.24、4.26	
21	删除了"测量仪器的零位"、"鉴别力"、"示值变动性"、"可靠性"、"回程"和"测量力"术语及定义		4.12、4.21、4.28、4.30、4.31、4.34

表 A.1（续）

序号	主要变化	本标准中章节号	GB/T 17163—1997 中章节号
22	将“标准条件”改为“参考条件”	4.7	4.17
23	将“稳定度”改为“稳定性”	4.14	4.29
24	将“允许误差”改为“[测量器具]最大允许误差”，同时增加与之等同的术语“[测量器具]允许误差极限”	4.21	5.8
25	删除了部分误差及有关曲线的术语及定义		5.1、5.3、5.4、5.5、5.6、5.7、5.9、5.10、5.11、5.14、5.16、5.17、5.18、5.19、5.20、5.21
26	增加了测量标准、基准有关术语及定义	5.1、5.2、5.3、5.4、5.5、5.6、5.7、5.8、5.9、5.10、5.13、5.14、5.15	

ICS 17.040.30
J 42

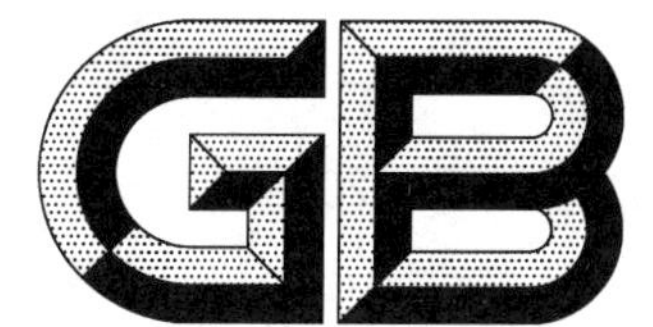

中华人民共和国国家标准

GB/T 17164—2008
代替 GB/T 17164—1997

几何量测量器具术语　产品术语

Glossary of terms used in dimensional measuring instruments—Product terms

2008-11-02 发布　　2009-05-01 实施

中华人民共和国国家质量监督检验检疫总局
中国国家标准化管理委员会　发布

前　言

本标准是对 GB/T 17164—1997《几何量测量器具术语　产品术语》的修订。

本标准与 GB/T 17164—1997 相比内容变化比较多，附录 A 给出了本标准与 GB/T 17164—1997 主要变化情况对照表。

本标准的附录 A 为资料性附录。

本标准由中国机械工业联合会提出。

本标准由全国量具量仪标准化技术委员会(SAC/TC 132)归口。

本标准负责起草单位：成都工具研究所。

本标准参加起草单位：桂林量具刃具有限责任公司、中国计量科学研究院、中国计量学院。

本标准主要起草人：邓宁、韩春阳、赵伟荣、张恒、吴庆良、赵军。

本标准所代替标准的历次版本发布情况为：

——GB/T 17164—1997。

几何量测量器具术语　产品术语

1　范围

本标准界定了长度测量器具、角度测量器具、形位误差测量器具、表面结构质量测量器具、齿轮测量器具、螺纹测量器具、其他测量器具、测量链和通用器件及附件等几何量测量器具的产品术语及定义。

本标准适用于几何量测量器具行业的产品及正式出版发行的标准和书刊。

2　长度测量器具

2.1　量具

2.1.1

量块　gauge block

具有一对相互平行测量面，且两平面间具有准确尺寸，其横截面为矩形等形式的实物量具。按其材质分为钢制量块、硬质合金量块和陶瓷量块等。

2.1.2

步距规　check master

将一组尺寸相等的量块按准确等间距，直线排列固定于矩形刚性座体内，用于水平和垂直定值校准、检验的实物量具。按量块材质分为钢制量块步距规和陶瓷量块步距规；按使用方式分为卧式步距规和立式步距规。

2.1.3

光滑极限量规　plain limit gauge

具有以孔径或轴径的最大极限尺寸和最小极限尺寸为标准测量面，能以包容原则反映被检孔或轴边界条件的实物量具。

2.1.3.1

塞规　plug gauge

用于孔径检验的光滑极限量规，其测量面为外圆柱面。其中，圆柱直径具有被检孔径最小极限尺寸的为孔用通规，具有被检孔径最大极限尺寸的为孔用止规。

2.1.3.2

环规　ring gauge

用于轴径检验的光滑极限量规，其测量面为内圆环面。其中，圆环直径具有被检轴径最大极限尺寸的为轴用通规，具有被检轴径最小极限尺寸的为轴用止规。

2.1.3.3

卡规　snap gauge

用于轴径检验的光滑极限量规，其测量面为两对称的平面。两测量面间距具有被检轴径最大极限尺寸的为轴用通规，具有被检轴径最小极限尺寸的为轴用止规。

2.1.4

量针　pin gauge

具有准确尺寸的圆柱工作面，用于间接检测螺纹等工件的实物量具。按量针材质分为钢制量针和陶瓷量针。又称为针规。

2.1.5

塞尺　feeler gauge

具有准确厚度尺寸的单片或成组的薄片，用于检验间隙的实物量具。

2.1.6

钢直尺　steel ruler

具有一组或多组有序的标尺标记及标尺标数所构成的钢制板状的实物量具。

2.1.7

精密玻璃线纹尺　precision glass linear scale

具有一组或多组有序的标尺标记及标尺标数，其截面为矩形的玻璃制实物量具，该量具与测微读数装置配合，用于精密测量。按用途又分为玻璃基准线纹尺、玻璃标准线纹尺和玻璃工作线纹尺三种。

2.1.8

精密金属线纹尺　precision metal linear scale

具有一组或多组有序的标尺标记及标尺标数，其截面为X形、H形或矩形的金属制实物量具，该量具与测微读数装置配合，用于精密测量。按用途又分为金属基准线纹尺、金属标准线纹尺和金属工作线纹尺三种。

2.1.9

半径样板　radius template

带有一组准确内、外圆弧半径尺寸的薄板，用于检验圆弧半径的实物量具。又称R规。

2.2　卡尺

2.2.1

游标卡尺　vernier calliper

利用游标原理对两同名测量面相对移动分隔的距离进行读数的测量器具。

2.2.2

带表卡尺　dial caliper

利用机械传动系统，将两同名测量面的相对移动转变为指示表指针的回转运动，并借助尺身标尺和指示表对两同名测量面相对移动所分隔的距离进行读数的测量器具。

2.2.3

数显卡尺　digital display calliper

利用电子测量、数字显示原理，对两同名测量面相对移动分隔的距离进行读数的测量器具。

2.2.4

游标深度卡尺　vernier depth calliper

利用游标原理对尺框测量面和尺身测量面(或测量爪的深度测量面)相对移动分隔的距离进行读数的测量器具。

2.2.5

带表深度卡尺　dial depth calliper

利用机械传动系统，将尺框测量面和尺身测量面(或测量爪的深度测量面)的相对移动转变为指示表指针的回转运动，并借助尺身标尺和指示表对尺框测量面和尺身测量面(或测量爪的深度测量面)相对移动所分隔的距离进行读数的测量器具。

2.2.6

数显深度卡尺　digital display depth calliper

利用电子测量、数字显示原理，对尺框测量面和尺身测量面(或测量爪的深度测量面)相对移动分隔的距离进行读数的测量器具。

2.2.7

游标高度卡尺　vernier height calliper

利用游标原理对装置在尺框上的划线量爪或测量头工作面与底座工作面相对移动分隔的距离进行读数的测量器具。

2.2.8

带表高度卡尺 dial height calliper

利用机械传动系统，将装置在尺框上的划线量爪或测量头工作面与底座工作面的相对移动转变为指示表指针的回转运动，并借助尺身标尺(或机械式数字显示装置)和指示表对划线量爪或测量头工作面与底座工作面相对移动所分隔的距离进行读数的测量器具。

2.2.9

数显高度卡尺 digital display height calliper

利用电子测量、数字显示原理，对装置在尺框上的划线量爪工作面与底座工作面相对移动分隔的距离进行读数的测量器具。

2.2.10

焊接检验尺 calliper for welding inspection

具有主尺、游标尺及测角尺，用于对焊缝宽度、高度、焊接间隙及坡口角度等尺寸读数的测量器具。

2.3 千分尺

2.3.1

测微头 micrometer head

利用螺旋副原理，对测微螺杆轴向位移量进行读数并备有安装部位的测量器具。

2.3.2

外径千分尺 external micrometer

利用螺旋副原理，对尺架上两测量面间分隔的距离进行读数的外尺寸测量器具，其分度值为 0.01 mm 和 0.001 mm、0.002 mm 、0.005 mm。分度值为 0.001 mm、0.002 mm 和 0.005 mm 的称为微米千分尺。

2.3.3

杠杆千分尺 micrometer with dial comparator

利用杠杆传动机构及螺旋副原理，对尺架上两测量面间分隔的距离通过指示表和微分筒标尺进行读数，并可由指示表读取两测量面间微小位移量的微米级外径千分尺。

2.3.4

带计数器千分尺 micrometer with counter

利用螺旋副原理，对尺架上两测量面间分隔的距离用机械式数字显示装置进行读数的外径千分尺。

2.3.5

数显外径千分尺 digital display micrometer

利用螺旋副原理，通过电子测量、数字显示，对尺架上两测量面间分隔的距离进行读数的外径千分尺。

2.3.6

小测头千分尺 small anvil micrometer

具有两较小测量面的外径千分尺。

2.3.7

尖头千分尺 point micrometer

具有两锥形球测量面，适用于测量较小部位尺寸的外径千分尺。

2.3.8

板厚千分尺 sheet metal micrometer

具有球形测量面和平测量面及特殊形状的尺架，适用于测量板材厚度的外径千分尺。

2.3.9

壁厚千分尺 tube micrometer

具有球形测量面和平测量面及特殊形状的尺架，适用于测量管材壁厚的外径千分尺。

2.3.10

叶片千分尺 blade micrometer

具有两条形测量面，适用于测量叶片尺寸的外径千分尺。

2.3.11

奇数沟千分尺 odd fluted micrometer

具有特制的V形测砧，可测量带有3、5和7个沿圆周均布沟槽工件的外径千分尺。

2.3.12

深度千分尺 depth micrometer

利用螺旋副原理，对底板基准面与测量杆测量面间分隔的距离进行读数的深度测量器具。

2.3.13

数显深度千分尺 digital display depth micrometer

利用螺旋副原理，通过电子测量、数字显示，对底板基准面与测量杆测量面间分隔的距离进行读数的深度测量器具。

2.3.14

两点内径千分尺 internal micrometer with two-point contact

利用螺旋副原理，对主体两端球形测量面间分隔的距离进行读数的内尺寸测量器具。简称内径千分尺。其中，不带接长杆即整体结构的又称为单杆式内径千分尺。

2.3.15

带表内径千分尺 dial internal micrometer

利用螺旋副原理，对两球形测量面间分隔的距离由指示表读数的内径千分尺。

2.3.16

三爪式内径千分尺 three point internal micrometer

利用螺旋副原理，通过旋转塔形阿基米德螺旋体或移动锥体使三个测量爪作径向位移，使其与被测内孔接触，对内孔尺寸进行读数的内径千分尺。

2.3.17

数显三爪式内径千分尺 three point internal micrometer with digital display

利用螺旋副原理，使三个测量爪沿半径方向位移，将其与被测内孔接触，通过电子测量、数字显示，对内孔尺寸进行读数的内径千分尺。

2.3.18

内测千分尺 inside micrometer

具有两个圆弧测量面，适用于测量内尺寸的千分尺。

2.4 指示表

2.4.1

指示表 dial indicator

利用机械传动系统，将测量杆的直线位移转变为指针在圆度盘上的角位移，并由圆度盘进行读数的测量器具。其中，分度值为0.1 mm的称为十分表，分度值为0.01 mm的称为百分表，分度值为0.001 mm、0.002 mm、0.005 mm的称为千分表。量程超过10 mm的指示表又称为大量程指示表。

2.4.2

数显指示表 dial indicator with digital display

利用电子测量、数字显示原理，对测量杆的直线位移进行读数的测量器具。其中，分辨力为0.01 mm的称为数显百分表，分辨力为0.001 mm、0.005 mm的称为数显千分表。

2.4.3

深度指示表 depth dial indicator

借助标准块及指示表，对基座测量面与测头测量面间分隔的距离进行读数的深度测量器具。其中，分度值为 0.01 mm 的称为深度百分表;分度值为 0.001 mm、0.005 mm 的称为深度千分表。

2.4.4

数显深度指示表　depth dial indicator with digital display

利用电子测量、数字显示原理,借助标准块及指示表,对基座测量面与测头测量面间分隔的距离进行读数的深度测量器具。

2.4.5

杠杆指示表　dial test indicator

利用机械传动系统,将杠杆测头的摆动位移转变为指针在圆度盘上的角位移,并由圆度盘进行读数的测量器具。其中,分度值为 0.01 mm 的称为杠杆百分表;分度值为 0.001 mm、0.002 mm 的称为杠杆千分表。

2.4.6

数显杠杆指示表　dial test indicator with digital display

利用电子测量、数字显示原理,对杠杆测头的摆动位移进行读数的测量器具。其中,分辨力为 0.01 mm 的称为数显杠杆百分表;分辨力为 0.001 mm 的称为数显杠杆千分表。

2.4.7

内径指示表　bore dial indicator

利用机械传动系统,将活动测头的直线位移转变为指针在圆度盘上的角位移,并由圆度盘进行读数的内尺寸测量器具。其中,分度值为 0.01 mm 的称为内径百分表;分度值为 0.001 mm、0.002 mm 的称为内径千分表。

2.4.8

涨簧式内径指示表　expanding head bore dial indicator

利用机械传动系统,将涨簧测头的直线位移转变为指针在圆度盘上的角位移,并由圆度盘进行读数的内尺寸测量器具。其中,分度值为 0.01 mm 的称为涨簧式内径百分表;分度值为 0.001 mm、0.002 mm 的称为涨簧式内径千分表。

2.4.9

钢球式内径指示表　ball type bore dial indicator

利用机械传动系统,将钢球测头的直线位移转变为指针在圆度盘上的角位移,并由圆度盘进行读数的内尺寸测量器具。其中,分度值为 0.01 mm 的称为钢球式内径百分表;分度值为 0.001 mm、0.002 mm 的称为钢球式内径千分表。

2.4.10

厚度指示表　thickness dial indicator

用于测量固定于表架上的指示表测头测量面相对于表架测砧测量面的直线位移量(厚度),并由指示表进行读数的测量器具。其中,分度值为 0.01 mm 的称为厚度百分表,分度值为 0.001 mm 的称为厚度千分表。又称为厚度表、测厚规。

2.4.11

数显厚度指示表　thickness dial indicator with digital display

利用数显指示表,对表架上的两测量面相对直线位移量(厚度)进行读数的测量器具。其中,分辨力为 0.01 mm 的称为数显厚度百分表,分辨力为 0.001 mm、0.005 mm 的称为数显厚度千分表。又称为数显厚度表、数显测厚规。

2.4.12

杠杆卡规　indicating snap gauge

利用杠杆传动机构,通过直接比较测量法,读取弧形尺架上两测量面间微小轴向位移量的微米级外尺寸测量器具。

2.4.13

带表卡规　dial snap gauge

利用杠杆传动机构，将活动量爪测量面的摆动转变为指示表量杆的移动，并由指示表进行读数的一种剪式测量器具。其中，用于外尺寸测量的称为带表外卡规，用于内尺寸测量的称为带表内卡规。

2.4.14

指示卡表　dial snap indicator

利用机械传动系统，将两测量爪间的相对位移转变为指针在指示表圆度盘上的角位移，并由指示表进行读数的测量器具。

2.4.15

数显指示卡表　dial snap indicator with digital display

利用电子测量、数字显示原理，对两测量爪间的相对位移进行读数的测量器具。

2.4.16

扭簧比较仪　microcator

利用扭簧元件作为尺寸的转换和放大机构，将测量杆的微小直线位移转变为指针在弧形度盘上的角位移，并由弧形度盘进行读数的测量器具。又称为扭簧测微仪。

2.4.17

光学扭簧比较仪　opticator

利用扭簧元件和光学元件作为尺寸的的转换和放大机构，将测量杆的微小直线位移转变为指标线在弧形度盘上的角位移，并由弧形度盘进行读数的测量器具。

2.4.18

杠杆齿轮比较仪　mechanical dial comparator

利用杠杆、齿轮传动系统，将测量杆的直线位移转变为指针在弧形度盘上的角位移，并由弧形度盘进行读数的测量器具。又称为杠杆齿轮测微仪。

2.4.19

电子量规　electronic gauge

由电感式传感器将被测尺寸的变化转换为电信号，并由指示装置指示的直接比较测量器具。其中，测量内尺寸的称为电子塞规，测量外尺寸的称为电子卡规。

2.4.19.1

电感式传感器　inductance type transducer

能将感受的线位移量转换成电感线圈电信号变化的装置。

2.4.20

电感测微仪　inductance micrometer

由电感式传感器将被测尺寸的变化转换为电信号，并由指示装置指示的直接比较测量仪器。其中，由数字指示装置指示的又称为数显电感测微仪。

2.4.21

峰值电感测微仪　peak inductance micrometer

能给出被测尺寸变化的最大值、最小值，最大值与最小值之差，最大值与最小值平均值等指示功能的电感测微仪。

2.4.22

电感内径比较仪　inductance bore comparator

利用瞄准传感器，将内径尺寸变化转换成电信号，并由指示装置指示的内径直接比较测量仪器。

2.4.22.1

瞄准传感器　aiming transducer

能准确实现瞄准、定位、读数功能的比较仪专用传感器。

3 角度测量器具

3.1

角度块 angle block gauge

形状为三角形、四边形等以相邻平面的夹角为测量角，并具有准确角度值的实物量具。

3.2

正多面棱体 regular polygon mirror

各相邻平面法线间的夹角为等值测量角，并具有准确角度值的正多边形的实物量具。

3.3

刀具角度样板 cutter angular template

具有确定的不同角值，且满足一定的准确度要求，用作角度标准对类同角度的刀具进行直接比较检验的实物量具。

3.4

直角尺 square

测量面与基面相互垂直，用以检验直角、垂直度和平行度的实物量具。又称为90°角尺。

3.4.1

平行直角尺 parallel square

测量面与基面宽度相等的直角尺。

3.4.2

宽座直角尺 wide-stand square

基面宽度大于测量面宽度的直角尺。

3.4.3

刀口形直角尺 edge square

两测量面为刀口形的直角尺。

3.4.4

矩形直角尺 square square

截面形状为矩形的直角尺。

3.4.5

三角形直角尺 three angle square

截面形状为三角形的直角尺。

3.4.6

圆柱直角尺 cylinder square

测量面为一圆柱面的直角尺。

3.4.7

方形角尺 square guage

具有相邻互为垂直面的四个测量面，用以测量直角、垂直度和平行度的直角尺。

3.5

游标万能角度尺 vernier universal bevel protractor

利用活动直尺测量面相对于基尺测量面的旋转，对该两测量面间分隔的角度利用游标原理进行读数的角度测量器具。

3.6

带表万能角度尺 dial universal bevel protractor

利用活动直尺测量面相对于基尺测量面的旋转，对该两测量面间分隔的角度利用指示表进行读数的角度测量器具。

3.7

数显万能角度尺 universal bevel protractor with digital display

利用电子测量、数字显示原理，对活动直尺测量面相对于基尺测量面的旋转分隔的角度进行读数的角度测量器具。

3.8

光学分度头 optical dividing head

利用光学度盘作为角度标准器，通过光学单元进行检测、定位的角度测量器具。

3.8.1

目镜式光学分度头 optical dividing head with microscope reading

通过目镜读数的光学分度头。

3.8.2

投影式光学分度头 optical dividing head with projection reading

通过投影屏读数的光学分度头。

3.9

光电分度头 optical-electronic dividing head

以圆光栅、圆感应同步器等作为角度标准器，通过光电转换、数字显示进行检测和定位的精密角度测量器具。

3.10

多齿分度台 multi-tooth division table

利用一对齿形、节距和直径相同的高精度平面齿轮作为角度标准器，通过彼此相对旋转、啮合，实现圆分度的精密角度测量器具。

3.11

分度转台 division rotary table

具有两个或三个相互垂直的精密转轴，利用度盘或圆光栅等作为角度标准器，通过光学或数显单元对具有两个或三个相互垂直的角度进行测量的角度测量器具。

3.12

正弦规 sine bar

根据正弦函数原理，利用量块的组合尺寸，以间接方法进行测量角度测量器具。

3.12.1

普通正弦规 general sine bar

具有平台工作面和直径相同且轴线互相平行的两个支承圆柱所组成的正弦规。

3.12.2

铰链式正弦规 hinge type sine bar

具有平台工作面和铰链的正弦规。

3.12.3

双向正弦规 dual-directional sine bar

具有互成90°的上、下两层正弦台的正弦规。

3.13

圆锥量规 cone gauge

具有标准光滑锥面，能反映被检内(外)锥体边界条件的锥度实物量具。按锥度种类分有公制圆锥量规、莫氏圆锥量规等；按使用场合分有工具圆锥量规、钻夹圆锥量规等。

3.13.1

圆锥塞规　plug cone gauge

用于内锥体检验的圆锥量规。

3.13.2

圆锥环规　ring cone gauge

用于外锥体检验的圆锥量规。

3.14

直角尺测量仪　square measuring instrument

根据比较测量法或直接测量法，以测微仪沿立柱导轨移动测量取值，用于宽座角尺及其他90°样板外角的线值误差测量器具。又称为直角尺检查仪。

4　形位误差测量器具

4.1

平晶　optical flat

由光学玻璃研磨而成的具有两个端面的正圆柱体，用于以光学干涉法测量工件平面形状误差的实物量具。

4.1.1

平面平晶　plane optical flat

一个端面为测量面的平晶。又称为单面平晶。

4.1.2

平行平晶　parallel optical flat

两个端面为测量面且相互平行的平晶。又称为双面平晶。

4.2

刀口形直尺　knife straight edge

测量面呈刀口状，用于测量工件平面形状误差的实物量具。

4.2.1

刀口尺　knife straight edge

具有一个测量面的刀口形直尺。

4.2.2

三棱尺　three edges straight edge

具有角度互为60°的三个测量面的刀口形直尺。

4.2.3

四棱尺　four edges straight edge

具有角度互为90°的四个测量面的刀口形直尺。

4.3

平尺　straight edge

测量面为平面，用于测量工件平面形状误差的实物量具。

4.3.1

矩形平尺　square straight edge

截面形状为矩形，具有上、下两个测量面的平尺。

4.3.2

工字形平尺　Ⅰ-beam straight edge

截面形状为工字形，具有上、下两个测量面的平尺。

4.3.3

桥形平尺　bridge type straight edge

侧面形状为弓形，且由两个支承座支承，具有一个上测量面的平尺。

4.3.4

角形平尺　angle straight edge

截面形状为三角形，具有角度互为60°三个测量面的平尺。

4.4

平板　surface plate

用于工件检测或划线的平面基准器具。又称为平台。

4.4.1

铸铁平板　cast iron surface plate

用铸铁材料做成的平板。

4.4.2

岩石平板　granite surface plate

用岩石材料做成的平板。

4.5

方箱　square box

由相互垂直的平面组成的矩形基准器具。又称为方铁。

4.6

水准器式水平仪　level meter

利用水准器气泡偏移来测量被测平面相对水平面微小倾角的角度测量仪器。又称为气泡式水平仪。

4.6.1

条式水平仪　bar level meter

具有一个基座测量面，且水准器气泡固定或可相对基座测量面调整的矩形水准器式水平仪。又称为钳工水平仪。

4.6.2

框式水平仪　frame level meter

具有一个基座测量面及两个垂直测量面，且水准器气泡固定或可相对基座测量面调整的框形水准器式水平仪。

4.6.3

合像水平仪　imaging level meter

具有一个基座测量面，以测微螺旋副相对基座测量面调整水准器气泡，并由光学原理合像读数的水准器式水平仪。

4.7

光学倾斜仪　optical inclinometer

具有一个基座测量面及两个水准器，以光学度盘相对基座测量面调整水准器气泡，并由读数显微镜读数，用于检测各种平面在120°范围内倾斜角度的测量仪器。又称为光学象限仪。

4.8

电子水平仪　electronic level meter

具有一个基座测量面，以电容摆等平衡原理测量被测面相对水平面微小倾角的测量仪器。

4.8.1

指针式电子水平仪　electronic level meter with indicator

以指针式指示装置指示测量值的电子水平仪。

4.8.2

数显式电子水平仪　electronic level meter with digital display

以数显式指示装置指示测量值的电子水平仪。

4.9

平直度测量仪　straightness measuring instrument

根据自准直原理，由自准直光管和平面反射镜测量取值，用于测量直线度、平面度等形位误差的测量仪器。又称为自准直仪。

4.9.1

光学式平直度测量仪　optical straightness measuring instrument

以目镜观察、照准，光学读数装置及测微鼓轮读数的平直度测量仪。

4.9.2

光电式平直度测量仪　photoelectrical straightness measuring instrument

以光电元件照准，指示表、测微鼓轮读数或数字显示读数的平直度测量仪。

4.10

圆度测量仪　roundness measuring instrument

根据半径测量法，以精密旋转轴线作为测量基准，采用电感、压电等传感器接触测量被测件的径向形状变化量，并按圆度定义作出评定和记录的测量仪器，用于测量回转体内、外圆及圆球的圆度、同轴度等。若传感器能作垂直移动，还可测量直线度和圆柱度，则称为圆柱度测量仪。

4.10.1

转轴式圆度测量仪　spindle-rotating type roundness measuring instrument

被测件固定于工作台，传感器随主轴旋转的圆度测量仪。又称为传感器旋转式圆度测量仪。

4.10.2

转台式圆度测量仪　table-rotating type roundness measuring instrument

传感器固定于立柱上，被测件安置在旋转工作台上并随其转动的圆度测量仪。又称为工作台旋转式圆度测量仪。

5　表面结构质量测量器具

5.1

表面粗糙度比较样块　surface roughness comparison specimen

采用特定合金材料和加工方法，具有不同的表面粗糙度参数值，通过触觉和视觉与其所表征的材质和加工方法相同的被测件表面作比较，以确定被测件表面粗糙度的实物量具。

5.1.1

铸造表面粗糙度比较样块　surface roughness comparison specimen for cast surface

采用铸造方法加工并经处理，已知表面轮廓算术平均偏差(Ra)值的表面粗糙度比较样块。

5.1.2

磨、车、镗、铣、插及刨加工表面粗糙度比较样块　surface roughness comparison specimen for ground, turned, bored, milled, shaped and planed surface

采用磨、车、镗、铣、插及刨方法加工，已知表面轮廓算术平均偏差(Ra)值的表面粗糙度比较样块。

5.1.3

电火花加工表面粗糙度比较样块　surface roughness comparison specimen for spark-erosion machined surface

采用电火花方法加工，已知表面轮廓算术平均偏差(Ra)值的表面粗糙度比较样块。

5.1.4

抛(喷)丸、喷砂加工表面粗糙度比较样块　surface roughness comparison specimen for shot blasted and grit blasted surface

采用抛(喷)丸、喷砂方法加工,已知表面轮廓算术平均偏差(Ra)值的表面粗糙度比较样块。

5.1.5

抛光加工表面粗糙度比较样块　surface roughness comparison specimen for polished surface

采用抛光方法加工,已知表面轮廓算术平均偏差(Ra)值的表面粗糙度比较样块。

5.2

便携式表面粗糙度测量仪　portable surface roughness measuring instrument

根据接触测量法,采用相应的触针式传感器,该传感器可随意放置于任意被测对象的表面,以触针沿被测表面作匀速直线或曲线滑行随机测取其表面微观轮廓值,经计算装置运算处理后由指示装置或打印机得到表面粗糙度测量结果及被测表面的轮廓图,是一种功能较单一,测量精度适中,适用于加工现场的小型测量仪器。

5.2.1

驱动箱　driving box

驱动传感器触针沿被测表面作匀速直线或曲线滑行并测量取值的装置。

5.3

台式表面粗糙度测量仪　bench type surface roughness measuring instrument

根据接触测量法,采用相应的触针式传感器,该传感器固定于工作台立柱,且只能沿该立柱移动调整,以触针沿被测表面作匀速直线或曲线滑行随机测取其表面微观轮廓值,经计算装置运算处理后由指示装置或打印机得到系统的表面粗糙度参数值和表面微观轮廓图,是一种功能较齐全,测量精度较高,适用于实验室等场合的测量仪器。

5.4

轮廓测量仪　profile measuring instrument

根据直接测量法,采用电感、压电和光学原理,以接触式或非接触式传感器沿被测表面作匀速直线或曲线滑行随机测取其表面轮廓值,经计算装置运算处理后由指示装置或打印机得到系统的表面轮廓轮廓图,用于测量各种机械零件素线形状和截面轮廓形状的测量仪器。

6　齿轮测量器具

6.1　专用器具

6.1.1

测量齿轮　master gear

作为标准,与被测齿轮啮合,用以检测齿轮的切向、径向综合误差的实物量具。

6.1.1.1

直齿测量齿轮　master straight gear

齿线为分度圆柱面直母线的测量齿轮。

6.1.1.2

斜齿测量齿轮　master helical gear

齿线为螺旋线的测量齿轮。

6.1.2

测量齿条　master rack

其轮齿沿直线排列在平面上,作为标准,与被测齿轮啮合,用以检测齿轮的切向、径向综合误差的实物量具。

6.1.3

测量蜗杆　master worm

作为标准，与被测齿轮或蜗轮啮合，用以检测齿轮或蜗轮的切向、径向综合误差的实物量具。

6.1.3.1

单头测量蜗杆　master worm with one thread

具有一条螺旋线的测量蜗杆。

6.1.3.2

双头测量蜗杆　master worm with two thread

具有两条螺旋线的间齿啮合测量蜗杆。

6.1.3.3

三头测量蜗杆　master worm with three thread

具有三条螺旋线的间齿啮合测量蜗杆。

6.1.4

渐开线样板　involute template

具有确定的渐开线齿面，且满足一定的准确度要求，用作渐开线标准对各种渐开线测量器具进行检验和校准的实物量具。

6.1.5

螺旋线样板　helix template

具有确定的螺旋面，且满足一定的准确度要求，用作螺旋线标准对圆柱齿轮螺旋线测量器具进行检验和校准的实物量具。

6.1.6

游标齿厚卡尺　vernier gear tooth caliper

利用游标原理，以齿高尺定位，对齿厚尺两测量爪相对移动分隔的距离进行读数的齿轮齿厚测量器具。

6.1.7

数显齿厚卡尺　digital display gear tooth caliper

利用电子测量、数字显示原理，以齿高尺定位，对齿厚尺两测量爪相对移动分隔的距离进行读数的齿轮齿厚测量器具。

6.1.8

公法线千分尺　gear tooth micrometer

利用螺旋副原理，对弧形尺架上两盘形测量面间分隔的距离进行读数的齿轮公法线测量器具。

6.1.9

数显公法线千分尺　digital display gear tooth micrometer

利用螺旋副原理，通过电子测量、数字显示，对弧形尺架上两盘形测量面间分隔的距离进行读数的齿轮公法线测量器具。

6.1.10

杠杆公法线千分尺　indicating gear tooth micrometer

利用杠杆传动机构及螺旋副原理，对弧形尺架上两盘形测量面间分隔的距离通过指示表和微分筒进行读数，并可由指示表读取两盘形测量面间微小位移量的微米级齿轮公法线测量器具。

6.1.11

正切齿后规　tangent gear tooth gauge

根据比较测量法，以两斜面量爪定位，利用机械式传感器将被测尺寸的变化转换成指示表指针的角位移，并由指示表读数的测量原始齿形位移的齿轮测量器具。

6.1.12

矩形花键量规　square spline gauge

具有标准矩形齿形，能反映被检内(外)矩形花键边界条件的实物量具。

6.1.12.1

矩形花键塞规　square spline internal gauge

用于矩形花键孔(内花键)检验的花键量规。其中，用于单项检验的为光滑塞规、板塞规和槽宽塞规；用于综合检验的为综合塞规。上述塞规中，通规的极限尺寸为被检的最小极限尺寸；止规的极限尺寸为被检的最大极限尺寸。

6.1.12.2

矩形花键环规　square spline ring gauge

用于矩形花键轴(外花键)检验的花键量规。其中，用于单项检验的为光滑卡规、板卡规和槽宽卡规；用于综合检验的为综合环规。上述卡(环)规中，通规的极限尺寸为被检的最大极限尺寸；止轨的极限尺寸为被检的最小极限尺寸。

6.1.13

圆柱直齿渐开线花键量规　straight cylindrical involute spline gauge

具有标准渐开线齿廓，能反映被检内(外)圆柱直齿渐开线花键边界条件的实物量具。

6.1.13.1

圆柱直齿渐开线花键塞规　straight cylindrical involute spline internal gauge

用于圆柱直齿渐开线花键孔(内花键)检验的花键量规。其中，用于控制工件内花键作用齿槽宽综合公差的下偏差的，为综合通端花键塞规；用于控制工件内花键作用齿槽宽综合公差的上偏差的，为综合止端花键塞规；用于控制工件内花键制造公差的上偏差的，为非全齿止端花键塞规。

6.1.13.2

圆柱直齿渐开线花键环规　straight cylindrical involute spline ring gauge

用于圆柱直齿渐开线花键轴(外花键)检验的花键量规。其中，用于控制工件外花键作用齿厚综合公差上偏差的为综合通端花键环规；用于控制工件外花键作用齿厚综合公差下偏差的为综合止端花键环规；用于控制工件外花键制造公差下偏差的为非全齿止端花键环规。

6.1.14

三角花键量规　triangular spline gauge

内花键齿形为三角形，外花键齿廓为压力角等于45°的渐开线齿形或直齿形，能反映被检内(外)三角花键边界条件的实物量具。

6.1.14.1

三角花键塞规　triangular spline internal gauge

用于三角花键孔(内花键)检验的花键量规。其中，用于控制工件内花键中径综合公差(包括中径实际偏差、齿形误差和齿距误差的补偿值)下偏差的为综合通端花键塞规；用于控制工件内花键中径综合公差上偏差的为综合止端花键塞规；用于控制工件内花键实际中径最大极限尺寸的为非全齿止端花键塞规。

6.1.14.2

三角花键环规　triangular spline ring gauge

用于三角花键轴(外花键)检验的花键量规。其中，用于控制工件外花键中径综合公差(包括中径实际偏差、齿形误差和齿距误差的补偿值)上偏差的为综合通端花键环规；用于控制工件外花键中径综合公差下偏差的为综合止端花键环规；用于控制工件外花键实际中径最小极限尺寸的为非全齿止端花键环规。

6.2 单项误差测量仪

6.2.1

便携式齿轮齿距测量仪 manual gear circular pitch measuring instrument

根据相对测量法，采用指示表类器具测量相邻齿距偏差、齿距累积误差的测量仪器。又称为便携式齿轮周节检查仪。

6.2.2

上置式齿轮齿距测量仪 portable gear circular pitch measuring instrument

根据测量齿槽中心线等分性的近似方法，放置于被测齿轮处，采用指示表类器具测量相邻齿距偏差、齿距累积误差的测量仪器。

6.2.3

齿轮基节测量仪 gear base pitch measuring instrument

根据绝对测量法，采用指示表类器具测量基节偏差的测量仪器。又称为齿轮基节检查仪。

6.2.4

齿轮跳动测量仪 gear run-out measuring instrument

根据绝对测量法，采用指示表类器具测量齿圈径向跳动误差的测量仪器。又称为齿轮跳动检查仪。

6.2.5

齿轮螺旋角测量仪 gear helix angle measuring instrument

根据相对测量法，采用指示表类器具测量齿轮螺旋角误差或实际值的测量仪器。

6.2.6

齿轮导程测量仪 gear lead measuring instrument

根据比较测量法，采用指示表类器具及读数显微镜测量斜齿轮的导程、齿向误差的测量仪器。又称为齿轮导程检查仪。

6.2.7

单盘式齿形测量仪 disc type tooth profile measuring instrument

根据比较测量法，以直尺和基圆盘作直线、旋转的复合运动，形成标准渐开线；被测齿轮随基圆盘转动，采用指示表类器具随直尺作直线移动并测量取值，用于测量渐开线齿形误差的测量仪器。又称为单盘式渐开线检查仪。

6.2.7.1

基圆盘 base circle plate

其直径等于或近似等于被测齿轮基圆直径，与被测齿轮一起固定于主轴；测量时，由绕其外圆周上的直尺或钢带带动作纯滚动可产生渐开线的标准圆盘。

6.2.8

分级单盘式齿形齿向测量仪 variable single disc tooth profile and tooth directional measuring instrument

基圆盘直径在一定范围内可适当调整，用于测量齿形、齿向误差和齿面粗糙度及蜗杆导程误差的测量仪器。

6.2.9

万能式齿形测量仪 universal tooth profile measuring instrument

根据比较测量法，由机械机构作准确的直线、旋转复合运动，形成标准渐开线；带动被测齿轮作转动，采用指示表类器具测量渐开线齿形误差的测量仪器。

6.2.10

万能测齿仪 universal gear measuring instrument

以被测齿轮轴心线为基准，上、下顶尖定位，采用指示表类器具测量齿轮、蜗轮的齿距误差及基节偏差、公法线长度、齿圈径向跳动等的测量仪器。

6.2.11

齿轮齿向测量仪　gear tooth directional measuring instrument

根据比较测量法，采用相应的传感器测量直齿、斜齿、内啮合、外啮合圆柱齿轮齿向误差的测量仪器。

6.2.12

齿轮齿距测量仪　gear circular pitch measuring instrument

根据相对测量法，采用相应的传感器测量相邻齿距偏差、齿距累积误差及齿圈跳动等的测量仪器。

6.2.13

万能渐开线螺旋线测量仪　universal involute and helix measuring instrument

根据比较测量法，由机械机构带动相应的传感器相对被测齿轮移动，形成标准渐开线、螺旋线，传感器沿此标准渐开线、螺旋线测量取值，用于测量渐开线齿轮齿形误差和螺旋线波度误差的测量仪器。

6.2.14

齿轮测量机　gear measuring machine

根据坐标测量法，以上、下顶尖定位，角位移传感器和被测齿轮同轴回转，并推动线位移传感器测头与被测齿轮的齿面逐齿接触定位、测量取值，用于测量渐开线圆柱齿轮齿形误差、齿距累积误差、齿距偏差等，以及截面整体误差等的测量仪器。又称为万能齿轮测量机。

6.2.15

蜗轮副测量仪　worm wheel measuring instrument

根据电子创成式测量法，采用长、圆光栅传感器和被测蜗杆、蜗轮作单面啮合传动测量取值，用于测量圆柱蜗杆蜗轮副的切向综合误差、一齿切向综合误差、齿距偏差、齿距累积误差和接触斑点等的测量仪器。

6.3　综合误差测量仪

6.3.1

圆锥齿轮双面啮合综合测量仪　bevel gear dual-flank meshing measuring instrument

将被测圆锥齿轮与标准件(测量齿轮或测量蜗杆)作无间隙的双面啮合，采用指示表类器具测量被测齿轮与标准件轴线夹角的变动量或齿轮轴线位移变动量，以评定齿轮的运动精度、工作平稳性和齿侧间隙等误差的测量仪器。又称为圆锥齿轮双面啮合综合检查仪。

6.3.2

圆柱齿轮双面啮合综合测量仪　cylindrical gear dual-flank meshing measuring instrument

将被测圆柱齿轮与标准件(测量齿轮或测量蜗杆)作无间隙的双面啮合，并以径向移动或摆动的方式调整被测圆柱齿轮与标准件的中心距，采用标尺或指示表类器具测量取值，以评定齿轮的运动精度、工作平稳性和齿侧间隙等的测量仪器。又称为圆柱齿轮双面啮合综合检查仪。

6.3.3

圆锥齿轮单面啮合综合测量仪　bevel gear single-flank meshing measuring instrument

根据相对测量法，将被测圆锥齿轮与测量齿轮作单面啮合传动，采用角位移传感器测量取值，用于测量直齿锥齿轮、斜齿锥齿轮、弧齿和准双曲面锥齿轮的齿轮副切向综合误差、切向相邻综合误差、齿频周期误差、侧隙变动量及接触斑点等的测量仪器。

6.3.4

圆锥齿轮整体误差测量仪　bevel gear integrated error measuring instrument

根据“齿轮啮合分离测量法”，利用其齿面有规则分布的凸起棱带的特殊测量齿轮与被测圆锥齿轮作单点啮合传动，由两角位移传感器测量取值，用于测量螺旋锥齿轮副和准双曲面齿轮副及单个齿轮的切向综合误差、切向相邻综合误差、周期误差及多截面齿形误差和整体误差等的测量仪器。

6.3.5

齿轮单面啮合整体误差测量仪　gear single-flank meshing integrated error measuring instrument

根据"齿轮单面啮合整体误差测量法"，以上、下顶尖定位，利用间齿测量蜗杆与被测齿轮作单面啮合传动，由两角位移传感器测量取值，用于测量圆柱齿轮的齿距累积误差、切向综合误差、一齿切向综合误差、齿距偏差、齿形偏差和基节偏差等的测量仪器。

6.3.6

齿轮测量中心　gear measuring center

根据坐标测量法，以顶尖、圆转台定位，采用多轴数控的线位移、角位移传感器测量取值，可用于测量内(外)直齿轮、弧锥齿轮、蜗杆蜗轮副及滚刀、剃(插)齿刀等的多项误差，并作统计分析的测量仪器。

6.4　滚刀测量仪

6.4.1

立式滚刀测量仪　vertical hob measuring instrument

根据直接比较测量法，以上、下顶尖定位，由直尺、滚切盘和正弦尺导板的复合运动形成标准螺旋线，采用相应的传感器沿被测件轴向作直线移动并测量取值，用于测量渐开线圆柱齿轮滚刀、蜗轮滚刀的螺旋线误差、啮合误差和齿形误差等的测量仪器。

6.4.2

卧式滚刀测量仪　horizontal hob measuring instrument

根据直接比较测量法，以左、右顶尖定位，由测量滑座和右顶尖的复合运动形成标准螺旋线，线、角位移传感器沿被测件轴向作直线、旋转运动并测量取值，用于测量齿轮滚刀、蜗轮滚刀、蜗杆、丝杆的螺旋线误差、啮合误差和齿形误差等的测量仪器。

7　螺纹测量器具

7.1

螺纹样板　screw thread template

具有确定的螺距和牙形，且满足一定的准确度要求，用作螺纹标准对类同的螺纹进行测量的实物量具。

7.2

螺纹量规　screw thread gauge

具有标准螺纹牙形，能反映被检内(外)螺纹边界条件的实物量具。按螺纹种类分为普通螺纹量规、梯形螺纹量规和锯齿形螺纹量规等。按使用场合分为：制造工件螺纹过程时所用的工作螺纹量规、验收工件螺纹时所用的验收螺纹量规、在制造和检验时检验或调整螺纹环规尺寸的正确性时所用的校对螺纹量规。

7.2.1

螺纹塞规　screw thread plug gauge

用于螺纹孔(内螺纹)检验的螺纹量规。

工作螺纹量规和验收螺纹量规又分为：用于综合检查螺母的通端工作塞规、通端验收塞规；用于检查螺母内径的通端光滑塞规、止端光滑塞规；用于检查螺母中径的止端工作塞规。

校对螺纹量规又分为：用于校对(调整)通端工作环规的校通-通塞规、校通-止塞规、校通-损塞规；用于校对(调整)止端工作环规的校止-通塞规、校止-止塞规、校止-损塞规；用于校对(调整)通端验收环规的验通-通塞规；用于校对(调整)可调整的通端工作环规的校通-通塞规；用于校对(调整)可调整的止端工作环规的校止-通塞规。

7.2.2

螺纹环规(卡规)　screw thread ring gauge(screw thread calliper gauge)

用于螺纹轴(外螺纹)检验的螺纹量规。工作螺纹量规和验收螺纹量规又分为：用于综合检查螺栓的通端工作环规和通端验收环规、用于检查螺栓外径的通端光滑卡规和止端光滑卡规、用于检查螺栓中径的止端工作环规。

7.3

螺纹千分尺　screw thread micrometer

利用螺旋副原理，对弧形尺架上的锥形测量面和V形凹槽测量面间分隔的距离进行读数的测量螺纹中径的测量器具。

7.4

数显螺纹千分尺　digital display screw thread micrometer

利用螺旋副原理，以电子测量、数字显示，进行读数的螺纹千分尺。

7.5

带计数器螺纹千分尺　screw thread micrometer with counter

利用螺旋副原理，以机械式数字显示装置进行读数的螺纹千分尺。

7.6

丝杠静态测量仪　static lead screw measuring instrument

被测丝杠在头架、尾架间横卧固定不动，采用相应的传感器沿被测丝杠两侧轴向移动并测量取值，用于测量丝杠的螺距、中径及牙形角等的测量仪器。

7.7

丝杠动态测量仪　dynamic lead screw measuring instrument

以角位移传感器作为圆分度基准，激光干涉装置或其他线位移传感器作为长度基准，被测丝杠在头架、尾架横卧固定并作回转运动，测量头沿被测丝杠轴线作同步轴向移动并测量取值。用于测量丝杠螺距误差和螺旋线误差的测量仪器。

8　其他测量器具

8.1

测微高度规　micrometer height gauge

利用螺旋副原理，使立柱上排列的一组等间距的标准块在铅垂方向作上、下移动，提供比较测量用标准量值的测量器具。又称为可调高度测微仪。

8.2

带表高度规　dial height gauge

利用螺旋副原理，使立柱上排列的一组等间距的标准块在铅垂方向作上、下移动，并由指示表进行读数，提供比较测量用标准量值的测量器具。

8.3

数显高度规　height gauge with digital display

利用电子测量、数字显示原理，对测量头与底座工作面沿铅垂方向相对移动分隔的距离进行读数，提供比较测量用标准量值的测量器具。

8.4

数显高度测量仪　height measuring instrument with digital display

根据绝对测量法，以测量头相对基面作垂直移动，利用线位移传感器测量取值，经数据处理、显示并打印测量结果，用于测量轴、孔直径及垂直平面内距离等的测量仪器。

8.5

大直径测量仪　large diameter measuring instrument

根据直接比较测量法，由基准滚轮同被测件作无滑动滚动，采用角位移传感器与基准滚轮同轴转动并随机采样，经数据处理，给出测量结果，用于测量大型圆柱工件直径的测量仪器。

8.6

光栅式传动链测量仪　grating transmission chain measuring instrument

根据直接比较测量法，利用两光栅角位移传感器将被测传动链输入轴和输出轴的转动转换成频率相等的两路光电信号，经电路处理，用测出相位差的方式求得实际传动比相对理论传动比的偏差，并绘出其传动误差曲线。用于测量具有固定传动比的齿轮加工机床、谐波传动链及其他非渐开线齿轮传动系统的传动链误差专用测量仪器。

8.7

惯性式传动链测量仪　inretial transmission chain measuring instrument

根据直接比较测量法，利用两个具有单自由度的扭转振动系统将被测传动链输入轴和输出轴的转动经相应的传感器分别转换成两路电信号，由电路处理，绘出误差曲线。用于测量高精度回转机构的绝对和相对不匀速性专用测量仪器。

8.8

外圆磨加工主动测量仪　active measuring instrument for cylindrical grinding

根据直接比较测量法，在外圆磨床加工的过程中，采用相应的传感器对被加工件的尺寸主动进行测量取值；经电路数据处理，指示控制器指示，并按尺寸的变化向外圆磨床发出相应的信号，改变其加工状态，最终使被加工件的尺寸或形状误差控制在规定的公差范围内。用于成批工件外圆磨削加工且有横向进给的工序中，对外径尺寸或形状误差进行主动测量和控制的专用测量仪器。它由测量系统和指示控制器组成。该主动测量仪分为：连续表面主动测量仪、断续表面主动测量仪、配磨主动测量仪、几何形状主动测量仪、凸轮轴磨主动测量仪、宽量程主动测量仪和轴承内圈沟道磨主动测量仪等类型。

8.8.1

指示控制器　indicating controller

可发出控制信号的指示装置，又称为指示控制仪。控制信号用于控制磨床的进给机构，该控制器也适用于内圆磨加工主动测量仪。

8.9

内圆磨加工主动测量仪　active measuring instrument for internal grinding

根据直接比较测量法，在内圆磨床加工的过程中，采用相应的传感器对被加工件的尺寸主动进行测量取值；经电路数据处理，指示控制器指示，并按尺寸的变化向磨床发出相应的信号，改变其加工状态，最终使被加工件的尺寸或形状误差控制在规定的公差范围内。用于成批工件内圆磨削加工且有横向进给的工序中，对内径尺寸或形状误差进行主动测量和控制的专用测量器具。它由测量系统和指示控制器组成。

该主动测量仪分为：连续表面主动测量仪、断续表面主动测量仪、前插式主动测量仪、后插式主动测量仪和轴承外圈沟道磨主动测量仪等类型。

8.10

凸轮轴测量仪　camshaft measuring instrument

根据直接比较测量法，以两顶尖定位并带动被测凸轮转动，采用相应的传感器沿被测件轮廓测量取值，用于测量凸轮轴凸轮升程值和相位角的测量器具。

按照两顶尖轴线位置的不同，凸轮轴测量仪分为两种型式：两顶尖轴线垂直于水平面的为立式凸轮轴测量仪；两顶尖轴线平行于水平面的为卧式凸轮轴测量仪。

8.11

立式刀具预调测量仪　vertical tool presetting and measuring instrument

仪器主轴轴线垂直于水平面，被测刀具固定于仪器主轴且可绕其轴线回转。根据直接测量法，以光学投影屏或指示表定位对零，沿被测刀具轴向、径向移动测量取值，并由相应的指示装置表示出测量结果。用于在机外预调中测量各种加工中心、数控机床带轴镗铣刀具切削刃径向和轴向尺寸的专用测量仪器。

8.12

卧式刀具预调测量仪　horizontal tool presetting and measuring instrument

仪器主轴轴线平行于水平面，被测刀具固定于仪器主轴且可绕其轴线回转。根据直接测量法，以光学投影屏或指示表定位对零，沿被测刀具轴向移动测量取值，并由相应的指示装置表示出测量结果。用于在机外预调中测量各种加工中心、数控机床带轴镗铣刀具及车削刀具切削刃径向和轴向尺寸的专用测量仪器。

8.13

自动分选机　automatic sorting machine

根据直接比较测量法，采用相应的传感器，对工件自动地以接触或非接触的方式逐个测量，并按被测参数的测量结果，控制执行机构进行自动分选。用于对大量工件的几何量、重量、弹性、硬度、表面结构质量等参数按组别自动分检的测量分选仪器。

按照分选的对象，比较典型的自动分选机有：钢球、滚针和圆柱滚子三用自动分选机；圆柱滚子自动分选机；圆锥滚子自动分选机；钢球外观自动分选机；轴承外环外径自动分选机；针阀体内径自动分选机；活塞环厚度自动分选机；活塞自动分选机。按照测量工位数目的多少，自动分选机可分为单工位分选机和多工位分选机两种。自动分选机一般由上料装置、运送装置、测量系统、测量与控制线路、执行机构、程序控制系统和传动机构等部分组成。

8.14

自动检验机　automatic testing machine

根据直接比较测量法，采用相应的传感器，对工件自动地以接触或非接触的方式逐个测量，并由相应的装置表示被测件合格与否。用于对大量工件的几何量、重量、弹性、硬度及表面结构质量等项目作在线和非在线监控的测量器具。其中，在线使用的自动检验机除参与产品质量监测外尚可进行工艺过程的控制。

按照检测工位数目的多少，自动检验机可分为单工位自动检验机和多工位自动检验机。

按照检测的对象，典型的自动检验机有：连杆自动检验机、曲轴自动检验机、汽缸孔自动检验机。

8.15

坐标测量机　coordinate measuring machine

根据绝对测量法，采用触发式、扫描式等型式传感器随 x、y、z 等相互垂直的导轨相对移动或转动，并与固定于工作台上的被测件接触或非接触发讯、采样，计算机处理数据，显示、打印测量结果。用于空间坐标尺寸测量、定位等的测量器具。

坐标测量机种类较多，按其结构型式，大体可分为坐标镗式、龙门式、桥式和悬臂式等。

8.15.1

触发式传感器　touching sensor

能将测量头在垂直于其轴线任意方向，以及沿该轴线方向接触感受的位移量转换成触点开或关信号的传感器。其中，作空间定位用的传感器，又称为触发式探头，它包括测量头和控制器两部分。

8.15.2

扫描式传感器　scanning sensor

能将测量头在空间任意方向微位移，随机连续接触采样所感受的位移量转换成模拟量信号形式的传感器。又称为扫描式探头，它包括测量头和控制器两部分。

8.16

激光干涉仪　laser interferometer

利用稳频氦氖激光器，以激光波长为基准，按迈克尔逊原理产生干涉条纹进行几何量测量的仪器。激光干涉仪由激光头、干涉镜、反射镜和显示器等组成。

8.16.1

激光头 laser head

利用固定在轴向磁场内的激光器发出稳频准直光束，通过靶镜对被测件的位移进行测量的激光束发生装置。

8.17

光学影像测量仪 optical image measuring instrument

根据“计算机屏幕测量”原理，融合机器视觉软件等人工智能技术，实现对被测件多坐标的自动边缘提取、影像合成、测量合成的测量仪器。

9 测量链

9.1

光栅线位移测量链 grating linear displacement measuring chain

利用光栅副产生光信号的原理，由光栅线位移传感器感受线位移量，并用光栅数显表显示其值的长度测量单元。

9.1.1

光栅线位移传感器 grating linear displacement transducer

由光栅尺和读数头组成，能获取线位移光栅信息的光电转换装置。按其结构，该线位移传感器分为开启型和封闭型两种。

9.1.2

光栅数显表 grating digital display meter

接受光栅传感器输出的电信号，并经处理后以数字显示出位移量的装置。按其功能，数显表分为普通型和多功能型两种。

9.2

光栅角位移测量链 grating angular displacement measuring chain

利用光栅副产生光信号的原理，由光栅角位移传感器感受角位移量，并用光栅数显表显示其值的角度测量单元。

9.2.1

光栅角位移传感器 grating angular displacement transducer

由光栅盘和读数头组成，能获取角位移光栅信息的光电转换装置。按其结构，该角位移传感器分为开启型和封闭型两种。

9.3

磁栅线位移测量链 magnet-grid linear displacement measuring chain

利用磁头相对长磁栅(磁尺)线位移其磁通量变化而形成电感信号变化的原理，由磁栅线位移传感器感受位移量，并用磁栅数显表显示其值的长度测量单元。

9.3.1

磁栅线位移传感器 magnet-grid linear displacement transducer

由长磁栅(磁尺)和磁头组成，能获取线位移磁化信息的磁电转换装置，该线位移传感器分为线型和带型两种类型。

9.3.2

磁栅数显表 magnet-grid digital display meter

接受磁栅传感器输出的电信号，并经处理后以数字显示出位移量的装置。

9.4

磁栅角位移测量链 magnet-grid angular displacement measuring chain

利用磁头相对圆磁栅(磁盘)角位移其磁通量变化而形成电感信号变化的原理，由磁栅角位移传感器感受位移量,并用磁栅数显表显示其值的角度测量单元。

9.4.1

磁栅角位移传感器 magnet-grid angular displacement transducer

由圆磁栅(磁盘)和磁头组成,能获取角位移磁化信息的磁电转换装置。

9.5

容栅线位移测量链 capacitance linear displacement measuring chain

利用长动栅(副栅)相对长定栅(主栅)线位移形成电容信号输出的原理,由容栅线位移传感器感受位移量,并用容栅数显表显示其值的长度测量单元。

9.5.1

容栅线位移传感器 capacitance linear displacement transducer

由长动栅(副栅)和长定栅(主栅)组成,能获取线位移电容信息的电容电压转换装置。

9.5.2

容栅数显表 capacitance digital display meter

接受容栅传感器输出的电信号,并经处理后以数字显示出位移量的装置。

9.6

容栅数显标尺 capacitance digital scaie units

利用容栅测量、数字显示技术,对移动框体在标尺杆上相对移动的距离,进行读数的一种长度测量单元。

9.7

容栅角位移测量链 capacitance angular displacement measuring chain

利用圆环动栅(副栅)相对圆环定栅(主栅)角位移形成电容信号输出的原理,由容栅角位移传感器感受位移量,并用容栅数显表显示其值的角度测量单元。

9.7.1

容栅角位移传感器 capacitance angular displacement transducer

由圆环定栅(主栅)和圆环动栅(副栅)组成,能获取角位移电容信息的电容电压转换装置。

9.8

球栅线位移测量链 ball grid linear displacement measuring chain

利用读数头相对球栅尺线位移其磁通量变化而形成电感信号变化的原理,由球栅线位移传感器感受位移量,并用球栅数显表显示其值的长度测量单元。

9.8.1

球栅线位移传感器 ball grid linear displacement transducer

由球栅尺和读数头组成,能获取线位移磁化信息的磁电转换装置。

9.8.2

球栅数显表 ball grid digital display meter

接受球栅传感器输出的电信号,并经处理后以数字显示出位移量的装置。

9.9

感应同步器线位移测量链 linear displacement synchro-inductosyn measuring chain

利用激磁绕组(副尺)相对感应绕组(主尺)线位移形成电磁感应信号的原理,由线位移感应同步器感受位移量,并用感应同步器数显表显示其值的长度测量单元。

9.9.1

线位移感应同步器 linear displacement synchro-inductosyn

由激磁绕组(副尺)和感应绕组(主尺)组成,能获取线位移电磁感应信息的电磁转换装置。其分为标准型、窄型、带型和三层型四种类型。

9.9.2

感应同步器数显表　synchro-inductosyn digital display meter

接受感应同步器输出的电信号，并经处理后以数字显示出位移量的装置。

9.10

感应同步器角位移测量链　angular displacement synchro-inductosyn measuring chain

利用激磁绕组(转子)相对感应绕组(定子)角位移形成电磁感应信号的原理，由角位移感应同步器感受位移量，并用感应同步器数显表显示其值的角度测量单元。

9.10.1

角位移感应同步器　angular displacement synchro-inductosyn

由激磁绕组(转子)和感应绕组(定子)组成，能获取角位移电磁感应信息的电磁转换装置。

9.11

浮标式气动测量链　float type pneumatic measuring chain

利用气动传感器，将被测尺寸的变化转换成锥度玻璃管内浮标位置变化的直接比较测量单元。

9.11.1

气动传感器　pneumatic transducer

能感受被测尺寸变化，并将其转换成气体压力变化的装置。又称气动测量头。根据测量对象，分为气动外径测量头、气动内径测量头及气动槽宽测量头等类型。

9.11.2

浮标式气动指示器　float type pneumatic index

将气动传感器输出的气体压力变化转换成气体流量变化，用浮标在锥度玻璃管内的高度位置表示气动传感器所感受的被测尺寸变化量的装置。

9.12

水柱式气动测量链　water-column type pneumatic measuring chain

利用气动传感器，将被测尺寸的变化转换成水柱高度位置变化的直接比较测量单元。

9.12.1

水柱式气动指示器　water-column type pneumatic index

将气动传感器输出的气体压力变化转换成气体流速变化，用水柱在玻璃管内的位置来表示气动传感器所感受的被测尺寸变化量的装置。

9.13

波纹管式气动测量链　bellows type pneumatic measuring chain

利用气动传感器，将被测尺寸的变化转换成波纹管气室压力差变化，并用指示表指示的直接比较测量单元。

9.13.1

波纹管式气动指示器　bellows type pneumatic index

直接利用气动传感器输出的气体压力变化，用波纹管指示表来表示气动传感器所感受的被测尺寸变化量的装置。

9.14

薄膜式气动测量链　membrance type pneumatic measuring chain

利用气动传感器，将被测尺寸的变化转换成膜片间上下气室压力差变化，并用指示表指示的直接比较测量单元。

9.14.1

薄膜式气动指示器　membrance type pneumatic index

利用气动传感器输出的气体压力变化，用薄膜式指示表来指(表)示气动传感器所感受的被测尺寸变化量的装置。

9.15

双界限电接触传送器 dual-limit electric contact transducer

根据直接比较测量法，采用电接触型传感器，以电触点的分、合为开关信号确定被测工件公差的上下限，并由色灯信号指示，或与其他控制装置配合，作为被测件公差达到界限尺寸的信号发生器，用于单尺寸或多尺寸静态测量及自动分选机和磨削主动检查的测量器具。

10 通用器件及附件

10.1

万能表座 universal stand for dial indicator

用于支承指示表类量具，且靠自重固定位置的器具。

10.1.1

微调万能表座 microstroke universal stand

具有微量调节功能的万能表座。

10.1.2

普通万能表座 universal stand

不具有微量调节功能的万能表座。

10.2

磁性表座 magnetic stand

用于支承指示表类量具，且借助磁力固定位置的器具。

10.2.1

微调磁性表座 microstroke magnetic stand

具有微量调节功能的磁性表座。

10.2.2

普通磁性表座 general magnetic stand

不具有微量调节功能的磁性表座。

10.3

V 形架 V-block

工作面为一 V 形槽面，用于圆柱形工件检查或划线的器具。又称为三角铁。

10.4

测量台架 measuring stand

由水平工作台、立柱及支臂等组成，用于装夹各种测微仪(比较仪)及相应传感元件的器具。又称为比较仪座。

10.4.1

微动测量台架 microstroke measuring stand

具有微动工作台，能给出准确线位移的测量台架。

10.4.2

普通测量台架 general measuring stand

不具有微动工作台的测量台架。

10.5

光柱显示器 light-column display

由发光器件连线排列成的一组阵列光柱，以该光柱的发光高度表示被测量值大小的装置，与磨加工主动测量仪、电感测微仪、电子量规组合，可单个或多个排列使用。又称为电子柱。

10.6

气动放大器　pneumatic magnifier

将气动测量头的测量信号放大的装置,供测量器具进行显示、读数。

10.7

气电转换器　pneumatic-electronic signal transducer

将气动测量头的尺寸变化通过气压变化转换成电信号的装置,供测量器具进行显示、读数。

10.8

多点转换装置　multi-point transfer device

与主动测量仪及电感测微仪组合,可接多个电感式传感器测量取值,并交替指示各传感器测得值的装置。

10.9

继电控制装置　relay control device

与电感测微仪等组合,可在其测量范围内任意选定的区间发出"合格"、"正超差"、"负超差"等信号,表示测量结果的装置。

10.10

通用记录器　universal recorder

与电感测微仪等组合,将被测量的电信号变化用记录笔在记录纸上作出图形记录的装置。主要用于连续测量记录的场合。

10.11

长圆图记录器　linear and circular graph recorder

与电感测微仪、齿轮测量仪等组合,将被测量的电信号变化用记录笔在记录纸上作出长图或圆图记录的装置。

附　录　A
（资料性附录）
本标准与 GB/T 17164—1997 主要变化情况对照表

A.1 本标准与 GB/T 17164—1997 相比，主要变化见表 A.1。

表 A.1

序号	主要变化	本标准中章节号	GB/T 17164—1997 中章节号
1	按照 GB/T 1.1—2000 对编排格式进行了修订		
2	将范围中“本标准确定了几何量测量器具的产品术语及其定义”改为“本标准界定了几何量测量器具的产品术语及其定义”	1	1
3	修改了量块的定义	2.1.1	2.1.1
4	增加了步距规的术语及定义	2.1.2	
5	修改了光滑极限量规的定义	2.1.3	2.1.2
6	将量块、光滑极限量规、塞尺、钢直尺等术语界定为实物量具	2.1、3、4、5、6、7	2.1、3、4、5、6、7
7	将量针归类为长度测量器具的量具类，并重新定义，增加了量针的分类	2.1.4	7.2
8	增加了精密金属线纹尺截面形状的种类	2.1.8	2.1.6
9	将电子数显卡尺、电子数显深度卡尺和电子数显高度卡尺改称为数显卡尺、数显深度卡尺和数显高度卡尺	2.2.3、2.2.6、2.2.9	2.2.3、2.2.5、2.2.8
10	将深度游标卡尺改称为游标深度卡尺	2.2.4	2.2.4
11	增加了带表深度卡尺术语及定义	2.2.5	
12	将高度游标卡尺改称为游标高度卡尺	2.2.7	2.2.7
13	扩大了外径千分尺分度值的范围	2.3.2	2.3.2
14	修改了杠杆千分尺的定义	2.3.3	2.3.3
15	将电子数显外径千分尺、电子数显三爪式内径千分尺改称为数显外径千分尺、数显三爪式内径千分尺，并修改了其定义	2.3.5、2.3.17	2.3.5、2.3.17
16	增加了数显深度千分尺术语及定义	2.3.13	
17	将内径千分尺、单杆式内径千分尺合并称为两点内径千分尺，并作了定义	2.3.14	2.3.13、2.3.14
18	增加了十分表术语及定义，并将千分表的分度值扩大为 0.001 mm、0.002 mm、0.005 mm	2.4.1	
19	将电子数显指示表（电子数显百分表、电子数显千分表）改称为数显指示表（数显百分表、数显千分表），扩大了数显千分表的分辨力范围	2.4.2	2.4.7
20	修改了深度指示表的定义	2.4.3	2.4.2

表 A.1(续)

序号	主要变化	本标准中章节号	GB/T 17164—1997 中章节号
21	增加了数显深度指示表术语及定义	2.4.4	
22	修改了杠杆指示表的定义	2.4.5	2.4.3
23	增加了数显杠杆指示表术语及定义	2.4.6	
24	将测厚规改称为厚度指示表	2.4.10	2.4.10
25	增加了数显厚度指示表术语及定义	2.4.11	
26	修改了带表卡规的定义	2.4.13	2.4.9、2.4.9.1、2.4.9.2
27	增加了指示卡表、数显指示卡表、光学扭簧比较仪术语及定义	2.4.14、2.4.15、2.4.17	
28	修改了峰值电感测微仪的定义	2.4.21	2.4.15
29	修改了角度块的定义	3.1	3.1
30	修改了刀具角度样板的定义	3.3	3.3
31	删去万能角度尺术语,将游标式万能角度尺、表式万能角度尺分别改称为游标万能角度尺、带表万能角度尺,并重新分别对其作了定义	3.5、3.6	3.5
32	增加了数显式万能角度尺术语及定义	3.7	
33	将表面质量测量器具改称为表面结构质量测量器具	5	5
34	修改了便携式表面粗糙度测量仪的定义	5.2	5.2
35	修改了台式表面粗糙度测量仪的定义	5.3	5.3
36	增加了轮廓测量仪术语及定义	5.4	
37	修改了测量齿轮、测量齿条、测量蜗杆、渐开线样板、螺旋线样板的定义	6.1.1、6.1.2、6.1.3、6.1.4、6.1.5	6.1.1、6.1.2、6.1.3、6.1.4、6.1.5
38	将齿厚游标卡尺、电子数显齿厚卡尺改称为游标齿厚卡尺、数显齿厚卡尺	6.1.6、6.1.7	6.1.6、6.1.7
39	增加了数显公法线千分尺术语及定义	6.1.9	
40	修改了杠杆公法线千分尺的定义	6.1.10	6.1.9
41	修改了蜗轮测量仪的定义	6.2.15	6.2.15
42	将圆锥齿轮测量机改称为圆锥齿轮整体误差测量仪	6.3.4	6.3.4
43	修改了螺纹样板的定义	7.1	7.1
44	修改了螺纹量规的定义	7.2	7.3
45	增加了数显螺纹千分尺术语及定义	7.4	
46	将表式高度规、电子数显高度规、电子数显高度测量仪改称为带表高度规、数显高度规、数显高度测量仪	8.2、8.3、8.4	8.3、8.4、8.5
47	删去了外圆磨加工主动测量仪、自动分选机术语中的测量系统术语		8.9.1.、8.13.1
48	增加了凸轮轴测量仪术语及定义	8.10	

表 A.1(续)

序号	主要变化	本标准中章节号	GB/T 17164—1997 中章节号
49	将双频激光干涉测量链改称为激光干涉仪,修改了定义,并将其归类为其他测量器具	8.16	9.13
50	增加了光学影像测量仪术语及定义	8.17	
51	增加了容栅数显标尺术语及定义	9.6	
52	增加了球栅线位移测量链、球栅线位移传感器、球栅数显表术语及定义	9.8、9.8.1、9.8.2	

中 文 索 引

（按汉语拼音顺序）

B

C

D

F

G

H

J

K

L

M

N

P

X

Y

Z

英 文 索 引

（按英语字母顺序）

A

B

C

D

E

F

G

H

I

K

L

M

O

P

R

S

T

U

V

W

ICS 17.040.30
J 42
备案号：28706—2010

中华人民共和国机械行业标准

JB/T 7976—2010
代替 JB/T 7976—1999

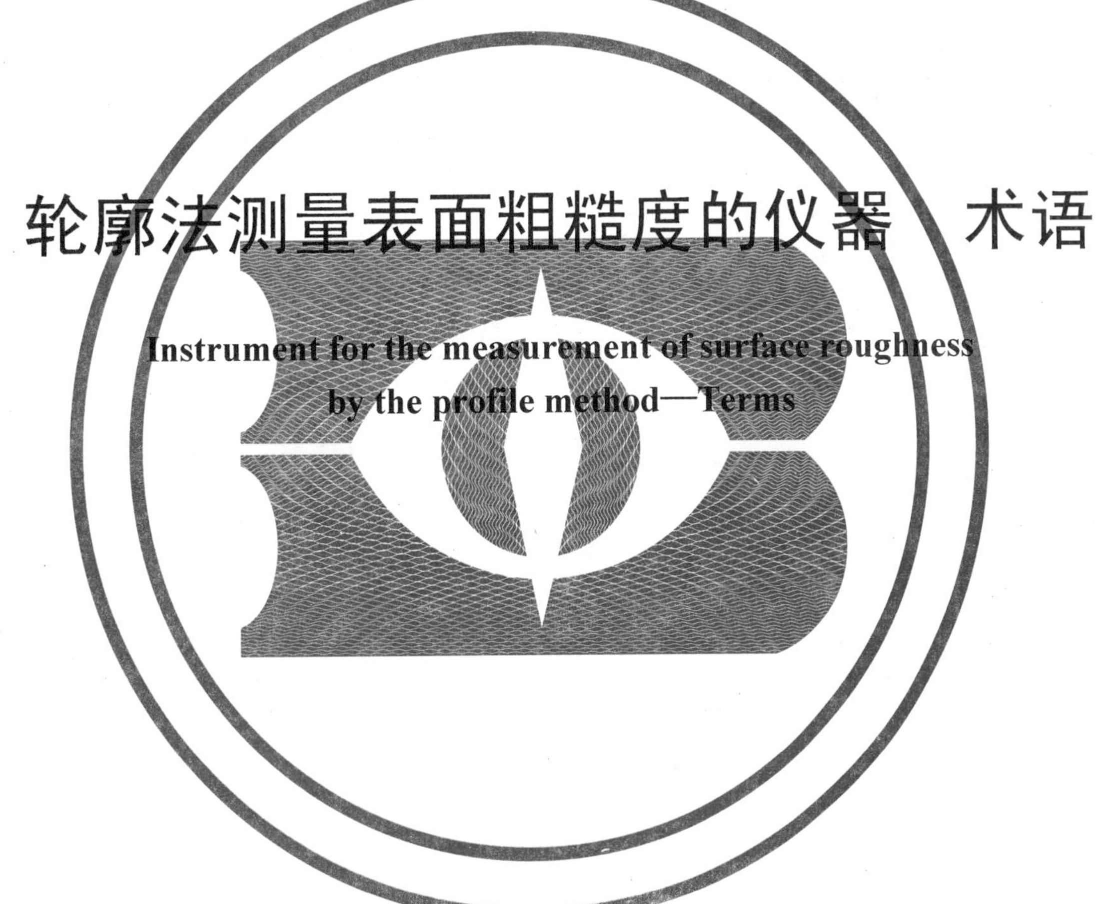

轮廓法测量表面粗糙度的仪器　术语

Instrument for the measurement of surface roughness by the profile method—Terms

2010-02-11 发布　　2010-07-01 实施

中华人民共和国工业和信息化部 发布

前　言

本标准代替 JB/T 7976—1999《轮廓法测量表面粗糙度测量仪的仪器　术语》。

本标准与 JB/T 7976—1999 相比，主要变化如下：

——2.2 中的定义内容进行了语句修改；

——2.3、2.4 中定义名称和内容中顺序改为连续；

——2.3、2.4 中英文名称中 contactless 改为 non-contact。

本标准由中国机械工业联合会提出。

本标准由全国量具量仪标准化技术委员会（SAC/TC132）归口。

本标准起草单位：哈尔滨量具刃具集团有限责任公司、机械科学研究院中机生产力促进中心。

本标准起草人：王宇、霍炜、王欣玲、刘力岩。

本标准所代替标准的历次版本发布情况为：

——JB/T 7976—1995、JB/T 7976—1999。

轮廓法测量表面粗糙度的仪器　术语

1　范围

本标准规定了轮廓法测量表面粗糙度的仪器的基本术语与定义。

本标准适用于轮廓法测量表面粗糙度的仪器。

2　术语和定义

下列术语和定义适用于本标准。

2.1

测量表面粗糙度的轮廓方法　profile method of measurement of the surface roughness

根据表面测量的轮廓参数评定表面粗糙度的一种方法。

2.2

轮廓法测量表面粗糙度的仪器　instrument for the measurement of surface roughness by the profile method

测量表面轮廓并据此评定表面粗糙度参数的一种仪器。

2.3

轮廓连续转换的接触（触针）式仪器　contact（stylus）instrument of consecutive transformation of a profile

触针沿被测表面机械移动过程中通过轮廓信息连续转换的方法测量表面粗糙度的一种仪器。

注 1：触针的移动可以是连续的也可以是分段连续的。

注 2：仪器的触针具有规定的几何形状，并在信息转换的过程中用于描绘轮廓。

2.4

轮廓连续转换的非接触式仪器　non-contact instrument of consecutive profile transformation

传感器与被测表面没有任何机械接触的情况下，通过轮廓信息连续转换的方法测量表面粗糙度的一种仪器。

2.5

轮廓瞬即转换的接触式仪器　contact instrument of instantaneous profile transformation

传感器触针与被测表面机械接触的过程中，通过轮廓信息瞬即转换的方法测量表面粗糙度的一种仪器。

2.6

轮廓瞬即转换的非接触式仪器　non-contact instrument of instantaneous profile transformation

传感器与被测表面没有任何机械接触的情况下，通过轮廓信息瞬即转换的方法测量表面粗糙度的一种仪器。

ICS 17.040.30
J 42
备案号：44086—2014

中华人民共和国机械行业标准

JB/T 10313—2013
代替 JB/T 10313—2002

量块检验方法

Test method of gauge blocks

2013-12-31 发布　　　　2014-07-01 实施

中华人民共和国工业和信息化部 发布

前　　言

本标准按照GB/T 1.1—2009给出的规则起草。

本标准代替JB/T 10313—2002《量块检验方法》，与JB/T 10313—2002相比主要技术变化如下：

——强调成批量块的检验，并且立足于比较测量；

——按量块精度的重要程度调整了受检项目的数量及重要度分类；

——将受检项目所用检验设备及不确定度尽可能列表给出；

——受检项目按技术要求、检验方法单项直接编出；

——增加了对非钢制量块的机械性能要求；

——增加了“检验条件”及“检验建议”。

本标准由中国机械工业联合会提出。

本标准由全国量具量仪标准化技术委员会（SAC/TC132）归口。

本标准负责起草单位：成都成量工具集团有限公司。

本标准参加起草单位：哈尔滨量刃具集团有限责任公司、中国计量科学研究院。

本标准主要起草人：卞宙、罗旭东、张伟、刘香斌、董玉文。

本标准所代替标准的历次版本发布情况为：

——JB/T 10313—2002。

量块检验方法

1 范围

本标准规定了标称长度从 0.5 mm～1 000 mm 的 K 级（校准级）和 0 级、1 级、2 级和 3 级截面形状为矩形的长方体量块（以下简称“量块”）的术语和定义、检验基准、材料特性、检验条件、检验方法等。

本标准适用于成批生产的量块逐批检查和周期检查的检验质量评定。

2 规范性引用文件

下列文件对于本文中的应用是必不可少的。凡是注日期的引用文件，仅注日期的版本适用于本文件。凡是不注日期的引用文件，其最新版本（包括所有的修改单）适用于本文件。

GB/T 6093—2001 几何量技术规范（GPS）长度标准 量块

3 术语和定义

GB/T 6093—2001 界定的术语和定义适用于本文件。

4 检验基准

4.1 长度单位：米

米等于光在真空中 1/299 792 458 秒时间间隔内所经路径的长度（1983 年第十七届国际计量大会通过）。本定义是通过国际计量委员会（CIPM）推荐的标准波长来实现的。

4.2 溯源性

若通过一组已知测量不确定度的连续不中断的比较测量，使测量结果能与用合适的光波波长作标准，通过光波干涉法校准过的量块的长度相关，则测得的量块长度可溯源到国家长度基准或国际长度基准上。

4.3 标准温度和标准气压

量块的标称长度和测得的量块长度是指量块在标准温度 20℃和标准大气压力 101 325 Pa 时的长度。在正常大气压（即气压与标准大气压相差不大）状态下，气压的偏差所带来的对量块长度的影响可忽略不计。但在使用真空或可变气压的量块干涉仪，或由于海拔较高致使大气压力过低时需要考虑。

4.4 标准姿态

标称长度小于或等于 100 mm 的量块，测量或使用其长度时，量块的轴线应垂直或水平安装。

标准长度大于 100 mm 的量块，测量或使用其长度时，量块的轴线应水平安装。这时，量块在无附加应力的情况下，用两个合适的支承点分别支承在距量块两端测量面各为 $0.211l_n$ 处一个较窄的侧面上。

注：l_n 为量块的标称长度。

4.5 检验条件偏离标准的处理

如果量块检验时的条件与 4.3 和 4.4 的规定不相同，其测量结果应作相应的修正。

5 材料特性

5.1 材料

量块应由优质钢或理化性能稳定、精确高密度的能被精加工成容易研合表面的其他非钢质耐磨材料制造。

5.2 线膨胀系数

当温度在 10℃～30℃范围内，钢制量块的线膨胀系数应为（11.5±1.0）$\times10^{-6}K^{-1}$。对于 K 级钢制量块和所有各级非钢制量块均应提供线膨胀系数及其测量不确定度。

5.3 弹性模数和密度

所有各级非钢制量块均应提供材料的弹性模量和密度。

6 检验条件

6.1 测量不确定度

检验量块长度时，检定设备及标准量块的选择原则是检后量块的测量不确定度不应大于表 1 的规定。

表 1

待检量块级别	测量不确定度U μm	标准量块等别
K级、0级	$0.05+0.5\times10^{-3}\,l_n$	2
1级	$0.10+1.0\times10^{-3}\,l_n$	
2级	$0.20+2.0\times10^{-3}\,l_n$	3
3级	$0.50+5.0\times10^{-3}\,l_n$	
注：l_n为量块的标称长度，单位为毫米（mm）。		

6.2 温湿度条件

在标准温度下测量：温度变化梯度不大于 0.2℃/h；空气相对湿度 50%～70%。

6.3 等温时间

被检量块应保证具有足够的等温时间。被检量块先在等温平板上等温一定时间后，再在测量仪器工作台上与标准量块贴合在一起进行等温，等温时间见表 2 的规定。

6.4 检验项目

检验项目及检验设备、检验样本大小见表 3。

表 2

量块的标称长度l_n mm	等温时间	
	在等温平板上 h	在测量仪器工作台上 min
l_n≤2	2	5
2＜l_n≤10	4	15
10＜l_n≤30	6	18
30＜l_n≤60	8	20
60＜l_n≤100	11	25
100＜l_n≤500	15	35
500＜l_n≤1 000	18	50

表 3

序号	检验项目	重要度分类	检验设备	检验样本大小
1	测量面的表面粗糙度	A	表面粗糙度比较样块：Ra（0.01±0.0014）μm、Ra（0.016±0.0022）μm（或表面粗糙度测量仪）	全检
2	测量面的平面度	A	直径≥45 mm、厚度≥11 mm 的 1 级光学平面平晶	全检
3	量块长度、长度变动量	A	分辨力为 0.01 μm 的电脑比较仪；刻度尺分度值为 0.1 μm 的立式接触干涉仪，或相应准确度的光学、电感、电容式比较仪；2 等、3 等标准量块	全检
4	测量面的研合性	A	直径≥45 mm、厚度≥11 mm 的 1 级光学平面平晶	抽检
5	量块线膨胀系数	A′	分辨力为 0.01 μm 的电脑比较仪；刻度尺分度值为 0.1 μm 的立式接触干涉仪，或相应准确度的光学、电感、电容式比较仪；2 等、3 等标准量块	抽检
6	尺寸稳定性	A′	分辨力为 0.01 μm 的电脑比较仪；刻度尺分度值为 0.1 μm 的立式接触干涉仪，或相应准确度的光学、电感、电容式比较仪；2 等、3 等标准量块	周期检定
7	测量面硬度	B	示值最大允许误差±3%的维氏硬度计（或示值最大允许误差 1 HR 的洛氏硬度计）	抽检
8	测量面、侧面外观缺陷	B	5 倍放大镜	全检
9	量块上标志及支承位置线	B	分度值/分辨力为 0.02 mm 的卡尺	全检
10	侧面相对于测量面的垂直度、相邻侧面间夹角	B	刀口角尺、塞尺、1 级检验平板、分度值为 2′ 的万能角度尺	抽检
11	量块截面及连接孔尺寸	C	分度值/分辨力为 0.02 mm 的游标卡尺	抽检

表 3（续）

序号	检验项目	重要度分类	检 验 设 备	检验样本大小
12	倒棱尺寸及均匀性	C	工具显微镜、读数放大镜	抽检
13	侧面及棱的表面粗糙度	C	表面粗糙度比较样块：*Ra*（0.32±0.045）μm、*Ra*（0.63±0.088）μm，（或表面粗糙度检查仪）	抽检
14	侧面平面度、侧面平行度	C	1 级桥型平尺、塞尺、分度值/分辨力为 0.01 mm 的千分尺	抽检
15	成套包装	C		抽检
注：类别 A 在成品定级时检验；类别 B、C 在工序中检验；类别 A′ 为特性值检验。				

7 检验建议（批量、同规格量块的检验）

7.1 检验流程

测量面和侧面外观→测量面的表面粗糙度→测量面的平面度→选级别→复检级别。

7.2 要求

7.2.1 检测出测量面的表面粗糙度不低于 1 级的量块。

7.2.2 检测出测量面的平面度不低于 1 级的量块；标称长度小于或等于 2.5 mm 的量块平面度，宜在加工工序中进行检验。

7.2.3 依据量块长度、长度变动量要求，先用 3 等标准量块普检分级后，再用 2 等标准量块核准 0 级、1 级量块；并从中挑选 K 级量块（重点选 K 级的长度变动量）。K 级量块可用“双频激光干涉仪”或“柯式激光干涉仪”抽检验证。

7.2.4 复检级别：依据所检量块测量面的表面粗糙度、测量面的平面度值按相应级别要求最终确定级别。

8 检验

8.1 测量面的表面粗糙度

8.1.1 技术要求

量块测量面的表面粗糙度应符合 GB/T 6093—2001 中表 3 的规定。

8.1.2 检验方法

测量面的表面粗糙度检测：主要应以与相对应的表面粗糙度比较样块（建议使用经权威机构检定的、符合 GB/T 6093—2001 中表 3 规定的测量面的表面粗糙度要求、加工痕迹相同的同材质量块）目测比对。有争议时，用表面粗糙度检查仪检测。

8.2 测量面的平面度

8.2.1 技术要求

在非研合状态下，量块测量面的平面度误差应符合表 4 的规定。

表 4

量块的标称长度l_n mm	平面度公差t_f μm			
	K 级	0 级	1 级	2 级、3 级
l_n≤1.5	2.7			
1.5<l_n≤2.0	1.8			
2.0<l_n≤2.5	0.5			
2.5<l_n≤150	0.05	0.10	0.15	0.25
150<l_n≤500	0.10	0.15	0.18	
500<l_n≤1 000	0.15	0.18	0.20	
测量面上距侧面0.8 mm的边缘区域的平面度不计，该区域不得高于测量面的其余部分。				

8.2.2 检验方法

量块测量面平面度的检验方法采用下述方式：

a）量块测量面的平面度采用技术光波干涉方式测量，检测时使用直径不小于 45 mm，厚度不小于 11 mm 的玻璃、石英或其他透明的耐磨材料制成的 1 级平面平晶。

b）对于平面度数值较小的量块测量面，应保证使平晶与量块测量面之间形成很小的尖劈形空气层，在白光（或单色光）照明下，由平行于量块测量面长、短两边和两对角线等四个方向观测干涉条纹图像，并以相邻两干涉条纹间隔 M 为单位，读出干涉条纹的弯曲度 m/M。

注：在对弓形的干涉条纹引线读取弯曲度时，应注意到所引的弦线必须通过干涉条纹的中线与量块测量面上距侧面 0.8 mm 并与侧面相平行的线的相交点。

若干涉条纹皆为同向弯曲，则取上述 4 个 m/M 中数值最大者，计算该测量面的平面度误差 f_d［见公式（1）］。

$$f_d = \frac{m}{M}\frac{\lambda}{2} \quad (1)$$

式中：

f_d——测量面的平面度误差，单位为微米（μm）；

m/M——干涉条纹的弯曲度；

m——弓形干涉条纹中线在有效弧上的矢高，单位为毫米（mm）；

M——干涉条纹的间隔，即相邻两干涉条纹之间的距离，单位为毫米（mm）；

λ——所采用光源的波长，单位为微米（μm）。

若量块测量面在平行于测量面长、短两边（或两对角线）方向测得的干涉条纹是异向弯曲的，则将两个弯曲度数的绝对值相加，计算该测量面的平面度误差应是合成值 f_{dc}［见公式（2）］。

$$f_{dc} = \left(\left|\frac{m_1}{M}\right| + \left|\frac{m_2}{M}\right|\right) \times \frac{\lambda}{2} \quad (2)$$

式中：

f_{dc}——测量面的合成平面度误差，单位为微米（μm）；

$\frac{m_1}{M}$ 和 $\frac{m_2}{M}$——分别为干涉条纹凸起和凹陷的弯曲度；

λ——所采用光源的波长，单位为微米（μm）。

c）对于平面度数值较大的量块测量面，使平晶的测量面与量块凸起的测量面相接触，并使其中一个干涉条纹的中线与量块测量面上距左侧面 0.8 mm 的平行线相重合，向右读出干涉条纹整数部分的条数 N，然后以干涉条纹间隔 M 为单位，读出第 N 条中线向右到测量面上距右侧面距离为 0.8 mm 平行线之间的距离 m/M，计算该测量面的平面度误差 f_d［见公式（3）］。

$$f_d = \frac{1}{2}\left(N + \frac{m}{M}\right) \times \frac{\lambda}{2} \quad \cdots\cdots (3)$$

式中：

f_d——测量面的平面度误差，单位为微米（μm）；

N——干涉条纹的整数部分条数；

m/M——干涉条纹的弯曲度；

m——弓形干涉条纹中线在有效弧上的矢高，单位为毫米（mm）；

M——干涉条纹的间隔，即相邻两干涉条纹之间的距离，单位为毫米（mm）；

λ——所采用光源的波长，单位为微米（μm）。

d）对于标称长度小于和等于 2.5 mm 的量块，在非研合状态下的测量面的平面度可使用直径 45 mm，厚度 11 mm 的玻璃、石英或其他透明的耐磨材料制成的一级平晶与量块测量面长边以 30° 楔角进入接触，并沿测量面切向轻轻移动（原则上作用于测量面的垂直力仅有平晶重力），透过平晶看研合面上干涉条纹数判断平面度。

8.3 量块长度和长度变动量

8.3.1 技术要求

量块长度和长度变动量应符合 GB/T 6093—2001 中表 4 的规定。

8.3.2 检验方法

各级量块的长度、长度变动量可选用光学、电感、电容式的比较仪及其相应的高等别的标准量块，采用比较法测量，K 级的长度变动量应使用分辨力为 0.01 μm 的电脑比较仪或相应准确度的其他仪器检测。

长度变动量是在量块测量面上测量五点，取五点中最大与最小长度之差值作为量块的长度变动量，该五点的位置为测量面的中点和四角（距量块两相邻侧面同为 1.5 mm）的点。

8.4 测量面的研合性

8.4.1 技术要求

量块测量面的研合性要求应符合 GB/T 6093—2001 中 7.6 的规定。

8.4.2 检验方法

选择 1 级平面平晶与量块测量面相互接触并沿测量面切向轻轻移动，透过平晶看到研合面上干涉条纹变宽并逐渐消失时，稍向研合面的法向和切向加力移动使其研合，观测其光斑和色彩，应符合 GB/T 6093—2001 中 7.6 的规定。

8.5 量块线膨胀系数

8.5.1 技术要求

量块的线膨胀系数应符合 GB/T 6093—2001 中 6.2 的规定。

8.5.2 检验方法

检验方法与量块长度的检验方法相同（见 8.3.2）。要求：用比较仪与线膨胀系数标准样块的长度在不同温度点相比，测得它们之间的长度差值用公式（4）进行计算。

$$\alpha = \frac{\alpha_s l_{s1}}{l_1} + \frac{r_2 - r_1}{l_1(t_2 - t_1)} \quad (4)$$

式中：

α_s——标准样块的线膨胀系数，单位为每开（K^{-1}）；

l_{s1}——标准样块在温度为 t_1 时的长度，单位为毫米（mm）；

l_1——被测量块在温度为 t_1 时的长度，单位为毫米（mm）；

r_1——被测量块与标准样块在温度为 t_1 时测得的长度之差，单位为毫米（mm）；

r_2——被测量块与标准样块在温度为 t_2 时测得的长度之差，单位为毫米（mm）；

t_1、t_2——温度，单位为摄氏度（℃）。

8.6 尺寸稳定性

8.6.1 技术要求

量块长度的最大允许年变化量应符合 GB/T 6093—2001 中 6.3 的规定。

8.6.2 检验方法

检验方法与量块长度的检验方法相同（见 8.3.2）。以被测量块检定为成品开始，隔半年检一次，其年检与初检的中心长度 l_c 尺寸之差，不应超过 GB/T 6093—2001 中表 2 规定的允许值（半年检与初检的中心长度尺寸之差应作为尺寸稳定性重要参考值）。

注：钢制材料淬火后，半年内尺寸稳定性变化较大，建议标称长度 l_n 大于 60 mm 的 K 级、0 级钢制量块自然存放半年（或材料淬火后至销售，间隔时间不少于 9 个月）。

8.7 测量面硬度

8.7.1 技术要求

量块的测量面硬度应符合 GB/T 6093—2001 中 6.4 的规定。

8.7.2 检验方法

定批（钢制量块按淬火批，非钢制量块按来料批）用维氏（或洛氏）硬度计进行抽样检定。

8.8 测量面和侧面外观缺陷

8.8.1 技术要求

8.8.1.1 测量面

量块的测量面不应有影响使用的划痕、碰伤和锈蚀等缺陷；在不影响研合质量和尺寸精度的情况下，允许有无毛刺的精研痕迹。

非钢制量块的测量面四角（距量块两相邻侧面同为 2.5 mm 距离范围内）及中部直径为 6 mm 区域，不得有气孔和夹杂等缺陷；在其他区域跨径小于 0.05 mm 不影响研合质量的气孔和夹杂总数量应不超过 5 个。

8.8.1.2 侧面

侧面不应有碰伤和锈蚀等外部缺陷。

8.8.2 检验方法

目测（必要时测量面可借助 5 倍放大镜）。

8.9 量块上标志及支承位置线

8.9.1 技术要求

量块上标志及支承位置线位置应符合 GB/T 6093—2001 中 9.1 的规定，每块量块上均应标记编号。

8.9.2 检验方法

目测字形是否清晰、美观；用分度值/分辨力为 0.02 mm 的卡尺测量标志字高及支承位置线位置尺寸。

8.10 侧面相对于测量面的垂直度和相邻侧面间夹角

8.10.1 技术要求

侧面相对于测量面的垂直度和相邻侧面间夹角应符合 GB/T 6093—2001 中 7.5.3 的规定。

8.10.2 检验方法

标称长度至 100 mm 的量块应将两测量面分别放置在检验平板上用直角尺和塞尺检测各侧面相对于测量面的垂直度；标称长度大于 100 mm 的量块的检验按 JJG 146—2003 检定规程方法检测。侧面间的垂直度用分度值为 2′ 的万能角度尺测量。

8.11 量块截面及连接孔尺寸

8.11.1 技术要求

量块截面及连接孔尺寸应符合 GB/T 6093—2001 中第 5 章的规定。

8.11.2 检验方法

用分度值/分辨力为 0.02 mm 的卡尺检验。

8.12 倒棱尺寸及均匀性

8.12.1 技术要求

量块的棱边应符合 GB/T 6093—2001 中 7.7 的规定。

8.12.2 检验方法

目测。发生争议时可采用读数放大镜或工具显微镜测量。

8.13 侧面及棱的表面粗糙度

8.13.1 技术要求

侧面及棱的表面粗糙度应符合 GB/T 6093—2001 中表 3 的规定。

8.13.2 检验方法

与表面粗糙度比较样块目测比对（或表面粗糙度检查仪）。

8.14 侧面平面度和侧面平行度

8.14.1 技术要求

侧面平面度：$l_n \leqslant 100$ mm 的量块，其侧面平面度公差为 30 μm；$l_n > 100$ mm 的量块，其侧面平面度公差按公式：30 μm＋30×10^{-6} l_n 计算得出。

注：因特定检测方法的影响，侧面平面度公差在 GB/T 6093—2001 中 7.5.1 的规定基础上压缩了 25%。

侧面平行度应符合 GB/T 6093—2001 中 7.5.2 的规定。

8.14.2 检验方法

侧面平面度：将量块任一侧面放在桥形平尺上，用塞尺测量贴合面的四边，以确定该侧面的平面度：l_n≤100 mm 的量块，其测得的值不超过 30 μm；l_n＞100 mm 的量块，其测得的值不超过公式：30 μm＋30×10^{-6} l_n 的计算值，以此法分别测量出其他侧面的平面度。

侧面平行度：侧面平面度检验合格后，用千分尺分段测量侧面数点：窄面：l_n≤100 mm 测 2 点；100 mm＜l_n≤500 mm 测 3 点；500 mm＜l_n≤1 000 mm 测 4 点；宽面：l_n≤100 mm 测 4 点，100 mm＜l_n≤500 mm 测 6 点；500 mm＜l_n≤1 000 mm 测 8 点。其最大最小值之差定为平行度值，该值不应超出 GB/T 6093—2001 中 7.5.2 的规定。

8.15 成套包装

8.15.1 技术要求

成套量块包装盒上应标明：产品名称、制造厂厂名或商标、级别。盒内应有：标记量块的尺寸片，产品的合格证、产品合格证上应标有本标准号，成套量块的级别和出厂序号。非钢制量块还应在包装盒上或产品合格证上标注材料名称（或代号）、弹性模数、线膨胀系数和密度。

8.15.2 检验方法

目测。

附 录 A
（资料性附录）
量块长度的测量

A.1 量块长度光波干涉方式的直接测量法

A.1.1 干涉条纹小数部分重合方式的直接测量法

A.1.1.1 干涉条纹小数部分重合方式的直接测量法测量量块长度时，被测量块在 20℃时对其标称长度的偏差 e 按公式（A.1）计算。

$$e=C_0+C_1+C_2+C_3+C_4 \qquad (A.1)$$

式中：

e——被测量块在 20℃时对其标称长度的偏差，单位为微米（μm）；

C_0——测量状态下，被测量块对其标称长度的偏差，单位为微米（μm）；

C_1——长度测量时，环境温度、大气压力和湿度偏离标准状态所应引入的修正量，单位为微米（μm）；

C_2——长度测量时，由于被测量块温度偏离 20℃所应引入的修正量，单位为微米（μm）；

C_3——长度测量时，由于与被测量块相研合的辅助面材料、表面质量与量块不同所应引入的修正量，单位为微米（μm）；

C_4——长度测量时，由于进光隙缝不是位于光轴焦平面上严格的几何点光源而应引入的修正量，单位为微米（μm）。

A.1.1.2 采用干涉条纹小数部分重合的方式，以光波波长做标准直接测量量块长度之前，要使用其他方法预测被测量块的长度，其不确定度将决定干涉条纹小数部分重合法所应选取光波波长的分布和光谱线的条数。在干涉仪上读取几条干涉条纹的小数并重合时，即可得到量块长度在测量状态下对其标称长度的偏差 C_0。

A.1.1.3 长度测量时，由于环境状态偏离标准状态应引入的修正量 C_1，按公式（A.2）计算。

$$C_1=(n_0-n)\,l_n \qquad (A.2)$$

式中：

C_1——长度测量时，环境温度、大气压力和湿度偏离标准状态所应引入的修正量，单位为微米（μm）；

n_0——标准状态下的空气折射率；

n——测量状态下的空气折射率；

l_n——被测量块的标称长度，单位为微米（μm）。

当采用公式计算空气折射率时，若环境状态在标准状态附近，则公式（A.2）成为公式（A.3）。

$$C_1=[K_1(t_\alpha-20)-K_2(p-101.325)+K_3(f-1.333)]l_n \qquad (A.3)$$

式中：

C_1——长度测量时，环境温度、大气压力和湿度偏离标准状态所应引入的修正量，单位为微米（μm）；

K_1、K_2、K_3——标准状态附近的专用计算系数，其值与所用波长λ相关，可按表 A.1 选用；

t_α——测量过程中，干涉光路通过处的空气温度，单位为摄氏度（℃）；

p——测量过程中，干涉光路通过处的大气压力，单位为千帕（kPa）；

f——测量过程中，干涉光路通过处的大气中水蒸气的压力，单位为千帕（kPa）；

l_n——被测量块的标称长度，单位为微米（μm）。

表 A.1

波长λ μm	K_1 μm/℃	K_2 μm/kPa	K_3 μm/kPa
0.450	0.943	2.722	0.354
0.500	0.938	2.707	0.357
0.550	0.934	2.696	0.360
0.606	0.931	2.687	0.363
0.633	0.930	2.684	0.363

A.1.1.4 长度测量时，由于被测量块温度偏离20℃应引入的修正量 C_2，按公式（A.4）计算。

$$C_2 = \alpha(20 - t_g)\, l_n \tag{A.4}$$

式中：

C_2——长度测量时，由于被测量块温度偏离20℃所应引入的修正量，单位为微米（μm）；

α——被测量块的线膨胀系数，单位为每开（K^{-1}）；

t_g——长度测量过程中，被测量块的温度，单位为摄氏度（℃）；

l_n——被测量块的标称长度，单位为微米（μm）。

A.1.1.5 长度测量时，由于和被测量块相研合的辅助面材料、表面质量与被测量块不同应引入的修正量 C_3。用干涉条纹小数部分重合的方式以光波波长作为标准直接测量量块长度时，量块必须研合在辅助面上才能进行。只有当此辅助面的材料和表面质量完全相同于量块时，这项修正才可以忽略不计，否则应通过专门的试验来确定这项修正量的大小和测量不确定度，这些都必须满足规定的要求。

A.1.1.6 由于干涉仪的进光隙缝不是位于光轴和准直透镜焦平面上严格的几何点光源而应引入的修正量 C_4。

对于进光隙缝呈矩形孔的干涉仪，修正量 C_4，按公式（A.5）计算。

$$C_4 = \frac{a^2 + b^2}{24 f^2} \times 10^3 l_n \tag{A.5}$$

式中：

C_4——长度测量时，由于进光隙缝不是位于光轴焦平面上严格的几何点光源而应引入的修正量，单位为微米（μm）；

a——矩形隙缝的宽度，单位为毫米（mm）；

b——矩形隙缝的长度，单位为毫米（mm）；

f——准直透镜的焦距，单位为毫米（mm）；

l_n——被测量块的标称长度，单位为微米（μm）。

对于进光隙缝呈圆形孔的干涉仪，修正量 C_4，按公式（A.6）计算。

$$C_4 = \frac{d^2}{16 f^2} \times 10^3 l_n \tag{A.6}$$

式中：

C_4——长度测量时，由于进光隙缝不是位于光轴焦平面上严格的几何点光源而应引入的修正量，单位为微米（μm）；

d——圆形隙缝的直径，单位为毫米（mm）；

f——准直透镜的焦距，单位为毫米（mm）；

l_n——被测量块的标称长度，单位为微米（μm）。

A.1.2 干涉条纹计数方式的直接测量法

干涉条纹计数方式的直接测量法测量量块长度的时候，被测量块在20℃时对其标称长度的偏差 e，按公式（A.7）计算。

$$e=(F_n q+C_2)-l_n \quad \text{(A.7)}$$

式中：

e——被测量块在20℃时对其标称长度的偏差，单位为微米（μm）；

F_n——长度测量过程中，在测量状态下与量块长度相对应干涉条纹（经过细分）的脉冲数；

q——脉冲当量（即所采用激光干涉条纹经过细分以后，每一脉冲数所代表测量状态 t、p、f 下的长度值），单位为微米（μm）；

C_2——长度测量时，由于被测量块温度偏离20℃所应引入的修正量，单位为微米（μm）；

l_n——被测量块的标称长度，单位为微米（μm）。

其中脉冲当量（在标准状态附近）q 的一般表示式见公式（A.8）。

$$q=\frac{\lambda_v}{2nS} \quad \text{(A.8)}$$

式中：

q——脉冲当量（即所采用激光干涉条纹经过细分以后，每一脉冲数所代表测量状态 t、p、f 下的长度值），单位为微米（μm）；

λ_v——所采用激光在真空中的波长，单位为微米（μm）；

n——测量状态下的空气折射率；

S——激光干涉条纹的细分数。

当激光波长λ_v=633 nm，并采用埃德林（Edlen）公式计算空气折射率时，脉冲当量 q 按公式（A.9）计算。

$$q=\frac{\lambda_v}{2S}\{1.00\,027\,131+[0.930(20-t_\alpha)+2.684(p-101.325)-0.363(f-1.333)]\times10^{-6}\}^{-1} \quad \text{(A.9)}$$

式中：

q——脉冲当量（即所采用激光干涉条纹经过细分以后，每一脉冲数所代表测量状态 t、p、f 下的长度值），单位为微米（μm）；

λ_v——所采用激光在真空中的波长，单位为微米（μm）；

S——激光干涉条纹的细分数；

t_α——测量过程中，干涉光路通过处的空气温度，单位为摄氏度（℃）；

p——测量过程中，干涉光路通过处的大气压力，单位为千帕（kPa），1 mm Hg=0.13 332 kPa；

f——测量过程中，干涉光路通过处的大气中水蒸气的压力（即绝对湿度），单位为千帕（kPa）。

A.1.3 测量系统的要求

采用干涉条纹小数部分重合或干涉条纹计数方式，以光波波长作标准直接测量量块长度时，除必须备有量块温度（t_g）测量系统外，还必须测定测量环境的空气折射率。可以用空气折射率干涉仪直接测量空气折射率，也可以通过测量大气参数后用公式进行计算。

当采用公式计算时，干涉仪必须备有：干涉光路通过处的空气温度（t_α）、大气压力（p）和大气中水蒸气压力（即绝对湿度f）的测量系统。这一系统中各装置各自测量相关参数的不确定度以及量块温度测量不确定度对量块长度测量不确定影响的总和，应不超过该量块长度测量不确定度极限允许值的50%。

A.1.4 温度的特别要求

量块长度测量开始之前，被测量块必须在干涉仪里停放足够长的时间，以使量块、仪器和其周围空气温度达到稳定、均匀、一致。

A.2 量块长度的比较测量法

A.2.1 比较仪

用作量块长度比较测量的比较仪，可以是光波干涉仪，或者是机械光学的、电感的、电容的比较仪。比较仪的分辨力，应优于被测量块相应标称长度和级别的长度测量不确定度极限允许值的 20%。

A.2.2 长度标准器具

按被测量块的“级”选用所规定的“等”的量块作为长度测量的标准量块。

A.2.3 比较测量

比较测量法测量量块长度时，被测量块在 20℃时对其标称长度的偏差 e，按公式（A.10）计算。

$$e=e_s+\delta+C_2 \qquad (A.10)$$

式中：

e——被测量块在 20℃时对其标称长度的偏差，单位为微米（μm）；

e_s——标准量块在标准状态下对其标称长度的偏差，单位为微米（μm）；

δ——在标准状态下，由比较仪测得的被测量块与标准量块长度的差值，单位为微米（μm）；

C_2——长度测量时，被测量块和标准量块温度偏离标准状态所应引入的修正量，单位为微米（μm）。

其中长度测量时，由于被测量块和标准器具的温度偏离 20℃所应引入的修正量 C_2，按公式（A.11）计算。

$$C_2=[\alpha(20-t)-\alpha_s(20-t_s)]\,l_n \qquad (A.11)$$

式中：

C_2——长度测量时，被测量块和标准量块温度偏离标准状态所应引入的修正量，单位为微米（μm）。

α——被测量块的线膨胀系数，单位为每开（K^{-1}）；

t——长度测量时，被测量块的温度，单位为摄氏度（℃）；

α_s——标准量块的线膨胀系数，单位为每开（K^{-1}）；

t_s——长度测量时，标称量块的温度，单位为摄氏度（℃）；

l_n——被测量块的标称长度，单位为微米（μm）。

A.2.4 温度测量的要求

量块长度比较测量的前后，都应测量被测量块和标准量块的温度；温度测量的不确定度对量块长度测量不确定度的影响，应不超过被测量块长度测量不确定度极限允许值的 35%。

A.3 长度测量方法的选用

在上述测量方法以外，其他的长度测量方法，不论是传统经典的，还是现代的，只要长度测量最终结果的总不确定度是在被测量块长度测量的不确定度极限允许值的范围之内，都可以使用。

ICS 17.040.30
J 42
备案号：19060—2006

中华人民共和国机械行业标准

JB/T 10633—2006

专用检测设备评定方法指南

Guide to evaluation ways of special metering device

2006-10-14 发布 2007-04-01 实施

中华人民共和国国家发展和改革委员会 发布

前　　言

本标准的附录 A、D、E、F 均为规范性附录，附录 B、C 均为资料性附录。

本标准由中国机械工业联合会提出。

本标准由全国量具量仪标准化技术委员会（SAC/TC132）归口。

本标准负责起草单位：中国汽车工程学会制造技术分会检测专业委员会。

本标准主要起草人：朱正德。

本标准参加起草人：邓迎寒、陈宏图。

引　言

1. 目标

本标准为检测设备的评定提供了具有可操作性的参考方法。所谓专用检测设备，是指配备在具有批量生产特征的企业的生产现场，用于实时监测零部件制造质量的那些测量器具、设备。汽车工业是这类企业最为集中的领域，但摩托车、内燃机、压缩机和某些机电产品行业也不同程度地带有批量生产的特征。用于现场质量监控的专用检测设备种类繁多，本文件涉及到的是以监测几何量参数的那部分为主，就所占比例而言，是最高的。但用于非几何量参数的检测设备也可以参照。

为适应批量生产提出的需求，不同于大多数通用测量仪器所采用的绝对测量方式，专用检测器具、设备大多采取比较测量方式，而形式也既有离线设置的手动、半自动型，又有作为自动生产线一个组成部分的检测工位。需要指出的一点是机床主动测量仪不在本文件所涉及的范围以内。

近年，一些通用测量仪器被较多地配备在生产现场，实施对零部件某些项目的抽检或实时监测。依据所承担的使命，它们已属于本文件所指专用检测设备的范畴，因此，也可用所提供的方法进行评定。这类设备中，三坐标测量机是最有代表性的一种。

2. 说明

（1）背景　专用检测设备对保证产品质量发挥着极为重要的作用，但随着在企业中配置的数量和比例不断增加，如何科学合理地对其进行评定的问题也日见突出。原因是长期以来没有较为统一的方法来规范这一过程，而在贯彻以ISO9000系列，QS9000和VDA6.1为代表的质量认证体系时，又十分强调对“监视和测量装置的控制”。由此，一些国外大汽车集团陆续在20世纪90年代推出了相关的评定方法，并曾在20世纪90年代末以一本参考手册的形式在一定程度上取得了共识。但必须指出；除个别情况外，任何一种评定方法，及至由多个跨国企业集团共同拟定的，其性质均为指导性技术文件，与正式发布的标准、规范完全不同，他们不具有强制性和唯一性。

这些年来，尽管中国汽车制造业的生产能力和工艺水平不断提高，但囿于具体的国情，管理上、技术上有待完善和规范之处还有很多。用于实时监测的专用检测设备的评定就是一个实在的问题。

（2）评定范围　专用检测设备评定的范围包括：

——新设备的验收：验证一台新设备是否符合要求。

——在用设备的周期复检：定期复检，以验证其能否进入下一个使用周期。

——中间检查：用户（汽车厂等生产企业）在规定的周期内对设备进行检查，也可称为运行检查。

此外，专用检测设备经过大修、异地生产的搬迁或进行局部改造后，也需要予以检查、验证。

（3）原则　鉴于“评定方法”的属性，包括本文件中提供的评定方法在内，都遵循以下两项原则。

——最终采用什么样的评定方法，还需尊重用户的意愿。在对新设备进行验收时，用户与设备制造商技术协议中的验收细则内容，既可以在现有（各种）评定方法的框架内，根据用户的实际情况拟订。

这一条原则完整地体现了“GB/T 18305—2003/ISO/TS 16949：2002《质量管理体系　汽车生产件及相关维修零件组织应用GB/T 19001—2000的特别需求》中7.6.1的精神。

——被评定专用检测设备若与某一类通用测量仪器有相同之处，用户和设备制造商也可参照现有检定规程或校准规范作为进行评定的依据。一个带有代表性的例子就是用于生产现场实时监测的三坐标测量机，其评定方法就可按用户的意愿选择。

（4）特点　本标准中，平行地提供了三种关于专用检测设备的评定方法，用户或设备制造厂商可以根据具体情况参考采用。其中的“评定方法Ⅲ”（CMC法）建立在一个法国标准的基础上，“评定方法Ⅱ”（R&R法）在美国三大汽车公司QS9000质量体系标准的参考手册中被提出。这两种方法的应用都大大超出了国界，在中国汽车业界也有较大影响。相比较而言，“评定方法Ⅰ”更直观，更易理解和执行，但其采用的表述形式和分析方法不一，往往取决于用户和设备制造商。

专用检测设备评定方法指南

1 范围

本标准给出了评定专用检测设备的评定方法、评定要求、操作程序。

本标准主要适用于以监测几何量参数的专用检测设备（以下简称“设备”）。

注：用于非几何量参数的设备也可以参照执行。

2 规范性引用文件

下列文件中的条款通过本标准的引用而成为本标准的条款。凡是注日期的引用文件，其随后所有的修改单（不包括勘误的内容）或修订版均不适用于本标准，然而，鼓励根据本标准达成协议的各方研究是否使用这些文件的最新版本。凡是不注日期的引用文件，其最新版本适用于本标准。

GB/T 18305—2003　质量管理体系　汽车生产件及相关维修零件组织应用 GB/T 19001—2000 的特别要求（ISO/TS16949：2002，IDT）

JJF 1001—1998　通用计量术语及定义

JJF 1033—2001　计量标准考核规范

JJF 1094—2002　测量仪器特性评定

3 术语和定义

JJF 1001—1998 中确立的以及下列术语和定义适用于本标准。

3.1

专用检测设备　special metering device

设备是测量仪器中一个特殊的门类，其制造商根据用户的特殊要求，配备在具有批量生产特征的企业生产现场，用于实时监测零部件制造质量的测量仪器。

3.2

测量仪器的评定　evaluation of measuring instrument

通过既定的测量程序所得到的结果来验证被检仪器的各项特性指标是否在规定范围以内。

3.3

测量能力指数　measuring capability index

设备保证检测质量的能力的定量表征，是通过对一组或多组测量结果进行计算得来的无量纲数值。

4 符号说明及计算公式

本标准中所使用的符号说明及计算公式见表 1。

表　1

符　　号	说明及计算公式
T	被测量的公差范围
RE	分辨力（也称“分辨率”）
U	用于获取参考值的工作标准器的测量不确定度
X_m	评定方法 I 中样件的基准值
X_i	评定方法 I 中样件经被评定仪器进行第 i 次测量的测得值

表 1（续）

符　　号	说明及计算公式
$\overline{X}_g$	$\overline{X}_g=\frac{1}{n}\sum_{i=1}^{n}X_i$，评定方法Ⅰ中基准样件经被评定仪器进行 n 次测量的测量值的平均值
S_g	$S_g=\sqrt{\frac{1}{n-1}\sum_{i=1}^{n}(X_i-\overline{X_g})^2}$，评定方法Ⅰ中基准样件经被评定仪器进行 n 次测量的测量值的标准偏差
C_g	$C_g=\frac{0.2T}{4S_g}$，评定方法Ⅰ中测量能力指数，表征被评定测量仪器的重复性指标，它反映了随机误差对测量过程的影响
B_i	偏移，也称“偏倚”
C_{gk}	$C_{gk}=\frac{0.1T-B_i}{2S_g}$，评定方法Ⅰ中测量能力指数，表征被评定测量仪器的准确度指标，它综合反映了系统误差和随机误差共同对测量过程的影响
EV	表征被评定测量仪器的重复性
R	$R=X_{gmax}-X_{gmin}$，极差
X_{gmax}	工件所有测得值中的最大值
X_{gmin}	工件所有测得值中的最小值
MPE	表征被评定测量仪器所给定的允许误差极限值
Δ	表征被评定测量仪器的示值误差
X_g	工件经被评定仪器测量的测得值
X_{gi}	工件经被评定仪器第 i 次测量的测得值
X_{mi}	样件经被评定仪器第 i 次测量的测得值
K	置信因子
L	评定方法Ⅱ中评定样本所包含的零件数
m	评定方法Ⅱ中操作者人数
n	评定方法Ⅱ中对样本的测试次数
i	评定方法Ⅱ中工件样本中某一工件的编号
k	评定方法Ⅱ中操作被评定专用检测设备的某一位操作者的编号
j	评定方法Ⅱ中对工件样本进行的某一次测量的标号
$X_{i、j、k}$	评定方法Ⅱ中由编号为 k 的操作者对编号为 i 的工件进行的第 j 次测量的测得值
$R_{i、k}$	$R_{i、k}=(X_{i、k})_{max}-(X_{i、k})_{min}$，评定方法Ⅱ中某一位操作者对 L 个工件中的某一件测量 n 次后所得测得值的极差值 $R_{i、k}$

表 1（续）

符　号	说明及计算公式
$(X_{i、k})_{max}$	评定方法Ⅱ中某一位操作者对 L 个工件中的某一件测量 n 次后所有测得值中的最大值
$(X_{i、k})_{min}$	评定方法Ⅱ中某一位操作者对 L 个工件中的某一件测量 n 次后所有测得值中的最小值
$\overline{R}_i$	$\overline{R}_i=\frac{1}{l}\sum_{i=1}^{l}R_{i、k}$，$L$ 个极差值 $R_{i、k}$ 的平均值
$\overline{\overline{R}}$	$\overline{\overline{R}}=\frac{1}{k}\sum_{k=1}^{k}\overline{R}_i$，$k$ 个 $\overline{R}_i$ 的平均值
$\overline{X}_{i、k}$	$\overline{X}_{i、k}=\frac{1}{n}\sum_{j=1}^{n}X_{i、j、k}$，评定方法Ⅱ中某一位操作者对某一个工件测量 n 次后的平均值
$\overline{\overline{X}}_i$	$\overline{\overline{X}}_i=\frac{1}{m}\sum_{k=1}^{m}\overline{X}_{i、k}$，评定方法Ⅱ中每一工件测量的平均值
$\overline{\overline{X}}_k$	$\overline{\overline{X}}_k=\frac{1}{l}\sum_{i=1}^{l}\overline{X}_{i、k}$，评定方法Ⅱ中某一位操作者对 L 个工件测量 n 次所得测量值的平均值
$\overline{X}_{Diff}$	$\overline{X}_{Diff}=(\overline{\overline{X}}_k)_{max}-(\overline{\overline{X}}_k)_{min}$，$m$ 个 $\overline{\overline{X}}_k$ 的极差值
$(\overline{\overline{X}}_k)_{max}$	m 个 $\overline{\overline{X}}_k$ 中的最大值
$(\overline{\overline{X}}_k)_{min}$	m 个 $\overline{\overline{X}}_k$ 中的最小值
$\overline{\overline{X}}_i$	$\overline{\overline{X}}_i=\frac{1}{m}\sum_{k=1}^{m}\overline{X}_{i、k}$，评定方法Ⅱ中某一工件经过 m 位操作者的 n 次测量所得测量值的平均值
R_p	$R_p=(\overline{\overline{X}}_i)_{max}-(\overline{\overline{X}}_i)_{min}$，$m$ 个 $\overline{\overline{X}}_i$ 的极差值
$(\overline{\overline{X}}_i)_{max}$	L 个 $\overline{\overline{X}}_i$ 中的最大值
K_1	评定方法Ⅱ中与被测工件数量 L、测试次数 n 和操作者人数 m 有关的系数
K_2	评定方法Ⅱ中与被测工件数量 L、测试次数 n 和操作者人数 m 有关的系数
K_3	评定方法Ⅱ中与被测工件数量 L 有关的系数
d_2^*	K_1、K_2、K_3 对应的常数
GRR	表征测量系统重复性和再现性的综合结果
$\%GRR$	表征测量系统重复性和再现性的综合结果占总变差的百分比
PV	$PV=R_P\cdot K_3$，表征由于测量不同零件造成的彼此变差

表 1（续）

符 号	说明及计算公式
TV	$TV=\sqrt{GRR^2+PV^2}$，表征测量系统的总变差
$X_{i、j}$	评定方法Ⅱ中被评定的自动型检测设备测量某一工件某一次的测量值
R_i	$R_i=(X_i)_{max}-(X_i)_{min}$，评定方法Ⅱ中专用检测设备对某一个工件测量 n 次后的极差值
$(X_i')_{max}$	评定方法Ⅱ中被评定的自动型检测设备测量某一工件 n 次的测量值的最大值
$(X_i')_{min}$	评定方法Ⅱ中被评定的自动型检测设备测量某一工件 n 次的测量值的最小值
$\overline{R}$	$\overline{R}=\frac{1}{l}\sum_{i=1}^{l}R_i$，$L$ 个极差值 $\overline{R}$ 的平均值
S_e	$S_e=\sqrt{\frac{1}{n-1}\sum_{j=1}^{n}(y_{ej}-\overline{y}_e)}$，评定方法Ⅲ中样本中的某一工件的 n 次测量值的标准偏差
p	评定方法Ⅲ中评定样本所包含的零件数
q	评定方法Ⅲ中对评定样本的测试次数
$\overline{V}$	$\overline{V}=\frac{1}{p}\sum_{i=1}^{p}V_i$，评定方法Ⅲ中经精密仪器测量的样本中 p 个工件测量值的平均值
V_i	评定方法Ⅲ中定义的“基准值”，样本中第 i 号工件经精密仪器多次测量的测量值的平均值
$\overline{Y_i}$	$\overline{Y_i}=\frac{1}{q}\sum_{j=1}^{q}Y_{i、j}$，评定方法Ⅲ中第 i 号工件在被评定设备上进行 q 次测量的测量值的平均值
$Y_{i、j}$	评定方法Ⅲ中样本中第 i 号工件在被评定检测设备上第 j 次的测量值
$d_{i、j}$	$d_{i、j}=Y_{i、j}-V_i$，评定方法Ⅲ中第 i 号工件在被评定设备进行测量的第 j 次测量值与基准值的差值
$\overline{d_i}$	$\overline{d_i}=\frac{1}{q}\sum_{j=1}^{q}d_{i、j}=\frac{1}{q}\sum_{j=1}^{q}Y_{i、j}-V_i=\overline{Y_i}-V_i$，评定方法Ⅲ中第 i 号工件在被评定检测设备上 q 次测量值的平均值与基准值之差值
$\overline{d}$	$\overline{d}=\overline{Y}-\overline{X}=\frac{1}{p}\sum_{i=1}^{p}\left(\overline{Y_i}-X_i\right)=\frac{1}{p}\sum_{i=1}^{p}\overline{d_i}$，评定方法Ⅲ中 p 个工件在被评定检测设备上 q 次测量值的平均值与基准值之差值的平均值
S_r	$S_r=\sqrt{\frac{\sum(d_{i、j}-Bi)^2}{pq-1}}$，式中，$\sum=\sum_{i=1}^{p}\sum_{j=1}^{q}$，评定方法Ⅲ中被评定检测设备在工况下对零件进行测量时的标准偏差 S_r
$(W_g)_i$	线性评定中名义值为被测量公差的中间值的工件的某一次测量值

表 1（续）

符号	说明及计算公式
$\overline{W}_{gl}$	$\overline{W}_{gl}=\frac{1}{r}\sum_{i=1}^{r}(W_{gl})_i$，线性评定中名义值为被测量公差的下限的工件的 n 次测量值的平均值
$(W_{gl})_i$	线性评定法名义值为被测量公差的下限的工件的某一次测量值
Li_u	$Li_u=\left\lvert 1-\frac{\overline{W}_{mu}-\overline{W}_m}{\overline{W}_{gu}-\overline{W}_g}\right\rvert$，线性评定中被评定检测设备的上限偏移量
Li_l	$Li_l=\left\lvert 1-\frac{\overline{W}_m-\overline{W}_{ml}}{\overline{W}_g-\overline{W}_{gl}}\right\rvert$，线性评定中被评定检测设备的下限偏移量
UCL	$UCL=X_m+2.576S_g$
LCL	$LCL=X_m-2.576S_g$

5 评定概述

5.1 设备的特性指标

设备的特性指标包括：偏移、重复性、再现性（也称“复现性”）、线性和稳定性。

注：设备的准确度是一定性概念，其定量要求都是由特性指标来表征。

5.2 设备的评定

设备作为测量仪器中一个特殊的门类，对其所进行的评定既要考虑测量仪器中的共性，也要考虑设备的独特性。

——设备评定过程中所进行的测试应在设备说明书中表述的工作环境和工作条件下进行，且被评定的设备一定得处于稳定的状态下，而在评定内容中一般不再对稳定性指标作要求。

注：设备处于稳定状态的要求，可通过对设备进行一段时间的连续运行来考核，并作为测试的内容之一。

——考虑到设备的工作特点，在评定内容中应十分强调设备的重复性和再现性这两项指标。

——设备不应用“准确度等级”来表述，其量化表示与所采用的评定方法有关。

——设备不能因在批量生产中实时监测的特点：被测量的单一性，而不对线性指标引起重视，线性指标对设备的（检验）工作质量仍具有很大影响，评定方法可由供需双方根据实际情况在技术协议中确定。

注：确定的评定方法与规范的线性评定测量程序相比，往往要简单得多。

5.3 分辨力

无论采用何种评定方法对设备进行评定（主要是新设备验收），评定之前，首先要确认设备分辨力是否满足要求。针对不同的评定方法，为了可靠地检出和读出测量值，对分辨力 RE 的要求见表 2。

表 2

划分界限[a]	对分辨力 RE 的要求	
	$RE\leqslant T/20$	$RE\leqslant T/10$
公差 T 划分界限 1[b]	$T>10\mu m$	$T\leqslant 10\mu m$
公差 T 划分界限 2[c]	$T>16\mu m$	$T\leqslant 16\mu m$

[a] 两种划分界限 1 和 2 分别出自本指导性技术文件第 2 章中的相关文件，但如何选用也可由用户自定。

[b] 划分界限 1 用于评定方法 I 和评定方法 II。

[c] 划分界限 2 用于评定方法 III。

5.4 参考值（reference value）

5.4.1 工作标准器的测量不确定度

参考值是样本的被测量经可溯源的工作标准器获取的精确测得值，是设备评定过程的一个重要环节。为了确保评价结果的可靠，无论采用何种评定方法对设备进行评定，评定之前，首先要确认用于获取参考值的工作标准器的测量不确定度 U 是否能满足要求。U 与被测量公差 T 有关，具体规定见表 3。

表 3

测量不确定度 U	测 量 公 差 T
$U \leqslant T/16$	$T > 16\mu m$
$U \leqslant T/8$	$T \leqslant 16\mu m$

注：表中规定见第 2 章中的文件《Comite de nornalisation des Moyens de production.E41.36.110.N Agrement Capabilite des Moyens de Me Mesur Moyens de Controls Specifique》，可以作为参考指标。但必须指出，U 的取值还是可以由用户根据实际情况适当调整的，实际上，对那些公差紧、要求高的零件（被测量），所提出的上述指标还是相当高的。在这种情况下，可由用户与设备供应商进行商量。

5.4.2 过程说明

在可能的情况下，求取参考值的测量程序与设备所执行的应尽量一致（包括零件的定位、测量点的位置、数据处理模式等），以减少作为工作标准器的精密仪器与被评定的设备在工作程序上的不同、被测零件（即使是“置零标准件”也一样）的误差所带来的影响。

5.5 温度补偿系统的评定

对附有温度补偿系统来借以提高测量结果准确性的设备。由于受条件的限制，对温度补偿系统的运行测试和调整、以及对补偿效果的评价，一般都在设备制造厂预验收阶段进行，用户不再将其作为终验收的一项内容。但用户可在供需双方的技术协议中确定补偿效果的具体要求。

6 评定方法

6.1 评定方法 I

通常在对某一台（种）设备进行评定时，用户可根据实际情况对下述评定方法进行修改来满足其要求。

6.1.1 概述

评定方法 I 主要是对设备的重复性和准确度两项指标进行评定。

注：在实施评定方法 I 时，采取不同的数据处理方法和指标的表述形式，主要取决于供需双方的习惯和意愿。

6.1.2 测量能力指数（C_g，C_{gk}）

6.1.2.1 准备

无论采用比较测量方式还是绝对测量方式对设备进行评定，首先均需置备一个样件，其基准值 X_m 应处在公差范围以内。对采用比较测量方式评定，还需再置备一个“置零”标准件，其基准值应趋近名义值。

注：样件和标准件的基准值应由溯源到国家标准的精密仪器测得的。

设备测试前，应按设备说明书中表述的操作程序进行调整和试运行。测试工作应在设备说明书中表述的工作环境和工作条件下进行。

6.1.2.2 步骤

——在间隔很短的时间内，利用设备对样件连续测量 50 次，记录每次的测得值 X_i。

注 1：每次测量前，样件均应按首次检测的标记位置重新装夹、定位；手动检测器具的操作者必须是同一个人；整个测量过程不允许对设备进行重新调整。

注 2：若连续测量 10 次后，得到的标准偏差未显示显著变化，一般可将测量次数 n=50 次修改为按 n=20 次执行或由供需双方根据检测的实际情况协商确定。

注 3：对不需装夹的小型零件（如：轴承滚动体、活塞销、喷油咀偶件等），在用相对应的自动检测设备（如：自动检验机、自动分选机等）进行重复性试验时，必然出现每次的测量位置不一致的现象，从而将零件的形位误差带进了测量结果。为此，可允许被测零件停留在测量工位进行重复测试，不强调“每次测量需重新装夹、定位”的要求。此种处理方式也适用于“评定方法Ⅱ”和“评定方法Ⅲ”。

——根据 n 次的测得值 X_i 计算出平均值 $\overline{X}_g$，再由 X_i 和 $\overline{X}_g$ 计算出标准偏差 S_g，最后由公差 T 和 S_g 计算出测量能力指数 C_g（计算公式见表 1）。

——再根据样件基准值 X_m 和 $\overline{X}_g$ 计算出偏移 B_i，即：

$$B_i=\left|\overline{X}_g-X_m\right| \tag{1}$$

——最后，根据 T、S_g 和 B_i 计算出测量能力指数 C_{gk}（计算公式见表 1）。

注：对采取比较测量方式的设备，多数用户在进行重复性试验时，直接利用置零标准件，而不再事先选出一个“基准”样件。这种情况下，只求出 C_g 而不求出 C_{gk}。此时，准确度指标可以采用更直观的方式求取和表达，而不再采用 C_{gk}。

6.1.2.3 评定

当 $C_g \geqslant 1.33$、$C_{gk} \geqslant 1.33$ 时，可对被评定的设备作出“通过”的结论，反之“不通过”。

注：$C_g \geqslant 1.33$ 和 $C_{gk} \geqslant 1.33$ 意味着：$2.66S_g \leqslant 10\%T$ 和 $2.66S_g+\left|\overline{X}_g-X_m\right| \leqslant 10\%T$。

评定的设备按“新设备验收”和“日常周期检测”进行划分，两者判定“通过”的 C_g 要求不同。

注：经“大修和改造后设备的验收”与“日常周期检测”的要求相同。

1）新设备验收：$C_g \geqslant 2.0$，即：

$$4S_g \leqslant 10\%T \tag{2}$$

2）日常周期检测：$C_g \geqslant 1.33$，即：

$$2.66S_g \leqslant 10\%T \tag{3}$$

6.1.3 重复性和准确度的直接表述

设备评定过程中，若出现重复性很好、但示值误差偏大时，可采用相关分析法分析其系统误差的规律性。部分情况，对示值误差可通过修正/补偿，以达到提高设备准确度的目的。详见附录 E。

6.1.3.1 重复性

重复性 EV 可以通过求取标准偏差 S_g 或极差 R 的方式来表述。

注：当测量数据呈正态分布时，S_g 与 R 之间有确定的比值，并与测量次数 n 有关。因此，采用公式（4）和公式（5）对同一台设备进行重复性测试时，得到的结果会有差别。当测量次数 n=50 时，测量数据统计显示，用公式（4）和公式（5）获得的重复性结果相同。但 n=10 时，以 R 作为 EV 将比以 S_g 作为 EV 为小，大约相差 20%以上，所作出的评定就会偏宽。极差法是一种常用的传统方法，鉴于这一点，使用时应注意：重复性 EV 的极限为 1μm，这表明了在公差 T<0.01mm 的情况下，对重复性指标所能提出的最高要求。

——对“新设备验收”，以 4 倍的标准偏差 S_g 作为重复性指标（$EV=4\times S_g$），评定采取相对误差的方式。即：

$$\frac{4S_g}{T}\times 100\% \leqslant 10\% \tag{4}$$

注：公式（4）与公式（2）的表达是一致的。

——对“日常周期检测”，以极差 R 作为重复性指标（$EV=R$）；评定采取极差的方式，测量次数一般取 n=10。即：

$$\frac{R}{T}\times 100\% \leqslant 10\% \tag{5}$$

6.1.3.2 准确度

当被评定的测量仪器的示值误差 Δ 在其最大允许误差极限内时，即：$\Delta \leqslant \left|MPE\right|$，可判为“合格”，

反之“不合格”。Δ可由下述几种方法得到。

注 1：关于测量仪器的准确度指标，国家相关计量技术规范指出，可填写“不确定度或准确度等级或最大允许误差”，最大允许误差是某种测量仪器所给定的允许误差极限值。

注 2：很多情况下，设备准确度指标采用相对示值误差的方式来表述，即：$\frac{\Delta}{T}\times 100\%$，可取其 10%～30 %，具体取值由供需双方协商确定。

1）根据 X_g 和样件基准值 X_m 计算出设备的示值误差Δ，即：

$$\Delta = X_g - X_m \tag{6}$$

2）或根据 X_{gi} 和 X_{mi} 计算出设备的示值误差Δ，即：

$$\Delta = \max\{X_{gi} - X_{mi}\} \tag{7}$$

3）或根据偏移 B_i、置信因子 K 和标准偏差 S_g 计算出设备的示值误差Δ，即：

$$\Delta = B_i + KS_g \tag{8}$$

6.1.3.3 表面质量的影响

由于被测件表面质量的差异，将对被评定设备的重复性和示值误差产生一定的影响。因此，测试过程中所用测件的表面粗糙度 $R_a \leqslant 0.08\mu m$ 时，适用于上述要求（如：6.1.2.1 中表述的样件、标准件）；当所用测件的表面粗糙度 $0.8\mu m < R_a \leqslant 6.3\mu m$ 时，可适当降低上述要求，参考指标如下：

注 1：由于被测量的特性、公差、检测方式、表面质量等差异，均会对如何合理地确定评价指标产生很大影响。

注 2：若所用测件的表面粗糙度 $R_a > 6.3\mu m$ 时，还可降低设备的重复性和示值误差的要求。

——重复性：$\frac{4S_g}{T}\times 100\% \leqslant 15\%$

——示值误差：$\frac{\Delta}{T}\times 100\% \leqslant 30\%$

对“日常周期检测”和“大修和改造后设备的验收”的评定（见 6.1.2.3），可适当降低要求，参考指标如下：

——重复性：$\frac{2.66S_g}{T}\times 100\% \leqslant 10\%$

——示值误差：$\frac{\Delta}{T}\times 100\% \leqslant 25\%$（所用测件的表面粗糙度 $R_a \leqslant 0.08\mu m$）

6.1.4 说明

设备供需双方可根据具体情况，采用下述的判别标准。

1)采用测量能力指数评定设备的重复性和准确度时，当公差 $T \leqslant 10\mu m$，其判定标准均取为 $C_g \geqslant 1.33$、$C_{gk} \geqslant 1.33$。

注：若测量条件较苛刻时（如：小孔、深孔、被测量为形位公差等），其判定标准可放宽到 $C_g \geqslant 1.0$、$C_{gk} \geqslant 1.0$。

2）采用直接表述重复性和准确度时，重复性 EV 的极限指标为 1μm。

注：1μm 表明：在公差 $T \leqslant 10\mu m$ 时，对重复性指标所能提出的最高要求。

3）当公差 $T \leqslant 20\mu m$ 时，若示值误差$\Delta \leqslant 2\mu m$，评定设备的示值误差可认为“通过”。

6.2 评定方法Ⅱ

6.2.1 使用说明

评定方法Ⅱ通常称为“R&R 法”，它具有比较统一的测试程序和评定指标，在评定中是按手动型设备和自动型设备划分。“R&R 法”中的评定指标“%R&R”是综合反映了设备的重复性和再现性，而再现性主要是针对手动型设备通过改变操作者来进行分析的。对于设备的校准样件表面质量与被测工件之间存在较大差异或由同一机床加工的材料不同、尺寸却相同的工件等，“R&R 法”对在线生产质量监控具有非常重要的作用。

注 1：手动型设备中也包括需人工装卸工件的半自动型设备。

注 2：重复性 EV 也被称为设备变差（Equipment Variation），用符号 σ_E 表示；再现性 AV 也被称为评价人变差（Appraiser Variation），用符号 σ_A 表示，“评价人”为直译，即观测者或操作者。

注 3：实际生产线的测量过程中，影响测量结果的因素随时都可能会发生变化，而操作者是检测条件中影响测量结果的一个重要因素。

6.2.2 手动型设备中的应用

6.2.2.1 “R&R 法”的基本表述形式

——选出包含 L 个零件的一个样本（$L≥5$），按 1、2、…i、…L 进行编号，样本应尽可能分布在整个公差范围内；指定 m 名操作者（$m≥2$），按 1、2、…k、…m 进行编号；规定每名操作者对 1、2、…i、…L 个零件测试 n 次（$n≥2$），然后按 1、2、…j、…n 进行编号。而零件数量 L、操作者人数 m、测量次数 n 之积 $Lmn≥30$。一般情况下，取 $L=3$，$m=3$、$n=10$。

——按设备说明书将被评定的设备调整到工作状态，并对被测零件的测量位置予以标记或作出规定。

注：标记或规定是为了减少零件形状误差对测量结果所带来的影响。

——第一位操作者按零件编号顺序对 L 个零件进行第一次测量且记录测量数据；然后，再重复同样的工作顺序、步骤、方式进行测量和记录测量数据，直至第 n 次。

注 1：整个测量过程中不应对设备进行任何调整。

注 2：整个测量过程中前、后两次的测量数据不应相互影响。

——第一位操作者工作完成后，再由其他操作者重复上述程序进行，直至第 m 人完成。

——根据每一位操作者对 L 个零件 n 次重复测量得到的测量数据 $X_{i、j、k}$，通过计算得到各位操作者对 L 个零件中第 L 件测量 n 次后的极差值 $R_{i、k}$（计算公式见表 1）；再根据 L 个零件、测量 n 次的 $R_{i、k}$ 通过计算得到各位操作者的平均极差值 $\overline{R}_i$（计算公式见表 1）；最后根据 m 名操作者的平均极差值 $\overline{R}_i$ 通过计算得到平均值 $\overline{\overline{R}}$（计算公式见表 1）。

——根据每一位操作者对 L 个零件 n 次重复测量得到的测量数据 $X_{i、j、k}$，通过计算得到各位操作者对 L 个零件中第 L 件测量 n 次后的平均值 $\overline{X}_{i、k}$（计算公式见表 1）；再根据 L 个零件、测量 n 次的 $\overline{X}_{i、k}$ 通过计算得到各位操作者的平均值 $\overline{\overline{X}}_k$（计算公式见表 1）；最后根据 m 名操作者的平均值 $\overline{\overline{X}}_k$ 通过计算得到平均值 $\overline{X}_{\mathrm{Diff}}$（计算公式见表 1）。

——最后根据 $\overline{\overline{R}}$ 和 $\overline{X}_{\mathrm{Diff}}$ 通过计算得到被评定设备的重复性 EV 和再现性 AV，即：

$$EV=K_1\overline{\overline{R}} \tag{9}$$

$$AV=\sqrt{(K_2\overline{X}_{\mathrm{Diff}})^2-\frac{EV^2}{ij}} \tag{10}$$

注 1：公式（10）中根号内的计算值若为负值，则可认为再现性 $AV=0$。

注 2：公式（9）和公式（10）中的系数 K_1、K_2，可通过附录 C 中查到对应的常数 d_2^*。K_1 取决于零件数量 L、操作者人数 m、测量次数 n 之积 $L×m×n=g$，而 K_2 与操作者人数 m 有关；若取 $g=1$，则 K_1、K_2 均等于对应常数 d_2^* 的倒数。

“R&R 法”的评定指标“重复性和再现性”GRR 也被称为测量系统变差，用符号 σ_M 表示。

$$GRR=\sqrt{EV^2+AV^2} \tag{11}$$

$$\%GRR=\frac{6\sqrt{EV^2+AV^2}}{T}\times 100\% \tag{12}$$

6.2.2.2 基本“R&R 法”的另一种表述形式

“R&R 法”的另一种表述是基本过程变差的概念，在已得到测量系统变差σ_M的基础上，再求取零件与零件之间的变差σ_P，也称零件变差 PV（Part Variation）。通过零件均值的极差 R_P 和系数 K_3 可得到 PV。即：

$$PV=K_3R_P \tag{13}$$

注：公式（12）中的系数 K_3，可通过附录 C 中查到对应的常数 d_2^*。d_2^* 可以按进行测试的零件数量 L 和零件数量 L、操作者人数 m、测量次数 n 之积 g=1 从表 C.2 得到。

通过 GRR 和 PV 可得到测试过程变差σ_T，也称 TV（Test Variation）。TV 的计算公式见表 1。

最后，通过 EV、AV 和 TV 可得到评定指标%GRR。即：

$$\%GRR=\frac{\sqrt{EV^2+AV^2}}{TV}\times 100\% \tag{14}$$

6.2.2.3 两种表述形式的比较

通过公式（12）和公式（14）比较可明确地看出%GRR，两者的差异在于公式中分母的不同，即：公式（14）中的分母 TV 可用被测量公差 T 的 1/6 来代替进行计算。

注：%EV、%AV、%PV 等其他所占百分比的因素也可选用两种表述形式，对这些结果的分析和评价，可判断整个测量系统是否适合用于预期的目的。

6.2.2.4 结果评定

根据得到的%GRR 值，推荐采用以下评定要求：

——对“新设备验收”：%GRR≤20%。

注 1：考虑到被测量重要程度的差异，用户在对“新设备验收”时，也可以提出更高的要求，如：%GRR≤10%。

注 2：考虑到设备的成本因素，一般情况下应认为能够接受%GRR≤20%～%GRR≤30%。

注 3：当公差 T≤10μm 或者被测量为形位公差时，若用户认可，%GRR 的可接受值仍可调整。

——对“日常周期检测”：%GRR≤30%。

注：经“大修和改造后设备的验收”与“日常周期检测”的要求相同。

6.2.3 自动型设备中的应用

对专用检测设备中的自动型采用 R&R 法进行的评定，是上述手动型设备评定的特殊情况。由于可以排除操作者的影响，评定指标%R&R 实际上就是%EV，但需指出的是求取 EV 是建立在对零件进行测量的基础上。这是与评定方法 I 的不同之处。

——选出包含 L 个零件的一个样本（L≥5），按 1、2、…i、…L 进行编号，样本应尽可能分布在整个公差范围内；规定对 1、2、…i、…L 个零件测试 n 次（n≥2），然后按 1、2、…j、…n 进行编号。而零件数量 L、测量次数 n 之积 Ln≥20。一般情况下，取 L=25、n=2。

——按设备说明书将被评定的设备调整到工作状态，并对被测零件的测量位置予以标记或作出规定。

注：标记或规定是为了减少零件形状误差对测量结果所带来的影响。

——操作者启动设备，按零件编号顺序对 L 个零件进行第一次测量且记录测量数据；然后，再重复同样的工作顺序、步骤、方式进行测量和记录测量数据，直至第 n 次。

注 1：整个测量过程中不应对设备进行任何调整。

注 2：整个测量过程中前、后两次的测量数据不应相互影响。

——根据设备对 L 个零件 n 次重复测量得到的测量数据 $X_{i,j}$，通过计算得到各位操作者对 L 个零件中第 L 件测量 n 次后的极差值 R_i（计算公式见表 1）；再根据 L 个零件、测量 n 次的 R_i 通过计算得到设备的全部极差的平均值 $\overline{R}$（计算公式见表 1）。

——最后根据 $\overline{R}$ 和 T 通过计算得到被评定设备的评定指标 GRR、%GRR，即：

$$GRR=EV=K_1\overline{R} \tag{15}$$

$$\%GRR=\%EV=\frac{EV}{T}\times 100\% \quad \cdots\cdots\cdots\cdots\cdots\cdots\cdots\cdots \quad (16)$$

注 1：公式（15）中系数 K_1 可通过附录 C 查阅相关的系数表得到。

注 2：对于测试过程中出现的异常点，在用户和设备供应商分析结果的基础上，可对工件进行重新测量或直接剔除异常点。

——结果评定可参见 6.2.2 的规定。

6.3 评定方法Ⅲ

6.3.1 使用说明

评定方法Ⅲ通常称为“CMC 法”，它具有比较规范、统一的测试程序和评定指标，“CMC 法”主要适用于采取比较测量方式的设备；“CMC 法”中的评定指标“CMC”是综合反映了设备的重复性和准确度，其“CMC”值主要是针对“新设备验收”。

注：“CMC”也被称为设备的能力指数。

6.3.2 准备

设备测试前，应按设备说明书中表述的操作程序进行调整和试运行。测试工作应在供需双方的技术协议中规定的工作环境和工作条件下进行。对于采用比较测量方式的设备，所配备的“置零”标准件，其示值应趋近名义值，用于检测设备的“置零”。

注 1：标准件的示值应由溯源到国家标准的精密仪器测得的。

注 2：对设备的分辨力指标，“CMC 法”在公差 T 划分界限时，以 T=16μm 为界限（见 5.3）。

选出包含五个零件的一个样本，按 1、2、…5 进行编号，样本应尽可能分布在整个公差范围内；然后，用精密仪器对样本中的零件逐个进行测量，为提高测得值的准确性，可对同一零件进行多次测量，以平均值作为“基准值”，记为 X_i（i=1～5）。

注：精密仪器应溯源到国家标准。

6.3.3 重复性

重复性 EV 可以通过求取标准偏差 S_e 的方式来表述。以 4 倍的标准偏差 S_e 作为重复性指标（$EV=4\times S_e$），评定采取相对误差的方式。即：

注 1：当设备采用比较测量方法时，重复性测试利用“置零”标准件进行，连续测量次数 $n\geqslant 10$（一般取 n=25）。根据实际情况，测量次数 n 也可以适当减少（参见 6.1.2.2）。

注 2：当采用零件进行重复性测试时，重复性指标 EV 可适当降低，按供需双方在技术协议中的规定执行。

注 3：重复性 EV 的极限为 1μm。这表明了在公差 T<0.01mm 的情况下，对重复性指标所能提出的最高要求。

$$\frac{4S_e}{T}\times 100\% \leqslant 10\% \quad \cdots\cdots\cdots\cdots\cdots\cdots\cdots\cdots \quad (17)$$

6.3.4 示值误差

用设备对包含 p 个零件的一个样本（一般取 p=5）中的每个零件测量 q 次（一般取 q=5）且记录每次的测得值；然后，按下述步骤求取示值误差Δ。

——求出经精密仪器测量的全部工件的平均值$\overline{V}$。

——求出第 i 号工件在被评定的专用检测设备上进行 q 次测量的平均值$\overline{Y}_i$。

——求出在被评定的专用检测设备上测量的所有工件的平均值$\overline{Y}$。

——求出第 i 号工件在被检测设备进行的第 j 次测量与基准值 V_i 的差值 $d_{i、j}$。

——求出每一工件 q 次测量值的平均值与基准值的差值$\overline{d}_i$。

——求出 p 个工件在被评定检测设备上经 q 次测量的平均值$\overline{Y}_i$与对应基准值 V_i 之差值的平均值$\overline{d}$。

——将$\overline{d}$记作偏移 B_i，求出有测量仪器的“偏移”B_i，即：

注：平均值$\overline{d}$完全具有测量仪器的“偏移”的特性。

$$B_i=\left|\bar{d}\right|=\left|\bar{Y}-\bar{V}\right| \quad (18)$$

——根据 $d_{i、j}$ 和 B_i 可得到设备的标准偏差 S_r（计算公式见表 1）。

——最后，根据 B_i、S_r 和 S_e 确定被评定设备的示值误差$\varDelta$，即：

$$\varDelta=B_i+2\sqrt{S_r^2+S_e^2} \quad (19)$$

注 1：公式（19）与公式（6）、公式（7）、公式（8）在组成和含义上完全相同，仅在数据采集和处理上有些差别。但用 *CMC* 方法获得的结果更接近被评定设备的实际情况，只是整个过程比评定方法 I 明显复杂。

注 2：标准偏差 S_r 表征了设备在正常工作情况下测量结果的分散性，而 S_e 作为设备重复性标准偏差，主要表征了设备自身测量结果的分散性。因此，必须利用理想试件测得。在求取检测设备的示值误差时，两者都应计入。

6.3.5 评定

当被评定设备满足下述评定结果时，可对其作出“通过”的结论，反之“不通过”。即：

$$T>16\mu m:\ \frac{\varDelta}{T}\times100\%\leqslant12.5\%;$$

$$T\leqslant16\mu m:\ \frac{\varDelta}{T}\times100\%\leqslant25\%。$$

为了更直观地表征上述评定结果，被评定设备采用测量能力指数 $CMC=T/(2\times\varDelta)$ 满足下述评定结果时，可对其作出“通过”的结论，反之“不通过”。即：

$T>16\mu m$：$CMC\geqslant4$ 时；

$T\leqslant16\mu m$：$CMC\geqslant2$ 时。

7 线性的评定

对线性指标的评定，应在按评定方法Ⅰ、Ⅱ或Ⅲ对设备进行评定并做出“通过”结论之后进行，具体评定方法应由供需双方在技术协议中确定。

7.1 线性回归法

线性回归法是通过线性的本质，利用线性回归原理来建立对应的回归模型，对线性指标做出评定。

注：利用线性回归法评定设备的线性指标虽然严谨，但步骤多、数据处理工作量较大，即使借助数据处理软件，在企业中的应用还是受到制约。因此，实际工作中普遍采用的是一些相对较简单的方法，详见附录 D。

7.2 线性的极值评定法

7.2.1 步骤

——选出包含三个零件的一个样本，样本中三个零件的名义值应分别取对应于被测量公差范围的上限值、中间值和下限值。

——采用比被评定设备更精密的仪器测出三个零件的“基准值” W_{mu}、W_m、W_{ml}。

注：W_{mul}、W_m 和 W_m 表示上限值、中间值和下限值零件的基准值。

——用被评定设备对每个零件重复测量 r 次（$r\geqslant10$，一般取 $r=10$），并记录测得值。

——计算每个零件 r 次测得值的平均值 $\bar{W}_{gl}$、$\bar{W}_g$ 和 $\bar{W}_{gu}$（计算公式见表 1）。

注 1：可以利用线性评定前所进行的有关测试中已经置备的样件以及所获取的数据。

注 2：采用比较测量原理的设备，测试前，应利用“置零”标准件先“置零”，“置零”标准件也可作为中间值样件。

注 3：供需双方可在技术协议中规定，由供或需方提供一套对应于被测量公差上限值、中间值和下限值的标准件。

7.2.2 评定过程

被评定设备的满足下述条件，其线性即认为“合格”。

——被评定设备的上限偏移量 Li_u 的计算公式见表 1。

——被评定设备的下限偏移量 Li_l 的计算公式见表 1。

——所得到的 Li_u 和 Li_l 应同时满足 $\%Li_u \leqslant 8\%$ 和 $\%Li_l \leqslant 8\%$ 条件。

7.3 线性的间接表述及其评定

除采用 7.1 和 7.2 所述方法进行线性评定外，在很多场合下是通过设置测试“控制点”的示值误差的方法来进行线性评定。执行下述测量程序并不是单纯为评定线性特性指标，主要还是为了校验和调整设备。随着计算机辅助测量技术应用在设备上的普及，对测试结果进行修正也更为方便。

注 1：线性的间接表述实际上是一种实用的评定方法，从具体做法来看，其实是以上“极值评定法”的简化，被评为“替代型线性分析”（Alternate Linearity Analysis）。

注 2：“控制点”是指对应于测量公差的明确位置，如上限值、中间值和下限值。利用评定方法 I 中求得示值误差，再按设定的指标，对各控制点示值误差作出评定，均符合提出的要求才给予“通过”。

——首先配备对应于被测量公差范围的上限值、中间值和下限值的三个标准件。

注 1：标准件应经过更精密的仪器测得它们的“基准值”。

注 2：设备的测量对象中既有单参数简单零件、也有多参数复杂零件，因而应用“替代型线性分析”并不都是一种模式。对复杂的箱体类零件，一般只设置一个中间值的“置零”标准件，而上限值和下限值的标准件均采用“分体”方式。如：选一部分公差小、要求高的参数—主要是孔径，制作相应的上限值和下限值环规作为极限值标准件，余下被测项目不再考虑。

——若被评定设备采用比较测量原理，则设备先用中间值标准件“置零”，然后设备再对上限值和下限值标准件进行测试，得到 X_g 与“基准值” X_m 之差，即为示值误差 Δ。

注：若被评定设备采用绝对测量原理，则可以任意标准件为准。

——最后，根据被评定设备的示值与标准件的“基准值”之间的偏差应 $\leqslant \pm$（$10\%T$），即：线性判定准则可由下式表述。

$$L_i = \left|\frac{\Delta}{T}\right| \qquad (20)$$

$$\%L_i \leqslant 10\%$$

8 稳定性的评定

8.1 概述

上述特性指标评定的测量程序都是在短时间内完成，而稳定性则是表征设备不随时间变化的一种能力（保持性）。相对“年、月” 的时间间隔，被评价设备的稳定性一般以“小时” 作为时间间隔。尽管不同的时间间隔对测量结果有很大影响，但与其他特性指标相比，稳定性及其评定还是有很大不同。

注 1：设备稳定性满足一定的要求是其实施评定的前提。如：制造厂商应对新设备在预验收前完成相关的测试（见 5.2）。

注 2：除自动测量分选机等少数设备外，在评定内容中，一般不对稳定性作出要求，但其制造厂商应向用户提供有关的信息，如合理的调整（置零）间隔等。稳定性指标可以表述为“偏移/时间”的形式，如 1μm/8h。

注 3：稳定性评定过程应在供需双方的技术协议书中确定的工作环境和工作条件下进行（见 5.2）。

8.2 方法和过程

8.2.1 评定方法

稳定性的评定是通过控制图的形式进行的，可以采用以下两种方法进行：

1）依据从一个样本（n=1）所获得的测量数据、分布状态和被测量的公差，绘出曲线并建立控制限，来制定评价指标。

2）依据从一个样本（取 n=5）所获得的测量数据，绘制休哈特控制图（Shewhart Control Chart），按照由此确立的控制限来作出判断。

8.2.2 第一种评定方法的步骤

——取一个已知“基准值” X_m 的零件作为样本。

注：样本也可以直接选用“置零”标准件。

——利用样本（n=1）的基准值 X_m 和由评定方法Ⅰ得到的标准偏差 S_g，建立控制图的中线、上控制限 UCL 和下控制限 LCL（计算公式见表 1）。此时，若一旦出现测量结果超出上控制限、下控制限时，就表明设备的运行已不正常，需马上查找原因。鉴于识别界限值涉及到仪器的分辨力，为避免误判和便于运算，上控制限、下控制限的表达式可由 $UCL=X_m+0.1T$ 和 $LCL=X_m-0.1T$ 替代。

注：系数 2.576 表示置信水平为 99%。

——由被评定设备的使用状况来确定试验的持续时间和测试间隔，一般情况下试验持续时间不应少于 8h。

——测试前应按设备说明书所表述的操作程序进行调整，采取比较测量原理的设备还应采用标准件置零。

——按设定的测试间隔（一般取 1h），用设备对所选的样件进行测量。

注 1：测量次数可以为一次，也可以为 n 次后取平均值。

注 2：在整个稳定性试验期间，不允许对被评定设备进行调整。

——依据得到的测量结果，在控制图中绘出反映稳定性态势的曲线。

8.2.3 评定

——若所有测量结果都位于设定的控制范围以内，即：在控制图中，稳定性曲线完全落在上控制限 UCL 和下控制限 LCL 之间，则表明：在规定期间内，稳定指标达到要求。假如试验持续时间为 8h，则明确被评定设备只需在上班前调整一次（例如：“置零”操作）。当然，通过延长试验持续时间还能进一步了解其稳定性水平，这根据需要而定。

——若出现测量结果超出设定的控制范围，则需要分析稳定性曲线并找出规律，然后适当缩短试验持续时间，例如：将 8h 改为 4h。再重新开始一轮试验时，也可根据情况调整试验的测试间隔，例如：将 1h 改为 0.5h。最终必须达到在规定期间，测量结果都处于控制范围以内。由此确定被评定设备的稳定性水平。

——若出现测量结果超出设定的控制范围，且稳定性曲线不呈现明显的规律性，则表明被评定设备缺乏必要的稳定性，无法满足用户的实际需要，必须予以改进后重新进行一轮试验。 除非每次进行测量前都做一次调整。

8.3 措施

合理设定间隔后的定时调整能有效抑制稳定性对测量结果的影响。通常利用标准件定时“置零” 就是要达到这个目的，并且已成为设备操作规程的一个组成部分。如：自动分选机、自动检验机等多数都已经具备了自动校零功能（即：事先进行设置，按照“定时”或“定量”的方式），自动地利用标准件完成一次“置零”操作，以消除飘移的影响。因此，很多情况下，“新设备验收”程序中就并未列入对稳定性指标的评定。对“设备经过大修或技术改造后的验收”程序中是否列入对稳定性指标的评定，则应由供需双方在技术协议中予以说明。

说明：

——执行以上程序前，制造商应按照 8.1 的要求完成被评定专用检测设备的稳定性测试。

——零件运行试验用于表明设备的工作状态，具体做法由供需双方协商确定。

9 评定流程

评定方法Ⅱ是评定方法Ⅰ的延续，一台设备经评定方法Ⅰ评定并获得通过后，即转入评定方法Ⅱ进行评定并获得通过后，才可以判定为这台被评设备“通过”。但评定方法Ⅰ、Ⅱ、Ⅲ的具体选择与应用，主要还是由供需双方协商而定。反映设备评定程序的流程图见图 1 所示。

注：如图 1 所示，评定方法Ⅰ与评定方法Ⅱ之间存在着承上启下的联系，而方法Ⅱ比方法Ⅰ具有较大的独立性。

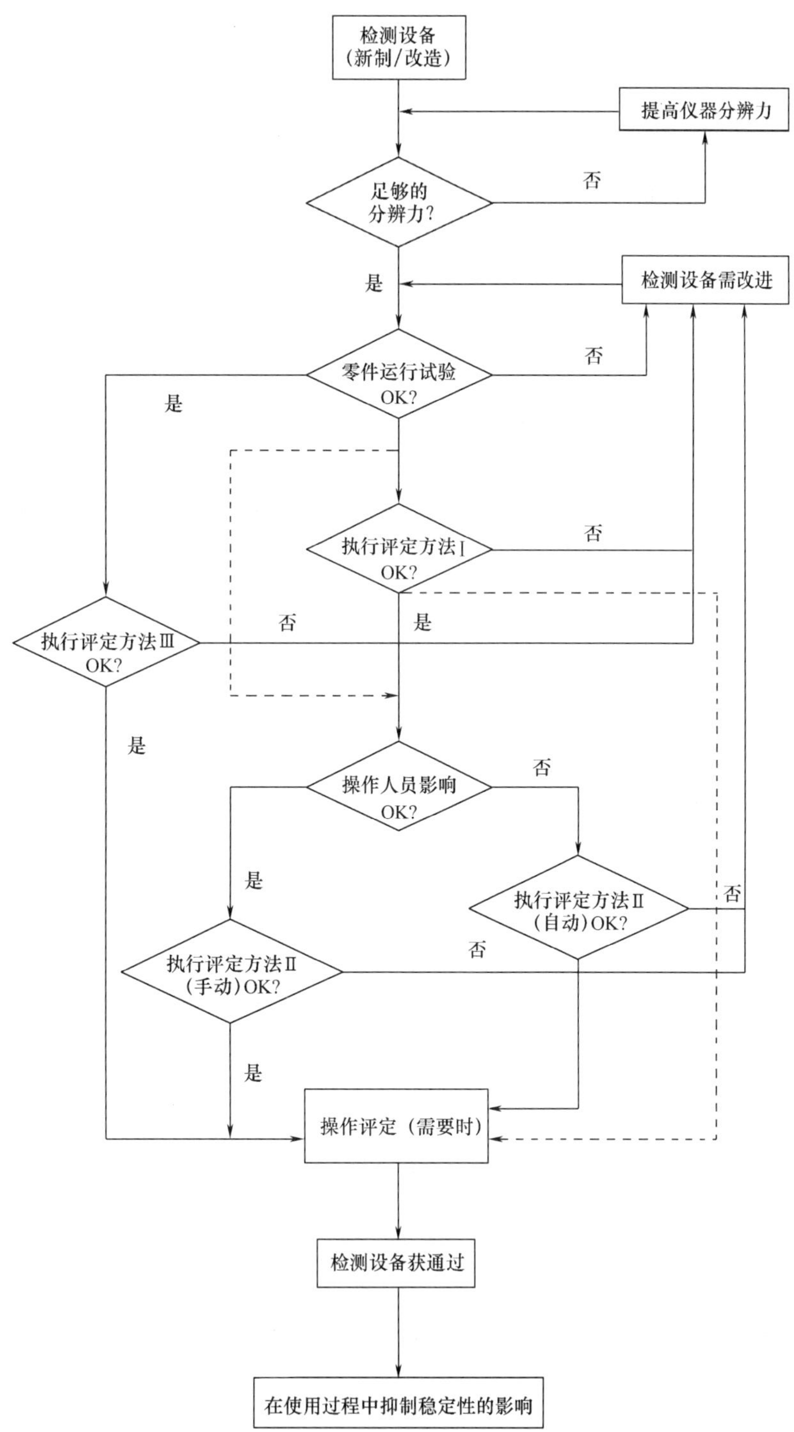

图1 设备评定程序的流程图

附 录 A
（规范性附录）
重复性评定中极差 R 与测量能力指数 C_g 的水平比较

若测量数据呈正态分布，n 次等精度测量的标准偏差 S 与极差 R 有以下关系。

$$S=\frac{R}{d_n} \quad \text{(A.1)}$$

式中：

d_n——是与测量次数 n 有关的统计数，其数值见表 A.1。

表 A.1

n	10	15	20	25	50
d_n	3.08	3.47	3.74	3.93	4.00

将测量能力指数 C_g（计算公式见表 1）代入公式（A.1）中得到：

$$\frac{R}{T}=\frac{0.2d_n}{4C_g} \quad \text{(A.2)}$$

在确保任何情况下，采用极差法评定都能达到重复性指标为 10%T 时（见 5.2.1），则公式（A.2）可改为 $C_g=0.5d_n$ 并通过表 A.1 得到表 A.2。

表 A.2

n	10	15	20	25	50
C_g	1.54	1.73	1.87	1.96	2.00
注 1：表 A.2 反映了此时对应的测量能力指数 C_g 的水平。对新设备的验收，需保证 $C_g\geqslant2.0$，当 n=50 时，两种重复性评定方式的结果相同，而 n=25 时也已很接近（见 5.2.1）。 注 2：实际上，采用 C_g 值进行评定，测量次数 n 一般不少于 20；当测量次数 $n\leqslant10$ 时，都采用极差法。由表 A.2 可知，当 n=10 时，C_g=1.54，即：按测量能力指数评定重复性，并未达到要求。但若要与 n=50 时的 C_g 值进行水平比较，还必须做一次转换。					

由概率统计学可知，样本数（测量次数 n）不同时，通过改变评价指标值，可以得到相同的评定结果。若取 n=10、n=25 时，为得到与 n=50、C_g=2.00 相同的评定结果，就应增大 C_g 值，取值情况见表 A.3。反之，在 n=10、n=25 并已有确定的 C_g 值时，为体现出与 n=50 相同的评价效果，就应相应缩小 C_g 值，同样可参照表 A.3。通过简单计算，表 A.2 中 n=10 时的 C_g=1.54，只相当于 n=50 时的 C_g=1.06，大大低于按测量能力指数方法进行评定时需达到的 $C_g\geqslant2.0$。即使按“日常周期检测（包括“大修和改造后设备的验收”）”应达到的指标，即：n=10 时，极差法应达到的 $R\leqslant\frac{1}{10}T$，也还要比 $C_g\geqslant1.33$（n=50）代表的重复性水平低 20%以上。

表 A.3

n	50	25	10
C_g	2.0	2.2	2.9

附　录　B
（资料性附录）
求取测量能力指数 C_g 和 C_{gk} 的应用实例

用一台多参数综合量仪检测一个复杂零件的内径 $\phi 23^{+0.052}_{0}$，采取比较测量方式，配置一个用于“置零”的标准件。

——零件内径的公差 T=0.052mm（即：52μm），根据对分辨力 RE 的规定（见5.3），$RE \leqslant \frac{T}{20}$，相当于2.6μm。而采用的多参数综合量仪的分辨力为0.1μm，完全能满足要求。

——选一个合格零件作为样件，用一台PMM12106计量型三坐标测量机测得“基准值” X_m。为可靠起见，可连续测量3次～5次，取其平均值。

——将样件置于多参数综合量仪上重复测量不少20次，并记录测得数据。

——计算过程

公差：T=0.052mm

基准值：X_m=23.0392mm

1）根据多参数综合量仪上重复测量不少20次的测量结果得到：

平均值：$\bar{X}_g$=23.0363mm

标准偏差：S_g=0.636μm

偏移：$B_i = \left|\bar{X}_g - X_m\right|$=2.9μm

2）测量能力指数：

$$C_g = \frac{0.2T}{4S_g} = 4.08$$

$$C_{gk} \frac{0.1T - B_i}{2S_g} = 1.81$$

——结论：

所求得 C_g、C_{gk} 值均大于1.33，表明按在用设备周期性检测（包括对大修后、改造后设备的验收）的评定指标，所求得的测得能力指数符合要求。

附　录　C
（资料性附录）
R&R 法应用实例及用于求取系数 K_1、K_2、K_3 的因数 d_2^*

C.1　R&R法应用实例

下面介绍的是基于零件公差的评定方法，也是本指导性文件建议采用的方法。

——取操作（评价）人数 k=3，零件数 i=10，测试次数 j=3。

——$\overline{\overline{R}}$=0.3417、$\overline{X}_{\text{Diff}}$=0.4446。

——重复性$EV=\overline{\overline{R}}K_1$=0.3417×0.5908=0.2019。

——按测试次数j=3，零件数i=10与操作者人数k=3之积g=30，从表C.2中可查出对应的常数d_2^*=1.6925，则：$K_1=\dfrac{1}{d_2^*}$=0.5908。若测量次数j=2，按同样方法可从表C.2中查出d_2^*=1.1283，则：$K_1=\dfrac{1}{d_2^*}$=0.08863。

——再现性$AV=\sqrt{\left(\overline{X}_{\text{Diff}}K_2\right)^2-\dfrac{EV^2}{i\cdot j}}=\sqrt{(0.4446\times0.5231)^2-\left(0.2019^2/(10\times3)\right)}=0.2296$

注：系数K_2仅与操作者人数k有关，在表C.2中查找时，取g=1。如：k=3，从表C.2的第一行可查出d_2^*=1.9115，故$K_2=\dfrac{1}{d_2^*}$=0.5231。若操作者人数改为k=2，按同样方法可从表C.2中查出d_2^*=1.4142，则：$K_2=\dfrac{1}{d_2^*}$=0.7071。

——重复性和再现性$GRR=\sqrt{EV^2+AV^2}=\sqrt{0.2019^2+0.2296}=0.3058$。

——（专用检测设备的）评定指标$\%GRR=\dfrac{6GRR}{T}$×100%。

C.2 测试过程变差概念的评定

下面再简单地介绍基于测试过程变差概念的评定，仍延续上述的实例。

——若已求得R_p=3.5110。

——零件变差$PV=R_pK_3$=3.5110×0.3146=1.1046。

注：系数K_3仅与零件数i有关，在表C.2中查找时，取g=1。如：i=10，从表C.2的第一行可查出d_2^*=3.179，故$K_3=\dfrac{1}{d_2^*}$=0.3146。同理，当i=2～10时，对应的系数K_3的数值见表C.1。

表 C.1

零件数 i	2	3	4	5	6	7	8	9	10
系数 K_3	0.7071	0.5232	0.4467	0.4030	0.3742	0.3742	0.3375	0.3249	0.3146

——测试过程变差（总变差）$TV=\sqrt{GRR+PV}=\sqrt{(0.3058)+(1.1046)}=1.1461$。

——评定指标$\%GRR=\dfrac{GRR}{TV}$×100%。

表 C.2　用于求取系数 K_1、K_2、K_3 的因数 d_2^*

		测量次数j（用于求取K_1时）或操作者人数k（求取用于k_2时）或零件数量 I （用于求取k_3时）																		
	d_2^*	2	3	4	5	6	7	8	9	10	11	12	13	14	15	16	17	18	19	20
操作者人数k与被测工件数i的乘积g（k·i）	1	1.4142	1.9115	2.2388	2.4812	2.6725	2.5253	2.9628	3.0779	3.1790	3.2690	3.3501	3.4237	3.6911	3.5533	3.6107	3.6642	3.7142	3.7611	3.8053
	2	1.2793	1.8053	2.1506	2.4048	2.6043	2.7677	2.9056	3.0244	3.1286	3.2213	3.3046	3.3801	3.4492	3.5128	3.5715	3.6262	3.6773	3.7252	3.7703
	3	1.2310	1.7685	2.1204	2.3788	2.5812	2.7468	2.8862	3.0064	3.1117	3.2052	3.2893	3.3655	3.4351	3.4924	3.5584	3.6135	3.6649	3.7131	3.7585
	4	1.2062	1.7498	2.1052	2.3657	2.5696	2.7362	2.8765	2.9973	3.1032	3.1972	3.2816	3.3581	3.4280	3.4883	3.5518	3.6071	3.6587	3.7071	3.7526
	5	1.1910	1.7385	2.0960	2.3578	2.5626	2.7299	2.8707	2.9919	3.0980	3.1923	3.2770	3.3531	3.4238	3.4856	3.5478	3.6032	3.6550	3.7035	3.7491
	6	1.1808	1.7309	2.0898	2.3525	2.5379	2.7256	2.8668	2.9882	3.0946	3.1891	3.2739	3.3507	3.4209	3.4836	3.5452	3.6007	3.6525	3.7010	3.7467
	7	1.1734	1.7255	2.0854	2.3487	2.5546	2.7266	2.8640	2.9856	3.0922	3.1867	3.2717	3.3486	3.4189	3.4822	3.5433	3.5988	3.6507	3.6993	3.7450
	8	1.1679	1.7214	2.0821	2.3459	2.5520	2.7203	2.8619	2.9837	3.0903	3.1850	3.2700	3.3470	3.4174	3.4810	3.5419	3.5975	3.6494	3.6980	3.7438
	9	1.1636	1.7182	2.0795	2.3437	2.5501	2.7185	2.8602	2.9822	3.0889	3.1837	3.2687	3.3458	3.4162	3.4801	3.5408	3.5964	3.6483	3.6970	3.7428
	10	1.1572	1.7157	2.0774	2.3419	2.5485	2.7171	2.8589	2.9810	3.0878	3.1826	3.2677	3.3448	3.4152	3.4794	3.5399	3.5955	3.6475	3.6962	3.7420
	11	1.1572	1.7136	2.0757	2.3404	2.5472	2.7160	2.8579	2.9800	3.0868	3.1817	3.2669	3.3440	3.4145	3.4787	3.5392	3.5948	3.6468	3.6955	3.7414
	12	1.1549	1.7118	2.0743	2.3392	2.5462	2.7150	2.8570	2.9791	3.0861	3.1810	3.2662	3.3433	3.4138	3.4782	3.5386	3.5943	3.6463	3.6950	3.7408
	13	1.1528	1.7104	2.0731	2.3382	2.5453	2.7142	2.8562	2.9784	3.0854	3.1803	3.2656	3.3428	3.4133	3.4778	3.5381	3.5938	3.6458	3.6945	3.7404
	14	1.1511	1.7091	2.0721	2.3373	2.5445	2.7135	2.8556	2.9778	3.0848	3.1798	3.2651	3.3423	3.4128	3.4774	3.5376	3.5933	3.6454	3.6941	3.7400
	15	1.1496	1.7080	2.0712	2.3366	2.5438	2.7129	2.8550	2.9773	3.0843	3.1793	3.2646	3.3419	3.4124	3.4770	3.5372	3.5930	3.6450	3.6938	3.7396
	16	1.1483	1.7070	2.0704	2.3359	2.5432	2.7123	2.8545	2.9768	3.0839	3.1789	3.2642	3.3415	3.4121	3.4767	3.5369	3.5927	3.6447	3.6935	3.7393
	17	1.1471	1.7062	2.0697	2.3353	2.5427	2.7119	2.8541	2.6764	3.0835	3.1786	3.2639	3.3412	3.4117	3.4767	3.5366	3.5924	3.6444	3.6932	3.7391
	18	1.1461	1.7054	2.0691	2.3348	2.5422	2.7114	2.8537	2.9761	3.0832	3.1782	3.2636	3.3409	3.4115	3.4765	3.5364	3.5921	3.6442	3.6930	3.7389
	19	1.1452	1.7048	2.0686	2.3343	2.5418	2.7131	2.8534	2.9758	3.0829	3.1780	3.2633	3.3406	3.4112	3.4762	3.5361	3.5919	3.6440	3.6928	3.7386
	20	1.1443	1.7041	2.0681	2.3339	2.5414	2.7110	2.8531	2.9755	3.0826	3.1777	3.2631	3.3404	3.4110	3.4760	3.5359	3.5917	3.6438	3.6926	3.7385
	>20	1.1283	1.6925	2.0587	2.3259	2.5344	2.7043	2.8472	2.9700	3.0775	3.1728	3.2584	3.3353	3.4067	3.4719	3.5319	3.5878	3.6400	3.6889	3.7350

附 录 D
（规范性附录）
线性回归法

线性回归法是从线性的本义出发，应用线性回归的原理，建立对应的回归模型，来对线性特性指标做出评定。

D.1 步骤

——采用线性回归法，至少应准备五个零件，其被测量值的分布应基本能覆盖公差范围。

——采用更精密的仪器和方法，测出每一个零件被测量的精确值，即“基准值” $(X_m)_i$。

——再由一名或多名操作者在被评定设备上对每个零件重复进行一般不少于10次的测量，并记录测得值$X_{i、j}$。

——计算每个零件的均值（$\bar{X}_g$）$_i$和偏移 B_{l_i}，再计算零件偏移平均值 $\overline{B_i}$ 和零件基准值的平均值 $\bar{X}_m$。

——通过上述一系列相关运算，最后求出Q_{X2}、Q_{Xm}、Q_{B_i}、$Q_{B_{i_2}}$ 和Q_{B_i} 等五项中间参数值。

注：在实施上述步骤时，完全可以利用线性评定前，按评定方法Ⅰ、Ⅱ或Ⅲ执行测量程序中所配置的样件及其数据。

D.2 线性评定的确认

采用线性回归法进行评定应满足下述两个条件：

1）选取的n个样本的被测量的评价范围应≥50%T。

2）相关系统R_2应≥0.95。

注：相关系数R_2表征了在被测量的评价范围内，实测值的平均值与对应的基准值之间的可比性。显然，当两者为不相关或呈现弱相关、即相关系数偏小时，对那台专用检测设备所进行的线性评定也就失去了意义。相关系数R_2可以利用8.1.1中求出的各项参数值，再通过确定的公式求得。

D.3 回归模型和线性评价指标

若D.2所述的两个条件都能满足，就可在X—Y直角坐标系中标注散点、绘图，并建立下述形式的线性回归模型。

$$Y=aX+b \quad \text{(D.1)}$$

式中：

a——斜率；

b——截距。

直角坐标系中的横坐标X代表基准值X_m；而纵坐标Y除公式（D.1）一种表示方式外，还有一种为实测值的平均值 $\bar{X}_g$，代表偏移B_i的表示方式。其实，两种表示方式的含义完全相同，因为上述三项参数之间存在下述确定关系，即：

$$B_i=\bar{X}_g-X_m \quad \text{(D.2)}$$

因此，在线性理想的情况下，第一种表示方式是一条通过原点的45°斜率a和截距b。由此可得到所需的线性评价指标$\%L_i=100a\%$。

D.4 结果评定

对被评定设备，按所求出的线性评价指标$\%L_i$做出如下判断：

1）$\%L_i \leq 5\%$，表示被评定设备的线性完全满足要求。

2）$5\% < \%L_i \leq 10\%$，表示在综合考虑各方面的因素后，被评定设备的线性可以接受。但是，还应对线性稍差的原因作进一步探究，尽力加以修正。

注：各方面的因素包括：使用场合的重要性，检测设备的价格，维修成本等。

3）$\%L_i > 10\%$，表示被评定设备需要改进和完善。只有在找出原因，并加以修正，切实提高后才能够接受。

D.5 线性回归分析的有关公式

试验样件的数量：n

每个样件的测量次数：m

i号样件的测量平均值：$(\bar{X}_g)_i = \frac{1}{m}\sum_j^m X_{i,j}$

i号样件的偏移：$B_{i_i} = \left|(\bar{X}_g)_i - (X_m)_i\right|$

所有样件的偏移平均值：$\bar{B}_{i_i} = \frac{1}{n}\sum_i^n B_{i_i}$

所有样件的基准值平均值：$\bar{X}_m = \frac{1}{n}\sum_i^n (X_m)_i$

$$Q_{X2} = \sum_i^n (X_m)_i^2$$

$$Q_{Xm} = \left(\sum X_m\right)^2$$

$$Q_{B_i} = \left(\sum_i^n B_{i_i}\right)$$

$$Q_{B_i} = \left[\sum_i^n B_{i_i}\right]^2$$

线性回归模型$Y=aX+b$的参数a和b：$a = \frac{\sum_i^n \left((X_m)_i - \bar{X}_m\right)\left(B_{i_i} - \bar{B}_i\right)}{\sum_i^n \left((X_m)_i - \bar{X}_m\right)^2}$

$$b = \bar{B}_i - a\bar{X}_m$$

相关系数R^2：$R^2 = \frac{\left(\sum_i^n \left((X_m)_i B_{i_i}\right) - n\bar{X}_m \bar{B}_i\right)}{\left(Q_{X2} - \frac{1}{n}Q_{Xm}\right)\left(Q_{B_{i2}} - \frac{1}{n}Q_{B_i}\right)}$

附　录　E
（规范性附录）
相关分析方法在准确度评定中的应用

在被评定设备中，存在着一种情况，即：设备的重复性完全达到评价指标，但经与更精密的测量仪器（如：三坐标测量机CMM）做比对测量示值误差Δ，经过数据处理，发现Δ超差或严重超差。

系统误差分为定值与变值系统误差，定值系统误差对每一个测得值的影响，无论在大小和方向上都遵循一定的规律，而变值系统误差对测量结果的影响就不呈现明显的规律性。通过确认系统误差的存在，并找到其变化的规律，就有可能采用“设定修正量—补偿”的处理方法，有效地消除其中的定值系统误差。

应用回归分析理论来研究经过比对测量后生成的两组数据间的关系，以期发现被评定专用检测设备测量误差的变化规律。最终达到以下两个目的：

1）通过评估两组测量值的线性相关，以确认设备与三坐标测量机CMM等准确性更高的仪器之间是否存在一致性和具有可比性。若经过测算和判断，两者之间为弱相关，甚至不相关，则原来所作出的示值误差“不合格”结论有效。

2）若评估结果表明两组测量值之间呈现强相关，那么，在经过相应的数据处理，找出修正量后，应采取补偿措施，以消除设备测量结果中的定值系统误差。并在完成修正/补偿步骤后，再进行示值误差Δ评定，以验证Δ是否已达到规定指标。

相关（correlation）指两个或多个随机变量间的关系，而相关系数是这种关系紧密程度的度量，其定义为：两个随机变量的协方差与它们的标准偏差乘积之比值，用Q表示。

$$Q(X,Y)=\frac{V(X,Y)}{\sigma(X)\sigma(Y)} \qquad \text{(E.1)}$$

实际工作中，不可能测量无穷次。因此，无法得到理想情况下的相关系数，只能根据有限次测量所得的数据求得其估计数，用r（x, y）表示。

$$r(x、y)=\frac{\sum_{i=1}^{n}(x_i-\overline{x})(y_i-\overline{y})}{(n-1)s(x)s(y)} \qquad \text{(E.2)}$$

现将n个样本分别由坐标测量机和在线检测设备测得的数值记为$\{x_1,x_2,x_3,\cdots,x_n\}$和$\{y_1,y_2,y_3\cdots y_n\}$，$i$为样本编号，由此求得各自的算术平均值$\overline{x}$和$\overline{y}$及其实验标准偏差$S$（$x$）和$S$（$y$）。然后按公式（E.2）计算出相关系数的估计值$r$（$x$、$y$）。需注意的一点是，我们采取了把一个随机变量$x$经$n$次测量获得的$n$个$x_i$值的做法，替代成以$n$个样本每个在坐标测量机CMM上测量一次所得到的$n$个$x_i$的方法。变量$y$情况相同。

可以证明$|r|\leqslant 1$，而当r=0时，称两组数据完全不相关，而r绝对值的大小决定了两组数值间线性相关的程度。习惯上，$|r|\geqslant 0.7$时，称为强相关，否则称弱相关，据此，在评估由在线检测设备和坐标测量机CMM生成的两组测得数据的相关性时，若求出的相关系数r小于0.7，即认为两者无可比性，将不再采取修正和补偿措施。反之，按照以下步骤来求取修正量。

假如被评定的专用检测设备有m项被测参数，则既有可能需进行m次相关性分析，也可能只需做一次或两次，完全视具体情况而定。但在正常情况下，多为前者。设j是其中一项被测量，那么n个工件分别在两种仪器上的测量值就为$\{x_{1j},x_{2j},x_{3j},\cdots,x_{nj}\}$和$\{y_{1j},y_{2j},y_{3j},\cdots,y_{nj}\}$。比较其中任一工件$i$的两个测量值，求出偏差$\Delta_{ij}$，即：

$$\Delta_{ij}=y_{ij}-x_{ij} \qquad (E.3)$$

在线检测设备相对被测量j的修正量Δ_j为：

$$\Delta_j=\frac{\sum_{i=1}^{n}\Delta_{ij}}{n} \qquad (E.4)$$

同理，可求出m项被测参数中的其他个修正量。

若采取让每个工件都在检测设备上重复测量k次的方式，则求得的偏差Δ_{ij}为$(\bar{y}_{ij}-x_{ij})$，$\bar{y}_{ij}$是K次测量结果的平均值。相比上述一次测量，如此求得的修正量会更精确，经实施补偿，消除测量结果中定值系统误差的效果也更好。

现代多参数综合检测设备大多为计算机控制，无论采用的是比较测量原理还是绝对测量原理，输入一组修正值以实现补偿都已十分方便。

附　录　F
（规范性附录）
弥补测量能力不足的技术措施

测量能力指数C_g是专用检测设备重复性指标的表征，其表达式为：

$$C_g=0.2T/2\times(2S) \qquad (F.1)$$

式中：

T——被测工件的公差；

S——实验标准偏差。

公式（F.1）的分母中的$2S$，代表了具有置信概率p的置信区间的半宽，2称为置信因子，用符号k表示。当k=2时，置信概率为95.45%。因此，公式（F.1）可写成如下通用形式，即：

$$C_g=0.2T/2kS \qquad (F.2)$$

在有些情况下，少数新制检测设备的C_g值达不到2.0的水平，而一些在用检测器具的C_g值则低于1.33，主要原因是其标准偏差S较大。故在工件公差T和置信因子k相同的情况下，C_g值变小。设此时的标准偏差为S'、测量能力指数为C'_g，则：

$$C'_g=0.2T/2kS' \quad (k=2) \qquad (F.3)$$

此时，如果还要求检具、量仪能保持足够的测量能力，只能采取一个措施：缩小置信因子K，使公式（F.3）的分母值等于公式（F.2）的分母值。为此，公式（F.3）作以下数学处理，之前先设C_{g0}=2.0。

$$C'_g C_{g0}/C_{g0}=0.2T/2kS' \qquad (F.4)$$

令$C'_g/C_{g0}=f$，则公式（F.4）变为：

$$C_{g0}=0.2T/2(fk)S' \qquad (F.5)$$

公式（F.5）中k=2，缩小系数f小于1，则置信因子$k'=kf<2$

但这种情况下的置信区间半宽k'、S'不变，因为$k'S'=kS$，只是因为置信因子变小了，置信概率降低了，即：置信水准下降了。

若一批专用检测设备的测量能力指数值C_g分别为2.0、1.8、1.67、1.33、1.14、1.0和0.8，则它们对应的置信因子k和相应的置信概率P分别见表F.1。

表 F.1

测量能力指数 C_g	2.0	1.8	1.67	1.33	1.14	1.0	0.8
置信因子 k	2.0	1.8	1.67	1.33	1.14	1.0	0.8
置信概率 P	95.45%	92.82%	90.50%	81.64%	74.16%	68.27%	57.62%

由此，为弥补检测设备测量能力的不足，可采取如下解决方法：

通过运算，求出在测量能力指数C_g值不同的情况下，检测结果误差超过规定置信区间的大小所占被测工件公差的比例，然后采取相应的技术措施。

由公式（F.3）有以下关系：

$$0.2T/（2\times 2S_{K=3}）=2.0（C_g=2.0）$$

$4S=10\%T$，这也就是表F.1中规定置信区间的大小。

这是理想状态，此时，一个测量误差出现在$4S_{K=3}$范围内的可能性既占95.45%，则出现在$4S_{K=2}$范围以外的概率为4.55%了，现认为$C_g=2.0$时，对公差为T的工件所做的测量，其检测结果是完全可信的。也就是说，测量误差超出置信区间$4S_{K=2}$的大小所占工件公差T的比例可忽略不计。但对$C_g<2.0$的情况，这个比例就不同。

由公式（F.5）和表F.1，有：对$C_g=1.8$，$2T/2\times 2S_{K=1.8}=1.8$，$4S_{K=1.8}=11.11\%T$，超出既定置信区间部分所占工件公差$T$的比例为1.11%；对$C_g=1.67$，$0.2T/2\times 4S_{K=1.67}=1.67$，$4S_{K=2.5}=12\%T$超出既定置信区间部分所占工件公差$T$的比例为2%。其他可以类推，于是得到表F.2。

表 F.2

测量能力指数 C_g	2.0	1.8	1.67	1.33	1.14	1.0	0.8
超出置信区间部分	0	1%	2%	5%	8%	10%	15%
修正后的工件公差	100%	99%	98%	95%	92%	90%	85%

表F.2中“修正后的工件公差”（有时称为“工艺公差”）表达的含义为：在检测设备的测量能力指数C_g值低于2.0时，若要求它们在实际使用中达到相当于$C_g=2.0$的水平，可以采取对被测工件公差T修正的方式，即：根据C_g值的具体情况，予以适量压缩，也就是在对同样的工件进行检测时，收紧两端极限误差之间的范围。

例如，被测零件公差为0.10mm，即$L_{0}^{0.10}$。经对某检具测定，其$C_g=1.67$，为使它具备相当于$C_g=2.0$的水平，根据表F.2需对公差T进行修正压缩量为2μm。这表明在以后用这台检具实测这种工件时，只有当测得值位于$L_{0.001}^{0.099}$之间时才是完全可信的。在实测值位于范围为1μm的公差两端时，最好将这些工件取出隔离，然后采用精度更高的检测仪器对它们再进行一次测量。因为尽管这部分工件的测量结果置信度不高，但也并不一定就是超差的。这表明了采用以上弥补测量能力不足的技术措施，也带来了被测工件误检率（宽检率）上升的可能性。

这种方法同样适用于在用的专用检测设备，此时要求$C_g=1.33$，故表F.2中的相应数据就得进行调整，将$C_g=1.33$时的置信水准认为是理想状态，它所对应的“工艺公差”应取为100%，而右边诸项则做相应的变化。如$C_g=1.0$时，作为控制测量结果的修正后的工艺公差为$96.7\%T$，而不再是相对$C_g=2.0$时的$90\%T$了。具体实施方式相类似于前面介绍的情况。如果$C_g=1.15$，而被测零件仍为前面的例子，公差$T=0.10$mm，两端共需压缩1.6μm，见表F.3。

表 F.3

测量能力指数 C_g	1.33	1.15	1.0	0.8	0.67
超出置信区间部分	0	1.6%	3.3%	7%	10%
修正后的工件公差	100%	98.4%	96.7%	93%	90%

参考文献

Q—DAS GmbH etc.Measuring System Capability version 2.1 ， Stand : 22.12.1999

Chrysler，Ford，Gm.Measurement System Analysis[M].Troy，Mich:Automotive Industy Action Group，2002，The Third Version

Comite de nornalisation des Moyens de production.E41.36.110.N Agrement Capabilite des Moyens de Me Mesur Moyens de Controls Specifique

ICS 17.040.30
J 42
备案号：44077—2014

中华人民共和国机械行业标准

JB/T 11505—2013

位移编码器 CPE-Bus 总线双向串行通信协议规范

CPE-Bus of position encoders —Protocol specification for bidirectional serial communication

2013-12-31 发布　　2014-07-01 实施

中华人民共和国工业和信息化部 发布

前　言

本标准按照GB/T 1.1—2009给出的规则起草。

本标准由中国机械工业联合会提出。

本标准由全国量具量仪标准化技术委员会（SAC/TC132）归口。

本标准负责起草单位：珠海市怡信测量科技有限公司。

本标准参加起草单位：武汉华中数控股份有限公司、华中科技大学、广州数控设备有限公司、长春禹衡光学有限公司、广州市诺信数字测控设备有限公司、长春光机数显技术有限责任公司、广东万濠精密仪器股份有限公司、贵阳新豪光电有限公司、廊坊开发区莱格光电仪器有限公司、无锡市科瑞特精机有限公司、中国计量科学研究院、国家机床质量监督检验中心。

本标准主要起草人：黄志良、宋宝、何英武、张玉洁、陆庆年、张松涛、梅恒、王忠杰、莫元劲、潘伟华、李英志、巫孟良、刘广黔、许兴智、聂东君、张恒、张建国。

本标准为首次发布。

引　　言

为加快我国位移编码器的技术研发和产业化，提高我国位移编码器的竞争力，由国内若干编码器研发、制造及使用等单位根据位移编码器串行接口快速传输数据、高可靠性特点，联合研发、共同制定了统一的位移编码器CPE-Bus总线双向串行通信协议规范。

本标准是结合近年来科学技术发展及编码器的功能特点制定的。

位移编码器 CPE-Bus 总线　双向串行通信协议规范

1　范围

本标准规定了位移编码器 CPE-Bus 总线（Communication Protocol of Encoder Bus，编码器通信协议总线，以下简称 CPE-Bus）的术语和定义、缩略语、体系结构、物理层、协议层、可靠性和安全性，还规定了位移编码器双向串行数据通信的协议规范。

本标准适用于位移编码器（包括直线位移编码器和角度位移编码器，以下简称编码器）的双向串行通信。

2　规范性引用文件

下列文件对于本文中的应用是必不可少的。凡是注日期的引用文件，仅注日期的版本适用于本文件。凡是不注日期的引用文件，其最新版本（包括所有的修改单）适用于本文件。

TSB-89-A　TIA/EIA-485-A 应用指南（Application guidelines for TIA/EIA-485-A）

3　术语和定义、缩略语

下列术语和定义、缩略语适用于本文件。

3.1　术语和定义

3.1.1

协议　protocol

对通信系统数据交换中的数据格式、时序关系和纠错方法的约定。

3.1.2

物理层　physical layer

处于 ISO/OSI 通信参考模型的最底层，是整个通信系统的基础。物理层为设备之间的数据通信提供传输媒体及互连设备，为数据传输提供可靠的环境，包括媒体（光纤、双绞线、同轴电缆等）、连接器（插头/插座）、接收器、发送器、中继器等。物理层为数据端设备提供传送数据的通路，保证数据能在其上以一定的速率正确通过。

3.1.3

点对点　peer-to-peer

简称 P2P，又称对等互联网络技术，用户可以直接连接到其他用户的计算机文件共享与交换。

3.1.4

半双工　half duplex

指两台相互通信的通信设备均具有双向收发数据的能力，但在某一时间内，设备不同时执行收、发两种操作，数据在连接链路上只单方向传送。

3.2　缩略语

CPE-Bus：编码器通信协议总线（communication protocol of encoder bus）

CRC：循环冗余码校验（cycle redundancy check）

注：CRC 校验的基本思想是利用线性编码理论，在发送端根据要传送的 k 位二进制码序列，以一定的规则产生一个校验用的监督码（即 CRC 码）r 位，并附在信息后边，构成一个新的二进制码序列数共（k+r）位，最后发送出去。在接收端，则根据信息码和 CRC 码之间所遵循的规则进行检验，以确定传送中是否出错。

ISO：国际标准化组织（international organization for standardization）

LSB：最低有效位（least significant bit）

MSB：最高有效位（most significant bit）

注：在二进制数中，MSB 是最高加权位，与十进制数字中最左边的一位类似。通常 MSB 位于二进制数的最左侧，LSB 位于二进制数的最右侧。

OSI：开放系统互连（open system interconnection）

4 体系结构

CPE-Bus 采用点对点传输方式，其体系结构如图 1 所示，主要包含两部分：编码器接口与后续电子设备接口。后续电子设备对编码器进行供电，通过 RS-485（按 TSB-89-A）接口进行半双工模式通信。

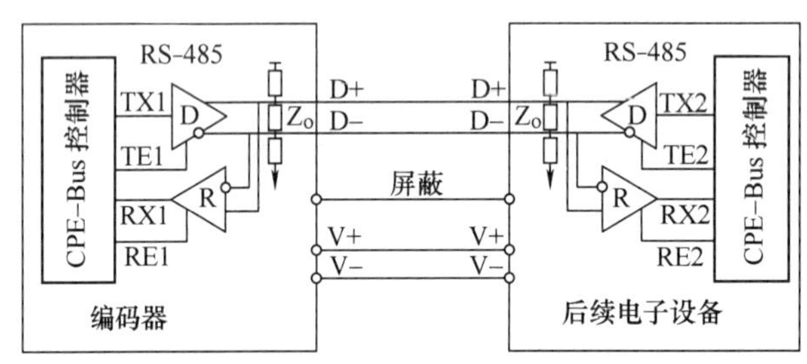

图 1 **CPE-Bus 体系结构图**

5 物理层

5.1 概述

CPE-Bus 的物理层规范提供了编码器与后续电子设备之间的物理连接，同时规定了以下物理接口的各种特性：

——电气特性：电源、硬件接口特性、数据编码与解码、传输时钟频率、最大传输距离等；

——机械特性：连接端子的设计要求。

5.2 电气特性

5.2.1 电源部分

编码器电源应满足接收器工作电压要求。

5.2.2 硬件接口特性

硬件接口应符合 RS-485 的接口特性。

CPE-Bus 电缆应至少包括四条导线和屏蔽线，四条导线分别为两条电源线和一对差分信号线。

5.2.3 数据编码

在数据传输时，CPE-Bus 采用曼彻斯特编码。在曼彻斯特编码中，如图 2 所示，每一位的中间有一跳变，该跳变既作时钟信号，又作数据信号；从低到高跳变表示“0”，从高到低跳变表示“1”。

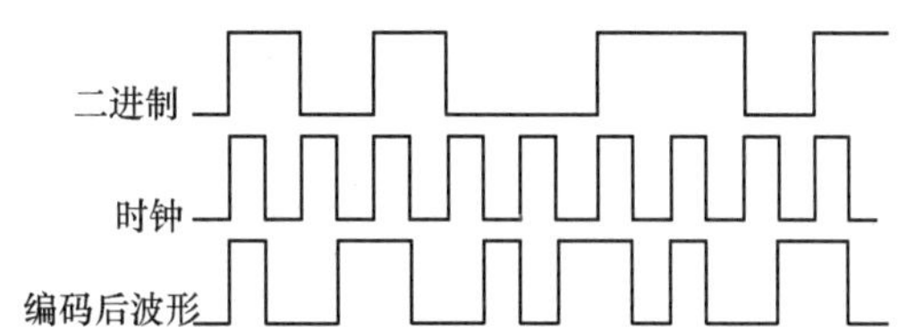

图2 曼彻斯特编码示意图

5.2.4 传输时钟频率

传输时钟频率如下：

a）最大传输时钟频率为 8 MHz；

b）编码器上电复位后，传输时钟频率为 1 MHz（默认值）。

5.2.5 传输距离

最大传输距离为 100 m。

5.3 机械特性

为保证 CPE-Bus 传输的可靠性，对采用电信号互连的 CPE-Bus 连接端子的设计要求如下：

a）CPE-Bus 连接端子由端子插头及端子插座两部分组成，CPE-Bus 连接端子插头及插座之间金属触点应通过物理插接接触方式互连；

b）CPE-Bus 连接端子插座处应有标志。

6 协议层

6.1 概述

CPE-Bus 采用双向同步串行传输数据，根据数据传输方向分为两种工作模式，即如下的配置模式和数据模式：

——配置模式：采用一问一答方式实现编码器与后续电子设备之间的参数配置或数据交换；

——数据模式：采用周期性方式由编码器向后续电子设备传输数据。

6.2 工作模式选择

当编码器和后续电子设备上电复位后，处于配置模式，后续电子设备可通过配置编码器的工作模式配置参数见附录 A，选择编码器的工作模式。由后续电子设备和编码器组成的系统初始化流程图见附录 B。

6.3 工作模式

6.3.1 配置模式

6.3.1.1 配置模式下数据帧定义

CPE-Bus 配置模式由后续电子设备向编码器写入或读出编码器参数信息。

CPE-Bus 配置模式数据帧如图 3 所示，其要求如下：

a）起始位：起始位永远为 0，以一位低电平信号表示开始传输标志；

b）R/W（读/写）：定义 R=1、W=0；

c）寄存器号：寄存器号为 8 位比特（bit）表示，传输时从 MSB 开始传输；

d）数据值：CPE-Bus 每帧数据发送的编码器参数值为 32 位（bit），数据发送从 MSB 开始传输，编码器具体参数信息见附录 A；

e）CRC 校验位：CPE-Bus 采用 6 位 CRC 进行校验；CRC 数据是从 MSB 开始传输（关于 CRC 生成多项式等见附录 C）。

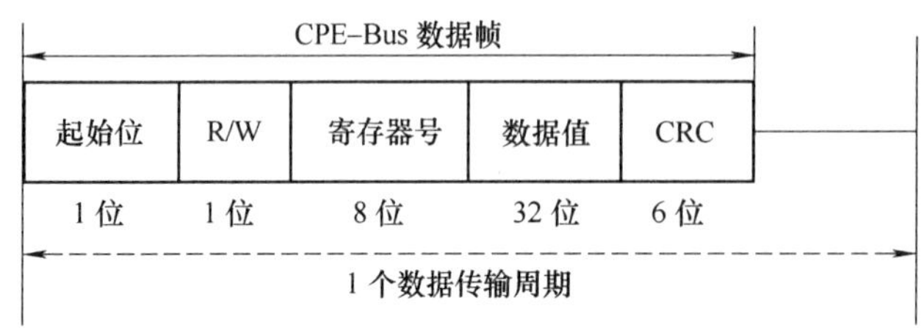

图 3　**CPE-Bus** 配置模式数据帧

6.3.1.2　配置模式下数据传输过程

由后续电子设备和编码器组成的系统配置模式工作流程图见附录 B。

CPE-Bus 配置模式下，数据传输时序图如图 4 所示。

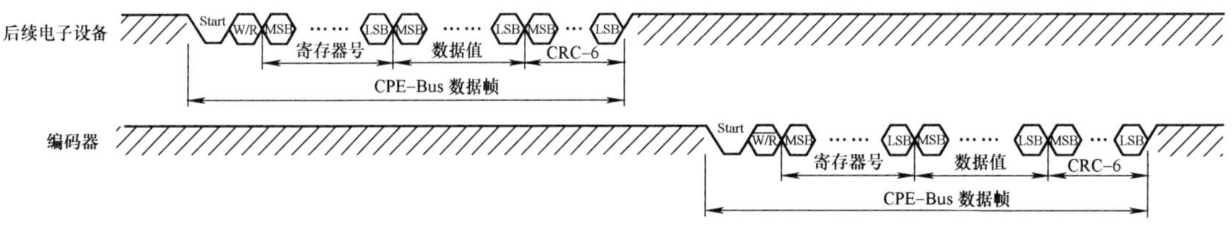

图 4　配置模式下，数据传输时序图

6.3.2　数据模式

6.3.2.1　数据模式下数据帧定义

CPE–Bus 数据模式下数据帧如图 5 所示，其要求如下：

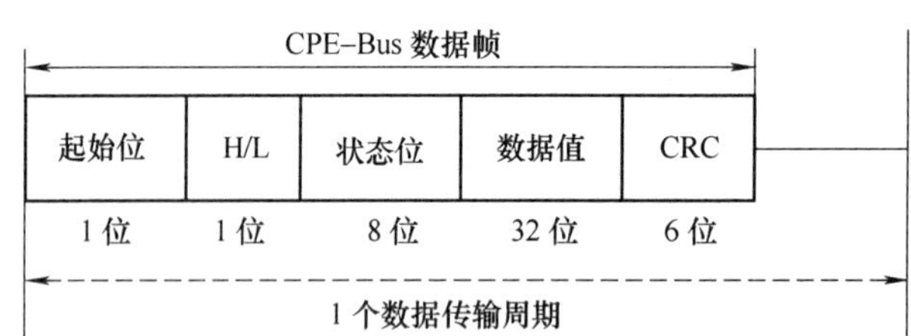

图 5　**CPE-Bus** 数据模式数据帧

a）起始位：起始位永远为 0，以一位低电平信号表示开始传输标志。

b）H/L（位置值的高位/位置值的低位）：定义 H/L=0 为编码器位置值的低 32 位数据，H/L=1 为编码器位置值的高 32 位数据；此标志位元定义了数据值的状态。

c）状态位：此状态位由制造厂家自行定义，用于表示编码器状态和故障类型。

d）数据值：CPE-Bus 每帧数据发送的编码器参数值为 32 位（bit），数据发送从 MSB 开始传输，编码器具体参数信息见附录 A。

e）CRC 校验位：CPE-Bus 采用 6 位 CRC 进行校验；CRC 数据是从 MSB 开始传输（关于 CRC 生成多项式等见附录 C）。

6.3.2.2 数据模式下数据传输过程

由后续电子设备和编码器组成的系统数据模式工作流程图见附录 B。

CPE-Bus 数据模式下，数据传输时序图如图 6 所示。

CPE-Bus 数据模式下，编码器位置值 32 位的数据传输时序图如图 7 所示。

CPE-Bus 数据模式下，编码器位置值 64 位的数据传输时序图如图 8 所示。

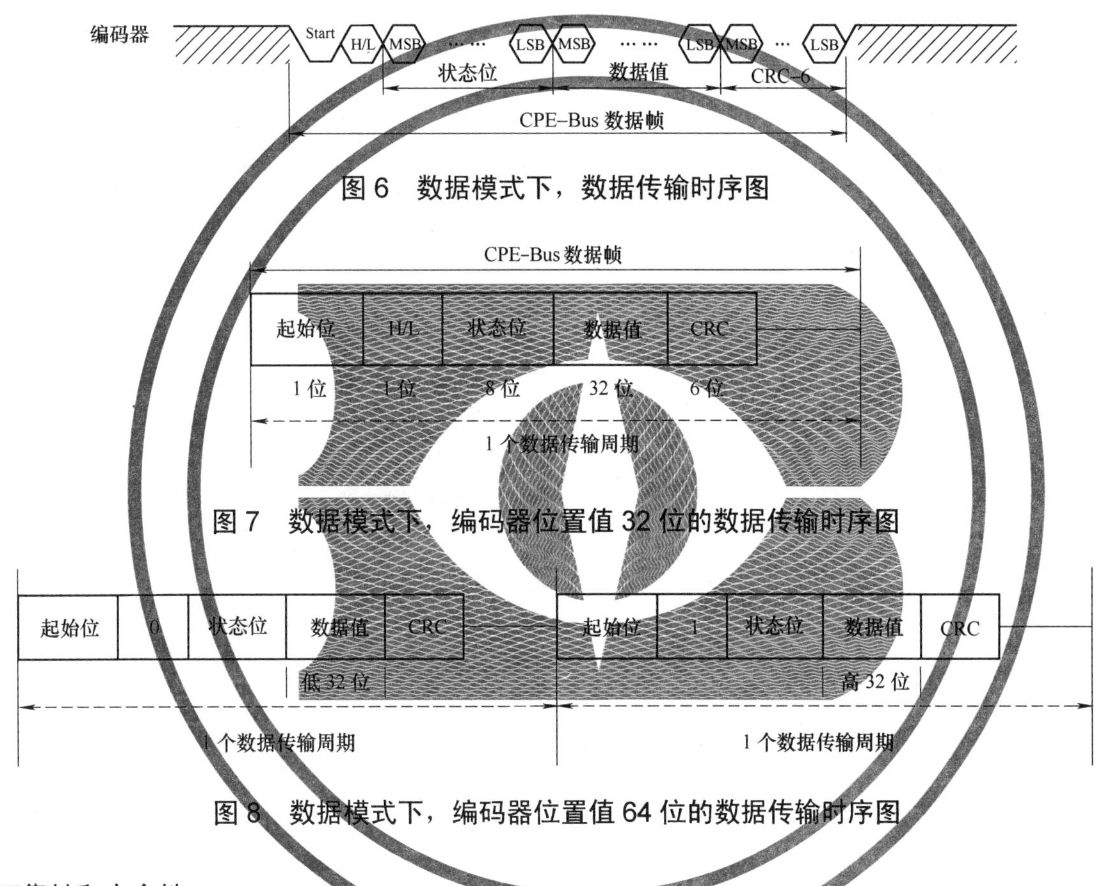

图 6 数据模式下，数据传输时序图

图 7 数据模式下，编码器位置值 32 位的数据传输时序图

图 8 数据模式下，编码器位置值 64 位的数据传输时序图

7 可靠性和安全性

CPE-Bus 采用 6 位循环冗余校验和错误检测机制，以保证数据传输的可靠性和安全性。

附　录　A
（规范性附录）
编码器参数

A.1　编码器寄存器定义见表A.1。

表A.1　编码器寄存器定义

类　型	寄存器号（十六进制）	内　容	大小 字节（Byte）
编码器制造厂商参数	00-03	制造厂商设备号	4
	04-07	编码器序列号	4
	08-0B	编码器类型	4
	0C-0F	编码器配置	4
	10-13	编码器状态	4
	14-17	编码器低32位数据	4
	18-1B	编码器高32位数据	4
	1C-79	保留数据	100
	80～FF	编码器制造厂商自定义	128

A.2　编码器配置寄存器号0C定义见表A.2。

表A.2　编码器配置寄存器号0C定义

<table>
<tr><td colspan="2">位（bit）</td><td>7～3</td><td>2</td><td>1</td><td>0</td></tr>
<tr><td colspan="2">含义</td><td>—</td><td>数据周期连续发送</td><td>编码器数据位数</td><td>工作模式</td></tr>
<tr><td>=0</td><td rowspan="2">默认为0</td><td rowspan="2">预留</td><td>停止</td><td>32位数据</td><td>配置模式</td></tr>
<tr><td>=1</td><td>使能</td><td>64位数据</td><td>数据模式</td></tr>
</table>

A.3　编码器配置寄存器号0D定义见表A.3。

表A.3　编码器配置寄存器号0D定义

<table>
<tr><td colspan="2">位（bit）</td><td>7</td><td>6</td><td>5</td><td>4</td><td>3</td><td>2</td><td>1</td><td>0</td></tr>
<tr><td colspan="2">含义</td><td colspan="7">周期参数</td><td>数据周期基数</td></tr>
<tr><td>=0</td><td rowspan="2">默认为0</td><td colspan="7" rowspan="2">数据周期＝数据周期基数×周期参数
如果此值为0×00　当bit 0=0，周期参数=4（数据周期为100 μs）
如果此值为0×00　当bit 0=1，周期参数=4（数据周期为125 μs）</td><td>位（bit）=0
数据周期基数=25 μs</td></tr>
<tr><td>=1</td><td>位（bit）=1
数据周期分频基数=31.25 μs</td></tr>
</table>

A.4　编码器配置寄存器号0E定义见表A.4。

表 A.4 编码器配置寄存器号 0E 定义

位（bit）		7	6	5	4	3	2	1
含义		分频参数						
=0	默认为 0	传输时钟频率=8 MHz/分频参数（1～255） 如果此值为 0×00，分频参数=8（传输时钟频率为 1.0 MHz）						
=1								

A.5 编码器状态寄存器号 10 定义见表 A.5。

表 A.5 编码器状态寄存器号 10 定义

位（bit）		7	6	5	4	3	2	1	0
含义		参考点	温度	电流	欠电压	过电压	位置计算	信号幅值	光源
=0	默认为 0	没到达	正常	正常	正常	正常	正确	正确	正常
=1		到达	过高	过大	欠电压	过电压	错误	错误	故障

附 录 B
（规范性附录）
工作流程图

B.1 由后续电子设备和编码器组成的系统初始化流程图如图 B.1 所示。

B.2 由后续电子设备和编码器组成的系统配置模式工作流程图如图 B.2 所示。

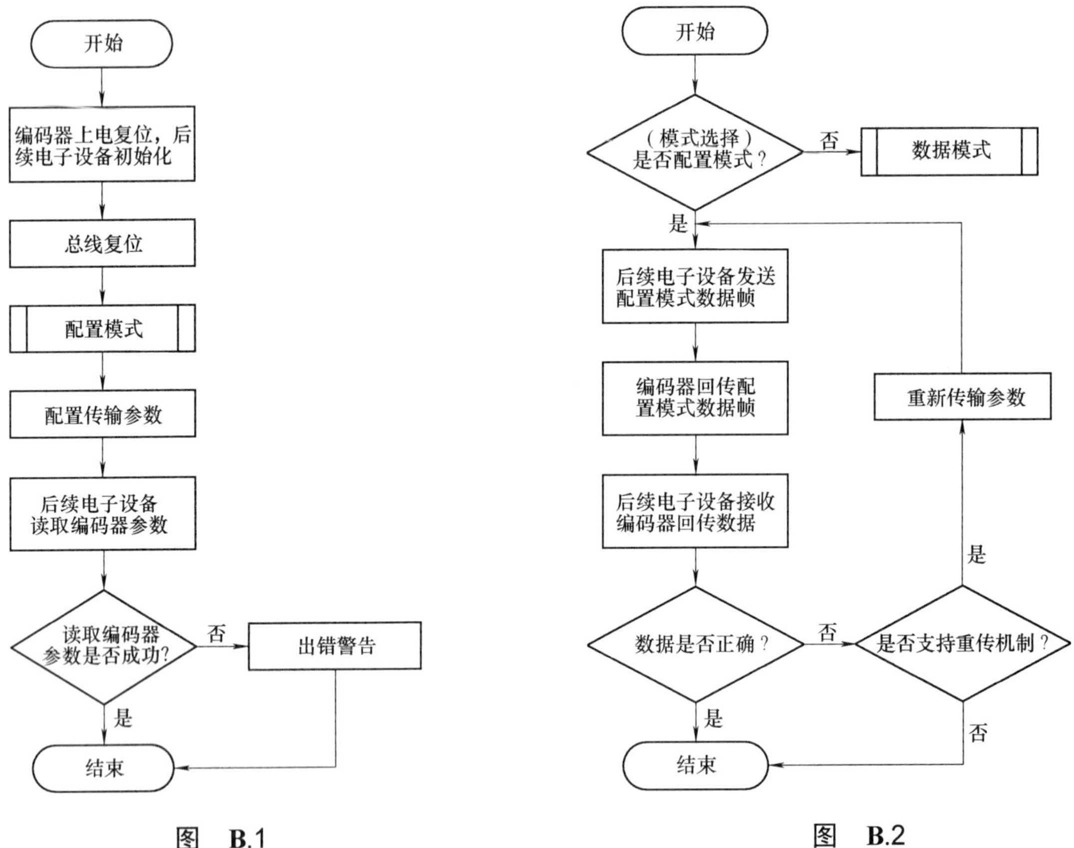

图 B.1

图 B.2

B.3 由后续电子设备和编码器组成的系统配置模式工作流程图如图 B.3 所示。

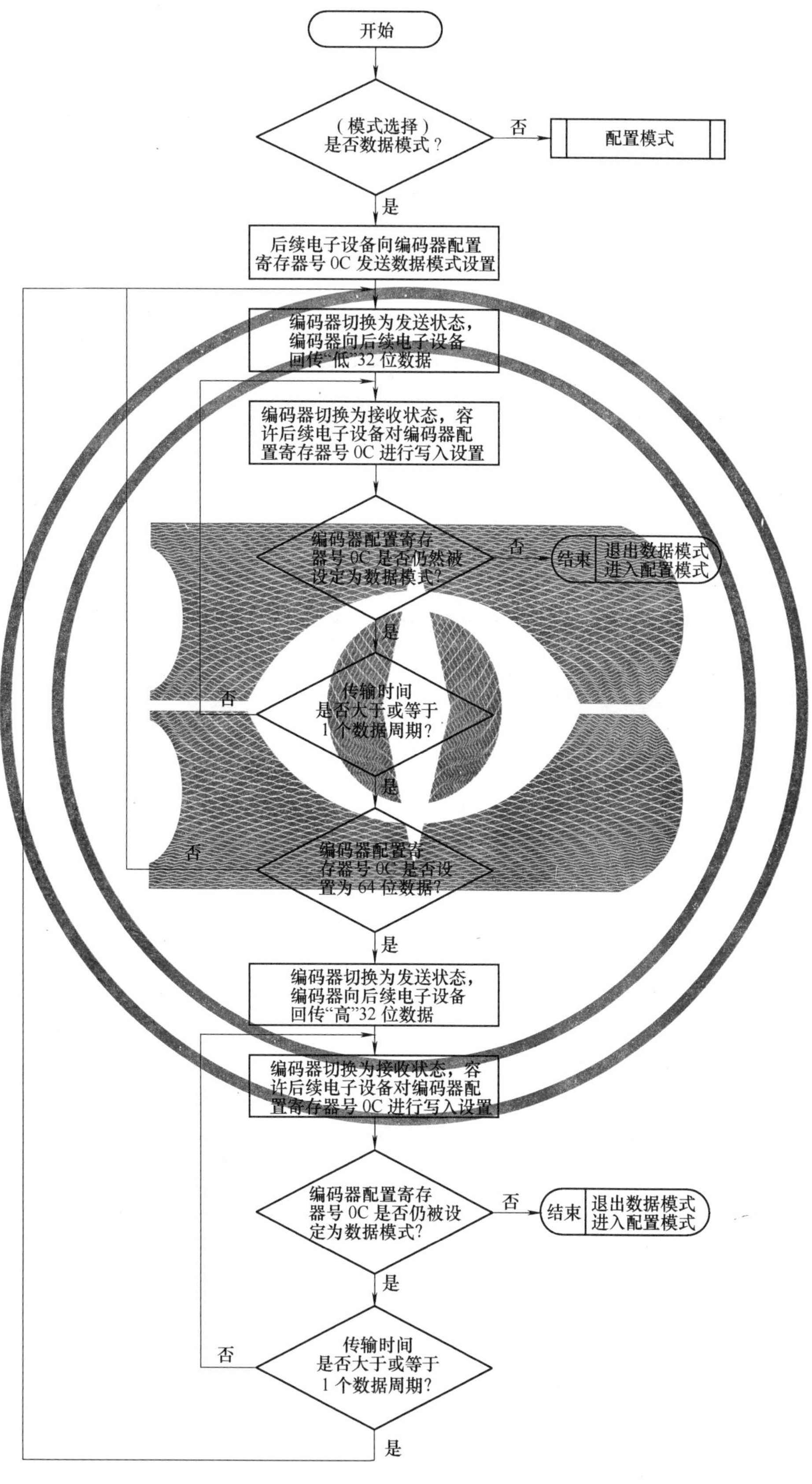

图 B.3

附　录　C
（规范性附录）
循环冗余校验

为了检测数据在传输过程中是否错误，采用循环冗余校验对传输数据进行校验。CPE-Bus 采用 6 位 CRC 校验。

表 C.1 为 CRC 生成多项式形式表。

表 C.1　CRC 生成多项式形式

多 项 式	位　数	起 始 值
1000011	6	000000

长度测量器具

ICS 17.040.30
J 42

中华人民共和国国家标准

GB/T 1216—2004
代替 GB/T 1216—1985

外径千分尺

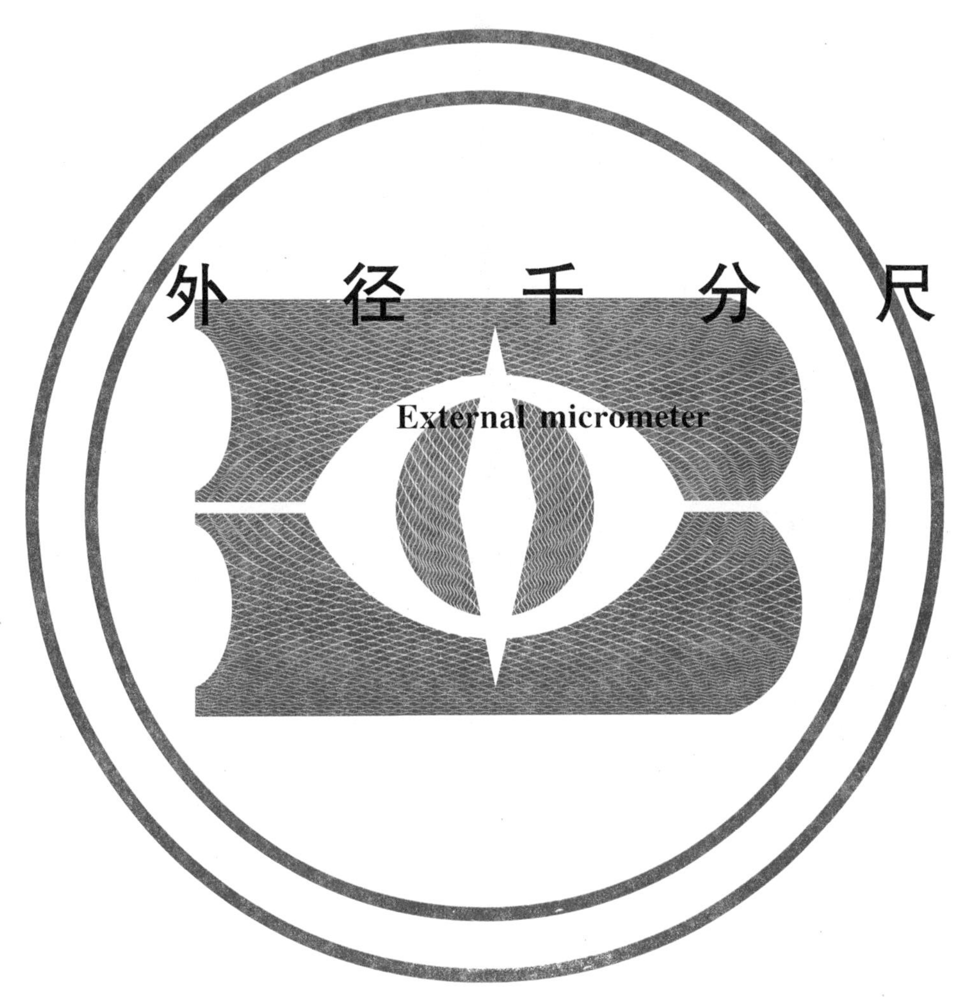

External micrometer

2004-02-10 发布 2004-08-01 实施

中华人民共和国国家质量监督检验检疫总局
中国国家标准化管理委员会 发布

前　言

本标准是根据DIN 863第1部分《标准结构的外径千分尺　概述、技术要求和检验》(1999年英文版),对GB/T 1216—1985《外径千分尺》进行修订的。本标准与DIN 863第1部分的一致性程度为修改,其主要差异如下:

——按GB/T 1.1—2000标准对编排格式进行了修改;

——将适用范围扩展至分度值0.001 mm,0.002 mm和0.005 mm,测量范围上限1 000 mm的外径千分尺;

——增加了校对量杆的硬度要求;

——取消了产品使用说明部分。

本标准自实施之日起,代替GB/T 1216—1985《外径千分尺》。

本标准与GB/T 1216—1985相比,主要变化如下:

——将适用范围扩展至分度值0.001 mm,0.002 mm,0.005 mm的外径千分尺(本版的1);

——增加了带计数器外径千分尺的技术要求(本版的1);

——增加了模拟显示、数字显示等读数方式的示意图(本版的4.1);

——取消了固定套管刻度数字的规定(1985版的3.3);

——测微螺杆和测砧的测量端直径由6.5 mm、8.0 mm两种规格改为6.5 mm、7.5 mm、8.0 mm三种规格(1985版的3.3;本版的5.4.1);

——增加了对测砧和测微螺杆伸出尺架的长度要求(本版的5.4.2和5.4.3);

——微分筒标尺标记宽度由(0.15～0.20) mm改为(0.08～0.20) mm;固定套管标尺标记宽度不作量化规定,仅规定其与微分筒标尺标记的宽度差(1985版的4.3;本版的5.9.1和5.9.3);

——规定了尺架、测微螺杆和测砧的制造材料(本版的5.2);

——降低了合金工具钢测量面的硬度指标,提高了不锈钢测量面的硬度指标,降低了校对量杆测量面的硬度指标(1985版的4.6,4.13;本版的5.8.3,5.12.2);

——取消了千分尺测量面和校对量杆测量面的表面粗糙度指标规定,取消了校对量杆平行度指标规定(1985版的4.7,4.12,4.14);

——测量范围(0～500) mm的测力值由(6～10) N改为(5～10) N(1985版的4.8;本版的5.7);

——将示值误差改称为"最大允许误差",给出了定义;并将测量范围(300～325,325～350) mm和(400～425,425～450) mm的最大允许误差由11 μm和13 μm改为10 μm和12 μm(1985版的2.2,4.11;本版的3.3,5.3.1);

——将测微头的移动偏差改称为"测微头最大允许误差",给出了定义;并规定一般情况下对测微头最大允许误差不作检定(1985版的2.3,4.10,A.1;本版的3.4,5.11,6.7);

——增加了微分筒锥面的斜角要求(本版的5.9.2)

——检验方法列入正文,而不再作为附录(1985版的附录A;本版的6);

——取消了带计数器千分尺数字显示装置字码偏移值的指标规定(1999版的3.8;本版的5.9)。

本标准的附录A为规范性附录,附录B为资料性附录。

本标准由中国机械工业联合会提出。

本标准由全国量具量仪标准化技术委员会(SAC/TC 132)归口。

本标准起草单位:成都工具研究所、安徽出入境检验检疫局、安徽量具刃具厂。

本标准主要起草人:邓宁、陈瑜、昂朝阳、李俊生。

本标准所代替标准的历次版本发布情况为:

——GB 1216—1975、GB/T 1216—1985。

外 径 千 分 尺

1 范围

本标准规定了外径千分尺(包括带计数器外径千分尺)的术语和定义、型式与基本参数、要求、检验方法以及标志与包装等。

本标准适用于分度值为0.01 mm,0.001 mm,0.002 mm和0.005 mm,测量范围上限至1 000 mm的外径千分尺。

2 规范性引用文件

下列文件中的条款通过本标准的引用而成为本标准的条款。凡是注日期的引用文件,其随后所有的修改单(不包括勘误的内容)或修订版均不适用于本标准,然而,鼓励根据本标准达成协议的各方研究是否可使用这些文件的最新版本。凡是不注日期的引用文件,其最新版本适用于本标准。

GB/T 17163—1997 几何量测量器具术语 基本术语

3 术语和定义

GB/T 17163—1997中确立的以及下列术语和定义适用于本标准。

3.1

外径千分尺 external micrometer

利用螺旋副原理,对尺架上两测量面间分隔的距离进行读数的外尺寸测量器具。

3.2

带计数器外径千分尺 external micrometer with counter

利用螺旋副原理,对尺架上两测量面间分隔的距离用机械式数字显示装置进行读数的外尺寸测量器具。

3.3

最大允许误差 maximum permissible error

由技术规范、规则等对外径千分尺规定的误差极限值。

3.4

测微头最大允许误差 maximum permissible error of measuring head

忽略了测砧和尺架的影响,仅针对测微头,由技术规范、规则等规定的误差极限值。

注:其中包含了测微螺杆、调整螺母及指示装置的误差。

4 型式与基本参数

4.1 型式

外径千分尺的型式见图1所示,图示仅供图解说明。外径千分尺可制成可调式或可换式测砧。

外径千分尺应附有调零位的工具,测量范围下限大于或等于25 mm的外径千分尺应附有校对量杆。

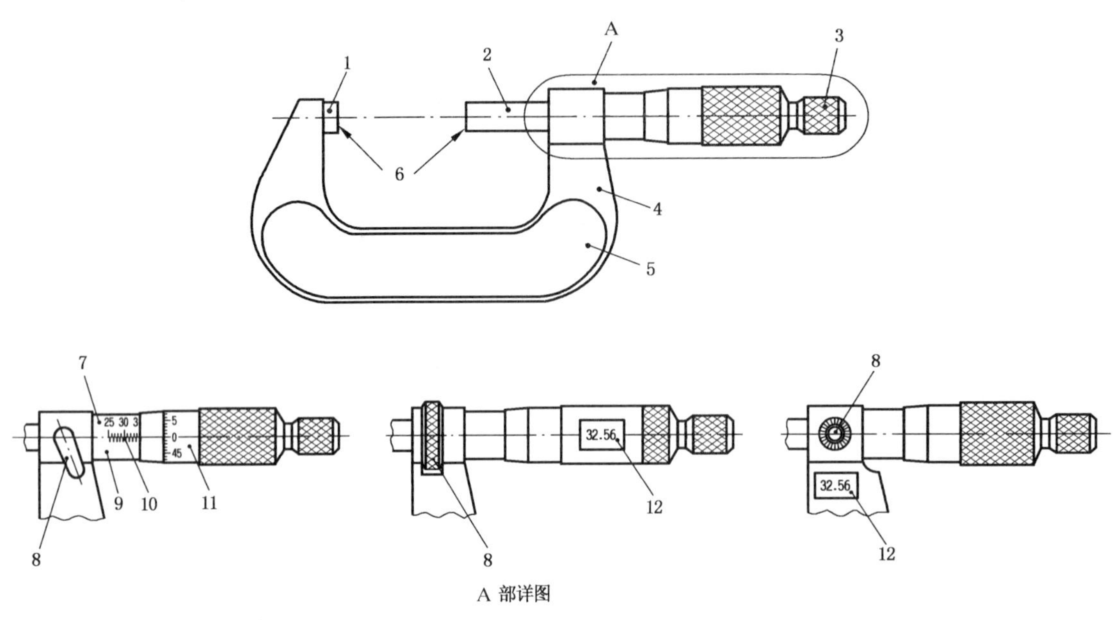

1——测砧；

2——测微螺杆；

3——棘轮；

4——尺架；

5——隔热装置；

6——测量面；

7——模拟显示；

8——测微螺杆锁紧装置；

9——固定套管；

10——基准线；

11——微分筒；

12——数值显示。

图 1　外径千分尺

4.2　基本参数

外径千分尺的量程为 25 mm，测微螺杆螺距为 0.5 mm 和 1 mm，测量范围见表 1。

表 1

单位为毫米

测量范围
0～25，25～50，50～75，75～100，100～125，125～150 150～175，175～200，200～225，225～250，250～275，275～300 300～325，325～350，350～375，375～400，400～425，425～450 450～475，475～500，500～600，600～700，700～800，800～900 900～1 000

5　要求

5.1　外观

外径千分尺不应有影响使用性能的锈蚀、碰伤、划痕、裂纹等缺陷。

5.2 材料

5.2.1 尺架应选择钢、可锻铸铁或其他性能类似的材料制造。

5.2.2 测微螺杆和测砧应选择合金工具钢、不锈钢或其他性能类似的材料制造;测量面宜镶硬质合金或其他耐磨材料。

5.3 尺架

5.3.1 尺架应具有足够的刚性,当尺架沿测微螺杆的轴线方向作用10 N的力时,其弯曲变形量应不大于表2的规定。

表2

测量范围/mm	最大允许误差	平行度公差	尺架受10 N力时的变形量
	μm		
0~25;25~50	4	2	2
50~75, 75~100	5	3	3
100~125, 125~150	6	4	4
150~175, 175~200	7	5	5
200~225, 225~250	8	6	6
250~275,275~300	9	7	6
300~325,325~350	10	9	8
350~375, 375~400	11		
400~425,425~450	12	11	10
450~475,475~500	13		
500~600	14	12	12
600~700	16	14	14
700~800	18	16	16
800~900	20	18	18
900~1 000	22	20	20

5.3.2 尺架上应安装有隔热装置。

5.4 测微螺杆和测砧

5.4.1 测微螺杆和测砧伸出尺架的光滑圆柱部分的公称直径宜选择6.5 mm,7.5 mm或8.0 mm。

5.4.2 外径千分尺在达到测量范围上限时,其测微螺杆伸出尺架的长度应不小于3 mm。

5.4.3 测砧伸出尺架的长度应不小于3 mm。

5.5 相互作用

5.5.1 测微螺杆和螺母之间在全量程范围内应充分啮合,配合良好,不应出现卡滞和明显的窜动。

5.5.2 测微螺杆伸出尺架的光滑圆柱部分与轴套之间的配合应良好,不应出现明显的摆动。

5.6 测力装置

外径千分尺测力装置应有效地锁紧测微螺杆。锁紧前后,两测量面间距离变化应不大于2 μm,且两测量面间的平行度应符合5.8.2的规定。

5.7 棘轮

通过棘轮机构移动测微螺杆,并作用到测微螺杆测量面与球面接触的测力及测力变化应不大于表3的规定。

表 3

测量范围/mm	测　　力	测力变化
	N	
0～500	5～10	2
>500～1 000	8～12	

5.8　**测量面**

5.8.1　测量面应经过研磨，其边缘应倒钝，其平面度误差应不大于 0.6 μm。

5.8.2　在规定的测力范围内，两测量面的平行度误差应不大于表 2 的规定。

5.8.3　合金工具钢测量面的硬度应不小于 760HV1(61.8 HRC)；不锈钢测量面的硬度应不小于 575HV5(53.8HRC)。

5.8.4　外径千分尺两测量面不应有明显的偏位。

5.9　**标尺**

5.9.1　微分筒上应有 50 或 100 个标尺分度，其标尺间隔为 0.01 mm，标尺间距应不小于 0.8 mm，标尺标记的宽度应在 0.08 mm 至 0.20 mm 之间。

5.9.2　微分筒圆锥面的斜角宜在 7°至 20°之间，微分筒圆锥面棱边至固定套管表面的距离应不大于0.4 mm。

5.9.3　固定套管上的标尺标记与微分筒上的标尺标记应清晰，其宽度差应不大于 0.03 mm。

5.9.4　外径千分尺对零位时，微分筒圆锥面的端面棱边至固定套管标尺标记的距离，允许压线不大于 0.05 mm，离线不大于 0.10 mm。

5.10　**数字显示装置**

当移动带计数器外径千分尺的测微螺杆时，其计数器应按顺序进位，无错乱显示现象；微分筒指示值与计数器读数值的差值应不大于 3 μm；各位数字码和不对零时的各位数字码(尾数不进位时除外)的中心应在平行于测微螺杆轴线的同一直线上。

5.11　**最大允许误差**

外径千分尺的最大允许误差(包括在任意位置校准时的最大允许误差)应不大于表 2 的规定；在整个 25 mm 的量程中，测微头最大允许误差应不大于 3 μm。

5.12　**校对量杆**

5.12.1　校对量杆的尺寸偏差应不大于表 4 的规定。

表 4

校对量杆标称尺寸/mm	尺寸偏差/μm
25,50	±2
75,100	±3
125，150	±4
175，200	±5
225，250	±6
275，300	±7
325，350 375，400	±9
425，450 475，500	±11
525，575	±13

表 4（续）

校对量杆标称尺寸/mm	尺寸偏差/μm
625，675	±15
725，775	±17
825，875	±19
925，975	±21

5.12.2 校对量杆测量面硬度应不小于760HV1(61.8HRC)。

5.12.3 校对量杆应有隔热装置。

6 检验方法

6.1 尺架变形

将尺架测砧端处固定，在尺架测微螺杆一端作用100 N的力，然后分列观察在施力和未施力条件下所产生的示值，将二次示值之差按10 N力的比例换算，求出尺架变形量。

6.2 测量面的平面度

采用二级光学平晶检验时，应调整光学平晶使测量面上的干涉带或干涉环的数目尽可能少，或使其产生封闭的干涉环，测量面不应出现两条以上的相同颜色的干涉环或干涉带。

在距测量面边缘0.4 mm范围内的平面度忽略不计。

6.3 测量面的平行度

测量范围上限至100 mm的外径千分尺两测量面的平行度应采用三块或四块一组，其厚度差大约相当于测微螺杆螺距的1/3或1/4的光学平行平晶来进行检验；依次将光学平行平晶放入两测量面，转动棘轮机构，施加5 N～10 N的力，使光学平行平晶与测量面间相接触，并轻轻转动平晶，使两测量面出现的干涉环或干涉带数目减至最少。

测量范围大于100 mm的外径千分尺测量面的平行度还可以用其他的装置(如自准直仪)检验。

在距测量面边缘0.4 mm范围内的平行度忽略不计。

6.4 相互作用

一般情况下用手感检查相互作用；如有异议时，则应符合附录A的规定。

6.5 硬度

对于未镶硬质合金或其他耐磨材料的测量面，可在该测量面上或距测量面1 mm的光滑圆柱部位处检定。

对于镶了硬质合金或其他耐磨材料的测量面，其硬度可不做检定。

6.6 测量面偏位

一般情况下用目力观察千分尺两测量面的错移偏位；如有异议时，则检查两测量面的偏位值，偏位值参见附录B。

6.7 最大允许误差

将外径千分尺紧固在夹具上，在两测量面间放入尺寸系列为2.5 mm，5.1 mm，7.7 mm，10.3 mm，12.9 mm，15 mm，17.6 mm，20.2 mm，22.8 mm和25 mm的一组1级精度的量块进行检验。得出外径千分尺标尺指示值与上述10个位置上两测量面间实际距离的10个差值，以其中最大差值的绝对值作为外径千分尺的示值误差。

各种不同测量范围的外径千分尺，需采用适应于各种测量范围的专用量块，对于测量范围大于100 mm的外径千分尺，必须将千分尺专用量块依次研合在相当于外径千分尺测量范围下限的量块上依次进行检验。其计算方法与上述方法相同。

一般情况下，测微头最大允许误差不做检定。

7 标志与包装

7.1 外径千分尺上至少应标志：

a) 制造厂厂名或注册商标；

b) 测量范围；

c) 分度值；

d) 产品序号。

7.2 校对量杆上应标志其长度标称尺寸。

7.3 外径千分尺包装盒上至少应标志：

a) 制造厂厂名或注册商标；

b) 产品名称；

c) 测量范围。

7.4 外径千分尺在包装前应经过防锈处理并妥善包装，不得因包装不善而在运输过程中损坏产品。

7.5 外径千分尺经检定符合本标准要求的应附有产品合格证，产品合格证上应标有本标准的标准号、产品序号和出厂日期。

附 录 A
（规范性附录）
轴向窜动和径向摆动

外径千分尺测微螺杆的轴向窜动和径向摆动均不大于 0.01 mm。

轴向窜动采用杠杆千分表检查，检查时将杠杆千分表与测微螺杆测量面接触，在沿测微螺杆轴向分别往返加力 3 N～5 N，杠杆千分表示值的变化既为轴向窜动量。

径向摆动也用杠杆千分表检查，检查时将测微螺杆伸出尺架 10 mm，使杠杆千分表接触测微螺杆端部，在沿杠杆千分表测量方向加力 2 N～3 N，然后在相反方向加同样大小的力，杠杆千分表示值的变化即为径向摆动量，径向摆动的检查应在测微螺杆相互垂直的两个径向进行。

附 录 B
（资料性附录）
测量面偏位值

表B.1给出了测量面的偏位值。

表 B.1

单位为毫米

测量范围上限	偏位值	测量范围上限	偏位值
25	0.05	200,225	0.30
50	0.08	250,275,300	0.40
75	0.13	325,350,375	0.45
100	0.15	400,450	0.50
125	0.20	475,500	0.65
150	0.23	600,700	0.80
175	0.25	800,900,1 000	1.00

ICS 17.040.30
J 42

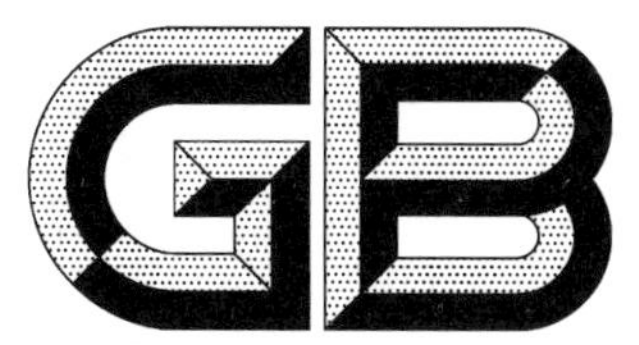

中华人民共和国国家标准

GB/T 1218—2004
代替 GB/T 1218—1987

深　度　千　分　尺

Depth micrometer

2004-02-10 发布　　2004-08-01 实施

中华人民共和国国家质量监督检验检疫总局
中国国家标准化管理委员会　发布

前　言

本标准修改采用 DIN 863-2:1999《千分尺　第 2 部分:微分头、深度千分尺　概念,要求,检验》(英文版)。

本标准与 DIN 863-2:1999 主要差异如下:

——按 GB/T 1.1—2000 对编排格式进行了修改;

——增加了分度值为 0.001 mm、0.002 mm 和 0.005 mm 千分尺的要求;

——修改了棱边距由 0.3 mm 为 0.4 mm;

——增加了测量面的粗糙度要求;

——增加了校对量杆测量面的粗糙度和硬度要求;

——按测量上限分别规定了可换杆的对零误差;

——按测量上限分别规定了最大允许误差值。

本标准代替 GB/T 1218—1987《深度千分尺》。

本标准与 GB/T 1218—1987 相比主要变化如下:

——增加了分度值为 0.001 mm、0.002 mm、0.005 mm(1987 年版的 1;本版的 1);

——删除了测微螺杆螺距的要求(1987 年版的 1;本版的 1);

——修改了误差的定义(1987 年版的 1;本版的 3.2);

——增加了数字显示等读数方式的示意图(本版的第 4.1);

——增加了底板基准面长度的推荐要求(本版的 4.2.1);

——修改了测量杆直径的范围(1987 年版的 2.4;本版的 4.2.1);

——删除了固定套管上刻度数字要求(1987 年版的 2.3);

——修改了影响外观缺陷的要求(1987 年版的 3.1;本版的 5.1);

——增加了底板、测微螺杆、测量杆的制造材料要求(本版的 5.2);

——修改了测微螺杆与螺母之间的配合要求(1987 年版的 3.2;本版的 5.3.1);

——增加了测量杆的长度成套校准要求(本版的 5.3.3);

——修改了对零误差值(1987 年版的 3.14;本版的 5.3.3);

——删除了轴、径向间隙的要求(1987 年版的 3.2);

——增加了不锈钢底板基准面和测量杆测量面的硬度值(本版的 5.6.1);

——修改了基准面的平面度公差值(1987 年版的 3.6;本版的 5.6.3);

——删除了基准面与测量面间平行度(1987 年版的 3.6);

——删除了硬质合金测量面的表面粗糙度要求(1987 年版的 3.8);

——增加了微分筒上标尺分度(本版的 5.7.1);

——增加了微分筒上的标尺间距要求(本版的 5.7.2);

——修改了标尺标记宽度下限值(1987 年版的 3.3;本版的 5.7.2);

——增加了微分筒锥面的斜角要求(本版的 5.7.3);

——增加了带计数器千分尺的要求(本版的 5.8);

——修改了示值误差(1987 年版的 3.10;本版的 5.9);

——修改了校对量杆的要求(1987 年版的 3.11、3.12、3.13;本版的 5.10.1);

——增加了零位校准的方法(本版的 5.10.2);

——检验方法不再作为附录(1987 年版的附录 A;本版的 6)。

本标准由中国机械工业联合会提出。

本标准由全国量具量仪标准化技术委员会(SAC/TC132)归口。

本标准由青海量具刃具有限责任公司负责起草。

本标准主要起草人:严永红、张洪玲。

本标准所代替标准的历次版本发布情况为:

——GB 1218—75,GB/T 1218—1987。

深　度　千　分　尺

1　范围

本标准规定了深度千分尺的术语和定义、型式与基本参数、要求、检验方法和标志与包装等。

本标准适用于分度值为 0.01 mm、0.001 mm、0.002 mm、0.005 mm，测微头的量程为 25 mm，测量上限 l_{max}不应大于 300 mm 的深度千分尺。

2　规范性引用文件

下列文件中的条款通过本标准的引用而成为本标准的条款。凡是注日期的引用文件，其随后所有的修改单(不包括勘误的内容)或修订版均不适用于本标准，然而，鼓励根据本标准达成协议的各方研究是否可使用这些文件的最新版本。凡是不注日期的引用文件，其最新版本适用于本标准。

GB/T 17163—1997　几何量测量器具术语　基本术语

3　术语和定义

GB/T 17163—1997 中确立的以及下列术语和定义适用于本标准。

3.1

深度千分尺　depth micrometer

利用螺旋副原理，对底板基准面与测量杆测量面间分隔的距离进行读数的深度测量器具。

3.2

最大允许误差　maximun permissible error

由技术规范、规则等对深度千分尺规定的误差极限值。

4　型式与基本参数

4.1　型式

深度千分尺的型式见图 1 所示，图示仅供图解说明。

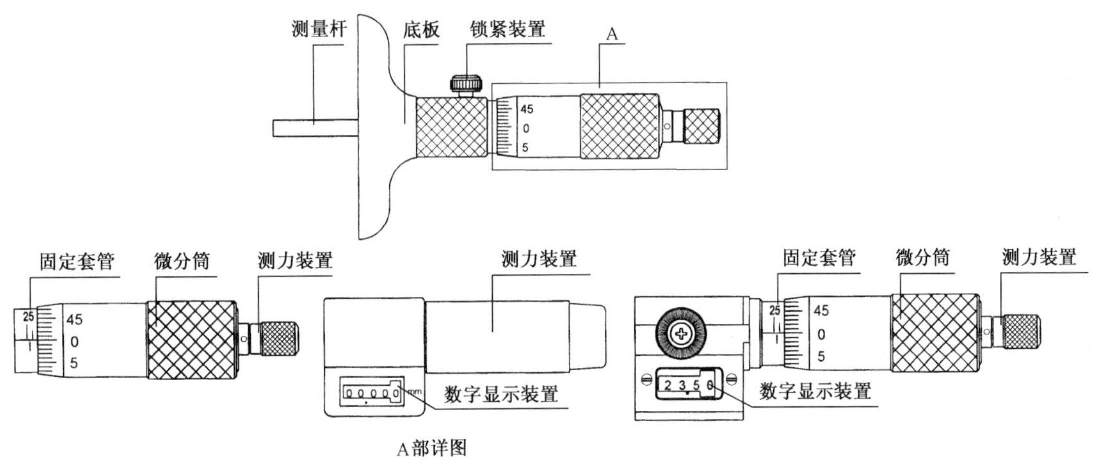

图 1

4.2 基本参数

4.2.1 深度千分尺的底板基准面的长度宜为50 mm或100 mm、测量杆的直径宜为3.5 mm至6 mm。

4.2.2 深度千分尺测量范围宜为0 mm～25 mm、0 mm～50 mm、0 mm～100 mm、0 mm～150 mm、0 mm～200 mm、0 mm～250 mm、0 mm～300 mm。

5 要求

5.1 外观

深度千分尺的测量杆测量面和底板基准面上不应有影响使用性能的锈蚀、碰伤、划痕、裂纹等缺陷。

5.2 材料

5.2.1 底板应选择钢、可锻铸铁或其他类似性能的材料制造。

5.2.2 测微螺杆和测量杆应选择合金工具钢或其他类似性能的材料制造，其测量面宜镶硬质合金或其他耐磨材料。

5.3 测微螺杆和测量杆

5.3.1 测微螺杆和螺母之间在全量程应充分啮合且配合应良好，不应出现卡滞和明显的窜动。

5.3.2 测微螺杆伸出底板的光滑圆柱部分与轴套之间的配合应良好，不应出现明显摆动。

5.3.3 测量杆相互之间的长度差为25 mm，应成套地进行校准。校准后，测量杆的对零误差不应大于表1的规定。

表 1

测量范围 l/mm	最大允许误差/μm	对零误差/μm
$l \leqslant 25$	4.0	±2.0
$0 < l \leqslant 50$	5.0	±2.0
$0 < l \leqslant 100$	6.0	±3.0
$0 < l \leqslant 150$	7.0	±4.0
$0 < l \leqslant 200$	8.0	±5.0
$0 < l \leqslant 250$	9.0	±6.0
$0 < l \leqslant 300$	10.0	±7.0

5.3.4 测量杆的测量面应为球面或平面。

5.4 测力装置

深度千分尺应具有测力装置。通过测力装置移动测微螺杆，并作用到测微螺杆测量面与球面接触的测力应在3 N至6 N之间。

5.5 锁紧装置

深度千分尺应具有能有效地锁紧测微螺杆的装置。

5.6 底板基准面和测量杆测量面

5.6.1 底板基准面和测量杆测量面的硬度不应小于760 HV1(或62 HRC)；对不锈钢制造的底板基准面和测量杆测量面的硬度不应小于575 HV5(或53 HRC)。

5.6.2 底板基准面和测量杆测量面的边缘应倒钝，其表面粗糙度 Ra 值不应大于0.16 μm。

5.6.3 测量杆测量面为平面的平面度误差不应大于0.6 μm；长度为50 mm的底板基准面的平面度误差不应大于2.0 μm，长度为100 mm的底板基准面的平面度误差不应大于4.0 μm(距底板基准面边缘为1.0 mm的区域内不计)。

5.7 标尺

5.7.1 微分筒上应有 50 或 100 个标尺分度。

5.7.2 微分筒上的标尺间距不应小于 0.8 mm，标尺标记的宽度应在 0.08 mm 至 0.20 mm 之间。

5.7.3 微分筒上圆锥面的斜角宜在 7°至 20°范围内；微分筒圆锥面棱边至固定套管表面的距离不应大于 0.4 mm。

5.7.4 固定套管上的标尺标记与微分筒上的标尺标记应清晰，其宽度差不应大于 0.03 mm。

5.7.5 深度千分尺对零位时，微分筒圆锥面的端面棱边至固定套管标尺标记的距离，允许压线不大于 0.05 mm、离线不大于 0.10 mm。

5.8 数字显示装置

当移动带计数器深度千分尺的测微螺杆时，其计数器应按顺序进位，无错乱显示现象；微分筒指示值与计数器读数值的差值不应大于 3 μm；各位数字码和不对零时的各位数字码(尾数不进位时除外)的中心应在平行于测微螺杆轴线的同一直线上。

5.9 最大允许误差

深度千分尺的最大允许误差不应大于表 1 的规定。

5.10 调整工具和校准

5.10.1 深度千分尺应提供用于调整零位和补偿测微螺杆与螺母螺纹之间磨损的调整工具。

5.10.2 深度千分尺装上 25 mm 的测量杆，在"0" mm 处进行校准。

6 检验方法

6.1 底板基准面和测量杆测量面的平面度

底板基准面的平面度采用 2 级光学平晶或 0 级刀口尺进行检验；测量杆测量面的平面度采用 2 级光学平晶进行检验。用 2 级光学平晶进行检验时，应调整光学平晶使底板基准面和测量杆测量面上的干涉带或干涉环的数目尽可能少，或使其产生封闭的干涉环。

6.2 最大允许误差

将深度千分尺的下限尺寸调整到零位，在精密平板上放置一对等于上限尺寸的量块，使深度千分尺的基准面贴合在量块上，然后在深度千分尺和精密平板之间先后放置一组尺寸系列为 2.5 mm、5.1 mm、7.7 mm、10.3 mm、12.9 mm、15.0 mm、17.6 mm、20.2 mm、22.8 mm 和 25 mm 的准确度级别为 1 级的量块进行检验，得出深度千分尺指示值与上述 10 个位置上与量块尺寸的 10 个差值，以其中最大差值的绝对值作为深度千分尺的示值误差。

对于测量下限大于 25 mm 的深度千分尺，需采用适应于各种测量范围的专用量块或将量块研合进行检验，其计算方法同上述方法。

6.3 对零误差

检验时，先用 0 mm～25 mm 测量杆将深度千分尺调整到零位；然后更换可换测量杆，测量相应的可换测量杆下限尺寸的量块，求深度千分尺指示值与量块实际尺寸之差。

7 标志与包装

7.1 深度千分尺上至少应标志：

a) 制造厂厂名或注册商标；

b) 测量范围；

c) 分度值；

d) 产品序号。

7.2 可换测量杆上应标志标称尺寸。

7.3 深度千分尺包装盒上至少应标志：

a） 制造厂厂名或注册商标；

b） 产品名称；

c） 测量范围。

7.4 深度千分尺在包装前应经过防锈处理并妥善包装，不得因包装不善而在运输过程中损坏产品。

7.5 深度千分尺经检定符合本标准要求的应附有产品合格证，产品合格证上应标有本标准的标准号、产品序号和出厂日期。

ICS 17.040.30
J 42

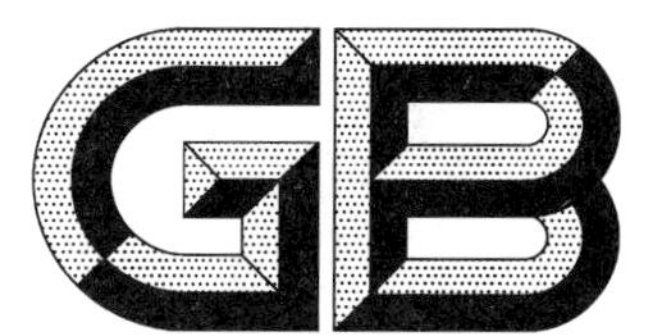

中华人民共和国国家标准

GB/T 1219—2008
代替 GB/T 1219—2000,GB/T 6311—2004

指 示 表

Dial gauges

2008-02-02 发布 2008-07-01 实施

中华人民共和国国家质量监督检验检疫总局
中国国家标准化管理委员会 发布

前言

本标准代替 GB/T 1219—2000《几何量技术规范 长度测量器具:指示表 设计及计量技术要求》和 GB/T 6311—2004《大量程百分表》。

本标准与 GB/T 1219—2000 和 GB/T 6311—2004 的主要变化如下:

——增加了分度值为 0.10 mm、量程不超过 100 mm 的指示表要求;

——取消了指示表测头直径 $\phi 8_{max}$ 和表壳直径的要求(GB/T 1219—2000 的第 1 章和图 1);

——修改了指示表下轴套长度≥16 mm 为≥11 mm(GB/T 6311—2004 的图 1);

——增加了带有转数指示盘,量程不超过 10 mm,分度值为 0.01 mm、0.001 mm、0.002 mm 的指示表,当转数指针指示在整数转时,指针偏离零位要求(本标准的 5.4.6);

——增加了钢制、硬质合金测头的表面硬度和表面粗糙度定量要求(本标准的 5.5 的注);

——增加了一般情况下,量程不超过 10 mm 的指示表的检点间隔要求(本标准的 6.2);

——增加了量程不超过 3 mm、5 mm、10 mm 分度值为 0.01 mm 的指示表全量程要求(本标准的表 2);

——增加了量程不超过 1 mm、3 mm、5 mm、10 mm 分度值为 0.002 mm 的指示表全量程要求(本标准的表 2);

——修改了允许误差 1/10 转为任意 0.1 mm、1/2 转为任意 0.5 mm、1 转为任意 1 mm、2 转为任意 2 mm(GB/T 1219—2000 的 5.8 表 2;本标准的表 2);

——增加了允许误差任意 0.02 mm、任意 0.05 mm、任意 0.2 mm 的要求(本标准的表 2);

——增加了检定指示表精度的测量器具精度要求(本标准的 6.1);

——修改了量程超过 10 mm 分度值为 0.01 mm 及 0.10 mm 的指示表示值误差检测要求(GB/T 6311—2004 的 6.1;本标准的 6.2);

——修改了指示表包装盒上标志(GB/T 1219—2000 的 7.2;GB/T 6311—2004 的 7.2;本标准的 7.2)。

本标准由中国机械工业联合会提出。

本标准由全国量具量仪标准化技术委员会(SAC/TC 132)归口。

本标准负责起草单位:哈尔滨量具刃具集团有限责任公司。

本标准参加起草单位:桂林量具刃具厂、上海量具刃具厂、威海市量具厂有限公司和成都成量工具有限公司。

本标准主要起草人:吴凤珍、田世国、张伟、武英、赵伟荣、李琼、周国明、车兆平、袁永秀。

本标准所代替标准的历次版本发布情况为:

——GB 1219—1975、GB/T 1219—1985、GB/T 1219—2000;

——GB/T 6311—1986、GB/T 6311—2004。

指 示 表

1 范围

本标准规定了指示表的术语和定义、形式与基本参数、要求、检验方法、标志与包装等。

本标准适用于分度值为 0.10 mm、0.01 mm，量程不超过 100 mm；分度值为 0.002 mm，量程不超过 10 mm；分度值为 0.001 mm，量程不超过 5 mm 的指示表。

注：分度值为 0.10 mm 的指示表，也称为十分表；分度值为 0.01 mm 的指示表，也称为百分表；分度值为 0.001 mm 和 0.002 mm 的指示表，也称为千分表。

2 规范性引用文件

下列文件中的条款通过本标准的引用而成为本标准的条款。凡是注日期的引用文件，其随后所有的修改单(不包括勘误的内容)或修订版均不适用于本标准，然而，鼓励根据本标准达成协议的各方研究是否使用这些文件的最新版本。凡是不注日期的引用文件，其最新版本适用于本标准。

GB/T 17163 几何量测量器具术语 基本术语

GB/T 17164 几何量测量器具术语 产品术语

3 术语和定义

GB/T 17163、GB/T 17164 中确立的以及下列术语和定义适用于本标准。

3.1

自由位置 free place

表示测杆处于自由状态时的位置。

3.2

行程 travel

指示表测杆移动范围上限值和下限值之差。

3.3

浮动零位 floating zero

可在测量范围内任意位置设定的零位。

3.4

最大允许误差(MPE) maximum permissible error

由技术规范、规则等对指示表规定的误差极限值。

4 形式与基本参数

4.1 指示表的形式见图 1 所示。图示仅供图解说明，不表示详细结构。

4.2 指示表的外形尺寸和配合尺寸应符合图 1 的规定。

单位为毫米

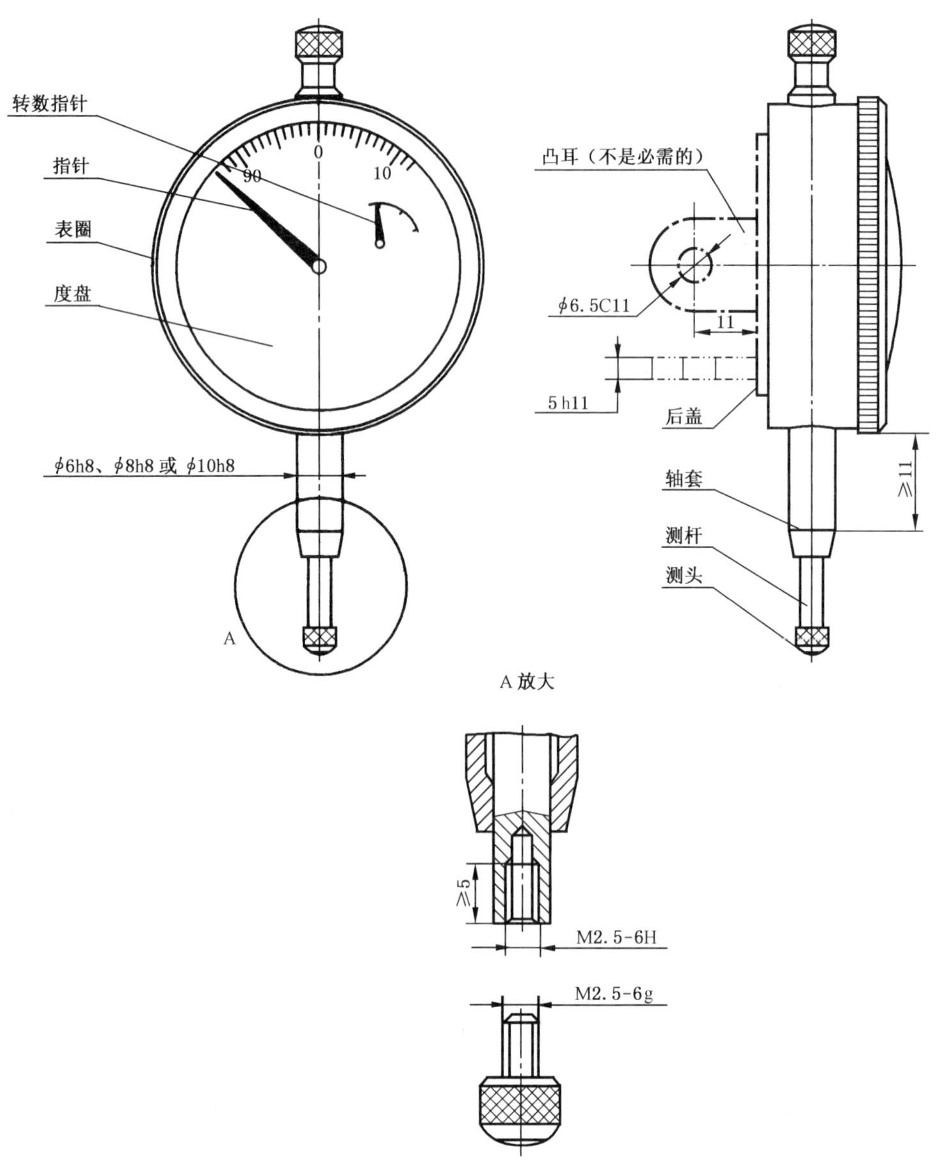

图 1 指示表的形式示意图

5 要求

5.1 外观

指示表各镀层、喷漆表面及测头的测量面上不应有影响使用性能的锈蚀、碰伤、划痕，表蒙应透明、洁净，不应有影响读数的划痕、气泡。

5.2 相互作用

指示表在正常使用状态下，测杆和指针的运动应平稳、灵活，无卡滞现象。

5.3 度盘

5.3.1 标尺应按 0.10 mm、0.01 mm、0.002 mm 或 0.001 mm 分度值排列，且标尺标记清晰，背景反差适当。分度值应清晰地标记在度盘上见图 2(图示为标尺按 0.01 mm、0.002 mm、0.001 mm 分度值排列示列)。

5.3.2 指针尖端处的标尺间距应符合表 1 的规定。

5.3.3 标尺标记宽度应符合表 1 的规定，且宽度应一致。

5.3.4 标尺标记长度不应小于标尺间距。

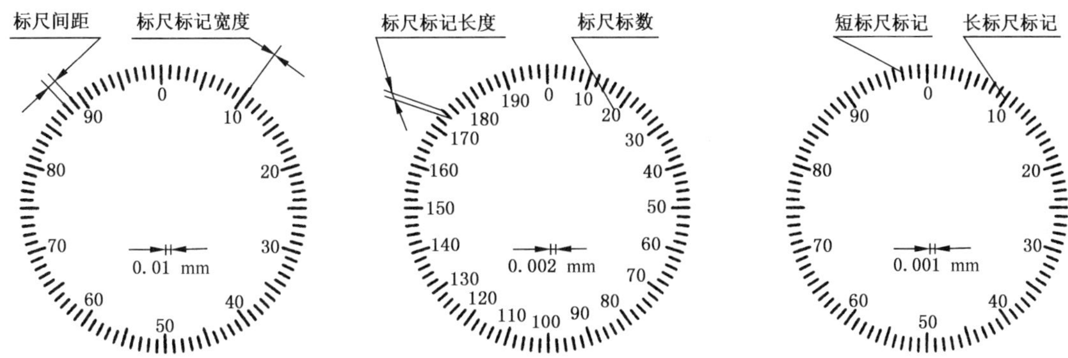

注：分度值为 0.001 mm 及 0.002 mm 的指示表，也可用 1 μm 及 2 μm 表示。

图 2　标尺排列示意图

表 1

单位为毫米

分度值	标尺间距	标尺标记宽度
0.01、0.10	≥0.8	0.15～0.25
0.002	≥0.8	0.1～0.2
0.001	≥0.7	

5.3.5　分度值为 0.10 mm、0.01 mm 的指示表，度盘上每 5 个标尺标记应为长标尺标记，每 10 个标尺标记应有对应标尺标数；分度值为 0.002 mm 的指示表，度盘上每 5 个标尺标记应为长标尺标记，应有对应标尺标数；分度值为 0.001 mm 的指示表，度盘上每 10 个或 5 个标尺标记应为长标尺标记，应有标尺标数，标尺标数应与度盘上的分度相对应。

5.4　指针

5.4.1　测杆被压入后，指针应按顺时针方向转动。

5.4.2　测杆在自由位置时：

a)　分度值为 0.01 mm、0.001 mm、0.002 mm 的指示表，指针应处于零位逆时针方向的 30°～90° 范围内。

b)　分度值为 0.10 mm 的指示表，指针应处于零位逆时针方向的 3～10 个标尺标记范围内。

5.4.3　指针尖端宽度不应大于标尺间距的 20%，且与标尺标记宽度尽量一致。

5.4.4　指针长度应保证指针尖端位于短标尺标记长度的 30%～80%之间。

5.4.5　量程不超过 10 mm 的指示表，指针尖端与度盘表面间的间隙不应大于 0.7 mm；量程超过 10 mm的指示表，指针尖端与度盘表面间的间隙不应大于 0.9 mm。

5.4.6　带有转数指示盘的指示表，当转数指针指示在整数转时，指针偏离零位不应大于如下规定：

a)　量程不超过 10 mm，分度值为 0.10 mm、0.01 mm 的指示表，指针偏离零位不应大于 15 个标尺标记。

b)　量程超过 10 mm，分度值为 0.10 mm、0.01 mm 的指示表，指针偏离零位不应大于 30 个标尺标记。

c)　分度值为 0.001、0.002 mm 的指示表，指针偏离零位不应大于 20 个标尺标记。

5.5　测杆

5.5.1　测杆应带有球形状或其他形状的测头，且易于拆卸。

5.5.2　测头应由坚硬耐磨的材料制造，其表面应具有适当的表面粗糙度。

注：一般情况下，钢制测头的表面硬度不应低于 766 HV(或 62 HRC)，测量面的表面粗糙度不应大于 *Ra*0.1 μm；硬质合金测头测量面的表面粗糙度不应大于 *Ra*0.2 μm。

5.6 行程

5.6.1 分度值为 0.001 mm 和 0.002 mm 的指示表，其行程至少应超过量程 0.05 mm。

5.6.2 分度值为 0.10 mm、0.01 mm 的指示表，指示表的行程至少应超过量程：

a) 量程小于或等于 3 mm 的指示表，其行程至少应超过量程 0.3 mm。

b) 量程大于 3 mm、小于或等于 10 mm 的指示表，其行程至少应超过量程 0.5 mm。

c) 量程大于 10 mm、小于或等于 100 mm 的指示表，其行程至少应超过量程 1 mm。

5.7 零位调整

指示表应具有调零功能，且应保证所调整位置的可靠。

5.8 误差及测量力

指示表的误差及测量力指标应不超过表 2 的规定。

表 2

分度值	量程 S	最大允许误差							回程误差	重复性	测量力	测量力变化	测量力落差
		任意 0.05 mm	任意 0.1 mm	任意 0.2 mm	任意 0.5 mm	任意 1 mm	任意 2 mm	全量程					
mm		μm									N		
0.10	S≤10					±25	—	±40	20	10	0.4～2.0	—	1.0
	10＜S≤20	—	—	—	—	±25	—	±50	20	10	2.0	—	1.0
	20＜S≤30	—	—	—	—	±25	—	±60	20	10	2.2	—	1.0
	30＜S≤50	—	—	—	—	±25	—	±80	25	20	2.5	—	1.5
	50＜S≤100	—	—	—	—	±25	—	±100	30	25	3.2	—	2.2
0.01	S≤3	—	±5	—	±8	±10	±12	±14	3	3	0.4～1.5	0.5	0.5
	3＜S≤5	—	±5	—	±8	±10	±12	±16	3	3	0.4～1.5	0.5	0.5
	5＜S≤10	—	±5	—	±8	±10	±12	±20	3	3	0.4～1.5	0.5	0.5
	10＜S≤20	—	—	—	—	±15	—	±25	5	4	2.0	—	1.0
	20＜S≤30	—	—	—	—	±15	—	±35	7	5	2.2	—	1.0
	30＜S≤50	—	—	—	—	±15	—	±40	8	5	2.5	—	1.5
	50＜S≤100	—	—	—	—	±15	—	±50	9	5	3.2	—	2.2
0.001	S≤1	±2	—	±3	—	—	—	±5	2	0.3	0.4～2.0	0.5	0.6
	1＜S≤3	±2.5	—	±3.5	—	±5	±6	±8	2.5	0.5	0.4～2.0	0.5	0.6
	3＜S≤5	±2.5	—	±3.5	—	±5	±6	±9	2.5	0.5	0.4～2.0	0.5	0.6
0.002	S≤1	±3	—	±4	—	—	—	±7	2	0.5	0.4～2.0	0.6	0.6
	1＜S≤3	±3	—	±5	—	—	—	±9	2	0.5	0.4～2.0	0.6	0.6
	3＜S≤5	±3	—	±5	—	—	—	±11	2	0.5	0.4～2.0	0.6	0.6
	5＜S≤10	±3	—	±5	—	—	—	±12	2	0.5	0.4～2.0	0.6	0.6

注 1：表中数值均为按标准温度在 20℃ 给出。

注 2：指示表在测杆处于垂直向下或水平状态时的规定；不包括其他状态，如测杆向上。

注 3：任意量程示值误差是指在示值误差曲线上，符合测量间隔的任何两点之间所包含的受检点的最大示值误差与最小示值误差之差应满足表 2 的规定。

注 4：采用浮动零位原则判定示值误差时，示值误差的带宽不应超过最大允许误差允许值“±”后面所对应的规定值。

6 检验方法

将指示表可靠的紧固在不受其测量力影响的检具装置或刚性支架上,使测杆处于水平或垂直向下状态,下列方法不表示唯一的测试方法。

6.1 检验条件

指示表和检具平衡温度时间不应少于 2 h;检测时,指示表测杆处于垂直向下或水平状态。对检验指示表的测量器具的要求见表 3。

表 3

指示表分度值	指示表测量范围	测量器具的最大允许误差	回程误差不应大于
mm		μm	
0.10	0~10	2.0	1.0
	0~30	3.0	1.5
	0~100	4.0	2.0
0.01	0~20	2.0	1.0
	0~100	3.5	1.5
0.001	0~1	1.0	0.5
	0~5	1.3	0.5
0.002	0~3	1.5	0.5
	0~10	2.0	1.0

6.2 示值误差

在测杆正、反行程方向上(见图 3),以适当的检点间隔进行测量读数直至全量程。根据一系列测得值(示值误差)绘制示值误差曲线,根据浮动零位原则在测杆正行程曲线上确定最大示值误差(见图 4)。

量程不超过 10 mm、分度值为 0.01 mm 的指示表,检点间隔按 0.1 mm、全量程进行检测。

量程超过 10 mm、分度值为 0.10 mm 及 0.01 mm 的指示表在 0 mm 至 10 mm 范围内,按每 0.2 mm的间隔进行一次检测;大于 10 mm 范围内,按每 0.5 mm 的间隔进行一次检测、全量程进行检测(见图 5)。

分度值为 0.001 mm 及 0.002 mm 的指示表,检点间隔按 0.05 mm、全量程进行检测。

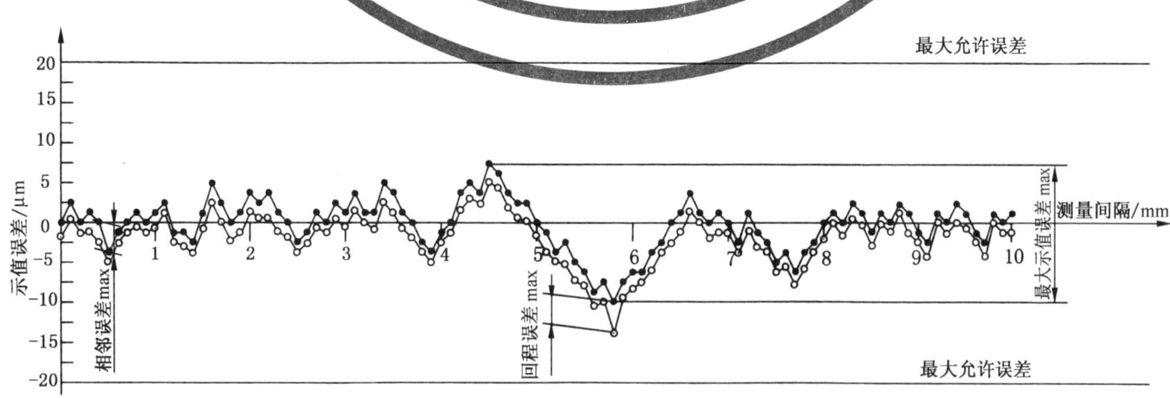

图 3 已设定零位的示值误差曲线示意图

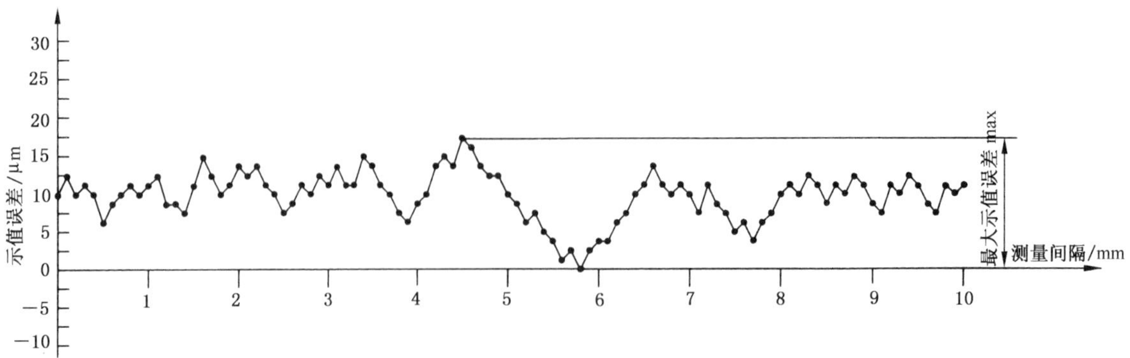

图 4　相对浮动零位的示值误差曲线(测杆正行程)示意图

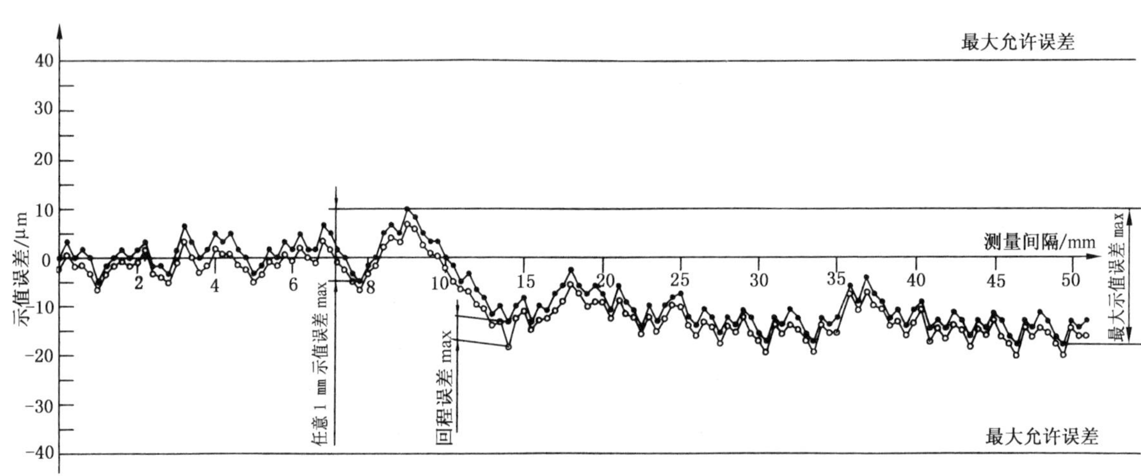

图 5　量程超过 10 mm 的指示表,已设定零位的示值误差曲线示意图

6.3　回程误差

在示值误差曲线的全范围内,取正、反行程示值误差曲线上相同检测点之间的最大差值即为回程误差。

6.4　重复性

在全量程内的任意点,用同一被测量以逐渐地和突然地产生的不应大于 10 mm 的位移,进行不应少于 5 次重复读数,其示值间的最大差值即为该点的重复性误差。取全量程(始、中、末位)内不少于 3 点的重复性误差的最大值,作为指示表的重复性。

6.5　测量力

将指示表的测头向下,用砝码、弹簧或专用测力装置在测杆正行程中进行检测。

量程不超过 10 mm 的指示表,取最大、最小值,作为指示表的测量力。

量程超过 10 mm 的指示表,取最大值,作为指示表的测量力。

6.6　测量力变化

正行程中的最大测量力与最小测量力之差,即为指示表的测量力变化。

6.7　测量力落差

正、反行程中,相同检测点的测量力之差的最大值,即为指示表的测量力落差。

7 标志与包装

7.1 指示表上至少应标有：

a) 制造厂厂名或注册商标；

b) 分度值；

c) 产品序号。

7.2 指示表的包装盒上至少应标有：

a) 制造厂厂名或注册商标；

b) 产品名称；

c) 测量范围；

d) 分度值。

7.3 指示表在包装前应经防锈处理，并妥善包装。不得因包装不善而在运输过程中损坏产品。

7.4 指示表经检验符合本标准要求的，应附有产品合格证。产品合格证上应标有本标准的标准号、产品序号和出厂日期。

ICS 17.040.30
J 42

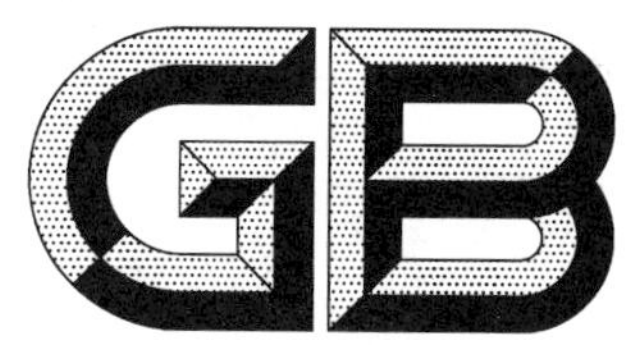

中华人民共和国国家标准

GB/T 1957—2006
代替 GB/T 1957—1981

光滑极限量规　技术条件

Tolerances and general features for plain limin gauges

2006-02-05 发布　　2006-08-01 实施

中华人民共和国国家质量监督检验检疫总局
中国国家标准化管理委员会　发布

前　言

本标准代替 GB/T 1957—1981《光滑极限量规》。

本标准与 GB/T 1957—1981 相比主要变化如下：

——按 GB/T 1.1—2000 对编排格式进行了修改；

——修改了标准名称；

——增加了标准中所用术语和定义(本版的 3)；

——增加了标准中所用符号说明(本版的 4)；

——修改了量规测量面硬度(1981 年版的 13;本版的 7.4)；

——修改了量规测量面光洁度为粗糙度(1981 年版的 14;本版的 7.5)；

——增加了量规的验收及检验要求(本版的 8)；

——修改了量规推荐型式和尺寸应用范围(1981 年版的附录一;本版的附录 B)；

——工件的判定作为附录要求(1981 年版的 3、4、5;本版的附录 C)。

本标准由中国机械工业联合会提出。

本标准由全国量具量仪标准化技术委员会(SAC/TC 132)归口。

本标准由哈尔滨量具刃具集团有限责任公司负责起草。

本标准主要起草人:武英、高善铭、姚绪里。

本标准所代替标准的历次版本发布情况为：

——GB/T 1957—1981。

光滑极限量规　技术条件

1　范围

本标准规定了光滑极限量规的术语和定义、公差、要求、检验、标志与包装。

本标准适用于孔与轴基本尺寸至 500 mm、公差等级 IT6 级至 IT16 级的光滑极限量规。

本标准规定的光滑极限量规(以下简称“量规”)适用于检验 GB/T 1800.1—1997 至GB/T 1800.4—1999《极限与配合》规定孔与轴基本尺寸。

2　规范性引用文件

下列文件中的条款通过本标准的引用而成为本标准的条款。凡是注日期的引用文件,其随后所有的修改单(不包括勘误的内容)或修订版均不适用于本标准,然而,鼓励根据本标准达成协议的各方研究是否可使用这些文件的最新版本。凡是不注日期的引用文件,其最新版本适用于本标准。

GB/T 1800.1—1997　极限与配合基础　第 1 部分:词汇(neq ISO 286-1:1988)

GB/T 1800.2—1998　极限与配合基础　第 2 部分:公差、偏差和配合的基本规定(eqv ISO 286-1:1988)

GB/T 1800.3—1998　极限与配合基础　第 3 部分:标准公差和基本偏差数值表(eqv ISO 286-1:1988)

GB/T 1800.4—1999　极限与配合　标准公差等级和孔、轴的极限偏差表(eqv ISO 286-2:1988)

3　术语和定义

GB/T 1800.1—1997 至 GB/T 1800.4—1999 中确定的以及下列术语和定义适用于本标准。

3.1

光滑极限量规　plain limit gauge

具有以下孔或轴的最大极限尺寸和最小极限尺寸为公称尺寸的标准测量面,能反映控制被检孔或轴边界条件的无刻线长度测量器具。

3.2

塞规　plug gauge

用于孔径检验的光滑极限量规,其测量面为外圆柱面。其中,圆柱直径具有被检孔径最小极限尺寸的为孔用通规,具有被检孔径最大极限尺寸的为孔用止规。

3.3

环规　ring gauge

用于轴径检验的光滑极限量规,其测量面为内圆环面。其中,圆环直径具有被检轴径最大极限尺寸的为轴用通规,具有被检轴径最小极限尺寸的为轴用止规。

4　符号

表 1 中所列的符号及说明规定。

表 1

符　　号	说　　　　明
T_1	工作量规尺寸公差
Z_1	通端工作量规尺寸公差带的中心线至工件最大实体尺寸之间的距离
T_p	用于工作环规的校对塞规的尺寸公差

5　量规的代号和使用规则

表 2 中所列的量规的代号、使用规则适用于本标准。

表 2

名　　称	代号	使　　用　　规　　则
通端工作环规	T	通端工作环规应通过轴的全长
"校通-通"塞规	TT	"校通-通"塞规的整个长度都应进入新制的通端工作环规孔内，而且应在孔的全长上进行检验
"校通-损"塞规	TS	"校通-损"塞规不应进入完全磨损的校对工作环规孔内，如有可能，应在孔的两端进行检验
止端工作环规	Z	沿着和环绕不少于四个位置上进行检验
"校止-通"塞规	ZT	"校止-通"塞规的整个长度都应进入制造的通端工作环规孔内，而且应在孔的全长上进行检验
通端工作塞规	T	通端工作塞规的整个长度都应进入孔内，而且应在孔的全长上进行检验
止端工作塞规	Z	止端工作塞规不能通过孔内，如有可能，应在孔的两端进行检验

6　公差

6.1　量规尺寸公差带及其位置见图 1 所示。

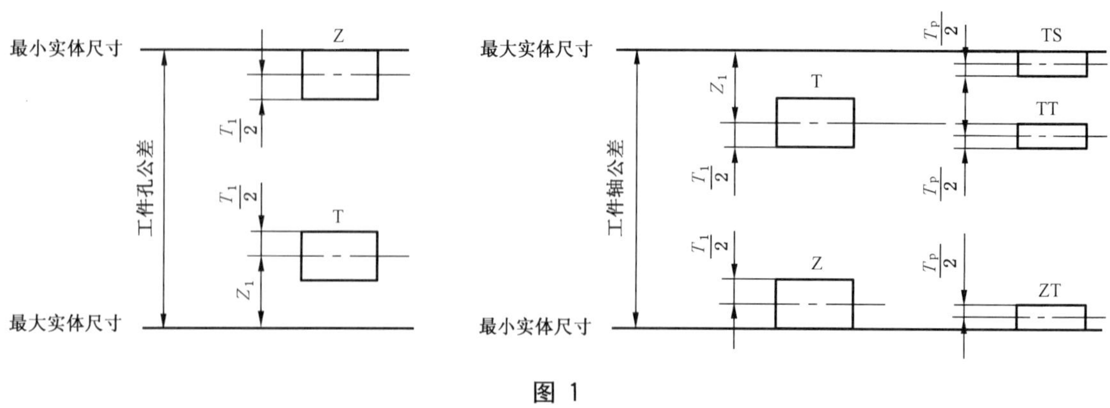

图 1

6.2　工作量规的尺寸公差值及其通端位置要素值应按表 3 的规定；校对塞规的要求参见附录 A。

表 3

工件孔或轴的基本尺寸/mm		工件孔或轴的公差等级								
		IT6			IT7			IT8		
		孔或轴的公差值	T_1	Z_1	孔或轴的公差值	T_1	Z_1	孔或轴的公差值	T_1	Z_1
大于	至	μm								
—	3	6	1.0	1.0	10	1.2	1.6	14	1.6	2.0
3	6	8	1.2	1.4	12	1.4	2.0	18	2.0	2.6
6	10	9	1.4	1.6	15	1.8	2.4	22	2.4	3.2
10	18	11	1.6	2.0	18	2.0	2.8	27	2.8	4.0
18	30	13	2.0	2.4	21	2.4	3.4	33	3.4	5.0
30	50	16	2.4	2.8	25	3.0	4.0	39	4.0	6.0
50	80	19	2.8	3.4	30	3.6	4.6	46	4.6	7.0
80	120	22	3.2	3.8	35	4.2	5.4	54	5.4	8.0
120	180	25	3.8	4.4	40	4.8	6.0	63	6.0	9.0
180	250	29	4.4	5.0	46	5.4	7.0	72	7.0	10.0
250	315	32	4.8	5.6	52	6.0	8.0	81	8.0	11.0
315	400	36	5.4	6.2	57	7.0	9.0	89	9.0	12.0
400	500	40	6.0	7.0	63	8.0	10.0	97	10.0	14.0
工件孔或轴的基本尺寸/mm		工件孔或轴的公差等级								
		IT9			IT10			IT11		
		孔或轴的公差值	T_1	Z_1	孔或轴的公差值	T_1	Z_1	孔或轴的公差值	T_1	Z_1
大于	至	μm								
—	3	25	2.0	3	40	2.4	4	60	3	6
3	6	30	2.4	4	48	3.0	5	75	4	8
6	10	36	2.8	5	58	3.6	6	90	5	9
10	18	43	3.4	6	70	4.0	8	110	6	11
18	30	52	4.0	7	84	5.0	9	130	7	13
30	50	62	5.0	8	100	6.0	11	160	8	16
50	80	74	6.0	9	120	7.0	13	190	9	19
80	120	87	7.0	10	140	8.0	15	220	10	22
120	180	100	8.0	12	160	9.0	18	250	12	25
180	250	115	9.0	14	185	10.0	20	290	14	29
250	315	130	10.0	16	210	12.0	22	320	16	32
315	400	140	11.0	18	230	14.0	25	360	18	36
400	500	155	12.0	20	250	16.0	28	400	20	40

表 3（续）

工件孔或轴的基本尺寸/mm		工件孔或轴的公差等级								
		IT12			IT13			IT14		
		孔或轴的公差值	T_1	Z_1	孔或轴的公差值	T_1	Z_1	孔或轴的公差值	T_1	Z_1
大于	至	μm								
—	3	100	4	9	140	6	14	250	9	20
3	6	120	5	11	180	7	16	300	11	25
6	10	150	6	13	220	8	20	360	13	30
10	18	180	7	15	270	10	24	430	15	35
18	30	210	8	18	330	12	28	520	18	40
30	50	250	10	22	390	14	34	620	22	50
50	80	300	12	26	460	16	40	740	26	60
80	120	350	14	30	540	20	46	870	30	70
120	180	400	16	35	630	22	52	1000	35	80
180	250	460	18	40	720	26	60	1150	40	90
250	315	520	20	45	810	28	66	1300	45	100
315	400	570	22	50	890	32	74	1400	50	110
400	500	630	24	55	970	36	80	1550	55	120

工件孔或轴的基本尺寸/mm		工件孔或轴的公差等级					
		IT15			IT16		
		孔或轴的公差值	T_1	Z_1	孔或轴的公差值	T_1	Z_1
大于	至	μm					
—	3	400	14	30	600	20	40
3	6	480	16	35	750	25	50
6	10	580	20	40	900	30	60
10	18	700	24	50	1100	35	75
18	30	840	28	60	1300	40	90
30	50	1000	34	75	1600	50	110
50	80	1200	40	90	1900	60	130
80	120	1400	46	100	2200	70	150
120	180	1600	52	120	2500	80	180
180	250	1850	60	130	2900	90	200
250	315	2100	66	150	3200	100	220
315	400	2300	74	170	3600	110	250
400	500	2500	80	190	4000	120	280

6.3 量规的形状和位置误差应在其尺寸公差带内。其公差为量规尺寸公差的 50%。当量规尺寸公差

小于或等于 0.002 mm 时,其形状和位置公差为 0.001 mm。

7 要求

7.1 量规的测量面不应有锈蚀、毛刺、黑斑、划痕等明显影响外观使用质量的缺陷。其他表面不应有锈蚀和裂纹。

7.2 塞规的测头与手柄的联结应牢固可靠,在使用过程中不应松动。

7.3 量规宜采用合金工具钢、碳素工具钢、渗碳钢及其他耐磨材料制造。

7.4 钢制量规测量面的硬度不应小于 700HV(或 60HRC)。

7.5 量规测量面的表面粗糙度 *Ra* 值不应大于表 4 的规定。

表 4

<table>
<tr><th rowspan="3">工作量规</th><th colspan="3">工作量规的基本尺寸/mm</th></tr>
<tr><th>小于或等于 120</th><th>大于 120、小于或等于 315</th><th>大于 315、小于或等于 500</th></tr>
<tr><th colspan="3">工作量规测量面的表面粗糙度 Ra 值/μm</th></tr>
<tr><td>IT6 级孔用工作塞规</td><td>0.05</td><td>0.10</td><td>0.20</td></tr>
<tr><td>IT7 级～IT9 级孔用工作塞规</td><td>0.10</td><td>0.20</td><td>0.40</td></tr>
<tr><td>IT10 级～IT12 级孔用工作塞规</td><td>0.20</td><td>0.40</td><td rowspan="2">0.80</td></tr>
<tr><td>IT13 级～IT16 级孔用工作塞规</td><td>0.40</td><td>0.80</td></tr>
<tr><td>IT6 级～IT9 级轴用工作环规</td><td>0.10</td><td>0.20</td><td>0.40</td></tr>
<tr><td>IT10 级～IT12 级轴用工作环规</td><td>0.20</td><td>0.40</td><td rowspan="2">0.80</td></tr>
<tr><td>IT13 级～IT16 级轴用工作环规</td><td>0.40</td><td>0.80</td></tr>
</table>

7.6 量规应经过稳定性处理。

7.7 工作量规的型式和应用尺寸范围参见附录 B。

8 验收及检验

8.1 验收

8.1.1 本标准中的尺寸规定值均以标准的测量条件为准,即:温度为 20℃,测量力为零。

8.1.2 环规的检验应以校对量规为准。若发生争议时,应按附录 C 中的 C.3 处理。

8.2 检验

8.2.1 量规各参数采用直接检测法检验,其主要检测参数和检测器具参见表 5。

表 5

主要检测参数	检测器具
表面粗糙度	轮廓仪、表面粗糙度比较样块
全形塞规的圆度、环规的圆度	圆度仪
母线直线度	轮廓仪、0 级刀口尺
卡规测量面的平面度	刀口尺、平晶
卡规测量面的平行度	光学计、测长仪
硬度	威氏硬度计(或洛氏硬度计)

8.3 工件合格与不合格的判定应符合附录 C 的判定。

9 标志与包装

9.1 在塞规测头端面和其他量规的非工作面上应标志：

a) 制造厂厂名或注册商标；

b) 被检工件的基本尺寸和公差代号；

c) 量规的用途代号；

d) 出厂年号。

注1：工作尺寸小于14 mm的塞规，a)～d)的要求允许标志在手柄上或标牌。

注2：单头双极限量规不宜标志用途代号。

9.2 在产品包装盒上应标志：

a) 制造厂厂名或注册商标；

b) 产品名称；

c) 被检工件的基本尺寸和公差代号。

9.3 量规在包装前应经防锈处理，并妥善包装。

9.4 量规经检定符合本标准规定的，应附有产品合格证。产品合格证上应标有本标准的标准号和出厂日期。

附　录　A
（资料性附录）
校对量规

A.1　校对塞规尺寸公差为被校对轴用工作量规尺寸公差的1/2；校对塞规的尺寸公差中包含形状误差。

A.2　校对塞规的表面外观、测头与手柄的联结程度、制造材料、测量面硬度及处理应符合7.1～7.4、7.6的规定。

A.3　校对塞规测量面的表面粗糙度 *Ra* 值不应大于表A.1的规定。

表 A.1

校对塞规	校对塞规的基本尺寸/mm		
	小于或等于120	大于120、小于或等于315	大于315、小于或等于500
	校对量规测量面的表面粗糙度 *Ra* 值/μm		
IT6级～IT9级轴用工作环规的校对塞规	0.05	0.10	0.20
IT10级～IT12级轴用工作环规的校对塞规	0.10	0.20	0.40
IT13级～IT16级轴用工作环规的校对塞规	0.20	0.40	

附 录 B
（资料性附录）
推荐的量规型式和应用尺寸范围

B.1 推荐的量规型式应用尺寸范围见表 B.1。

表 B.1

<table>
<tr><th rowspan="2">用　　途</th><th rowspan="2">推荐顺序</th><th colspan="4">量规的工作尺寸/mm</th></tr>
<tr><th>～18</th><th>大于 18～100</th><th>大于 100～315</th><th>大于 315～500</th></tr>
<tr><td rowspan="2">工件孔用的通端量规型式</td><td>1</td><td colspan="2">全形塞规</td><td>不全形塞规</td><td>球端杆规</td></tr>
<tr><td>2</td><td>—</td><td>不全形塞规或片形塞规</td><td>片形塞规</td><td>—</td></tr>
<tr><td rowspan="2">工件孔用的止端量规型式</td><td>1</td><td>全形塞规</td><td colspan="2">全形或片形塞规</td><td>球端杆规</td></tr>
<tr><td>2</td><td>—</td><td colspan="2">不全形塞规</td><td>—</td></tr>
<tr><td rowspan="2">工件轴用的通端量规型式</td><td>1</td><td colspan="2">环规</td><td colspan="2">卡规</td></tr>
<tr><td>2</td><td colspan="2">卡规</td><td colspan="2">—</td></tr>
<tr><td rowspan="2">工件轴用的止端量规型式</td><td>1</td><td colspan="4">卡规</td></tr>
<tr><td>2</td><td>环规</td><td colspan="3">—</td></tr>
</table>

附 录 C
（规范性附录）
工件合格与不合格的判定

C.1 符合极限尺寸判断原则（即泰勒原则）的量规如下：

通规的测量面应是与孔或轴形状相对应的完整表面（通常称为全形量规），其尺寸等于工件的最大实体尺寸，且长度等于配合长度。

止规的测量面应是点状的，两测量面之间的尺寸等于工件的最小实体尺寸。

符合泰勒原则的量规，如在某些场合下应用不方便或有困难时，可在保证被检验工件的形状误差不致影响配合性质的条件下，使用偏离泰勒原则的量规。

C.2 用符合本标准的量规检验工件，如通规能通过，止规不能通过，则该工件应为合格品。

C.3 制造厂对工件进行检验时，操作者应该使用新的或者磨损较少的通规；检验部门应该使用与操作者相同型式的且已磨损较多的通规。

用户代表在用量规验收工件时，通规应接近工件的最大实体尺寸，止规应接近工件的最小实体尺寸。

C.4 用符合本标准的量规检验工件，如判断有争议，应该使用下述尺寸的量规解决：

通规应等于或接近工件的最大实体尺寸；

止规应等于或接近工件的最小实体尺寸。

ICS 17.100
J 42

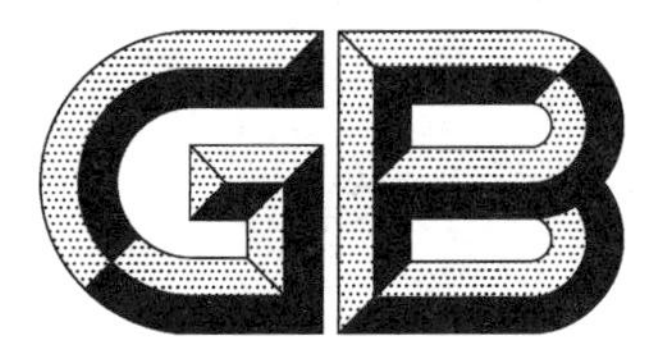

中华人民共和国国家标准

GB/T 4755—2004
代替 GB/T 4755—1984

扭簧比较仪

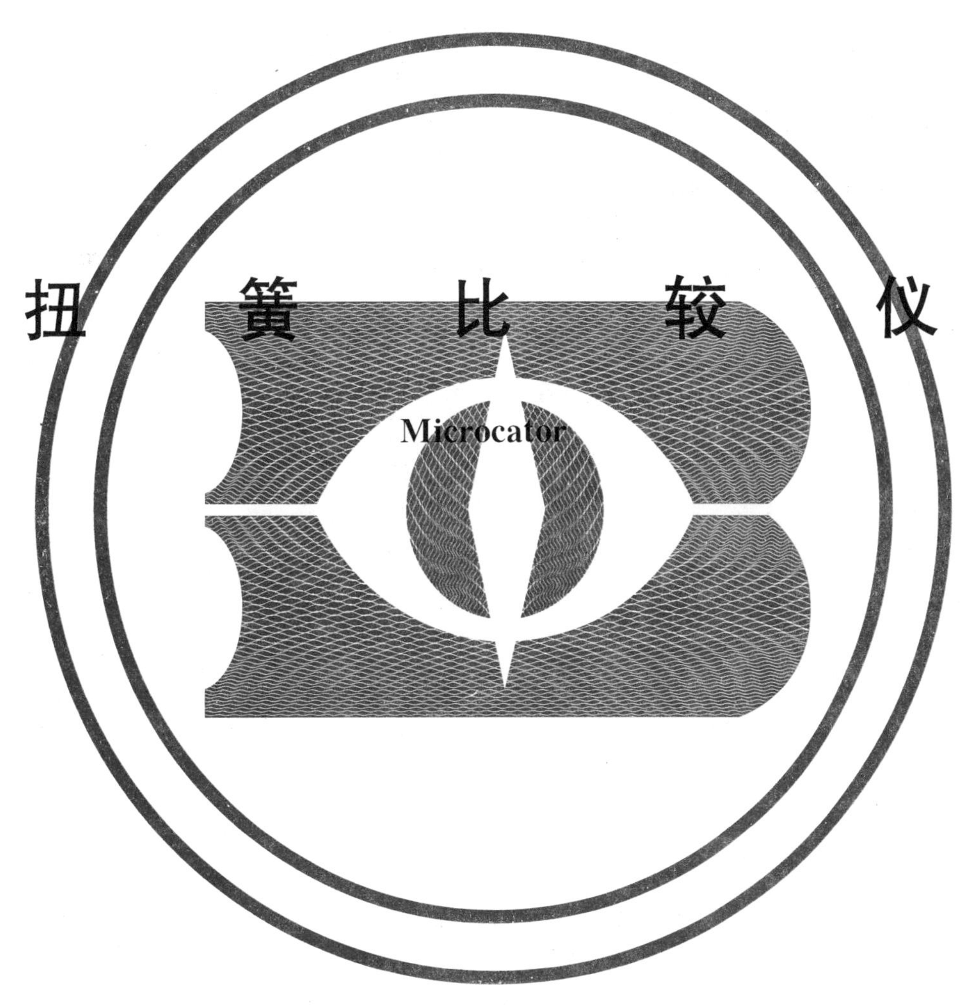

2004-02-10 发布　　2004-08-01 实施

中华人民共和国国家质量监督检验检疫总局
中国国家标准化管理委员会　发布

前　言

本标准是根据 ГОСТ 6933《扭簧比较仪》(1981 年俄文版)对 GB/T 4755—1984《扭簧比较仪》进行修订的。

本标准与 ГОСТ 6933 的一致性程度为非等效,主要差异如下:

——按 GB/T 1.1—2000 对编排格式进行了修改;
——分度值为 0.1 μm 的标称范围由±4 μm 修改为±3 μm;
——分度值为 0.1 μm 的允许误差由±0.08 μm 修改为±0.1 μm;
——分度值为 0.2 μm 的允许误差由±0.1 μm 修改为±0.15 μm;
——分度值为 0.5 μm 的允许误差由±0.15 μm 修改为±0.25 μm;
——分度值为 1 μm 的允许误差由±0.3 μm 修改为±0.4 μm;
——分度值为 2 μm 的允许误差由±0.6 μm 修改为±0.8 μm;
——分度值为 5 μm 的允许误差由±1.5 μm 修改为±2 μm;
——分度值为 10 μm 的允许误差由±2.5 μm 修改为 3 μm;
——分度值为 1 μm 的径向力及径向力允许示值变化由 0.5 N、0.5 分度修改为 1 N、1/3 分度;
——套筒直径尺寸由 28h7 修改为 28h8;
——测量杆与测帽配合部分直径尺寸由 6h6 修改为 6h7;
——调零装置的调整范围由不少于 6 个分度修改为不少于 5 个分度;
——标尺标记宽度及指针末端宽度由 0.15 mm～0.25 mm 修改为 0.1 mm～0.2 mm;
——增加了同一度盘上标尺标记宽度均不大于 0.05 mm。

本标准自实施之日起,代替 GB/T 4755—1984《扭簧比较仪》。

本标准与 GB/T 4755—1984 相比主要变化如下:

——对扭簧比较仪的定义进行了文字性修改(1984 年版的 1.1;本版的 3.1);
——增加了自由位置的定义(本版的 3.2);
——删除了径向力示值变化的定义(1984 年版的 1.3);
——修改了影响外观的要求(1984 年版的 3.1;本版的 5.1);
——修改了测量头表面的表面粗糙度要求(1984 年版的 3.9;本版的 5.3.1);
——增加了套筒表面的表面粗糙度要求(本版的 5.3.3);
——增加了标尺、度盘和表蒙的要求(本版的 5.4.1、5.4.2、5.4.3);
——增加了标尺标记长度的要求(本版的 5.4.6);
——修改了分度值为 10 μm 的示值变化的规定值(1984 年版的 3.11;本版的 5.8);
——修改、删除了示值误差的规定值(1984 年版的 3.12;本版的 5.9);
——删除了按用户要求可提供各种形式的扭簧比较仪和附件(1984 年版的 3.15);
——增加了测量力、测量力变化、示值变化和示值变动性的检验方法(本版的 6.1 至 6.3、6.5);
——检验方法不再作为附录(1984 年版的附录 A;本版的 6)。

本标准由中国机械工业联合会提出。

本标准由全国量具量仪标准化技术委员会(SAC/TC 132)归口。

本标准由哈尔滨量具刃具厂负责起草。

本标准主要起草人:刘琴英、高善铭。

本标准所代替标准的历次版本发布情况为:

——GB/T 4755—1984。

扭 簧 比 较 仪

1 范围

本标准规定了扭簧比较仪的术语和定义、型式与基本参数、要求、检验方法和标志与包装等。

本标准适用于分度值为 0.1 μm、0.2 μm、0.5 μm、1 μm、2 μm、5 μm、10 μm，示值范围为±30 标尺分度、±60 标尺分度、±100 标尺分度，夹持套筒直径为 28 mm 的扭簧比较仪。

2 规范性引用文件

下列文件中的条款通过本标准的引用而成为本标准的条款。凡是注日期的引用文件，其随后所有的修改单(不包括勘误的内容)或修订版均不适用于本标准，然而，鼓励根据本标准达成协议的各方研究是否可使用这些文件的最新版本。凡是不注日期的引用文件，其最新版本适用于本标准。

GB/T 17163—1997　几何量测量器具术语　基本术语

3 术语和定义

GB/T 17163—1997 中规定的以及下列术语和定义适用于本标准。

3.1

扭簧比较仪　microcator

利用扭簧元件作为尺寸的转换和放大机构，将测量杆的直线位移转变为指针在弧形度盘上的角位移，并由度盘进行读数的测量器具。又称为扭簧测微仪。

3.2

自由位置　free place

表示测量杆处于自由状态时的位置。

4 型式与基本参数

4.1 型式

扭簧比较仪的型式见图 1、图 2 所示，图示仅供图解说明。

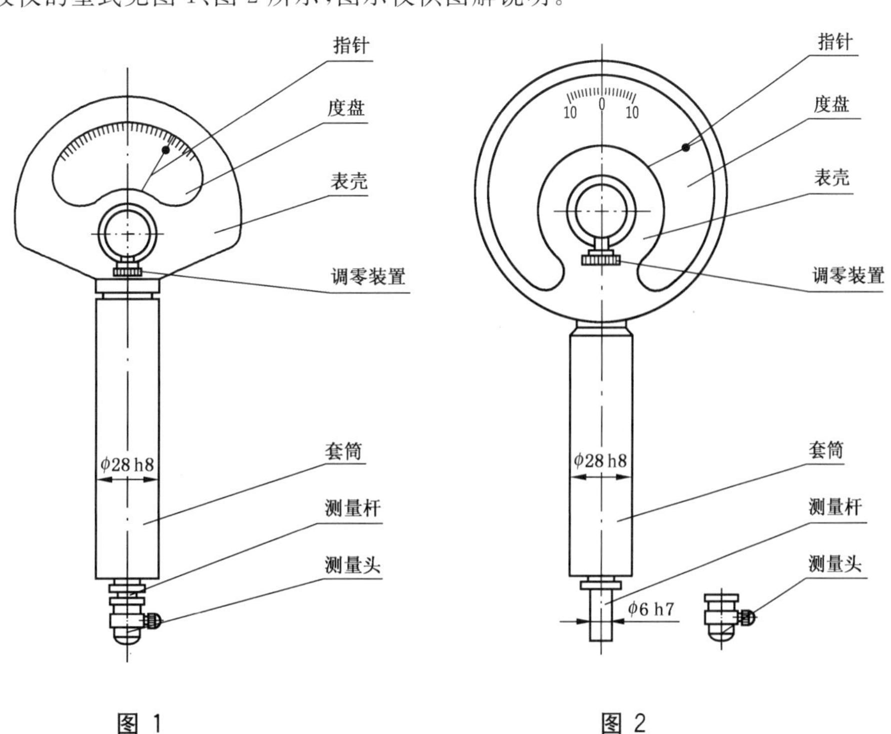

图 1　　　　图 2

4.2 基本参数

扭簧比较仪的示值范围见表1的规定。

表1

单位为微米

分度值	示值范围		
	±30标尺分度	±60标尺分度	±100标尺分度
0.1	±3	±6	±10
0.2	±6	±12	±20
0.5	±15	±30	±50
1	±30	±60	±100
2	±60	—	—
5	±150		
10	±300		

5 要求

5.1 外观

扭簧比较仪测量头的测量面和套筒的表面上不应有影响使用性能的锈蚀、碰伤、划痕等缺陷。

5.2 相互作用

扭簧比较仪在正常使用状态下，测量机构的移动应平稳、灵活、无卡滞现象。

5.3 测量头、套筒和测帽

5.3.1 扭簧比较仪测量头的测量面宜采用红宝石、玛瑙、硬质合金等耐磨的材料制造，其表面粗糙度 Ra 值不应大于0.05 μm；钢制测量头的测量面硬度不应小于760 HV。

5.3.2 扭簧比较仪应附有球面测量头。

5.3.3 扭簧比较仪夹持套筒的直径应为28h8，其表面粗糙度 Ra 值不应大于0.4 μm。

5.3.4 扭簧比较仪测量杆与测帽配合部分的直径应为6h7。

5.4 度盘

5.4.1 标尺应按0.1 μm或0.2 μm或0.5 μm或1 μm或2 μm或5 μm或10 μm分度值排列，且标尺标记清晰，背景反差适当，分度值应清晰地标记在度盘上。

5.4.2 度盘上应标有“+”、“-”符号。

5.4.3 表蒙应清晰透明，且无妨碍示值读数的缺陷。

5.4.4 标尺间距不应小于0.9 mm；分度值为0.1 μm的扭簧比较仪的标尺间距不应小于0.7 mm。

5.4.5 标尺标记宽度应为0.10 mm至0.20 mm范围内，且宽度差不应大于0.05 mm。

5.4.6 标尺标记长度不应小于标尺间距。

5.4.7 每10个标尺标记应为长标尺标记，每10个标尺标记应有标尺标数。

5.5 指针

5.5.1 测量杆在自由位置时，指针应返回标尺标记左侧以外的原始位置。

5.5.2 距指针尖端3 mm至5 mm范围内应有不小于 ϕ1 mm的圆形标记，其圆形标记、指针尖端均应涂有反差强烈的醒目颜色。

5.5.3 指针长度应保证指针尖端位于短标尺标记长度的30%至80%之间。

5.5.4 指针尖端与度盘表面间的间隙不应不大于1 mm。

5.5.5 测量时，指针的摆动时间不应大于1 s。

5.5.6 指针尖端宽度为0.1 mm至0.2 mm范围内，指针尖端宽度与度盘标尺标记宽度之差不应大于0.05 mm。

5.6 装置

5.6.1 扭簧比较仪应具有调整零位的装置，其调整范围不应小于 5 个标尺分度。

5.6.2 扭簧比较仪应具有限制测量杆行程的限程装置。

5.7 测量力

扭簧比较仪的测量力范围和测量力变化见表 2 的规定。

表 2

分度值/μm	测量力范围/N			测量力变化/N	
	±30 标尺分度	±60 标尺分度	±100 标尺分度	±30 标尺分度	±60 标尺分度、±100 标尺分度
0.1	1～2	1～2	1～2.5	0.25	0.45
0.2					
0.5					0.55
1				0.30	0.65
2		—	—	0.50	—
5	1～3			1.00	
10				1.50	

5.8 示值变化

当对扭簧比较仪测量杆轴线的垂直方向施加作用力时，其施加作用力与未施加作用力间的示值变化不应大于表 3 的规定。

表 3

分度值/μm	作用力/N	示值变化(分度值)
0.1	0.5	1
0.2		1/2
0.5		
1		1/3
2	1.0	
5		
10	1.5	

5.9 允许误差和示值变动性

扭簧比较仪在测量头垂直向下时的允许误差和示值变动性不应大于表 4 的规定。

表 4

分度值/μm	允许误差/μm			示值变动性 (分度值)
	0 至+30 标尺分度， 0 至－30 标尺分度	0 至+60 标尺分度， 0 至－60 标尺分度	0 至+100 标尺分度， 0 至－100 标尺分度	
0.1	±0.10	±0.15	±0.20	1/3
0.2	±0.15	±0.20	±0.30	
0.5	±0.25	±0.40	±0.50	
1	±0.40	±0.60	±1.00	1/4
2	±0.80	—	—	
5	±2.00			
10	±3.00			

6 检验方法

6.1 检验温度

检验前，扭簧比较仪应与检测工具同时置于温度为20℃±2℃的环境中，待扭簧比较仪的指针稳定后，方可进行检测。

6.2 测量力

将扭簧比较仪可靠地紧固在一测量力装置上，将测量杆从起点缓慢推升（正行程）至终点过程中抽取两点头，其最小值作为扭簧比较仪的最小测量力，其最大值作为扭簧比较仪的最大测量力；取最大与最小测量力值之差作为扭簧比较仪的测量力变化。

6.3 示值变化

将扭簧比较仪可靠地紧固在一刚性较好的检具装置上，使其测量头与工作台上的量块测量面垂直接触；然后将指针调整到度盘零位。检测时，采用专用的测力表在靠近测量头处以垂直于测量杆的轴线前、后、左、右四个方向上施加作用力，取四个方向中指针相对于原始位置的最大变化值作为扭簧比较仪的示值变化。

6.4 允许误差

将扭簧比较仪可靠地紧固在一刚性较好的检具装置上，使其测量头与工作台上对零位的量块测量面垂直接触；然后将指针调整到度盘零位。在零位两侧（"＋"方向和"－"方向）按表5规定的检点，采用一定尺寸间距的量块逐一进行检测，取检点相对于零位点的示值与标称值之差的最大值作为扭簧比较仪的示值误差。若发生争议时，宜按每10个标尺分度间隔逐一进行检测。分度值为1 μm的扭簧比较仪的示值误差及判定结果示例见表6。

表5

示值范围	起始位置	检点（标尺分度）
±30标尺分度	0	＋30，－30
±60标尺分度	0	＋30，＋60，－30，－60
±100标尺分度	0	＋30，＋60，＋100，－30，－60，－100

表6

示值范围	示值误差/μm							判定结果
	检点（标尺分度）							
	－100	－60	－30	0	＋30	＋60	＋100	
±30标尺分度	—	—	－0.3	0	＋0.2	—	—	合格
	—	—	＋0.3	0	[－0.5]	—	—	不合格
±60标尺分度	—	＋0.5	－0.4	0	－0.4	－0.6	—	合格
	—	－0.6	－0.4	0	－0.3	[＋0.7]	—	不合格
±100标尺分度	－0.8	－0.6	－0.3	0	－0.4	－0.5	－1.0	合格
	＋0.9	[＋0.7]	＋0.2	0	－0.35	－0.6	－0.9	不合格

注：□内的数值为超出允许误差值。

6.5 示值变动性

将扭簧比较仪可靠地紧固在一刚性较好的检具装置上，使其测量头与工作台上的量块测量面垂直接触；然后，分别使指针对准度盘上的零位、正极限（＋）、负极限（－）等三个位置的标尺标记上，拨动测量杆5至10次，取最大示值与最小示值之差作为扭簧比较仪的示值变动性。

7 标志与包装

7.1 扭簧比较仪上至少应标志：

a) 制造厂厂名或注册商标；

b) 分度值；

c) 产品序号。

7.2 扭簧比较仪包装盒上至少应标志：

a) 制造厂厂名或注册商标；

b) 产品名称；

c) 示值范围；

d) 分度值。

7.3 扭簧比较仪在包装前应经过防锈处理并妥善包装，不得因包装不善而在运输过程中损坏产品。

7.4 扭簧比较仪经检定符合本标准要求的应附有产品合格证，产品合格证上应标有本标准的标准号、产品序号和出厂日期。

前　言

本标准是根据国际标准 ISO/FDIS 3650:1998《几何量技术规范(GPS)　长度标准　量块》对GB/T 6093—1985《量块》进行修订的，在技术内容上与国际标准等效，编写规则上按GB/T 1.1—1993。

本标准依据 ISO/FDIS 3650:1998 对 GB/T 6093—1985 进行修订时，保留了 GB/T 6093—1985 的外观、表面粗糙度、成套量块的组合尺寸等内容。

本标准等效采用 ISO/FDIS 3650:1998，与 GB/T 6093—1985 规定的部分技术要求存在一定的差异，即：

a) 准确度级别中取消了“00 级”的技术要求；

b) 标称长度大于 100 mm 量块提高了连接孔尺寸公差和形位公差要求；

c) 提高了量块的尺寸稳定性要求；

d) 调整了量块测量面平面度按标称长度的分段；

e) 标称长度小于和等于 2.5 mm 的量块，降低了在非研合状态下的测量面平面度要求。

f) 标称长度小于和等于 100 mm 的量块，降低了侧面平面度和平行度要求；标称长度大于 100 mm 的量块，给出了侧面平面度和平行度的计算公式。

本标准自生效之日起，代替 GB/T 6093—1985。

本标准的附录 A 和附录 B 都是提示的附录。

本标准由中国机械工业联合会提出。

本标准由全国量具量仪标准化技术委员会归口。

本标准起草单位：成都工具研究所、中国计量科学研究院、哈尔滨量具刃具厂、成都量具刃具股份有限公司、深圳鹰旗实业有限公司。

本标准主要起草人：姜志刚、倪育才、宋金成、张锡水、陈玲、谢德仁。

本标准首次发布于 1985 年。

ISO 前言

ISO(国际标准化组织)是一个世界范围的国际标准团体联合会(ISO 成员体)。起草国际标准的工作通常是由 ISO 技术委员会组织进行的，对技术委员会所确定项目感兴趣的每一成员体都享有在技术委员会上表态的权力。与 ISO 有联络的官方或非官方的国际组织也可以参与部分工作。ISO 与 IEC(国际电工委员会)在所有电子技术标准化方面保持密切合作关系。

国际标准草案由技术委员会传递给各成员体进行投票表决，正式出版的国际标准需要不少于 75%的成员体投票赞成。

国际标准 ISO 3650 是由 ISO 213 尺寸与几何量特性及其检验技术委员会起草的。

本标准(第二版)废除并代替 ISO 3650:1978(第一版)，它在技术上进行了修订。

本标准的附录 A、附录 B、附录 C 仅供参考。

中华人民共和国国家标准

几何量技术规范(GPS) 长度标准 量块

GB/T 6093—2001

代替 GB/T 6093—1985

Geometrical product specifications(GPS)—Length standards—Gauge blocks

1 范围

本标准规定了量块的定义、测量基准、基本尺寸、材料特性、技术要求、检验方法、标志与包装等。

本标准适用于截面为矩形、标称长度从 0.5 mm 至 1 000 mm K 级(校准级)和准确度级别为 0 级、1 级、2 级和 3 级的长方体量块。

2 定义

2.1 量块 gauge block

用耐磨材料制造，横截面为矩形，并具有一对相互平行测量面的实物量具。量块的测量面可以和另一量块的测量面相研合而组合使用，也可以和具有类似表面质量的辅助体表面相研合而用于量块长度的测量。

2.2 量块长度 l length of a ganuge block l

量块一个测量面上的任意点到与其相对的另一测量面相研合的辅助体表面之间的垂直距离，辅体的材料和表面质量应与量块相同，见图 1。

注

1 量块任意点不包括距测量面边缘为 0.8 mm 区域内的点。

2 量块长度包括单面研合的影响。

3 量块长度 l 是由数值和长度单位构成的物理量。

2.3 量块中心长度 l_c central length of a ganuge block l_c

对应于量块未研合测量面中心点的量块长度，见图 1。

注：量块中心长度 l_c 是量块长度 l 的一种特定情况。

中华人民共和国国家质量监督检验检疫总局 2001-07-20 批准　　2002-03-01 实施

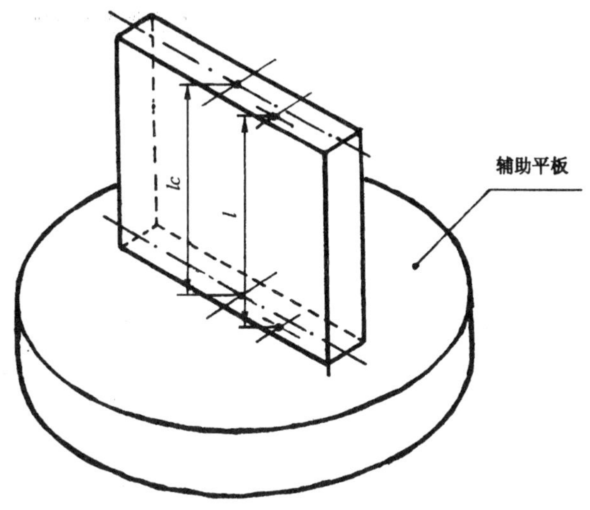

图 1

2.4 量块标称长度 ln nominal length of a ganuge block ln

标记在量块上，用以表明其与主单位(m)之间关系的量值，也称为量块长度的示值。

2.5 任意点的量块长度相对于标称长度的偏差 e deviation of the length at ang point from nominal length e

代数差 $l-ln$。

2.6 量块长度变动量 V varation in length of a gauge block V

量块测量面上任意点中的最大长度 l_{max} 与最小长度 l_{min} 之差，见图 2。

注：量块测量面上的任意点不包括距测量面边缘 0.8 mm 区域内的点。

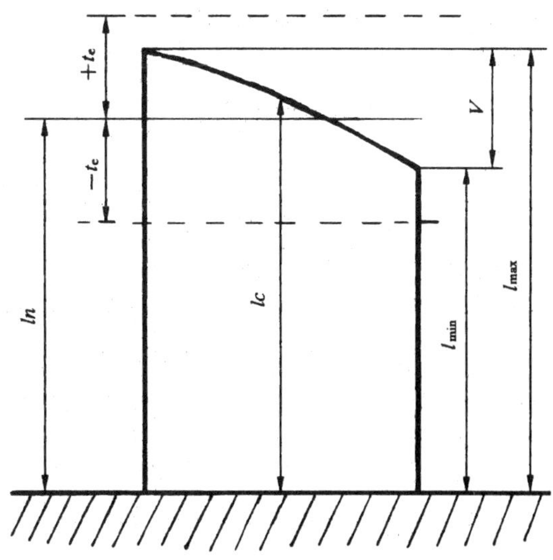

图 2

2.7 平面度误差 f_d deviation from flatness f_d

包容测量面且距离为最小的两个相互平行平面之间的距离，见图 3。

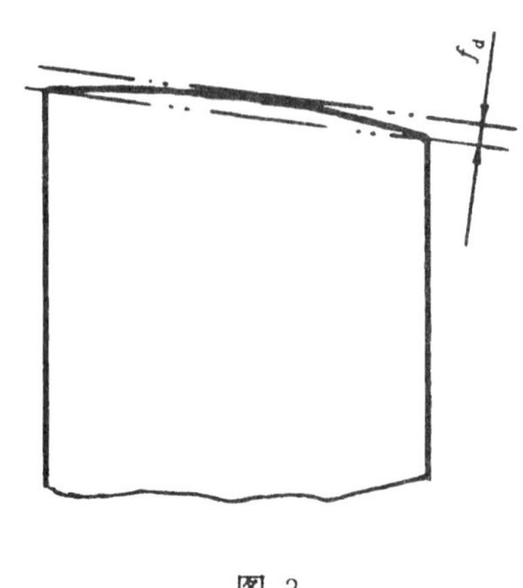

图 3

2.8 研合性 wringing

量块的一个测量面与另一量块测量面或与另一经精加工的类似量块测量面的表面，通过分子力的作用而相互粘合的性能。

3 表面名称

量块的各表面名称见图 4 所示。

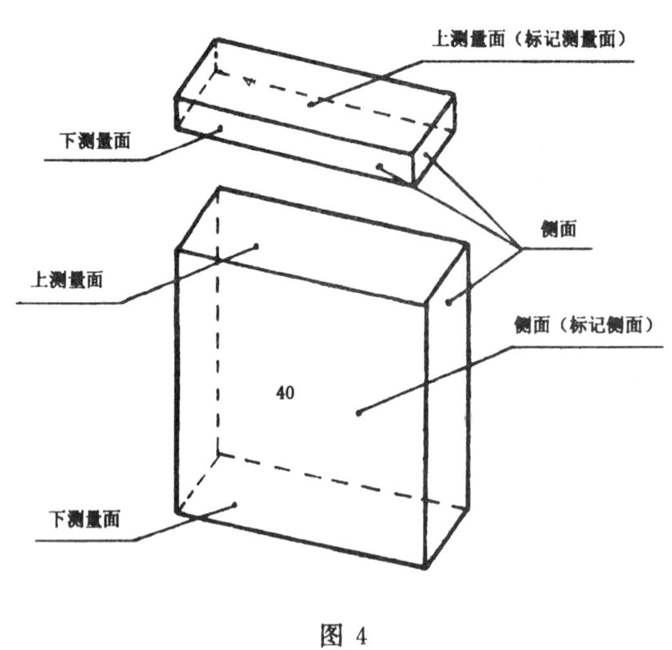

图 4

4 测量基准

4.1 长度单位：米

米等于光在真空中 1/299 792 458 秒时间间隔内所经路径的长度（1983 年第十七届国际计量大会通过）。本定义是通过国际计量委员会（CIPM）推荐的标准波长来实现的。

4.2 溯源性

若通过一组已知测量不确定度的连续不中断的比较测量，使测量结果能与用合适的光波波长作标准通过光波干涉法校准过的量块的长度相关，则测得的量块长度可溯源到国家长度基准或国际长度基准上。

4.3 标准温度和标准气压

量块的标称长度和测得的量块长度是指量块在标准温度20℃和标准大气压101 325 Pa时的长度。

注：在正常大气压(即气压与标准大气压相差不大)状态下，相对于标准大气压的偏差所带来的对量块长度的影响可忽略不计。

4.4 标准姿态

4.4.1 标称长度小于或等于100 mm的量块，使用或测量长度时，量块的轴线应垂直或水平安装。

4.4.2 标称长度大于100 mm的量块，使用或测量长度时，量块的轴线应水平安装。这时，量块在无附加应力的情况下，用两个合适的支承点分别支承在距量块两端测量面为0.211 *ln* 处一个较窄的侧面上，见图5所示。当量块的轴线水平安装并用干涉法测量长度时，应对与量块另一测量面相研合的辅助体重量进行补偿。

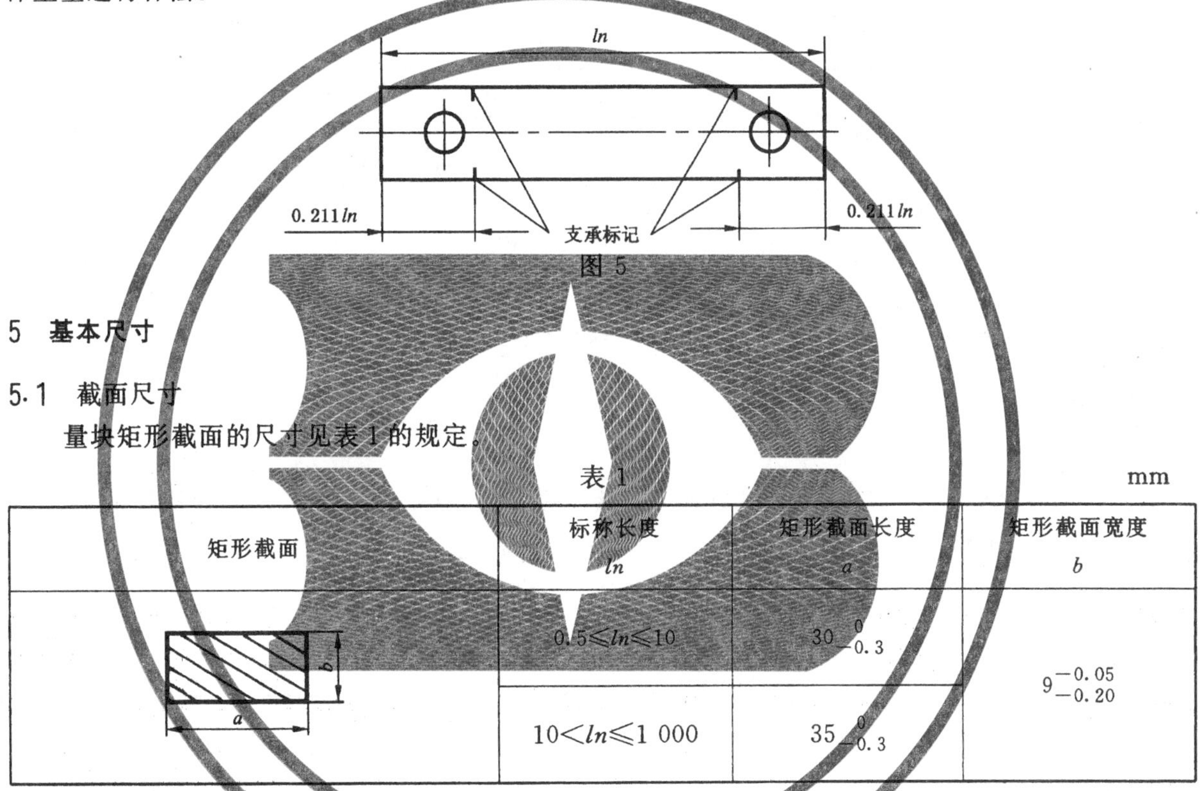

图 5

5 基本尺寸

5.1 截面尺寸

量块矩形截面的尺寸见表1的规定。

表 1

mm

矩形截面	标称长度 *ln*	矩形截面长度 *a*	矩形截面宽度 *b*
(图: *a*, *b*)	0.5≤*ln*≤10	$30^{\ 0}_{-0.3}$	$9^{-0.05}_{-0.20}$
	10<*ln*≤1 000	$35^{\ 0}_{-0.3}$	

5.2 连接孔的尺寸和位置

若标称长度大于100 mm的量块具有连接孔，其孔的尺寸和位置见图6所示。K级量块不能用连接装置组合。

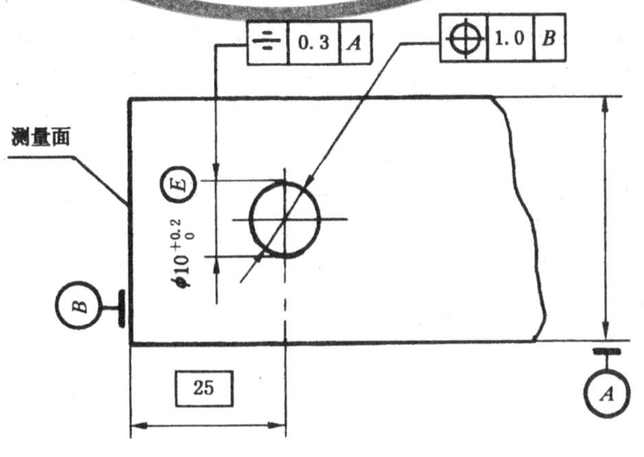

图 6

6 材料特性

6.1 材料

量块应由优质钢或能被精加工成容易研合表面的其他类似耐磨材料制造。

6.2 线膨胀系数

在温度为10～30℃范围内，钢制量块的线膨胀系数应为$(11.5\pm1.0)\times10^{-6}K^{-1}$。

注：对于钢制K级量块和其他各级非钢制材料制造的量块应提供线膨胀系数及其测量不确定度。

6.3 尺寸稳定性

量块在不受异常温度、振动、冲击、磁场或机械力影响的环境下，量块长度的最大允许年变化量见表2的规定。

表 2

级　别	量块长度的最大允许年变化量
K、0	$\pm(0.02\ \mu m+0.25\times10^{-6}\times l_n)$
1、2	$\pm(0.05\ \mu m+0.5\times10^{-6}\times l_n)$
3	$\pm(0.05\ \mu m+1.0\times10^{-6}\times l_n)$

6.4 硬度

钢制量块测量面的硬度应不低于800HV0.5(或63HRC)。

7 技术要求

7.1 外观

量块测量面和侧面不应有影响使用性能的划痕、碰伤和锈蚀等缺陷；在不影响研合质量和尺寸精度的情况下，允许有无毛刺的精研痕迹。

7.2 表面粗糙度

钢制量块各表面的表面粗糙度见表3的规定。

表 3

各表面名称	级　别	
	K、0	1、2、3
测量面	Ra0.01 或 Rz0.05	Ra0.016 或 Rz0.08
侧面与测量面之间的倒棱边	Ra0.32	Ra0.32
其他表面	Ra0.63	Ra0.63

7.3 量块长度和长度变动量

量块长度相对于量块标称长度的极限偏差t_e和量块长度变动量最大允许值t_v见表4的规定。

7.4 测量面的平面度公差 t_f

7.4.1 标称长度小于和等于2.5 mm的量块，其测量面与厚度不小于11 mm、表面质量和刚性都良好的辅助体表面相研合后，量块的每一测量面的平面度误差f_d应不大于表5的规定。非研合状态下的量块，其每一测量面的平面度误差f_d应不大于4 μm。

7.4.2 标称长度大于2.5 mm的量块，其测量面无论与辅助体表面是否研合，量块的每一测量面的平面度误差f_d应不大于表5的规定。

表 4

标称长度 l_n mm	K 级		0 级		1 级		2 级		3 级	
	量块测量面上任意点长度相对于标称长度的极限偏差 $\pm t_e$	量块长度变动量最大允许值 t_v	量块测量面上任意点长度相对于标称长度的极限偏差 $\pm t_e$	量块长度变动量最大允许值 t_v	量块测量面上任意点长度相对于标称长度的极限偏差 $\pm t_e$	量块长度变动量最大允许值 t_v	量块测量面上任意点长度相对于标称长度的极限偏差 $\pm t_e$	量块长度变动量最大允许值 t_v	量块测量面上任意点长度相对于标称长度的极限偏差 $\pm t_e$	量块长度变动量最大允许值 t_v
	μm									
$l_n \leqslant 10$	0.20	0.05	0.12	0.10	0.20	0.16	0.45	0.30	1.00	0.50
$10 < l_n \leqslant 25$	0.30	0.05	0.14	0.10	0.30	0.16	0.60	0.30	1.20	0.50
$25 < l_n \leqslant 50$	0.40	0.06	0.20	0.10	0.40	0.18	0.80	0.30	1.60	0.55
$50 < l_n \leqslant 75$	0.50	0.06	0.25	0.12	0.50	0.18	1.00	0.35	2.00	0.55
$75 < l_n \leqslant 100$	0.60	0.07	0.30	0.12	0.60	0.20	1.20	0.35	2.50	0.60
$100 < l_n \leqslant 150$	0.80	0.08	0.40	0.14	0.80	0.20	1.60	0.40	3.00	0.65
$150 < l_n \leqslant 200$	1.00	0.09	0.50	0.16	1.00	0.25	2.00	0.40	4.00	0.70
$200 < l_n \leqslant 250$	1.20	0.10	0.60	0.16	1.20	0.25	2.40	0.45	5.00	0.75
$250 < l_n \leqslant 300$	1.40	0.10	0.70	0.18	1.40	0.25	2.80	0.50	6.00	0.80
$300 < l_n \leqslant 400$	1.80	0.12	0.90	0.20	1.80	0.30	3.60	0.50	7.00	0.90
$400 < l_n \leqslant 500$	2.20	0.14	1.10	0.25	2.20	0.35	4.40	0.60	9.00	1.00
$500 < l_n \leqslant 600$	2.60	0.16	1.30	0.25	2.60	0.40	5.00	0.70	11.00	1.10
$600 < l_n \leqslant 700$	3.00	0.18	1.50	0.30	3.00	0.45	6.00	0.70	12.00	1.20
$700 < l_n \leqslant 800$	3.40	0.20	1.70	0.30	3.40	0.50	6.50	0.80	14.00	1.30
$800 < l_n \leqslant 900$	3.80	0.20	1.90	0.35	3.80	0.50	7.50	0.90	15.00	1.40
$900 < l_n \leqslant 1\,000$	4.20	0.25	2.00	0.40	4.20	0.60	8.00	1.00	17.00	1.50

注：距离测量面边缘 0.8 mm 范围内不计。

表 5

标称长度 l_n mm	平面度公差 t_f，μm			
	K 级	0 级	1 级	2、3 级
$0.5 \leqslant l_n \leqslant 150$	0.05	0.10	0.15	0.25
$150 < l_n \leqslant 500$	0.10	0.15	0.18	0.25
$500 < l_n \leqslant 1\,000$	0.15	0.18	0.20	0.25
注 1　距离测量面边缘 0.8 mm 范围内不计。 2　距离测量面边缘 0.8 mm 范围内表面不得高于测量面的平面。				

7.5　侧面的平面度公差、平行度公差和垂直度公差

7.5.1　标称长度小于和等于 100 mm 的量块，其侧面的平面度公差为 40 μm。

标称长度大于 100 mm 的量块，其侧面的平面度公差按 $40\ \mu m + 40 \times 10^{-6} \times l_n$ 计算公式得出。

7.5.2　标称长度小于和等于 100 mm 的量块，其侧面与相对应侧面之间的平行度公差为 80 μm。

标称长度大于 100 mm 的量块，其侧面与相对应侧面之间的平行度公差按 $80\ \mu m + 80 \times 10^{-6} \times l_n$ 计算公式得出。

7.5.3　量块侧面相对于测量面的垂直度误差应不大于表 6 的规定。

量块相邻侧面之间的夹角应为 90°±0°10′。

表 6

标称长度 l_n，mm	垂直度公差，μm
$10 \leqslant l_n \leqslant 25$	50
$25 < l_n \leqslant 60$	70
$60 < l_n \leqslant 150$	100
$150 < l_n \leqslant 400$	140
$400 < l_n \leqslant 1\,000$	180

7.6　研合性

K 级和 0 级量块测量面与平面度公差为 0.03 μm 的平晶(一级平晶)相研合时，研合面在照明均匀的白光下观察，量块测量面中心沿长边方向约 1/3 的区域内(不包括距测量面边缘为 0.8 mm 的区域内)，应无光斑。

1 级和 2 级量块测量面与平面度公差为 0.1 μm 的平晶(二级平晶)相研合时，研合面在照明均匀的白光下观察，量块测量面上可以有任何形状的光斑，但应无色彩。

3 级量块测量面与平面度公差为 0.1 μm 的平晶(二级平晶)相研合时，研合面在照明均匀的白光下观察，量块测量面上可以有均匀的黄色彩，但应无光波干涉条纹。

7.7　倒棱

量块的所有棱边应具有半径不大于 0.3 mm 的倒圆或不大于 0.3 mm 的倒棱，在倒棱边与测量面之间的连接处应保证不降低测量面的研合性。

8　检验方法

8.1　干涉测量法

8.1.1　量块长度

采用干涉测量法时在量块测量面中心点进行测量量块长度。

8.1.2　辅助体

测量时，与量块测量面研合的辅助体应符合第 7 章的要求，即其材料和表面质量均应与量块相同。若辅助体的材料与量块不同，则必须对测量结果进行材料物理性质差别的修正。辅助体的厚度应不小于 11 mm，其研合面的平面度误差在直径 40 mm 的范围内应不大于 0.025 μm（中间不得有下凹现象）。

8.1.3 修正

必须对影响测量结果的主要因素进行修正。例如：

a）环境温度、大气压力和湿度，对光波波长的影响；

b）量块温度对标准温度 20℃ 的偏差；

c）当辅助体材料与量块不同时，研合层厚度对量块长度的影响；

d）表面纹理及光波反射时的相位变化；

e）干涉仪孔径（光阑的尺寸和准直透镜的焦距）对干涉条纹位置的影响。

f）标称长度大于 100 mm 的量块，在垂直放置测量时的压缩变形。

8.1.4 校准证书

校准证书中给出的测量结果应包括：量块中心长度 lc 或量块中心长度相对于标称长度的偏差 $lc-ln$，测量不确定度，所用光波波长及其溯源性的说明；证书中还应说明测量时量块哪一个测量面与辅助体表面相研合；以及量块的两个测量面是否依次研合到辅助体表面上进行测量。证书中还应给出将测量结果修正到 20℃ 下量块长度时所用的线膨胀系数。

8.2 比较测量法

8.2.1 测量原理

被测量块的长度由通过比较测量法测得的被测量块与标准量块的中心长度差与标准量块中心长度之和得到。两量块的长度差可以使用高分辨率长度比较仪进行测量。

8.2.2 中心长度

通过比较测量法，将标准量块的中心长度传递给被测量块。标准量块的中心长度既可以用光波干涉法进行直接测量而得到，也可以通过一次或若干次比较测量使其长度与用干涉法测量过的量块长度相关。

注：研合层厚度已包括在用干涉法测量的标准量块的长度中，其影响也同样传递给用比较测量的被测量块。

8.2.3 长度变动量

比较测量法也可以用来确定量块长度变动量。取距量块两相邻侧面各约为 1.5 mm 的四个角和测量面中心点作为代表点来测量长度，其最大长度 l_{max} 与最小长度 l_{min} 之差，作为量块的长度变动量。若取其他点作为代表确定量块的长度变动量，则应对它们的位置进行必要的说明。

8.2.4 修正

在计算量块比较测量的结果时，应对下列因素进行修正：

a）比较测量装置的偏离误差；

b）量块温度偏离 20℃ 以及两量块的线膨胀系数不同所产生的影响；

c）测头与两量块的测量面接触时，由于两量块的材料不同而导致不同变形所产生的影响。

8.2.5 校准证书

校准证书中给出的测量结果应包括：量块中心长度 lc 或量块中心长度相对于标称长度的偏差 $lc-ln$，测量不确定度，以及关于溯源性的说明；证书中还应给出用来进行修正量块线膨胀系数（见 8.2.4 条）。

9 标志与包装

9.1 量块上应有下列永久性的清晰标志：

a）以“mm”为单位的标称长度值，且字高不小于 1.5 mm；

注：标称长度小于 6 mm 的量块，可标记在测量面上，但在测量面中心 9 mm×12 mm 和四个角 2.5 mm×2.5 mm

范围内应无任何标记。

b）制造厂可根据客户需求对量块标注：K 级用 K、0 级用 0、1 级用一、2 级用二、3 级用三的准确度级别标记；

注：“＝”和“≡”为相等的两条横线或参条横线。

c）制造厂厂名或注册商标；

注：标称长度小于 6 mm 的量块，可以不标记。

d）标称长度大于 100 mm 的量块，在距两端测量面 0.211×*ln* 处应有明显的支承位置标记。

9.2 成套量块包装盒上应标记：

a）产品名称；

b）制造厂厂名或注册商标；

c）级别；

d）成套量块编号。

9.3 成套量块包装盒内放置量块的槽上应标记量块的标称长度。

9.4 量块在包装前应经防锈处理并妥善包装，不得在运输过程中损坏产品。

9.5 量块经检定符合本标准应有产品合格证，产品合格证上应标有本标准号，成套量块编号、级别和出厂序号。

附 录 A
（提示的附录）
成 套 量 块

A1 推荐成套量块的组合尺寸，见表A1的规定。

表A1

套别	总块数	级别	尺寸系列,mm	间隔,mm	块数
1	91	0,1	0.5	—	1
			1	—	1
			1.001,1.002,……1.009	0.001	9
			1.01,1.02……1.49	0.01	49
			1.5,1.6……1.9	0.1	5
			2.0,2.5……9.5	0.5	16
			10,20…100	10	10
2	83	0,1,2	0.5	—	1
			1	—	1
			1.005	—	1
			1.01,1.02……1.49	0.01	49
			1.5,1.6……1.9	0.1	5
			2.0,2.5……9.5	0.5	16
			10,20…100	10	10
3	46	0,1,2	1	—	1
			1.001,1.002……1.009	0.001	9
			1.01,1.02……1.09	0.001	9
			1.1,1.2……1.9	0.1	9
			2,3……9	1	8
			10,20…100	10	10
4	38	0,1,2	1	—	1
			1.005	—	1
			1.01,1.02……1.09	0.01	9
			1.1,1.2……1.9	0.1	9
			2,3……9	1	8
			10,20…100	10	10
5	10^-	0,1	0.991,0.992……1	0.001	10
6	10^+	0,1	1,1.001……1.009	0.001	10
7	10^-	0,1	1.991,1.992……2	0.001	10
8	10^+	0,1	2,2.001,2.002……2.009	0.001	10

表 A1（完）

套别	总块数	级别	尺寸系列，mm	间隔，mm	块数
9	8	0,1,2	125,150,175,200,250,300,400,500	—	8
10	5	0,1,2	600,700,800,900,1 000	—	5
11	10	0,1,2	2.5，5.1，7.7，10.3，12.9，15，17.6,20.2,22.8,25	—	10
12	10	0,1,2	27.5,30.1,32.7,35.3,37.9,40,42.6,45.2,47.8,50	—	10
13	10	0,1,2	52.5,55.1,57.7,60.3,62.9,65,67.6,70.2,72.8,75	—	10
14	10	0,1,2	77.5,80.1,82.7,85.3,87.9,90,92.6,95.2,97.8,100	—	10
15	12	3	41.2,81.5,121,8,51.2,121.5,191.8,101.2,201.5,291.8,10,20（二块）	—	12
16	6	3	101.2，200，291.5，375，451.8，490	—	6
17	6	3	201.2，400，581.5，750，901.8，990	—	6

附　录　B
（提示的附录）
量块的比较测量装置示例

标称长度小于和等于 100 mm 的量块，比较测量装置示例见图 B1。标称长度大于 100 mm 的量块，也可以用标准量块作比较测量，其支承点位置应符合 4.4.2 的规定。

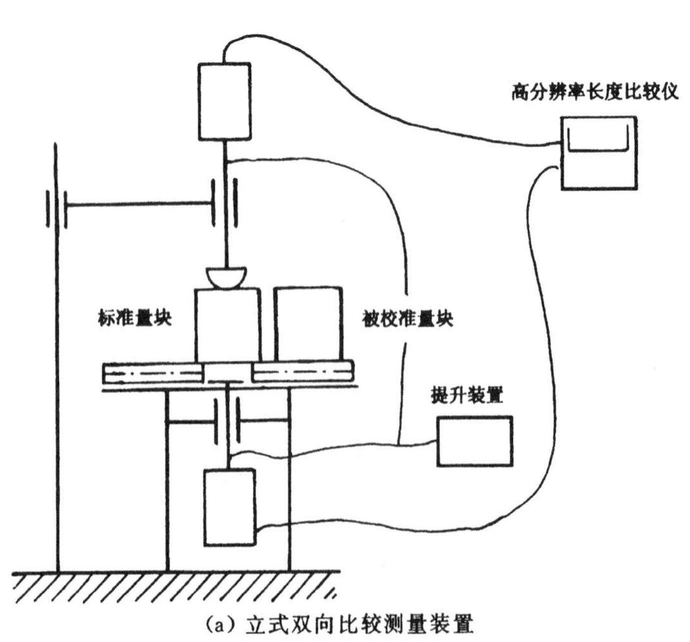

（a）立式双向比较测量装置

图 B1

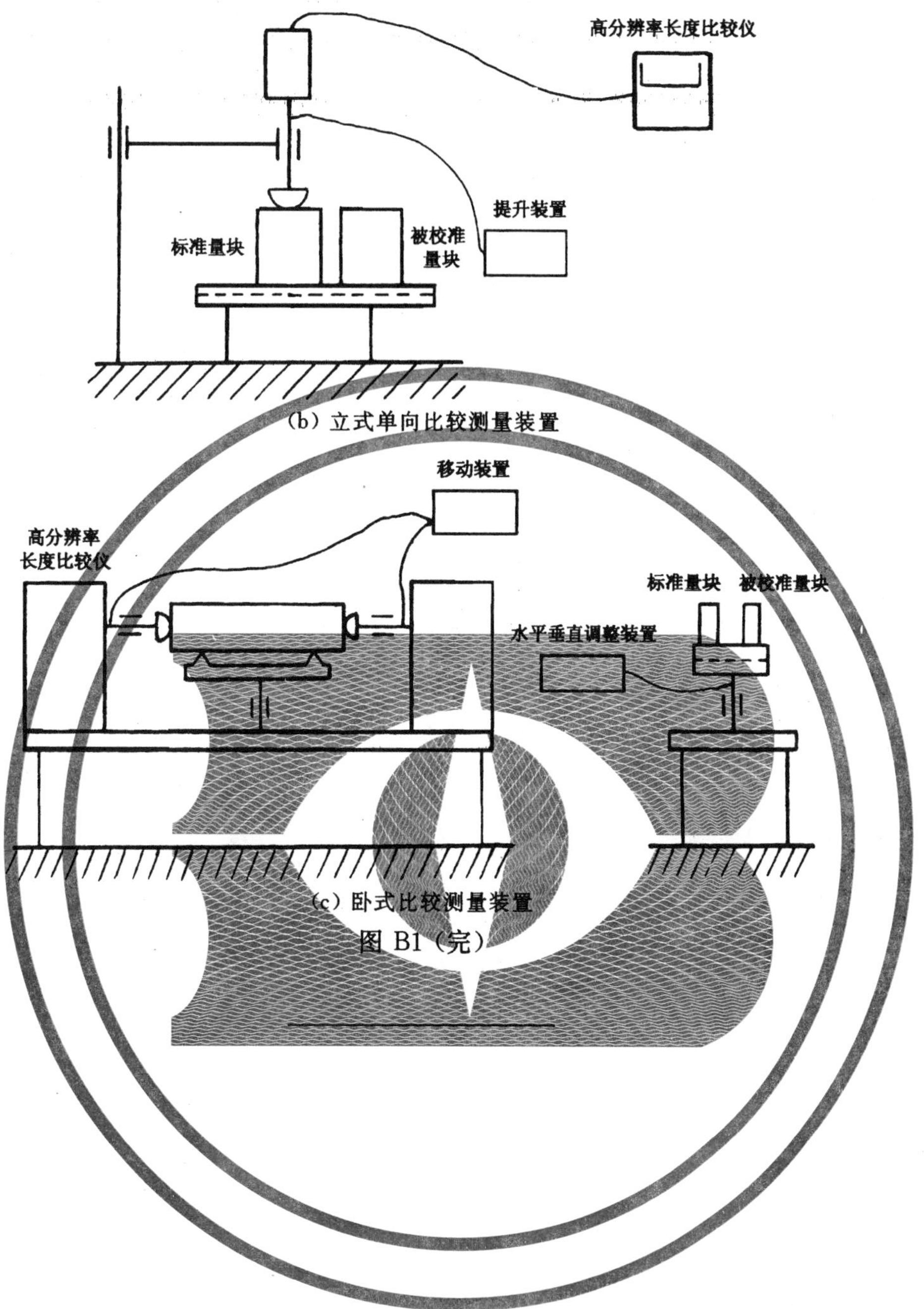
高分辨率长度比较仪
提升装置
标准量块
被校准量块
(b) 立式单向比较测量装置
移动装置
高分辨率长度比较仪
标准量块
被校准量块
水平垂直调整装置
(c) 卧式比较测量装置

图 B1（完）

ICS 17.040.30
J 42

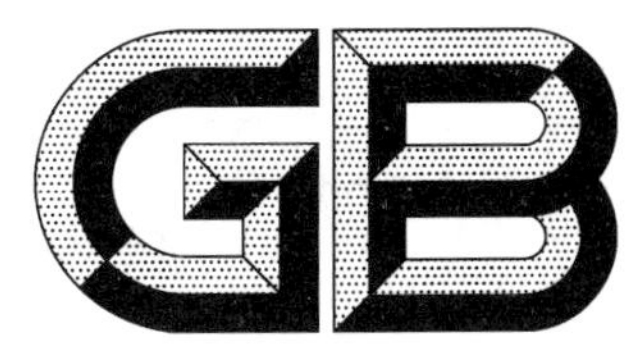

中华人民共和国国家标准

GB/T 6312—2004
代替 GB/T 6312—1986

壁 厚 千 分 尺

Micrometer for measuring pipe wall thicknesses

2004-02-10 发布　　2004-08-01 实施

中华人民共和国国家质量监督检验检疫总局
中 国 国 家 标 准 化 管 理 委 员 会　发布

前　言

本标准是依据 DIN 863 第一部分《标准结构的外径千分尺　概述　技术要求及检验》(1999 年英文版)和第三部分《特殊结构的外径千分尺　结构　技术要求和检验》(1999 年英文版)对 GB/T 6312—1986《壁厚千分尺》进行修订。

本标准自实施之日起,代替 GB/T 6312—1986《壁厚千分尺》。

本标准与 GB/T 6312—1986 相比主要变化如下:

——将适用范围扩展至分度值 0.001 mm,0.002 mm,0.005 mm,测量范围上限 50 mm 的壁厚千分尺(本版的 1);

——将适用范围扩展至 50 mm 的壁厚千分尺(本版的 1);

——修改了影响外观缺陷的要求(1986 年版的 3.1;本版的 5.1);

——增加了对测砧和测微螺杆伸出尺架的长度要求(本版的 5.4.2 和 5.4.3);

——修改了微分筒标尺标记宽度指标,增加了标尺间距要求,对固定套管标尺标记宽度不作量化规定,仅规定其与微分筒标尺标记的宽度差(1986 年版的 3.4;本版的 5.9.1 和 5.9.2);

——增加了微分筒锥面的斜角要求(1986 年版的 3.6;本版的 5.9.3);

——规定了尺架、测微螺杆和测砧的制做材料(本版的 5.2);

——降低了合金工具钢测量面的硬度指标,增加了不锈钢测量面的硬度指标(1986 年版的 3.7;本版的 5.6.2);

——取消了测量面的表面粗糙度指标要求;

——增加了校对量杆的要求(本版的 5.11);

——修改了测微螺杆测量面的平面度指标(1986 年版的 3.11;本版的 5.6.1);

——将测微头的移动偏差改称为“测微头最大允许误差”,给出定义,并规定一般情况下对测微头最大允许误差不作检定(1986 年版的 1.3;本版的 3.3);

——将示值误差改称为“最大允许误差”,给出定义(1986 年版的 1.2;本版的 3.2)。

——检验方法列入正文而不再作为附录(1986 年版的附录 A;本版的第 6 章)。

本标准的附录 A 为规范性附录。

本标准由中国机械工业联合会提出。

本标准由全国量具量仪标准化技术委员会(SAC/TC 132)归口。

本标准的起草单位:成都工具研究所、安徽出入境检验检疫局、安徽量具刃具厂。

本标准的主要起草人:陈俐、昂朝阳、李俊生、邓宁。

本标准所代替标准的历次版本发布情况为:

——GB/T 6312—1986。

壁　厚　千　分　尺

1　范围

本标准规定了壁厚千分尺的术语和定义、型式、要求、检验方法、标志与包装等。

本标准适用于分度值为0.01 mm,0.001 mm,0.002 mm,0.005 mm,测微螺杆螺距为0.005 mm或1 mm,测量范围上限至50 mm的壁厚千分尺。

2　规范性引用文件

下列文件中的条款通过本标准的引用而成为本标准的条款。凡是注日期的引用文件,其随后所有的修改单(不包括勘误的内容)或修订版均不适用于本标准,然而,鼓励根据本标准达成协议的各方研究是否可使用这些文件的最新版本。凡是不注日期的引用文件,其最新版本适用于本标准。

GB/T 17163—1997　几何量测量器具术语　基本术语

3　术语和定义

GB/T 17163—1997中确立的以及下列术语和定义适用于本标准。

3.1

壁厚千分尺　micrometer for measuring pipe wall thicknesses

利用螺旋副原理,对弧形尺架上的球形测量面和平测量面间分隔的距离进行读数的一种测量管子壁厚的测量器具。

3.2

最大允许误差　maximum permissible error

由技术规范、规则等对壁厚千分尺规定的误差极限值。

3.3

测微头最大允许误差　maximum permissible error of measuring head

忽略了测砧和尺架的影响,仅针对测微头,由技术规范、规则等规定的误差极限值。

注:其中包含了测微螺杆、调整螺母及指示装置的误差。

4　型式

壁厚千分尺的型式见图1和图2,图示仅供图解说明。

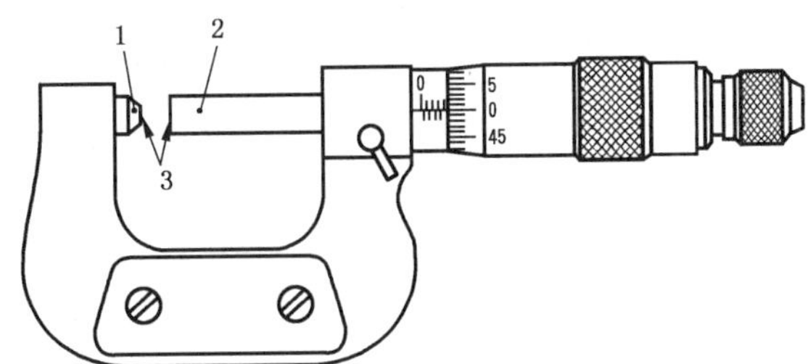

1——测砧;

2——测微螺杆;

3——测量面。

图1　Ⅰ型壁厚千分尺

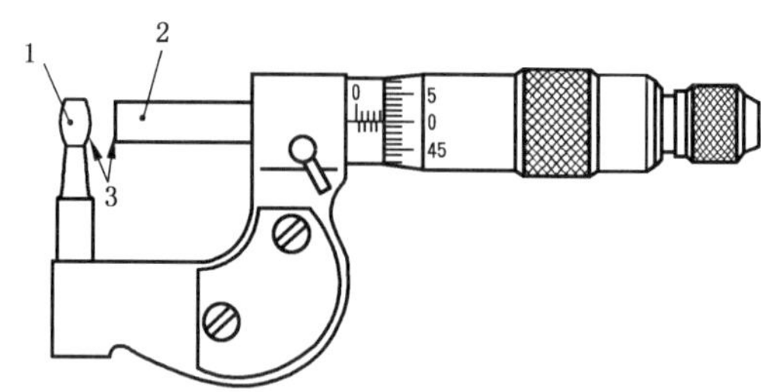

1——测砧；

2——测微螺杆；

3——测量面。

图 2 Ⅱ型壁厚千分尺

5 要求

5.1 外观

壁厚千分尺及其校对量杆不应有影响使用性能的锈蚀、碰伤、划痕、裂纹等缺陷。

5.2 材料

5.2.1 尺架应选择钢、可锻铸铁或其他性能类似的材料制造。

5.2.2 测微螺杆和测砧应选择合金工具钢或其他性能类似的材料制造；其测量面宜镶硬质合金或其他耐磨材料。

5.3 尺架

5.3.1 尺架应具有足够的刚性，当尺架沿测微螺杆的轴线方向作用 10 N 力时的弯曲变形量：

Ⅰ型壁厚千分尺应不大于 2 μm；Ⅱ型壁厚千分尺应不大于 5 μm。

5.3.2 尺架上应装有隔热装置。

5.4 测微螺杆和测砧

5.4.1 测微螺杆测量端直径宜选择 6.5 mm、7.5 mm 或 8.0 mm。

5.4.2 壁厚千分尺在达到测量上限时，其测微螺杆伸出尺架的长度应不小于 3 mm。

5.4.3 Ⅰ型壁厚千分尺测砧伸出尺架的长度应不小于 3 mm。

5.5 相互作用

5.5.1 测微螺杆和螺母之间在全量程范围内应充分啮合，配合良好，不应出现卡滞和明显的窜动。

5.5.2 测微螺杆伸出尺架的圆柱部分与轴套之间应配合良好，不应出现明显的摆动。

5.6 测量面

5.6.1 测量面应经过研磨，边缘应倒钝。测微螺杆测量面的平面度应不大于 0.6μm，在距测量面边缘 0.4 mm 范围内的平面度忽略不计。

5.6.2 合金工具钢测量面的硬度应不小于 760HV1(61.8HRC)；不锈钢测量面的硬度应不小于 575HV5(53.8HRC)。

5.7 锁紧装置

壁厚千分尺锁紧装置应能有效地锁紧测微螺杆。锁紧前后两测量面间距离变化应不大于 2μm。

5.8 测力装置

通过测力装置移动测微螺杆，并作用到测微螺杆测量面与球面接触的测力：Ⅰ型壁厚千分尺应在 5 N至 10 N 之间；Ⅱ型壁厚千分尺应在 4 N 至 8 N 之间。

壁厚千分尺的测力变化应不大于 2 N。

5.9 标尺

5.9.1 微分筒上应有50或100个标尺分度，其标尺间隔为0.01 mm，标尺间距应不小于0.8 mm，标尺标记的宽度应在0.08 mm至0.20 mm之间。

5.9.2 固定套管上的基准线、标尺标记与微分筒上的标尺标记应清晰，其宽度差应不大于0.03 mm。

5.9.3 微分筒圆锥面的斜角宜在7°至20°之间，微分筒圆锥面棱边至固定套管表面的距离应不大于0.4 mm。

5.9.4 壁厚千分尺对零位时，微分筒圆的端面棱边至固定套管标尺标记的距离，允许压线不大于0.05 mm，离线不大于0.10 mm。

5.10 最大允许误差

Ⅰ型壁厚千分尺的最大允许误差应不大于4 μm；Ⅱ型壁厚千分尺的最大允许误差应不大于8 μm。

在整个25 mm的量程中，测微头最大允许误差应不大于3 μm。

5.11 校对量杆

5.11.1 校对量杆的尺寸偏差应不大于±2 μm。

5.11.2 校对量杆测量面硬度应不小于760HV1(61.8HRC)。

5.11.3 校对量杆应有隔热装置。

6 检验方法

6.1 尺架变形

将尺架测砧端处固定，在尺架测微螺杆一端作用100 N的力，然后分别观察在施力和未施力条件下所产生的示值，将二次示值之差按10 N力的比例换算，求出尺架的变形。

6.2 测量面的平面度

采用二级光学平晶检验时，应调整光学平晶使测量面上的干涉带或干涉环的数目尽可能少，或使其产生封闭的干涉环，测量面不应出现两条以上的相同颜色的干涉环或干涉带。

6.3 最大允许误差

将壁厚千分尺紧固在夹具上，在两测量面间放入尺寸系列为2.5 mm，5.1 mm，7.7 mm，10.3 mm，12.9 mm，15 mm，17.6 mm，20.2 mm，22.8 mm和25 mm的一组1级精度的量块进行检验。得出壁厚千分尺标尺指示值与上述10个位置上两测量面间实际距离的10个差值，以其中最大差值的绝对值作为壁厚千分尺最大允许误差的误差极限值。对不同测量范围的壁厚千分尺，需采用适用于测量范围的专用量块。

一般情况下，测微头最大允许误差不做检定。

6.4 硬度

对于未镶硬质合金或其他耐磨材料的测量面，可在该测量面上或距测量面1 mm的部位检定。

对于镶了硬质合金或其他耐磨材料的测量面，其硬度可不做检定。

6.5 相互作用

一般情况下用手感检查相互作用；如有异议时，则按照附录A的规定检查轴向窜动和径向摆动。

7 标志与包装

7.1 壁厚千分尺上至少应标有：

a) 制造厂厂名或注册商标；

b) 测量范围；

c) 分度值；

d） 产品序号。

7.2 校对量杆上应标有其长度标称尺寸。

7.3 壁厚千分尺包装盒上至少应标有：

a） 制造厂厂名或注册商标；

b） 产品名称；

c） 测量范围。

7.4 壁厚千分尺在包装前应经过防锈处理并妥善包装，不得因包装不善而在运输过程中损坏产品。

7.5 经检定符合本标准要求的壁厚千分尺应附有产品合格证，产品合格证上应标有本标准的标准号、产品序号和出厂日期。

附 录 A
（规范性附录）
轴向窜动和径向摆动

壁厚千分尺测微螺杆的轴向窜动和径向摆动均不大于 0.01 mm。

轴向窜动采用杠杆千分表检查，检查时将杠杆千分表与测微螺杆测量面接触，在沿测微螺杆轴向分别往返加力 3N～5N，杠杆千分表示值的变化既为轴向窜动量。

径向摆动也用杠杆千分表检查，检查时将测微螺杆伸出尺架 10 mm，使杠杆千分表接触测微螺杆端部，在沿杠杆千分表测量方向加力 2 N～3 N，然后在相反方向加同样大小的力，杠杆千分表示值的变化即为径向摆动量，径向摆动的检查应在测微螺杆相互垂直的两个径向进行。

ICS 17.040.30
J 42

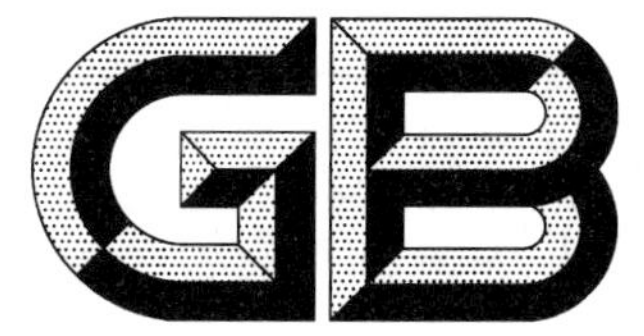

中华人民共和国国家标准

GB/T 6313—2004
代替 GB/T 6313—1986

尖 头 千 分 尺

Pointed-contact micrometer with conical tips

2004-02-10 发布 2004-08-01 实施

中华人民共和国国家质量监督检验检疫总局
中国国家标准化管理委员会 发布

前　言

本标准是依据 DIN 863 第1部分《标准结构的外径千分尺　概述　技术要求及检定》(1999年英文版)和第三部分《特殊结构的外径千分尺　结构　技术要求和检定》(1999年英文版)对 GB/T 6313—1986《尖头千分尺》进行修订。

本标准自实施之日起,代替 GB/T 6313—1986《尖头千分尺》。

本标准与 GB/T 6313—1986 相比主要变化如下:

——将适用范围扩展至分度值 0.001 mm,0.002 mm,0.005 mm,测量范围上限 100 mm 的尖头千分尺(本版的1);

——修改了影响外观缺陷的要求(1986年版的3.1;本版的5.1);

——增加了对测砧和测微螺杆伸出尺架的长度要求(本版的5.5.2);

——修改了微分筒标尺标记宽度指标,增加了标尺间距要求,对固定套管标尺标记宽度不作量化规定,仅规定其与微分筒标尺标记的宽度差(1986年版的3.5;本版的5.9.1和5.9.2);

——增加了微分筒锥面的斜角要求(1986年版的3.7;本版的5.9.3);

——规定了尺架、测微螺杆和测砧的制造材料(本版的5.2);

——降低了合金工具钢测量面的硬度指标,增加了不锈钢测量面的硬度指标,降低了校对量杆测量面的硬度指标(1986年版的3.8和3.14;本版的5.6.2和5.11.2);

——取消了校对量杆测量面表面粗糙度的规定(1986年版的3.15);

——将测微头的移动偏差改称为"测微头最大允许误差",给出定义,并规定一般情况下对测微头最大允许误差不作检定(1986年版的1.3;本版的3.3);

——将示值误差改称为"最大允许误差",给出定义(1986年版的1.2;本版的3.2);

——取消了刻度数字的要求(1986年版的2.2);

——检验方法列入正文而不再作为附录(1986年版的附录A;本版的6)。

本标准的附录A为规范性附录。

本标准由中国机械工业联合会提出。

本标准由全国量具量仪标准化技术委员会(SAC/TC 132)归口。

本标准的起草单位:成都工具研究所、安徽出入境检验检疫局、安徽量具刃具厂。

本标准的主要起草人:陈俐、昂朝阳、李俊生、邓宁。

本标准所代替标准的历次版本发布情况为:

——GB/T 6313—1986。

尖 头 千 分 尺

1 范围

本标准规定了尖头千分尺的术语和定义、型式与基本参数、要求、检验方法、标志与包装等。

本标准适用于分度值为0.01 mm,0.001 mm,0.002 mm,0.005 mm,测量范围上限至100 mm的尖头千分尺。

2 规范性引用文件

下列文件中的条款通过本标准的引用而成为本标准的条款。凡是注日期的引用文件,其随后所有的修改单(不包括勘误的内容)或修订版均不适用于本标准,然而,鼓励根据本标准达成协议的各方研究是否可使用这些文件的最新版本。凡是不注日期的引用文件,其最新版本适用于本标准。

GB/T 17163—1997 几何量测量器具术语 基本术语

3 术语和定义

GB/T 17163—1997中确立的以及下列术语和定义适用于本标准。

3.1

尖头千分尺 pointed-contact micrometer with conical tips

利用螺旋副原理,对弧形尺架上两锥形球测量面或两锥形平测量面间分隔的距离进行读数的一种测量器具。

3.2

最大允许误差 maximum permissible error

由技术规范、规则等对尖头千分尺规定的误差极限值。

3.3

测微头最大允许误差 maximum permissible error of measuring head

忽略了测砧和尺架的影响,仅针对测微头由技术规范、规则等规定的误差极限值。

注:其中包含了测微螺杆、调整螺母及指示装置的误差。

4 型式与基本参数

4.1 型式

尖头千分尺的型式见图1,图示仅供图解说明。

尖头千分尺应附有调零位的工具,测量范围下限大于或等于25 mm的尖头千分尺应附有校对量杆。

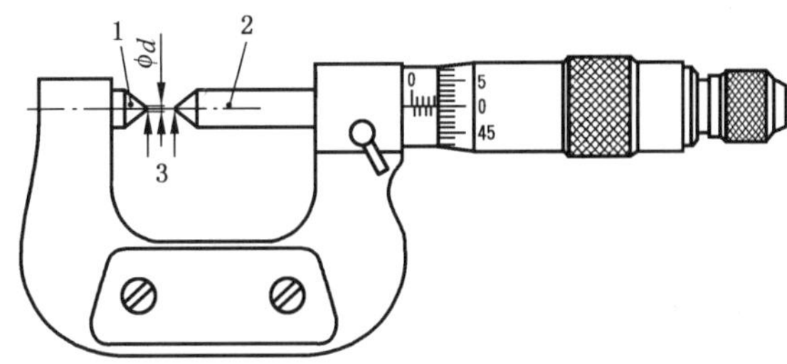

1——测砧;

2——测微螺杆;

3——测量面。

图1 尖头千分尺

4.2 基本参数

尖头千分尺应附有调零位的工具，测量范围应为 0 mm 至 25 mm，25 mm 至 50 mm，50 mm 至 75 mm，75 mm 至 100 mm。

5 要求

5.1 外观

尖头千分尺及其校对量杆不应有影响使用性能的锈蚀、碰伤、划痕、裂纹等缺陷。

5.2 材料

5.2.1 尺架应选择钢、可锻铸铁或其他性能类似的材料制造。

5.2.2 测微螺杆和测砧应选择合金工具钢、不锈钢其他性能类似的材料制造；其测量面宜镶硬质合金或其他耐磨材料。

5.3 尺架

5.3.1 尺架应具有足够的刚性，当尺架沿测微螺杆的轴线方向作用 10 N 的力时，其弯曲变形量应不大于表 1 的规定。

表 1

测量范围/mm	最大允许误差	尺架受 10 N 力时的变形
	μm	
0～25，25～50	4	2
50～75，75～100	5	3

5.3.2 尺架上应装有隔热装置。

5.4 测微螺杆和测砧

推荐测微螺杆测量端的锥角、测量端球面或平面直径以及测微螺杆和测砧圆柱部分直径见表 2。

表 2

测量端的锥角	30°、45°、60°
测量端球面或平面直径/mm	0.2～0.3
测微螺杆和测砧圆柱部分的直径/mm	6.5、7.5、8.0

5.5 相互作用

5.5.1 测微螺杆和螺母之间在全量程范围内应充分啮合，配合良好，不应出现卡滞和明显的窜动。

5.5.2 测微螺杆伸出尺架的圆柱部分与轴套之间应配合良好，不应出现明显的摆动。

5.6 测量面

5.6.1 测量面应经过研磨，其表面粗糙度 Ra 应不大于 0.16 μm。

5.6.2 测量面的硬度应不小于 760HV1(或 61.8HRC)；不锈钢测量面的硬度应不小于 575HV5(或 53.8HRC)。

5.7 锁紧装置

尖头千分尺锁紧装置应能有效地锁紧测微螺杆。锁紧前后两测量面间距离变化应不大于 2 μm。

5.8 测力装置

通过测力装置移动测微螺杆，并作用到测微螺杆测量面与平面接触的测力应在 3 N 至 6 N 之间。测力变化应不大于 2 N。

5.9 标尺

5.9.1 微分筒上应有 50 或 100 个标尺分度，其标尺间隔为 0.01 mm，标尺间距应不小于 0.8 mm，标尺标记的宽度应在 0.08 mm 至 0.20 mm 之间。

5.9.2 固定套管上的标尺标记与微分筒上的标尺标记应清晰，其宽度差应不大于0.03 mm。

5.9.3 微分筒圆锥面的斜角宜在7°至20°之间，微分筒圆锥面棱边至固定套管表面的距离应不大于0.4 mm。

5.9.4 尖头千分尺对零位时，微分筒锥面的端面棱边至固定套管标尺标记的距离，允许压线不大于0.05 mm，离线不大于0.10 mm。

5.10 最大允许误差

尖头千分尺的最大允许误差应不大于表1的规定；在整个25 mm的量程中，测微头最大允许误差应不大于3 μm。

5.11 校对量杆

5.11.1 校对量杆的尺寸偏差应不大于表3的规定。

表3

校对量杆标称尺寸/mm	尺寸偏差/μm
25,50	±2
75,100	±3

5.11.2 校对量杆测量面硬度应不小于760HV1(或61.8HRC)。

5.11.3 校对量杆应有隔热装置。

6 检验方法

6.1 尺架变形

将尺架测砧端处固定，在尺架测微螺杆一端作用100 N的力，然后分别观察在施力和未施力条件下所产生的示值，将二次示值之差按10 N力的比例换算，求出尺架的变形量。

6.2 最大允许误差

将尖头千分尺紧固在夹具上，在两测量面间放入尺寸系列为2.5 mm，5.1 mm，7.7 mm，10.3 mm，12.9 mm，15 mm，17.6 mm，20.2 mm，22.8 mm和25 mm的一组1级精度的量块进行检验。得出尖头千分尺标尺指示值与上述10个位置上两测量面间的10个差值，以其中最大差值的绝对值作为尖头千分尺最大允许误差的误差极限值。对不同测量范围的尖头千分尺，需采用适应于各种测量范围的专用量块。

一般情况下，测微头最大允许误差不做检定。

6.3 硬度

对于未镶硬质合金或其他耐磨材料的测量面，可在该测量面上或距测量面1 mm的部位检定。

对于镶了硬质合金或其他耐磨材料的测量面，其硬度可不做检定。

6.4 相互作用

一般情况下用手感检查相互作用；如有异议时，则按照附录A的规定检查轴向窜动和径向摆动。

7 标志与包装

7.1 尖头千分尺上至少应标有：

a) 制造厂厂名或注册商标；

b) 测量范围；

c) 分度值；

d) 产品序号。

7.2 校对量杆上应标有其长度标称尺寸。

7.3 尖头千分尺包装盒上至少应标有：

a） 制造厂厂名或注册商标；

b） 产品名称；

c） 测量范围。

7.4 尖头千分尺在包装前应经过防锈处理并妥善包装，不得因包装不善而在运输过程中损坏产品。

7.5 经检定符合本标准要求的尖头千分尺应附有产品合格证，产品合格证上应标有本标准的标准号、产品序号和出厂日期。

附　录　A
（规范性附录）
轴向窜动和径向摆动

尖头千分尺测微螺杆的轴向窜动和径向摆动均不大于 0.01 mm。

轴向窜动采用杠杆千分表检查，检查时将杠杆千分表与测微螺杆测量面接触，在沿测微螺杆轴向分别往返加力 3 N～5 N，杠杆千分表示值的变化既为轴向窜动量。

径向摆动也用杠杆千分表检查，检查时将测微螺杆伸出尺架 10 mm，使杠杆千分表接触测微螺杆端部，在沿杠杆千分表测量方向加力 2 N～3 N，然后在相反方向加同样大小的力，杠杆千分表示值的变化即为径向摆动量，径向摆动的检查应在测微螺杆相互垂直的两个径向进行。

ICS 17.040.30
J 42

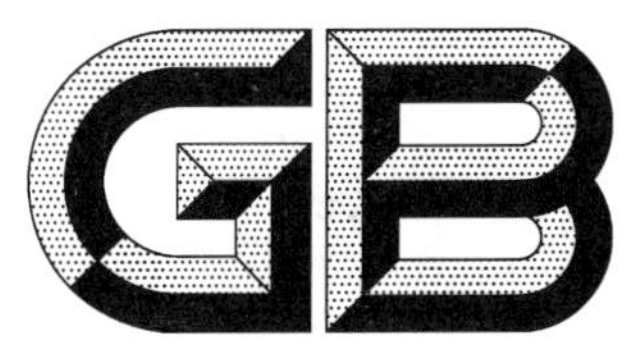

中华人民共和国国家标准

GB/T 6314—2004
代替 GB/T 6314—1986

三爪内径千分尺

Internal micrometers with three-point contact

2004-02-10 发布　　2004-08-01 实施

中华人民共和国国家质量监督检验检疫总局
中国国家标准化管理委员会　发布

前　言

本标准自实施之日起，代替 GB/T 6314—1986《三爪内径千分尺》。

本标准与 GB/T 6314—1986 相比主要变化如下：

——增加了分度值为 0.001 mm、0.002 mm(1986 年版的第一段叙述；本版的 1)；

——增加了三爪内径千分尺的测量范围(1986 年版的第一段叙述；本版的 1)；

——修改了误差的定义(1986 年版的 1.2；本版的 3.2)；

——增加了数字显示等读数方式的示意图(本版的 4.1)；

——增加了Ⅱ型三爪内径千分尺的示意图及测量范围(本版的 4.1、4.2)；

——修改了影响外观缺陷的要求(1986 年版的 3.1；本版的 5.1)；

——增加了测量爪、螺旋体、锥体的制造材料要求(本版的 5.2)；

——增加了测力、测力变化(1986 年版的 3.8；本版的 5.3)；

——增加了微分筒上标尺分度和标尺间隔要求(本版的 5.5.1)；

——增加了微分筒上的标尺间距要求(本版的 5.5.2)；

——修改了标尺标记宽度下限值(1986 年版的 3.3；本版的 5.5.2)；

——增加了微分筒锥面的斜角要求(本版的 5.5.3)；

——增加了数字显示要求(本版的 5.6)；

——增加了测量上限 100 mm$<l_{max}\leqslant$300 mm 的最大允许误差值(本版的 5.7)；

——增加了校对环规 90 mm$<D\leqslant$275 mm 的尺寸偏差和圆柱度值(本版的 5.8.2)；

——检验方法不再作为附录(1986 年版的附录 A；本版的 6)。

本标准由中国机械工业联合会提出。

本标准由全国量具量仪标准化技术委员会(SAC/TC 132)归口。

本标准由上海量具刃具厂负责起草。

本标准主要起草人：周国明、周龙山。

本标准所代替标准的历次版本发布情况为：

——GB/T 6314—1986。

三爪内径千分尺

1 范围

本标准规定了三爪内径千分尺的术语和定义、型式与基本参数、要求、检验方法和标志与包装等。

本标准适用于分度值为 0.01 mm、0.001 mm、0.002 mm、0.005 mm，测量上限 l_{max} 不应大于 300 mm的三爪内径千分尺。

2 规范性引用文件

下列文件中的条款通过本标准的引用而成为本标准的条款。凡是注日期的引用文件，其随后所有的修改单(不包括勘误的内容)或修订版均不适用于本标准，然而，鼓励根据本标准达成协议的各方研究是否可使用这些文件的最新版本。凡是不注日期的引用文件，其最新版本适用于本标准。

GB/T 17163—1997 几何量测量器具术语 基本术语

3 术语和定义

GB/T 17163—1997 中确立的以及下列术语和定义适用于本标准。

3.1

三爪内径千分尺 internal micrometer with three-point contact

利用螺旋副原理，通过旋转塔形阿基米德螺旋体或移动锥体使三个测量爪作径向位移，使其与被测内孔接触，对内孔尺寸进行读数的内径千分尺。

3.2

最大允许误差 maximun permissible error

由技术规范、规则等对三爪内径千分尺规定的误差极限值。

4 型式与基本参数

4.1 型式

三爪内径千分尺的型式见图 1、图 2 所示，图示仅供图解说明。

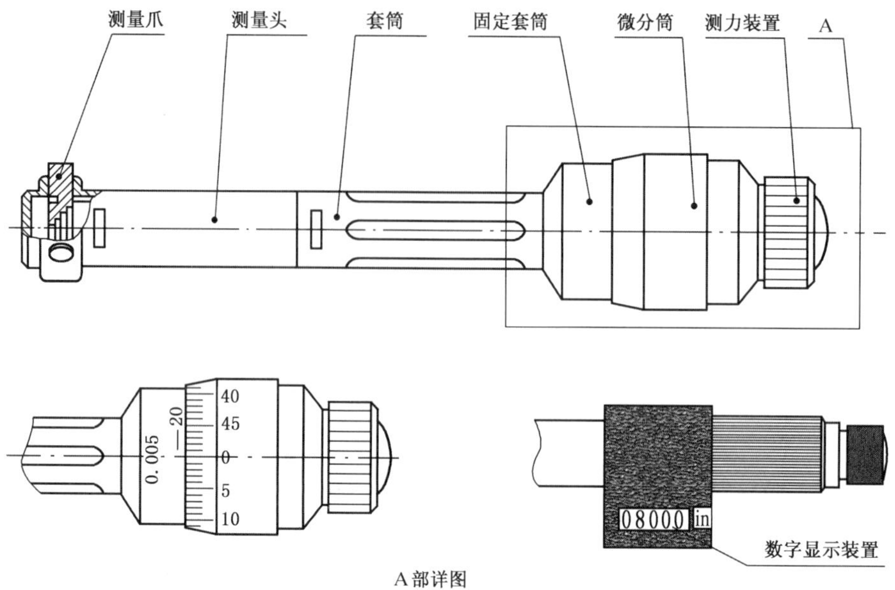

图 1 适用于通孔的三爪内径千分尺(Ⅰ型)

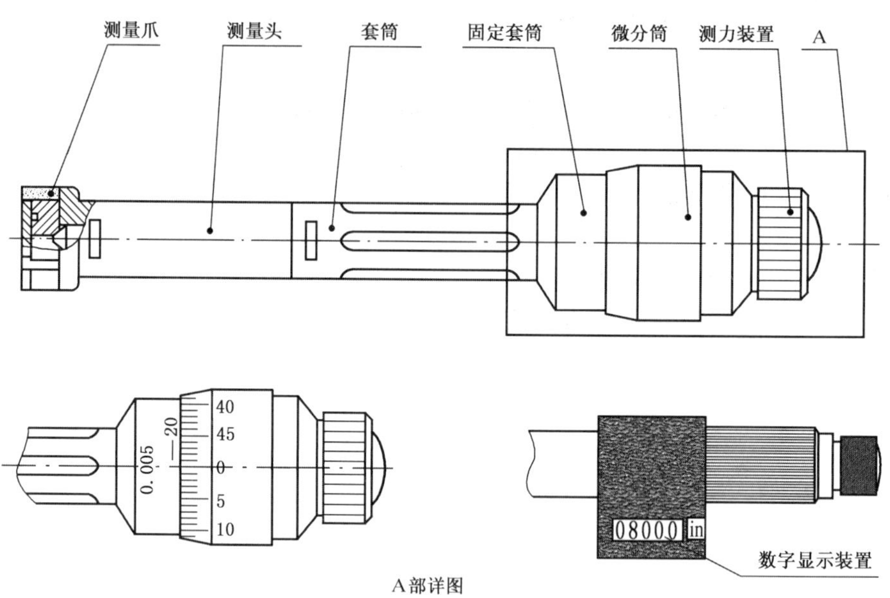

图 2 适用于通孔、盲孔的三爪内径千分尺(Ⅱ型)

4.2 基本参数

三爪内径千分尺的测量范围见表 1 的规定。

表 1

型式	测量范围/mm
Ⅰ型	6～8、8～10、10～12、11～14、14～17、17～20、20～25、25～30、30～35、35～40、40～50、50～60、60～70、70～80、80～90、90～100
Ⅱ型	3.5～4.5、4.5～5.5、5.5～6.5、8～10、10～12、11～14、14～17、17～20、20～25、25～30、30～35、35～40、40～50、50～60、60～70、70～80、80～90、90～100、100～125、125～150、150～175、175～200、200～225、225～250、250～275、275～300

5 要求

5.1 外观

三爪内径千分尺及校对环规的测量面上不应有影响使用性能的锈蚀、碰伤、划痕、裂纹等缺陷。

5.2 材料

测量爪、塔形阿基米德螺旋体或移动锥体应选择合金工具钢或其他类似性能的材料制造，其测量面宜镶硬质合金或其他耐磨材料。

5.3 测力装置

三爪内径千分尺应具有测力装置。通过测力装置移动测微螺杆，使作用于测量面的测力和测力变化不应大于表2的规定。

表2

测量上限 l_{max}/mm	测力/N	测力变化/N
3.5≤l_{max}≤12	6～10	2
12<l_{max}≤100	10～35	15
100<l_{max}≤300	15～40	15

5.4 测量面

5.4.1 测量爪的测量面应为圆弧形，其圆弧形的曲率半径应小于测量下限的1/2。

5.4.2 合金工具钢测量面的硬度不应小于760HV1(或62HRC)，不锈钢测量面的硬度不应小于575HV5(或53HRC)。

5.4.3 测量面的边缘应倒钝，其表面粗糙度 Ra 值不应大于0.20 μm。

5.5 标尺

5.5.1 微分筒上应有50或100个标尺分度。

5.5.2 微分筒上的标尺间距不应小于0.8 mm，标尺标记的宽度应在0.08 mm至0.20 mm之间。

5.5.3 微分筒上圆锥面的斜角宜在7°至20°范围内；微分筒圆锥面棱边至固定套管表面的距离不应大于0.4 mm。

5.5.4 固定套管上的标尺标记与微分筒上的标尺标记应清晰，其宽度差不应大于0.03 mm。

5.5.5 三爪内径千分尺对零位时，微分筒圆锥面的端面棱边至固定套管标尺标记的距离，允许压线不大于0.05 mm、离线不大于0.10 mm。

5.6 数字显示装置

当移动带计数器三爪内径千分尺的测微螺杆时，其计数器应按顺序进位，无错乱显示现象；微分筒指示值与计数器读数值的差值不应大于3 μm；各位数字码和不对零时的各位数字码(尾数不进位时除外)的中心应在平行于测微螺杆轴线的同一直线上。

5.7 最大允许误差

三爪内径千分尺的最大允许误差不应大于表3的规定。

表3

单位为毫米

测量上限 l_{max}	最大允许误差
3.5<l_{max}≤40	0.004
40<l_{max}≤100	0.005
100<l_{max}≤300	0.008

5.8 校对环规和调整工具

5.8.1 三爪内径千分尺应提供用于深孔测量的接长杆、调整零位的调整工具和校对环规。

5.8.2 校对环规的尺寸偏差和圆柱度公差(尺寸小于或等于 35 mm 的,距测量面边缘 1 mm 范围内不计;尺寸大于 35 mm 的,距测量面边缘 1.5 mm 范围内不计)见表 4 的规定,其实际尺寸应标注到小数点后第三位;校对环规的测量面的硬度不应小于 760 HV1(或 62HRC)及表面粗糙度 Ra 值不应大于 0.08 μm。

表 4

校对环规的基本尺寸 D/mm	尺寸偏差/μm	圆柱度公差/μm
3.5≤D≤35	±5.0	1.0
35<D≤90	±10.0	1.5
90<D≤275	±15.0	2.0

6 检验方法

6.1 最大允许误差

旋转测力装置使三爪内径千分尺的测量下限(或测量上限)对零位,然后将不同尺寸的校对环规与三爪内径千分尺进行检测,由三爪内径千分尺读出示值,其示值与校对环规的尺寸之差,取其中最大差值的绝对值作为三爪内径千分尺的示值误差。校对环规的尺寸见表 5 的规定。

表 5

单位为毫米

测量上限 l_{max}	校对环规的尺寸	圆　柱　度
3.5<l_{max}≤6.5	l_{min}、l_{min}+0.35、l_{min}+0.65、l_{min}+1.00	0.001 0
6.5<l_{max}≤12	l_{min}、l_{min}+0.40、l_{min}+0.80、l_{min}+1.20、l_{min}+1.60、l_{min}+2.00	
12<l_{max}≤20	l_{min}、l_{min}+0.60、l_{min}+1.20、l_{min}+1.80、l_{min}+2.40、l_{min}+3.00	
20<l_{max}≤40	l_{min}、l_{min}+0.55、l_{min}+1.10、l_{min}+1.66、l_{min}+2.22、l_{min}+2.77、l_{min}+3.33、l_{min}+3.88、l_{min}+4.44、l_{min}+5.00	
40<l_{max}≤100	l_{min}、l_{min}+0.90、l_{min}+1.80、l_{min}+2.70、l_{min}+3.60、l_{min}+4.55、l_{min}+5.45、l_{min}+6.35、l_{min}+7.25、l_{min}+8.15、l_{min}+10.00	0.001 5
100<l_{max}≤300	l_{min}、l_{min}+2.55、l_{min}+5.15、l_{min}+7.65、l_{min}+10.20、l_{min}+12.75、l_{min}+15.70、l_{min}+17.85、l_{min}+20.40、l_{min}+22.95、l_{min}+25.00	0.002 0
注:l_{min} 为三爪内径千分尺的测量下限值。		

6.2 校对环规

6.2.1 校对环规的尺寸应采用由 1 级量块组成的内尺寸以比较法进行检测,或用卧式测长仪以两点法进行检测。检测应以校对环规厚度的中间位置(1/2 处)为准,取最大值作为校对环规的实际尺寸。校对环规的尺寸不确定度为尺寸小于或等于 100 mm 的不应大于 1.0 μm;大于 100 mm 的不应大于 2.0 μm。

6.2.2 校对环规的圆柱度应采用圆柱度测量仪进行检测,或用圆度仪对校对环规的上、中、下三个截面进行圆度及其尺寸差值的检测。

7 标志与包装

7.1 三爪内径千分尺上至少应标有:

a) 制造厂厂名或注册商标;

b) 测量范围;

c) 分度值;

d) 产品序号。

7.2 校对环规上应标有：

a) 制造厂厂名或注册商标；

b) 实际尺寸；

c) 标准温度。

7.3 三爪内径千分尺包装盒上至少应标有：

a) 制造厂厂名或注册商标；

b) 产品名称；

c) 测量范围。

7.4 三爪内径千分尺在包装前应经过防锈处理并妥善包装，不得因包装不善而在运输过程中损坏产品。

7.5 三爪内径千分尺经检定符合本标准要求的应附有产品合格证，产品合格证上应标有本标准的标准号、产品序号和出厂日期。

ICS 17.040.30
J 42

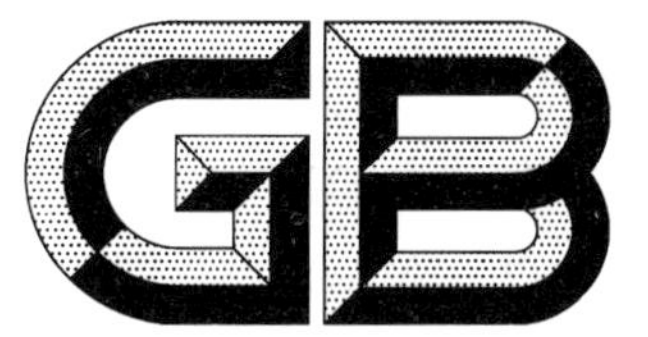

中华人民共和国国家标准

GB/T 6320—2008
代替 GB/T 6320—1997

杠杆齿轮比较仪

Mechanical dial comparators

2008-02-28 发布　　2008-08-01 实施

中华人民共和国国家质量监督检验检疫总局
中国国家标准化管理委员会　发布

前　言

本标准代替 GB/T 6320—1997《杠杆齿轮比较仪》。

本标准与 GB/T 6320—1997《杠杆齿轮比较仪》相比较，仅在编写格式上存在差异。

本标准由中国机械工业联合会提出。

本标准由全国量具量仪标准化技术委员会(SAC/TC 132)归口。

本标准负责起草单位：哈尔滨量具刃具集团有限责任公司、中国计量学院。

本标准主要起草人：孔令义、张伟、武英、田世国、谷秋梅、赵军。

本标准所代替标准的历次版本发布情况为：

GB 6320—1986、GB/T 6320—1997。

杠杆齿轮比较仪

1 范围

本标准规定了杠杆齿轮比较仪的术语和定义、型式与基本参数、要求、试验方法、检验方法、标志与包装等。

本标准适用于分度值为 0.000 5 mm、0.001 mm、0.002 mm、0.005 mm 和 0.01 mm 的杠杆齿轮比较仪(以下简称"比较仪")。

2 规范性引用文件

下列文件中的条款通过本标准的引用而成为本标准的条款。凡是注日期的引用文件,其随后所有的修改单(不包括勘误的内容)或修订版均不适用于本标准,然而,鼓励根据本标准达成协议的各方研究是否可使用这些文件的最新版本。凡是不注日期的引用文件,其最新版本适用于本标准。

GB/T 17163 几何量测量器具术语 基本术语

GB/T 17164 几何量测量器具术语 产品术语

3 术语和定义

GB/T 17163、GB/T 17164 中确立的以及下列术语和定义适用于本标准。

3.1

最大允许误差(MPE) maximum permissible error

由技术规范、规则等对杠杆齿轮比较仪规定的误差极限值。

4 型式与基本参数

4.1 型式

比较仪的型式见图 1、图 2 所示。图示仪供图解说明,不表示详细结构。

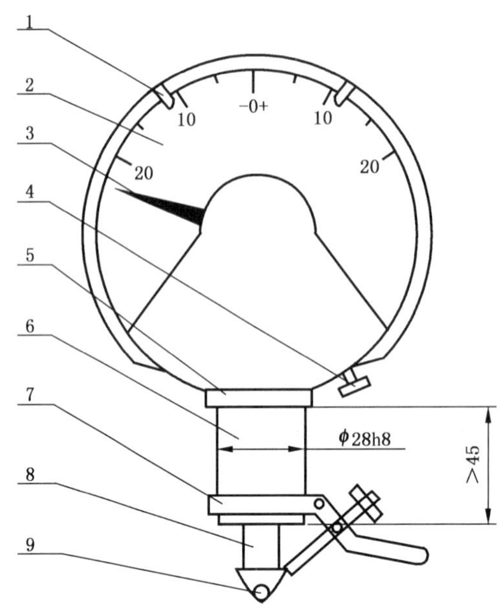

1——公差指示器；
2——度盘；
3——指针；
4——调零装置；
5——表体；
6——轴套；
7——拨叉装置；
8——测量杆；
9——测量头。

图1 比较仪的型式示意图

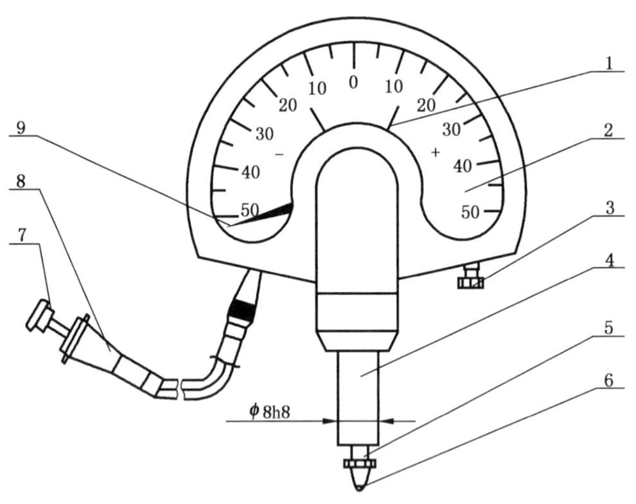

1——公差指示器；
2——度盘；
3——微调螺钉；
4——轴套；
5——测量杆；
6——测量头；
7——快门线按钮；
8——柔性测量杆提升器；
9——指针。

图2 比较仪的型式示意图

4.2 基本参数

比较仪的示值范围见表1的规定。

表 1

单位为毫米

<table>
<tr><td rowspan="2">分度值</td><td colspan="2">示值范围</td></tr>
<tr><td>轴套直径为 $\phi 28$ 的比较仪</td><td>轴套直径为 $\phi 8$ 的比较仪</td></tr>
<tr><td rowspan="2">0.000 5</td><td>±0.015</td><td rowspan="2">±0.025</td></tr>
<tr><td>±0.05</td></tr>
<tr><td rowspan="2">0.001</td><td>±0.03</td><td rowspan="2">±0.05</td></tr>
<tr><td>±0.10</td></tr>
<tr><td rowspan="3">0.002</td><td>±0.06</td><td>±0.06</td></tr>
<tr><td>±0.10</td><td>±0.10</td></tr>
<tr><td>±0.20</td><td>±0.20</td></tr>
<tr><td>0.005</td><td>±0.15</td><td>±0.15</td></tr>
<tr><td rowspan="2">0.01</td><td>±0.30</td><td>±0.30</td></tr>
<tr><td>±0.40</td><td>±0.40</td></tr>
</table>

5 要求

5.1 外观

比较仪不应有影响使用性能的外部缺陷。

5.2 相互作用

比较仪在正常使用状态下，测量杆和指针的运动应平稳、灵活，无卡滞现象。

5.3 度盘和指针

5.3.1 比较仪应具有能使指针对准度盘标尺标记的调零装置，其调整范围不应小于 5 个标尺标记。

5.3.2 度盘上的标尺间距不应小于 0.8 mm。

5.3.3 指针尖端宽度、标尺标记的宽度及宽度差见表 2 的规定。

表 2

单位为毫米

分度值	指针尖端和标尺标记的宽度	标尺标记的宽度差
0.000 5、0.001	0.10～0.15	—
0.002、0.005、0.01	0.10～0.20	0.05

5.3.4 指针尖端应与度盘上的标尺标记方向一致，不应有目力可见的歪斜。

5.3.5 测量杆处于自由状态时，指针应处于最小“负”标尺标记 5 个标尺间距以外。

5.3.6 指针尖端与度盘表面间的间隙不应大于 0.5 mm。

5.3.7 指针长度应保证指针尖端位于短标尺标记长度的 30%～80%之间。

5.4 行程

比较仪的测量杆行程应超过量程的终点不少于 2 mm。

5.5 测量头

5.5.1 测量头由钢质、人造刚玉或硬质合金等坚硬耐磨的材料制造。钢质测量头测量面的硬度不应低于 766 HV(或 62 HRC)；人造刚玉测量头测量面的硬度不应低于 1 700 HV。钢质或人造刚玉测量头测量面的表面粗糙度 Ra 值不应大于 0.05 μm；硬质合金测头测量面的表面粗糙度 Ra 值不应大于0.10 μm。

5.5.2 平面测量头测量面的平面度公差为 0.3 μm(不允许凹)。

5.6 测量力

比较仪的最大测量力、测量力变化和测量力落差均不应大于表 3 的规定。

表 3

单位为牛

型式	最大测量力	测量力变化	测量力落差
轴套直径为 ϕ28 的比较仪	2.0	0.6	0.5
轴套直径为 ϕ8 的比较仪	1.5	0.4	0.4

5.7 最大允许误差

比较仪的最大允许误差、重复性和回程误差见表 4 的规定。

表 4

<table>
<tr><th rowspan="2">分度值</th><th rowspan="2">示值范围</th><th colspan="3">最大允许误差</th><th rowspan="2">重复性</th><th rowspan="2">示值变化</th><th rowspan="2">回程误差</th></tr>
<tr><th>≤30 分度</th><th>>30 分度</th><th>全量程</th></tr>
<tr><td colspan="2">mm</td><td colspan="6">(分度)</td></tr>
<tr><td rowspan="3">0.000 5</td><td>±0.015</td><td rowspan="12">±0.5</td><td>—</td><td>0.8</td><td rowspan="12">0.3</td><td rowspan="12">0.3</td><td rowspan="12">0.5</td></tr>
<tr><td>±0.025</td><td rowspan="2">±1.0</td><td rowspan="2">1.2</td></tr>
<tr><td>±0.05</td></tr>
<tr><td rowspan="3">0.001</td><td>±0.03</td><td>—</td><td>0.8</td></tr>
<tr><td>±0.10</td><td rowspan="2">±1.0</td><td rowspan="2">1.2</td></tr>
<tr><td>±0.05</td></tr>
<tr><td rowspan="3">0.002</td><td>±0.06</td><td>—</td><td>0.8</td></tr>
<tr><td>±0.10</td><td rowspan="2">±1.0</td><td rowspan="2">1.2</td></tr>
<tr><td>±0.20</td></tr>
<tr><td>0.005</td><td>±0.15</td><td>—</td><td rowspan="2">0.8</td></tr>
<tr><td rowspan="2">0.01</td><td>±0.30</td><td>—</td></tr>
<tr><td>±0.40</td><td>±1.0</td><td>1.2</td></tr>
<tr><td colspan="8">注：表中数值均为按标准温度在 20℃、测量杆处于垂直向下状态时给定的。分度值为 0.000 5 mm 和 0.001 mm 的比较仪，若测量杆处于其他状态时，其允许误差、重复性和回程误差值可在表中数值上增大 30%。</td></tr>
</table>

6 检验方法

6.1 检验工具

回程误差检具的回程误差不应大于表 5 的规定。

表 5

分度值/mm	检具或仪器的回程误差/μm
0.000 5	0.1
0.001、0.002	0.2
0.005、0.01	0.5

6.2 示值误差

6.2.1 将比较仪安装在专用检具上，将测量杆压缩使指针对准“0”位，然后先按正向以 10 个标尺标记为间隔进行示值误差检定，并记下相应各点示值误差，到正向行程终点时，继续压缩测量杆使指针转过

"10"个标尺间距,开始反向检定,并以相反顺序检定相应各点示值误差,并记下相应各点示值误差,在改变检定方向时,不许作任何调整,并以正向最终的一点作为反向检定的起始点,直至"0"位。

再重新把指针对准"0"位,然后在按负向以10个标尺标记为间隔进行示值误差检定,并记下相应各点示值误差,到负向行程终点时,继续压缩测量杆使指针转过"10"个标尺间距,开始反向检定,并以相反顺序检定相应各点示值误差,并记下相应各点示值误差,在改变检定方向时,不许作任何调整,并以负向最终的一点作为反向检定的起始点,直至"0"位。比较仪在检定过程中除到达被检终点外,不得改变行程方向,也不准拨动测量杆。

根据检定结果绘制比较仪示值误差曲线(见图3)。

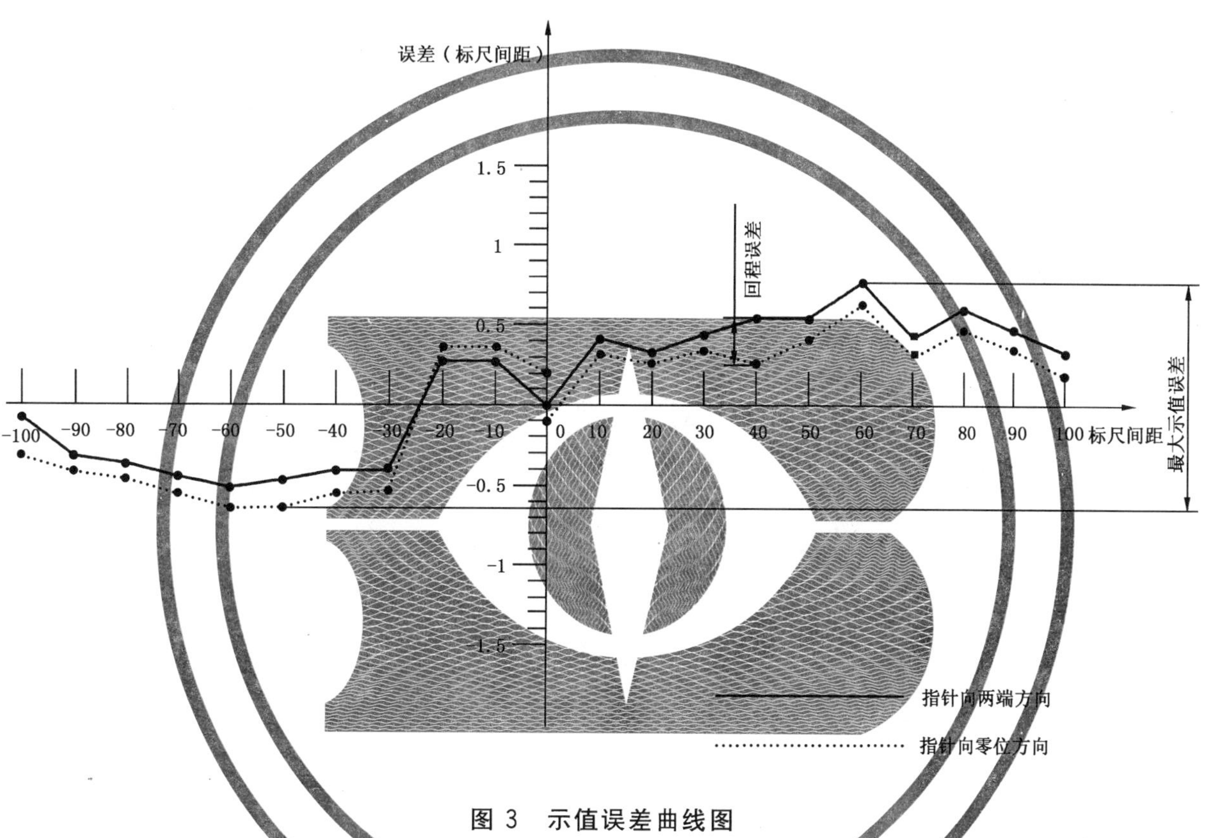

图3 示值误差曲线图

6.2.2 在示值误差曲线上,示值误差的最高点与最低点在纵坐标上之差值,即为被检比较仪示值范围内的最大示值误差。

6.2.3 在示值误差曲线上,同一点正反示值误差的代数差的绝对值的最大值即为比较仪的回程误差。

注:各受检点示值误差 δ_i 值按公式(1)进行计算(见图4)。

$$\delta_i = \Delta r_i + \Delta K \quad \cdots\cdots(1)$$

式中:

δ_i——受检点示值误差,单位为微米(μm);

Δr_i——受检点的指示值与标称值之代数差,单位为微米(μm);

ΔK——受检点示值误差的修正值,单位为微米(μm),修正值按公式(2)进行计算。

$$\Delta K = -(\Delta L_i + \Delta L_0) \quad \cdots\cdots(2)$$

式中:

ΔL_i——受检点所用量块的尺寸偏差,单位为微米(μm);

ΔL_0——对准零位时与标称值之代数差,单位为微米(μm)。

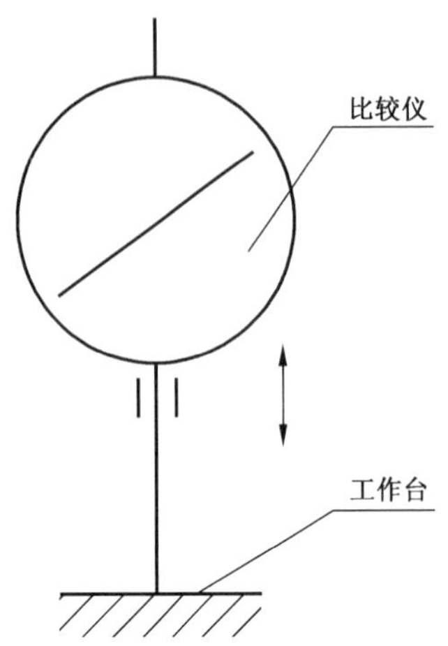

图 4　示值误差的检验示意图

6.3　重复性和示值变化

6.3.1　将比较仪安装在刚性好的表架上，调整其测量轴线垂直于工作台，在示值范围的中间和两端三个位置附近，使球面测量头与 4 等量块接触，指针对准某一标尺标记(分度值)，以慢速、快速拨动测量头，每个位置重复 5 次，求出各位置的最大读数值与最小读数值之差，其最大值，即为被检比较仪的重复性(见图 5)。

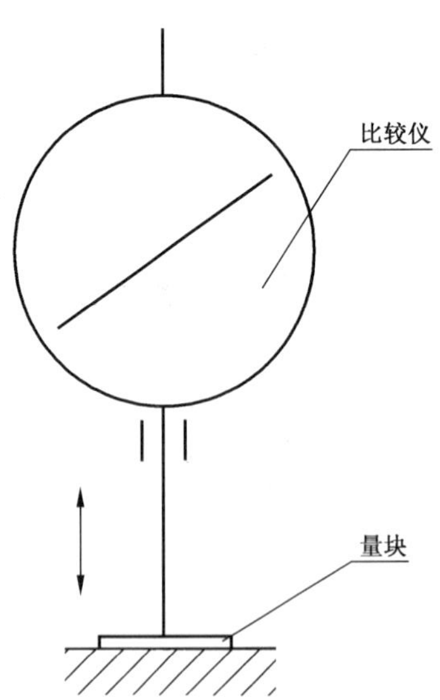

图 5　重复性的检验示意图

6.3.2　将比较仪安装在刚性好的表架上，调整其测量轴线垂直于 1 级刚性平台，将半径为 $R10$ mm 的圆弧测块置放在平台上，调整比较仪和测块，使其球面测量头与测块圆弧面最高点接触，测块沿平台面上从任意的前后、左右方向推动测量杆，重复 5 次，取其最大与最小读数值之差，即为该点的示值变动性，上述检验应在示值范围的中间和两端三个位置进行，其最大值，即为被检比较仪的示值变化(见图 6)。

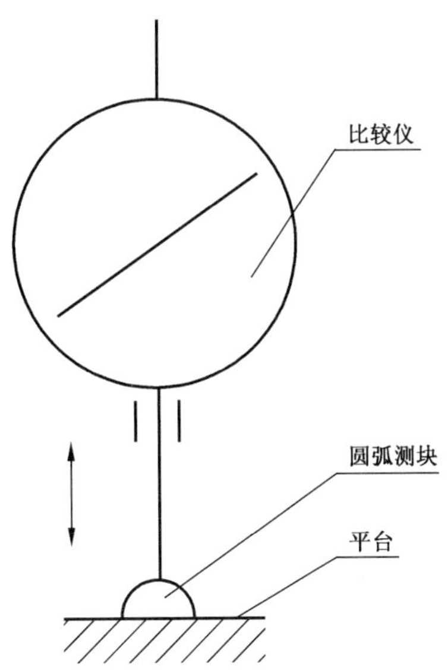

图6　示值变化的检验示意图

6.4　测量力

将比较仪安装在刚性好的表架上，用感量小于或等于0.05 N的测力仪测量正行程的示值范围的中间和两端三个位置上的测量力，然后继续压缩测量杆超出示值范围约5个标尺间距；然后再按后方向返回，测出上述三个位置的反行程的测量力。

正行程中最大测量力，即为被检比较仪的最大测量力。

正行程中最大测量力与最小测量力之差，即为被检比较仪的测量力变化。

示值范围的中间和两端三个位置上的同一点的正、反行程的测量力之差的最大值，即为被检比较仪的测量力落差。

7　标志与包装

7.1　比较仪上至少应标志：

a)　制造厂厂名或注册商标；

b)　分度值及"＋"和"－"符号；

c)　产品序号。

7.2　比较仪包装盒上至少应标志：

a)　制造厂厂名或注册商标；

b)　产品名称；

c)　分度值及示值范围。

7.3　比较仪在包装前应经防锈处理并妥善包装，不得因包装不善而在运输过程中损坏产品。

7.4　比较仪经检验符合本标准要求的应附有产品合格证，产品合格证上应标有本标准的标准号、产品序号和出厂日期。

ICS 17.040.30
J 42

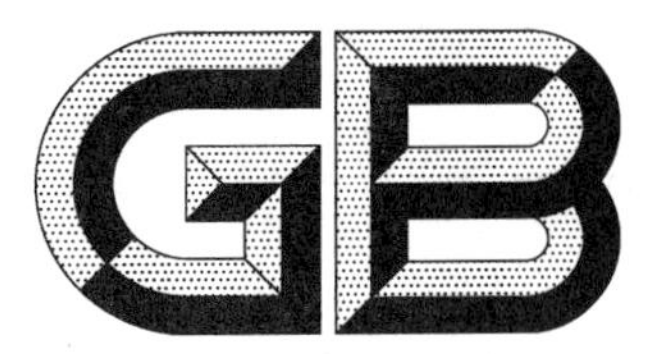

中华人民共和国国家标准

GB/T 6321—2004
代替 GB/T 6321—1986

光学扭簧测微计

Spring-optical measuring heads

2004-02-10 发布　　2004-08-01 实施

中华人民共和国国家质量监督检验检疫总局
中国国家标准化管理委员会　发布

前　言

本标准是对GB/T 6321—1986《光学扭簧测微计》的修订，本标准自实施之日起，代替GB/T 6321—1986。

本标准与GB/T 6321—1986相比主要变化如下：

——对光学扭簧测微计的定义进行了文字性修改(1986年版的1.1;本版的3.1)；

——增加了自由位置的定义(本版的3.2)；

——删除了测量力变化的定义(1986年版的1.4)；

——修改了影响外观的要求(1986年版的3.1;本版的5.1)；

——修改了测量头表面的表面粗糙度要求(1986年版的3.1;本版的5.3.1)；

——增加了标尺、度盘和表蒙的要求(本版的5.4.1、5.4.2、5.4.3)；

——增加了标尺标记长度的要求(本版的5.4.6)；

——修改了微调装置的可调范围(1986年版的3.3;本版的5.6.1)；

——修改、删除了示值误差的规定值(1986年版的3.11;本版的5.9)；

——删除了测微计的存放环境要求(1986年版的4.5)；

——增加了测量力、测量力变化、示值变化和示值变动性的检验方法(本版的6.1至6.3、6.5)；

——检验方法不再作为附录(1986年版的附录A;本版的6)；

本标准由中国机械工业联合会提出。

本标准由全国量具量仪标准化技术委员会归口。

本标准由哈尔滨量具刃具厂负责起草。

本标准主要起草人：刘琴英、高善铭。

本标准所代替标准的历次版本发布情况为：

——GB/T 6321—1986。

光 学 扭 簧 测 微 计

1 范围

本标准规定了光学扭簧测微计(以下简称"测微计")的术语和定义、型式与基本参数、要求、检验方法和标志与包装等。

本标准适用于分度值为0.1 μm、0.2 μm、0.5 μm、1 μm,示值范围为±100 标尺分度,夹持套筒直径为28 mm的测微计。

2 规范性引用文件

下列文件中的条款通过本标准的引用而成为本标准的条款。凡是注日期的引用文件,其随后所有的修改单(不包括勘误的内容)或修订版均不适用于本标准,然而,鼓励根据本标准达成协议的各方研究是否可使用这些文件的最新版本。凡是不注日期的引用文件,其最新版本适用于本标准。

GB/T 17163—1997 几何量测量器具术语 基本术语

3 术语和定义

GB/T 17163—1997 中确立的以及下列术语和定义适用于本标准。

3.1

光学扭簧测微计 spring-optical measuring heads

利用扭簧元件作为尺寸的转换和光学原理的传动放大,将测量杆的直线位移转变为指标线在弧形度盘上的角位移,并由度盘进行读数的测量器具。又称为光学扭簧测微仪或光学扭簧比较仪。

3.2

自由位置 free place

表示测量杆处于自由状态时的位置。

4 型式与基本参数

4.1 型式

测微计的型式见图1所示,图示仅供图解说明。

4.2 基本参数

测微计的示值范围见表1的规定。

表1

单位为微米

分度值	示值范围
	±100 标尺分度
0.1	±10
0.2	±20
0.5	±50
1	±100

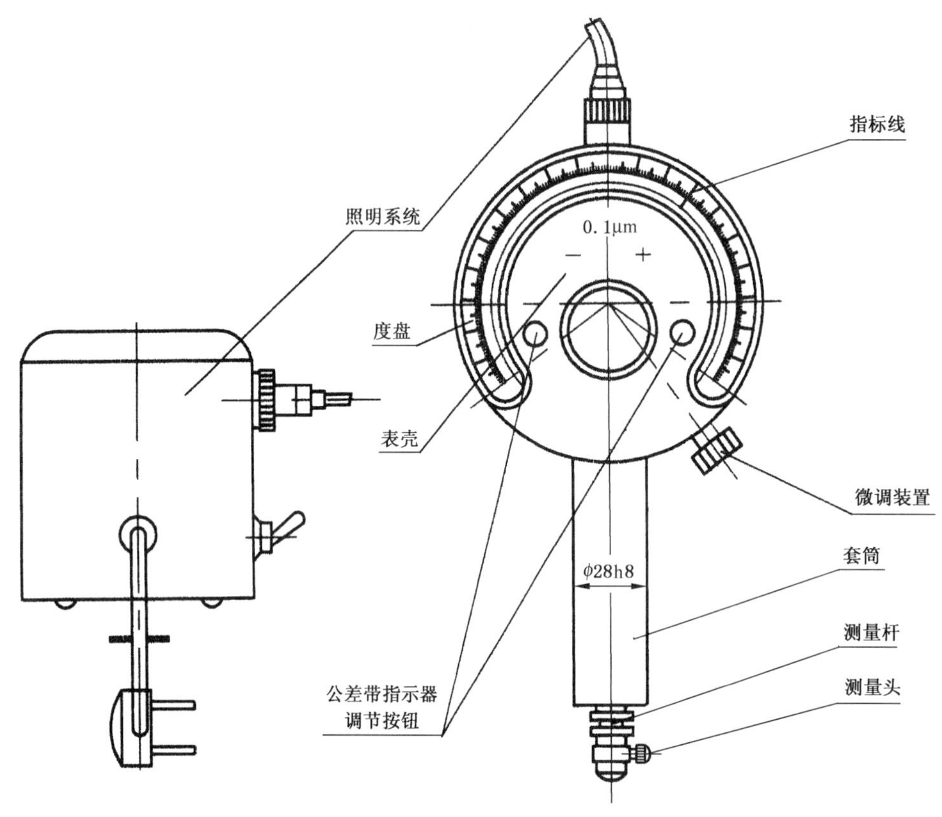

图 1

5 要求

5.1 外观

测微计测量头的测量面和夹持套筒的表面上不应有影响使用性能的锈蚀、碰伤、划痕等缺陷。

5.2 相互作用

测微计在正常使用状态下，测量机构的移动应平稳、灵活，无卡滞现象。

5.3 测量头、套筒

5.3.1 测微计测量头的测量面宜采用红宝石、玛瑙、硬质合金等耐磨的材料制造，其表面粗糙度 *Ra* 值不应大于 0.05 μm；钢制测量头的测量面硬度不应小于 760HV。

5.3.2 测微计应附有球面测量头。

5.3.3 测微计夹持套筒的直径应为 28h8，其表面粗糙度 *Ra* 值不应大于 0.4 μm。

5.3.4 测微计测量杆与测量头配合部分的直径应为 6h7。

5.4 度盘

5.4.1 标尺应按 0.1 μm 或 0.2 μm 或 0.5 μm 或 1 μm 分度值排列，且标尺标记清晰，背景反差适当，分度值应清晰地标记在度盘上。

5.4.2 度盘上应标有“+”、“−”符号。

5.4.3 表蒙应清晰透明，且无妨碍示值读数的缺陷。

5.4.4 标尺间距不应小于 0.9 mm。

5.4.5 标尺标记宽度应为 0.10 mm 至 0.20 mm 范围内，且宽度差不应大于 0.05 mm。

5.4.6 标尺标记长度不应小于标尺间距。

5.4.7 每 10 个标尺标记应为长标尺标记，每 10 个标尺标记应有标尺标数。

5.5 指标线

5.5.1 测量杆在自由位置时，指标线应位于“负(—)”方向的外侧。

5.5.2 指标线的指向应与标尺标记的方向一致，且整齐清晰。

5.5.3 指标线宽度应为 0.10 mm 至 0.20 mm 范围内，指标线宽度与度盘标尺标记宽度之差不应大于 0.05 mm。

5.5.4 测量时，指标线的摆动时间不应大于 1 s。

5.6 装置

5.6.1 测微计应具有调整零位的装置，其调整范围不应小于 6 个标尺分度。

5.6.2 测微计应具有限制测量杆行程的限程装置。

5.6.3 测微计应具有公差带指示器。

5.7 测量力

测微计的测量杆处于垂直向下位置时，其测量力范围和测量力变化的最大值见表 2 的规定。

表 2

分度值/μm	测量力范围/N	测量力变化/N
0.1	1 至 2	0.5
0.2		
0.5		0.7
1		

5.8 示值变化

当对测微计测量杆轴线的垂直方向施加 0.5 N 作用力时，其施加作用力与未施加作用力间的示值变化不应大于 1/2 分度值；当卸载作用力后，相对于原始位置时的示值变化不应大于 1/4 分度值。

5.9 允许误差和示值变动性

测微计测量头垂直向下时的允许误差和示值变动性不应大于表 3 的规定。

表 3

分度值/μm	允许误差/μm			示值变动性（分度值）
	0 至+30 标尺分度，0 至−30 标尺分度	0 至+60 标尺分度，0 至−60 标尺分度	0 至+100 标尺分度，0 至−100 标尺分度	
0.1	±0.05	±0.08	±0.10	1/3
0.2	±0.10	±0.15	±0.20	
0.5	±0.20	±0.30	±0.40	
1	±0.40	±0.60	±0.80	

5.10 附件

测微计应附有球面测帽 1 个、外接电源为交流电压 220 V 的照明灯源 1 套和备用灯泡 2 只。

6 检验方法

6.1 检验温度

检验前，测微计应与检测工具同时置于温度为20℃±2℃的环境中，待测微计的指标线稳定后，方可进行检测。

6.2 测量力

将测微计可靠地紧固在一测量力装置上，将测量杆从起点缓慢推升(正行程)至终点过程中抽取两点，其最小值作为测微计的最小测量力，其最大值作为测微计的最大测量力；取最大与最小测量力值之差作为测微计的测量力变化。

6.3 示值变化

将测微计可靠地紧固在一刚性较好的检具装置上，使其测量头与工作台上的量块测量面垂直接触；然后将指标线调整到度盘零位。检测时，采用专用的测力表在靠近测量头处以垂直于测量杆的轴线前、后、左、右四个方向上施加作用力，取四个方向中指标线相对于原始位置的最大变化值作为测微计的示值变化。

6.4 允许误差

将测微计可靠地紧固在一刚性较好的检具装置上，使其测量头与工作台上的量块测量面垂直接触；然后将指标线调整到零位附近，在零位两侧("+"方向和"−"方向)按+100标尺分度、+60标尺分度、+30标尺分度、−30标尺分度、−60标尺分度、−100标尺分度的检点，采用一定尺寸间距的量块逐一进行检测，取检点相对于零位点的指示值与标称值之差的最大值作为测微计的示值误差。若发生争议时，宜按每10个标尺分度逐一进行检测。分度值为1 μm的测微计的示值误差及判定结果示例见表4。

表4

示值误差/μm							判定结果
检点(标尺分度)							
−100	−60	−30	0	+30	+60	+100	
−0.7	−0.5	−0.3	0	+0.2	+0.5	+0.8	合格
□−0.9	□−0.7	□−0.5	0	+0.4	+0.6	□+1.1	不合格
−0.8	−0.6	−0.3	0	+0.4	+0.5	+0.8	合格
□−1.3	□−0.8	□−0.5	0	□−0.6	□−0.9	□−1.1	不合格
注：□内的数值为超出允许误差值。							

6.5 示值变动性

将测微计可靠地紧固在一刚性较好的检具装置上，使其测量头与工作台上的量块测量面垂直接触；然后，分别使指标线对准度盘上的零位、正极限(+)、负极限(−)等三个位置的标尺标记上，拨动测量杆5至10次，取最大示值与最小示值之差作为测微计的示值变动性。

7 标志与包装

7.1 测微计上至少应标有：

a) 制造厂厂名或注册商标；

b) 分度值；

c) 产品序号。

7.2 测微计包装盒上至少应标有：

a） 制造厂厂名或注册商标；

b） 产品名称；

c） 示值范围；

d） 分度值。

7.3 测微计在包装前应经过防锈处理并妥善包装，不得因包装不善而在运输过程中损坏产品。

7.4 测微计经检定符合本标准要求的应附有产品合格证，产品合格证上应标有本标准的标准号、产品序号和出厂日期。

ICS 17.040.30
J 42

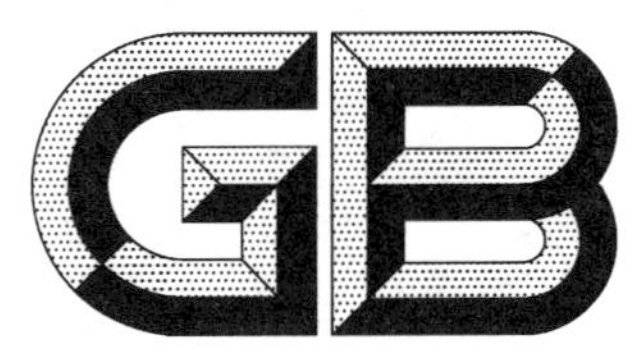

中华人民共和国国家标准

GB/T 8061—2004
代替 GB/T 8061—1987

杠杆千分尺

Micrometer with dial comparator

2004-02-10 发布　　2004-08-01 实施

中华人民共和国国家质量监督检验检疫总局
中国国家标准化管理委员会　发布

前　　言

本标准自实施之日起，代替 GB/T 8061—1987《杠杆千分尺》。

本标准与 GB/T 8061—1987 相比主要变化如下：

——增加了分度值为 0.001 mm、0.002 mm、0.005 mm(本版的 1)；

——修改了误差的定义(1987 年版的 1；本版的 3.2、3.3)；

——删除了指示表的示值范围(1987 年版的 2.2)；

——增加了数字显示等读数方式的示意图(本版的第 4.1)；

——修改了影响外观缺陷的要求(1987 年版的 3.1；本版的 5.1)；

——增加了尺架、测微螺杆、测砧的制造材料要求(本版的 5.2)；

——增加了测微螺杆伸出的圆柱部分直径规格(1987 年版的 2.3；本版的 5.4.1)；

——增加了测微螺杆伸出的圆柱部分长度(本版的 5.4.2)；

——增加了测微螺杆与螺母、轴套之间的配合要求(本版的 5.4.3、5.4.4)；

——修改了测量面测力及测力变化(1987 年版的 3.16；本版的 5.5)；

——增加了测微螺杆锁紧时两测量面间的距离变化(本版的 5.6)；

——增加了测量面的硬度(本版的 5.7.1)；

——修改了测量面的错位量要求(1987 年版的 3.7；本版的 5.7.4)；

——增加了微分筒上标尺分度和标尺间隔要求(本版的 5.8.1)；

——增加了微分筒上的标尺间距要求(本版的 5.8.2)；

——修改了标尺标记宽度下限值(1987 年版的 3.8；本版的 5.8.2)；

——增加了微分筒锥面的斜角要求(本版的 5.8.3)；

——增加了带计数器的要求(本版的 5.9)；

——修改了指示表指针的变动量(1987 年版的 3.18；本版的 5.10.6)；

——修改了指示表的示值误差(1987 年版的 3.18；本版的 5.11)；

——修改了校对量杆的长度公差值，取消了其平面度公差和平行度公差要求(1987 年版的 3.20；本版的 5.13.2)；

——检验方法不再作为附录(1987 年版的附录 A；本版的 6)；

——修改了指示表示值变动性的检验方法(1987 年版的附录 A6；本版的 6.6)。

本标准由中国机械工业联合会提出。

本标准由全国量具量仪标准化技术委员会归口。

本标准由青海量具刃具有限责任公司负责起草。

本标准主要起草人：严永红、张洪玲。

本标准所代替标准的历次版本发布情况为：

——GB/T 8061—1987。

杠 杆 千 分 尺

1 范围

本标准规定了杠杆千分尺的术语和定义、型式与基本参数、要求、检验方法和标志与包装等。

本标准适用于测微头的分度值为 0.01 mm、0.001 mm、0.002 mm、0.005 mm，量程为 25 mm，指示表的分度值为 0.001 mm 或 0.002 mm，测量上限 l_{max} 不应大于 100 mm 的杠杆千分尺。

2 规范性引用文件

下列文件中的条款通过本标准的引用而成为本标准的条款。凡是注日期的引用文件，其随后所有的修改单(不包括勘误的内容)或修订版均不适用于本标准，然而，鼓励根据本标准达成协议的各方研究是否可使用这些文件的最新版本。凡是不注日期的引用文件，其最新版本适用于本标准。

GB/T 17163—1997 几何量测量器具术语 基本术语

3 术语和定义

GB/T 17163—1997 中确立的以及下列术语和定义适用于本标准。

3.1

杠杆千分尺 micrometer with dial comparator

利用杠杆传动机构，将尺架上两测量面间的相对轴向运动转变为指示表指针的回转运动，由指示表读取两测量面间的微小位移量的微米级外径千分尺。

3.2

最大允许误差 maximun permissible error

由技术规范、规则等对杠杆千分尺规定的误差极限值。

3.3

(指示表的)最大允许误差 maximun permissible error of dial gauges

忽略了尺架、测微头的影响，仅针对指示表规定的误差极限值。

3.4

位置误差 position error

杠杆千分尺在垂直位置与水平位置时，杠杆千分尺上指示表的示值之差。

4 型式与基本参数

4.1 型式

杠杆千分尺的型式见图 1 所示，图示仅供图解说明。

4.2 基本参数

杠杆千分尺的测量范围宜为 0 mm～25 mm、25 mm～50 mm、50 mm～75 mm、75 mm～100 mm。

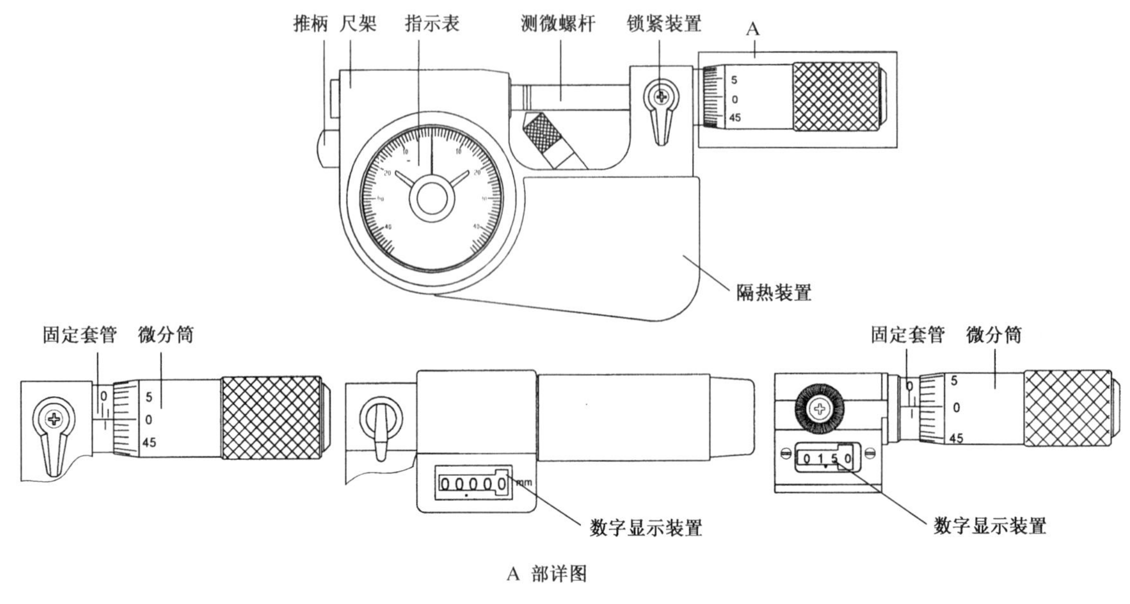

A 部详图

图 1

5 要求

5.1 外观

杠杆千分尺的测量面上不应有影响使用性能的锈蚀、碰伤、划痕、裂纹等缺陷。

5.2 材料

5.2.1 尺架应选择钢、可锻铸铁或其他类似性能的材料制造。

5.2.2 测微螺杆和测砧应选择合金工具钢、不锈钢或其他类似性能的材料制造，其测量面宜镶硬质合金或其他耐磨材料。

5.3 尺架

尺架应具有足够的刚性，尺架上宜安装隔热板或装置。

5.4 测微螺杆和活动测砧

5.4.1 测微螺杆伸出尺架的光滑圆柱部分的公称直径尺寸宜选择 6.5 mm、7.5 mm 或 8.0 mm。

5.4.2 杠杆千分尺在达到测量上限时，其测微螺杆伸出尺架的长度不应小于 3 mm。

5.4.3 测微螺杆和螺母之间在全量程范围内应充分啮合且配合应良好，不应出现卡滞和明显窜动。

5.4.4 测微螺杆伸出尺架的光滑圆柱部分与轴套之间的配合应良好，不应出现明显摆动。

5.4.5 活动测砧伸出尺架的长度不应小于 3 mm。

5.4.6 活动测砧的移动应平稳、灵活，其移动量应大于 0.5 mm。

5.5 测力装置

杠杆千分尺应具有测力装置。通过测力装置移动测微螺杆，并作用到测微螺杆测量面与球面接触的测力应在 5 N 至 10 N 之间，测力变化不应大于 2 N。

5.6 锁紧装置

杠杆千分尺应具有能有效地锁紧测微螺杆的装置；当锁紧时，两测量面间的距离与未锁紧时的变化差不应大于 0.3 μm。

5.7 测量面

5.7.1 合金工具钢测量面的硬度不应小于 760 HV1(或 62 HRC)，不锈钢测量面的硬度不应小于 575 HV5(或 53 HRC)。

5.7.2 测量面的边缘应倒钝，其平面度误差不应大于 0.3 μm(距测量面边缘为 0.4 mm 的区域内不计)。

5.7.3 两测量面间的平行度误差不应大于表1的规定。

表1

指示表的分度值/mm	平行度公差/μm	
	用平晶检定	用量块检定
0.001	0.6	1.0
0.002	1.0	1.2

5.7.4 杠杆千分尺两测量面不应有明显的偏位。

5.8 标尺

5.8.1 微分筒上应有50或100个标尺分度。

5.8.2 微分筒上的标尺间距不应小于0.8 mm,标尺标记的宽度应在0.08 mm至0.20 mm之间。

5.8.3 微分筒上圆锥面的斜角宜在7°至20°范围内;微分筒圆锥面棱边至固定套管表面的距离不应大于0.4 mm。

5.8.4 固定套管上的标尺标记与微分筒上的标尺标记应清晰,其宽度差不应大于0.03 mm。

5.8.5 杠杆千分尺对零位时,微分筒圆锥面的端面棱边至固定套管标尺标记的距离,允许压线不大于0.05 mm、离线不大于0.10 mm。

5.9 数字显示装置

当移动带计数器杠杆千分尺的测微螺杆时,其计数器应按顺序进位,无错乱显示现象;微分筒指示值与计数器读数值的差值不应大于3 μm;各位数字码和不对零时的各位数字码(尾数不进位时除外)的中心应在平行于测微螺杆轴线的同一直线上。

5.10 指示表

5.10.1 公差指示器应调整方便,在工作状态下不应有变动。

5.10.2 调零机构应方便可靠,调整范围不应小于+5分度至−5分度,在工作状态下零位不应有变动。

5.10.3 表盘上的标尺标记应清晰,标尺间距不应小于0.8 mm,标尺标记的宽度应在0.08 mm至0.20 mm之间,标尺标记的宽度差不应大于0.05 mm。

5.10.4 指针的尖端宽度应在0.1 mm至0.2 mm之间,指针尖端的下表面与表盘表面间的距离不应大于0.5 mm,指针尖端应盖住短标尺标记长度的30%至80%。

5.10.5 在未锁紧测微螺杆的情况下,沿测微螺杆的轴线方向作用10 N的力时,指针的转动量不应超过1/2个分度。

5.10.6 在锁紧测微螺杆时,分度值为0.001 mm指示表的指针转动量不应超过1/3个分度,分度值为0.002 mm指示表的指针转动量不应超过1/4个分度。

5.11 (指示表的)最大允许误差、示值变动性和位置误差

指示表的最大允许误差、示值变动性和位置误差不应大于表2的规定。

表2

指示表的分度值/mm	指示表的最大允许误差/μm			示值变动性/μm	位置误差/μm
	0至±20分度范围内	±20分度至±30分度范围内	全示值范围		
0.001	±0.5	±1.0	±1.5	0.3	0.2
0.002	±1.0	±2.0	±3.0	0.5	0.4

5.12 最大允许误差

杠杆千分尺的最大允许误差不应大于表3的规定。

表3

测量上限 l_{max}/mm	最大允许误差/μm
$l_{max} \leqslant 50$	3.0
$50 < l_{max} \leqslant 100$	4.0

5.13 校对量杆和调整工具

5.13.1 杠杆千分尺应提供用于调整零位和补偿测微螺杆与螺母螺纹之间磨损的调整工具。

5.13.2 测量上限等于或大于50 mm的杠杆千分尺应提供校对量杆，校对量杆的标称尺寸和尺寸偏差见表4的规定、测量面的硬度不应小于760 HV1(或62 HRC)及表面粗糙度 Ra 值不应大于0.025 μm。

表4

校对量杆的标称尺寸/mm	校对量杆的尺寸偏差/μm
25	±0.3
50	±0.4
75	±0.5

6 检验方法

6.1 测力

将活动测砧按其轴线垂直于水平面安装，在借助一钢球将测量面的测量力作用于感量不大于0.2 N的测力计上，由指示表示值范围的两个极限位置上(+30分度、-30分度)的测量力的算术平均值，即为杠杆千分尺的测量力值；两个极限位置上(+30分度、-30分度)的测量力值之差，即为杠杆千分尺的测量力变化。

6.2 锁紧装置

调整指针与任意标尺标记重合，然后锁紧测微螺杆，由指示表上读取指针偏离基准标尺标记的距离。

6.3 测量面的平行度

采用光学平行平晶(1级)进行检验，测量面上不应出现两条以上的相同颜色的干涉环或干涉带。检验时应调整平晶使测量面上的干涉带或干涉环的数目应尽可能少，或使其产生封闭的干涉环。

6.4 测量面的平面度

采用光学平面平晶(1级)进行检验，测量面上不应出现1条以上的相同颜色的干涉环或干涉带。检验时应调整平晶使测量面上的干涉带或干涉环的数目应尽可能少，或使其产生封闭的干涉环。

6.5 (指示表的)最大允许误差

在杠杆千分尺的两测量面之间放置尺寸为1 mm的量块并校准零位；然后参用下述规定的量块组依次放置各量块进行检测，并由指示表上读取各受检点的示值偏差，其偏差值的最大值即为指示表的示值误差。0至±20分度范围内每隔2个分度为一受检点，±20分度至±30分度范围内每隔10个分度为一受检点。

a) 指示表分度值为0.001 mm的杠杆千分尺采用尺寸为0.950 mm、0.960 mm、0.970 mm、0.980 mm、0.982 mm、0.984 mm、0.986 mm、0.988 mm、0.990 mm、0.992 mm、0.994 mm、0.996 mm、0.998 mm、1.000 mm、1.002 mm、1.004 mm、1.006 mm、1.008 mm、1.010 mm、1.012 mm、1.014 mm、1.016 mm、1.018 mm、1.020 mm、1.030 mm、1.040 mm、1.050 mm的量块组。

b) 指示表分度值为0.002 mm的杠杆千分尺采用尺寸为0.940 mm、0.960 mm、0.964 mm、0.968 mm、0.972 mm、0.976 mm、0.980 mm、0.984 mm、0.988 mm、0.992 mm、0.996 mm、1.000 mm、1.004 mm、1.008 mm、1.012 mm、1.016 mm、1.020 mm、1.024 mm、1.028 mm、1.032 mm、1.036 mm、1.040 mm、1.060 mm的量块组。

6.6 指示表的示值变动性

在杠杆千分尺的两测量面之间放置一量块或球面测头，使指示表指针从负方向(－)向正方向(＋)转动到任意位置，并锁紧测微螺杆；推动拨杆，重新校准作为受检点，然后拨动推杆5～10次，待指示表机构稳定后，取指针偏离受检点的最大值即为指示表的示值变动性。

6.7 位置误差

以指示表上的零位和两个极限位置(＋30分度和－30分度)作为受检点。检测时，先在水平面内调整指针与受检点标尺标记重合；然后锁紧测微螺杆，在垂直面任意方位上读取指针偏离受检点标尺标记的距离。检测读数时不应拨动推杆。

6.8 最大允许误差

将杠杆千分尺紧固在夹具上，校准零位后，依次在两测量面之间先后放置一组尺寸系列为2.5 mm、5.1 mm、7.7 mm、10.3 mm、12.9 mm、15.0 mm、17.6 mm、20.2 mm、22.8 mm和25 mm的准确度级别为1级的专用量块进行检验，由杠杆千分尺指示表上的指示值与上述10个位置上与量块尺寸的10个差值，以其中最大差值的绝对值作为杠杆千分尺的示值误差。

对于测量上限等于或大于50 mm的杠杆千分尺，需采用适应于各种测量范围的专用量块或将量块研合进行检验，其计算方法同上述方法。

7 标志与包装

7.1 杠杆千分尺上至少应标有：

a) 制造厂厂名或注册商标；

b) 测量范围；

c) 指示表的分度值；

d) 产品序号。

7.2 校对量杆上应标志长度标称尺寸。

7.3 杠杆千分尺包装盒上至少应标有：

a) 制造厂厂名或注册商标；

b) 产品名称；

c) 测量范围。

7.4 杠杆千分尺在包装前应经过防锈处理并妥善包装，不得因包装不善而在运输过程中损坏产品。

7.5 杠杆千分尺经检定符合本标准要求的应附有产品合格证，产品合格证上应标有本标准的标准号、产品序号和出厂日期。

ICS 17.040.30
J 42

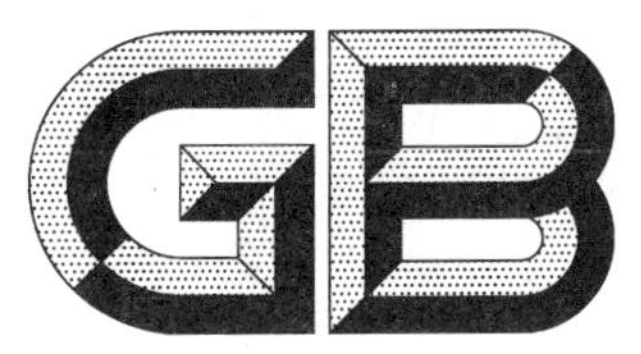

中华人民共和国国家标准

GB/T 8122—2004
代替 GB/T 8122—1987

内径指示表

Dial bore gauges

2004-02-10 发布　　　　2004-08-01 实施

中华人民共和国国家质量监督检验检疫总局
中国国家标准化管理委员会　发布

前　言

本标准是对 GB/T 8122—1987《内径百分表》的修订，本标准自实施之日起，代替 GB/T 8122—1987《内径百分表》。

本标准与 GB/T 8122—1987 相比主要变化如下：

——将内径百分表和内径千分表统称为内径指示表；

——适用范围增加了数显指示表；

——增加了分度值为 0.001 mm 的内径指示表；

——用允许误差、重复性误差的定义代替示值总误差和示值变动性；

——增加了术语和定义(本版的 3.2、3.3、3.4、3.6)；

——删除了术语和定义(1987 年版的 1.3、1.4)；

——修改了手柄下部长度 H 值(1987 年版的 2.2、本版的 4.2)；

——修改了示值总误差值和相邻误差值(1987 年版的 3.3；本版的 5.4)；

——修改了测量力和接触压力值(1987 年版的 3.4；本版的 5.5)；

——修改了测量面硬度和表面粗糙度仅作定性规定(1987 年版的 3.5、3.6；本版的 5.3.1)；

——增加了测量面的曲率半径要求(本版的 5.3.2)；

——检验方法不再作为附录(1987 年版的附录 A；本版的 6)；

本标准由中国机械工业联合会提出。

本标准由全国量具量仪标准化技术委员会归口。

本标准由无锡广陆仪表有限公司负责起草。

本标准主要起草人：吴纪岳、陶葆祥。

本标准所代替标准的历次版本发布情况为：

——GB/T 8122—1987。

内 径 指 示 表

1 范围

本标准规定了内径指示表的术语和定义、型式与基本参数、要求、检验方法和标志与包装等。

本标准适用于分度值或分辨力为0.01 mm和0.001 mm,测量范围l为6 mm至450 mm的内径指示表。

2 规范性引用文件

下列文件中的条款通过本标准的引用而成为本标准的条款。凡是注日期的引用文件,其随后所有的修改单(不包括勘误的内容)或修订版均不适用于本标准,然而,鼓励根据本标准达成协议的各方研究是否可使用这些文件的最新版本。凡是不注日期的引用文件,其最新版本适用于本标准。

GB/T 17163—1997 几何量测量器具术语 基本术语

3 术语和定义

GB/T 17163—1997中确立的以及下列术语和定义适用于本标准。

3.1

内径指示表 dial bore gauges

利用机械传动系统,将活动测量头的直线位移转变为指针在圆刻度盘上的角位移,并由刻度盘进行读数的内尺寸测量器具。

3.2

相邻误差 adiacent error

内径指示表相邻受检点之间规定的误差极限值。

3.3

定中心误差 central error

在测量中,定位护桥式内径指示表的活动测量头和可换测量头与校对环规接触点的连线偏离校对环规的直径所引起的误差。

3.4

工作行程 operation travel

内径指示表测量头用于测量的移动范围。

3.5

预压量 preset compression travel

内径指示表测量头工作行程前的预先压缩量。

3.6

手柄下部长度 lenth below grip

隔热手柄下端至测量头中心线的距离。

4 型式与基本参数

4.1 型式

内径指示表的型式见图1所示,图示仅供图解说明。

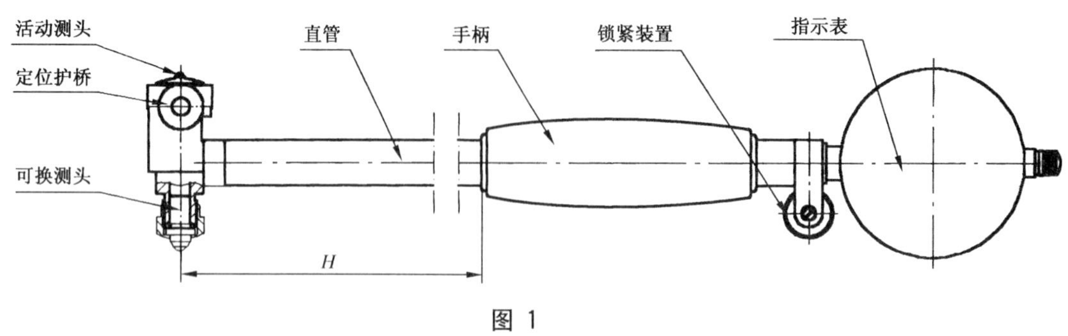

图 1

4.2 基本参数

内径指示表的测量范围、活动测量头的工作行程及预压量和手柄下部长度见表 1 的规定。

表 1

单位为毫米

<table>
<tr><th>分度值</th><th>测量范围</th><th>活动测量头的工作行程</th><th>活动测量头的预压量</th><th>手柄下部长度 H</th></tr>
<tr><td rowspan="8">0.01</td><td>6 至 10</td><td>≥0.6</td><td rowspan="9">0.1</td><td rowspan="15">≥40</td></tr>
<tr><td>10 至 18</td><td>≥0.8</td></tr>
<tr><td>18 至 35</td><td>≥1.0</td></tr>
<tr><td>35 至 50</td><td>≥1.2</td></tr>
<tr><td>50 至 100</td><td rowspan="4">≥1.6</td></tr>
<tr><td>100 至 160</td></tr>
<tr><td>160 至 250</td></tr>
<tr><td>250 至 450</td></tr>
<tr><td rowspan="7">0.001</td><td>6 至 10</td><td>≥0.6</td></tr>
<tr><td>18 至 35</td><td rowspan="6">≥0.8</td><td rowspan="6">0.05</td></tr>
<tr><td>35 至 50</td></tr>
<tr><td>50 至 100</td></tr>
<tr><td>100 至 160</td></tr>
<tr><td>160 至 250</td></tr>
<tr><td>250 至 450</td></tr>
</table>

5 要求

5.1 外观

内径指示表各镀层、喷漆表面及测量头的测量面上不应有影响使用性能的锈蚀、碰伤、划痕等缺陷。

5.2 相互作用

内径指示表在正常使用状态下，测量机构的移动应平稳、灵活，无卡滞现象。

5.3 测量面

5.3.1 内径指示表测量头的测量面应由坚硬耐磨的材料制造，其表面应具有适当的表面粗糙度。

5.3.2 内径指示表测量头的测量面曲率半径不应大于测量下限值的 1/3。

5.4 误差

内径指示表的允许误差、相邻误差、定中心误差和重复性误差不应大于表 2 的规定。

表 2

分度值	测量范围 l	最大允许误差	相邻误差	定中心误差	重复性误差
mm		μm			
0.01	$6 \leqslant l \leqslant 10$	±12	5	3	3
	$10 < l \leqslant 18$				
	$18 < l \leqslant 50$	±15			
	$50 < l \leqslant 450$	±18	6		
0.001	$6 \leqslant l \leqslant 10$	±5	2	2	2
	$10 < l \leqslant 18$				
	$18 < l \leqslant 50$	±6	3		
	$50 < l \leqslant 450$	±7		2.5	

注 1:允许误差、相邻误差、定中心误差、重复性误差值为温度在 20℃时的规定值。

注 2:用浮动零位时,示值误差值不应大于允许误差“±”符号后面对应的规定值。

5.5 测量力

内径指示表活动测量头的测量力、定位护桥的接触压力不应大于表 3 的规定;在任何位置时,定位护桥的接触压力大应于活动测量头的测量力。

表 3

测量范围 l/mm	活动测量头的测量力/N	定位护桥的接触压力/N
$6 \leqslant l \leqslant 35$	4	8
$35 < l \leqslant 100$	5	10
$100 < l \leqslant 450$	6	15

6 检验方法

6.1 允许误差和相邻误差

6.1.1 将分度值或分辨力为 0.01 mm 的指示表安装在表架上,压缩指示表测量杆,使指示表指针旋转约 1 转(或数显指示表的相应行程),指针应指向在测量杆轴线方向的左上侧,然后将指示表夹紧。将内径指示表安装在专用检具(该检具 5 mm 长度内的示值误差的不确定度不应大于 2.0 μm,每 0.1 mm 长度内的示值误差的不确定度不应大于 1.0 μm)上,旋转检具上的测微头,对内径指示表进行预压量压缩后,再对指示表进行零位校准。然后,逐渐向一个方向压缩测量头,每隔 0.1 mm 间距进行一次检测,直至工作行程的终点。根据所检点的读数值绘制校准曲线见图 2,确定其示值误差和相邻误差。

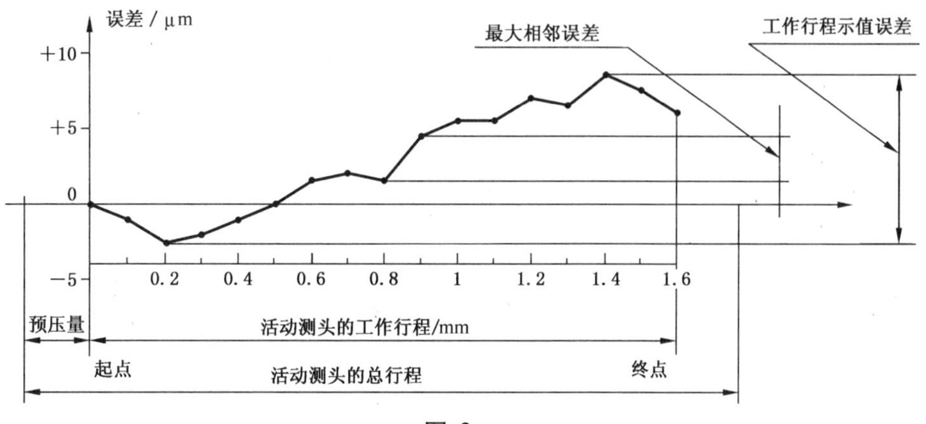

图 2

6.1.2 分度值或分辨力为 0.001 mm 的指示表采用千分表检查仪或万能测长仪进行检测；也可用 6.1.1规定的方法进行检测，其中压缩测量杆使指示表指针旋转约 1/4 转（或数显指示表的相应行程），专用检具的示值误差的不确定度应不大于 0.5 μm。

6.2 重复性误差

在工作行程内的任意位置上进行检测。首先将内径指示表的测量头放进光滑环规（其参数见表 4）内，然后在测量头轴线和直管轴线所在平面内往复摆动内径指示表，在光滑环规的轴向平面内找到最小读数（转折点），确定指示表的读数。在光滑环规的同一位置上重复进行 5 次，取其中最大读数值与最小读数值之差，即为内径指示表的重复性误差。

表 4

环规的内径尺寸 D/mm	环规内径的圆柱度公差值/μm	环规测量面的表面粗糙度 Ra 值/μm
$D \leqslant 50$	2.0	0.10
$50 < D \leqslant 160$	2.5	
$160 < D \leqslant 450$	3.0	

6.3 定中心误差

定位护桥式内径指示表的定中心误差采用内径尺寸接近测量下限的光滑环规进行检测。首先取下（或压缩）内径指示表的定位护桥；其次将内径指示表的测量头放进光滑环规内，在环规的轴向平面内找到最小读数（转折点）和径向平面内找到最大读数（转折点），在光滑环规的同一位置上重复进行 3 次，取平均值，以此平均值确定内径指示表的零位；然后安上或放松定位护桥，再放进光滑环规内的同一位置上，在环规的轴向平面内找到最小读数（转折点），重复进行 3 次，取其平均值作为内径指示表的定中心误差。也可用量块与量块附件组合的内尺寸与光滑环规检测定中心装置的正确性。

6.4 测量力和接触压力

6.4.1 定位护桥式内径指示表活动测量头的测量力应采用感量不大于 0.2 N 的测力计进行检测。首先使活动测量头的轴线与测力计的称盘垂直，然后将活动测量头压向称盘，由测力计上分别读出工作行程的起点和终点位置的读数。

6.4.2 定位护桥式内径指示表定位护桥的接触压力应采用感量不大于 0.2 N 的测力计进行检测。首先将定位护桥式内径指示表分别放入内径尺寸等于测量上限和下限的光滑环规内，再对定位护桥在此两位置时分别作出标记；然后将定位护桥的接触面与放在测力计上的一个圆筒形辅助台的端面接触（活动测量头不应与辅助台接触），并向下压，当定位护桥压缩到测量上限和测量下限所处的标记位置时，分别在测量装置上读数；各读数减去圆筒形辅助台的重量，即为定位护桥的接触压力值。

6.5 检定条件

内径指示表和检具在检定室内的平衡温度的时间一般不应少于 2 h。

7 标志与包装

7.1 内径指示表上至少应标有：

a) 制造厂厂名或注册商标；

b) 测量范围；

c) 分度值；

d) 产品序号。

7.2 可换测量头上应标志其测量范围或测量范围的下限值；也允许将其测量范围或测量范围的下限值标在特制的标牌上。

7.3 内径指示表包装盒上至少应标有：

a) 制造厂厂名或注册商标；

b） 产品名称；

c） 测量范围；

d） 分度值。

7.4 内径指示表在包装前应经过防锈处理并妥善包装，不得因包装不善而在运输过程中损坏产品。

7.5 内径指示表经检定符合本标准要求的应附有产品合格证，产品合格证上应标有本标准的标准号、产品序号和出厂日期。

ICS 17.040.30
J 42

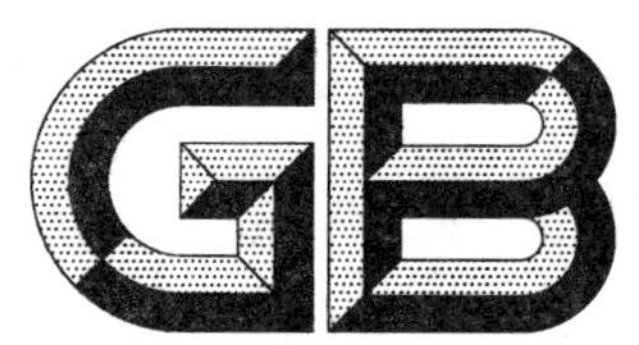

中华人民共和国国家标准

GB/T 8123—2007
代替 GB/T 8123—1998

杠杆指示表

Dial test indicators

2007-04-30 发布　　　　2007-10-01 实施

中华人民共和国国家质量监督检验检疫总局
中国国家标准化管理委员会　发布

前　言

请注意：本标准的某些内容有可能涉及专利，本标准的发布机构不应承担识别这些专利的责任。

本标准代替 GB/T 8123—1998《杠杆指示表》。

本标准与 GB/T 8123—1998 的主要差异如下：

——增加了杠杆指示表的品种和规格(本版的第 1 章)；

——增加了规范性引用文件(本版的第 2 章)；

——修改了术语和定义的内容(1998 版的第 2 章；本版的第 3 章)；

——增加了杠杆指示表夹持杆直径的规格(1998 版的 3.2；本版的 4.2)；

——增加了对表蒙、标尺标记、显示屏的技术要求(本版的 5.1.2、5.1.3、5.3.3、5.3.4)；

——删除了对指针转动方向的限制要求。即：将指针“应”按顺时针方向转动，改为“宜”按顺时针方向转动，也可按杠杆测头摆动方向的改变而改变指针的转动方向(1998 版的 4.4.1；本版的 5.4.1)；

——增加了对指针针位的要求(本版的 5.4.2、5.4.5)；

——删除了对杠杆测头直径的要求(1998 版的 4.5.1；本版的 5.5.1)；

——增加了对杠杆测头表面硬度及粗糙度的要求(本版的 5.5.2)；

——增加了对电子显示器性能及其防护性的要求(本版的 5.6)；

——增加了对电子数显杠杆指示表通讯接口的要求(本版的 5.7)；

——增加了对电子数显杠杆指示表抗静电干扰能力和电磁干扰能力的要求(本版的 5.8)；

——修改了杠杆指示表最小行程的要求(1998 版的 4.6；本版的 5.9)；

——增加了对电子数显杠杆指示表响应速度的要求(本版的 5.11)；

——调整了主要技术指标的规定值，在具体要求项目上参照了 DIN 2270 及 ISO 标准(1998 版的 4.8、表 1；本版的 5.13.1、5.13.2)；

——增加了试验方法(本版的第 6 章)；

——增加了检查条件(本版的第 7 章)；

——将“检验方法”改称“检查方法”，以使得在术语上更明确统一，并对具体检查项目的检查方法叙述上作了改动(1998 版的第 5 章；本版的第 8 章)。

本标准由中国机械工业联合会提出。

本标准由全国量具量仪标准化技术委员会(SAC/TC 132)归口。

本标准负责起草单位：桂林量具刃具厂。

本标准参加起草单位：威海市量具厂有限公司、成都成量工具有限公司、哈尔滨量具刃具集团有限责任公司和上海量具刃具厂。

本标准主要起草人：赵伟荣、李琼、车兆平、袁永秀、张伟、田世国、周国明。

本标准所代替标准的历次版本发布情况为：

——GB/T 8123—1987、GB/T 8123—1998；

——GB/T 6310—1986。

杠杆指示表

1 范围

本标准规定了杠杆指示表的术语和定义、型式与基本参数、要求、试验方法、检查条件、检查方法、标志与包装等。

本标准适用于分度值(分辨力)为0.01 mm、量程不超过1.6 mm,分度值(分辨力)为0.001 mm和0.002 mm、量程不超过0.4 mm的杠杆指示表。

注:按指示装置划分,杠杆指示表又分为"指针式杠杆指示表"和"电子数显杠杆指示表"。

2 规范性引用文件

下列文件中的条款通过本标准的引用而成为本标准的条款。凡是注日期的引用文件,其随后所有的修改单(不包括勘误的内容)或修订版均不适用于本标准,然而,鼓励根据本标准达成协议的各方研究是否可使用这些文件的最新版本。凡是不注日期的引用文件,其最新版本适用于本标准。

GB/T 2423.3—1993 电工电子产品基本环境试验规程 试验Ca:恒定湿热试验方法(eqv IEC 60068-2-3:1984)

GB/T 2423.22—2002 电工电子产品环境试验 第2部分:试验方法 试验N:温度变化(IEC 60068-2-14:1984,Basic environmental testing procedures Part 2:Tests—Test N:Change of temperature,IDT)

GB 4208—1993 外壳防护等级(IP代码)(eqv IEC 529:1989)

GB/T 17163 几何量测量器具术语 基本术语

GB/T 17626.2—1998 电磁兼容 试验和测量技术 静电放电抗扰度试验(idt IEC 61000-4-2:1995)

GB/T 17626.3—1998 电磁兼容 试验和测量技术 射频电磁场辐射抗扰度试验(idt IEC 61000-4-3:1995)

3 术语和定义

GB/T 17163中确立的以及下列术语和定义适用于本标准。

3.1

指针式杠杆指示表 dial test indicator with analogue indication

利用机械传动系统,将杠杆测头的摆动位移量转变为指针在度盘上的角位移,并由度盘上的标尺进行读数的测量器具。

注:分度值为0.01 mm的又称为杠杆百分表;分度值为0.001 mm、0.002 mm的又称为杠杆千分表。

3.2

电子数显杠杆指示表 dial test indicator with electronic digital display

利用机械传动系统,将杠杆测头的摆动位移量通过位移传感器转化为电子数字显示的测量器具。

注:分辨力为0.01 mm的又称为电子数显杠杆百分表;分辨力为0.001 mm的又称为电子数显杠杆千分表。

3.3

浮动零位 floating zero

杠杆指示表在测量范围内任意位置设定的零位。

3.4

测杆自由位置 position of idle contact point

表示杠杆指示表测杆处于其杠杆测头在非接触状态时的位置。

3.5

行程 moving range

杠杆指示表杠杆测头在受到与测杆轴线相垂直方向的位移驱动下,从自由位置单向摆动到一侧极限位置时杠杆测头中心沿驱动方向的位移值。

3.6

单向量程示值误差 f_e

是指测杆摆动方向与测力方向相反时,在示值范围内实际误差曲线纵坐标上最高点和最低点之间的距离(带宽)。对A向和B向两个方向都适用(见图5)。

3.7

双向量程示值误差 f_{ges}

是指测杆摆动方向与测力方向不仅相反而且相同时,在示值范围内实际误差曲线纵坐标上最高点和最低点之间的距离(带宽)。对A向和B向两个方向都适用(见图5)。

3.8

响应速度 response speed

电子数显杠杆指示表能正常显示数值时,杠杆测头摆动的最大线速度。

3.9

最大允许误差(MPE) maximum permissible error

由技术规范、规则等对杠杆指示表规定的误差极限值。

4 型式与基本参数

4.1 杠杆指示表的型式见图1、图2所示。图示仅供图解说明,不表示详细结构。

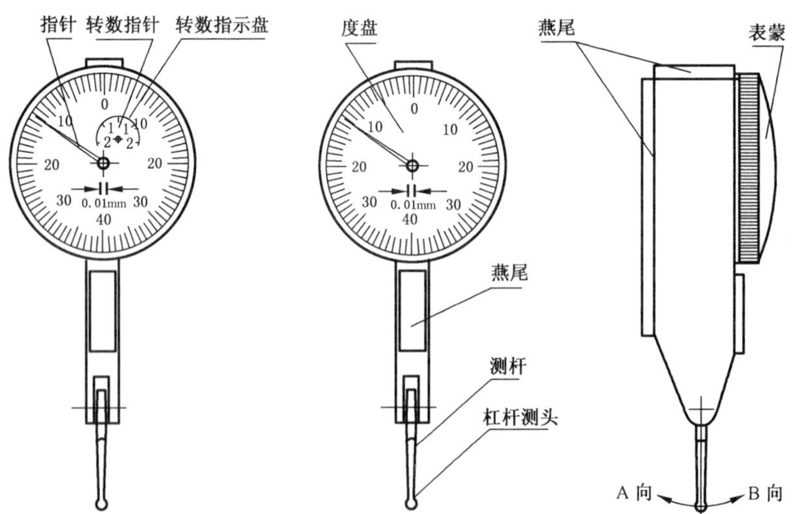

图1 指针式杠杆指示表的型式示意图

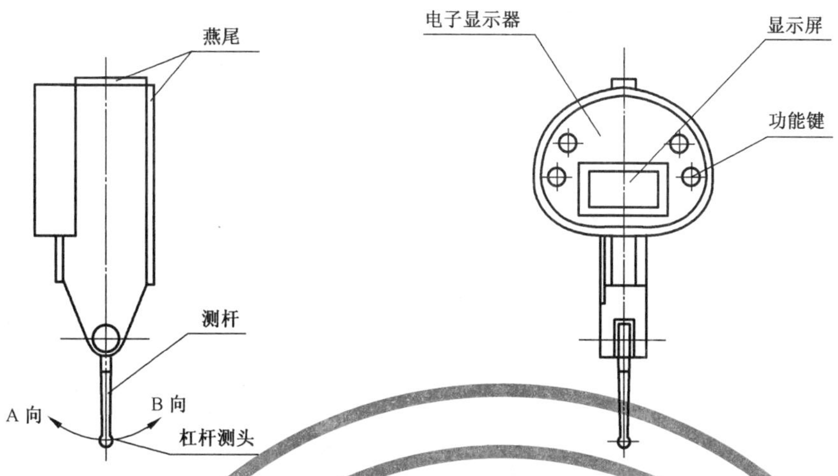

图 2　电子数显杠杆指示表的型式示意图

4.2　杠杆指示表的联接尺寸(夹持杆和燕尾)应符合图 3 的规定。图示仅供图解说明，不表示详细结构。

单位为毫米

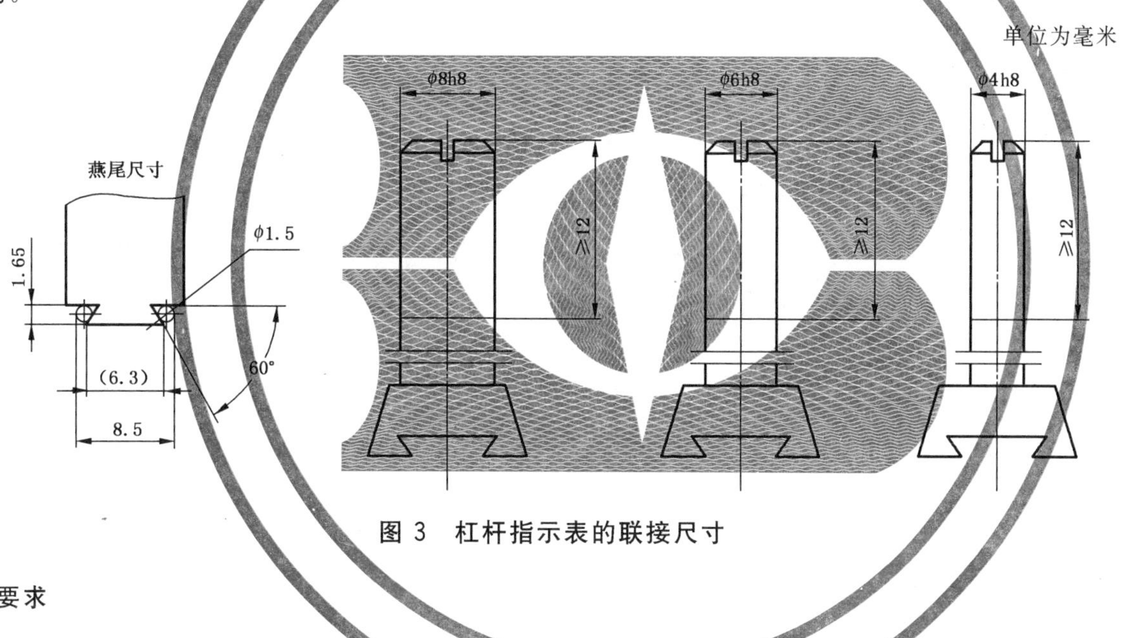

图 3　杠杆指示表的联接尺寸

5　要求

5.1　外观

5.1.1　杠杆指示表不应有影响使用性能的外部缺陷。

5.1.2　表蒙、显示屏应透明、清洁、无划痕、气泡等影响读数的缺陷。

5.1.3　标尺标记不应有目力可见的断线、粗细不均及影响读数的其他缺陷。

5.2　相互作用

杠杆指示表在正常使用状态下，杠杆测头和指针的转动应平稳、灵活、无卡滞、突跳和松动现象。

5.3　度盘

5.3.1　标尺应按 0.01 mm、0.001 mm(或 1 μm)或 0.002 mm(或 2 μm)分度值排列，且标尺标记清晰，背景反差适当。分度值应清晰地标记在度盘上，其标尺排列方式见图 4 所示。

5.3.2　(在指针尖端处检查的)标尺间距应符合表 1 的规定。

5.3.3　标尺标记宽度应符合表 1 的规定，且宽度应一致。

5.3.4　标尺标记长度不应小于标尺间距。

5.3.5　度盘上每隔 5 个标尺标记应以长标尺标记；每隔 10 个标尺标记应有标尺标数，且标尺标数应与度盘上的标尺标记分度值相对应。见图 4 所示。

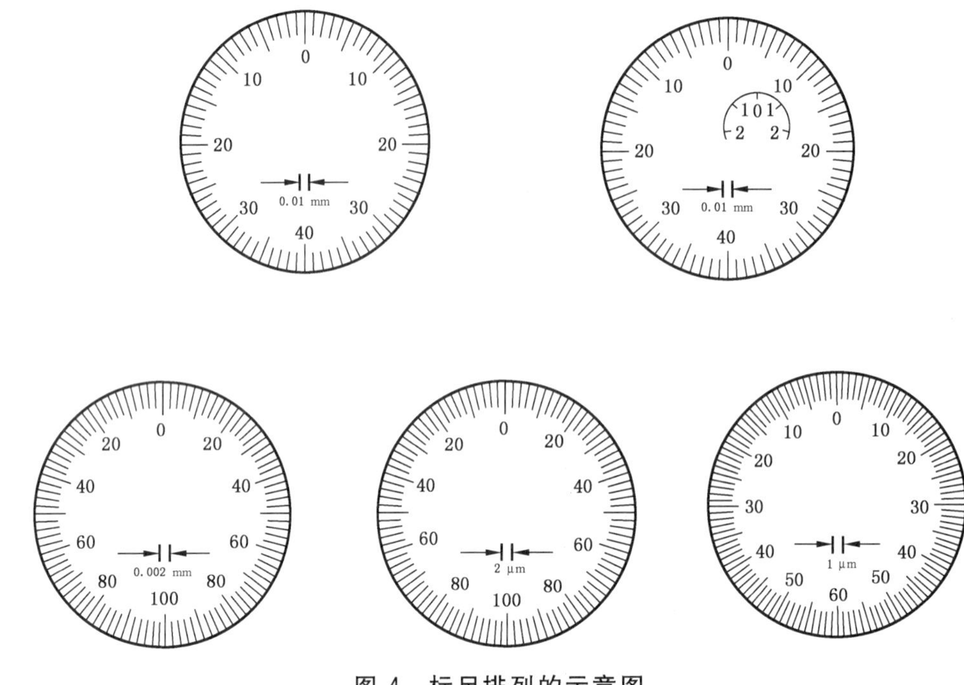

图 4　标尺排列的示意图

表 1

单位为毫米

分　度　值	标尺间距	标尺标记宽度
0.01	≥1.0	0.10～0.20
0.002	≥0.8	
0.001	≥0.7	

5.4　指针

5.4.1　杠杆测头从自由位置摆动时，指针宜按顺时针方向转动。也可按杠杆测头摆动方向的改变而改变指针的转动方向。

5.4.2　测杆处于自由位置时，且“零”标尺标记处于 12 点钟方位时，指针的位置应符合表 2 的规定。

表 2

分度值/mm	指针的位置	
	指针单向转动的杠杆指示表	指针双向转动的杠杆指示表
0.01	从“零”位置开始，反时针方向 45°～90°之间	“零”位置方位，±1 个标尺标记
0.002	从“零”位置开始，反时针方向 5～10 个标尺标记内	“零”位置方位，±2 个标尺标记
0.001		

5.4.3　指针尖端宽度应与标尺标记宽度一致，相互差不应大于 0.10 mm。

5.4.4　指针长度应保证指针尖端位于短标尺标记长度的 30%～80%之间。

5.4.5　指针尖端与度盘表面间的间隙不应大于 0.7 mm。

5.4.6　带有转数指示盘的杠杆指示表，当转数指针指示在整数转时，指针偏离零位不应大于 10 个标尺标记。

5.5　杠杆测头

5.5.1　杠杆测头外形应为球形或渐开线形。

5.5.2　杠杆测头应由坚硬耐磨的材料制造，其表面硬度不应低于 766 HV(或 62 HRC)，表面粗糙度

Ra 值不应大于 0.1 μm。

5.5.3 杠杆测头在 3 N～8 N 的外力作用下，应保证其在图 1、图 2 所示位置 A 向和 B 向两侧方向每侧至少转动 90°。

5.6 电子显示器性能

5.6.1 数字显示应清晰、完整、无闪跳现象，字高不宜小于 4 mm。

5.6.2 各功能键应灵敏、可靠、标注符号或图文应清晰且含义准确、易懂。

5.6.3 电子数显杠杆指示表测量杆在任意位置时，其显示数值的漂移不应大于 1 个分辨力值。

5.6.4 电子数显杠杆指示表的工作电流不宜大于 25 μA。

5.6.5 电子数显杠杆指示表应能在环境温度为 0℃～40℃，相对湿度不大于 80%的条件下正常工作。

5.6.6 电子数显杠杆指示表的电子显示器部分应具有防尘、防水能力，其防护等级不应低于 IP40（见 GB 4208—1993）。

5.7 通讯接口

5.7.1 制造商应能够提供电子数显杠杆指示表与其他设备之间的通讯电缆和通讯软件。

5.7.2 通讯电缆应能将电子数显杠杆指示表的输出数据转换为 RS-232 或 USB 的输出接口型式。

5.8 抗静电干扰能力和电磁干扰能力

电子数显杠杆指示表的抗静电干扰能力和电磁干扰能力均不应低于 1 级（见 GB/T 17626.2—1998、GB/T 17626.3—1998）。

5.9 行程

杠杆指示表的行程应超过规定量程 25%～50%。

5.10 零位调整

杠杆指示表应具有调零功能，且应保证所调整位置的可靠保持。

5.11 响应速度

电子数显杠杆指示表的杠杆测头摆动时，分辨力为 0.01 mm 的电子数显杠杆指示表的响应速度不应小于 0.5 m/s，分辨力为 0.001 mm 的电子数显杠杆指示表的响应速度不应小于 0.3 m/s。

5.12 测量力

杠杆指示表工作时的测量力均不应大于 0.5 N，测量力变化均不应大于 0.2 N。

5.13 允许误差

5.13.1 指针式杠杆指示表的最大允许误差、回程误差、重复性均不应超过表 3 的规定。

表 3

单位为毫米

分度值	量程	最大允许误差					回程误差	重复性
		任意 5 个标尺标记	任意 10 个标尺标记	任意 1/2 量程（单向）	单向量程	双向量程		
0.01	0.8	±0.004	±0.005	±0.008	±0.010	±0.013	0.003	0.003
	1.6			±0.010	±0.020	±0.023		
0.002	0.2	—	±0.002	±0.003	±0.004	±0.006	0.002	0.001
0.001	0.12	—	±0.002	±0.003	±0.003	±0.005		

注 1：在量程内，任意状态下（任意方位、任意位置）的杠杆指示表均应符合表中的规定。

注 2：杠杆指示表的示值误差判定，适用浮动零位的原则（即：示值误差的带宽不应超过表中最大允许误差“±”符号后面对应的规定值）。

5.13.2 电子数显杠杆指示表的最大允许误差、回程误差、重复性均不应超过表 4 的规定。

表 4

单位为毫米

分辨力	量程	最大允许误差					回程误差	重复性
		任意 5 个分辨力	任意 10 个分辨力	任意 1/2 量程(单向)	单向量程	双向量程		
0.01	0.5	±0.01	±0.01	—	±0.02	±0.03	0.01	0.01
0.001	0.4	—	±0.004	±0.006	±0.008	±0.010	0.002	0.001

注 1：在量程内，任意状态下(任意方位、任意位置)的杠杆指示表均应符合表中的规定。

注 2：杠杆指示表的示值误差判定，适用浮动零位的原则(即：示值误差的带宽不应超过表中最大允许误差“±”符号后面对应的规定值)。

6 试验方法

6.1 温度变化试验

电子数显杠杆指示表的温度变化试验应符合 GB/T 2423.22—2002 的规定。

6.2 湿热试验

电子数显杠杆指示表的湿热试验应符合 GB/T 2423.3—1993 的规定。

6.3 防尘、防水试验

电子数显杠杆指示表的电子显示器部分防尘、防水试验应符合 GB 4208—1993 的规定。

6.4 抗静电干扰试验

电子数显杠杆指示表的抗静电干扰试验应符合 GB/T 17626.2—1998 的规定。

6.5 抗电磁干扰试验

电子数显杠杆指示表的抗电磁干扰试验应符合 GB/T 17626.3—1998 的规定。

7 检查条件

电子数显杠杆指示表检查环境为室内温度应为 20℃±5℃，相对湿度不应大于 80%。

8 检查方法

将杠杆指示表可靠地紧固在不受其自重及测量力影响的检查装置上，并尽可能保证在受检全量程的中间位置时，能使测杆的轴线垂直于检查装置输出的基准位移方向，以减少检查方法误差。下列检查方法不表示唯一的检查方法，但却表述着某种检查方法的检查指导性原则。

8.1 外观

目力观察。

8.2 相互作用

目测观察和手感检查。若有异议，也可在示值检查仪上检查。

8.3 度盘

目力观察，也可借助工具显微镜或读数显微镜检查。

8.4 指针

目测或试验；指针尖端宽度与标尺标记宽度可借助工具显微镜检查；指针与度盘表面的间隙可借助塞尺或工具显微镜检查。

8.5 杠杆测头

8.5.1 测头的表面粗糙度可采用表面粗糙度比较样块目测比较。

8.5.2 杠杆测头的转动力可采用悬挂相应重量的砝码进行检查，也可采用测力仪检查。

8.6 电子显示器的性能

8.6.1 数字显示情况、各功能键的可靠性检查可采用试验的方法确定。

8.6.2 漂移采用试验方法进行检查，使杠杆测头停止在任意位置上，观察显示数值在 1 h 内的变化。

8.6.3 工作电流用万用表或专用芯片检查仪进行检查。

8.7 响应速度

利用手动速度模拟，推动杠杆测头观察显示数值是否正常。

8.8 示值误差

8.8.1 分度值(分辨力)为 0.01 mm 的杠杆指示表用不确定度不大于 2 μm、回程误差不大于 1 μm 的检查仪器检查。分度值(分辨力)为 0.001 mm 和 0.002 mm 的杠杆指示表用不确定度不大于 1 μm、回程误差不大于 0.5 μm 的检查仪器检查。

8.8.2 检查时，在杠杆测头同向的正、反行程方向上(杠杆测头摆动方向与测力方向相反和相同的两种情况下)以适当的间隔进行测量读数直至全量程。根据一系列测得值(受检杠杆指示表的示值)绘制误差曲线，根据浮动零位原则确定各项指标的示值误差。若发生争议，则采用下述方法确定示值误差：

在杠杆测头正、反行程方向上，分度值(分辨力)为 0.01 mm 的杠杆指示表，以每隔 5 个标尺标记(或分辨力)的间隔；分度值(分辨力)为 0.001 mm、0.002 mm 的杠杆指示表，以每隔 10 个标尺标记(或分辨力)的间隔进行检查；读数直至全量程。

根据一系列测得值(受检杠杆指示表的示值)绘制误差曲线见图 5。找出正、反行程的两条误差曲线上的最高点和最低点，然后分别在其两侧各 5 个标尺标记(或分辨力)间隔内，每隔 1 个标尺标记(或分辨力)间隔进行局部测量读数，并绘制其局部误差曲线，在局部误差曲线上找出新的最高点和最低点，根据浮动零位原则确定最大的示值误差。

示值误差应在杠杆测头的 A 向和 B 向两个测量方向上分别单独检查，取其中最大者为受检表的示值误差，此值不应超过表 3、表 4 规定的最大允许误差。

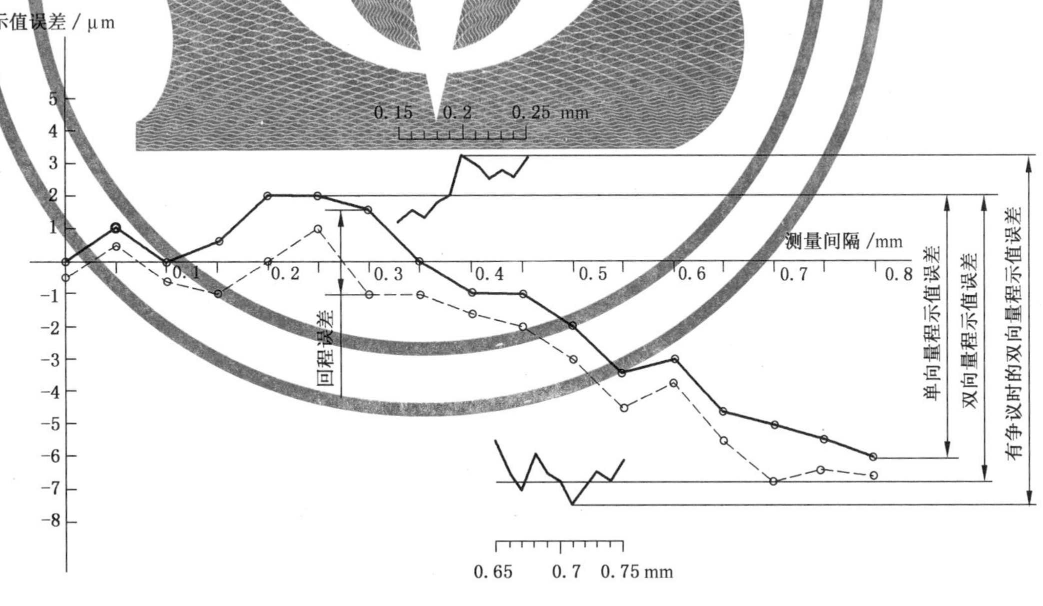

——— 测杆正向（测杆摆动与测力方向相反）行程测量示值误差曲线

- - - - - - - 测杆反向（测杆摆动与测力方向相同）行程测量示值误差曲线

图 5 根据浮动零位原则确定的全量程最大示值误差曲线示意图

8.9 回程误差

在示值误差检查完成后所得的误差曲线上，同一受检点正、反行程曲线上的示值之差，即为该点的回程误差；取各受检点回程误差中的最大值为受检杠杆指示表的回程误差。

8.10 重复性

在规定的条件下，在测量全量程内的起点、中间点和终点三个位置附近，用同一被测量以逐渐地或突然地产生小位移进行多次的重复测量(不少于5次)，取其同一点的最大示值与最小示值之差，即为该点的重复性。取各点重复性的最大值为杠杆指示表的重复性。

重复性应在杠杆测头的A向和B向两个摆动方向上分别进行检查。

注：此处重复性检查结果的数据处理，不采用分散性表述。仅取示值变化的特性表述。

8.11 测量力及测量力变化

用分度值不大于0.1 N的测力仪检定，使杠杆指示表的杠杆测头连续地在正行程内缓慢摆动，在整个正行程内的起点、中间点和终点三个位置附近进行检查，由测力仪读出测量值，三个读数值中的最大值为测量力。三个读数值中的最大值与最小值之差为测量力变化。

9 标志与包装

9.1 杠杆指示表上至少应标志：

a) 制造厂厂名或注册商标；

b) 分度值(分辨力)；

c) 产品序号。

9.2 杠杆指示表包装盒上至少应标志：

a) 制造厂厂名或注册商标；

b) 产品名称；

c) 分度值(分辨力)及量程；

9.3 杠杆指示表在包装前应经防锈处理并妥善包装，不得因包装不善而在运输过程中损坏产品。

9.4 杠杆指示表经检验符合本标准要求的应附有产品合格证，产品合格证上应标有本标准的标准号、产品序号和出厂日期。

ICS 17.040.30
J 42

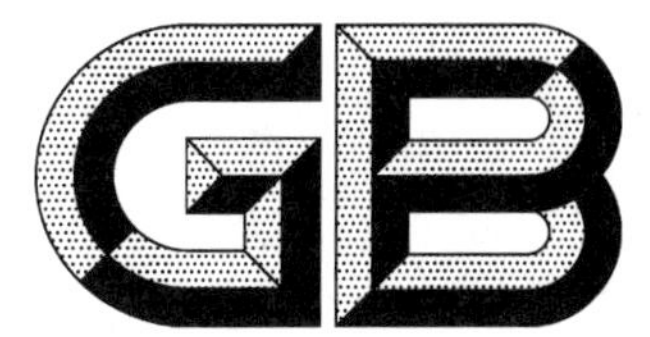

中华人民共和国国家标准

GB/T 8177—2004
代替 GB/T 8177—1987、GB/T 9057—1988

两点内径千分尺

Internal micrometers with two-point contact

2004-02-10 发布　　　　2004-08-01 实施

中华人民共和国国家质量监督检验检疫总局
中国国家标准化管理委员会　发布

前　言

本标准是依据 ISO/DIS 9121《几何量技术规范　长度测量器具：两触点式内径千分尺　设计及计量技术要求》(1996 年英文版)对 GB/T 8177—1987《内径千分尺》和 GB/T 9057—1988《单杆式内径千分尺》进行修订的，其主要差异如下：

——按 GB/T 1.1—2000 对编排格式进行了修改；

——增加了测量范围 500 mm 至 6 000 mm；

——增加了测量面的硬度和粗糙度要求；

——增加了分度值为 0.005 mm 的要求。

本标准自实施之日起，代替 GB/T 8177—1987《内径千分尺》和 GB/T 9057—1988《单杆式内径千分尺》。

本标准与 GB/T 8177—1987、GB/T 9057—1988 相比主要变化如下：

——将内径千分尺和单杆式内径千分尺合并，统称为两点内径千分尺；

——增加了分度值为 0.001 mm、0.002 mm、0.005 mm(本版的 1)；

——增加了测微螺杆的螺距要求(GB/T 9057—1988 的第一、二行条款；本版的 1)；

——增加了测量范围(GB/T 8177—1987 和 GB/T 9057—1988 的第一、二行条款；本版的 1)；

——修改了误差的定义(GB/T 8177—1987 和 GB/T 9057—1988 的 1.2；本版的 3.2)；

——增加了数字显示等读数方式的示意图(本版的第 4.1)；

——增加了单杆式内径千分尺测微头的量程(本版的第 4.2.1)；

——删除了固定套管上刻度数字要求(GB/T 9057—1988 的 2.2)；

——修改了影响外观缺陷的要求(GB/T 8177—1987 和 GB/T 9057—1988 的 3.1；本版的 5.1)；

——增加了接长杆、测微螺杆、测砧的制造材料要求(本版的 5.2)；

——增加了测微螺杆与螺母之间的配合要求(本版的 5.3)；

——删除了轴向间隙的要求(GB/T 8177—1987 和 GB/T 9057—1988 的 3.2)；

——删除了接长杆的硬度和表面粗糙度(GB/T 8177—1987 的 3.7、3.8)；

——增加了微分筒上标尺分度要求(本版的 5.6.1)；

——增加了微分筒上的标尺间距要求(本版的 5.6.2)；

——修改了标尺标记宽度下限值(GB/T 8177—1987 和 GB/T 9057—1988 的 3.4；本版的 5.6.2)；

——增加了微分筒锥面的斜角要求(本版的 5.6.3)；

——增加了数字显示的要求(本版的 5.7)；

——删除了测微头的示值误差要求(GB/T 8177—1987 的 3.9)；

——修改了示值误差(GB/T 8177—1987 的 3.10、GB/T 9057—1988 的 3.9；本版的 5.9)；

——修改了校对卡板的尺寸偏差(GB/T 8177—1987 的 3.12；本版的 5.10.2)；

——检验方法不再作为附录(GB/T 8177—1987 和 GB/T 9057—1988 的附录 A；本版的 6)。

——修改了示值误差的检验方法(GB/T 8177—1987 的附录 A1、A2 和 GB/T 9057—1988 的附录 A1；本版的 6.1)。

本标准由中国机械工业联合会提出。

本标准由全国量具量仪标准化技术委员会归口。

本标准由青海量具刃具有限责任公司负责起草。

本标准主要起草人:严永红、张洪玲。

本标准所代替标准的历次版本发布情况为

——GB/T 8177—1987;GB/T 9057—1988。

两点内径千分尺

1 范围

本标准规定了两点内径千分尺(包括“内径千分尺”和“单杆式内径千分尺”)的术语和定义、型式与基本参数、要求、检验方法和标志与包装等。

本标准适用于分度值为0.01 mm、0.001 mm、0.002 mm、0.005 mm,测微螺杆的螺距为0.5 mm或1.0 mm,测量上限l_{max}不应大于6 000 mm的整体结构或带有接长杆的两点内径千分尺(符合阿贝原则)。

2 规范性引用文件

下列文件中的条款通过本标准的引用而成为本标准的条款。凡是注日期的引用文件,其随后所有的修改单(不包括勘误的内容)或修订版均不适用于本标准,然而,鼓励根据本标准达成协议的各方研究是否可使用这些文件的最新版本。凡是不注日期的引用文件,其最新版本适用于本标准。

GB/T 1800.4—1999 极限与配合 标准公差等级和孔、轴的极限偏差表(eqv ISO 286-2:1988)

GB/T 17163—1997 几何量测量器具术语 基本术语

GB/T 17164—1997 几何量测量器具术语 产品术语

3 术语和定义

GB/T 17163—1997和GB/T 17164—1997中确立的以及下列术语和定义适用于本标准。

3.1

两点内径千分尺 internal micrometers with two-point contact

带有两个用于测量内尺寸测砧,并以螺旋副作为中间实物量具的内尺寸测量器具。

3.2

最大允许误差 maximun permissible error

由技术规范、规则等对两点内径千分尺规定的误差极限值。

4 型式与基本参数

4.1 型式

两点内径千分尺的型式见图1所示,图示仅供图解说明。

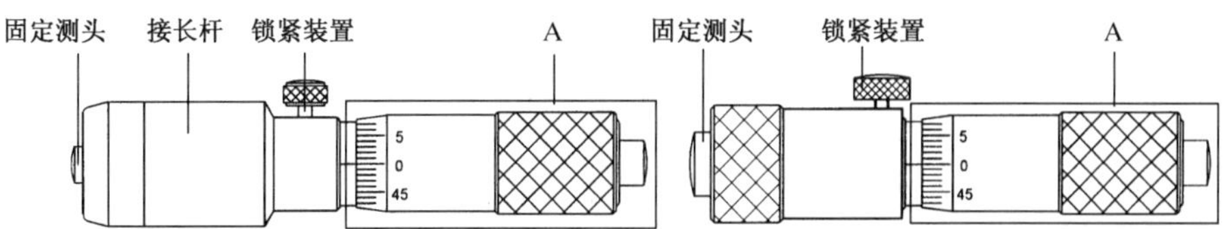

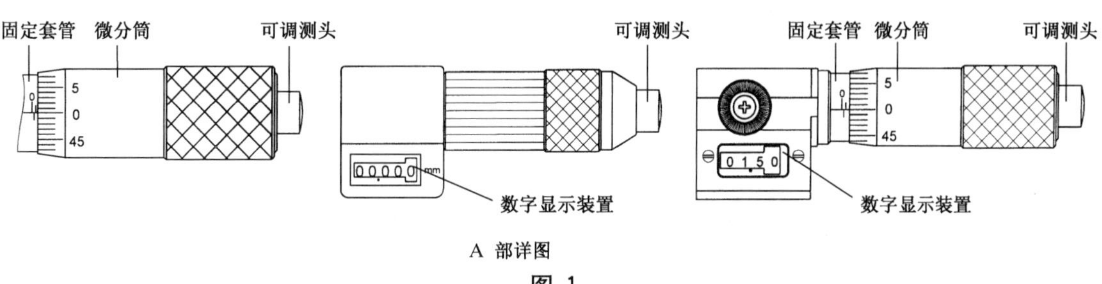

A 部详图

图1

4.2 基本参数

4.2.1 两点内径千分尺的测微头量程为 13 mm、25 mm 或 50 mm。

4.2.2 两点内径千分尺的测砧球形测量面的曲率半径不应大于测量下限 l_{min} 的 1/2。

5 要求

5.1 外观

两点内径千分尺的测量面上不应有影响使用性能的锈蚀、碰伤、划痕、裂纹等缺陷。

5.2 材料

5.2.1 接长杆应选择钢或其他类似性能的材料制造。

5.2.2 测微螺杆和测砧应选择合金工具钢或其他类似性能的材料制造，其测量面宜镶硬质合金或其他耐磨材料。

5.3 测微螺杆

测微螺杆和螺母之间在全量程范围内应充分啮合且配合应良好，不应出现卡滞和明显窜动。

5.4 锁紧装置

两点内径千分尺应具有能有效地锁紧测微螺杆的装置；当锁紧时，两测量面间的距离与未锁紧时的变化差不应大于 2.0 μm。

5.5 测量面

5.5.1 合金工具钢测量面的硬度不应小于 760 HV1(或 62 HRC)，不锈钢测量面的硬度不应小于 575 HV5(或 53 HRC)。

5.5.2 测量面的表面粗糙度 Ra 值不应大于 0.16 μm。

5.6 标尺

5.6.1 微分筒上应有 50 或 100 个标尺分度。

5.6.2 微分筒上的标尺标记应清晰，标尺间距不应小于 0.8 mm，标尺标记的宽度应在 0.08 mm 至 0.20 mm之间。

5.6.3 微分筒上圆锥面的斜角宜在 7°至 20°范围内；微分筒圆锥面棱边至固定套管表面的距离不应大于 0.4 mm。

5.6.4 固定套管上的标尺标记与微分筒上的标尺标记应清晰，其宽度差不应大于 0.03 mm。

5.6.5 两点内径千分尺对零位时，微分筒圆锥面的端面棱边至固定套管标尺标记的距离，允许压线不大于 0.05 mm、离线不大于 0.10 mm。

5.7 数字显示装置

当移动带计数器两点内径千分尺的测微螺杆时，其计数器应按顺序进位，无错乱显示现象；微分筒指示值与计数器读数值的差值不应大于 3 μm；各位数字码和不对零时的各位数字码(尾数不进位时除外)的中心应在平行于测微螺杆轴线的同一直线上。

5.8 接长杆

标称尺寸大于 200 mm 的接长杆上宜安装隔热板或装置。

5.9 最大允许误差和长度尺寸的允许变化值

5.9.1 两点内径千分尺的最大允许误差不应大于表 1 的规定。

5.9.2 测量长度 l 等于或大于 2 000 mm 的两点内径千分尺，其长度尺寸的允许变化值不应大于表 1 的规定。

表 1

测量长度 l/mm	最大允许误差/μm	长度尺寸的允许变化值/μm
l≤50	4	—
50<l≤100	5	—
100<l≤150	6	—
150<l≤200	7	—
200<l≤250	8	—
250<l≤300	9	—
300<l≤350	10	—
350<l≤400	11	—
400<l≤450	12	—
450<l≤500	13	—
500<l≤800	16	—
800<l≤1 250	22	—
1 250<l≤1 600	27	—
1 600<l≤2 000	32	10
2 000<l≤2 500	40	15
2 500<l≤3 000	50	25
3 000<l≤4 000	60	40
4 000<l≤5 000	72	60
5 000<l≤6 000	90	80

5.10 校对卡板和调整工具

5.10.1 两点内径千分尺应提供用于调整零位和补偿测微螺杆与螺母螺纹之间磨损的调整工具。

5.10.2 测量下限为 50 mm、100 mm、150 mm、250 mm 的内径千分尺应提供校对卡板，校对卡板的尺寸公差按 GB/T 1800.4—1999 应为 js3、测量面的硬度不应小于 760 HV1(或 62 HRC)及表面粗糙度 Ra 值不应大于 0.10 μm。

6 检验方法

6.1 最大允许误差

采用如环规、量块与量块附件组成的内尺寸或专用钳口等测量工具，或测长仪进行检测，其两点内径千分尺的示值与测量工具或仪器的读数值之差的绝对值，即为两点内径千分尺的示值误差。

6.2 长度尺寸的允许变化值

长度尺寸的变化值是在检测两点内径千分尺的示值误差时同时进行。首先检出分别距两端测量面为 0.22×l(单位为毫米)支点的长度尺寸，参见图 2，然后再检出分别距两端测量面为 200 mm 支点的长度尺寸，两者的示值之差即为两点内径千分尺的长度尺寸的变化误差值。

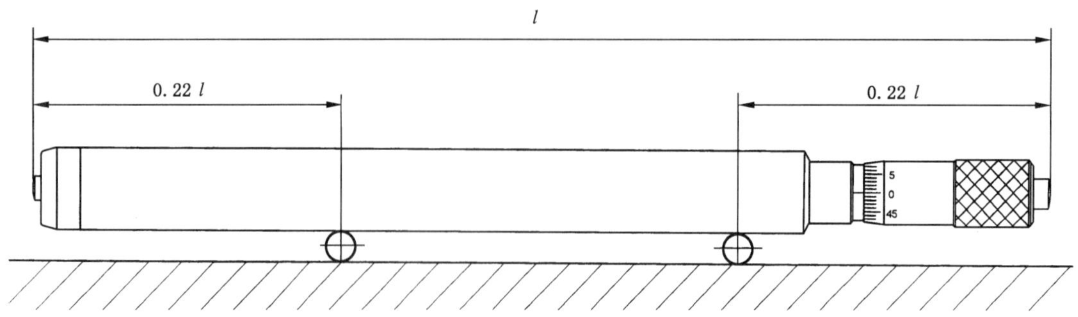

图 2

7 标志与包装

7.1 两点内径千分尺上至少应标有：

a) 制造厂厂名或注册商标；

b) 测量范围；

c) 分度值；

d) 产品序号。

7.2 接长杆上应标有其标称尺寸。

7.3 两点内径千分尺包装盒上至少应标有：

a) 制造厂厂名或注册商标；

b) 产品名称；

c) 测量范围。

7.4 两点内径千分尺在包装前应经过防锈处理并妥善包装，不得因包装不善而在运输过程中损坏产品。

7.5 两点接触式内径千分尺经检定符合本标准要求的应附有产品合格证，产品合格证上应标有本标准的标准号、产品序号和出厂日期。

ICS 17.040.30
J 42

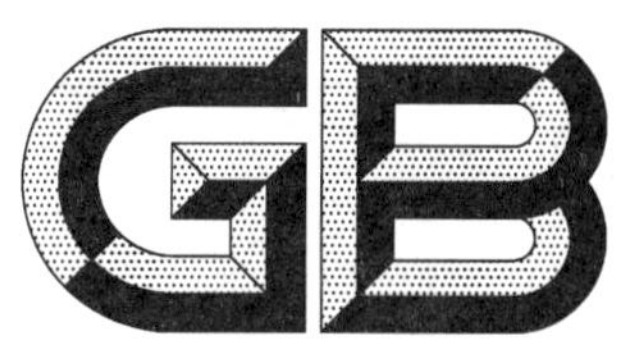

中华人民共和国国家标准

GB/T 9056—2004
代替 GB/T 9056—1988

金 属 直 尺

Metal ruler

2004-02-10 发布 2004-08-01 实施

中华人民共和国国家质量监督检验检疫总局
中 国 国 家 标 准 化 管 理 委 员 会 发布

前　言

本标准是对 GB/T 9056—1988《钢直尺》的修订，本标准自实施之日起，代替 GB/T 9056—1988《钢直尺》。

本标准与 GB/T 9056—1988 相比主要变化如下：

——修改了标准名称钢直尺为金属直尺；

——增加了规范性引用文件(本版的 2)；

——给出了“允许误差”的定义(本版的 3.2)；

——修改了端边、侧边为端面、侧面的术语名称(1988 年版的 2、3 和附录 A；本版的 4 至 6)；

——修改了型式图中标称长度、宽、厚的尺寸和标注(1988 年版的 2；本版的 4)；

——修改了侧面相对于端面的垂直度公差值(1988 年版的 3.9；本版的 5.5.1)；

——修改了侧面的直线度公差值(1988 年版的 3.10；本版的 5.5.2)；

——修改了允许误差的规定值(1988 年版的 3.11；本版的 5.6)；

——检验方法不再作为附录(1988 年版的附录 A；本版的 6)；

——删除了端面与侧面的垂直度检验方法中的附图(1988 年版的附录 A5；本版的 6.2)；

——删除了宽度差(两侧面的平行度)检验方法中的附图(1988 年版的附录 A4；本版的 6.5)。

本标准由中国机械工业联合会提出。

本标准由全国量具量仪标准化技术委员会归口。

本标准由靖江量具有限公司负责起草。

本标准主要起草人：杨东顺。

本标准所代替标准的历次版本发布情况为：

——GB/T 9056—1988。

金 属 直 尺

1 范围

本标准规定了金属直尺的术语和定义、型式与基本参数、要求、检验方法和标志与包装等。

本标准适用于分度值为 1 mm，标称长度不应大于 2 000 mm 的金属直尺。

2 规范性引用文件

下列文件中的条款通过本标准的引用而成为本标准的条款。凡是注日期的引用文件，其随后所有的修改单(不包括勘误的内容)或修订版均不适用于本标准，然而，鼓励根据本标准达成协议的各方研究是否可使用这些文件的最新版本。凡是不注日期的引用文件，其最新版本适用于本标准。

GB/T 17163—1997 几何量测量器具术语 基本术语

3 术语和定义

GB/T 17163—1997 中确立的以及下列术语和定义适用于本标准。

3.1

金属直尺 metal ruler

具有一组或多组有序的标尺标记及标尺数码所构成的金属制板状的测量器具。

3.2

允许误差 maximun permissible error

由技术规范、规则等对金属直尺规定的误差极限值。

4 型式与基本参数

4.1 金属直尺的型式见图 1 所示，图示仅供图解说明。

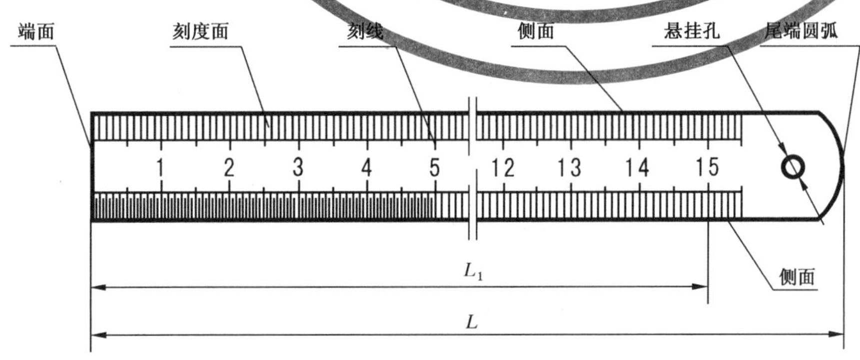

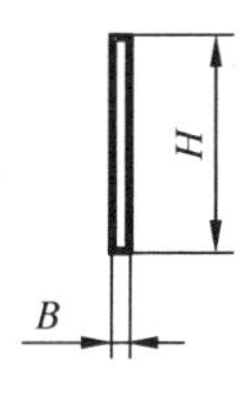

图 1

4.2 金属直尺的基本参数宜见表 1 的规定。

表 1

单位为毫米

标称长度 l	全长 L		厚度 B		宽度 H		孔径 ϕ
	尺寸	偏差	尺寸	偏差	尺寸	偏差	
150	175	±5	0.5	±0.05	15 或 20	±0.3 或±0.4	5
300	335		1.0	±0.10	25	±0.5	
500	540		1.2	±0.12	30	±0.6	
600	640		1.2	±0.12	30	±0.6	
1 000	1 050		1.5	±0.15	35	±0.7	7
1 500	1 565		2.0	±0.20	40	±0.8	
2 000	2 065		2.0	±0.20	40	±0.8	

5 要求

5.1 外观

金属直尺上不应有影响使用性能的碰伤、划痕、断线和漆层脱落等缺陷。

5.2 材料

金属直尺应选择 1Cr18Ni9、1Cr13 或其他类似性能的材料制造。

5.3 硬度和表面粗糙度

5.3.1 金属直尺的硬度不应小于 342 HV。

5.3.2 金属直尺的刻度面和背面的表面粗糙度 Ra 值不应大于 0.8 μm；侧面和端面的表面粗糙度 Ra 值不应大于 1.6 μm。

5.4 标尺

5.4.1 金属直尺上每 10 mm 应有 1 个标尺标数，其标尺间隔为 1 mm。

5.4.2 金属直尺上的标尺标记应清晰，标尺标记的宽度应在 0.10 mm 至 0.25 mm 之间，标尺标记间的最大宽度差不应大于 0.04 mm。

5.4.3 金属直尺上的 0.5 mm、1 mm、5 mm 和 10 mm 的标尺标记应分别用能够区分的短、长、较长和最长的四种长度刻线来标记。

5.4.4 标称长度为 150 mm 的金属直尺，宜在 0 mm 至 50 mm 的长度上标有 0.5 mm 的标尺标记。

5.5 主要技术指标

5.5.1 金属直尺的端面相对于侧面的垂直度误差不应大于表 2 的规定。

5.5.2 金属直尺的侧面和端面的直线度误差不应大于表 2 的规定。

5.5.3 将金属直尺弯曲为半径 250 mm 并放开的情况下，其刻度面的平面度误差不应大于表 2 的规定。

5.5.4 金属直尺的两侧面间的平行度误差不应大于表 2 的规定。

5.6 允许误差

金属直尺的允许误差不应大于表 3 的规定。

表 2

单位为毫米

<table>
<tr><th rowspan="2">标称长度 l</th><th rowspan="2">垂直度</th><th colspan="2">直线度</th><th rowspan="2">平面度</th><th rowspan="2">平行度</th></tr>
<tr><th>侧面</th><th>端面</th></tr>
<tr><td>150</td><td rowspan="7">0.035</td><td>0.23</td><td>0.03</td><td rowspan="4">0.25</td><td>0.15</td></tr>
<tr><td>300</td><td>0.26</td><td rowspan="6">0.04</td><td>0.25</td></tr>
<tr><td>500</td><td>0.28</td><td rowspan="2">0.35</td></tr>
<tr><td>600</td><td>0.32</td></tr>
<tr><td>1 000</td><td>0.40</td><td>0.40</td><td>0.50</td></tr>
<tr><td>1 500</td><td>0.50</td><td>0.50</td><td>0.60</td></tr>
<tr><td>2 000</td><td>0.60</td><td>0.60</td><td>0.70</td></tr>
</table>

表 3

单位为毫米

<table>
<tr><th>标称长度 l</th><th>允许误差</th></tr>
<tr><td>150</td><td rowspan="3">±0.15</td></tr>
<tr><td>300</td></tr>
<tr><td>500</td></tr>
<tr><td>600</td><td rowspan="2">±0.20</td></tr>
<tr><td>1 000</td></tr>
<tr><td>1 500</td><td>±0.25</td></tr>
<tr><td>2 000</td><td>±0.30</td></tr>
<tr><td colspan="2">注：允许误差值按±(0.10+0.05×l/500)计算，l 的单位为毫米。</td></tr>
</table>

6 检验方法

6.1 标尺

采用工具显微镜或放大倍数为 20 倍的读数显微镜(分辨力为 0.01 mm)，对标尺标记的宽度和标尺标记间的最大宽度差进行检测。

6.2 垂直度误差

将金属直尺置于平板(2 级)上，用直角尺与金属直尺的侧面或端面贴合，然后用标称尺寸等于垂直度公差值(见表 2)的塞尺(2 级)进行检测。

6.3 直线度误差

将金属直尺的侧面(端面)放置在平板(2 级)上，采用标称尺寸等于直线度公差值(见表 2)的塞尺(2 级)进行检测。

6.4 平面度误差

将金属直尺弯曲为半径 250 mm 并放开，然后将刻度面与平板(2 级)贴合，采用标称尺寸等于平面度公差值(见表 2)的塞尺(2 级)进行检测。

6.5 宽度差

用读数值为 0.02 mm 的游标卡尺在金属直尺全长范围内进行检测。

6.6 允许误差

6.6.1 在专用检定台上，将标称长度小于或等于 1 000 mm 的金属直尺和标准尺(3 等标准金属线纹尺)的两刻度侧面平接安置，采用读数显微镜(分辨力为 0.01 mm)读出金属直尺与标准尺之间的差值见图 2 所示，即为金属直尺的示值误差。

6.6.2 标称长度为 1 500 mm 的金属直尺采用上述方法在 0 mm 至 500 mm、500 mm 至 1 500 mm 分段进行检测，其两段差值的代数和即为该金属直尺的示值误差。

6.6.3 标称长度为 2 000 mm 的金属直尺采用上述方法在 0 mm 至 1 000 mm、1 000 mm 至 2 000 mm 分段进行检测，其两段差值的代数和即为该金属直尺的示值误差。

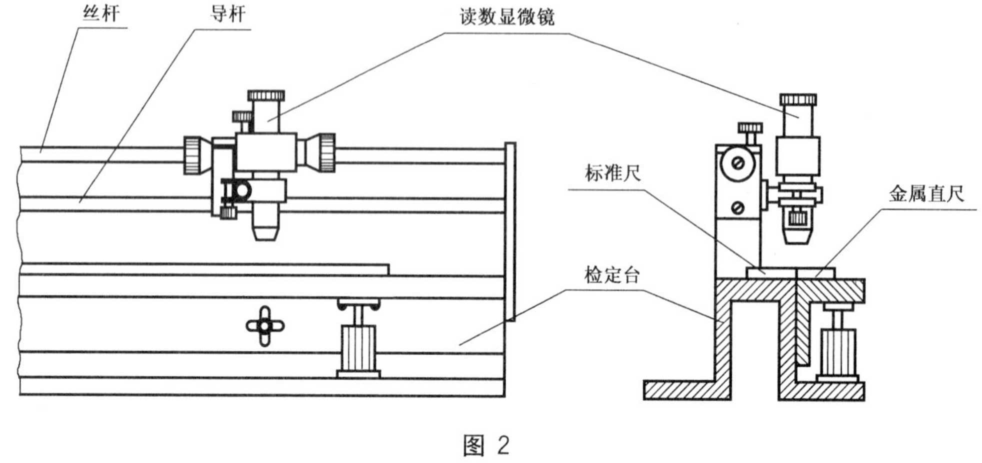

图 2

7 标志与包装

7.1 金属直尺上至少应标有：

a) 制造厂厂名或注册商标；

b) 分度值；

c) 标称长度。

7.2 金属直尺包装盒上至少应标有：

a) 制造厂厂名或注册商标；

b) 产品名称；

c) 标称长度。

7.3 金属直尺在包装前应经过防锈处理并妥善包装，不得因包装不善而在运输过程中损坏产品。

7.4 金属直尺经检定符合本标准要求的应附有产品合格证，产品合格证上应标有本标准的标准号、产品序号和出厂日期。

ICS 17.040.30
J 42

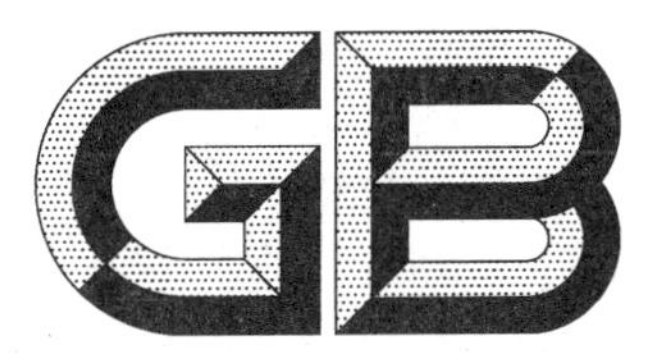

中华人民共和国国家标准

GB/T 9058—2004
代替 GB/T 9058—1988

奇数沟千分尺

Micrometer with prismatically arranged measuring faces

2004-02-10 发布　　　　2004-08-01 实施

中华人民共和国国家质量监督检验检疫总局
中国国家标准化管理委员会　发布

前 言

本标准自实施之日起，代替 GB/T 9058—1988《奇数沟千分尺》。

本标准与 GB/T 9058—1988 相比主要变化如下：

——增加了分度值为 0.001 mm、0.002 mm、0.005 mm(1988 年版的第一行条款；本版的 1)；
——统一规定了奇数沟千分尺的测量上限(1988 年版的第一、二行条款；本版的 1)；
——修改了误差的定义(1988 年版的 1.2；本版的 3.2)；
——增加了数字显示等读数方式的示意图(本版的第 4.1)；
——删除了固定套管上刻度数字要求(1988 年版的 2.2)；
——增加了测微螺杆的“螺距”要求(本版的 4.2)；
——修改了影响外观缺陷的要求(1988 年版的 3.1；本版的 5.1)；
——增加了尺架、测微螺杆、测砧的制造材料要求(1988 年版的 3.7；本版的 5.2)；
——修改了尺架上隔热装置要求(1988 年版的 2.3；本版的 5.3.1)；
——增加了测微螺杆伸出的圆柱部分直径规格(1988 年版的 2.1；本版的 5.4.1)；
——增加了测微螺杆伸出的圆柱部分长度(本版的 5.4.2)；
——增加了测微螺杆与螺母、轴套之间的配合要求(本版的 5.4.3、5.4.4)；
——删除了轴、径向间隙的要求(1988 年版的 3.2)；
——修改了测量面与球面接触时的测力下限，删除了测力变化(1988 年版的 3.9；本版的 5.5)；
——增加了测微螺杆锁紧时两测量面间的距离变化(本版的 5.6)；
——增加了测量面的硬度要求(本版的 5.7.1)；
——修改了测量面的表面粗糙度(1988 年版的 3.8；本版的 5.7.2)；
——修改了测砧测量面平面度公差值(1988 年版的 3.10；本版的 5.7.2)；
——增加了微分筒上标尺分度和标尺间隔要求(本版的 5.8.1)；
——增加了微分筒上的标尺间距要求(本版的 5.8.2)；
——修改了标尺标记宽度下限值(1988 年版的 3.4；本版的 5.8.2)；
——增加了微分筒锥面的斜角要求(本版的 5.8.3)；
——增加了带计数器千分尺的要求(本版的 5.9)；
——修改了示值误差、两测量面间平行度和弯曲变形量(1988 年版的 3.11；本版的 5.10)；
——检验方法不再作为附录(1988 年版的附录 A；本版的 6)。

本标准由中国机械工业联合会提出。

本标准由全国量具量仪标准化技术委员会归口。

本标准由成都工具研究所负责起草。

本标准主要起草人：姜志刚。

本标准所代替标准的历次版本发布情况为：

——GB/T 9058—1988。

奇 数 沟 千 分 尺

1 范围

本标准规定了三沟千分尺、五沟千分尺和七沟千分尺(以下简称“奇数沟千分尺”)的术语和定义、型式与基本参数、要求、检验方法、标志与包装等。

本标准适用于分度值为 0.01 mm、0.001 mm、0.002 mm、0.005 mm,测量上限 l_{max} 不应大于 100 mm的奇数沟千分尺。

2 规范性引用文件

下列文件中的条款通过本标准的引用而成为本标准的条款。凡是注日期的引用文件,其随后所有的修改单(不包括勘误的内容)或修订版均不适用于本标准,然而,鼓励根据本标准达成协议的各方研究是否可使用这些文件的最新版本。凡是不注日期的引用文件,其最新版本适用于本标准。

GB/T 17163—1997 几何量测量器具术语 基本术语

3 术语和定义

GB/T 17163—1997 中确立的以及下列术语和定义适用于本标准。

3.1

奇数沟千分尺 micrometer with prismatically arranged measuring faces

具有特制的 V 形测砧,可测量带有 3、5 和 7 个沿圆周均匀分布沟槽工件的外径千分尺。

3.2

最大允许误差 maximun permissible error

由技术规范、规则等对奇数沟千分尺规定的误差极限值。

4 型式与基本参数

4.1 型式

奇数沟千分尺的型式见图 1 所示,图示仅供图解说明。

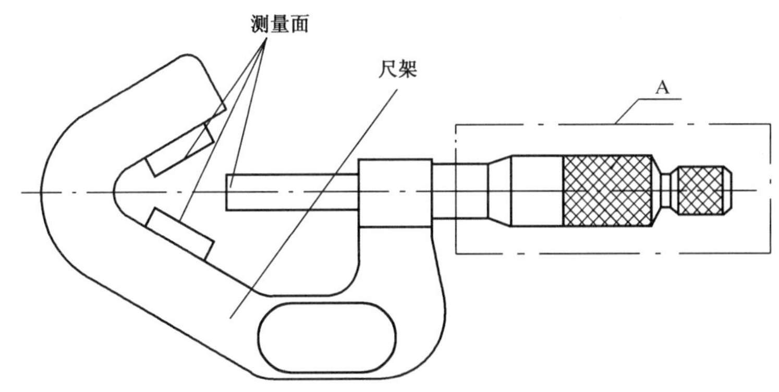

A 部详图

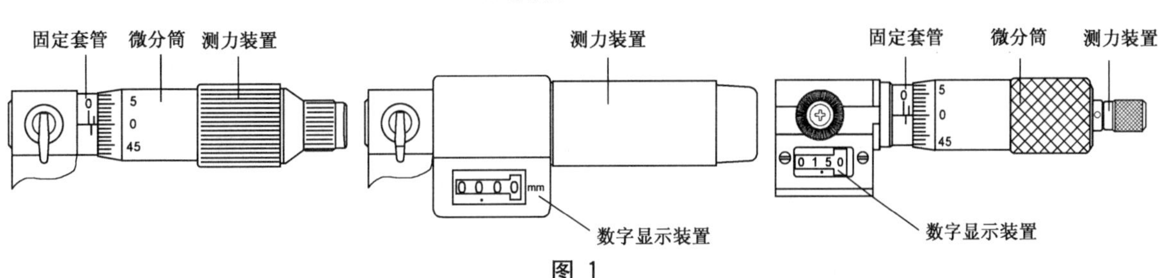

图 1

4.2 基本参数

奇数沟千分尺的测微螺杆螺距、两测砧间夹角 α 和测量范围宜符合表 1 的规定。

表 1

基本参数	测微螺杆螺距/mm	测砧间夹角 α	测量范围/mm
三沟千分尺	0.75	60°	1～15、5～20、20～35、35～50、50～65、65～80
五沟千分尺	0.559	108°	5～25、25～45、45～65、65～85
七沟千分尺	0.527 5	128°34′17″	

5 要求

5.1 外观

奇数沟千分尺的测量面上不应有影响使用性能的锈蚀、碰伤、划痕、裂纹等缺陷。

5.2 材料

5.2.1 尺架应选择钢、可锻铸铁或其他性能类似的材料制造。

5.2.2 测微螺杆和测砧应选择合金工具钢或其他类似性能的材料制造，其测量面宜镶硬质合金或其他耐磨材料。

5.3 尺架

5.3.1 尺架上宜安装隔热板或隔热装置。

5.3.2 尺架应具有足够的刚性；当尺架沿测微螺杆的轴线方向作用 10 N 的力时，其弯曲变形量不应大于表 2 的规定。

表 2

单位为毫米

测量上限 l_{max}	最大允许误差	平行度公差	弯曲变形量
$l_{max} \leqslant 50$	0.004	0.004	0.002
$50 < l_{max} \leqslant 100$	0.005	0.005	0.003

5.4 测微螺杆和测砧

5.4.1 测微螺杆伸出尺架的光滑圆柱部分的公称直径尺寸宜选择 6.5 mm、7.5 mm 或 8 mm。

5.4.2 奇数沟千分尺在达到测量上限时，其测微螺杆伸出尺架的长度不应小于 3 mm。

5.4.3 测微螺杆和螺母之间在全量程应充分啮合且配合应良好，不应出现卡滞和明显的窜动。

5.4.4 测微螺杆伸出尺架的光滑圆柱部分与轴套之间的配合应良好，不应出现明显摆动。

5.5 测力装置

奇数沟千分尺应具有测力装置。通过测力装置移动测微螺杆，并作用到测微螺杆测量面与球面接触的测力应在 5 N 至 10 N 之间。

5.6 锁紧装置

奇数沟千分尺应具有能有效地锁紧测微螺杆的装置；当锁紧时，测量面间的距离与未锁紧时的变化差不应大于 2 μm。

5.7 测量面

5.7.1 合金工具钢测量面的硬度不应小于 760 HV1（或 62 HRC），不锈钢测量面的硬度不应小于 575 HV5（或 53 HRC）。

5.7.2 测量面的边缘应倒钝，其表面粗糙度 Ra 值不应大于 0.16 μm；测微螺杆测量面的平面度误差不应大于 0.6 μm、测砧测量面的平面度误差不应大于 1.0 μm（距测量面边缘为 0.5 mm 的区域内不计；当测量面直径小于 1.5 mm 时，距测量面边缘为 0.2 mm 的区域内不计）。

5.7.3 测微螺杆测量面相对于测砧两测量面交线的平行度误差（距测量面边缘为 0.4 mm 的区域内不

计)不应大于表 2 的规定。

5.8 标尺

5.8.1 微分筒上应有 50 或 100 个标尺分度。

5.8.2 微分筒上的标尺间距不应小于 0.8 mm,标尺标记的宽度应在 0.08 mm 至 0.20 mm 之间。

5.8.3 微分筒上圆锥面的斜角宜在 7°至 20°范围内;微分筒圆锥面棱边至固定套管表面的距离不应大于 0.4 mm。

5.8.4 固定套管上的标尺标记与微分筒上的标尺标记应清晰,其宽度差不应大于 0.03 mm。

5.8.5 奇数沟千分尺对零位时,微分筒圆锥面的端面棱边至固定套管标尺标记的距离,允许压线不大于 0.05 mm、离线不大于 0.10 mm。

5.9 数字显示装置

当移动带计数器奇数沟千分尺的测微螺杆时,其计数器应按顺序进位,无错乱显示现象;微分筒指示值与计数器读数值的差值不应大于 3 μm;各位数字码和不对零时的各位数字码(尾数不进位时除外)的中心应在平行于测微螺杆轴线的同一直线上。

5.10 最大允许误差

奇数沟千分尺的最大允许误差不应大于表 2 的规定。

5.11 校对量柱和调整工具

5.11.1 奇数沟千分尺应提供用于调整零位和补偿测微螺杆与螺母螺纹之间磨损的调整工具。

5.11.2 奇数沟千分尺应提供校对量柱,校对量柱的尺寸偏差和圆柱度见表 3 的规定,测量面的硬度不应小于 760 HV1(或 62 HRC)及表面粗糙度 Ra 值不应大于 0.16 μm。

表 3

单位为毫米

标称尺寸	尺寸偏差	圆柱度公差
5、20	±0.001 5	0.001 0
25、35	±0.002 0	0.001 0
45、50、65	±0.002 5	0.001 5

6 检验方法

6.1 尺架

将尺架测砧固定,在测微螺杆一端施加 100 N 的力;然后分别观察奇数沟千分尺在施力或非施力的情况下,其示值之差按 10 N 的力进行比例换算,求出弯曲变形量。

6.2 测量面的平面度

采用光学平面平晶(2 级)进行检验,测量面上不应出现两条以上的相同颜色的干涉环或干涉带。检验时应调整平晶使测量面上的干涉带或干涉环的数目应尽可能少,或使其产生封闭的干涉环。

6.3 测量面的平行度

将奇数沟千分尺紧固在夹具上,采用不同尺寸的光滑极限塞规,分别在测砧的两端面进行测量读数,两读数之差即为测量面的平行度误差。光滑极限塞规的测量部位应相同,光滑极限塞规与测微螺杆测量面的接触长度为塞规的 1/4 直径尺寸,光滑极限塞规的直径尺寸和公差见表 3 的规定。

6.4 最大允许误差

将奇数沟千分尺紧固在夹具上,将不同尺寸的光滑极限塞规放在测砧测量面与测微螺杆测量面之间,由奇数沟千分尺读出示值并得出其与光滑极限塞规的尺寸之差,以其中最大差值的绝对值作为奇数沟千分尺的示值误差。光滑极限塞规的直径尺寸和公差见表 4 的规定。

表 4

单位为毫米

<table>
<tr><th>型　　式</th><th>测量范围</th><th>直径尺寸</th><th>直径公差</th></tr>
<tr><td rowspan="3">三沟千分尺</td><td>1～15</td><td>1.00、4.20、7.24、10.36、13.50、15.00</td><td rowspan="5">按最大允许误差的 1/3 确定</td></tr>
<tr><td>5～20</td><td>5.00、8.12、12.24、15.36、18.50、20.00</td></tr>
<tr><td>20～35、35～50、50～65、65～80</td><td>l_{min}、$l_{min}+4.12$、$l_{min}+7.24$、$l_{min}+10.36$、$l_{min}+13.50$、$l_{min}+15.00$</td></tr>
<tr><td rowspan="2">五沟千分尺
七沟千分尺</td><td>5～25</td><td>5.00、8.12、12.24、15.36、21.50、25.00</td></tr>
<tr><td>25～45、45～65、65～85</td><td>l_{min}、$l_{min}+4.12$、$l_{min}+7.24$、$l_{min}+10.36$、$l_{min}+13.50$、$l_{min}+15.00$</td></tr>
<tr><td colspan="4">注：l_{min}为奇数沟千分尺的测量下限值。</td></tr>
</table>

7 标志与包装

7.1 奇数沟千分尺上至少应标有：

a) 制造厂厂名或注册商标；

b) 测量范围；

c) 分度值；

d) 产品序号。

7.2 校对量杆上应标有长度标称尺寸。

7.3 奇数沟千分尺包装盒上至少应标有：

a) 制造厂厂名或注册商标；

b) 产品名称；

c) 测量范围。

7.4 奇数沟千分尺在包装前应经过防锈处理并妥善包装，不得因包装不善而在运输过程中损坏产品。

7.5 奇数沟千分尺经检定符合本标准要求的应附有产品合格证，产品合格证上应标有本标准的标准号、产品序号和出厂日期。

ICS 17.040.30
J 42

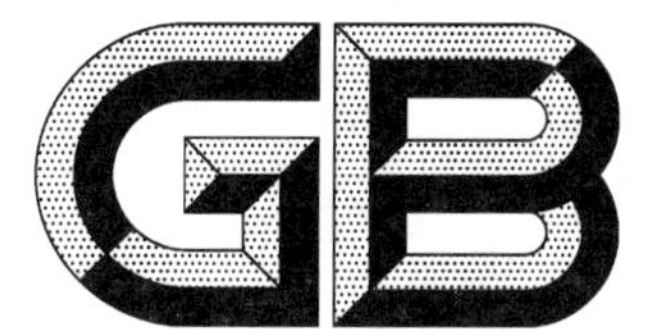

中华人民共和国国家标准

GB/T 18761—2007
代替 GB/T 18761—2002

电子数显指示表

Dial indicator with electronic digital display

2007-04-30 发布 2007-10-01 实施

中华人民共和国国家质量监督检验检疫总局
中国国家标准化管理委员会 发布

前　言

本标准代替 GB/T 18761—2002《电子数显指示表》。

本标准与 GB/T 18761—2002 的主要差异如下：

——扩展了电子数显指示表的规格品种(2002 版的第 1 章；本版的第 1 章)；

——删除了“电子数显指示表”术语，增加了“浮动零位”术语(2002 版的 3.1；本版的 3.3)；

——用“重复性”术语代替“示值变动性”术语(2002 版的 5.11、7.11；本版的 5.11、8.9)；

——增加了带模拟指示的和可旋转显示屏的电子数显指示表的型式(2002 版的图 1；本版的图 2、5.2.2)；

——增加了对电子数显指示表通讯接口的要求(本版的 5.4)；

——增加了对电子数显指示表防护等级的要求(本版的 5.5)；

——增加了对电子数显指示表抗静电能力和电磁干扰能力的要求(本版的 5.6)；

——增加了对测量头的硬度的要求，并对其表面粗糙度提出了量化指标(2002 版的 5.5.2；本版的 5.7.2)；

——修改了响应速度的要求(2002 版的 5.8；本版的 5.9)；

——修改了测量力和测量力落差的要求，增加了测量力变化的要求(2002 版的 5.12；本版的 5.10)；

——用“允许误差”术语代替“示值误差”术语对电子数显指示表的精确度指标做出规定，并对允许误差的要求进行了修改(2002 版的 5.10、5.11；本版的 5.11)；

——增加了检查条件(本版的第 7 章)；

——将“检验方法”改称“检查方法”，以使得在术语上更明确统一。对具体检查项目的检查方法叙述上作了改动，修改了示值检定点的布点(2002 版的第 7 章、7.9；本版的第 8 章、8.7)。

本标准由中国机械工业联合会提出。

本标准由全国量具量仪标准化技术委员会(SAC/TC 132)归口。

本标准负责起草单位：桂林量具刃具厂。

本标准参加起草单位：威海市量具厂有限公司、成都成量工具有限公司、哈尔滨量具刃具集团有限责任公司、上海量具刃具厂和桂林广陆数字测控股份有限公司。

本标准主要起草人：李小军、赵伟荣、车兆平、李荣农、张伟、田世国、周国明、李海平。

本标准所代替标准的历次版本发布情况为：

——GB/T 18761—2002。

电子数显指示表

1 范围

本标准规定了电子数显指示表的术语和定义、型式与基本参数、技术要求、试验方法、检查条件、检查方法、标志与包装等。

本标准适用于分辨力为0.01 mm、测量范围上限为100 mm,分辨力为0.005 mm、测量范围上限为50 mm,分辨力为0.001 mm、测量范围上限为30 mm的电子数显指示表。

2 规范性引用文件

下列文件中的条款通过本标准的引用而成为本标准的条款。凡是注日期的引用文件,其随后所有的修改单(不包括勘误的内容)或修订版均不适用于本标准,然而,鼓励根据本标准达成协议的各方研究是否可使用这些文件的最新版本。凡是不注日期的引用文件,其最新版本适用于本标准。

GB/T 2423.3—1993 电工电子产品基本环境试验规程 试验Ca:恒定湿热试验方法(eqv IEC 60068-2-3:1984)

GB/T 2423.22—2002 电工电子产品环境试验 第2部分:试验方法 试验N:温度变化(IEC 60068-2-14:1984,Basic environmental testing procedures Part 2:Tests—Test N:Change of temperature,IDT)

GB 4208—1993 外壳防护等级(IP代码)(eqv IEC 529:1989)

GB/T 17163 几何量测量器具术语 基本术语

GB/T 17164 几何量测量器具术语 产品术语

GB/T 17626.2—1998 电磁兼容 试验和测量技术 静电放电抗扰度试验(idt IEC 61000-4-2:1995)

GB/T 17626.3—1998 电磁兼容 试验和测量技术 射频电磁场辐射抗扰度试验(idt IEC 61000-4-3:1995)

3 术语和定义

GB/T 17163、GB/T 17164中确立的以及下列术语和定义适用于本标准。

3.1

自由位置 free place

电子数显指示表测杆处于自由状态时的位置。

3.2

行程 travel

电子数显指示表测杆移动范围上限值和下限值之差。

3.3

浮动零位 floating zero

电子数显指示表在测量范围内任意位置设定零位。

3.4

响应速度 response speed

电子数显指示表能正常显示数值时测量杆的最大移动速度。

3.5

最大允许误差(MPE) maximum permissible error

由技术规范、规则等对电子数显指示表规定的误差极限值。

4 型式与基本参数

4.1 电子数显指示表的型式见图1、图2所示。图示仅供图解说明,不表示详细结构。

4.2 电子数显指示表的配合尺寸应符合图1、图2的规定。

单位为毫米

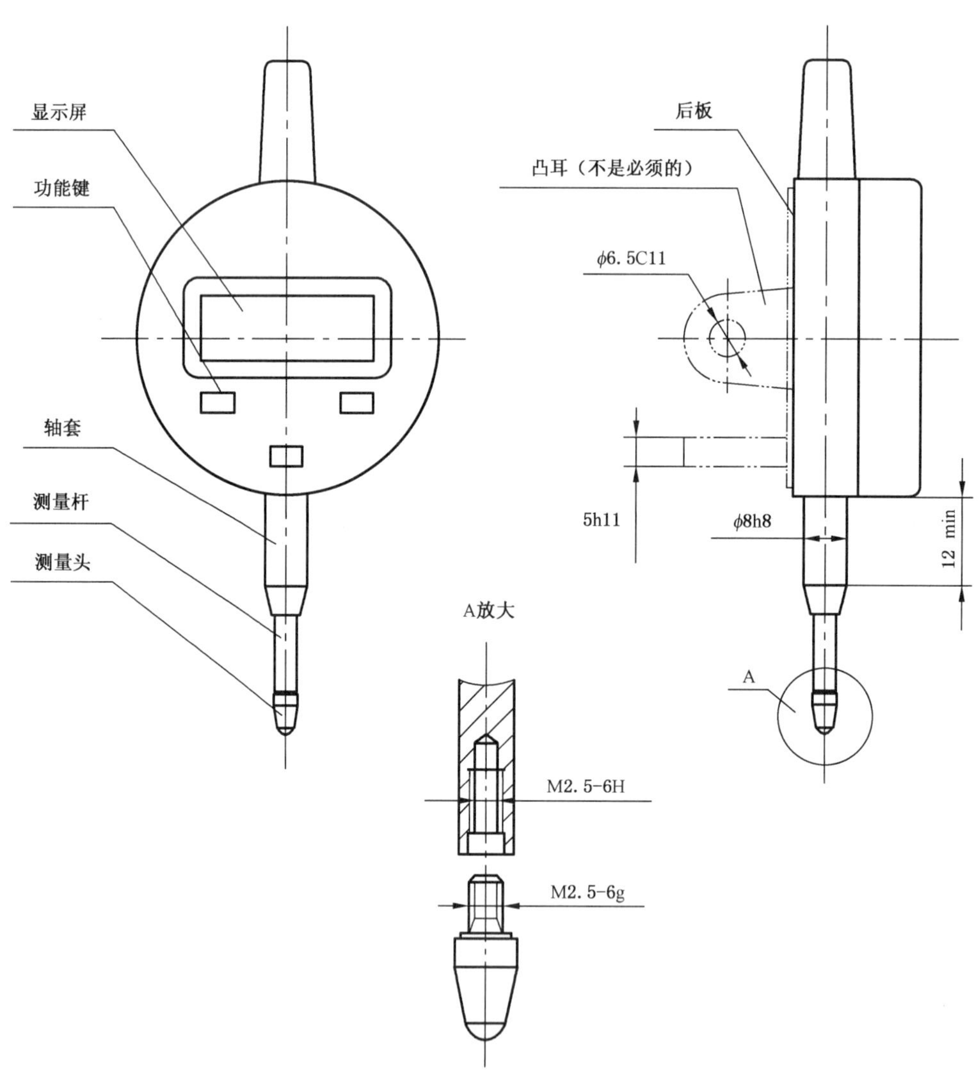

图1 电子数显指示表的型式示意图

单位为毫米

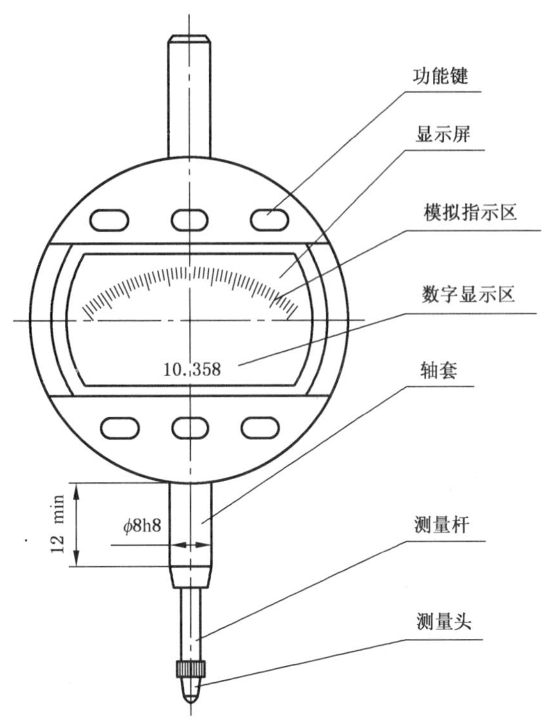

图2 （带模拟指示的）电子数显指示表的型式示意图

5 要求

5.1 外观

5.1.1 电子数显指示表不应有影响使用性能的外部缺陷。

5.1.2 显示屏应透明、清洁、无划痕、气泡等影响读数的缺陷。

5.2 相互作用

5.2.1 电子数显指示表在正常使用状态下，测杆和指针的运动应平稳、灵活，无卡滞现象。

5.2.2 电子数显指示表的显示屏可固定一个方位，也可任意角度旋转，并应保证其在转到所需位置停下后能可靠保持所调整的位置，且显示正常、无闪跳现象。

5.3 电子显示器性能

5.3.1 数字及模拟指示等显示应清晰，完整、无闪跳现象，字高不宜小于4.5 mm。

5.3.2 各功能键应灵敏、可靠，标注符号或图文应清晰且含义准确、易懂。

5.3.3 电子数显指示表测量杆在任意位置时，其显示数值的漂移不应大于1个分辨力值。

5.3.4 电子数显指示表的工作电流不宜大于40 μA。

5.3.5 电子数显指示表应能在环境温度为0℃～40℃，相对湿度不大于80%的条件下正常工作。

5.4 通讯接口

5.4.1 制造商应能够提供电子数显指示表与其他设备之间的通讯电缆和通讯软件。

5.4.2 通讯电缆应能将电子数显指示表的输出数据转换为RS-232或USB的输出接口型式。

5.5 防护等级(IP)

电子数显指示表应具有防尘、防水能力，其防护等级不应低于IP40(见GB 4208—1993)。

5.6 抗静电干扰能力和电磁干扰能力

电子数显指示表的抗静电干扰能力和电磁干扰能力均不应低于1级(见GB/T 17626.2—1998、GB/T 17626.3—1998)。

5.7 测量头

5.7.1 电子数显指示表测杆应带有球形状或其他形状的测头，且易于拆卸。

5.7.2 电子数显指示表测量头应由坚硬耐磨的材料制造，其表面应具有适当的表面粗糙度。

注：一般情况下，钢制测头的表面硬度不应低于 766 HV（或 62 HRC），测量面的表面粗糙度 *Ra* 值不应大于 0.1 μm；硬质合金测头测量面的表面粗糙度 *Ra* 不应大于 0.2 μm。

5.8 行程

电子数显指示表的行程应超过量程，超过量不应小于 0.5 mm。

5.9 响应速度

分辨力为 0.01 mm 的电子数显指示表测量杆的响应速度不应小于 1 m/s；分辨力为 0.005 mm 和 0.001 mm 的电子数显指示表测量杆的响应速度不应小于 0.5 m/s。

5.10 测量力

电子数显指示表的最大测量力、测量力变化和测量力落差均不应大于表 1 的规定。

表 1

<table>
<tr><th>分辨力</th><th>测量范围上限 t</th><th>最大测量力</th><th>测量力变化</th><th>测量力落差</th></tr>
<tr><td colspan="2">mm</td><td colspan="3">N</td></tr>
<tr><td rowspan="4">0.01、0.005</td><td>t≤10</td><td>1.5</td><td>0.7</td><td>0.6</td></tr>
<tr><td>10<t≤30</td><td>2.2</td><td>1.0</td><td>1.0</td></tr>
<tr><td>30<t≤50</td><td>2.5</td><td>2.0</td><td>1.5</td></tr>
<tr><td>50<t≤100</td><td>3.2</td><td>2.5</td><td>2.2</td></tr>
<tr><td rowspan="4">0.001</td><td>t≤1</td><td rowspan="3">1.5</td><td>0.4</td><td rowspan="2">0.4</td></tr>
<tr><td>1<t≤3</td><td rowspan="2">0.5</td></tr>
<tr><td>3<t≤10</td><td>0.5</td></tr>
<tr><td>10<t≤30</td><td>2.2</td><td>0.8</td><td>1.0</td></tr>
</table>

5.11 允许误差

电子数显指示表的测量头在任意方位时（不包括测量头向上及斜向上），电子数显指示表的最大允许误差、回程误差、重复性均不应超过表 2 的规定。

表 2

单位为毫米

<table>
<tr><th rowspan="2">分辨力</th><th rowspan="2">测量范围上限 t</th><th colspan="5">最大允许误差[a]</th><th rowspan="2">回程误差</th><th rowspan="2">重复性</th></tr>
<tr><th>任意 0.02</th><th>任意 0.2</th><th>任意 1.0</th><th>任意 2.0</th><th>全量程</th></tr>
<tr><td rowspan="4">0.01</td><td>t≤10</td><td rowspan="4">—</td><td rowspan="4">±0.010</td><td>—</td><td rowspan="2">—</td><td>±0.020</td><td rowspan="4">0.010</td><td rowspan="4">0.010</td></tr>
<tr><td>10<t≤30</td><td>±0.020</td><td rowspan="3">±0.030</td></tr>
<tr><td>30<t≤50</td><td rowspan="2">—</td><td rowspan="2">±0.020</td></tr>
<tr><td>50<t≤100</td></tr>
<tr><td rowspan="3">0.005</td><td>t≤10</td><td rowspan="3">—</td><td rowspan="3">±0.010</td><td>—</td><td rowspan="2">—</td><td rowspan="2">±0.015</td><td rowspan="3">0.005</td><td rowspan="3">0.005</td></tr>
<tr><td>10<t≤30</td><td>±0.010</td></tr>
<tr><td>30<t≤50</td><td>—</td><td>±0.015</td><td>±0.020</td></tr>
<tr><td rowspan="4">0.001</td><td>t≤1</td><td rowspan="4">±0.002</td><td>—</td><td rowspan="2">—</td><td rowspan="4">—</td><td>±0.003</td><td>0.001</td><td>0.001</td></tr>
<tr><td>1<t≤3</td><td rowspan="3">±0.003</td><td>±0.005</td><td rowspan="2">0.002</td><td rowspan="2">0.002</td></tr>
<tr><td>3<t≤10</td><td>±0.004</td><td>±0.007</td></tr>
<tr><td>10<t≤30</td><td>±0.005</td><td>±0.010</td><td>0.003</td><td>0.003</td></tr>
</table>

表 2（续）

单位为毫米

分辨力	测量范围上限 t	最大允许误差[a]					回程误差	重复性
		任意 0.02	任意 0.2	任意 1.0	任意 2.0	全量程		
注：任意测量段最大允许误差是指：相应的各个连续测量段内的示值误差取最大值的极限值。如：任意 0.2 mm 的最大示值误差是指：0 mm～0.2 mm，0.2 mm～0.4 mm，……9.8 mm～10 mm 等一系列 0.2 mm 测量段内的示值误差中的最大值。								
[a] 采用浮动零位原则判定示值误差时，示值误差的带宽不应超过最大允许误差允许值“±”后面所对应的规定值。								

6 试验方法

6.1 温度变化试验

电子数显指示表的温度变化试验应符合 GB/T 2423.22—2002 的规定。

6.2 湿热试验

电子数显指示表的湿热试验应符合 GB/T 2423.3—1993 的规定。

6.3 防尘、防水试验

电子数显指示表的防尘、防水试验应符合 GB 4208—1993 的规定。

6.4 抗静电干扰试验

电子数显指示表的抗静电干扰试验应符合 GB/T 17626.2—1998 的规定。

6.5 抗电磁干扰试验

电子数显指示表的抗电磁干扰试验应符合 GB/T 17626.3—1998 的规定。

7 检查条件

电子数显指示表检查时，室内温度应为 20℃±5℃，相对湿度不应大于 80%。

8 检查方法

将电子数显指示表可靠地紧固在不受其本身自重和测量力影响的检查装置上，下列检查方法不表示唯一的检查方法，但却表述着某种检查方法的检查指导性原则。

8.1 外观

目力观察。

8.2 相互作用

目测观察和手感检查。

8.3 电子显示器性能

8.3.1 数字及模拟指示的显示情况、各功能键的可靠性检查可采用试验的方法确定。

8.3.2 漂移采用试验方法进行检查，推动测量杆并使其停止在任意位置上，观察显示数值在 1 h 内的变化。

8.3.3 工作电流用万用表或专用芯片检测仪进行检测。

8.4 测量头

测量头的表面粗糙度可采用表面粗糙度比较样块目测比较。

8.5 行程

推动测量杆，观察显示数值。

8.6 响应速度

用手动速度模拟，推动测量杆观察显示数值是否正常。

8.7 示值误差

8.7.1 将电子数显指示表可靠地紧固在不受其自重和测量力影响的检验装置上，使测量杆处于水平或垂直向下方位，且与检具或检测仪器的基准位移的送进方向成一条直线。压缩测量杆 0.2 mm 左右并置零后开始检查。在测量杆正、反行程方向上（见图 3），以适当的间隔进行测量读数直至全量程。根据一系列测得值绘制误差曲线，根据浮动零位原则在测量杆正行程曲线上确定最大示值误差（见图 4）。若发生争议，则根据传感器的结构类型推荐检定点及其布点原则，见表 3。

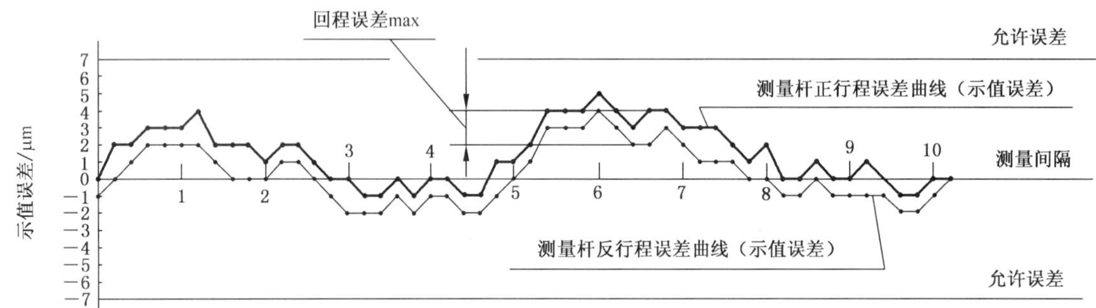

图 3 已设定零位的示值误差（曲线）示意图

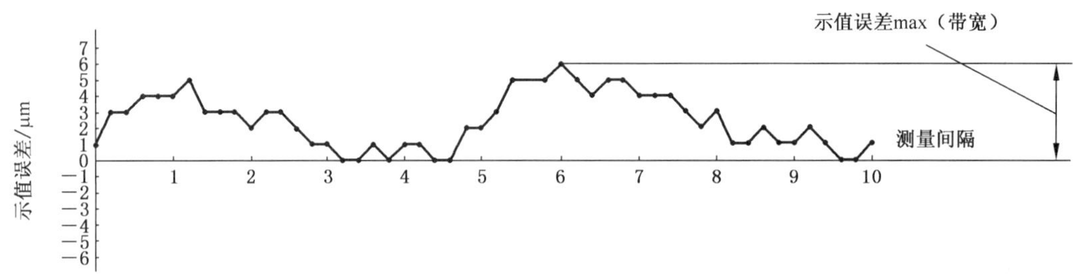

图 4 相对于浮动零位的示值误差（测量杆正行程曲线）示意图

表 3

单位为毫米

分辨力	测量范围上限 t	检查点的设定原则
0.01	$t\leqslant 10$	1) 以每隔 0.2 mm 间隔检一点； 2) 连续至全量程
	$10<t\leqslant 30$	1) 在 0 mm～10 mm 测量段以每隔 0.2 mm 间隔检一点； 2) 在 10 mm～30 mm 测量段以每隔 1 mm 间隔检一点； 3) 连续至全量程
	$30<t\leqslant 50$	1) 在 0 mm～10 mm 测量段以每隔 0.2 mm 间隔检一点； 2) 在 10 mm～100 mm 测量段以每隔 2 mm 间隔检一点； 3) 连续至全量程
	$50<t\leqslant 100$	
0.005	$t\leqslant 10$	1) 以每隔 0.2 mm 间隔检一点； 2) 连续至全量程
	$10<t\leqslant 30$	1) 在 0 mm～10 mm 测量段以每隔 0.2 mm 间隔检一点； 2) 在 10 mm～30 mm 测量段以每隔 1 mm 间隔检一点； 3) 连续至全量程
	$30<t\leqslant 50$	1) 在 0 mm～10 mm 测量段以每隔 0.2 mm 间隔检一点； 2) 在 10 mm～50 mm 测量段以每隔 2 mm 间隔检一点； 3) 连续至全量程

表 3(续)

单位为毫米

分辨力	测量范围上限 t	检查点的设定原则
0.001	$t \leqslant 1$	1) 以每隔 0.02 mm 间隔检一点； 2) 连续至全量程
	$1 < t \leqslant 3$	1) 在 0 mm～1 mm 测量段以每隔 0.02 mm 间隔检一点； 2) 在 1 mm～3 mm 测量段以每隔 0.05 mm 间隔检一点； 3) 连续至全量程
	$3 < t \leqslant 10$	1) 在 0 mm～1 mm 测量段以每隔 0.02 mm 间隔检一点； 2) 在 1 mm～3 mm 测量段以每隔 0.05 mm 间隔检一点； 3) 在 3 mm～10 mm 测量段以每隔 0.5 mm 间隔检一点； 4) 连续至全量程
	$10 < t \leqslant 30$	1) 在 0 mm～1 mm 测量段以每隔 0.02 mm 间隔检一点； 2) 在 1 mm～3 mm 测量段以每隔 0.1 mm 间隔检一点； 3) 在 3 mm～30 mm 测量段以每隔 1 mm 间隔检一点； 4) 连续至全量程
注 1：设点原则为：在容栅传感器的一个栅距内密布 25～50 个检查点，在全量程内均布适当检查点数以反应主栅刻划误差。 注 2：表中推荐的检查点是以直移式容栅传感器数显指示表为例。 注 3：分辨力为 0.01 mm 的传感器常用栅距为：5.08 mm、2.54 mm； 分辨力为 0.005 mm 的传感器常用栅距为：2.54 mm、1.016 mm； 分辨力为 0.001 mm 的传感器常用栅距为：1.016 mm。		

8.7.2 用自动检查仪检查时，检定点的布置可采取先检查主栅刻划误差(即：在全量程内均布适当检查点数)，根据一系列测得值绘制示值误差曲线，然后在正行程上示值误差曲线的最高点和最低点处的两侧各 1/2 容栅传感器栅距的范围内，密布 25～50 个检查点进行检查，并绘制其局部误差曲线，在局部误差曲线上找出新的最高点和最低点，根据浮动零位原则在测量杆正行程曲线上确定最大示值误差。检定点的分布间隔见表 3。

8.8 回程误差

在示值误差检查完成后所得的误差曲线上，同一受检点正、反行程曲线上的示值误差之差，即为该点的回程误差；取各受检点回程误差中的最大值为受检电子数显指示表的回程误差。

8.9 重复性

在相同的条件下，在测量量程内的起点、中间点和终点三个位置附近，用同一被测量以逐渐地或突然地产生的小位移进行多次(不少于 5 次)重复测量读数，取其同一点的最大示值与最小示值之差即为该点的重复性。取三点(起点，中间点，终点)重复性的最大值作为电子数显指示表的重复性。

注：此处重复性检查结果的数据处理，不采用分散性表述，仅取示值变化的特性表述。

8.10 测量力及测量力变化

用分度值不大于 0.1 N 的测力仪检定，将电子数显指示表测量头向下可靠地紧固在测力仪(计)上，在测量杆正行程内的起点、中间点、终点三个位置附近进行检查，取三点(起点，中间点，终点)中的测量力最大值作为电子数显指示表的测量力。取三个测量力值中的最大值与最小值之差为测量力变化。

8.11 测量力落差

在测量范围内的同一点上，测量杆的正、反行程中测量力之差即为该点的测力落差。取测杆全行程内三点(起点,中间点,终点)的测量力落差的最大值作为电子数显指示表的测量力落差。

9 标志与包装

9.1 电子数显指示表上至少应标志:

a) 制造厂厂名或注册商标;

b) 分辨力;

c) 产品序号。

9.2 电子数显指示表包装盒上至少应标志:

a) 制造厂厂名或注册商标;

b) 产品名称;

c) 分辨力及测量范围。

9.3 电子数显指示表在包装前应经防锈处理并妥善包装,不得因包装不善而在运输过程中损坏产品。

9.4 电子数显指示表经检验符合本标准要求的应附有产品合格证,产品合格证上应标有本标准的标准号、产品序号和出厂日期。

ICS 17.040.30
J 42

中华人民共和国国家标准

GB/T 20919—2007

电子数显外径千分尺

External micrometer with electronic digital display

2007-04-30 发布 2007-10-01 实施

中华人民共和国国家质量监督检验检疫总局
中国国家标准化管理委员会 发布

前　言

本标准是在JB/T 6079—1992《电子数显外径千分尺》的基础上制定的。

本标准的附录A和附录B均为规范性附录，附录C、附录D、附录E、附录F和附录G均为资料性附录。

本标准由中国机械工业联合会提出。

本标准由全国量具量仪标准化技术委员会(SAC/TC 132)归口。

本标准负责起草单位：青海量具刃具有限责任公司。

本标准参加起草单位：桂林量具刃具厂和上海量具刃具厂。

本标准主要起草人：黄晓宾、严永红、张洪玲、赵伟荣、程江龙、周国明。

本标准为首次发布。

电子数显外径千分尺

1 范围

本标准规定了电子数显外径千分尺上的术语和定义、型式与基本参数、要求、试验方法、检验方法、标志与包装等。

本标准适用于分辨力高于或等于0.001 mm，量程小于或等于30 mm，测量范围上限至500 mm的电子数显外径千分尺(以下简称“电子数显千分尺”)。

2 规范性引用文件

下列文件中的条款通过本标准的引用而成为本标准的条款。凡是注日期的引用文件，其随后所有的修改单(不包括勘误的内容)或修订版均不适用于本标准，然而，鼓励根据本标准达成协议的各方研究是否可使用这些文件的最新版本。凡是不注日期的引用文件，其最新版本适用于本标准。

GB/T 1800.4—1999 极限与配合 标准公差等级和孔、轴的极限偏差表(eqv ISO 286-2:1988)

GB/T 2423.3—1993 电工电子产品基本环境试验规程 试验Ca:恒定湿热试验方法(eqv IEC 60068-2-3:1984)

GB/T 2423.22—2002 电工电子产品环境试验 第2部分:试验方法 试验N:温度变化(IEC 60068-2-14:1984,Basic environmental testing procedures Part 2:Tests—Test N:Change of temperature,IDT)

GB 4208—1993 外壳防护等级(IP代码)(eqv IEC 529:1989)

GB/T 17163 几何量测量器具术语 基本术语

GB/T 17164 几何量测量器具术语 产品术语

GB/T 17626.2—1998 电磁兼容 试验和测量技术 静电放电抗扰度试验(idt IEC 61000-4-2:1995)

GB/T 17626.3—1998 电磁兼容 试验和测量技术 射频电磁场辐射抗扰度试验(idt IEC 61000-4-3:1995)

3 术语和定义

GB/T 17163和GB/T 17164中确立的以及下列术语和定义适用于本标准。

3.1

电子数显千分尺数显装置 electronic digital indicating devices for micrometer

利用角度传感器、电子和数字显示技术，计算并显示电子数显千分尺的螺旋副位移的装置。以下简称“电子数显装置”。

3.2

最大允许误差(MPE) maximum permissible error

由技术规范、规则等对电子数显千分尺规定的误差极限值。

4 型式与基本参数

4.1 型式

电子数显千分尺的型式见图1所示。图示仅供图解说明，不表示详细结构。

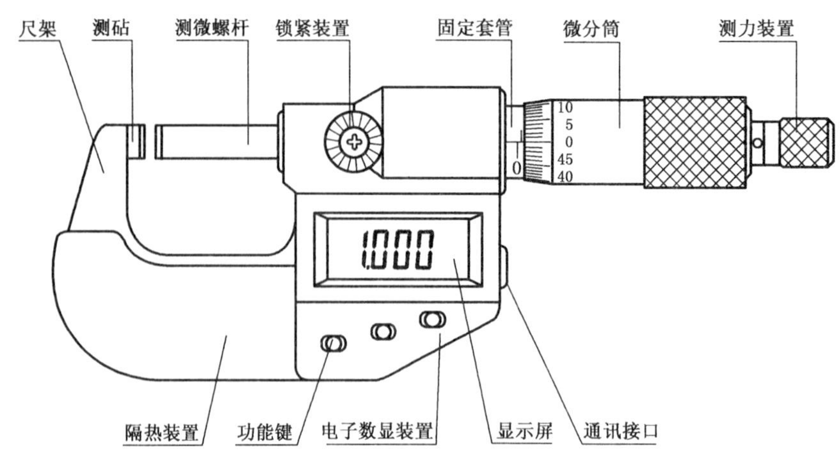

图 1　数显千分尺的型式示意图

4.2　基本参数

4.2.1　电子数显千分尺测微螺杆的螺距宜为 0.5 mm 或 1 mm。

4.2.2　电子数显千分尺的量程宜为 25 mm 或 30 mm。

4.2.3　电子数显千分尺的测量范围的下限宜为 0 或 25 mm 的整数倍。

5　要求

5.1　外观

5.1.1　电子数显千分尺表面不应有影响外观和使用性能的裂痕、划伤、碰伤、锈蚀、毛刺等缺陷。

5.1.2　电子数显千分尺表面的镀、涂层不应有脱落和影响外观的色泽不均等缺陷。

5.1.3　电子数显装置的数字显示屏应透明、清洁、无划痕、气泡等影响读数的缺陷。

5.2　材料

5.2.1　尺架应选择钢、可锻铸铁或其他性能类似的材料制造。

5.2.2　测微螺杆和测砧应选择合金工具钢、不锈钢或其他性能类似的材料制造；测量面宜镶硬质合金或其他耐磨材料。

5.3　尺架

5.3.1　尺架应具有足够的刚性。当尺架沿测微螺杆轴线方向作用 10 N 的力时，其变形量不应大于表 1 的规定。

5.3.2　尺架上宜安装隔热装置。

5.4　测微螺杆和测砧

5.4.1　测微螺杆伸出尺架的光滑圆柱部分的公称直径宜选择 6.5 mm、7.5 mm 或 8.0 mm。

5.4.2　电子数显千分尺在达到测量上限时，其测微螺杆伸出尺架的长度不应小于 3 mm。

5.4.3　测砧伸出尺架的长度不应小于 3 mm。

5.5　相互作用

5.5.1　测微螺杆和螺母之间在全量程范围内应充分啮合，配合良好，不应出现卡滞和明显窜动。

5.5.2　测微螺杆伸出尺架的光滑圆柱部分与轴套之间的配合应良好，不应出现明显摆动。

5.6　测力装置

电子数显千分尺应具有测力装置。通过测力装置移动测微螺杆，并作用到测微螺杆测量面与球面接触的测量力应在 5 N～10 N 之间，测量力变化不应大于 2 N。

5.7　测量面

5.7.1　测量面应经过研磨，其边缘应倒钝，其平面度误差不应大于 0.3 μm。

5.7.2 在规定的测力范围内，两测量面的平行度误差不应大于表1的规定。

5.7.3 合金工具钢测量面的硬度不应小于760 HV1(或61.8 HRC)；不锈钢测量面的硬度不应小于551 HV(或52.5 HRC)。

5.7.4 两测量面不得有明显的偏位。

5.8 电子数显装置

5.8.1 功能键

电子数显装置的功能键应灵活、可靠，标注的符号或图文应清晰且含义准确。

5.8.2 数字显示屏

电子数显千分尺电子数显装置的数字显示应清晰、完整、无闪跳现象，字高不应低于4 mm。

5.8.3 角度传感器

电子数显千分尺电子数显装置的角度传感器宜为二等分、四等分、五等分。

5.8.4 分度误差

电子数显千分尺电子数显装置的分度误差不应大于0.002 mm。

5.8.5 数值漂移

电子数显千分尺电子数显装置的数值漂移不应大于其分辨力。

5.8.6 电源

电子数显装置的电源电压应为1.5 V或3 V。

5.8.7 通讯接口

5.8.7.1 电子数显千分尺电子数显装置宜设置通讯接口。

5.8.7.2 电子数显装置的通讯接口宜为RS-232或USB。制造商应能够提供电子数显千分尺电子数显装置与其他设备之间的通讯电缆和通讯软件。

5.8.8 防护等级(IP)

电子数显装置应具有防水、防尘能力，其防护等级不得低于IP 40(见GB 4208—1993)。

5.8.9 工作环境

电子数显装置应能在环境温度0℃～40℃、相对湿度不大于80%的条件下，进行正常工作。

5.8.10 抗静电干扰能力和抗电磁干扰能力

电子数显装置的抗静电干扰能力和抗电磁干扰能力均不应低于1级(见GB/T 17626.2—1998、GB/T 17626.3—1998)。

5.9 最大允许误差

电子数显千分尺的最大允许误差应符合表1的规定。

表1

测量范围/mm	最大允许误差	平行度公差	尺架受10 N力时的变形量
	μm		
0～25	±2	1.5	2
25～50	±2	1.5	2
50～75	±3	2	3
75～100	±3	2	3
100～125	±3	2.5	4
125～150	±3	2.5	5
150～175	±4	3	6
175～200	±4	3	6

表 1（续）

测量范围/mm	最大允许误差	平行度公差	尺架受 10 N 力时的变形量
	μm		
200～225	±4	3.5	7
225～250	±4	3.5	8
250～275	±5	4	8
275～300	±5	4	9
300～325	±6	5	10
325～350	±6	5	10
350～375	±6	5	11
375～400	±6	5	12
400～425	±7	6	12
425～450	±7	6	13
450～475	±7	6	14
475～500	±7	6	15
注：电子数显千分尺的测量范围跨越表 1 分档时，按测量范围的上限查表。			

5.10 重复性

数显千分尺的重复性不应大于 0.001 mm。

5.11 校对量杆

5.11.1 校对量杆

测量范围下限大于 0 mm 的电子数显千分尺应提供校对量杆。

5.11.2 硬度

校对量杆的硬度不应小于 760 HV1(或 61.8 HRC)。

5.11.3 尺寸偏差

校对量杆的尺寸偏差为 js2(见 GB/T 1800.4—1999)。

5.11.4 隔热装置

校对量杆应具有隔热装置。

6 检验方法

6.1 尺架变形

将尺架测砧一端固定，用杠杆千分表接触另一测量面，在尺架测微螺杆一端沿测微螺杆轴线作用 100 N 的力，然后分别观察在施力和未施力条件下杠杆千分表的读数，将两次读数差值按 10 N 力的比例换算，求出尺架变形量。

6.2 测量面的平面度

测量面的平面度误差可用二级光学平晶检验。平晶应调整到使其干涉带的数量尽可能的少或使其产生干涉环。在距测量面边缘 0.4 mm 范围内的平面度忽略不计。

6.3 测量面的平行度

测量范围上限不大于 100 mm 的电子数显千分尺的测量面的平行度误差可用四块平行平面的检验平晶检验，检验平晶的长度相差测微螺杆螺距的三分之一或四分之一。将平晶置于两测量面间，调整平晶使两测量面上的干涉带或干涉环的数目尽可能少，在测力作用下，读取两测量面上光波干涉带条纹的总条数。也允许用其他的仪器检验测量面的平行度误差。

测量范围上限大于100 mm的电子数显千分尺的测量面的平行度误差可用其他装置(如平行检查仪、准直仪等)检验。

在距测量面边缘0.4 mm范围内的平行度忽略不计。

6.4 测量面的硬度

对于未镶硬质合金或其他耐磨材料的测量面,可在该测量面上或距测量面1 mm的光滑圆柱部位处检定。

对于镶硬质合金或其他耐磨材料的测量面,其硬度可不做检定。

6.5 电子数显装置

6.5.1 分度误差

分度误差在1圈内沿测量方向均匀检25点。检验时,分别读出各受检点的电子数显装置显示值与微分筒读数值之差,做出误差曲线,其最高点与最低点之差,即为电子数显装置的分度误差。对于没有微分筒的电子数显千分尺,可以将分度误差不大于20分的鼓轮固定在角度传感器的传动轴上,检验方法同上。

注1:如果把电子数显千分尺的最大允许误差的检测点投影到角度传感器的同一等分上时有不少于四个独立点,此时最大允许误差的检测结果已包含了角度传感器的分度误差,允许不检测分度误差。

注2:如果使用表2中的量块尺寸检验最大允许误差,当电子数显千分尺的角度传感器为二等分或四等分,允许不检测分度误差。当电子数显千分尺的角度传感器为五等分,螺距是0.5 mm或1 mm,则需要检测分度误差;螺距是0.508 mm或0.635 mm,允许不检测分度误差。

6.5.2 数值漂移

在任意位置下使测微螺杆固定,并保持1 h。观察电子数显装置显示数值的变化。

6.6 最大允许误差

6.6.1 将千分尺紧固在夹具上,在两测量面间放入一组准确度为1级的量块(尺寸系列见表2)进行检验,得出电子数显千分尺显示值与量块尺寸的差值,其中绝对值最大的差值为电子数显千分尺的示值误差。

表2

单位为毫米

电子数显千分尺的量程	量块的尺寸系列
25	2.5;5.1;7.7;10.3;12.9;15;17.6;20.2;22.8;25
30	2.5;5.1;7.7;10.3;12.9;15;17.6;20.2;22.8;25;30

6.6.2 对于不同测量范围的电子数显千分尺,需采用适合于其测量范围的专用量块进行检验。示值误差的计算方法同6.6.1。

6.6.3 对于测量范围大于100 mm的电子数显千分尺,可将千分尺专用量块依次研合在相当于测量范围下限的量块上检验;或安装球形辅助测砧从0 mm点开始检验,最大允许误差为±2 μm。示值误差的计算方法同6.6.1。

6.7 重复性

在完全相同的测量条件下,重复测量五次,其五次显示值间的最大差异即为电子数显千分尺的重复性。

7 试验方法

7.1 防水、防尘试验

电子数显千分尺的防水、防尘试验应符合GB 4208—1993的规定。

7.2 温度变化试验

电子数显千分尺的温度变化试验应符合GB/T 2423.22—2002的规定。

7.3 湿热试验

电子数显千分尺的湿热试验应符合 GB/T 2423.3—1993 的规定。

7.4 抗静电干扰试验

电子数显千分尺的抗静电干扰试验应符合 GB/T 17626.2—1998 的规定。

7.5 抗电磁干扰试验

电子数显千分尺的抗电磁干扰试验应符合 GB/T 17626.3—1998 的规定。

8 标志与包装

8.1 电子数显千分尺上至少应标志：

a) 制造厂厂名或注册商标；

b) 测量范围；

c) 分辨力；

d) 产品序号；

e) 防护等级高于 IP40 时，应标有防护等级标志。

8.2 校对量杆上应标志其长度标称尺寸。

8.3 电子数显千分尺包装盒上至少应标志：

a) 制造厂厂名或注册商标；

b) 产品名称；

c) 测量范围。

8.4 电子数显千分尺在包装前应经防锈处理并妥善包装，不得因包装不善而在运输过程中损坏产品。

8.5 电子数显千分尺经检验符合本标准要求的应附有产品合格证及使用说明书，产品合格证上应标有本标准的标准号、产品序号和出厂日期。

附　录　A
（规范性附录）
轴向窜动和径向摆动

测微螺杆和螺母之间在全量程范围内应充分啮合，配合良好，其轴向窜动不大于0.01 mm。

测微螺杆伸出尺架的光滑圆柱部分与轴套之间的配合应良好，其径向摆动不大于0.015 mm。

轴向窜动用杠杆千分表检查。检查时将杠杆千分表与测微螺杆测量面接触，在测微螺杆上沿其轴向往返施加3 N～5 N的力，杠杆千分表示值的变化即为轴向窜动量。

径向摆动用杠杆千分表检查。检查时将测微螺杆伸出尺架10 mm，使杠杆千分表接触测微螺杆直径的端部，在测微螺杆上沿杠杆千分表测量方向往返施加2 N～3 N的力，杠杆千分表示值的变化即为径向摆动量。径向摆动的检查应在两个相互垂直的方向进行。

附　录　B
（规范性附录）
锁紧变化

带有锁紧装置的电子数显千分尺应能有效地锁紧测微螺杆。锁紧前后，两测量面间距离变化应不大于1.5 μm（在锁紧部位测微螺杆有刚性支撑），或3 μm（在锁紧部位测微螺杆无刚性支撑）。

附　录　C
（资料性附录）
测量面的偏位

用目测观察两测量面不得有明显偏位，有异议时检查两测量面的偏位，其值不应大于表C.1的规定。

表 C.1

单位为毫米

测量范围上限	偏位误差	测量范围上限	偏位误差
25	0.05	200、225	0.30
50	0.08	250、275、300	0.40
75	0.13	325、350、375	0.45
100	0.15	400、325、450	0.50
125	0.20	475、500	0.65
150	0.23	600、700	0.80
175	0.25	800、900、1 000	1.00

附 录 D
（资料性附录）
测量范围 500 mm～1 000 mm 的电子数显千分尺

测量范围 500 mm～1 000 mm 的电子数显千分尺的最大允许误差应符合表 D.1 的规定。

表 D.1

测量范围/mm	最大允许误差	平行度公差	尺架受 10 N 力时的变形量
	μm		
500～600	±9	8	17
600～700	±10	9	19
700～800	±11	10	21
800～900	±12	11	23
900～1 000	±13	12	25
注：电子数显千分尺的测量范围跨越分档时，按测量范围的上限查表。			

测量范围 500 mm～1 000 mm 的电子数显千分尺的校对量杆的尺寸偏差为 js3（见 GB/T 1800.4—1999）。

附 录 E
（资料性附录）
活动测砧电子数显千分尺

活动测砧电子数显千分尺查表 1 时按尺子的最大量限；平行度公差为表 1 规定值加 1 μm。

注：如，测量范围为（0～150）mm 的活动测砧电子数显千分尺，按测量范围（125～150）mm 查表 1，其最大允许误差为±3 μm，平行度公差为（2.5+1）μm=3.5 μm。

附 录 F
（资料性附录）
量程大于 30 mm、小于或等于 50 mm 的电子数显千分尺

量程大于 30 mm、小于或等于 50 mm 的电子数显千分尺的最大允许误差不应大于表 1 的规定值加 1 μm。

注：例如，量程为 50 mm、测量范围为（0～50）mm 的电子数显千分尺，按测量范围（25～50）mm 查表 1，其最大允许误差为±（2+1）μm=±3 μm。

量程等于 50 mm 的电子数显千分尺的最大允许误差检验量块的尺寸系列为：2.5 mm，5.1 mm，7.7 mm，10.3 mm，12.9 mm，15 mm，17.6 mm，20.2 mm，22.8 mm，25 mm，30.1 mm，35.3 mm，37.9 mm，45.2 mm，50 mm。

附 录 G
（资料性附录）
角度传感器为五等分、螺距为 0.5 mm 或 1 mm 的电子数显千分尺

对于角度传感器为五等分、螺距为 0.5 mm 或 1 mm 的电子数显千分尺，用尺寸系列为 5.12 mm、10.24 mm、15.36 mm、21.5 mm、25 mm 的量块检验最大允许误差时，已包含了角度传感器的分度误差，允许不再检验分度误差。

ICS 17.040.30
J 42

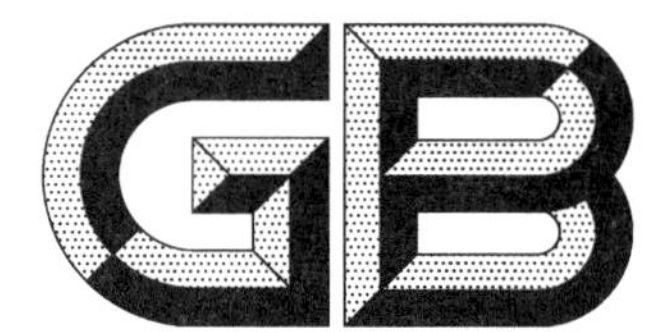

中华人民共和国国家标准

GB/T 21388—2008
代替 GB/T 1214.1—1996,GB/T 1214.4—1996

游标、带表和数显深度卡尺

Vernier,dial and digital display depth callipers

2008-02-02 发布 2008-07-01 实施

中华人民共和国国家质量监督检验检疫总局
中国国家标准化管理委员会 发布

前　言

本标准是对GB/T 1214.1—1996《游标类卡尺　通用技术条件》、GB/T 1214.4—1996《游标类卡尺　深度游标卡尺》和JB/T 5608—1991《电子数显深度卡尺》3项标准进行整合修订的。

本标准代替GB/T 1214.1—1996《游标类卡尺　通用技术条件》、GB/T 1214.4—1996《游标类卡尺　深度游标卡尺》。

自本标准实施之日起，JB/T 5608—1991《电子数显深度卡尺》作废。

本标准与上述3项标准相比，主要变化如下：

——增加了带表深度卡尺品种；

——扩展了深度卡尺[1)]测量范围和形式(GB/T 1214.4—1996的第1章、第3章，JB/T 5608—1991的第1章、第4章；本标准的第1章、第4章)；

——用“分度值”和“分辨力”术语代替“读数值”和“分辨率”术语(GB/T 1214.1—1996的第1章，JB/T 5608—1991的第1章；本标准的第1章)；

——删除了“任意两点间的误差”的术语定义及要求(JB/T 5608—1991的3.2和5.7)；

——重新确定了带测量爪的深度卡尺形式示意图(GB/T 1214.4—1996的图2，JB/T 5608—1991的4.1Ⅱ型；本标准的图2、图3)；

——用“标尺标记”术语代替“尺身刻线”和“游标刻线”等术语，并引入“零值误差”术语(GB/T 1214.1—1996的3.6、3.7；本标准的5.5、5.6、5.7)；

——用“微视差游标深度卡尺”术语代替“无视差卡尺”和“同一平面型卡尺”术语(GB/T 1214.1—1996的3.6.3；本标准的5.6.1)；

——增加了对数显深度卡尺通讯接口的要求(本标准的5.9)；

——增加了对数显深度卡尺防护等级的要求(本标准的5.10)；

——增加了对数显深度卡尺抗静电能力和电磁干扰能力的要求(本标准的5.11)；

——修改了深度卡尺尺身、尺框测量面在同一平面时的平面度要求，并给出相应的检验方法(GB/T 1214.4—1996的4.4，JB/T 5608—1991的5.5；本标准的5.12、8.9)；

——用“最大允许误差”术语代替“示值误差”术语，对深度卡尺示值指标做出规定(GB/T 1214.1—1996的3.9，JB/T 5608—1991的5.6；本标准的5.13)；

——修改并统一规定了深度卡尺深度测量的最大允许误差要求，给出了最大允许误差的计算公式，以使标准的使用更方便、更具指导性，并按测量范围上限给出了部分计算值(GB/T 1214.1—1996的3.9，JB/T 5608—1991的5.6；本标准的5.13)；

——增加了深度卡尺检验时平衡温度时间的检验条件(本标准的第7章)；

——对深度卡尺深度测量的示值检定点，改为提出对示值检测点的数量及其分布规律性的要求，对示值检定点的推荐量块尺寸作为参考资料在资料性附录中给出(GB/T 1214.4—1996的5.4、表2，JB/T 5608—1991的A7、表A1；本标准的8.10.2、附录C)；

——修改了深度卡尺相互作用(即：测量力，测量力变化)的定量要求和检验方法，并作为参考资料在资料性附录中给出(GB/T 1214.4—1996的5.2，JB/T 5608—1991的A3；本标准的附录A)。

本标准的附录B为规范性附录；附录A、附录C为资料性附录。

1）本标准所称“深度卡尺”系指“游标深度卡尺”、“带表深度卡尺”、“数显深度卡尺”三者的统称。

本标准由中国机械工业联合会提出。

本标准由全国量具量仪标准化技术委员会(SAC/TC 132)归口。

本标准负责起草单位:成都工具研究所和桂林量具刃具厂。

本标准参加起草单位:靖江量具有限公司、上海量具刃具厂、哈尔滨量具刃具集团有限责任公司和成都成量工具有限公司。

本标准主要起草人:陈学仁、赵伟荣、姜志刚、杨东顺、周国明、张伟、于晓霞、李隆勇。

本标准所代替标准的历次版本发布情况为:

——GB/T 1214.1—1996;

——GB/T 1214.4—1996;

——GB 1215—1975、GB 1215—1987。

游标、带表和数显深度卡尺

1 范围

本标准规定了游标深度卡尺、带表深度卡尺和数显深度卡尺的术语和定义、形式与基本参数、要求、试验方法、检验条件、检验方法、标志与包装等。

本标准适用于分度值/分辨力为 0.01 mm、0.02 mm、0.05 mm和 0.10 mm，测量范围为(0～100) mm至(0～1 000) mm 的游标深度卡尺、带表深度卡尺和数显深度卡尺(以下简称“深度卡尺”)。

2 规范性引用文件

下列文件中的条款通过本标准的引用而成为本标准的条款。凡是注日期的引用文件，其随后所有的修改单(不包括勘误的内容)或修订版均不适用于本标准，然而，鼓励根据本标准达成协议的各方研究是否可使用这些文件的最新版本。凡是不注日期的引用文件，其最新版本适用于本标准。

GB/T 2423.3—1993 电工电子产品基本环境试验规程 试验 Ca：恒定湿热试验方法(eqv IEC 60068-2-3：1984)

GB/T 2423.22—2002 电工电子产品环境试验 第 2 部分：试验方法 试验 N：温度变化(IEC 60068-2-14：1984，IDT)

GB 4208—1993 外壳防护等级(IP 代码)(eqv IEC 529：1989)

GB/T 17163 几何量测量器具术语 基本术语

GB/T 17164 几何量测量器具术语 产品术语

GB/T 17626.2—1998 电磁兼容 试验和测量技术 静电放电抗扰度试验(idt IEC 61000-4-2：1995)

GB/T 17626.3—1998 电磁兼容 试验和测量技术 射频电磁场辐射抗扰度试验(idt IEC 61000-4-3：1995)

3 术语和定义

GB/T 17163、GB/T 17164 中确立的以及下列术语和定义适用于本标准。

3.1

带表深度卡尺 dial depth calliper

利用机械传动系统，将尺框测量面与尺身测量面(或测量爪的深度测量面)相对移动转变为指针的回转运动，并借助主标尺和圆标尺对其相对移动所分隔的距离进行读数的测量器具。

3.2

响应速度 response speed

数显深度卡尺能正常显示数值时，尺框相对于尺身的最大移动速度。

3.3

最大允许误差(MPE) maximum permissible error

由技术规范、规则等对深度卡尺规定的误差极限值。

注：允许误差的极限值不能小于数字级差（分辨力)或游标标尺间隔。

4 形式与基本参数

4.1 深度卡尺的形式见图 1～图 3 所示。图示仅供图解说明，不表示详细结构。

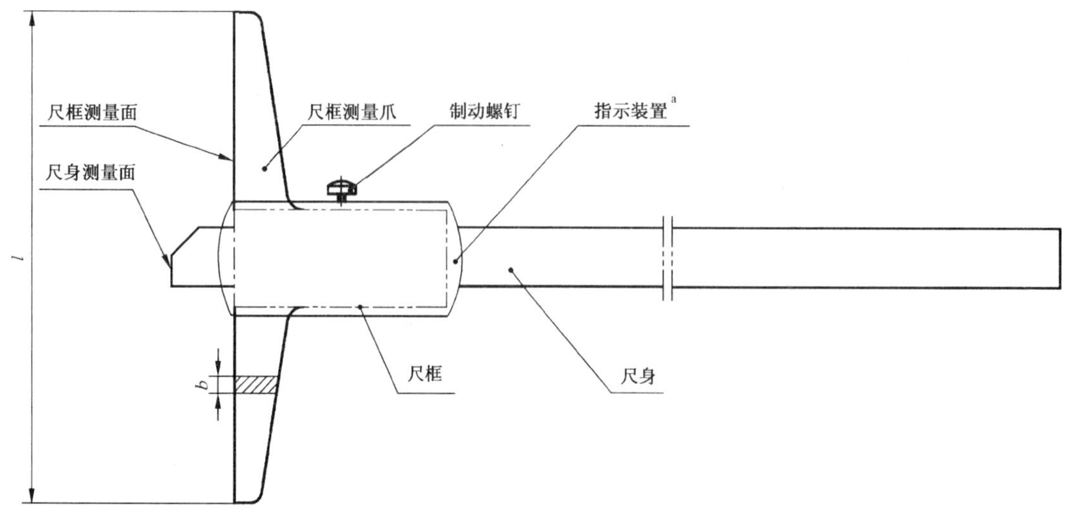

a 指示装置形式见图 4 所示。

图 1 Ⅰ型深度卡尺

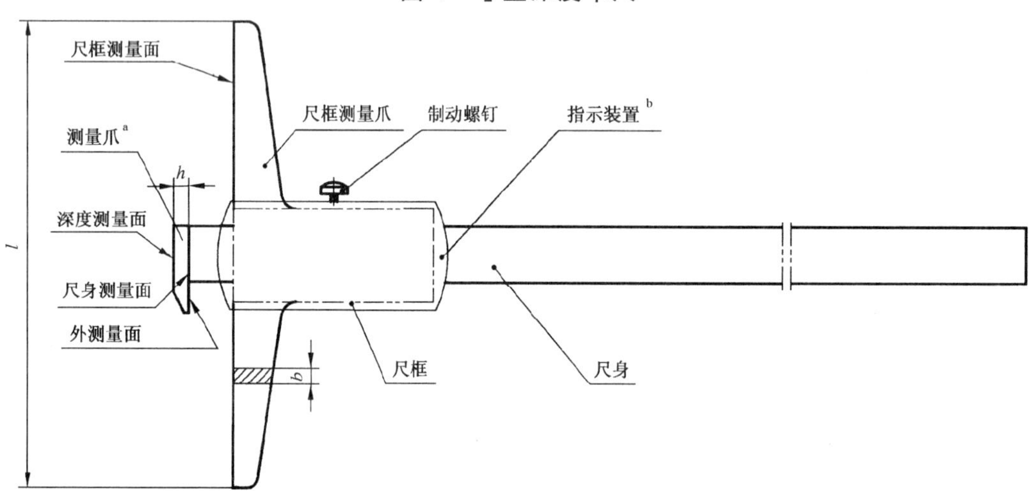

a 本形式测量爪和尺身可做成一体式、拆卸式和可旋转式。

b 指示装置形式见图 4 所示。

图 2 Ⅱ型深度卡尺(单钩型)

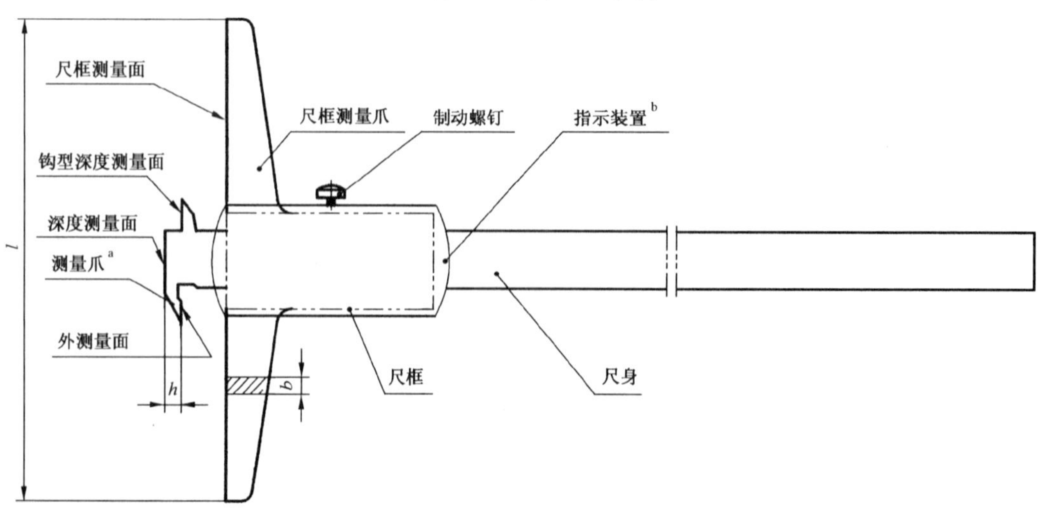

a 本形式测量爪和尺身做成一体。

b 指示装置形式见图 4 所示。

图 3 Ⅲ型深度卡尺(双钩型)

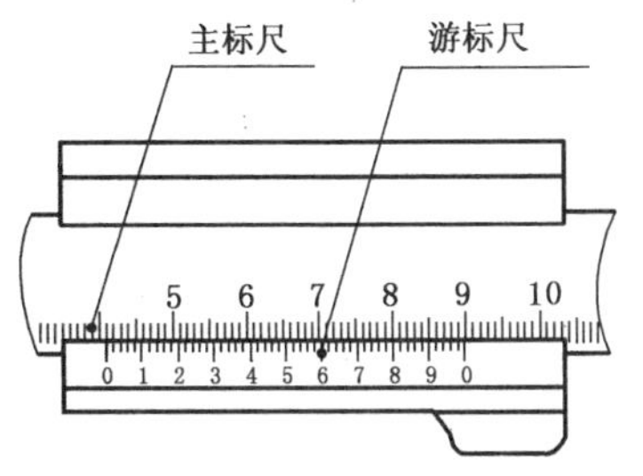

a） 游标深度卡尺的指示装置

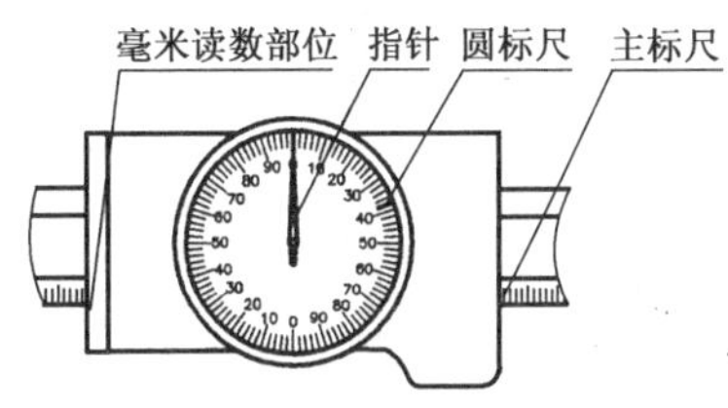

b） 带表深度卡尺的指示装置

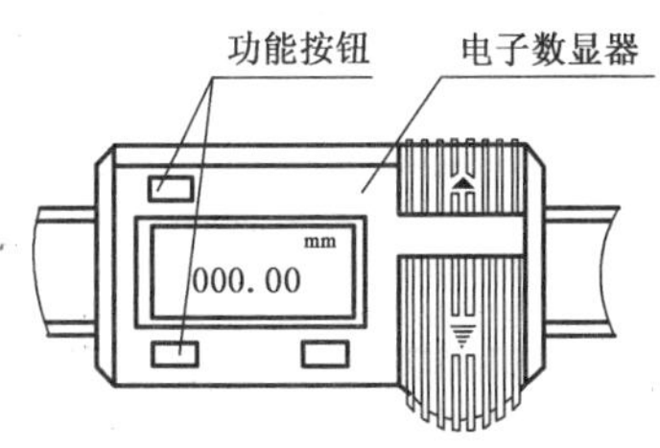

c） 数显深度卡尺的指示装置

图4 深度卡尺的指示装置示意图

4.2 深度卡尺的尺身应有足够的长度，以保证在测量范围上限时尺框不致于伸出尺身以外，并宜具有10 mm以上的裕量。

4.3 深度卡尺的测量范围及基本参数的推荐值见表1。

表1

单位为毫米

测量范围	基本参数（推荐值）	
	尺框测量面长度 l	尺框测量面宽度 b
	≥	
0～100、0～150	80	5
0～200、0～300	100	6
0～500	120	6
0～1 000	150	7
注：表中各字母所代表的基本参数见图1～图3。		

5 要求

5.1 外观

5.1.1 深度卡尺表面不应有影响外观和使用性能的裂痕、划伤、碰伤、锈蚀、毛刺等缺陷。

5.1.2 深度卡尺表面的镀、涂层不应有脱落和影响外观的色泽不均等缺陷。

5.1.3 标尺标记不应有目力可见的断线、粗细不均及影响读数的其他缺陷。

5.1.4 指示装置的表蒙、显示屏应透明、清洁、无划痕、气泡等影响读数的缺陷。

5.2 相互作用

深度卡尺的尺框沿尺身的移动应平稳、无卡滞和松动现象，用制动螺钉能准确、可靠地固紧在尺身上。

5.3 材料和测量面硬度

深度卡尺一般采用碳钢、工具钢和不锈钢制造，各测量面的硬度不应低于表2的规定。

表2

材　料[a]	硬　度
碳钢、工具钢	664 HV（或58 HRC）
不锈钢	551 HV（或52.5 HRC）
[a] 各测量面的材料也可采用硬质合金或其他超硬材料。	

5.4 测量面的表面粗糙度

深度卡尺各测量面的表面粗糙度值不应大于 $Ra0.2$。

5.5 标尺标记

5.5.1 游标深度卡尺的主标尺和游标尺的标记宽度及其宽度差应符合表 3 的规定。

表 3

单位为毫米

分度值	标记宽度	标记宽度差 ≤
0.02	0.08～0.18	0.02
0.05		0.03
0.10		0.05

5.5.2 带表深度卡尺主标尺的标记宽度及其标记宽度差，圆标尺的标记宽度及标尺间距应符合表 4 的规定；指针末端的宽度应与圆标尺的标记宽度一致。

表 4

单位为毫米

标尺名称	标记宽度	标记宽度差 ≤	标尺间距 ≥
主标尺	0.10～0.25	0.05	—
圆标尺	0.10～0.20	—	0.8

5.6 指示装置各部分相对位置

5.6.1 游标深度卡尺的游标尺标记表面棱边至主标尺标记表面的距离不应大于 0.30 mm；微视差游标深度卡尺的游标尺标记表面棱边至主标尺标记表面间的距离 h，游标尺标记端面与主标尺标记端面的距离 s 不应超过表 5 的规定(见图 4)。

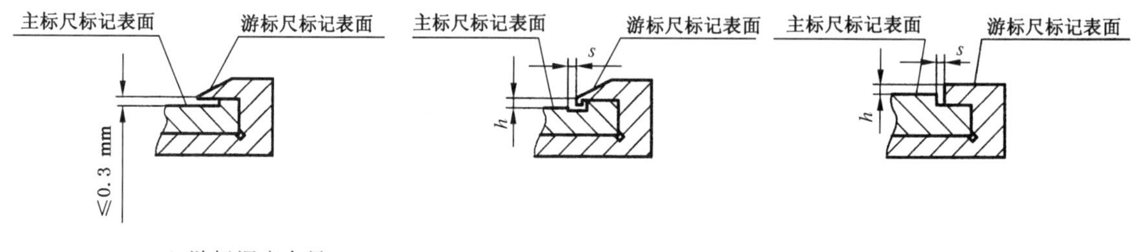

a) 游标深度卡尺

b) 微视差游标深度卡尺

图 5 游标尺与主标尺间的相对位置

表 5

单位为毫米

分度值	游标尺标记表面棱边至主标尺标记表面间的距离 h		游标尺标记端面与主标尺标记端面的距离 s
	测量范围上限		
	≤500	>500	
0.02	±0.06	±0.08	0.08
0.05	±0.08	±0.10	
0.10	±0.10	±0.12	

5.6.2 带表深度卡尺的指针末端应盖住圆标尺上短标尺标记长度的 30%～80%；指针末端与圆标尺标记表面间的间隙不应大于表 6 的规定。

表 6

单位为毫米

分度值	指针末端与圆标尺标记表面间的间隙
0.01、0.02	0.7
0.05	1.0

5.7 零值误差

5.7.1 Ⅰ型游标深度卡尺当尺身、尺框测量面在同一平面时或Ⅱ、Ⅲ 型游标深度卡尺测量爪外测量面与尺框测量面手感接触时，游标尺上的“零”、“尾”标尺标记与主标尺相应的标尺标记应相互重合，其重合度不应超过表 7 的规定。

表 7

单位为毫米

<table>
<tr><th rowspan="2">分度值</th><th colspan="2">“零”标尺标记重合度</th><th colspan="2">“尾”标尺标记重合度</th></tr>
<tr><th>游标尺(可调)</th><th>游标尺(不可调)</th><th>游标尺(可调)</th><th>游标尺(不可调)</th></tr>
<tr><td>0.02</td><td rowspan="2">±0.005</td><td rowspan="2">±0.010</td><td>±0.01</td><td>±0.015</td></tr>
<tr><td>0.05</td><td>±0.02</td><td>±0.025</td></tr>
<tr><td>0.10</td><td>±0.010</td><td>±0.015</td><td>±0.03</td><td>±0.035</td></tr>
</table>

5.7.2 Ⅰ型带表深度卡尺当尺身、尺框测量面在同一平面时或Ⅱ、Ⅲ 型带表深度卡尺测量爪外测量面与尺框测量面手感接触时，指针应指圆标尺上的“零”标尺标记，并处于正上方 12 点钟方位，左右偏位不应大于 1 个标尺分度；此时毫米读数部位至主标尺上“零”标尺标记的距离不应超过标记宽度，压线不应超过标记宽度的 1/2。

5.8 电子数显器的性能

5.8.1 数字显示应清晰、完整、无闪跳现象；响应速度不应小于 1 m/s。

5.8.2 功能键应灵活、可靠，标注符号或图文应清晰且含义准确。

5.8.3 数字漂移不应大于 1 个分辨力值，工作电流不宜大于 40 μA。

5.8.4 电子数显器应能在环境温度 0℃～40℃、相对湿度不大于 80%的条件下，进行正常工作。

5.9 通讯接口

5.9.1 制造商应能够提供数显深度卡尺与其他设备之间的通讯电缆和通讯软件。

5.9.2 通讯电缆应能将数显深度卡尺的输出数据转换为 RS-232、USB 或其他通用的标准输出接口形式。

5.10 防护等级(IP)

数显深度卡尺的防护等级不应低于 IP40(见 GB 4208—1993)。

5.11 抗静电干扰能力和电磁干扰能力

数显深度卡尺的抗静电干扰能力和电磁干扰能力均不应低于 1 级(见 GB/T 17626.2—1998、GB/T 17626.3—1998)。

5.12 平面度和平行度

5.12.1 深度卡尺尺框测量面的平面度不应大于表 8 的规定。

表 8

单位为毫米

分度值/分辨力	尺框测量面平面度[a]
0.01、0.02	0.005
0.05、0.10	0.008
[a] 距测量面边缘 0.5 mm 范围内，尺框测量面的平面度不计。	

5.12.2 无论尺框紧固与否，Ⅰ型深度卡尺尺身测量面与尺框测量面在同一平面时，尺身测量面相对尺

框测量面的平行度不应大于表 9 的规定。

无论尺框紧固与否，Ⅱ、Ⅲ 型深度卡尺当测量爪外测量面与尺框测量面手感接触时，测量爪的深度测量面相对尺框测量面的平行度均不应大于表 9 的规定。此时，Ⅲ型深度卡尺的钩型深度测量面与尺框测量面应处在同一平面上，钩型深度测量面相对尺框测量面的平行度不应大于表 9 的规定。

表 9

单位为毫米

分度值/分辨力	平行度
0.01、0.02	0.005
0.05、0.10	0.008

5.12.3 Ⅱ、Ⅲ 型深度卡尺测量爪外测量面和尺框测量面手感接触时，无论尺框紧固与否，其测量面合并处的间隙不应透白光。

5.13 最大允许误差

深度卡尺测量深度时的最大允许误差应符合表 10 的规定。

表 10

单位为毫米

<table>
<tr><td rowspan="4">测量范围上限</td><td colspan="6">最 大 允 许 误 差</td></tr>
<tr><td colspan="6">分度值/分辨力</td></tr>
<tr><td colspan="2">0.01、0.02</td><td colspan="2">0.05</td><td colspan="2">0.10</td></tr>
<tr><td>最大允许误差计算公式</td><td>计算值</td><td>最大允许误差计算公式</td><td>计算值</td><td>最大允许误差计算公式</td><td>计算值</td></tr>
<tr><td>150</td><td rowspan="5">±(20+0.05 L)μm</td><td>±0.03</td><td rowspan="5">±(40+0.06 L)μm</td><td>±0.05</td><td rowspan="5">±(50+0.1 L)μm</td><td rowspan="4">±0.10</td></tr>
<tr><td>200</td><td>±0.03</td><td>±0.05</td></tr>
<tr><td>300</td><td>±0.04</td><td>±0.06</td></tr>
<tr><td>500</td><td>±0.05</td><td>±0.07</td></tr>
<tr><td>1 000</td><td>±0.07</td><td>±0.10</td><td>±0.15</td></tr>
<tr><td colspan="7">注：表中允许误差计算公式中的 L 为测量范围上限值，以毫米计。计算结果应四舍五入到 10 μm，且其值不能小于数字级差（分辨力）或游标标尺间隔。</td></tr>
</table>

5.14 重复性

带表深度卡尺和数显深度卡尺的重复性不应大于表 11 的规定。

表 11

单位为毫米

分度值/分辨力	重复性	
	带表深度卡尺	数显深度卡尺
0.01	0.005	0.010
0.02、0.05	0.010	—

6 试验方法

6.1 温度变化试验

数显深度卡尺的温度变化试验应符合 GB/T 2423.22—2002 的规定。

6.2 湿热试验

数显深度卡尺的湿热试验应符合 GB/T 2423.3—1993 的规定。

6.3 抗静电干扰试验

数显深度卡尺的抗静电干扰试验应符合 GB/T 17626.2—1998 的规定。

6.4 抗电磁干扰试验

数显深度卡尺的抗电磁干扰试验应符合 GB/T 17626.3—1998 的规定。

6.5 防尘、防水试验

数显深度卡尺的防尘、防水试验应符合 GB 4208—1993 的规定。

7 检验条件

7.1 检验前，应将被检深度卡尺及量块等检验用设备同时置于铸铁平板或木桌上，其平衡温度时间参见表 12。

表 12

测量范围上限/mm	平衡温度时间/h	
	置于铸铁平板上	置于木桌上
≤400	1	2
>400～600	1.5	3
>600～1 000	2	4

7.2 数显深度卡尺检验时，室内温度应为 20℃±5℃；相对湿度不应大于 80%。

8 检验方法

8.1 外观

目力观察。

8.2 相互作用

目测和手感检验。如有异议，参见附录 A。

8.3 测量面硬度

在维氏硬度计(或洛氏硬度计)上检验。检查部位为测量面或离测量面 2 mm 以内的侧面且应沿测量面长度方向均匀分布的 3 点，3 点测得值的算术平均值作为测量结果。

8.4 工作面的表面粗糙度

用表面粗糙度比较样块目测比较。如有异议，用表面粗糙度检查仪检验。

8.5 标尺标记

目测。如有异议，用工具显微镜或读数显微镜检验。

8.6 指示装置各部分相对位置

目测或借助塞尺比较检验。

8.7 零值误差

目测或借助 5 倍放大镜检验。如有异议，用工具显微镜或读数显微镜检验。

Ⅰ型游标深度卡尺、带表深度卡尺，应采用一级检验平板或刀口形直尺使尺身、尺框测量面处在同一平面上。

Ⅱ、Ⅲ 型游标深度卡尺、带表深度卡尺，将测量爪外测量面移动至与尺框测量面手感接触。

8.8 电子数显器的性能

8.8.1 数字显示情况、响应速度及功能键的作用三项性能宜同时检验。试验并观察功能键的作用是否正常、灵活、可靠；用手动速度模拟，移动尺框后观察数字显示是否正常。

8.8.2 工作电流用万用表或专用芯片检测仪进行检测。

8.8.3 数字漂移采用试验方法进行检验，拉动尺框并使其停止在任意位置上，紧固尺框，观察显示数值在 1 h 内的变化。

8.9 平面度和平行度

8.9.1 深度卡尺尺框测量面的平面度的检验方法应遵照附录 B 的规定。

8.9.2 Ⅰ型深度卡尺尺身测量面与尺框测量面在同一平面时，无论尺框紧固与否，尺身测量面相对尺框测量面的平行度用刀口形直尺在尺框测量面的长边方向上以光隙法进行检验。

Ⅱ、Ⅲ 型深度卡尺测量爪外测量面与尺框测量面手感接触时，无论尺框紧固与否，测量爪深度测量面相对尺框测量面的平行度用专用检具在尺框测量面的长边方向上检验。

Ⅲ型深度卡尺测量爪外测量面与尺框测量面手感接触时，无论尺框紧固与否，其钩型深度测量面与尺框测量面应在同一平面上，钩型深度测量面相对尺框测量面的平行度用专用检具在尺框测量面的长边方向上以光隙法进行检验。

8.9.3 Ⅱ、Ⅲ 型深度卡尺测量爪外测量面与尺框测量面手感接触时，无论尺框紧固与否，观察两测量面间的间隙，用目测观察确定。

8.10 示值误差

8.10.1 以每两块同一尺寸的 3 级或 5 等量块为一量块组，平行地置于 1 级检验平板上。

Ⅰ型深度卡尺将尺框测量面与量块组工作面相接触，移动尺身使尺身测量面与平板接触，每次测得值与量块组标称值之代数差即为其示值误差。各检测点的示值误差均不应大于表 10 规定的最大允许误差(或按表 10 中相关公式计算所得的最大允许误差值)。

Ⅱ、Ⅲ型深度卡尺将尺框测量面与量块组工作面相接触，移动尺身使测量爪深度测量面与平板接触，每次测得值加上测量爪厚度尺寸 h 与量块组标称值之代数差即为其示值误差。各检测点的示值误差均不应大于表 10 规定的最大允许误差(或按表 10 中相关公式计算所得的最大允许误差值)。

Ⅲ型深度卡尺将尺框测量面与量块组工作面相接触，移动尺身使尺身上的钩型深度测量面与平板接触(平板上宜有一孔或槽或加垫一块量块以避让尺身上的测量爪部分)，每次测得值与量块组标称值之代数差(或每次测得值与量块组标称值减去平板上加垫量块标称值之差值的代数差)即为其示值误差。各检测点的示值误差均不应大于表 10 规定的最大允许误差(或按表 10 中相关公式计算所得的最大允许误差值)。

8.10.2 深度卡尺检验所需专用量块的数量和尺寸应使深度卡尺受检点分布情况满足如下要求：

a) 游标深度卡尺和带表深度卡尺受检点应在测量范围内近似均匀分布，测量范围上限小于或等于 400 mm 的，不少于 3 点；测量范围上限大于 400 mm 的，不少于 6 点。上述受检点还应满足：
   1) 游标深度卡尺受检点应在测量范围内的若干个点上选用游标尺的整个刻度长度内近似均匀分布的 3 点；
   2) 带表深度卡尺受检点应在测量范围内的若干个点上选用圆标尺一圈刻度内近似均匀分布的 3 点。
b) 数显深度卡尺受检点在测量范围内近似均匀分布，测量范围上限小于或等于 300 mm 的，不少于 8 点；测量范围上限大于 300 mm 的，不少于 10 点。上述受检点还应在测量范围内的若干个点上选用包含传感器主栅一个节距内近似均匀分布的 5 点(也可分别检查传感器主栅一个节距内近似均匀分布的 5 点及测量范围内近似均匀分布的若干检点)。

深度卡尺示值检查点参见附录 C。

8.11 重复性

Ⅰ型带表、数显深度卡尺应重复 5 次移动尺身，利用 1 级检验平板或刀口形直尺，使尺身测量面与尺框测量面处在同一平面，其 5 次测得值的最大差异即为重复性。

Ⅱ、Ⅲ型带表、数显深度卡尺应重复 5 次移动尺身，使测量爪外测量面与尺框测量面手感接触，该 5 次测得值的最大差异即为重复性。

注：此处重复性检查结果的数据处理，不采用分散性表述。仅取示值变化的特性表述。

9 标志与包装

9.1 深度卡尺上至少应标有：

a) 制造厂厂名或注册商标；

b) 分度值(数显深度卡尺除外)；

c) 产品序号；

d) 用不锈钢制造的深度卡尺，应标有识别标志。

9.2 深度卡尺的包装盒上至少应标有：

a) 制造厂厂名或注册商标；

b) 产品名称；

c) 分度值/分辨力及测量范围。

9.3 深度卡尺在包装前应经防锈处理，并妥善包装。不得因包装不善而在运输过程中损坏产品。

9.4 深度卡尺经检验符合本标准要求的，应附有产品合格证。产品合格证上应标有本标准的标准号、产品序号和出厂日期。

附 录 A
（资料性附录）
移动力和移动力变化的定量检验方法

深度卡尺尺身和尺框相对移动的移动力和移动力变化可用弹簧测力计定量检验。

将深度卡尺水平或竖直放置，用测力计钩住尺框接近尺框槽基面的测量面处，拉动测力计，当尺框开始移动后从测力计上读数，在整个测量范围内，测得的最大值和最小值即为最大移动力和最小移动力，最大值和最小值之差即为移动力变化，其允许值参照表 A.1。

表 A.1

测量范围上限/mm	移动力	移动力变化
	N	
≤200	3～7	2
>200～400	4～8	2
>400～600	5～10	3
>600～1 000	6～12	3

测力计水平使用与竖直使用时零位不一致，应调整好零位后使用。

测量范围上限大于或等于 800 mm 的深度卡尺，检验时需采取适当措施，消除因深度卡尺的自重引起的尺身弯曲对移动力的影响。如：分段握住（或支承住）尺身。

附　录　B
（规范性附录）
尺框测量面平面度的检验方法

深度卡尺尺框测量面的平面度用刀口形直尺（Ⅱ、Ⅲ型深度卡尺需在刀口中间开出一凹槽以让开测量爪）以光隙法检验。

检验时，分别在尺框测量面的长边，短边方向及对角线位置上进行（见图 B.1）。

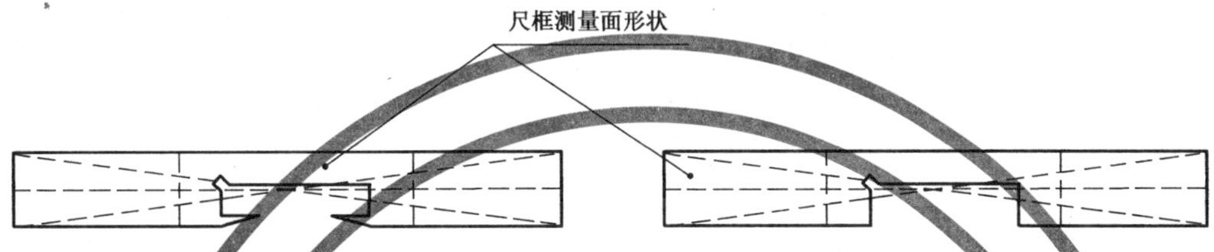

注：图中虚线为检查位置。

图 B.1　尺框测量面平面度的检验示意图

平面度根据各方位的间隙情况确定：

——当所有检查方位上出现的间隙均在中间部位或两端部位时，取其中一方位间隙量最大的作为平面度；

——当有的方位中间部位有间隙，而有的方位两端部位有间隙时，以中间和两端最大间隙量之和作为平面度；

——当掉边、掉角（即靠量面边、角处塌陷）时，以此处的最大间隙作为平面度。但在距测量面边缘 0.5 mm 范围内不计。

附 录 C
（资料性附录）
深度卡尺示值检验推荐量块尺寸

深度卡尺示值检查点量块尺寸推荐见表 C.1。

表 C.1

单位为毫米

测量范围	深度卡尺示值检查点量块尺寸(推荐)	
	游标深度卡尺、带表深度卡尺	数显深度卡尺
0～150	41.2,92.5,123.8	11,32,53,74,95,110,130,150
0～200	51.2,123.8,192.5	25,54,83,102,131,160,180,200
0～300	101.2,192.5,293.8	35,74,113,152,171,220,260,300
0～500	101.2,180,293.8,340,422.5,500	51, 102, 153, 204, 255, 300, 350, 400,450, 500
0～1 000	161.2,340,500,663.8,822.5,1 000	101, 202, 303, 404, 505, 600, 700, 800,900, 1 000
注：表中数显深度卡尺的示值检查点量块尺寸(推荐)，是以栅距为 5.08 mm 为例给出的。		

ICS 17.040.30
J 42

中华人民共和国国家标准

GB/T 21389—2008
代替 GB/T 1214.1—1996,GB/T 1214.2—1996,GB/T 6317—1993,GB/T 14899—1994

游标、带表和数显卡尺

Vernier, dial and digital display calipers

2008-02-02 发布 2008-07-01 实施

中华人民共和国国家质量监督检验检疫总局
中国国家标准化管理委员会 发布

前　言

本标准是对 GB/T 1214.1—1996《游标类卡尺　通用技术条件》、GB/T 1214.2—1996《游标类卡尺　游标卡尺》、GB/T 6317—1993《带表卡尺》、GB/T 14899—1994《电子数显卡尺》和 JB/T 8370—1996《游标类卡尺　游标卡尺(测量范围为 0 mm～1 500 mm、0 mm～2 000 mm)》5 项标准进行整合修订的。

本标准代替 GB/T 1214.1—1996《游标类卡尺　通用技术条件》、GB/T 1214.2—1996《游标类卡尺　游标卡尺》、GB/T 6317—1993《带表卡尺》、GB/T 14899—1994《电子数显卡尺》。

自本标准实施之日起，JB/T 8370—1996《游标类卡尺　游标卡尺(测量范围为 0 mm～1 500 mm、0 mm～2 000 mm)》作废。

本标准与上述 5 项标准相比，主要变化如下：

——扩展了卡尺[1]的测量范围及形式，增加了卡尺结构基本参数的遵循原则，修改了卡尺结构基本参数的推荐值(GB/T 1214.2—1996 的第 1 章、第 3 章；GB/T 6317—1993 的第 1 章、第 3 章；GB/T 14899—1994 的第 1 章、第 4 章；JB/T 8370—1996 的第 1 章、第 3 章；本标准的第 1 章、第 4 章)；

——用"分度值"和"分辨力"术语代替"读数值"和"分辨率"术语 (GB/T 1214.1—1996 的第 1 章；GB/T 14899—1994 的第 1 章；本标准的第 1 章、表 4 等)；

——删除了"带表卡尺"、"测量范围"、"示值变动性"、"电子数显卡尺"和"分辨率"的术语定义(GB/T 6317—1993 的第 3 章；GB/T 14899—1994 的第 3 章)；

——增加了带台阶测量面卡尺的形式示意图(本标准的图 2、图 5)；

——修改了卡尺测量爪伸出长度差的要求(放宽)，并增加了其检验方法(GB/T 1214.2—1996 的 3.3；GB/T 6317—1993 的 4.5；GB/T 14899—1994 的 5.5；本标准的 5.3 和 8.3)；

——修改并统一规定了卡尺测量面的表面粗糙度 Ra 的最大值(GB/T 6317—1993 的 5.6；GB/T 14899—1994 的 5.4；本标准的 5.5)；

——用"标尺标记"术语代替 "尺身刻线"和"游标刻线"等术语，并引入"零值误差"术语(GB/T 1214.1—1996 的 3.6、3.7；GB/T 6317—1993 的 5.7、5.11；JB/T 8370—1996 的 4.5；本标准的 5.6 和 5.8)；

——用"微视差游标卡尺"术语代替 "无视差游标卡尺"和"同一平面型游标卡尺"(GB/T 1214.1—1996 的 3.6.3；本标准的 5.7.1)；

——增加了对数显卡尺通讯接口的要求(本标准的 5.10)；

——增加了对数显卡尺防护等级的要求(本标准的 5.11)；

——增加了对数显卡尺抗静电能力和电磁干扰能力的要求(本标准的 5.12)；

——修改了卡尺外测量面平面度的要求 (GB/T 1214.1—1996 的 4.3；GB/T 6317—1993 的 5.12；GB/T 14899—1994 的 5.6；JB/T 8370—1996 的 4.3；本标准的 5.13.1)；

——修改并统一规定了卡尺两外测量面合并间隙的要求及检验方法(GB/T 6317—1993 的 5.13；GB/T 14899—1994 的 5.7；本标准的 5.13.1 和 8.10.1)；

——用"最大允许误差"术语代替 "示值误差"术语对卡尺示值指标做出规定(GB/T 1214.1—1996 的 3.9；GB/T 1214.2—1996 的 4.5、4.6；GB/T 6317—1996 的 5.15，GB/T 14899—1994 的

1)　本标准所称"卡尺"系指"游标卡尺"、"带表卡尺"、"数显卡尺"三者的统称。

5.10;本标准的5.15);

——修改并统一规定了卡尺外测量的最大允许误差要求,给出了最大允许误差的计算公式,以使标准的使用更方便、更具指导性,并按测量范围上限给出了部分计算值(GB/T 1214.1—1996的3.9;GB/T 6317—1993的5.15;GB/T 14899—1994的5.10;JB/T 8370—1996的4.7;本标准的5.15.1);

——修改并统一规定了卡尺刀口内测量爪内测量的最大允许误差要求及其检验方法(GB/T 1214.2—1996的4.5、5.5;GB/T 6317—1993的5.15、A1.2;GB/T 14899—1994的5.9、A10;本标准的5.15.2和8.12.2);

——修改了数显卡尺深度及台阶测量的最大允许误差要求(GB/T 14899—1994的5.10;本标准的5.15.3);

——增加了检验卡尺时平衡温度时间的检验条件(GB/T 14899—1994的A1;本标准的第7章);

——对卡尺外测量示值检定点,改为提出对示值检测点的数量及其分布规律性的要求,对示值检定点的推荐量块尺寸作为参考资料在资料性附录中给出(GB/T 1214.2—1996的5.7;GB/T 6317—1993的A1.1;GB/T 14899—1994的A11.1;JB/T 8370—1996的5.4;本标准的8.12.1.3、附录C);

——修改了卡尺的相互作用(即:移动力,移动力变化和晃动量)的要求及其定量检验方法,并作为参考资料在资料性附录中给出(GB/T 1214.2—1996的5.2.2; GB/T 6317—1993的A4;GB/T 14899—1994的A3.1、A3.2;JB/T 8370—1996的5.2;本标准的附录A);

——增加了卡尺两外测量面平面度用刀口形直尺检查的评定细则,并作为参考资料在资料性附录中给出,删除了平晶检查法(GB/T 1214.2—1996的5.3; GB/T 6317—1993的A3;GB/T 14899—1994的A7;JB/T 8370—1996的5.3;本标准的附录B)。

本标准的附录B为规范性附录;附录A、附录C为资料性附录。

本标准由中国机械工业联合会提出。

本标准由全国量具量仪标准化技术委员会(SAC/TC 132)归口。

本标准负责起草单位:成都工具研究所和桂林量具刃具厂。

本标准参加起草单位:上海量具刃具厂、靖江量具有限公司、哈尔滨量具刃具集团有限责任公司、成都成量工具有限公司和桂林广陆数字测控股份有限公司。

本标准主要起草人:陈学仁、赵伟荣、姜志刚、周国明、杨东顺、张伟、于晓霞、李隆勇、彭凤平。

本标准所代替标准的历次版本发布情况为:

——GB/T 1214.1—1996;

——GB 1214—1975、GB 1214—1985、GB/T 1214.2—1996;

——GB 6317—1986、GB/T 6317—1993;

——GB/T 14899—1994。

游标、带表和数显卡尺

1 范围

本标准规定了游标卡尺、带表卡尺和数显卡尺的术语和定义、形式与基本参数、要求、试验方法、检验条件、检验方法、标志与包装等。

本标准适用于分度值/分辨力为 0.01 mm、0.02 mm、0.05 mm 和 0.10 mm，测量范围为(0～70) mm 至(0～4 000) mm 的游标卡尺、带表卡尺和数显卡尺(以下简称“卡尺”)。

2 规范性引用文件

下列文件中的条款通过本标准的引用而成为本标准的条款。凡是注日期的引用文件，其随后所有的修改单(不包括勘误的内容)或修订版均不适用于本标准，然而，鼓励根据本标准达成协议的各方研究是否可使用这些文件的最新版本。凡是不注日期的引用文件，其最新版本适用于本标准。

GB/T 2423.3—1993　电工电子产品基本环境试验规程　试验 Ca：恒定湿热试验方法(eqv IEC 60068-2-3：1984)

GB/T 2423.22—2002　电工电子产品环境试验　第 2 部分：试验方法　试验 N：温度变化(IEC 60068-2-14：1984，IDT)

GB 4208—1993　外壳防护等级(IP 代码)(eqv IEC 529：1989)

GB/T 17163　几何量测量器具术语　基本术语

GB/T 17164　几何量测量器具术语　产品术语

GB/T 17626.2—1998　电磁兼容　试验和测量技术　静电放电抗扰度试验(idt IEC 61000-4-2：1995)

GB/T 17626.3—1998　电磁兼容　试验和测量技术　射频电磁场辐射抗扰度试验(idt IEC 61000-4-3：1995)

3 术语和定义

GB/T 17163、GB/T 17164 中确立的以及下列术语和定义适用于本标准。

3.1

响应速度　response speed

数显卡尺能正常显示数值时，尺框相对于尺身的最大移动速度。

3.2

最大允许误差(MPE)　maximum permissible error

由技术规范、规则等对卡尺规定的误差极限值。

注：允许误差的极限值不能小于数字级差(分辨力)或游标标尺间隔。

4 形式与基本参数

4.1 卡尺的形式见图 1～图 5 所示。图示仅供图解说明，不表示详细结构。

4.2 测量范围上限大于 200 mm 的卡尺宜具有微动装置。

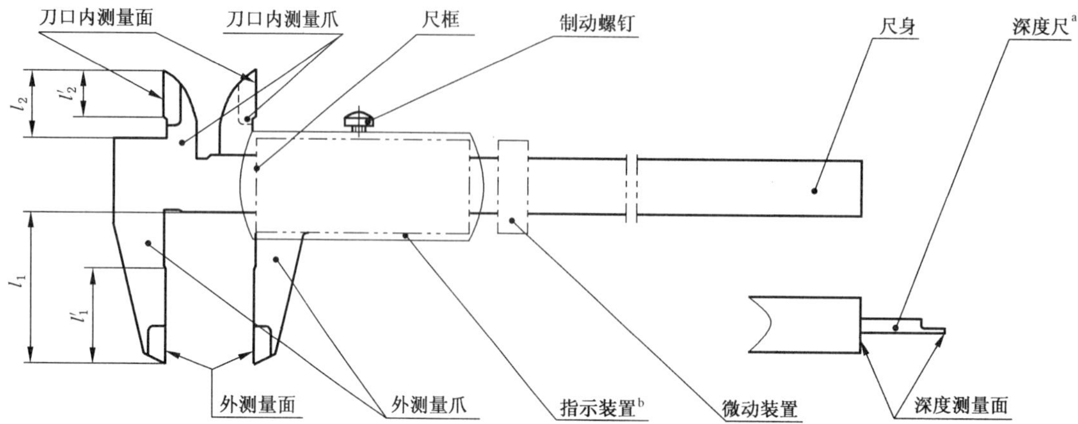

a 本形式分带深度尺和不带深度尺两种；若带深度尺，测量范围上限不宜超过 300 mm。

b 指示装置形式见图 6 所示。

图 1 Ⅰ型卡尺（不带台阶测量面）

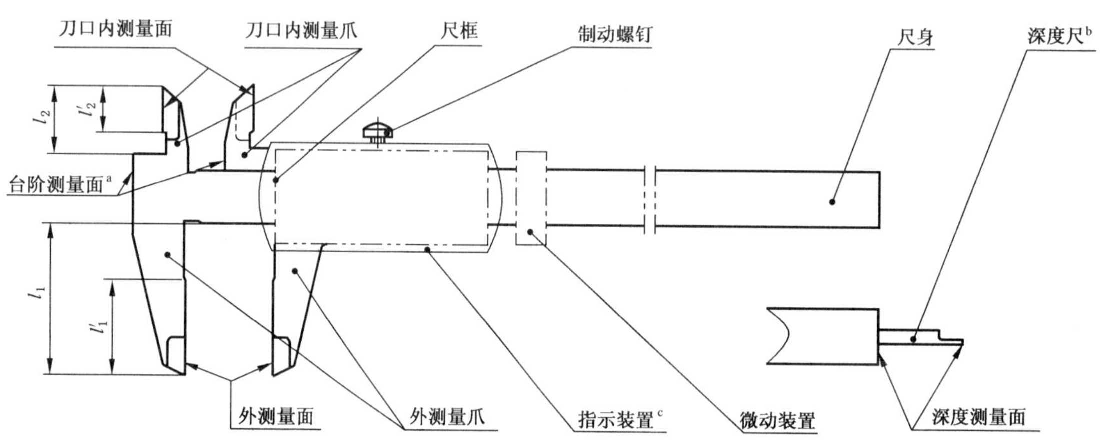

a 本形式为在Ⅰ型上增加台阶测量面。

b 本形式分带深度尺和不带深度尺两种；若带深度尺，测量范围上限不宜超过 300 mm。

c 指示装置形式见图 6 所示。

图 2 Ⅱ型卡尺（带台阶测量面）

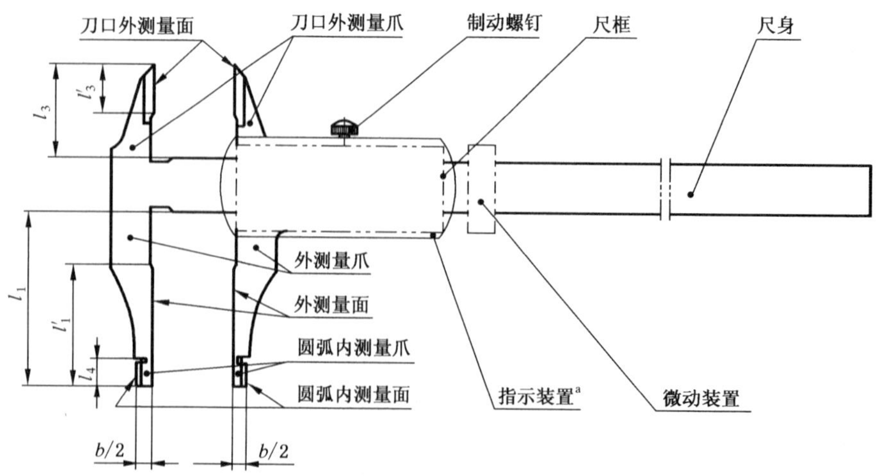

a 指示装置形式见图 6 所示。

图 3 Ⅲ型卡尺

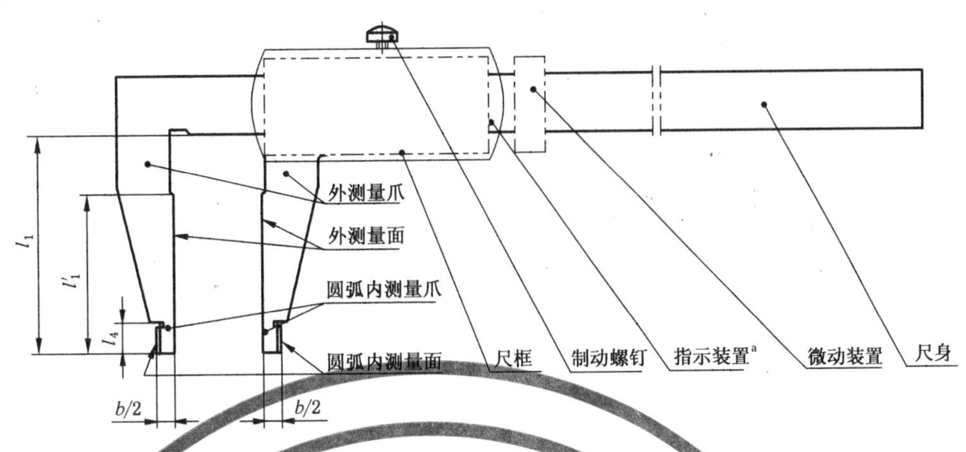

a 指示装置形式见图 6 所示。

图 4 Ⅳ型卡尺(不带台阶测量面)

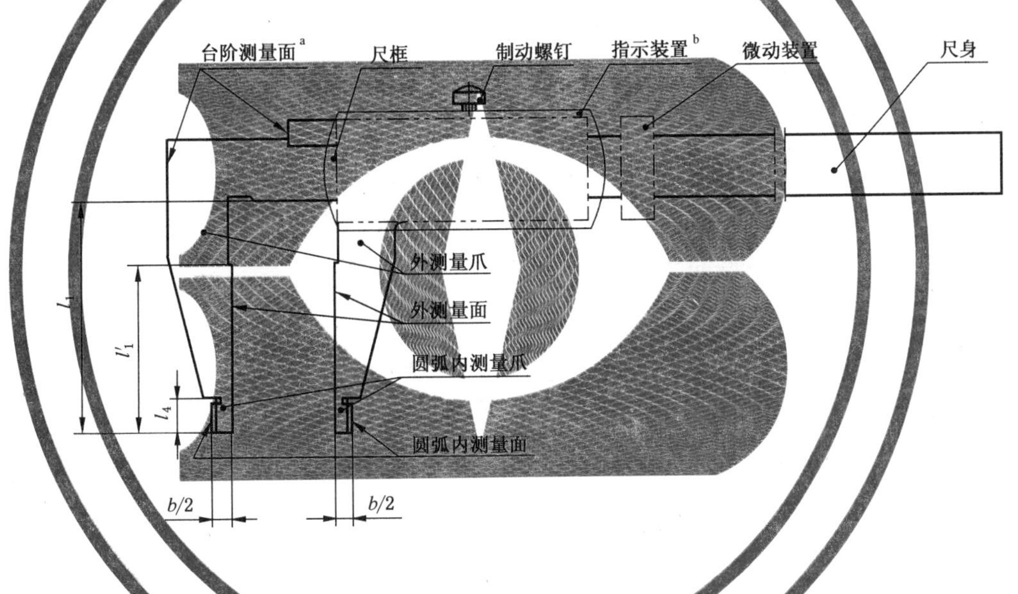

a 本形式为在Ⅳ型上增加台阶测量面。

b 指示装置形式见图 6 所示。

图 5 Ⅴ型卡尺(带台阶测量面)

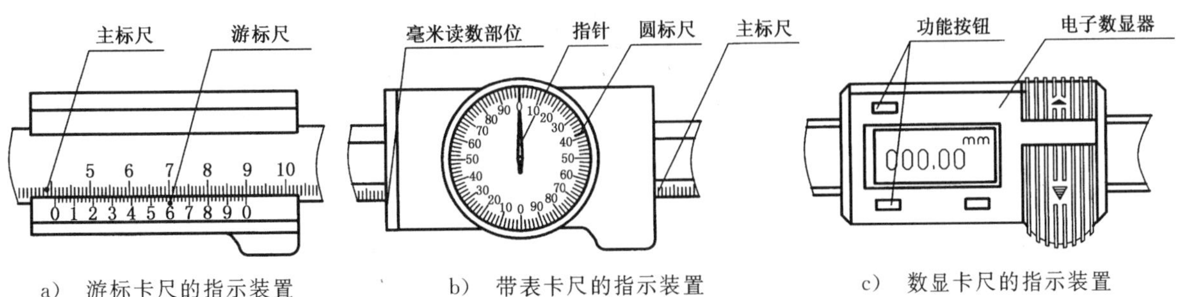

a) 游标卡尺的指示装置　　b) 带表卡尺的指示装置　　c) 数显卡尺的指示装置

图 6 卡尺的指示装置示意图

4.3 卡尺结构基本参数的遵循原则

4.3.1 尺身

卡尺尺身应具有足够的长度，以保证在测量范围上限时尺框及微动装置不至于伸出尺身之外，并宜具有(3～15) mm 的测量长度裕量，以方便使用。

4.3.2 测量爪

为保证规定的技术指标，外测量爪的最大伸出长度 l_1 和 l_3 不宜大于表 1 中的推荐值。

4.3.3 测量面

测量爪测量面的长度宜为测量爪伸出长度的 3/5 至 3/4。

4.3.4 圆弧内测量爪

圆弧内测量爪合并宽度的公称尺寸应为：10 mm、20 mm、30 mm、40 mm，其圆弧半径不应大于合并宽度的 1/2。

4.3.5 卡尺的测量范围及基本参数的推荐值见表 1。

表 1

单位为毫米

<table>
<tr><th rowspan="2">测量范围</th><th colspan="8">基本参数(推荐值)</th></tr>
<tr><th>l_1^a</th><th>l'_1</th><th>l_2</th><th>l'_2</th><th>l_3^a</th><th>l'_3</th><th>l_4</th><th>b^b</th></tr>
<tr><td>0～70</td><td>25</td><td>15</td><td>10</td><td>6</td><td>—</td><td>—</td><td>—</td><td>—</td></tr>
<tr><td>0～150</td><td>40</td><td>24</td><td>16</td><td>10</td><td>20</td><td>12</td><td>6</td><td rowspan="3">10</td></tr>
<tr><td>0～200</td><td>50</td><td>30</td><td>18</td><td>12</td><td>28</td><td>18</td><td>8</td></tr>
<tr><td>0～300</td><td>65</td><td>40</td><td>22</td><td>14</td><td>36</td><td>22</td><td>10</td></tr>
<tr><td>0～500</td><td>100</td><td>60</td><td>40</td><td>24</td><td>54</td><td>32</td><td>12(15)</td><td>10(20)</td></tr>
<tr><td>0～1 000</td><td>130</td><td>80</td><td>48</td><td>30</td><td>64</td><td>38</td><td>18</td><td rowspan="5">20(30)</td></tr>
<tr><td>0～1 500</td><td>150</td><td>90</td><td rowspan="4">56</td><td rowspan="4">34</td><td rowspan="4">74</td><td rowspan="4">45</td><td rowspan="4">20</td></tr>
<tr><td>0～2 000</td><td>200</td><td>120</td></tr>
<tr><td>0～2 500</td><td rowspan="2">250</td><td rowspan="4">150</td></tr>
<tr><td>0～3 000</td></tr>
<tr><td>0～3 500</td><td rowspan="2">260</td><td rowspan="2">—</td><td rowspan="2">—</td><td rowspan="2">—</td><td rowspan="2">—</td><td rowspan="2">35</td><td rowspan="2">40</td></tr>
<tr><td>0～4 000</td></tr>
<tr><td colspan="9">注：表中各字母所代表的基本参数见图 1～图 5。</td></tr>
<tr><td colspan="9">a 当外测量爪的伸出长度 l_1、l_3 大于表中推荐值时，其技术指标由供需双方技术协议确定。
b 当 $b=20$ mm 时，$l_4=15$ mm。</td></tr>
</table>

5 要求

5.1 外观

5.1.1 卡尺表面不应有影响外观和使用性能的裂痕、划伤、碰伤、锈蚀、毛刺等缺陷。

5.1.2 卡尺表面的镀、涂层不应有脱落和影响外观的色泽不均等缺陷。

5.1.3 标尺标记不应有目力可见的断线、粗细不均及影响读数的其他缺陷。

5.1.4 指示装置的表蒙、显示屏应透明、清洁，无划痕、气泡等影响读数的缺陷。

5.2 相互作用

卡尺的尺框、微动装置沿尺身的移动应平稳、无卡滞和松动现象，用制动螺钉能准确、可靠地紧固在尺身上。

5.3 测量爪伸出长度差

卡尺两外测量面合并时，两外测量爪伸出长度 l_1 或 l_3 的差、两刀口内测量爪伸出长度 l_2 的差均不应大于 0.2 mm(见图 1～图 5)。

5.4 材料和测量面硬度

卡尺一般采用碳钢、工具钢或不锈钢制造，测量面的硬度不应低于表 2 的规定。

表 2

测量面名称	材料[a]	硬度
内、外测量面	碳钢、工具钢	664 HV(或 58 HRC)
	不锈钢	551 HV(或 52.5 HRC)
其他测量面	碳钢、工具钢、不锈钢	377 HV(或 40 HRC)

[a] 测量面的材料也可采用硬质合金或其他超硬材料。

5.5 测量面的表面粗糙度

卡尺测量面的表面粗糙度 Ra 值不应大于表 3 的规定。

表 3　　单位为微米

测量面名称	表面粗糙度 Ra
外测量面	0.2
内测量面	0.4
其他测量面	0.8

5.6 标尺标记

5.6.1 游标卡尺的主标尺和游标尺的标记宽度及其标记宽度差应符合表 4 的规定。

表 4　　单位为毫米

分度值	标记宽度	标记宽度差 ≤
0.02	0.08～0.18	0.02
0.05		0.03
0.10		0.05

5.6.2 带表卡尺主标尺的标记宽度及其标记宽度差，圆标尺的标记宽度及标尺间距应符合表 5 的规定；指针末端的宽度应与圆标尺的标记宽度一致。

表 5　　单位为毫米

标尺名称	标记宽度	标记宽度差 ≤	标尺间距 ≥
主标尺	0.10～0.25	0.05	—
圆标尺	0.10～0.20	—	0.8

5.7 指示装置各部分相对位置

5.7.1 游标卡尺的游标尺标记表面棱边至主标尺标记表面的距离不应大于 0.30 mm；微视差游标卡尺的游标尺标记表面棱边至主标尺标记表面间的距离 h，游标尺标记端面与主标尺标记端面的距离 s 不应超过表 6 的规定(见图 7)。

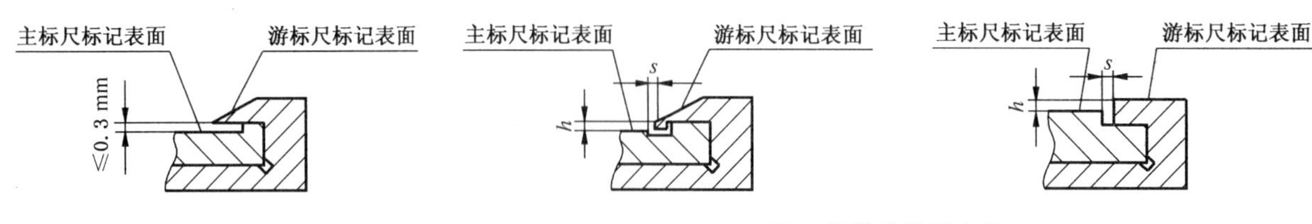

a） 游标卡尺　　b） 微视差游标卡尺

图 7 游标尺与主标尺间的相对位置

表 6

单位为毫米

<table>
<tr><td rowspan="3">分度值</td><td colspan="2">游标尺标记表面棱边至主标尺标记表面间的距离 h</td><td rowspan="3">游标尺标记端面与主标尺标记端面的距离 s</td></tr>
<tr><td colspan="2">测量范围上限</td></tr>
<tr><td>≤500</td><td>>500</td></tr>
<tr><td>0.02</td><td>±0.06</td><td>±0.08</td><td rowspan="3">0.08</td></tr>
<tr><td>0.05</td><td>±0.08</td><td>±0.10</td></tr>
<tr><td>0.10</td><td>±0.10</td><td>±0.12</td></tr>
</table>

5.7.2 带表卡尺的指针末端应盖住圆标尺上短标尺标记长度的 30%～80%；指针末端与圆标尺标记表面间的间隙不应大于表 7 的规定。

表 7

单位为毫米

分度值	指针末端与圆标尺标记表面间的间隙
0.01、0.02	0.7
0.05	1.0

5.8 零值误差

5.8.1 游标卡尺两外测量面手感接触时，游标尺上的“零”、“尾”标尺标记与主标尺相应标尺标记应相互重合，其重合度不应超过表 8 的规定。

表 8

单位为毫米

<table>
<tr><td rowspan="2">分度值</td><td colspan="2">“零”标尺标记重合度</td><td colspan="2">“尾”标尺标记重合度</td></tr>
<tr><td>游标尺(可调)</td><td>游标尺(不可调)</td><td>游标尺(可调)</td><td>游标尺(不可调)</td></tr>
<tr><td>0.02</td><td rowspan="2">±0.005</td><td rowspan="2">±0.010</td><td>±0.01</td><td>±0.015</td></tr>
<tr><td>0.05</td><td>±0.02</td><td>±0.025</td></tr>
<tr><td>0.10</td><td>±0.010</td><td>±0.015</td><td>±0.03</td><td>±0.035</td></tr>
</table>

5.8.2 带表卡尺两外测量面手感接触时，指针应指向圆标尺上的“零”标尺标记，并处于正上方 12 点钟方位，左右偏位不应大于 1 个标尺分度；此时，毫米读数部位至主标尺“零”标记的距离不应超过标记宽度，压线不应超过标记宽度的 1/2。

5.9 电子数显器的性能

5.9.1 数字显示应清晰、完整、无闪跳现象；响应速度不应小于 1 m/s。

5.9.2 功能键应灵活、可靠，标注符号或图文应清晰且含义准确。

5.9.3 数字漂移不应大于 1 个分辨力值，工作电流不宜大于 40 μA。

5.9.4 电子数显器应能在环境温度 0 ℃～40 ℃、相对湿度不大于 80%的条件下，进行正常工作。

5.10 通讯接口

5.10.1 制造商应能够提供数显卡尺与其他设备之间的通讯电缆和通讯软件。

5.10.2 通讯电缆应能将数显卡尺的输出数据转换为RS-232、USB或其他通用的标准输出接口形式。

5.11 防护等级(IP)

数显卡尺的防护等级不应低于IP40(见GB 4208—1993)。

5.12 抗静电干扰能力和电磁干扰能力

数显卡尺的抗静电干扰能力和电磁干扰能力均不应低于1级(见GB/T 17626.2—1998、GB/T 17626.3—1998)。

5.13 外测量面的平面度、平行度及合并间隙

5.13.1 卡尺两外测量面的平面度不应大于表9的规定;两外测量面手感接触时的合并间隙(无论尺框紧固与否),在宽量面处不应透光,在刀口窄量面处不应透白光。

表9　　单位为毫米

测量范围上限	外测量面的平面度[a]
≤1 000	0.003
>1 000~4 000	0.005

[a] 距外测量面边缘不大于测量面宽度的1/20范围内(但最小为0.2 mm),外测量面的平面度不计。

5.13.2 卡尺两外测量面在测量范围内任意位置时的平行度(无论尺框紧固与否)均不应大于表10的规定。

表10　　单位为毫米

分度值/mm	平行度公差计算公式/μm
0.01,0.02	$12+0.03L$
0.05	$30+0.03L$
0.10	$50+0.03L$

注1:L为两外测量面在测量范围内任意位置时的测量长度,单位为mm($L\neq0$)。

注2:计算结果一律四舍五入至10 μm。

5.14 圆弧内测量爪合并宽度的极限偏差及圆弧内测量面的平行度

带有圆弧内测量爪的卡尺,其圆弧内测量爪的合并宽度b(见图3~图5及表1)的极限偏差及其圆弧内测量面的平行度不应超过表11的规定。

表11　　单位为毫米

分度值/分辨力	合并宽度b的极限偏差[a]	圆弧内测量面的平行度
0.01	±0.01	0.01
0.02		
0.05	±0.02	0.02
0.10		

[a] 圆弧内测量爪合并宽度b的极限偏差及其圆弧内测量面的平行度,应按沿平行于尺身平面方向的实际偏差计,在其他方向的实际偏差均不应大于平行于尺身平面方向的实际偏差。

5.15 最大允许误差

5.15.1 外测量的最大允许误差

卡尺外测量的最大允许误差应符合表12的规定。

表 12

单位为毫米

测量范围上限	最大允许误差					
	分度值/分辨力					
	0.01;0.02		0.05		0.10	
	最大允许误差计算公式	计算值	最大允许误差计算公式	计算值	最大允许误差计算公式	计算值
70	±(20+0.05L) μm	±0.02	±(40+0.06L) μm	±0.05	±(50+0.1L) μm	±0.10
150		±0.03		±0.05		
200		±0.03		±0.05		
300		±0.04		±0.06		
500		±0.05		±0.07		
1 000		±0.07		±0.10		±0.15
1 500	±(20+0.06L) μm	±0.11	±(40+0.08L) μm	±0.16		±0.20
2 000		±0.14		±0.20		±0.25
2 500	±(20+0.08L) μm	±0.22		±0.24		±0.30
3 000		±0.26	±(40+0.09L) μm	±0.31		±0.35
3 500		±0.30		±0.36		±0.40
4 000		±0.34		±0.40		±0.45

注：表中最大允许误差计算公式中的 L 为测量范围上限值，以毫米计。计算结果应四舍五入到 10 μm，且其值不能小于数字级差（分辨力）或游标标尺间隔。

5.15.2 **刀口内测量爪的最大允许误差**

5.15.2.1 带有刀口内测量爪的卡尺，两刀口内测量爪相对平面间的间隙不应大于 0.12 mm。

5.15.2.2 带有刀口内测量爪的卡尺，当调整外测量面间的距离到尺寸 H（见表 13）时，其刀口内测量爪的尺寸极限偏差及刀口内测量面的平行度不应超过表 13 的规定。

表 13

单位为毫米

测量范围上限	H	刀口形内测量爪的尺寸极限偏差		刀口形内测量面的平行度[a]	
		分度值/分辨力			
		0.01;0.02	0.05;0.10	0.01;0.02	0.05;0.10
≤300	10	$^{+0.02}_{0}$	$^{+0.04}_{0}$	0.010	0.020
>300～1 000	30				
>1 000～4 000	40	$^{+0.03}_{0}$	$^{+0.05}_{0}$	0.015	0.025

[a] 测量要求：刀口内测量爪的尺寸极限偏差及刀口内测量面的平行度，应按沿平行于尺身平面方向的实际偏差计；在其他方向的实际偏差均不应大于平行于尺身平面方向的实际偏差。

5.15.2.3 带有刀口内测量爪的卡尺，当用户要求保证刀口内测量的示值误差时，刀口内测量爪的尺寸不执行表 13 中有关刀口内测量爪尺寸极限偏差的规定值，以保证其示值误差为准（但仍应保证表 13 中平行度要求及脚注的测量要求）。其最大允许误差见表 12 规定。

5.15.3 **深度、台阶测量的最大允许误差**

带有深度和（或）台阶测量的卡尺，其深度、台阶测量 20 mm 时的最大允许误差不应超过表 14 的规定。

表 14

单位为毫米

分度值/分辨力	最大允许误差
0.01;0.02	±0.03
0.05;0.10	±0.05

5.16 重复性

带表卡尺和数显卡尺的重复性不应大于表 15 的规定。

表 15

单位为毫米

分度值/分辨力	重复性	
	带表卡尺	数显卡尺
0.01	0.005	0.010
0.02;0.05	0.010	—

6 试验方法

6.1 温度变化试验

数显卡尺的温度变化试验应符合 GB/T 2423.22—2002 的规定。

6.2 湿热试验

数显卡尺的湿热试验应符合 GB/T 2423.3—1993 的规定。

6.3 抗静电干扰试验

数显卡尺的抗静电干扰试验应符合 GB/T 17626.2—1998 的规定。

6.4 抗电磁干扰试验

数显卡尺的抗电磁干扰试验应符合 GB/T 17626.3—1998 的规定。

6.5 防尘、防水试验

数显卡尺的防尘、防水试验应符合 GB 4208—1993 的规定。

7 检验条件

7.1 检验前,应将被检卡尺及量块等检验用设备同时置于铸铁平板或木桌上,其平衡温度时间见表 16。

表 16

测量范围上限/mm	平衡温度时间/h	
	置于铸铁平板上	置于木桌上
≤300	1	2
>300~500	1.5	3
>500~4 000	2	4

7.2 数显卡尺检验时,室内温度应为 20 ℃±5 ℃,相对湿度不应大于 80%。

8 检验方法

8.1 外观

目力观察。

8.2 相互作用

目测和手感检验。如有异议,参见附录A。

8.3 测量爪伸出长度差

目测或借助塞尺比较检查。

8.4 测量面硬度

在维氏硬度计(或洛氏硬度计)上检验。检查部位为测量面或离测量面2 mm以内的侧面且应沿测量面长度方向均匀分布的3点,3点测得值的算术平均值作为测量结果。

8.5 测量面的表面粗糙度

用表面粗糙度比较样块目测比较。如有异议,用表面粗糙度检查仪检验。

8.6 标尺标记

目测。如有异议,用工具显微镜或读数显微镜检验。

8.7 指示装置各部分相对位置

目测或借助塞尺比较检验。

8.8 零值误差

目测或借助5倍放大镜检验。如有异议,用工具显微镜或读数显微镜检验。

8.9 电子数显器的性能

8.9.1 数字显示情况、响应速度及功能键的作用三项性能宜同时检验。试验并观察功能键的作用是否正常、灵活、可靠;用手动速度模拟,移动尺框后观察数字显示是否正常。

8.9.2 工作电流用万用表或专用芯片检测仪进行检测。

8.9.3 数字漂移采用试验方法进行检验,拉动尺框并使其停止在任意位置上,紧固尺框,观察显示数值在1 h内的变化。

8.10 外测量面的平面度、平行度及合并间隙

8.10.1 外测量面平面度的检验方法,见附录B。两外测量面合并间隙的检验方法为目测观察。

8.10.2 外测量面的平行度,宜通过与外测量示值检验合并进行(见8.12.1)。

8.11 圆弧内测量爪合并宽度的实际偏差及其圆弧内测量面的平行度

移动卡尺尺框使两外测量面合并,用外径千分尺在平行于尺身平面的方向上沿圆弧面母线于里、中、外3个位置检查。在外端检查时,千分尺测量面含入圆弧内测量面的长度不应大于2 mm,所测得的实际偏差不应大于表11规定的极限偏差;在其他方向上测量的实际偏差均不应大于平行于尺身平面方向的实际偏差。平行度由里、中、外3个位置的最大与最小尺寸之差确定。

8.12 示值误差

8.12.1 外测量的示值误差

8.12.1.1 用一组3级或5等量块分别置于两外测量面根部和端部两位置检验。量块工作面的长边和卡尺外测量面长边应垂直,无论尺框紧固与否,使卡尺外测量面和量块工作面相接触并能正常滑动。每个检测点测得的卡尺读数值与量块标称值之代数差,即为卡尺的示值误差。各检测点的示值误差均不应超过表12规定的最大允许误差(或按表12中相关公式计算所得的最大允许误差值)。

在测量范围内任意位置处,两外测量面根部和端部两位置示值误差的代数差的绝对值即为其平行度,其值不应大于表10中平行度计算公式的计算结果。

8.12.1.2 测量范围上限较大的卡尺,检验时应消除因卡尺自重引起的尺身弯曲。为此,宜用等高垫块或专用平台在适当位置将尺身垫起(见图8所示)。

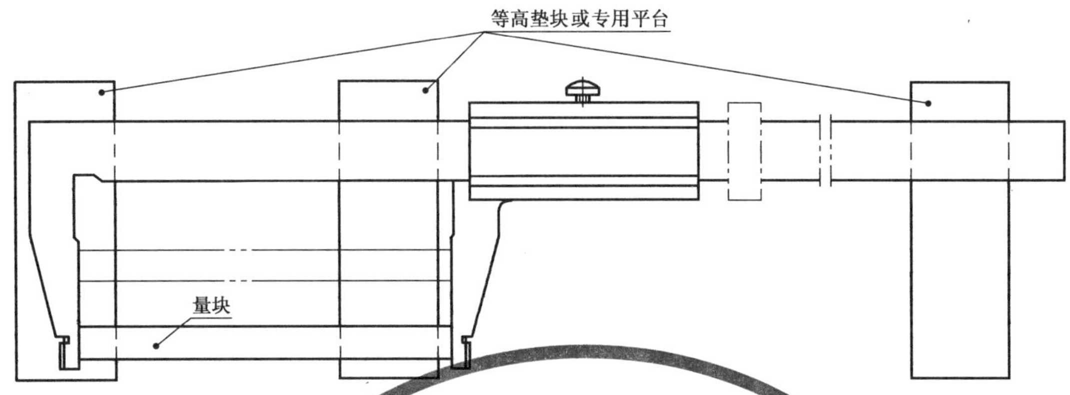

图 8　测量范围上限较大的卡尺检验示意图

8.12.1.3　卡尺外测量所需专用量块的数量和尺寸应使卡尺受检点分布情况满足如下要求：

a）游标卡尺和带表卡尺受检点应在测量范围内近似均匀分布，测量范围上限小于或等于 300 mm 的，不少于 3 点；测量范围上限大于 300 mm 的，不少于六点。上述受检点还应满足：
   1）游标卡尺受检点应在测量范围内的若干个点上选用游标尺整个刻度长度内近似均匀分布的 3 点；
   2）带表卡尺受检点应在测量范围内的若干个点上选用圆标尺一圈刻度内近似均匀分布的 3 点。

b）数显卡尺受检点在测量范围内近似均匀分布，测量范围上限小于或等于 300 mm 的，不少于 8 点；测量范围上限大于 300 mm 至 1 000 mm 的，不少于 10 点；测量范围上限大于 1 000 mm 的，不少于 20 点。上述受检点还应在测量范围内的若干个点上选用包含传感器主栅一个节距内近似均匀分布的 5 点(也可分别检查传感器主栅一个节距内近似均匀分布的 5 点及测量范围内近似均匀分布的若干检点)。

卡尺示值检查点参见附录 C。

8.12.2　刀口内测量爪的检验

8.12.2.1　两刀口内测量爪相对平面间的间隙检验，是将卡尺外测量爪垂直向下，移动尺框使两内测量爪间的重叠区域至尽量大，用 0.12 mm 的塞尺进行检验。

8.12.2.2　刀口内测量爪尺寸实际偏差的检验，是将尺寸为 H(见表 13)的一块 3 级或 5 等量块的长边平放于两外测量爪测量面之间，移动尺框使卡尺外测量面和量块工作面相接触并能正常滑动，将尺框紧固，然后用测力为(6～7)N 的外径千分尺在平行于尺身平面方向上沿刀口内测量面的长度方向上，于测量爪的尖端、中部和根部进行检查，检查至尖端和根部时，外径千分尺测量面与刀口内测量面的接触长度不应大于 2 mm。所测得的实际偏差不应大于表 13 中规定的尺寸极限偏差；在其他方向上检查时，所测得的实际偏差均不应大于平行于尺身平面方向的实际偏差。

平行度由刀口型测量爪根部、中部、尖端 3 个位置的最大与最小尺寸之差确定。

8.12.2.3　刀口内测量爪的示值误差，可用一组 3 级或 5 等量块与量块夹子组成内尺寸进行检验，对刀口内测量爪进行示值检验时，应使刀口内测量面的全长与量块手感接触，并在两刀口内测量面间寻找最小值作为测得值，测得值与量块标称值的代数差即为刀口内测量的示值误差，其值均不应超过表 12 的最大允许误差(或按表 12 中相关公式计算所得的最大允许误差值)。

所需专用量块的数量和尺寸及卡尺受检点分布情况同 8.12.1.3 的规定。

8.12.3　深度、台阶测量的示值误差

用一块 3 级或 5 等精度的 20 mm 量块置于一级平板上，将卡尺尺身尾端深度测量面(或尺框前端台阶测量面)与量块测量面接触,然后推出深度尺深度测量面(或尺身前端台阶测量面)与平板接触。测得值与量块标称值之代数差即为深度(或台阶)测量的示值误差,其值不应超过表14的规定。

8.13 重复性

带表、数显卡尺应重复5次移动尺框使两外测量面手感接触,其5次测得值间的最大差异即为重复性。

注:此处重复性检查结果的数据处理,不采用分散性表述。仅取示值变化的特性表述。

9 标志与包装

9.1 卡尺上至少应标有:

a) 制造厂厂名或注册商标;

b) 分度值/分辨力;

c) 产品序号;

d) 用不锈钢制造的卡尺,应标有识别标志。

9.2 卡尺的包装盒上至少应标有:

a) 制造厂厂名或注册商标;

b) 产品名称;

c) 分度值/分辨力及测量范围。

9.3 卡尺在包装前应经防锈处理,并妥善包装。不得因包装不善而在运输过程中损坏产品。

9.4 卡尺经检验符合本标准要求的,应附有产品合格证。产品合格证上应标有本标准的标准号、产品序号和出厂日期。

附 录 A
（资料性附录）
相互作用的定量检验方法

A.1 移动力和移动力变化的检验

卡尺尺身和尺框相对移动的移动力和移动力变化可用弹簧测力计定量检验。

将卡尺水平放置，并保持外测量爪垂直向下，用测力计钩住尺框（或尺身）的外测量爪根部，拉动测力计，当尺框（或尺身）开始移动后从测力计上读数，在整个测量范围内，测得的最大值和最小值即为最大移动力和最小移动力，最大值和最小值之差即为移动力变化，其允许值参照表 A.1。

表 A.1

测量范围/mm	移动力	移动力变化
	N	
0～70	2～5	1.5
0～150	2～6	2
0～200	3～7	2
0～300	3～8	2
0～500	8～15	3
0～1 000	10～18	4
0～1 500	15～25	7
0～2 000		
0～2 500	20～35	10
0～3 000		
0～3 500		
0～4 000		

测力计水平使用时与竖直使用时零位不一致，应调整好零位后使用。

测量范围上限小于或等于 300 mm 的卡尺，宜钩住尺身的外测量爪根部；测量范围上限大于 300 mm 的卡尺，因尺身较重宜钩住尺框外测量爪根部；测量范围上限大于或等于 1 000 mm 的卡尺，检验时需采取适当措施，消除因卡尺的自重引起的尺身弯曲对移动力的影响。如：分段握住（或支承住）尺身。

A.2 晃动量的检验

卡尺尺框在尺身厚度方向相对尺身的晃动量，推荐以下两种检查方法：

方法一：将卡尺外测量爪竖直向上安放并将尺身紧固，用指示表（分度值为 0.01 mm）测头在距尺身下侧面（l_1-10）mm 处（l_1 等于表 1 给定的长度）与尺框外测量爪侧面垂直接触，然后在该处对尺框外测量爪正、反两个方向加力，由指示表两次读数，其最大值即为晃动量。加力值及允许晃动量参见表 A.2。

方法二：将卡尺两外测量爪合并竖直向上用手握住（或紧固住）尺身，用手对尺框外测量爪加力，使尺框外测爪产生来回晃动，晃动量的大小用塞尺比对，在距尺身下侧面（l_1-10）mm 处（l_1 等于表 1 给定的长度），最大一侧的晃动值即为晃动量，其允许晃动量参见表 A.2。

用手对尺框测量爪加力大小应合适，不应使尺身和尺框外测量爪产生弹性变形，否则需放开施力的手，使其消除弹性变形后，再用塞尺进行比对。

表 A.2

测量范围/mm	加力值/N	允许晃动量/mm
0～70	2	0.12
0～150		0.15
0～200	3	0.18
0～300		0.22
0～500	4	0.30
0～1 000	5	0.35
0～1 500	6	0.40
0～2 000	7	0.45
0～2 500、0～3 000、0～3 500、0～4 000	8	0.50

附　录　B
（规范性附录）
平面度的检验方法

测量面的平面度误差，用刀口形直尺以光隙法检验。检验时，分别在外测量面的长边，短边方向和对角线位置上进行（见图 B.1）。

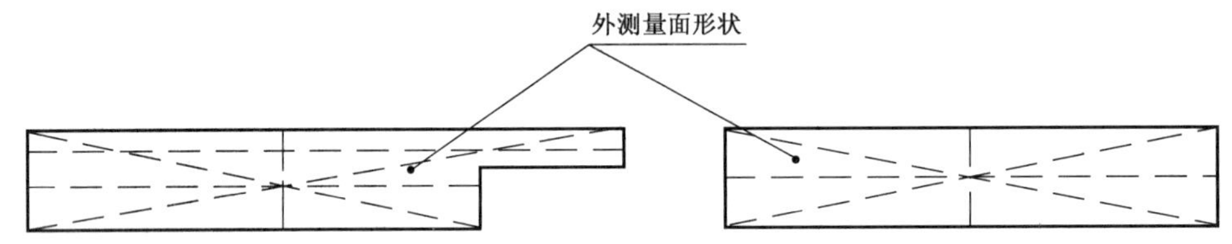

注：图中虚线为检查位置。

图 B.1　外测量面平面度的检验示意图

平面度根据各方位的间隙情况确定：

——当所有检查方位上出现的间隙均在中间部位或两端部位时，取其中一方位间隙量最大的作为平面度；

——当有的方位中间部位有间隙，而有的方位两端部位有间隙时，以中间和两端最大间隙量之和作为平面度；

——当掉边、掉角（即靠量面边、角处塌陷）时，以此处的最大间隙作为平面度。但在距测量面边缘不大于测量面宽度的 1/20（最小为 0.2 mm）范围内不计。

附　录　C
（资料性附录）
卡尺示值检验推荐量块尺寸

卡尺示值检查点量块尺寸推荐见表C.1。

表 C.1

单位为毫米

测量范围	卡尺示值检查点量块尺寸(推荐)	
	游标卡尺、带表卡尺	数显卡尺
0～70	22.5,41.2,63.8	5,14,23,32,41,50,60,70
0～100	31.2,63.8,92.5	11,22,33,44,55,70,85,100
0～150	41.2,92.5,123.8	11,32,53,74,95,110,130,150
0～200	51.2,123.8,192.5	25,54,83,102,131,160,180,200
0～300	101.2,192.5,293.8	35,74,113,152,171,220,260,300
0～500	101.2,180,293.8,340,422.5,500	51,102,153,204,255,300,350,400,450,500
0～1 000	161.2,340,500,663.8,822.5,1 000	101,202,303,404,505,600,700,800,900,1 000
0～1 500	251.2,500,822.5,1 000,1 263.8,1 500	101,172,243,314,385,460,535,610,685,760,835,910,985,1 060,1 135,1 210,1 285,1 360,1 430,1 500
0～2 000	340,663.8,1 000,1 331.2,1 692.5,2 000	101,202,303,404,505,600,700,800,900,1 000,1 100,1 200,1 300,1 400,1 500,1 600,1 700,1 800,1 900,2 000
0～2 500	401.2,822.5,1 263.8,1 660,2 080,2 500	131,252,373,494,615,740,865,990,1 115,1 240,1 365,1 490,1 615,1 740,1 865,1 990,2 115,2 240,2 370,2 500
0～3 000	663.8,1 000,1 692.5,2 000,2 531.2,3 000	151,302,453,604,755,900,1 050,1 200,1 350,1 500,1 650,1 800,1 950,2 100,2 250,2 400,2 550,2 700,2 850,3 000
0～3 500	663.8,1 160,1 692.5,2 531.2,2 900,3 500	171,342,513,684,855,1 030,1 205,1 380,1 555,1 730,1 905,2 080,2 255,2 430,2 605,2 780,2 960,3 140,3 320,3 500
0～4 000	663.8,1 331.2,2 000,2 622.5,3 330,4 000	201,402,603,804,1 005,1 200,1 600,1 800,2 000,2 200,2 400,2 600,2 800,3 000,3 200,3 400,3 600,3 800,4 000
注：表中数显卡尺的示值检查点量块尺寸(推荐)，是按栅距为5.08 mm为例给出的。		

ICS 17.040.30
J 42

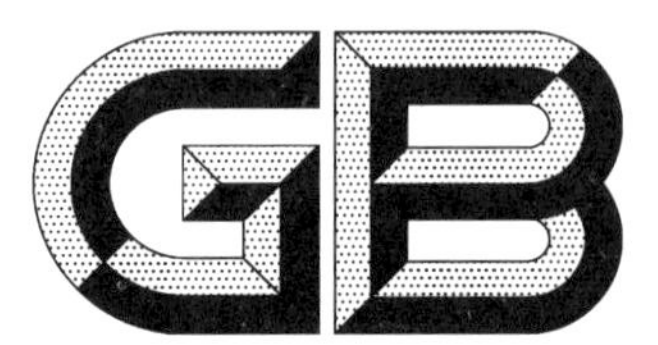

中华人民共和国国家标准

GB/T 21390—2008
代替 GB/T 1214.1—1996,GB/T 1214.3—1996

游标、带表和数显高度卡尺

Vernier,dial and digital display height callipers

2008-02-02 发布　　2008-07-01 实施

中华人民共和国国家质量监督检验检疫总局
中国国家标准化管理委员会 发布

前　言

本标准是对 GB/T 1214.1—1996《游标类卡尺　通用技术条件》、GB/T 1214.3—1996《游标类卡尺　高度游标卡尺》和 JB/T 5609—1991《电子数显高度卡尺》3 项标准进行整合修订的。

本标准代替 GB/T 1214.1—1996《游标类卡尺　通用技术条件》、GB/T 1214.3—1996《游标类卡尺　高度游标卡尺》。

自本标准实施之日起，JB/T 5609—1991《电子数显高度卡尺》作废。

本标准与上述 3 项标准相比，主要变化如下：

——增加了带表高度卡尺品种；

——扩展了高度卡尺[1]测量范围（GB/T 1214.3—1996 的第 1 章和 3.2，JB/T 5609—1991 的第 1 章和 4.2；本标准的第 1 章和 4.2）；

——用"分度值"和"分辨力"术语代替"读数值"和"分辨率"术语（GB/T 1214.1—1996 的第 1 章，JB/T 5609—1991 的第 1 章；本标准的表 1）；

——用"标尺标记"术语代替"尺身刻线"和"游标刻线"等术语，并引入"零值误差"术语（GB/T 1214.1—1996 的 3.6 和 3.7，本标准的 5.5、5.6、5.7）；

——用"微视差游标高度卡尺"术语代替"无视差卡尺"和"同一平面型卡尺"术语（GB/T 1214.1—1996 的 3.6.3；本标准的 5.6.1）；

——删除了"任意两点间的误差"的术语定义和要求（JB/T 5609—1991 的 3.2 和 5.11）；

——增加了对数显高度卡尺通讯接口的要求（本标准的 5.10）；

——增加了对数显高度卡尺防护等级的要求（本标准的 5.11）；

——增加了对数显高度卡尺抗静电能力和电磁干扰能力的要求（本标准的 5.12）；

——修改了高度卡尺测量爪工作面相对底座工作面平行度的要求（GB/T 1214.3—1996 的 3.8，JB/T 5609—1991 的 5.7 和 5.9；本标准的 5.13.2）；

——用"最大允许误差"术语代替"示值误差"术语对高度卡尺示值指标做出规定（GB/T 1214.1—1996 的 3.9，JB/T 5609—1991 的 5.10；本标准的 5.14）；

——修改并统一规定了高度卡尺测量的最大允许误差要求，给出了最大允许误差的计算公式，以使标准的使用更方便、更具指导性，并按测量范围上限给出了部分计算值（GB/T 1214.1—1996 的 3.9，JB/T 5609—1991 的 5.10；本标准的 5.14）；

——增加了高度卡尺检验时平衡温度时间的检验条件（本标准的第 7 章）；

——对高度卡尺高度测量的示值检定点，改为提出对示值检测点的数量及其分布规律性的要求，对示值检定点的推荐量块尺寸作为参考资料在资料性附录中给出（GB/T 1214.3—1996 的 5.3；JB/T 5609—1991 的 A9；本标准的 8.12.2、附录 C）；

——修改了高度卡尺相互作用（即：测量力、测量力变化）的定量要求和检验方法，并作为参考资料在资料性附录中给出（GB/T 1214.3—1996 的 5.1，JB/T 5609—1991 的 A3；本标准的附录 A）。

本标准的附录 B 为规范性附录，附录 A、附录 C 为资料性附录。

本标准由中国机械工业联合会提出。

本标准由全国量具量仪标准化技术委员会（SAC/TC 132）归口。

1）本标准所称"高度卡尺"系指"游标高度卡尺"、"带表高度卡尺"、"数显高度卡尺"三者的统称。

本标准负责起草单位:成都工具研究所和桂林量具刃具厂。

本标准参加起草单位:靖江量具有限公司、上海量具刃具厂、哈尔滨量具刃具集团有限责任公司、成都成量工具有限公司。

本标准主要起草人:陈学仁、赵伟荣、姜志刚、杨东顺、周国明、张伟、于晓霞、李隆勇。

本标准所代替标准的历次版本发布情况为:

——GB/T 1214.1—1996;

——GB 8126—1987、GB/T 1214.3—1996。

游标、带表和数显高度卡尺

1 范围

本标准规定了游标高度卡尺、带表高度卡尺和数显高度卡尺的术语和定义、形式与基本参数、要求、试验方法、检验条件、检验方法、标志与包装等。

本标准适用于分度值/分辨力为 0.01 mm、0.02 mm、0.05 mm 和 0.10 mm，测量范围为(0～150)mm至(0～1000)mm的游标高度卡尺、带表高度卡尺和数显高度卡尺(以下简称“高度卡尺”)。

2 规范性引用文件

下列文件中的条款通过本标准的引用而成为本标准的条款。凡是注日期的引用文件，其随后所有的修改单(不包括勘误的内容)或修订版均不适用于本标准，然而，鼓励根据本标准达成协议的各方研究是否可使用这些文件的最新版本。凡是不注日期的引用文件，其最新版本适用于本标准。

GB/T 2423.3—1993 电工电子产品基本环境试验规程 试验Ca:恒定湿热试验方法(eqv IEC 60068-2-3:1984)

GB/T 2423.22—2002 电工电子产品环境试验 第2部分:试验方法 试验N:温度变化(IEC 60068-2-14:1984,IDT)

GB 4208—1993 外壳防护等级(IP代码)(eqv IEC 529:1989)

GB/T 17163 几何量测量器具术语 基本术语

GB/T 17164 几何量测量器具术语 产品术语

GB/T 17626.2—1998 电磁兼容 试验和测量技术 静电放电抗扰度试验(idt IEC 61000-4-2:1995)

GB/T 17626.3—1998 电磁兼容 试验和测量技术 射频电磁场辐射抗扰度试验(idt IEC 61000-4-3:1995)

3 术语和定义

GB/T 17163、GB/T 17164中确立的以及下列术语和定义适用于本标准。

3.1

响应速度 response speed

数显高度卡尺能正常显示数值时，尺框相对于尺身的最大移动速度。

3.2

最大允许误差(MPE) maximum permissible error

由技术规范、规则等对高度卡尺规定的误差极限值。

注：允许误差的极限值不能小于数字级差(分辨力)或游标标尺间隔。

4 形式与基本参数

4.1 高度卡尺的形式见图1～图3所示。图示仅供图解说明，不表示详细结构。

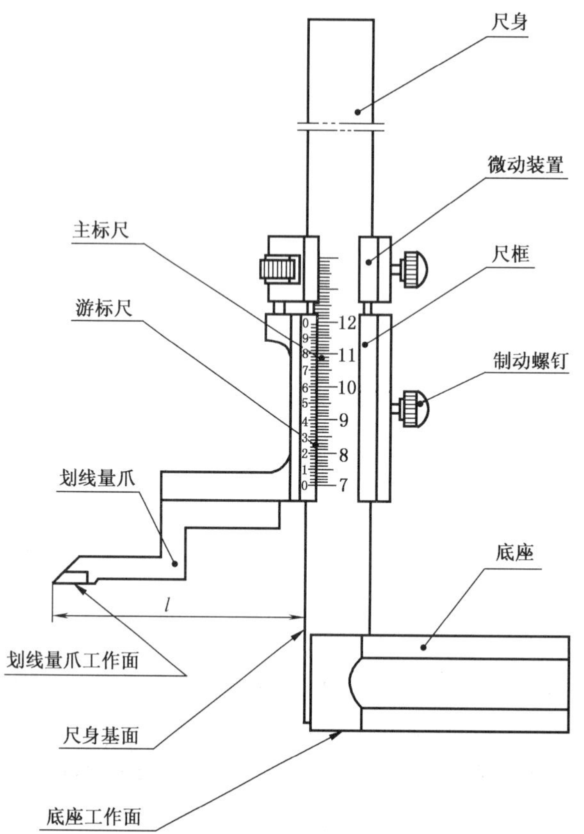

图1 游标高度卡尺

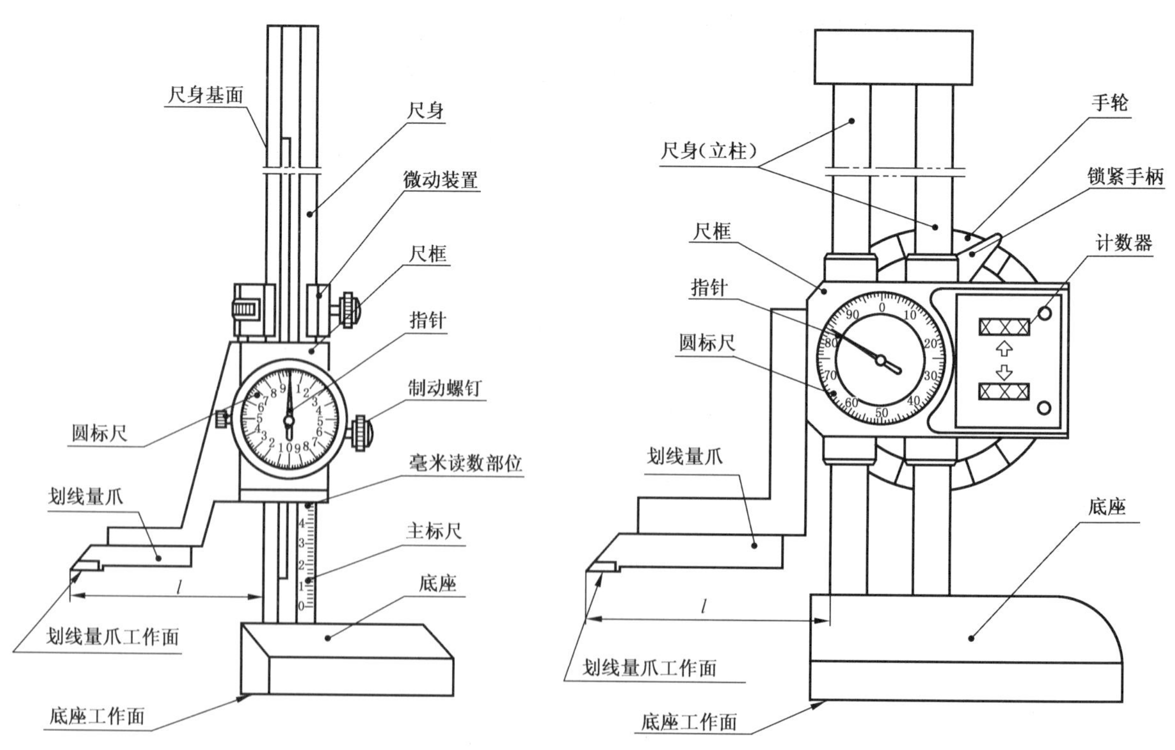

a) Ⅰ型带表高度卡尺(由主标尺读毫米读数)　　b) Ⅱ型带表高度卡尺(由计数器读毫米读数)

图2 带表高度卡尺

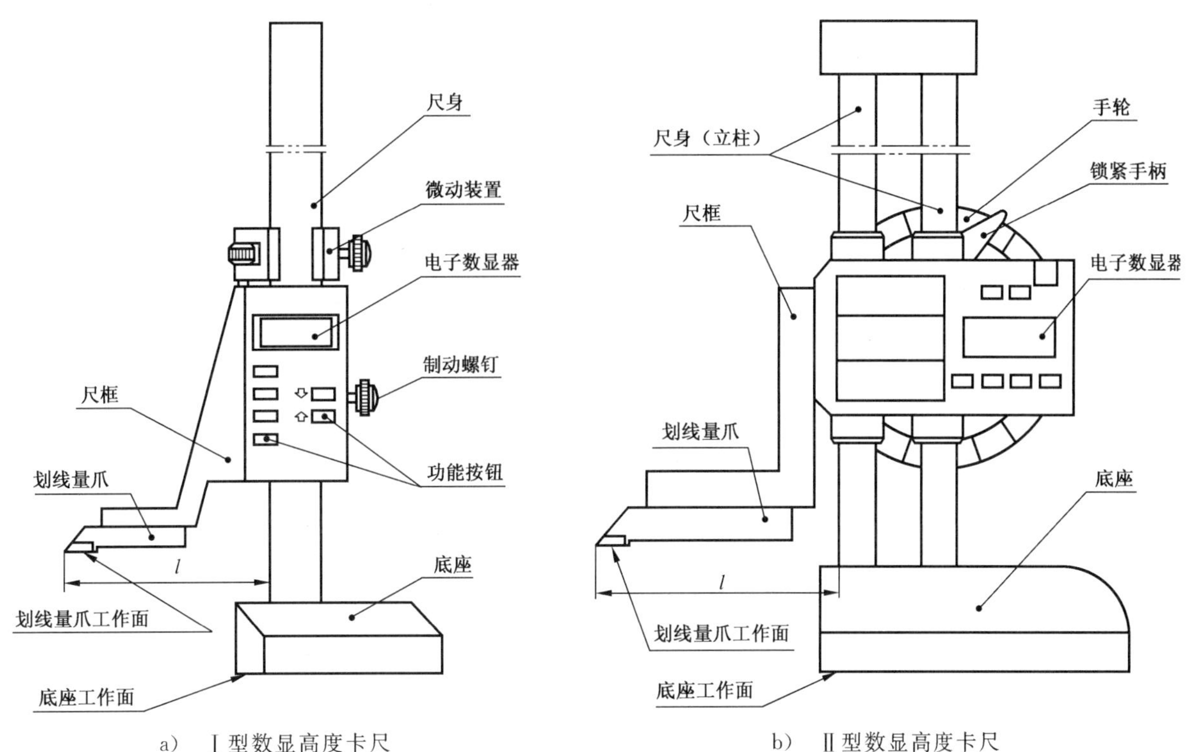

a） Ⅰ型数显高度卡尺　　　　b） Ⅱ型数显高度卡尺

图 3　数显高度卡尺

4.2　高度卡尺的测量范围及基本参数见表 1。

表 1　　单位为毫米

测量范围上限	基本参数 l[a]（推荐值）
～150	45
＞150～400	65
＞400～600	100
＞600～1000	130

[a] 当 l 的长度超过表中推荐值时，其技术指标由供需双方技术协议确定。

4.3　高度卡尺应具有微动装置或手轮。

4.4　根据用户需要，高度卡尺制造商可提供安装杠杆指示表的附件，其安装杠杆指示表的孔或槽的尺寸及尺寸极限偏差为 4H8、6H8 或 8H8。

4.5　高度卡尺尺身应有足够的长度，以保证在测量范围上限时尺框及微动装置不至于伸出尺身之外，并宜具有（3～15）mm 的测量长度裕量，以方便使用。

5　要求

5.1　外观

5.1.1　高度卡尺表面不应有影响外观和使用性能的裂痕、划伤、碰伤、锈蚀、毛刺等缺陷。

5.1.2　高度卡尺表面的镀、涂层不应有脱落和影响外观的色泽不均等缺陷。

5.1.3　标尺标记不应有目力可见的断线、粗细不均及影响读数的其他缺陷。

5.1.4　指示装置的表蒙、显示屏应透明、清洁，无划痕、气泡等影响读数的缺陷。

5.2　相互作用

高度卡尺的尺框、微动装置沿尺身的移动应平稳、无卡滞和松动现象；用手轮移动尺框的高度卡尺，手轮在摇动时手感力量应均匀；用制动螺钉（或锁紧手柄）能准确、可靠地将尺框固紧在尺身上。

5.3 材料和底座工作面硬度

高度卡尺一般采用碳钢、工具钢或不锈钢制造;底座也可采用球墨铸铁、可锻铸铁、灰口铸铁(工作面除外)或花岗岩材料制造,底座工作面的硬度不应低于509HV(或50HRC);带有划线功能的划线量爪应镶硬质合金或其他坚硬耐磨材料。

5.4 工作面的表面粗糙度

高度卡尺划线量爪及底座工作面的表面粗糙度的 Ra 值不应大于表2的规定。

表 2

分度值/分辨力 mm	表面粗糙度 Ra/μm	
	划线量爪工作面	底座工作面
0.01、0.02	0.2	0.4
0.05、0.10	0.4	

5.5 标尺标记

5.5.1 游标高度卡尺的主标尺和游标尺的标记宽度及其标记宽度差应符合表3的规定。

表 3

单位为毫米

分度值	标记宽度	标记宽度差 ≤
0.02	0.08~0.18	0.02
0.05		0.03
0.10		0.05

5.5.2 带表高度卡尺主标尺的标记宽度及其标记宽度差,圆标尺的标记宽度及标尺间距应符合表4的规定;指针末端的宽度应与圆标尺的标记宽度一致。

表 4

单位为毫米

标尺名称	标记宽度	标记宽度差 ≤	标尺间距 ≥
主标尺	0.10~0.25	0.05	—
圆标尺	0.10~0.20	—	0.8

5.6 指示装置各部分相对位置

5.6.1 游标高度卡尺的游标尺标记表面棱边至主标尺标记表面的距离不应大于0.30mm;微视差游标高度卡尺的游标尺标记表面棱边至主标尺标记表面间的距离 h、游标尺标记端面与主标尺标记端面的距离 s 不应超过表5的规定(见图4)。

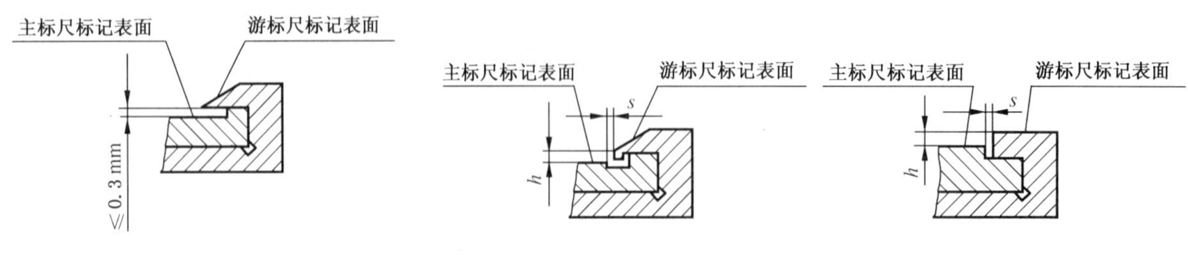

a) 游标高度卡尺　　b) 微视差游标高度卡尺

图4 游标尺与主标尺间的相对位置

表 5

单位为毫米

分度值	游标尺标记表面棱边至主标尺标记表面间的距离 h		游标尺标记端面与主标尺标记端面的距离 s
	测量范围上限		
	≤500	>500	
0.02	±0.06	±0.08	0.08
0.05	±0.08	±0.10	
0.10	±0.10	±0.12	

5.6.2 带表高度卡尺的指针末端应盖住圆标尺上短标尺标记长度的 30%～80%；指针末端与圆标尺标记表面间的间隙不应大于表 6 的规定。

表 6

单位为毫米

分度值	指针末端与圆标尺标记表面间的间隙
0.01、0.02	0.7
0.05	1.0

5.7 **零值误差**

5.7.1 游标高度卡尺划线量爪工作面和底座工作面在同一平面时，游标尺上的"零"、"尾"标尺标记与主标尺相应标尺标记应相互重合，其重合度不应超过表 7 的规定。

表 7

单位为毫米

分度值	"零"标尺标记重合度		"尾"标尺标记重合度	
	游标尺(可调)	游标尺(不可调)	游标尺(可调)	游标尺(不可调)
0.02	±0.005	±0.010	±0.01	±0.015
0.05			±0.02	±0.025
0.10	±0.010	±0.015	±0.03	±0.035

5.7.2 带表高度卡尺划线量爪工作面和底座工作面在同一平面时，指针应指向圆标尺上的"零"标尺标记，并处于正上方 12 点钟方位，左右偏位不应大于 1 个标尺分度；此时，Ⅰ型带表高度卡尺毫米读数部位至主标尺上"零"标尺标记的距离不应超过标记宽度，压线不应超过标记宽度的 1/2。

5.8 **计数器的性能**

计数器在测量范围内的工作应平稳而不松弛，其显示值超前和滞后不应影响正确读数，并能正确、可靠地调整。

5.9 **电子数显器的性能**

5.9.1 数字显示应清晰、完整、无闪跳现象；响应速度不应小于 1 m/s。

5.9.2 功能键应灵活、可靠，标注符号或图文应清晰且含义准确。

5.9.3 数字漂移不应大于 1 个分辨力值；工作电流不宜大于 40 μA。

5.9.4 电子数显器应能在环境温度 0℃～40℃、相对湿度不大于 80%的条件下，进行正常工作。

5.10 **通讯接口**

5.10.1 制造商应能够提供数显高度卡尺与其他设备之间的通讯电缆和通讯软件。

5.10.2 通讯电缆应能将数显高度卡尺的输出数据转换为 RS-232、USB 或其他通用的标准输出接口形式。

5.11 **防护等级(IP)**

数显高度卡尺的防护等级不应低于 IP40(见 GB 4208—1993)。

5.12 抗静电干扰能力和电磁干扰能力

数显高度卡尺的抗静电干扰能力和电磁干扰能力均不应低于1级(见GB/T 17626.2—1998、GB/T 17626.3—1998)。

5.13 平面度和平行度

5.13.1 高度卡尺划线量爪工作面、底座工作面的平面度不应大于表8的规定。

表8

单位为毫米

工作面名称	平面度
划线量爪工作面	0.003
底座工作面[a]	0.005

[a] 底座工作面只允许中间凹,距工作面边缘1 mm范围内的平面度不计。

5.13.2 高度卡尺无论尺框紧固与否,划线量爪工作面在与底座工作面位于同一平面时及在测量范围内任意位置时,其相对底座工作面的平行度不应大于表9的规定。

表9

<table>
<tr><th rowspan="2">分度值/分辨力
mm</th><th colspan="2">划线量爪工作面相对于底座工作面的平行度/μm</th></tr>
<tr><th>划线量爪工作面与底座工作面在同一平面时</th><th>划线量爪工作面在测量范围内任意位置时</th></tr>
<tr><td>0.01,0.02</td><td>5</td><td>12+0.03L</td></tr>
<tr><td>0.05</td><td>8</td><td>30+0.03L</td></tr>
<tr><td>0.10</td><td>8</td><td>50+0.03L</td></tr>
</table>

注1:L为划线量爪工作面在测量范围内任意位置时的测量高度,单位为mm($L \neq 0$)。

注2:计算结果一律四舍五入至10 μm。

5.14 最大允许误差

高度卡尺测量高度时的最大允许误差应符合表10的规定。

表10

单位为毫米

<table>
<tr><th rowspan="4">测量范围
上限</th><th colspan="6">最大允许误差</th></tr>
<tr><th colspan="6">分度值/分辨力</th></tr>
<tr><th colspan="2">0.01;0.02</th><th colspan="2">0.05</th><th colspan="2">0.10</th></tr>
<tr><th>最大允许误差计算公式</th><th>计算值</th><th>最大允许误差计算公式</th><th>计算值</th><th>最大允许误差计算公式</th><th>计算值</th></tr>
<tr><td>150</td><td rowspan="5">±(20+0.05L) μm</td><td>±0.03</td><td rowspan="5">±(40+0.06L) μm</td><td>±0.05</td><td rowspan="5">±(50+0.1L) μm</td><td rowspan="4">±0.10</td></tr>
<tr><td>200</td><td>±0.03</td><td>±0.05</td></tr>
<tr><td>300</td><td>±0.04</td><td>±0.06</td></tr>
<tr><td>500</td><td>±0.05</td><td>±0.07</td></tr>
<tr><td>1 000</td><td>±0.07</td><td>±0.10</td><td>±0.15</td></tr>
</table>

注:表中最大允许误差计算公式中的L为测量范围上限值,以毫米计。计算结果应四舍五入到10 μm,且其值不能小于数字级差(分辨力)或游标标尺间隔。

5.15 重复性

带表高度卡尺和数显高度卡尺的重复性不应大于表11的规定。

表 11

单位为毫米

分度值/分辨力	重复性	
	带表高度卡尺	数显高度卡尺
0.01	0.005	0.010
0.02、0.05	0.010	—

6 试验方法

6.1 温度变化试验

数显高度卡尺的温度变化试验应符合 GB/T 2423.22—2002 的规定。

6.2 湿热试验

数显高度卡尺的湿热试验应符合 GB/T 2423.3—1993 的规定。

6.3 抗静电干扰试验

数显高度卡尺的抗静电干扰试验应符合 GB/T 17626.2—1998 的规定。

6.4 抗电磁干扰试验

数显高度卡尺的抗电磁干扰试验应符合 GB/T 17626.3—1998 的规定。

6.5 防尘、防水试验

数显高度卡尺的防尘、防水试验应符合 GB 4208—1993 的规定。

7 检验条件

7.1 检验前，应将被检高度卡尺及量块等检验用设备同时置于铸铁平板或木桌上，其平衡温度时间参见表 12。

表 12

测量范围上限/mm	平衡温度时间/h	
	置于铸铁平板上	置于木桌上
≤400	1	2
>400 ～600	1.5	3
>600～1 000	2	4

7.2 数显高度卡尺检验时，室内温度应为 20℃±5℃；相对湿度不应大于 80%。

8 检验方法

8.1 外观

目力观察。

8.2 相互作用

目测和手感检验。如有异议，参见附录 A。

8.3 底座工作面硬度

在维氏硬度计(或洛氏硬度计)上检验。检查部位为工作面内沿其长度方向均匀分布的 3 点，3 点测得值的算术平均值作为测量结果。

8.4 工作面的表面粗糙度

用表面粗糙度比较样块目测比较。如有异议，用表面粗糙度检查仪检验。

8.5 标尺标记

目测。如有异议，用工具显微镜或读数显微镜检验。

8.6 指示装置各部分相对位置

目测或借助塞尺比较检验。

8.7 零值误差

目测或借助5倍放大镜检验。如有异议，用工具显微镜或读数显微镜检验。

将游标高度卡尺或带表高度卡尺置于1级检验平板上，使划线量爪工作面与检验平板工作面相接触，进行观察。

8.8 计数器的性能

目测和手感检查。

注：可与示值误差检验同步进行。

8.9 电子数显器的性能

8.9.1 数字显示情况、响应速度及功能键作用的三项性能宜同时检验。试验并观察功能键的作用是否正常、灵活、可靠；用手动速度模拟，移动尺框后观察数字显示是否正常。

8.9.2 工作电流用万用表或专用芯片检测仪进行检测。

8.9.3 数字漂移采用试验方法进行检验，拉动尺框并使其停止在任意位置上，紧固尺框，观察显示数值在1 h内的变化。

8.10 平面度和平行度

8.10.1 高度卡尺划线量爪工作面和底座工作面的平面度检验方法，遵照附录B的规定。

8.10.2 将高度卡尺和装有杠杆指示表(分度值/分辨力为0.001 mm或0.002 mm)的表架放置在1级检验平板上，使划线量爪工作面位于下列位置：

——移动尺框使划线量爪工作面与平板接触，然后将其移出平板(即：划线量爪工作面与底座工作面位于同一平面上)；

——移动尺框使划线量爪工作面位于测量范围内的任意位置上(建议取3～5个点)。

在上述各位置时，分别移动表架使杠杆指示表测头与划线量爪工作面接触，无论尺框紧固与否，在划线量爪工作面长度和宽度两个方向检查，每个方向位置测得值的最大值与最小值之差，即为：该方向位置划线量爪工作面相对底座工作面的平行度，其值不应大于表9的规定。

8.11 示值误差

8.11.1 将高度卡尺和一组3级或5等量块置于1级检验平板上，使划线量爪工作面先后与各量块测量面接触，并使量块能正常滑动，无论尺框紧固与否，每次测得值与量块标称值之代数差，即为：高度卡尺在该点的示值误差，其各点的示值误差均不应大于表10规定的最大允许误差(或按表10中相关公式计算所得的最大允许误差值)。

8.11.2 高度卡尺示值检验所需专用量块的数量和尺寸应使高度卡尺受检点分布情况满足如下要求：

a) 游标高度卡尺和带表高度卡尺受检点应在测量范围内近似均匀分布；测量范围上限小于或等于400 mm的，不少于3点；测量范围上限大于400 mm的，不少于3点。上述受检点还应满足：

  1) 游标高度卡尺受检点应在测量范围内的若干个点上选用游标尺整个刻度长度内近似均匀分布的3点；

  2) 带表高度卡尺受检点应在测量范围内的若干个点上选用圆标尺一圈刻度内近似均匀分布的3点。

b) 数显高度卡尺受检点在测量范围内近似均匀分布，测量范围上限小于或等于300 mm的，不少于8点；测量范围上限大于300 mm至1 000 mm的，不少于10点。上述受检点还应在测量范围内的若干个点上选用包含传感器主栅一个节距内近似均匀分布的6点(也可分别检查传感器主栅一个节距内近似均匀分布的五点及测量范围内近似均匀分布的若干检点)。

高度卡尺示值检查点推荐量块尺寸参见附录C。

8.12　**重复性**

将高度卡尺置于1级检验平板上，重复5次移动尺框，使划线量爪工作面与平板接触，其5次测得值间的最大差异即为重复性。

注：此处重复性检查结果的数据处理，不采用分散性表述。仅取示值变化的特性表述。

9　标志与包装

9.1　高度卡尺上至少应标有：

a)　制造厂厂名或注册商标；

b)　分度值(数显高度卡尺除外)；

c)　产品序号；

d)　用不锈钢制造的高度卡尺，应标有识别标志。

9.2　高度卡尺的包装盒上至少应标有：

a)　制造厂厂名或注册商标；

b)　产品名称；

c)　分度值/分辨力及测量范围。

9.3　高度卡尺在包装前应经防锈处理，并妥善包装。不得因包装不善而在运输过程中损坏产品。

9.4　高度卡尺经检验符合本标准要求的，应附有产品合格证。产品合格证上应标有本标准的标准号、产品序号和出厂日期。

附 录 A
（资料性附录）
移动力和移动力变化的定量检验方法

A.1 移动力和移动力变化的检验

高度卡尺尺框和微动装置沿尺身最大移动力和移动力变化可用弹簧测力计定量检验。

注：用手轮移动尺框的高度卡尺除外。

将高度卡尺垂直安放在平板上且使其底座固定，用测力计钩住尺框底侧接近尺框槽基面处，拉动测力计，当尺框开始移动后从测力计上读数，在整个测量范围内，测得的最大值和最小值即为最大移动力和最小移动力，最大值和最小值之差即为移动力变化，其允许值参见表 A.1。

表 A.1

测量范围上限/mm	移动力	移动力变化
	N	
≤400	5～10	2
＞400～600	10～15	2
＞600～1000	15～20	3

附 录 B
（规范性附录）
划线量爪工作面和底座工作面平面度的检验方法

划线量爪工作面和底座工作面的平面度用刀口形直尺以光隙法检验。检验时，分别在划线量爪工作面和底座工作面的长边、短边方向和对角线位置上进行，见图 B.1 和图 B.2。

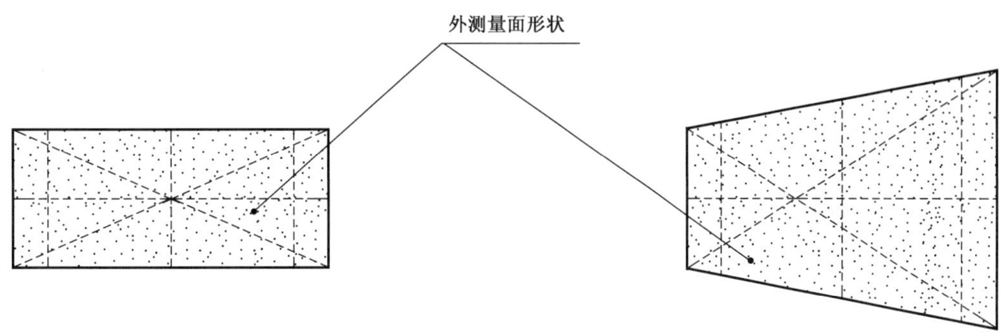

注：图中虚线为检查位置。

图 B.1 划线量爪工作面平面度的检验方法

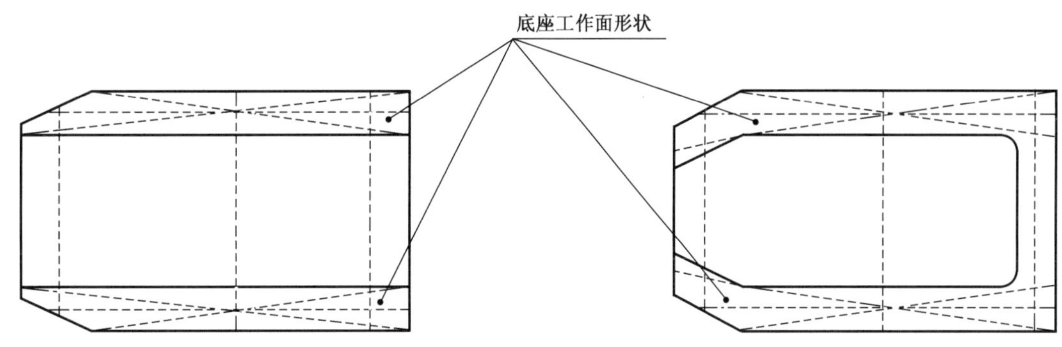

注：图中虚线为检查位置。

图 B.2 底座工作面平面度的检验方法

高度卡尺划线量爪工作面平面度根据各方位的间隙情况确定：

——当所有检查方位上出现的间隙均在中间部位或两端部位时，取其中一方位间隙量最大的作为平面度；

——当有的方位中间部位有间隙，而有的方位两端部位有间隙时，以中间和两端最大间隙量之和作为平面度。

高度卡尺底座工作面的平面度确定方法如下：

——在底座工作面长边、对角线方位上检查时，只允许中间有间隙，其中最大间隙量作为平面度；

——在底座工作面短边方位上检查时，平面度的确定应遵照“最小条件”，即包容底座两工作面的两平行平面的区域（距离）应最小，并以此距离（即间隙）作为平面度（见图 B.3）；

——在底座工作面边缘 1 mm 范围内允许掉边，掉角。

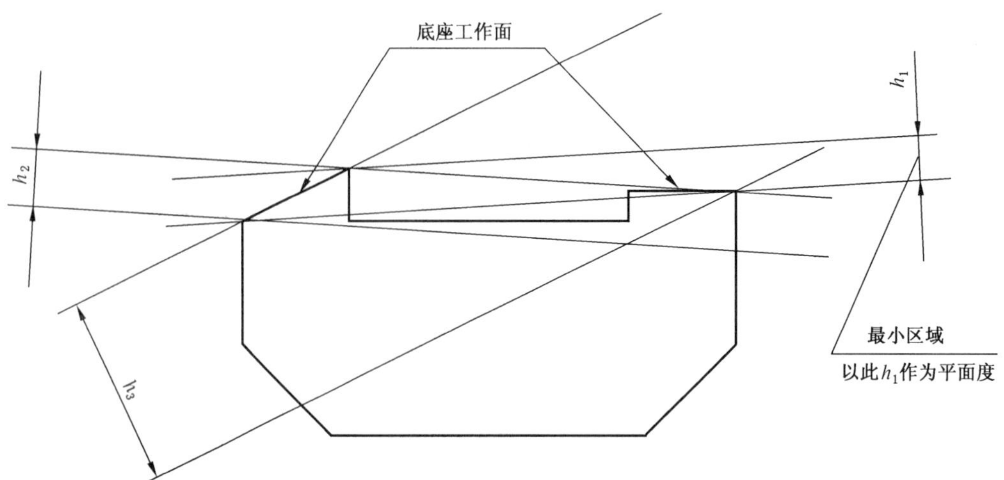

图 B.3　底座工作面在短边方向检查时，判断最小区域示意图

附 录 C
(资料性附录)
高度卡尺示值检验推荐量块尺寸

高度卡尺示值检查点量块尺寸推荐见表 C.1。

表 C.1

单位为毫米

测量范围	高度卡尺示值检查点量块尺寸(推荐)	
	游标高度卡尺、带表高度卡尺	数显高度卡尺
0～150	41.2,92.5,123.8	11,32,53,74,95,110,130,150
0～200	51.2,123.8,192.5	25,54,83,102,131,160,180,200
0～300	101.2,192.5,293.8	35,74,113,152,171,220,260,300
0～500	101.2,180,293.8,340,422.5,500	51, 102, 153, 204, 255, 300, 350, 400,450, 500
0～1 000	161.2,340,500,663.8,822.5,1 000	101, 202, 303, 404, 505, 600, 700, 800,900, 1 000
注：表中数显高度卡尺的示值检查点量块尺寸(推荐)，是按栅距为 5.08 mm 为例给出的。		

ICS 17.040.30
J 42

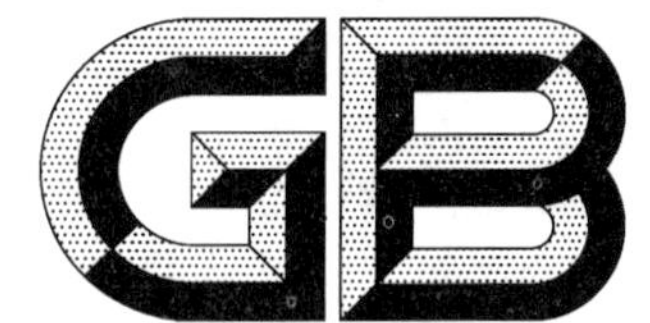

中华人民共和国国家标准

GB/T 22092—2008

电子数显测微头和深度千分尺

Fixed micrometer and depth micrometer with electronic digital display

2008-06-25 发布　　2009-01-01 实施

中华人民共和国国家质量监督检验检疫总局
中国国家标准化管理委员会　发布

前　言

本标准的附录 A 为资料性附录。

本标准由中国机械工业联合会提出。

本标准由全国量具量仪标准化技术委员会(SAC/TC 132)归口。

本标准负责起草单位:苏州麦克龙测量技术有限公司。

本标准参加起草单位:成都工具研究所。

本标准主要起草人:黄晓宾、张洪玲、姜志刚。

电子数显测微头和深度千分尺

1 范围

本标准规定了电子数显测微头和深度千分尺的术语和定义、型式与基本参数、要求、试验方法、检验方法、标志与包装等。

本标准适用于分辨力高于或等于 0.001 mm,量程小于或等于 30 mm 的电子数显测微头和深度千分尺。量程等于 50 mm 的电子数显测微头和深度千分尺参见附录 A。

2 规范性引用文件

下列文件中的条款通过本标准的引用而成为本标准的条款。凡是注日期的引用文件,其随后所有的修改单(不包括勘误的内容)或修订版均不适用于本标准,然而,鼓励根据本标准达成协议的各方研究是否使用这些文件的最新版本。凡是不注日期的引用文件,其最新版本适用于本标准。

GB/T 1216—2004 外径千分尺

GB/T 2423.3—2006 电工电子产品环境试验 第 2 部分:试验方法 试验 Cab:恒定湿热试验(IEC 60068-2-78:2001,IDT)

GB/T 2423.22—2002 电工电子产品环境试验 第 2 部分:试验方法 试验 N:温度变化(IEC 60068-2-14:1984,IDT)

GB 4208—2008 外壳防护等级(IP 代码)

GB/T 17163 几何量测量器具术语 基本术语

GB/T 17164 几何量测量器具术语 产品术语

GB/T 17626.2—2006 电磁兼容 试验和测量技术 静电放电抗扰度试验(IEC 61000-4-2:2001,IDT)

GB/T 17626.3—2006 电磁兼容 试验和测量技术 射频电磁场辐射抗扰度试验(IEC 61000-4-3:2002,IDT)

3 术语和定义

GB/T 17163 和 GB/T 17164 中确立的以及下列术语和定义适用于本标准。

3.1

电子数显千分尺数显装置 electronic digital indicating devices for micrometer

利用角度传感器、电子和数字显示技术,计算并显示电子数显千分尺的螺旋副位移的装置。以下简称"电子数显装置"。

3.2

最大允许误差(MPE) maximum permissible error

由技术规范、规则等对电子数显测微头和深度千分尺规定的误差极限值。

3.3

浮动零位 floating zero

在测量范围内任意位置设定零位。

4 型式与基本参数

4.1 型式

电子数显测微头的型式见图 1 所示；电子数显深度千分尺的型式见图 2 所示。图示仅供图解说明，不表示详细结构。

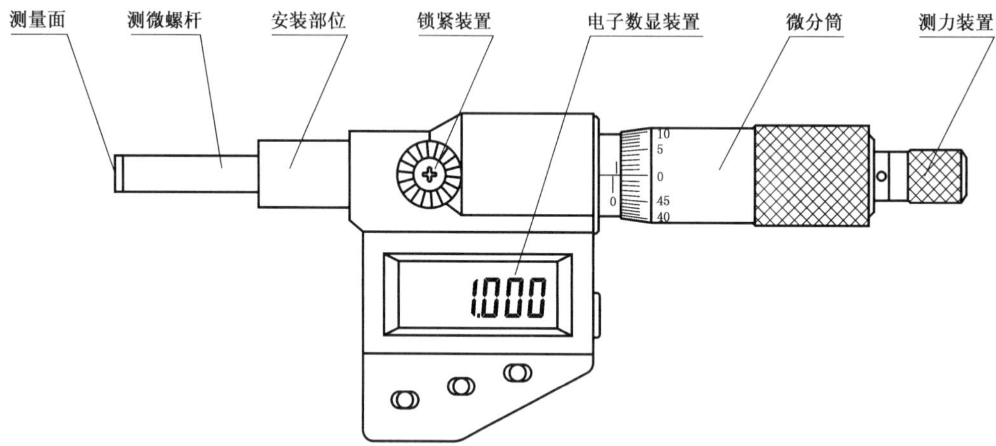

图 1 电子数显测微头的型式示意图

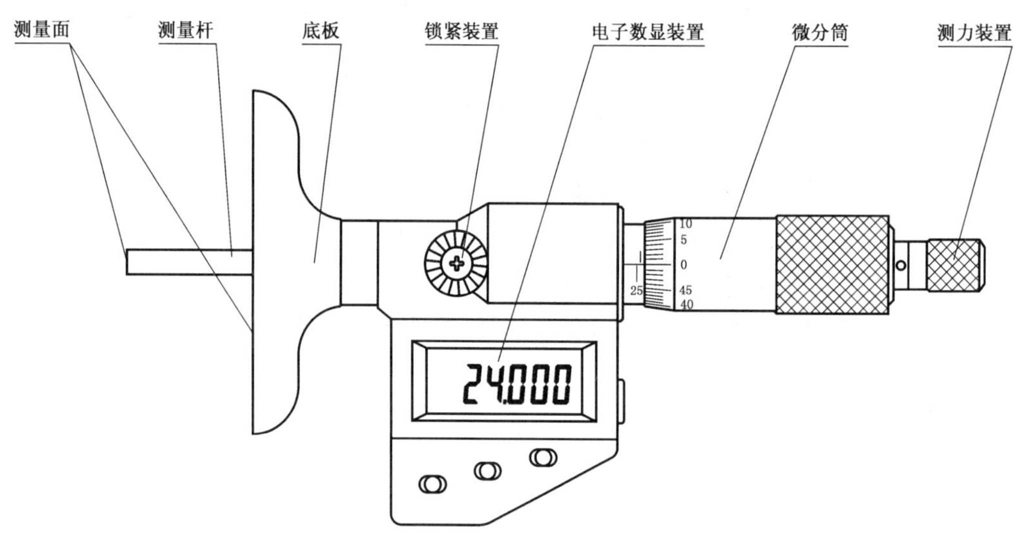

图 2 电子数显深度千分尺的型式示意图

4.2 基本参数

4.2.1 电子数显测微头和深度千分尺测微螺杆的螺距宜为 0.5 mm 或 1 mm。

4.2.2 电子数显测微头和深度千分尺的量程宜为 25 mm 或 30 mm。

4.2.3 电子数显测微头安装部位的直径宜为 ϕ12h6。

4.2.4 电子数显深度千分尺的测量范围的下限宜为 0 或 25 mm 的整数倍。

5 要求

5.1 外观

5.1.1 电子数显测微头和深度千分尺表面不应有影响外观和使用性能的裂痕、划伤、碰伤、锈蚀、毛刺等缺陷。

5.1.2 电子数显测微头和深度千分尺表面的镀、涂层不应有脱落和影响外观的色泽不均等缺陷。

5.1.3 电子数显装置的数字显示屏应透明、清洁，无划痕、气泡等影响读数的缺陷。

5.2 材料

5.2.1 底板应选择合金工具钢、不锈钢或其他性能类似的材料制造。

5.2.2 测微螺杆和测量杆应选择合金工具钢、不锈钢或其他性能类似的材料制造；测量面宜镶硬质合金或为其他耐磨材料。

5.3 相互作用

5.3.1 测微螺杆和螺母之间在全量程范围内应充分啮合，配合良好，不应出现卡滞和明显窜动。

5.3.2 测微螺杆伸出的光滑圆柱部分与轴套之间的配合应良好，不应出现明显摆动。

5.4 测力装置

电子数显测微头和深度千分尺宜具有测力装置。通过测力装置作用到测量面的测量力应在 4 N～10 N 之间，测量力变化不应大于 2 N。

5.5 锁紧装置

电子数显测微头和深度千分尺宜有锁紧装置。锁紧装置应能有效地锁紧测微螺杆。锁紧后测量面的距离变化应不大于 2 μm。

5.6 底板

底板的长度宜为 50 mm 或 100 mm。

5.7 测量杆

测量杆相互之间的长度差等于量程，应成套检测。更换测量杆后的对零误差应不大于表 1 的规定。

5.8 测量面

5.8.1 合金工具钢测量面的硬度不应小于 760 HV1(或 61.8 HRC)；不锈钢测量面的硬度不应小于 575 HV(或 53 HRC)。

5.8.2 测微螺杆和测量杆的测量面应为平面或球面。平测量面的平面度误差不应大于 0.3 μm。

5.8.3 长度为 50 mm 的底板测量面的平面度误差应不大于 1.5 μm，长度为 100 mm 的底板测量面的平面度误差应不大于 2.0 μm。

5.8.4 电子数显测微头的测微螺杆测量面对其轴线的垂直度误差应不大于 0.6 μm。

5.9 标尺

如电子数显测微头和深度千分尺有标尺，其要求按 GB/T 1216—2004 中 5.9 的规定。

5.10 电子数显装置

5.10.1 功能键

电子数显装置的功能键应灵活、可靠，标注的符号或图文应清晰且含义准确。

5.10.2 数字显示屏

电子数显装置的数字显示应清晰、完整，无闪跳现象。

5.10.3 角度传感器

电子数显装置的角度传感器宜为二等分、四等分、五等分。

5.10.4 分度误差

电子数显装置的分度误差不应大于 0.002 mm。

5.10.5 数值漂移

电子数显装置的数值漂移不应大于其分辨力。

5.10.6 电源

电子数显装置的电源电压应为 1.5 V 或 3 V。

5.10.7 通讯接口

5.10.7.1 电子数显装置宜设置通讯接口。

5.10.7.2 电子数显装置的通讯接口宜为 RS-232 或 USB。制造商应能够提供电子数显装置与其他设备之间的通讯电缆和通讯软件。

5.10.8　**防护等级(IP)**

电子数显装置应具有防水、防尘能力,其防护等级不得低于IP40(见GB 4208—2008)。

5.10.9　**工作环境**

电子数显装置应能在环境温度0 ℃~40 ℃、相对湿度不大于80%的条件下,进行正常工作。

5.10.10　**抗静电干扰能力和抗电磁干扰能力**

电子数显装置的抗静电干扰能力和抗电磁干扰能力均不应低于1级(见GB/T 17626.2—2006、GB/T 17626.3—2006)。

5.11　**最大允许误差**

5.11.1　电子数显测微头的最大允许误差为3 μm。

5.11.2　电子数显深度千分尺的最大允许误差应符合表1的规定;安装同一套测量杆中的任意一个测量杆,均应符合表1的规定。

表1

测量范围/mm	最大允许误差/μm	对零误差/μm
0~25	±4	—
25~50	±5	±2
50~100	±6	±3
100~150	±7	±4
150~200	±8	±5
200~250	±9	±6
250~300	±10	±7

5.12　**重复性**

电子数显测微头和深度千分尺的重复性不应大于0.001 mm。

6　检验方法

6.1　**测量面**

6.1.1　测量面的平面度可用二级光学平晶检验。平晶应调整到使其干涉带的数量尽可能的少或使其产生干涉环。测微螺杆和测量杆测量面边缘的0.4 mm区域内、底板测量面边缘的1 mm区域内的平面度忽略不计。

6.1.2　测量面的硬度可在测量面上或距测量面1 mm的部位处检定;对于镶硬质合金或其他耐磨材料的测量面,其硬度可不做检定。

6.1.3　电子数显测微头的测微螺杆测量面的垂直度误差可用自准直仪检验。

6.2　**对零误差**

检验时,先安装0 mm~25 mm测量杆并校准电子数显深度千分尺的零位,然后更换测量杆,测量相应测量杆下限尺寸的量块,电子数显深度千分尺显示值与量块实际尺寸之差即为对零误差。

6.3　**电子数显装置**

6.3.1　**分度误差**

分度误差在1圈内沿测量方向均匀检25点。检验时,分别读出各受检点的电子数显装置显示值与微分筒读数值之差,做出误差曲线,其最高点与最低点之差,即为电子数显装置的分度误差。对于没有微分筒的电子数显测微头和深度千分尺,可以将分度误差不大于20分的鼓轮固定在角度传感器的传动轴上，检验方法同上。

注 1：如果把电子数显测微头和深度千分尺的最大允许误差的检验点投影到角度传感器的同一等分上时有不少于 4 个独立点，此时最大允许误差的检验结果已包含了角度传感器的分度误差，允许不检验分度误差。

注 2：当电子数显装置的角度传感器为二等分或四等分，采用表 2 中的尺寸系列检验最大允许误差时，允许不检验分度误差。当电子数显装置的角度传感器为五等分，采用 5.12 mm、10.24 mm、15.36 mm、21.5 mm、25 mm 尺寸系列检验最大允许误差时，允许不检验分度误差。

6.3.2 数值漂移

在任意位置下使测微螺杆固定，并保持 1 h。观察电子数显装置显示数值的变化。

6.4 最大允许误差

6.4.1 电子数显测微头的最大允许误差

用准确度为 1 级的量块或测长仪检验，检验点见表 2。检验应排除安装的影响，用浮动零位原则判定。

用量块检验时将电子数显测微头紧固在夹具上，并在最小量限处安装一个球测量面的测砧，在两测量面间放入量块进行检验。将各受检点的电子数显测微头显示值与量块尺寸的差值绘制成误差曲线，曲线上最高点与最低点在纵坐标上的差值即为电子数显测微头的示值误差。

6.4.2 电子数显深度千分尺的最大允许误差

将电子数显深度千分尺在其下限尺寸处校准，在精密平板上放置一对等于其上限尺寸的量块，使深度千分尺的底板测量面贴合在量块上，然后在深度千分尺测量杆和精密平板之间放入一组准确度为 1 级的量块（尺寸系列见表 2）进行检验，得出电子数显深度千分尺显示值与量块尺寸的差值，其中绝对值最大的差值为电子数显深度千分尺的示值误差。

对于测量范围的下限大于 25 mm 电子数显深度千分尺，需采用适合于其测量范围的专用量块或将量块研合进行检验。误差的计算方法同上。

表 2

单位为毫米

量　程	量块的尺寸系列
25	2.5；5.1；7.7；10.3；12.9；15；17.6；20.2；22.8；25
30	2.5；5.1；7.7；10.3；12.9；15；17.6；20.2；22.8；25；30

6.5 重复性

在完全相同的测量条件下，重复测量 5 次，其 5 次显示值间的最大差异即为电子数显测微头和深度千分尺的重复性。

7 试验方法

7.1 防水、防尘试验

电子数显测微头和深度千分尺的防水、防尘试验应符合 GB 4208—2008 的规定。

7.2 温度变化试验

电子数显测微头和深度千分尺的温度变化试验应符合 GB/T 2423.22—2002 的规定。

7.3 湿热试验

电子数显测微头和深度千分尺的湿热试验应符合 GB/T 2423.3—2006 的规定。

7.4 抗静电干扰试验

电子数显测微头和深度千分尺的抗静电干扰试验应符合 GB/T 17626.2—2006 的规定。

7.5 抗电磁干扰试验

电子数显测微头和深度千分尺的抗电磁干扰试验应符合 GB/T 17626.3—2006 的规定。

8 标志与包装

8.1 电子数显测微头和深度千分尺上应标志：

a) 制造厂厂名或注册商标；

b) 测量范围；

c) 分辨力；

d) 产品序号；

e) 防护等级高于 IP40 时，宜标有防护等级标志。

如果受尺寸的限制，电子数显测微头允许不标志 a)、b)、c)、e)项。

8.2 测量杆上应标有其长度标称尺寸。

8.3 电子数显测微头和深度千分尺包装盒上至少应标志：

a) 制造厂厂名或注册商标；

b) 产品名称；

c) 测量范围。

8.4 电子数显测微头和深度千分尺在包装前应经防锈处理并妥善包装，不得因包装不善而在运输过程中损坏产品。

8.5 电子数显测微头和深度千分尺经检验符合本标准要求的应附有产品合格证及使用说明书，产品合格证上应标有本标准的标准号、产品序号和出厂日期。

附　录　A
（资料性附录）
量程等于 50 mm 的电子数显测微头和深度千分尺

量程等于 50 mm 的电子数显测微头和深度千分尺的最大允许误差不应大于表 1 的规定值加 1 μm。

量程等于 50 mm 的电子数显测微头和深度千分尺的最大允许误差检验量块的尺寸系列为：5.12 mm，10.24 mm，15.36 mm，21.5 mm，25 mm，30.12 mm，35.24 mm，40.36 mm，46.5 mm，50 mm。

ICS 17.040.30
J 42

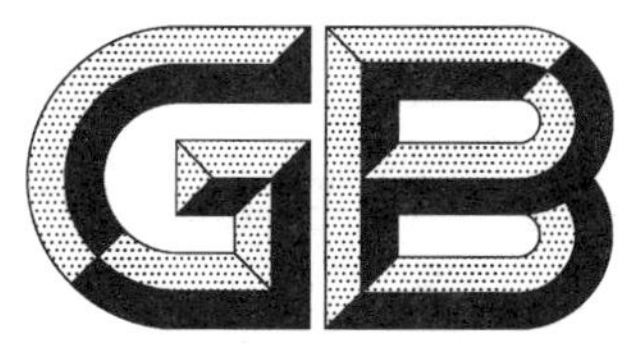

中华人民共和国国家标准

GB/T 22093—2008

电子数显内径千分尺

Internal micrometer with electronic digital display

2008-06-25 发布　　　　2009-01-01 实施

中华人民共和国国家质量监督检验检疫总局
中国国家标准化管理委员会　发布

前　　言

本标准的附录A、附录B均为资料性附录。

本标准由中国机械工业联合会提出。

本标准由全国量具量仪标准化技术委员会(SAC/TC 132)归口。

本标准负责起草单位:苏州麦克龙测量技术有限公司。

本标准参加起草单位:成都工具研究所。

本标准主要起草人:黄晓宾、张洪玲、姜志刚。

电子数显内径千分尺

1 范围

本标准规定了电子数显内径千分尺的术语和定义、型式与基本参数、要求、试验方法、检验方法、标志与包装等。

本标准适用于分辨力高于或等于0.001 mm，量程小于或等于100 mm，测量范围上限至500 mm的电子数显内径千分尺。测量范围500 mm～6 000 mm的电子数显内径千分尺参见附录B。

2 规范性引用文件

下列文件中的条款通过本标准的引用而成为本标准的条款。凡是注日期的引用文件，其随后所有的修改单(不包括勘误的内容)或修订版均不适用于本标准，然而，鼓励根据本标准达成协议的各方研究是否可使用这些文件的最新版本。凡是不注日期的引用文件，其最新版本适用于本标准。

GB/T 1216—2004 外径千分尺

GB/T 1800.4—1999 极限与配合 标准公差等级和孔、轴的极限偏差表(eqv ISO 286-2:1988)

GB/T 2423.3—2006 电工电子产品环境试验 第2部分:试验方法 试验Cab:恒定湿热试验(IEC 60068-2-78:2001,IDT)

GB/T 2423.22—2002 电工电子产品环境试验 第2部分:试验方法 试验N:温度变化(IEC 60068-2-14:1984,IDT)

GB 4208—2008 外壳防护等级(IP代码)

GB/T 17163 几何量测量器具术语 基本术语

GB/T 17164 几何量测量器具术语 产品术语

GB/T 17626.2—2006 电磁兼容 试验和测量技术 静电放电抗扰度试验(IEC 61000-4-2:2001,IDT)

GB/T 17626.3—2006 电磁兼容 试验和测量技术 射频电磁场辐射抗扰度试验(IEC 61000-4-3:2002,IDT)

3 术语和定义

GB/T 17163、GB/T 17164中确立的以及下列术语和定义适用于本标准。

3.1

电子数显千分尺数显装置 electronic digital indicating devices for micrometer

利用角度传感器、电子和数字显示技术，计算并显示电子数显千分尺的螺旋副位移的装置。以下简称"电子数显装置"。

3.2

最大允许误差(MPE) maximum permissible error

由技术规范、规则等对电子数显内径千分尺规定的误差极限值。

4 型式与基本参数

4.1 型式

电子数显内径千分尺的型式见图1、图2。图示仅供图解说明，不表示详细结构。

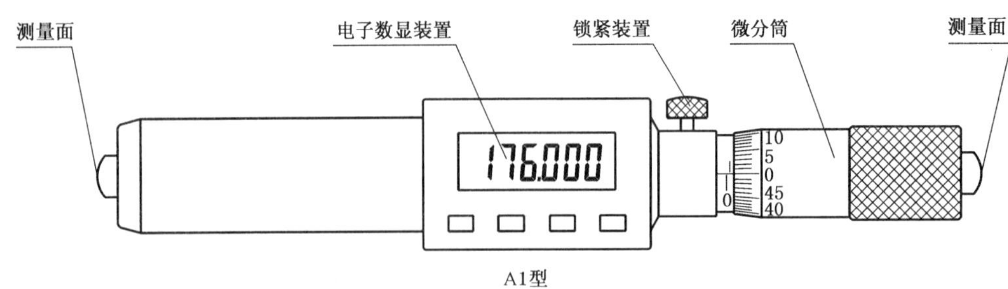

A1型

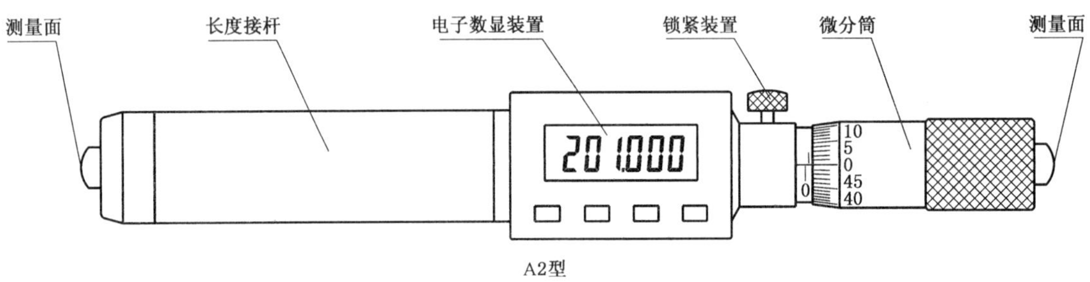

A2型

A 型:电子数显 2 点内径千分尺,测微螺杆轴线与角度传感器的轴线和测量面的位移同轴

a)

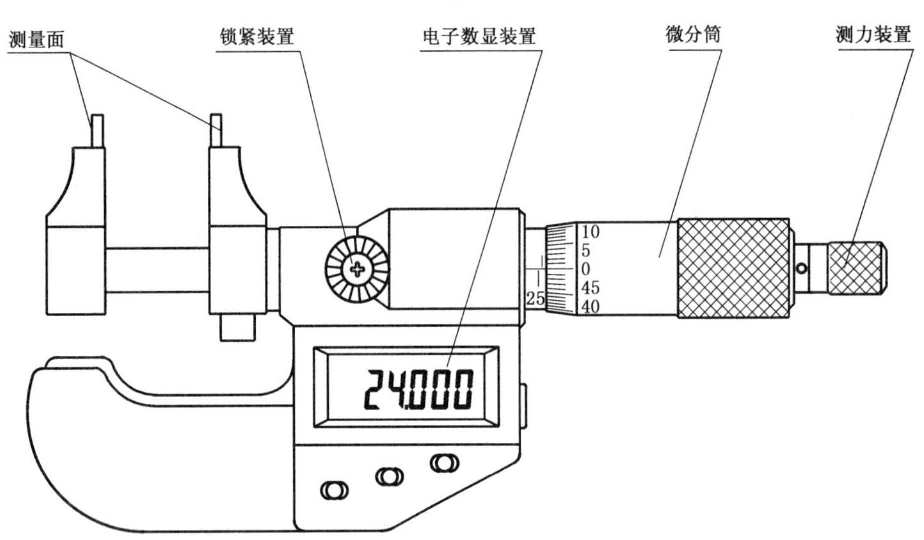

B 型:电子数显 2 点内径千分尺,测微螺杆轴线与角度传感器的轴线同轴,与测量面的位移平行

b)

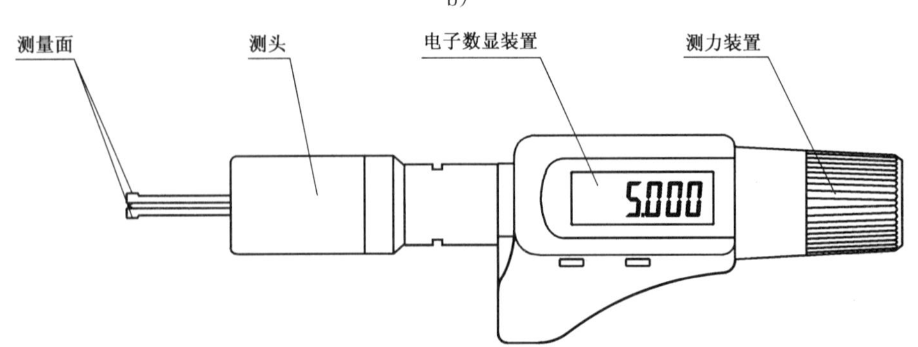

C 型:电子数显 2 点内径千分尺,测微螺杆轴线与角度传感器的轴线同轴,与测量面的位移垂直

c)

图 1 电子数显 2 点内径千分尺的型式示意图

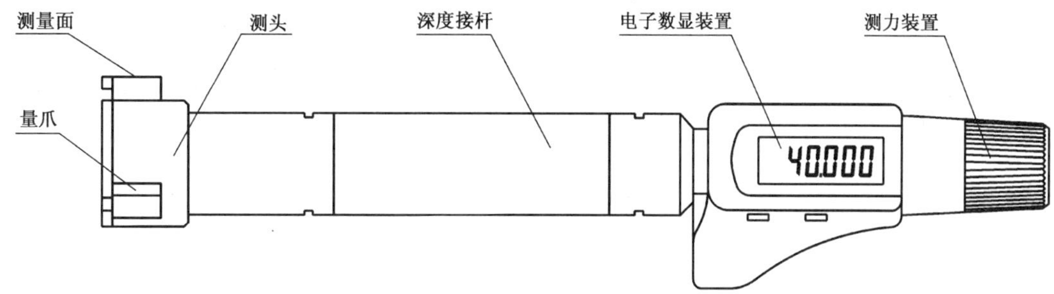

D 型:电子数显 3 点内径千分尺,测微螺杆轴线与角度传感器的轴线同轴,与测量面的位移垂直

a)

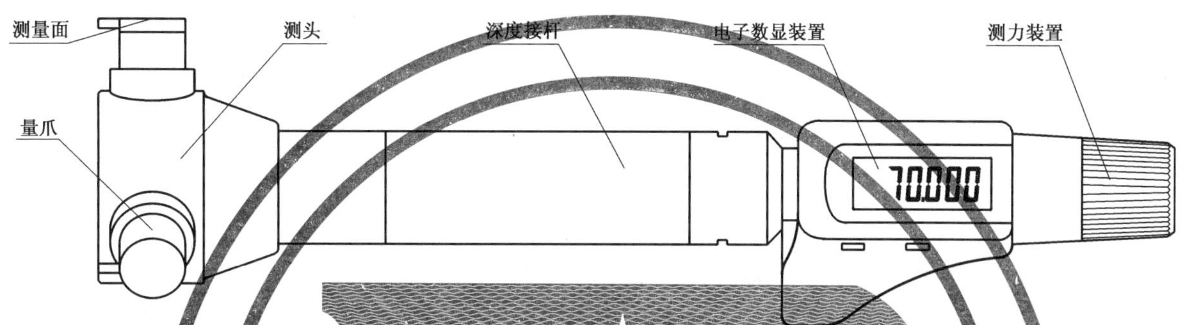

E 型:电子数显 3 点内径千分尺,测微螺杆轴线与测量面的位移同轴,与角度传感器的轴线垂直

b)

图 2 电子数显 3 点内径千分尺的型式示意图

4.2 基本参数

4.2.1 电子数显内径千分尺测微螺杆的螺距宜为 0.5 mm 或 1 mm。

4.2.2 A 型、B 型电子数显内径千分尺的量程宜为 25 mm,测量范围的下限宜为 5 mm 或 25 mm 的整数倍。

4.2.3 C 型、D 型、E 型电子数显内径千分尺的测量范围的下限宜为整数。

5 要求

5.1 外观

5.1.1 电子数显内径千分尺表面不应有影响外观和使用性能的裂痕、划伤、碰伤、锈蚀、毛刺等缺陷。

5.1.2 电子数显内径千分尺表面的镀、涂层不应有脱落和影响外观的色泽不均等缺陷。

5.1.3 电子数显装置的数字显示屏应透明、清洁,无划痕、气泡等影响读数的缺陷。

5.2 材料

测微螺杆应选择合金工具钢、不锈钢或其他性能类似的材料制造;测量面宜镶硬质合金或其他耐磨材料。

5.3 相互作用

5.3.1 测微螺杆和螺母之间在全量程范围内应充分啮合,配合良好,不应出现卡滞和明显窜动。

5.3.2 D 型、E 型电子数显内径千分尺的量爪与槽或孔之间的配合应良好,且移动自如,不应出现卡滞,沿测量面轴线方向不应有明显摆动。

5.4 锁紧装置

A 型电子数显内径千分尺应具有锁紧装置。锁紧装置应能有效地锁紧测微螺杆。锁紧前后,两测量面间距离变化应不大于 2 μm。

5.5 测力装置

B 型、C 型、D 型、E 型电子数显内径千分尺应具有测力装置。通过测力装置作用到测量面的测量力应一致，测量力变化不应大于30%，同一生产厂的同一规格千分尺的测量力差别不应大于50%。

5.6 测量面

5.6.1 电子数显内径千分尺测量面宜为球形或圆柱形表面，其半径应小于测量范围下限的1/2。

5.6.2 测量面也可以是其他形状，以适合特殊测量任务的要求。

5.6.3 合金工具钢测量面的硬度不应小于760 HV1(或61.8 HRC)；不锈钢测量面的硬度不应小于575 HV(或53 HRC)。

5.7 测头和量爪

C型、D型、E型电子数显内径千分尺可以配备数个测头或量爪，通过更换测头或量爪扩大测量范围。

5.8 长度接杆

5.8.1 A型电子数显内径千分尺可配备数个长度接杆以扩大测量范围。

5.8.2 长度接杆的基准面应一端为平面，另一端为球面。

5.8.3 长度接杆基准面的硬度不应小于760 HV1(或61.8 HRC)。

5.8.4 长度接杆基准尺寸的偏差不应大于js2(见GB/T 1800.4—1999)。

5.9 深度接杆

D型、E型电子数显内径千分尺宜配备深度接杆以扩大测量深度。接上深度接杆后需要重新校对。

5.10 校对装置

5.10.1 电子数显内径千分尺应提供校对环规或校对卡规。

5.10.2 校对环规或校对卡规基准面的硬度不应小于760 HV1(或61.8 HRC)。

5.10.3 校对环规或校对卡规上的标注尺寸的不确定度和圆柱度或平行度不应大于表1的规定。

表1

单位为毫米

公称尺寸 D	标注尺寸的不确定度	圆柱度或平行度
$1 \leqslant D < 10$	±0.001 3	0.001
$10 \leqslant D < 50$	±0.001 5	0.001
$50 \leqslant D < 100$	±0.001 5	0.001 5
$100 \leqslant D < 200$	±0.002	0.002
$200 \leqslant D \leqslant 300$	±0.002 5	0.002 5

5.11 标尺

如电子数显内径千分尺有标尺，其要求按GB/T 1216—2004中5.9的规定。

5.12 电子数显装置

5.12.1 功能键

电子数显装置的功能键应灵活、可靠，标注的符号或图文应清晰且含义准确。

5.12.2 数字显示屏

电子数显装置的数字显示应清晰、完整，无闪跳现象。

5.12.3 角度传感器

电子数显装置的角度传感器宜为二等分、四等分、五等分。

5.12.4 分度误差

电子数显装置的分度误差不应大于0.002 mm。

5.12.5 数值漂移

电子数显装置的数值漂移不应大于其分辨力。

5.12.6 电源

电子数显装置的电源电压应为1.5 V或3 V。

5.12.7 通讯接口

5.12.7.1 电子数显装置宜设置通讯接口。

5.12.7.2 电子数显装置的通讯接口宜为 RS-232 或 USB。制造商应能够提供电子数显装置与其他设备之间的通讯电缆和通讯软件。

5.12.8 防护等级(IP)

电子数显装置应具有防水、防尘能力，其防护等级不得低于 IP40(见 GB 4208—2008)。

5.12.9 工作环境

电子数显装置应能在环境温度 0 ℃～40 ℃、相对湿度不大于 80%的条件下，进行正常工作。

5.12.10 抗静电干扰能力和抗电磁干扰能力

电子数显装置的抗静电干扰能力和抗电磁干扰能力均不应低于 1 级(见 GB/T 17626.2—2006、GB/T 17626.3—2006)。

5.13 最大允许误差

5.13.1 电子数显内径千分尺的最大允许误差应符合表 2 的规定。

5.13.2 A 型电子数显内径千分尺组装任意一个长度接杆后的最大允许误差都应符合表 2 的规定。

5.14 重复性

D 型、E 型电子数显内径千分尺的重复性不应大于表 2 的规定。

表 2

测量范围/mm	最大允许误差/μm			重复性/μm
	A 型、E 型	C 型、D 型	B 型	D 型、E 型
1～50	±4	±4	±5	4
50～100	±5	±5	±6	4
100～150	±6	±6	±7	5
150～200	±7	±7	±8	5
200～250	±8	±8	±9	6
250～300	±9	±9	±10	6
300～350	±10	—	—	6
350～400	±11	—	—	7
400～450	±12	—	—	7
450～500	±13	—	—	7
注：测量范围跨越表 2 分档时，按测量范围的上限查表。例如：测量范围 200 mm～300 mm 的 A 型最大允许误差为 9 μm。				

6 检验方法

6.1 测量面的硬度

对于未镶硬质合金或其他耐磨材料的测量面，可在该测量面上或距测量面 1 mm 处检定。

对于镶硬质合金或其他耐磨材料的测量面，其硬度可不做检定。

6.2 电子数显装置

6.2.1 分度误差

分度误差在 1 圈内沿测量方向均匀检 25 点。检验时，分别读出各受检点的电子数显装置显示值与微分筒读数值之差，做出误差曲线，其最高点与最低点之差，即为电子数显装置的分度误差。对于没有微分筒的电子数显内径千分尺,可以将分度误差不大于20分的鼓轮固定在角度传感器的传动轴上,检验方法同上。

注1:如果把电子数显内径千分尺的最大允许误差的检验点投影到角度传感器的同一等分上时有不少于4个独立点,此时最大允许误差的检验结果已包含了角度传感器的分度误差,允许不检验分度误差。

注2:当电子数显装置的角度传感器为二等分或四等分,采用6.3.1中的尺寸系列检验最大允许误差时,允许不检验分度误差。当电子数显装置的角度传感器为五等分,采用5.12 mm、10.24 mm、15.36 mm、21.5 mm、25 mm尺寸系列检验最大允许误差时,允许不检验分度误差。

6.2.2 数值漂移

在任意位置下使测微螺杆固定,并保持1 h。观察电子数显装置显示数值的变化。

6.3 最大允许误差

6.3.1 A型、B型电子数显内径千分尺可以用测长机、准确度为1级的量块与量块附件组成的内尺寸、卡规或环规检验。检验的尺寸宜为:L,L+2.5 mm,L+5.1 mm,L+7.7 mm,L+10.3 mm,L+12.9 mm,L+15 mm,L+17.6 mm,L+20.2 mm,L+22.8 mm,L+25 mm。L为内径千分尺测量范围的下限。

6.3.2 C型、D型、E型电子数显内径千分尺用环规检验。检验环规的尺寸应包括测量范围的上下限,并尽量在测量范围内和1/5的圆周内均匀分布。检验环规的精度按表1规定,数量不得少于表3的要求。

表3

量程/mm	≤1	≤2	≤5	≤30	≤50	≤100
检验环规数量	3	4	5	6	8	10

6.3.3 用量块和环规检验时在每个检验点连续测量3次(剔除粗大误差后),计算电子数显内径千分尺显示的平均值与标准器尺寸的差值,其中绝对值最大的差值为电子数显内径千分尺的示值误差。

6.4 重复性

用环规检验D型、E型电子数显内径千分尺的重复性。在完全相同的测量条件下,重复测量5次(剔除粗大误差后),其5次显示值间的最大差异即为电子数显内径千分尺的重复性。

7 试验方法

7.1 防水、防尘试验

电子数显内径千分尺的防水、防尘试验应符合GB 4208—2008的规定。

7.2 温度变化试验

电子数显内径千分尺的温度变化试验应符合GB/T 2423.22—2002的规定。

7.3 湿热试验

电子数显内径千分尺的湿热试验应符合GB/T 2423.3—2006的规定。

7.4 抗静电干扰试验

电子数显内径千分尺的抗静电干扰试验应符合GB/T 17626.2—2006的规定。

7.5 抗电磁干扰试验

电子数显内径千分尺的抗电磁干扰试验应符合GB/T 17626.3—2006的规定。

8 标志与包装

8.1 电子数显内径千分尺上至少应标志:

a) 制造厂厂名或注册商标;

b) 测量范围;

c) 分辨力;

d) 产品序号;

e) 防护等级高于IP40时,宜标有防护等级标志。

8.2 校对环规或校对卡规上应标有其实际尺寸。

8.3 A型电子数显内径千分尺的长度接杆上应标有其标称尺寸。

8.3 电子数显内径千分尺包装盒上至少应标志:

a) 制造厂厂名或注册商标;

b) 产品名称;

c) 测量范围。

8.4 电子数显内径千分尺在包装前应经防锈处理并妥善包装,不得因包装不善而在运输过程中损坏产品。

8.5 电子数显内径千分尺经检验符合本标准要求的应附有产品合格证及使用说明书(A型电子数显内径千分尺的支撑参见附录A),产品合格证上应标有本标准的标准号、产品序号和出厂日期。

附　录　A
（资料性附录）
A 型电子数显内径千分尺的支撑

为了最大限度的减小 A 型电子数显内径千分尺的弯曲变形，应按图 A.1 所示位置设置支撑。

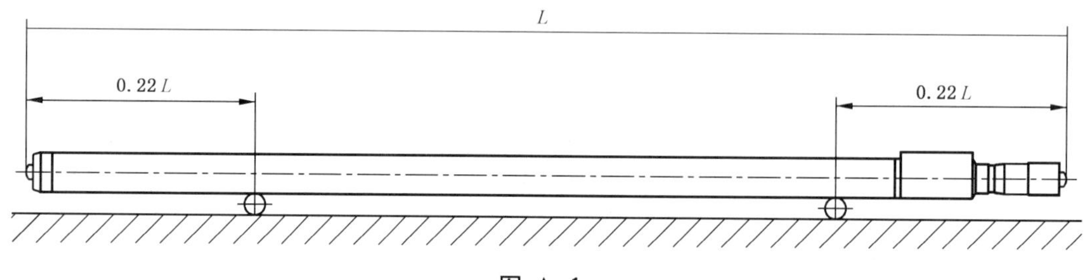

图 A.1

附 录 B
（资料性附录）
测量范围500 mm～6 000 mm的电子数显内径千分尺

测量范围500 mm～6 000 mm的电子数显内径千分尺的最大允许误差和重复性应符合表B.1的规定。

距两端0.22 L处支撑与距两端200 mm处支撑的长度变化应符合表B.1的规定。

表 B.1

测量范围/mm	最大允许误差/μm		重复性/μm	长度变化允许值 A型/μm
	A型	E型	E型	
500～600	±14	±14	8	
600～700	±15	±15	8	
700～800	±16	±16	9	
800～1 000	±18	±19	9	
1 000～1 200	±21			
1 200～1 400	±24			
1 400～1 600	±27			
1 600～2 000	±32			±10
2 000～2 500	±40			±15
2 500～3 000	±50			±25
3 000～4 000	±62			±40
4 000～5 000	±75			±60
5 000～6 000	±90			±80

ICS 17.040.30
J 42

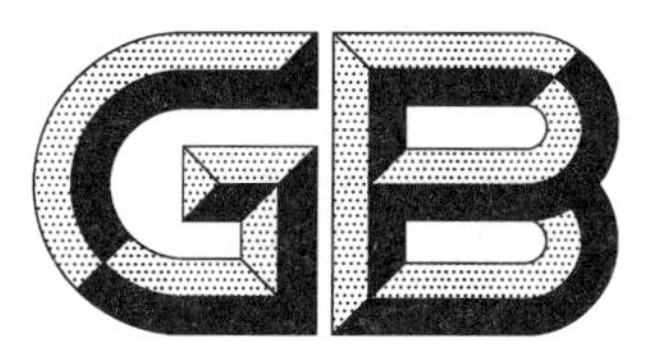

中华人民共和国国家标准

GB/T 22520—2008

厚度指示表

Dial thickness gauges

2008-11-12 发布　　　　2009-05-01 实施

中华人民共和国国家质量监督检验检疫总局
中国国家标准化管理委员会　发布

前　言

本标准由中国机械工业联合会提出。

本标准由全国量具量仪标准化技术委员会(SAC/TC 132)归口。

本标准负责起草单位:桂林量具刃具有限责任公司。

本标准参加起草单位:中国计量学院、成都工具研究所、成都成量工具有限公司、广西计量检测研究院。

本标准主要起草人:赵伟荣、李琼、孔明、姜志刚、袁永秀、陆蕊。

厚 度 指 示 表

1 范围

本标准规定了厚度指示表的术语和定义、型式与基本参数、要求、检验方法、标志与包装等。

本标准适用于分度值/分辨力为 0.1 mm、0.01 mm、0.002 mm、0.001 mm，测量范围上限不大于 30 mm 的厚度指示表。

2 规范性引用文件

下列文件中的条款通过本标准的引用而成为本标准的条款。凡是注日期的引用文件，其随后所有的修改单(不包括勘误的内容)或修订版均不适用于本标准，然而，鼓励根据本标准达成协议的各方研究是否可使用这些文件的最新版本。凡是不注日期的引用文件，其最新版本适用于本标准。

GB/T 1219—2008 指示表

GB/T 2423.3—2006 电工电子产品环境试验 第 2 部分：试验方法 试验 Cab：恒定湿热试验(IEC 60068-2-78：2001，IDT)

GB/T 2423.22—2002 电工电子产品环境试验 第 2 部分：试验方法 试验 N：温度变化(IEC 60068-2-14：1984，IDT)

GB 4208 外壳防护等级(IP 代码)(GB 4208—2008，IEC 60529：2001，IDT)

GB/T 17163 几何量测量器具术语 基本术语

GB/T 17164 几何量测量器具术语 产品术语

GB/T 17626.2—2006 电磁兼容 试验和测量技术 静电放电抗扰度试验

GB/T 17626.3—2006 电磁兼容 试验和测量技术 射频电磁场辐射抗扰度试验

GB/T 18761—2007 电子数显指示表

3 术语和定义

GB/T 17163、GB/T 17164 中确立的以及下列术语和定义适用于本标准。

3.1

厚度指示表 dial thickness gauges

用于测量安装于弓架上的指示表测头测量面相对于弓架测砧测量面的直线位移量(厚度)，并由指示表进行读数的测量器具；可配有拔叉提升装置(或下压装置)，使测杆测量面与测砧测量面接触制件表面。也可称"厚度表"或"厚度规"。

注 1：指示表的分度值/分辨力为 0.1 mm 的又称为厚度十分表；分度值/分辨力为 0.01 mm 的又称为厚度百分表；分度值/分辨力为 0.001 mm、0.002 mm 的又称为厚度千分表。

注 2：配备指针式指示表的称为指针式厚度指示表，配备电子数显指示表的称为数显厚度指示表。

3.2

响应速度 response speed

数显厚度指示表能正常显示数值时测杆的最大移动速度。

4 型式与基本参数

4.1 厚度指示表的型式见图 1～图 4 所示。图示仅供图解说明，不表示详细结构。

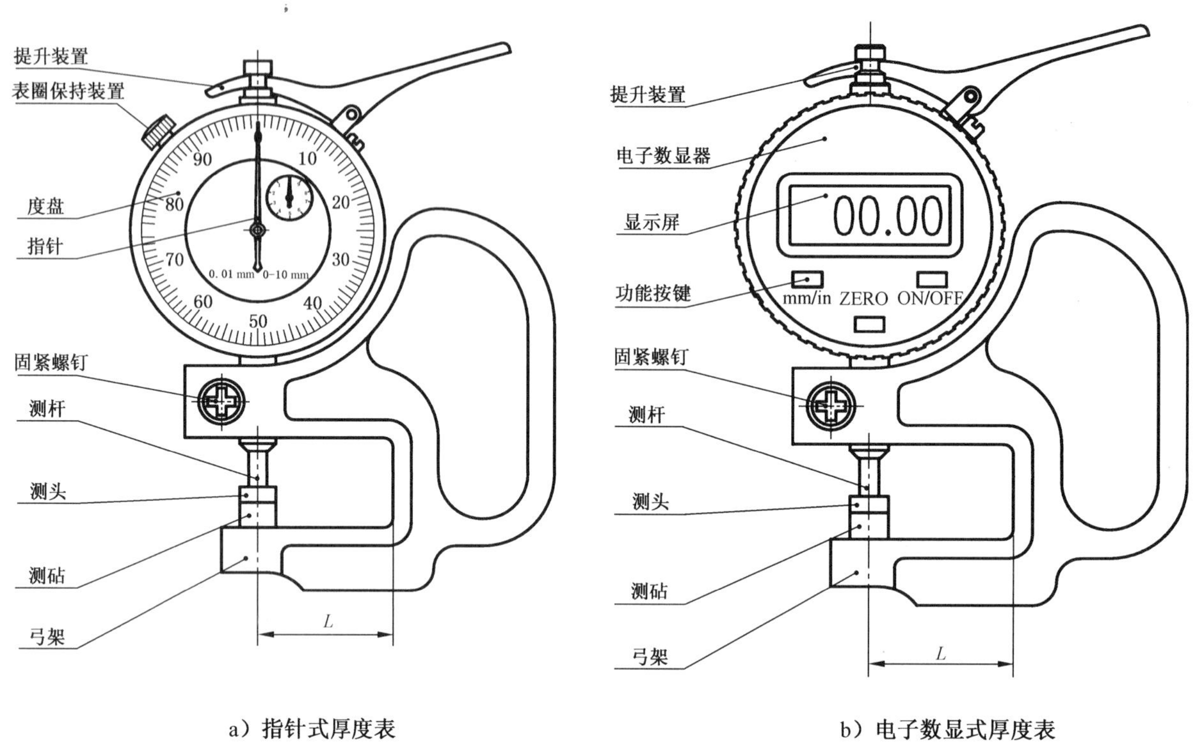

a）指针式厚度表　　　　b）电子数显式厚度表

注：本型厚度指示表的指示表部分为可拆卸结构。

图 1　Ⅰ型厚度指示表

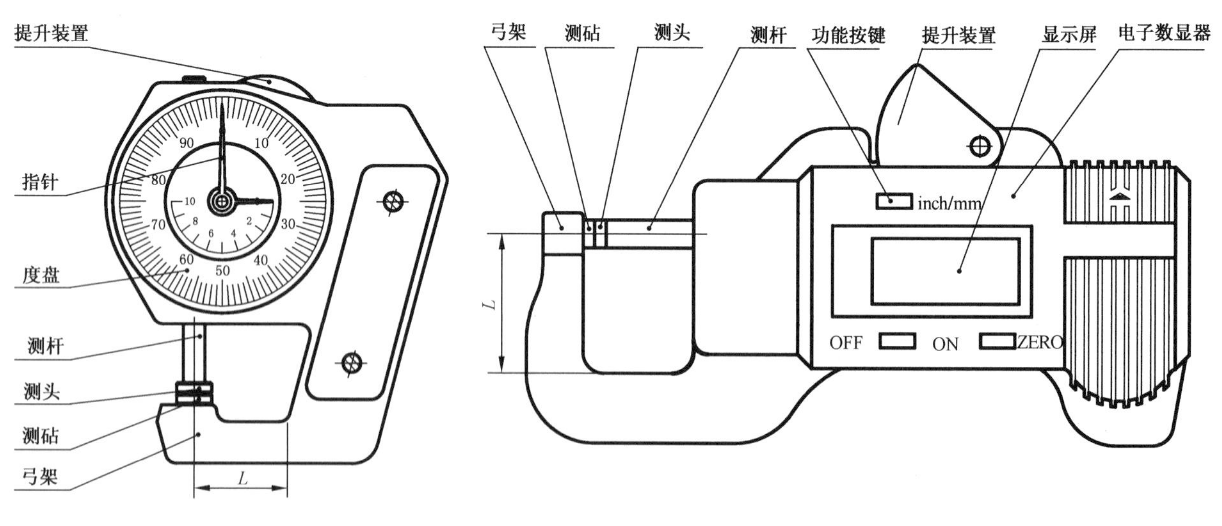

a）指针式厚度表　　　　b）电子数显式厚度表

注：本型厚度指示表的指示表部分为不可拆卸结构。

图 2　Ⅱ型厚度指示表

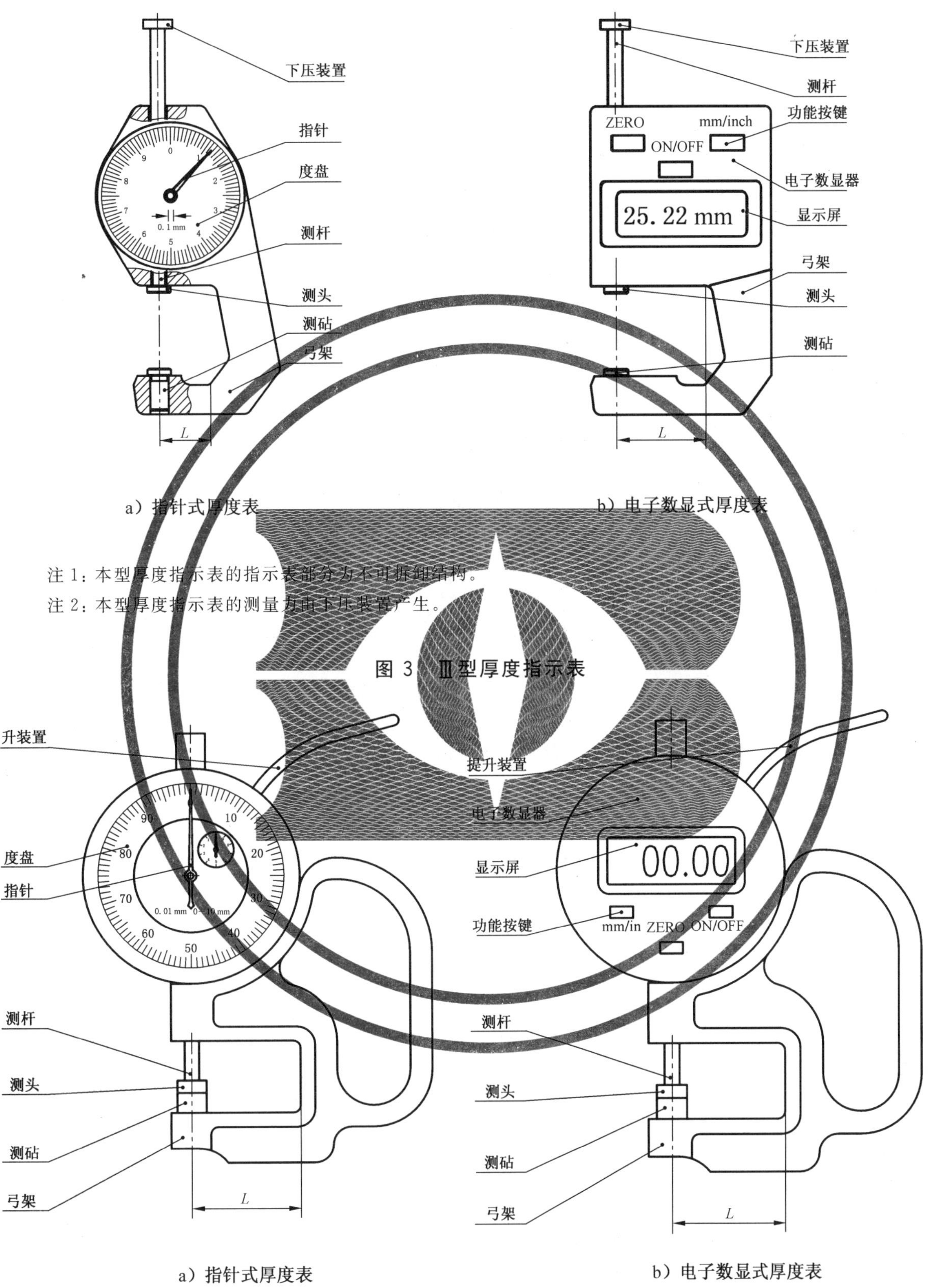

a）指针式厚度表　　b）电子数显式厚度表

注 1：本型厚度指示表的指示表部分为不可拆卸结构。

注 2：本型厚度指示表的测量力由下压装置产生。

图 3　Ⅲ型厚度指示表

a）指针式厚度表　　b）电子数显式厚度表

注：本型厚度指示表的指示表部分为不可拆卸结构。

图 4　Ⅳ型厚度指示表

4.2 厚度指示表的测头测量面组合型式参见图5。

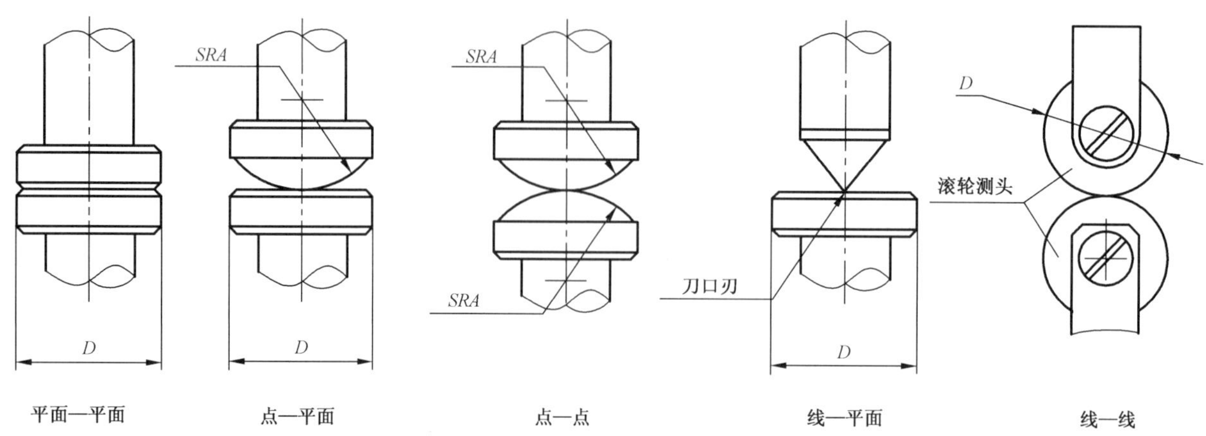

图5 测头测量面组合型式

4.3 厚度指示表的测量范围及基本参数见表1(推荐值)。

表1

单位为毫米

测量范围	基本参数(推荐值)		
	L	D	A
0～1 0～5 0～10 0～12.5 0～20 0～25 0～30	10,16,20,25,30,65,120,125,150	ϕ1,ϕ2,ϕ3,ϕ5,ϕ6,ϕ6.35,ϕ8.4,ϕ10,ϕ20,ϕ30	0.5,1,2,2.5,3,3.5,4,5,6
注：表中各字母所代表的基本参数见图1～图5。			

5 要求

5.1 外观

5.1.1 厚度指示表的表面不应有锈蚀、碰伤、毛刺,镀、涂层不应有脱落和明显划痕等影响外观的缺陷。

5.1.2 显示屏应透明、清洁,无气泡、划痕等影响读数的现象。

5.1.3 厚度指示表上应有提升装置或下压装置。

5.1.4 厚度指示表两测量面不应有明显错位。

5.2 相互作用

5.2.1 拨动提升装置时测杆和指针的移动应平稳、灵活,无卡滞和松动现象。

5.2.2 Ⅰ型厚度指示表所配的指示表应与弓架联接可靠,确保使用中无松动。

5.3 材料及测量面硬度、表面粗糙度

5.3.1 弓架应采用钢、可锻铸铁、铝合金或其他高强度、高稳定性的材料制造。

5.3.2 弓架应具有足够的刚性,当弓架沿测杆轴线方向作用3 N力时,其弯曲变形量不应大于表2的规定。

表 2

L/mm	弓架受 3 N 力时的变形量/μm
<30	3
≥30～120	5
≥120～150	8
注：表中 L 字母所代表的基本参数见图 1～图 5。	

5.3.3　测量面一般采用碳钢、工具钢、不锈钢或陶瓷材料制造，其硬度及表面粗糙度 Ra 应符合表 3 的规定。

表 3

测量面材料[a]	测量面硬度	测量面表面粗糙度 Ra	
		分度值/分辨力：0.1 mm	分度值/分辨力：0.01 mm，0.002 mm，0.001 mm
碳钢、工具钢	664 HV(或 58 HRC)	0.4 μm	0.2 μm
不锈钢	551 HV(或 52.5 HRC)		
陶瓷	≥1 000 HV		
[a] 测量面的材料也可采用硬质合金或其他超硬材料。			

5.4　指针和读数显示

5.4.1　当两测量面接触时，指针式厚度指示表的指针指向应与测杆轴线方向相同，且指向正上方 12 点钟方位，其偏差量不应超过表 4 的规定。

表 4

分度值/mm	指针指向正上方方位的偏差量
0.1，0.01	±1 个标尺分度
0.002，0.001	±2 个标尺分度

5.4.2　当两测量面作分离运动时，指针式厚度指示表的指针宜按顺时针方向转动，且度盘上的标尺标数应随指针转动方向递增；数显厚度指示表显示数字的变化方向应为递增。

5.4.3　指针的长度应保证指针尖端位于短标尺标记长度的 30%～80%之间。

5.4.4　指针尖端上表面到度盘表面间的距离不应大于 0.7 mm。

5.4.5　标尺标记宽度应为 0.10 mm～0.20 mm。

5.5　电子显示器性能(特指Ⅱ型、Ⅲ型及Ⅳ型数显厚度指示表)

5.5.1　数显厚度指示表的数字显示应清晰，完整、无闪跳现象。

5.5.2　数显厚度指示表的各功能键应灵敏、可靠、标注符号或图文应清晰且含义准确、易懂。

5.5.4　数显厚度指示表的工作电流不宜大于 40 μA。

5.5.5　数显厚度指示表应能在环境温度为 0 ℃～40 ℃，相对湿度不大于 80%的条件下正常工作。

5.6　指示表

Ⅰ型厚度指示表所配的指示表应符合相应的 GB/T 1219—2008、GB/T 18761—2007 的规定。

5.7　测杆行程

测杆行程应超过量程 0.5 mm。

5.8　测量力

测量力(含测量时由下压装置所施加的测量力)不应超过表 5 的规定。

表 5

测量范围/mm	测量力/N		
	分度值/分辨力:0.1 mm	分度值/分辨力:0.01 mm	分度值/分辨力:0.002 mm,0.001 mm
0～1	—	—	≤2.5
0～5	—	≤2	
0～10	≤2	≤2.5	
0～12.5			≤3.5
0～20	≤2.5	≤3	—
0～25			—
0～30			—

5.9 测量面的平面度及平行度

平面测量面的平面度及两测量面间的平行度(点—平面组合型及点—点组合型除外)均不应大于表 6的规定。

表 6

单位为毫米

分度值/分辨力	两测量面的平面度公差	两测量面间的平行度公差
0.10	0.010	0.020
0.01	0.005	0.010 (0.02)
0.002、0.001	0.003	0.006
注:括号内的指标仅为数显厚度指示表在采用量块检查测量面平行度时的允许值。		

5.10 最大允许误差

厚度指示表的最大允许误差不应超过表 7 的规定。

表 7

单位为毫米

测量范围上限 S	指针式厚度指示表				数显厚度指示表	
	分度值				分辨力	
	0.1	0.01	0.002	0.001	0.01	0.001
$S \leqslant 1$	—	—	—	±0.005	—	±0.006
$1 < S \leqslant 10$	±0.05	±0.020	±0.015	—	±0.03	±0.009
$10 < S \leqslant 20$	±0.07	±0.030	—		±0.04	±0.015
$20 < S \leqslant 30$	±0.10	±0.035				
注:Ⅲ型厚度指示表的最大允许误差在表中允许值上再增加 0.01 mm。						

5.11 重复性

重复性不应大于表 8 的规定。

表 8

单位为毫米

分度值/分辨力	重复性	
	指针式厚度指示表	电子数显厚度指示表
0.1	0.020	—
0.01	0.005	0.010
0.002	0.001	—
0.001		0.002

5.12 滚轮测量头的转动对示值的影响

带滚轮测量头的厚度指示表在两测量头相互接触状态下，滚轮转动一圈，示值的变化量不应大于0.01 mm。

5.13 通讯接口

5.13.1 制造商应能够提供数显厚度指示表与其他设备之间的通讯电缆和通讯软件。

5.13.2 通讯电缆应能将数显厚度指示表的输出数据转换为RS-232、USB或其他通用的标准输出接口型式。

5.14 防护等级(IP)

数显厚度指示表应具有防尘、防水能力，其防护等级不应低于IP40(见GB 4208)。

5.15 抗静电干扰能力和电磁干扰能力

数显厚度指示表的抗静电干扰能力和电磁干扰能力均不应低于1级(见GB/T 17626.2—2006、GB/T 17626.3—2006)。

5.16 漂移

厚度指示表当测杆停留在任意位置时，其显示数值在1 h内的漂移不应大于1个分辨力值。

5.17 响应速度

数显厚度指示表的响应速度应能保证用提升装置以正常提升速度提升测杆并使其自由落下时，显示值正常。

6 试验方法(特指Ⅱ型、Ⅲ型及Ⅳ型数显厚度指示表)

6.1 温度变化试验

数显厚度指示表应进行温度变化试验，试验应符合GB/T 2423.22—2002的规定。

6.2 湿热试验

数显厚度指示表应进行湿热试验，试验应符合GB/T 2423.3—2006的规定。

6.3 防尘、防水试验

数显厚度指示表的防尘、防水试验应符合GB 4208的规定。

6.4 抗静电干扰试验

数显厚度指示表应进行抗静电干扰试验，试验应符合GB/T 17626.2—2006的规定。

6.5 抗电磁干扰试验

数显厚度指示表应进行抗电磁干扰试验，试验应符合GB/T 17626.3—2006的规定。

7 检查条件

数显厚度指示表检查时，室内温度应为20 ℃±5 ℃；相对湿度不应大于80%。

8 检查方法

8.1 外观

目力观察。

8.2 相互作用

观察和试验。

8.3 材料及测量面硬度、表面粗糙度

8.3.1 弓架变形量的检查可采用挂砝码的方法进行：将弓架一端垂直安装并固定在专用夹具上，此时在弓架另一端用千分指示表沿测杆轴线方向接触弓架并进行读数，然后在此端沿测杆轴线方向作用100 N的力，再在千分指示表上进行读数，将二次读数之差值按3 N力的比例换算，求出弓架的变形量，其值不应大于表2中的规定值。

8.3.2 测量面的硬度可在维氏硬度计(或洛氏硬度计)上检验,检查部位为沿测头的外圆周上均布的三点及测量面中心点,各点测得值的算术平均值作为测量结果。(此项检查允许仅在工序间进行)

8.3.3 测量面的表面粗糙度用粗糙度比较样块目测比较。如有异议,用表面粗糙度检查仪检查。

8.4 指针与读数显示

试验和目力观察。必要时或有异议时,用工具显微镜检查。

8.5 电子显示器性能

8.5.1 数字显示情况、各功能键的可靠性检查可采用试验的方法确定。

8.5.2 工作电流用万用表或专用芯片检测仪进行检测。

8.6 测杆行程

操作试验及观察。

8.7 测量力

用分度值不大于 0.1 N 的测力仪进行检查。

8.8 测量面的平面度及平行度

8.8.1 测量面的平面度用刀口形直尺以光隙法进行检查。

8.8.2 平面—平面组合型的测量面平行度检查是将 3 级量块分别置于测量面边缘的 1、2、3、4 四个位置上(见图 6),分别在厚度指示表上进行读数,其读数的最大值与最小值之差,即为两测量面的平行度。

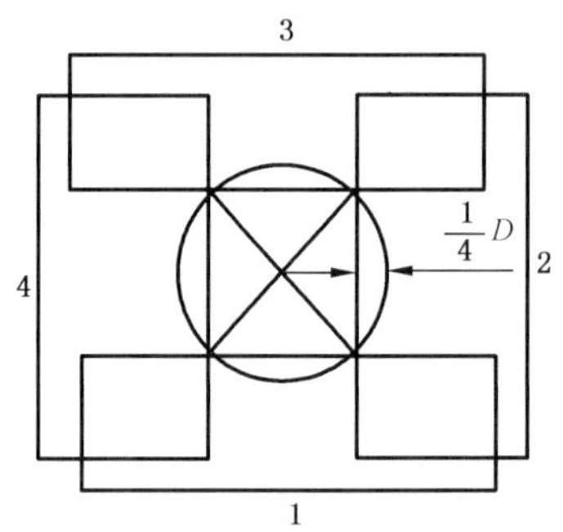

图 6 两测量面的平行度检查示意图

8.8.3 对线—平面组合型、线—线组合型的测量面平行度检查是将 3 级量块(或 0 级针规)分别置于测量面两端边缘的 1.5 mm 范围内及测量面全长中部三个位置,在三个位置上分别进行读数,其读数的最大值与最小值之差,即为两测量面的平行度。

8.9 示值误差

8.9.1 将一组 3 级量块依次置于两测量面之间,厚度指示表的示值与量块尺寸之差,即为示值误差,各检测点的示值误差均不应超过表 7 规定的最大允许误差(也可采用满足不确定度要求的其他方法进行检查)。

检查Ⅲ型厚度指示表的示值误差时,其下压测量力应保持恒定,且不应超过表 5 测量力的规定。

8.9.2 检查示值误差所需量块的数量和尺寸应使厚度指示表受检点的分布情况满足如下要求:

1) 对于Ⅰ型厚度指示表,应在其测量范围内近似均布 4 点,推荐的量块尺寸见表 9 所示。

2) 对于Ⅱ型、Ⅲ型、Ⅳ型厚度指示表,其检定点的布置应符合表 9 的规定。

表 9

单位为毫米

测量范围/mm	推荐检定点	
	Ⅰ型厚度指示表	Ⅱ型、Ⅲ型、Ⅳ型厚度指示表
0～1	0.25, 0.5, 0.75, 1	以 0.1 mm 间隔为一检定点,直至全量程
0～5	1.25, 2.5, 3.8, 5	1) 0 mm～1 mm 间,以每间隔 0.1 mm 为一检定点; 2) 从 1 mm 起至全量程,以每隔 0.5 mm 为一检定点
0～10	2.2, 4.5, 7.7, 10	

表9（续）

单位为毫米

测量范围/mm	推荐检定点	
	Ⅰ型厚度指示表	Ⅱ型、Ⅲ型、Ⅳ型厚度指示表
0～12.5	3.2，6.5，9.8，12.0	1） 0 mm～1 mm间，以每间隔0.1 mm为一检定点； 2） 从1 mm～10 mm间，以每隔0.5 mm为一检定点； 3） 从10 mm开始，以每隔1 mm为一检定点，直至全量程
0～20	2.2，4.5，11.8，20	
0～25	3.2，6.5，11.8，25	
0～30	2.2，11.8，21.5，30	
注：尺寸为小于0.5 mm的检定点，可用同尺寸的0级针规代替量块。		

8.10 重复性

在测量范围内任一位置，将一块3级量块置于两测量面之间(测量面较大时应将量块置于测量面的中心部位)，通过拨动提升装置或用手指下压装置对同一尺寸量块进行5次重复测量，其最大示值与最小示值之差即为重复性。

8.11 滚轮测量头的转动对示值的影响

使两滚轮测量头在测量力的作用下相互接触，拨动滚轮转动一圈，观察指示值或显示值的变化。

8.12 漂移

将数显厚度指示表测杆置于测量范围内的任意位置，观察其1 h的示值变化，其变化量即为漂移。

8.13 响应速度

对于数显厚度指示表，用手拨动提升装置以正常提升速度提升测杆并使其自由落下时，观察数显厚度指示表的显示变化。

9 标志与包装

9.1 厚度指示表上应标有：

a） 制造厂厂名或商标；

b） 测量范围；

c） 分度值/分辨力；

d） 产品序号。

9.2 厚度指示表的包装盒上应标有：

a） 制造厂厂名或商标；

b） 产品名称；

c） 测量范围；

d） 分度值/分辨力。

9.3 厚度指示表在包装前应经防锈处理，并妥善包装。不得因包装不善而在运输过程中损坏产品。

9.4 厚度指示表经检验符合本标准要求的，应附有产品合格证。产品合格证上应标有本标准的标准号、产品序号和出厂日期。

ICS 17.040.30
J 42

中华人民共和国国家标准

GB/T 22523—2008

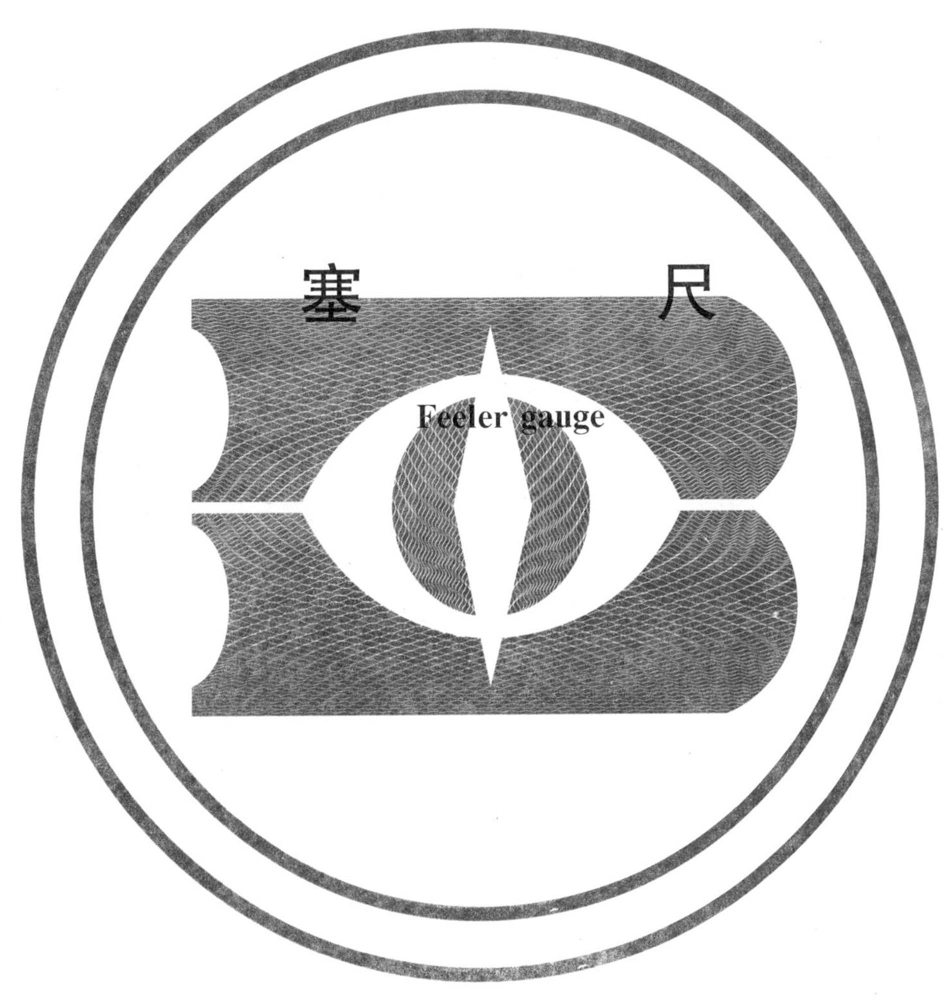

2008-11-12 发布　　2009-05-01 实施

中华人民共和国国家质量监督检验检疫总局
中国国家标准化管理委员会　发布

前　言

本标准由中国机械工业联合会提出。

本标准由全国量具量仪标准化技术委员会(SAC/TC 132)归口。

本标准起草单位:成都工具研究所、锦州量具厂。

本标准主要起草人:姜志刚、张树林、陈瑜。

塞　　尺

1　范围

本标准规定了塞尺的术语和定义、型式与基本参数、要求、检验方法、标志与包装等。

本标准适用于厚度为 0.02 mm～1.00 mm，长度为 100 mm～300 mm 的塞尺。

2　规范性引用文件

下列文件中的条款通过本标准的引用而成为本标准的条款。凡是注日期的引用文件，其随后所有的修改单（不包括勘误的内容）或修订版均不适用于本标准，然而，鼓励根据本标准达成协议的各方研究是否可使用这些文件的最新版本。凡是不注日期的引用文件，其最新版本适用于本标准。

GB/T 17163　几何量测量器具术语　基本术语

GB/T 17164　几何量测量器具术语　产品术语

3　术语和定义

GB/T 17163、GB/T 17164 中确立的以及下列术语和定义适用于本标准。

3.1

弯曲度　bending percentage

在塞尺相同位置正、反工作面测得的最大示值差。

4　型式与基本参数

4.1　单片塞尺的型式见图 1 所示。图示仅供图解说明，不表示详细结构。

单位为毫米

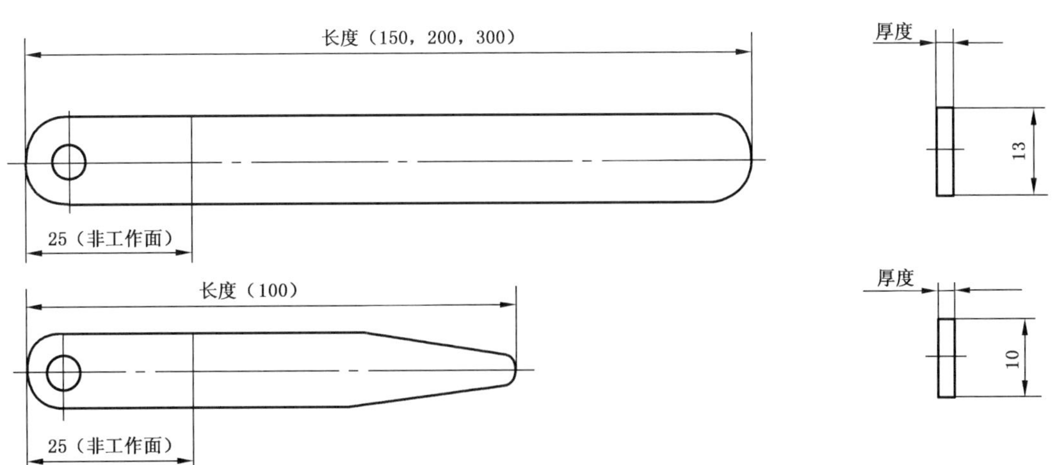

图 1　单片塞尺的型式示意图

4.2　成组塞尺的型式见图 2。图示仅供图解说明，不表示详细结构。

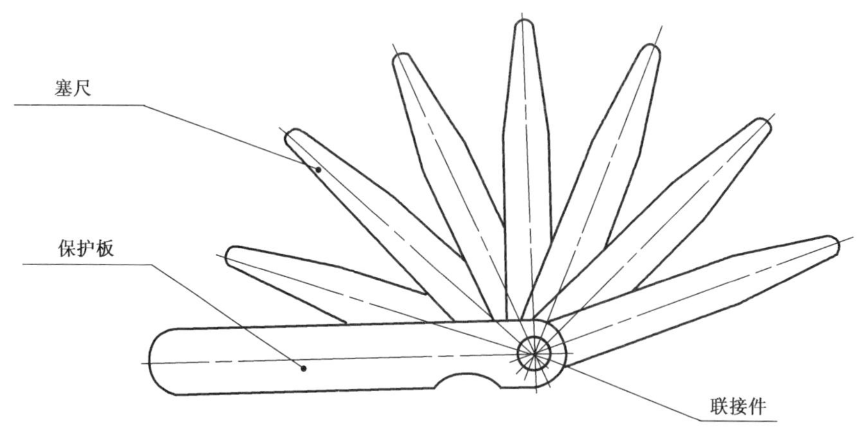

图 2 成组塞尺的型式示意图

4.3 塞尺的厚度尺寸系列见表1。

表 1

厚度尺寸系列/mm	间隔/mm	数 量
0.02,0.03,0.04,……,0.10	0.01	9
0.15,0.20,0.25,……,1.00	0.05	18

4.4 成组塞尺的片数、塞尺长度及组装顺序见表2。

表 2

成组塞尺的片数	塞尺的长度/mm	塞尺厚度尺寸及组装顺序/mm
13	100,150,200,300	0.10,0.02,0.02,0.03,0.03,0.04,0.04,0.05,0.05,0.06,0.07,0.08,0.09
14		1.00,0.05,0.06,0.07,0.08,0.09,0.10,0.15,0.20,0.25,0.30,0.40,0.50,0.75
17		0.50,0.02,0.03,0.04,0.05,0.06,0.07,0.08,0.09,0.10,0.15,0.20,0.25,0.30,0.35,0.40,0.45
20		1.00,0.05,0.10,0.15,0.20,0.25,0.30,0.35,0.40,0.45,0.50,0.55,0.60,0.65,0.70,0.75,0.80,0.85,0.90,0.95
21		0.50,0.02,0.02,0.03,0.03,0.04,0.04,0.05,0.05,0.06,0.07,0.08,0.09,0.10,0.15,0.20,0.25,0.30,0.35,0.40,0.45

5 要求

5.1 外观

塞尺不应有毛刺、锈迹、划痕及其他影响使用的外观缺陷。

5.2 相互作用

塞尺与保护板的联接应可靠,转动应平稳、灵活;无卡滞和松动现象。

5.3 材料和工作面硬度

塞尺一般采用65Mn钢或同等性能的材料制造,其硬度应在360 HV～600 HV。

5.4 工作面的表面粗糙度

塞尺工作面的表面粗糙度的 Ra 的最大值不应超过表3的规定。

表 3

塞尺厚度尺寸/mm	塞尺工作面表面粗糙度 Ra/μm
0.02～0.50	0.4
>0.05～1.00	0.8

5.5 厚度尺寸极限偏差和弯曲度公差

塞尺的厚度尺寸极限偏差和弯曲度公差见表 4 的规定。

表 4

单位为毫米

塞尺厚度尺寸	厚度尺寸极限偏差[a]		弯曲度公差
	上偏差	下偏差	
0.02～0.10	+0.005	−0.003	—
>0.10～0.30	+0.008	−0.005	0.006
>0.30～0.60	+0.012	−0.007	0.009
>0.60～1.00	+0.016	−0.009	0.012

[a] 距工作面边缘 1 mm 范围内的厚度尺寸极限偏差不计。

6 检验方法

6.1 外观

目力观察。

6.2 相互作用

手感检查。

6.3 工作面硬度

厚度尺寸为 0.02 mm～0.15 mm 的塞尺用维氏显微硬度计检验，载荷为 0.10 kg。

厚度尺寸为 0.20 mm～1.00 mm 的塞尺用维氏显微硬度计检验，载荷为 0.20 kg。

6.4 工作面的表面粗糙度

用表面粗糙度比较样块目测比较。如有异议，用表面粗糙度检查仪检查。

6.5 厚度尺寸极限偏差和弯曲度公差

6.5.1 厚度尺寸为 0.02 mm～0.10 mm 的塞尺

使用分度值为 0.001 mm、示值范围为 ±0.10 mm、不确定度为 0.002 mm 的测微仪，在工作台上放置一块 5 mm～10 mm 的 3 级量块，并调整测微仪对零，将被测塞尺的工作面放置在量块与测微仪测头之间，测微仪的示值即为该点的实际厚度尺寸，塞尺工作面的厚度尺寸均应符合表 4 的规定。检定示意图见图 3 所示。

6.5.2 厚度尺寸为 0.15 mm～1.00 mm 的塞尺

使用外径千分尺进行检测。

当发生争议时，使用分度值为 0.001 mm、测力不应大于 2 N、示值范围为 ±0.10 mm、不确定度为 0.002 mm的测微仪，选择量块尺寸差为塞尺厚度尺寸的量块组，调整测微仪，并用尺寸较大的量块对零，然后用量块组的另一块量块与被检塞尺的正、反两个工作面分别叠合，放置在工作台与测微仪测头之间，记录正、反两组测微仪的示值，较小的一组示值即为塞尺工作面的实际厚度尺寸，正、反两组相对应点的示值差即为塞尺工作面该点的弯曲度。塞尺工作面的厚度尺寸极限偏差和弯曲度公差均应符合表 4 的规定。检定示意图见图 3 所示。

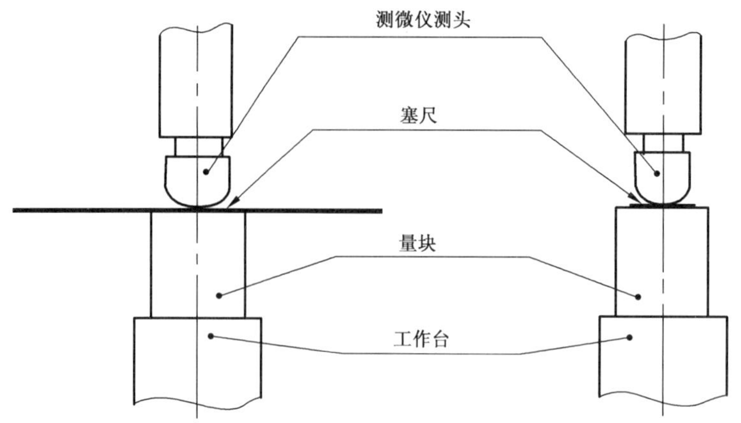

图 3 检定示意图

7 标志与包装

7.1 塞尺保护板上应标有：

a) 制造厂厂名或注册商标；

b) 成组塞尺的片数。

7.2 单片塞尺上应清晰地标志塞尺的厚度尺寸(单位 mm 可省略)。

7.3 塞尺在包装前应经防锈处理,并妥善包装。不得因包装不善而在运输过程中损坏产品。

7.4 塞尺经检验符合本标准要求的,应附有产品合格证。产品合格证上应标有本标准的标准号和出厂日期。

ICS 17.040.30
J 42

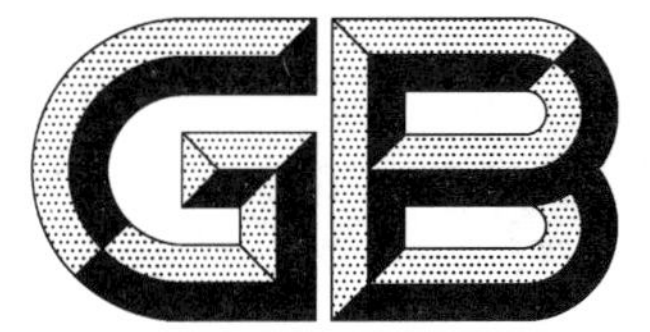

中华人民共和国国家标准

GB/T 22524—2008

小扭簧比较仪

Small-sized micro indicators

2008-11-12 发布 2009-05-01 实施

中华人民共和国国家质量监督检验检疫总局
中国国家标准化管理委员会 发布

前　　言

本标准由中国机械工业联合会提出。

本标准由全国量具量仪标准化技术委员会(SAC/TC 132)归口。

本标准负责起草单位:哈尔滨量具刃具集团有限责任公司。

本标准参加起草单位:成都工具研究所。

本标准主要起草人:李建伊、张伟、武英、姜志刚。

小扭簧比较仪

1 范围

本标准规定了小扭簧比较仪的术语和定义、型式与基本参数、要求、检验方法和标志与包装等。

本标准适用于夹持套筒直径为 8 mm 的小扭簧比较仪(以下简称"比较仪")。

2 规范性引用文件

下列文件中的条款通过本标准的引用而成为本标准的条款。凡是注日期的引用文件,其随后所有的修改单(不包括勘误的内容)或修订版均不适用于本标准,然而,鼓励根据本标准达成协议的各方研究是否可使用这些文件的最新版本。凡是不注日期的引用文件,其最新版本适用于本标准。

GB/T 17163 几何量测量器具术语 基本术语

3 术语和定义

GB/T 17163 中确立的以及下列术语和定义适用于本标准。

3.1

扭簧比较仪 micro indicators

利用扭簧元件作为尺寸的转换和放大机构,将测量杆的直线位移转变为指针在弧形刻度盘上的角位移,并由刻度盘进行读数的测量器具。

4 型式、基本参数

4.1 比较仪的分度值和示值范围见表 1。

表 1 比较仪的分度值和示值范围

单位为微米

分度值	示值范围
0.2	±10
0.5	±25
1	±50
2	±100

4.2 比较仪的型式见图 1,图示仅供图解说明。

单位为毫米

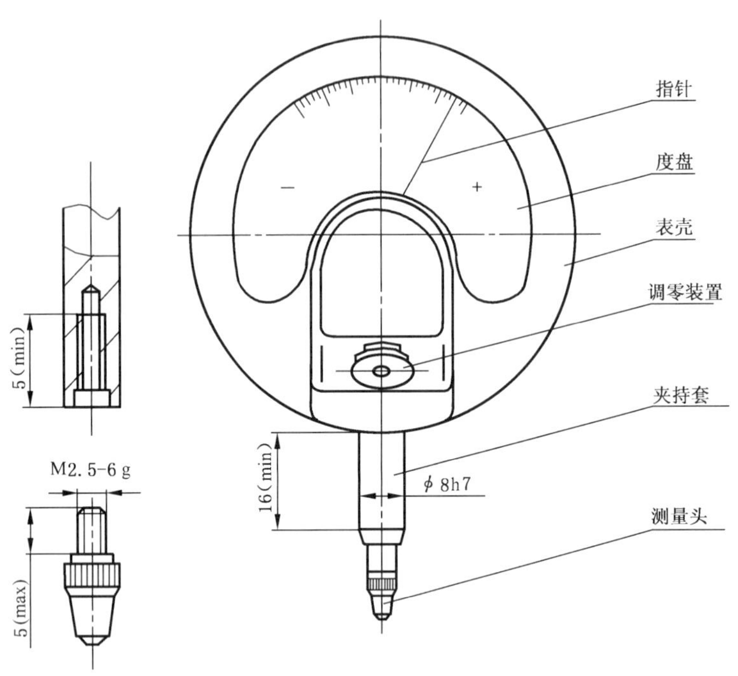

图 1　扭簧比较仪示意图

5　要求

5.1　比较仪测量头的测量表面和夹持套筒的表面上不应有影响使用性能的锈蚀、碰伤、划伤等缺陷。

5.2　比较仪测量机构的移动应平稳、灵活，无卡滞现象，在自由状态下指针能返回左侧刻线以外。

5.3　比较仪应具有调整范围不小于 5 个分度的调零装置及限制测量杆行程的限程装置。

5.4　刻线之间的距离应不小于 0.9 mm。指针尖端宽度和刻度盘上的刻线宽度为(0.1～0.2)mm，指针尖端宽度与刻度盘上刻线宽度之差应不超过 0.05 mm。

5.5　比较仪的指针尖端应盖过刻度盘上短刻线长度的 30%～80%。在距指针尖端(3～5)mm 处应有不小于 ϕ1 mm 的圆标记，其标记和指针尖端应涂红、黑或其他醒目颜色。

5.6　比较仪的指针尖端到刻度盘之间的距离应不大于 1 mm。

5.7　测量头应采用玛瑙或硬质合金等耐磨材料，对于钢制测量头，其测量面硬度不低于 760 HV(或 62HRC)。

5.8　测量头的表面粗糙度 Ra 最大允许值为 0.1 μm。

5.9　比较仪的测量力及测量力变化见表 2 的规定。

表 2　测量力及测量力变化

分度值/μm	测量力/N	测量力变化/N	
		0 级	1 级
0.2	0.6～1.5	0.25	0.35
0.5	0.6～2	0.35	0.60
1		0.60	0.80
2		0.60	1.00

5.10 比较仪的径向受力示值变化见表3规定。

表3 径向受力示值变化

分度值/μm	径向受力/N	示值变化（分度）	
		0级	1级
0.2	0.5	1	1
0.5		1/2	2/3
1	1.0	2/3	1
2		1/3	1/2

5.11 比较仪的允许误差和重复性见表4规定。

表4 允许误差和重复性

分度值/μm	允许误差/μm		重复性（分度值）
	±30分度	±50分度	
0.2	±0.15	±0.3	1/2
0.5	±0.30	±0.5	1/3
1	±0.50	±1.0	
2	±1.00	±2.0	

5.12 测量时指针摆动时间应不超过1 s。

5.13 指针的平衡性应不超过1/3分度，其中分度值为0.000 2 mm的比较仪指针的平衡性应不超过2/3分度。

5.14 在示值范围内任一点对正、反行程同一点测力差的最大值为测力落差，测力落差0级比较仪不大于0.03 N；1级比较仪不大于0.05 N。

6 检验方法

6.1 检验温度

本标准规定检验测量温度为：20 ℃±2 ℃。

6.2 测量力、测量力变化及测量力落差

将比较仪可靠地装在专用的0.05 N分度值的测量力装置上。

6.2.1 测量力

将量杆从起点上升到使指针回转到最大示值范围时，测量力应不超过规定的数值。

6.2.2 测量力变化

在全部示值范围内，正、反行程的测量力最大值与最小值之差为测量力变化。

6.3 径向受力示值变化

将比较仪可靠地装在刚性较好的支架上，使其测量头与工作台上的量块垂直接触后，将指针调至表盘零位。用专业测力表作用在测量头，并垂直于量杆方向。测量时，前、后、左、右方向拉测，四个方向示值变化的最大值为径向受力示值变化。

6.4 示值误差

将比较仪可靠地装在刚性比较仪座上，使测量头与量块接触，并将指针调整到零位，在零位两侧以+30、+50、−30、−50分度处作为受检点，用量块进行检验。示值误差的检验及评定结果举例见表5

（以三块比较仪的检定为例）。

表 5 示值误差的检定及评定结果

示值范围（分度）	分度值/μm	各受检点的指示值与真值之差/μm					示值误差/μm		评定结果
		标尺分度							
		−50	−30	0	+30	+50	±30	±50	
±50 标尺分度	1	−0.5	−0.2	0	+0.3	+0.4	+0.3	−0.5	合格
		+0.4	+0.2	0	−0.4	−0.6	−0.4	−0.6	合格
		+0.8	+0.4	0	−0.2	−1.2	+0.4	−1.2	不合格

6.5 重复性

将比较仪可靠地装在刚性较好的比较仪座上，使测量头与量块接触，当指针分别对调零刻线及两边刻线最大位置时，拨动量杆 5～7 次，其最大与最小示值之差，即为重复性。

6.6 在检验重复性的同时，用秒表检测指针停止摆动的时间。如有争议时，可用录像机判定。

7 标志与包装

7.1 比较仪上应标志：

a） 制造厂厂名或注册商标；

b） 分度值；

c） 产品序号。

7.2 比较仪的包装盒上应标志：

a） 制造公司厂名或商标；

b） 产品名称；

c） 示值范围；

d） 分度值。

7.3 比较仪在包装前应经防锈处理，并妥善包装。

7.4 比较仪经检定符合本标准规定的，应附有产品合格证。产品合格证上应标有本标准的标准号、产品序号和出厂日期。

ICS 17.040.30
J 42

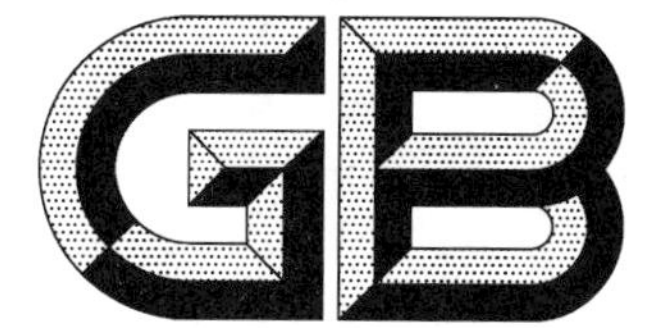

中华人民共和国国家标准

GB/T 26094—2010

电感测微仪

Inductive length measuring instrument

2011-01-10 发布　　　　2011-10-01 实施

中华人民共和国国家质量监督检验检疫总局
中国国家标准化管理委员会　发布

前　言

本标准由中国机械工业联合会提出。

本标准由全国量具量仪标准化技术委员会(SAC/TC 132)归口。

本标准负责起草单位:中原量仪股份有限公司。

本标准参加起草单位:中国计量学院、江苏麦克龙测量技术有限公司、广西壮族自治区计量检测研究院、河南省计量科学研究院。

本标准主要起草人:金国顺、赵军、黄晓宾、陆蕊、贾晓杰、张红飞。

电 感 测 微 仪

1 范围

本标准规定了电感测微仪的术语和定义、型式和基本参数、要求、检验方法、检验规则、标志与包装等。

本标准适用于分度值为 0.1 μm、1 μm，量程不大于 2 mm，以指针指示的电感测微仪(以下简称"测微仪")。

2 规范性引用文件

下列文件中的条款通过本标准的引用而成为本标准的条款。凡是注日期的引用文件，其随后所有的修改单(不包括勘误的内容)或修订版均不适用于本标准，然而，鼓励根据本标准达成协议的各方研究是否可使用这些文件的最新版本。凡是不注日期的引用文件，其最新版本适用于本标准。

GB/T 191—2008 包装储运图示标志(ISO 780:1997,MOD)

GB 4208—2008 外壳防护等级(IP 代码)(IEC 60529:2001,IDT)

GB/T 4879—1999 防锈包装

GB/T 5048—1999 防潮包装

GB/T 6388—1986 运输包装收发货标志

GB /T 9969—2008 工业产品使用说明书 总则

GB/T 14436—1993 工业产品保证文件 总则

GB/T 17163—2008 几何量测量器具术语 基本术语

GB/T 17164—2008 几何量测量器具术语 产品术语

GB/T 17626.2—2006 电磁兼容 试验和测量技术 静电放电抗扰度试验(IEC 61000-4-2:2001,IDT)

GB/T 17626.3—2006 电磁兼容 试验和测量技术 射频电磁场辐射抗扰度试验(IEC 61000-4-3:2002,IDT)

3 术语和定义

GB/T 17163—2008、GB/T 17164—2008 中确立的术语和定义适用于本标准。

4 型式和基本参数

4.1 型式

测微仪由指示器和传感器组成，其型式及装夹尺寸见图 1 所示。图示仅供图解说明，不表示详细结构。

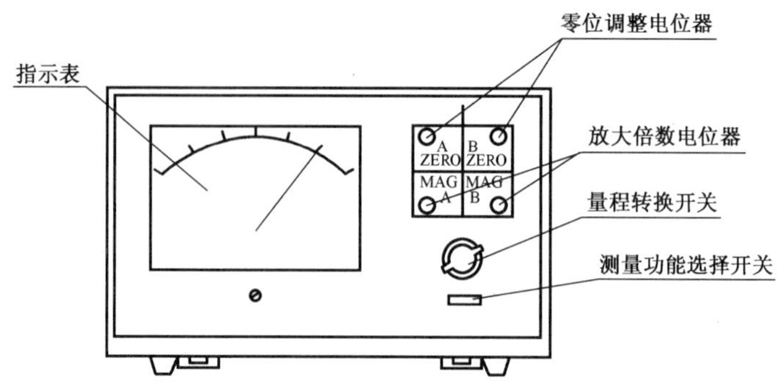

a) 指示器

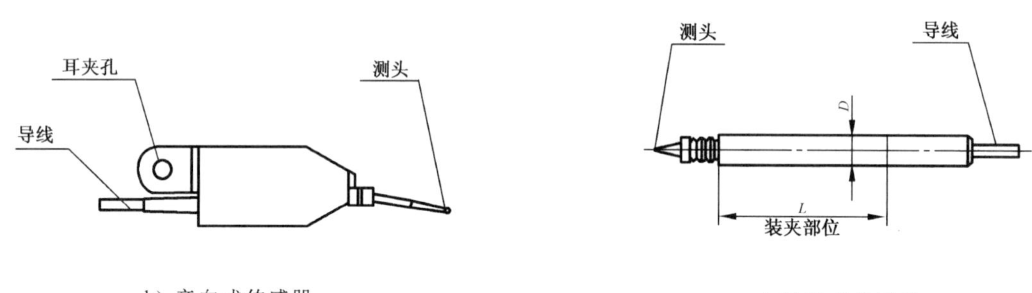

b) 旁向式传感器　　c) 轴向式传感器

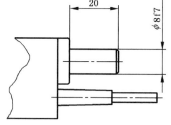

图 1　电感测微仪的型式示意图

4.2　基本参数

4.2.1　旁向式传感器装夹部位的型式和尺寸见图 2 的规定。

单位为毫米

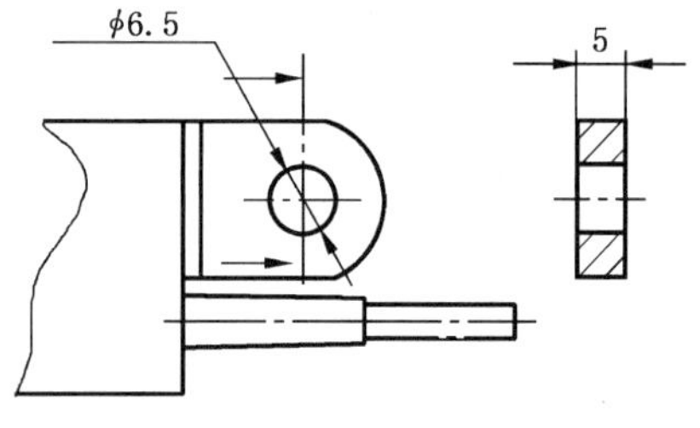

a) 耳夹式

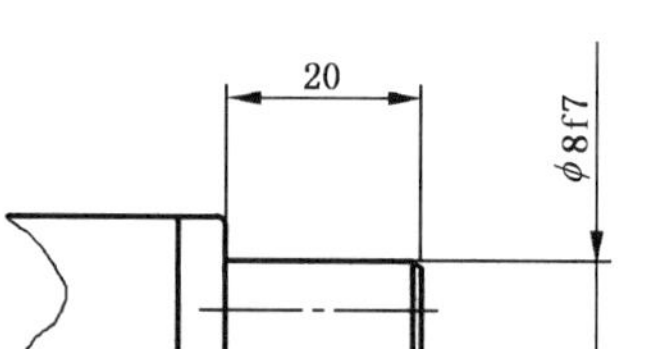

b) 支持杆式

图 2　旁向式传感器装夹部位的型式示意图

4.2.2　轴向式传感器的装夹尺寸及轴向式传感器测头的连接尺寸见表 1、图 3 的规定。

表 1

单位为毫米

D	L(参考尺寸)
ϕ28f7	≥40
ϕ16f7	≥20
ϕ8f7	≥12

尺寸单位为毫米
表面粗糙度单位为微米

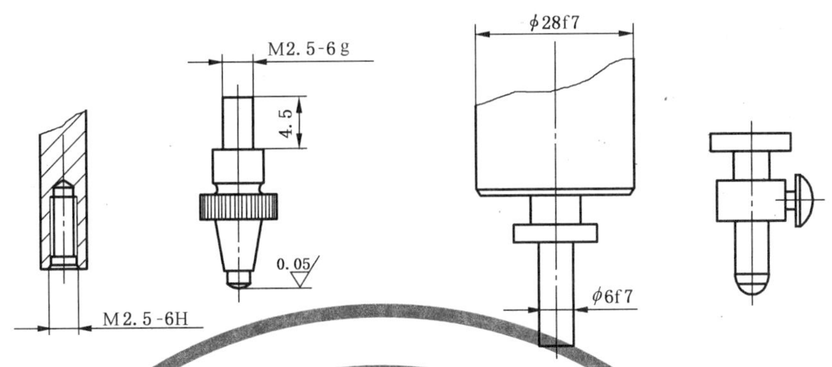

图 3 轴向式传感器测头的连接尺寸示意图

4.2.3 指示表上相邻两刻线间的距离不小于 1 mm。

5 要求

5.1 外观

测微仪表面不应有锈蚀、碰伤和镀层脱落等缺陷，各种标志、数字、刻线应正确清晰。

5.2 相互作用

测微仪各紧固部分牢固可靠，各转动部分应灵活，不应有卡滞和松动现象。

5.3 硬度和表面粗糙度

传感器测头应选用具有良好耐磨性的材料，其测量面的表面硬度不应低于 766 HV，表面粗糙度 Ra 不应大于 0.1 μm。

5.4 响应时间

测微仪响应时间应小于 1 s。

5.5 调零范围

测微仪调零范围应大于最小分度值档位的满量程。

5.6 零位平衡

测微仪零位平衡应小于最小刻线间距的 1/2。

5.7 误差

测微仪的重复性、方向误差、回程误差和最大允许误差见表 2 的规定。

表 2

分度值/μm	重复性		方向误差	回程误差	最大允许误差[a]/μm
	轴向式传感器	旁向式传感器			
0.1	1/2 个分度值	1 个分度值	1 个分度值	2 个分度值	$\pm(0.2+3\times L^3)$
1	1/3 个分度值	1/2 个分度值	1/2 个分度值	1 个分度值	$\pm(0.5+3\times L^3)$
a 最大允许误差的计算公式中 L 为校准零位至检测点的距离，单位为 mm。					

5.8 稳定性

在规定时间内，测微仪示值随时间变化的稳定性不应大于表 3 的规定。

表 3

分度值/μm	规定时间/h	稳定性
0.1	0.5	2 个分度值
1	4	1 个分度值

5.9 测量力

5.9.1 传感器的测量力应符合表4的规定。

表4

传感器型式			测量力/N
轴向式传感器	夹持部位直径/mm	ϕ8f7	0.75
		ϕ16f7	1.5
		ϕ28f7	2.5
旁向式传感器			0.25

5.9.2 传感器测量力的变化应在75%～125%范围内。

5.10 防护等级(IP)

测微仪应具有防尘、防水能力，其防护等级不得低于IP40(见GB 4208—2008)。

5.11 抗静电干扰能力和抗电磁干扰能力

测微仪的抗静电干扰能力和抗电磁干扰能力均不应低于1级(见GB/T 17626.2—2006、GB/T 17626.3—2006)。

5.12 工作环境

测微仪应能在环境温度0 ℃～40 ℃、相对湿度不大于80%的条件下进行正常工作。

6 检验方法

6.1 检验条件

测微仪的检验应在温度为20 ℃±1 ℃，温度变化不应大于0.5 ℃/h的检验室内进行。受检前，测微仪和检验器具应在检验室内等温4 h以上。测微仪通电后应预热30 min，正式检验在放大倍数调好后进行。

6.2 检验项目、方法和检验器具

测微仪的检验项目、检验方法和检验器具见表5。

表5

序号	检验项目	检验方法	检验器具
1	响应时间	在最小分度值档位上，使测头与测量台架工作台上的量块相接触，然后迅速使测头移动，测出从给测头等于1/2示值范围的迅速变位起，到指针指示在一个最小分度值之内为止所需的时间	测量台架、量块、秒表
2	调零范围	在最小分度值档位上，将零位调整旋钮从一端旋到另一端时，读出指针移动的范围	测量台架、量块
3	零位平衡	在最小分度值档位上，使指针对准零位刻度线，依次向各档转动量程转换开关，观察各档指针对零位的偏移量	测量台架、量块
4	重复性	在最小分度值档位上，使测头与测量台架工作台上的量块相接触，将测微仪的指针对准任意一条刻度线，用提升机构把测头提起，再使其自由落下，其提升量应稍大于该档的示值范围，且每次提升量基本一致，重复10次取其各次示值中最大值与最小值的差值(见图4)	测量台架、量块、提升机构
5	方向误差	使测头的运动方向垂直于测量台架工作台台面，并与测量台架工作台台面上的半圆柱侧块圆柱面顶部相接触(见图5)，调整测微仪的指针对准任意一个刻度线，以前、后、左、右四个方向推动半圆柱侧块，记下每次半圆柱侧块圆柱面顶部与测头接触时的读数值(示值拐点)，计算指示表最大示值与最小示值之差，即为方向误差	测量台架、半圆柱侧块

表 5（续）

序号	检验项目	检 验 方 法	检 验 器 具
6	回程误差	使测头与测量台架工作台上的量块相接触，给传感器以正向位移，使指针对准指示表左侧任意一条刻度线后，用提升机构把测头提起，其提升量应稍大于该档的示值范围，再缓慢放下，求出提升前后指针指示的差值，重复 3 次，取最大值（见图 4），用同样方法对准指示表右侧任意一条刻度线，再检定一次	测量台架、量块、提升机构
7	示值误差	使测头与测量台架工作台上的量块相接触，将测微仪的指针对准零刻度线，然后根据示值范围的四等分（或六等分）置换相对应的量块，依次检定出这些受检位置的示值误差，取其最大值（见图 4）	测量台架、量块[a]
8	稳定性	在最小分度值档位上，使测头与测量台架工作面相接触，并使指针与满刻度线相邻的刻度线重合，经一定的准备时间后在规定的时间内读出示值的最大变化量（见图 4）	测量台架、量块、时钟
9	测量力	使装在测量台架上的传感器的测头处于自由悬垂状态，然后用测力计沿测头运动方向对测头向上加力，读出指针通过零位时的测力计读数，然后使测头向下移动，当指针通过零位时再次在测力计上读数，取两次读数的平均值，作为测量力（见图 6）	测量台架、测力计

[a] 检验示值误差用的量块规定如下：
测微仪分度值为 0.1 μm 的选用二等量块；
测微仪分度值为 1 μm 的选用三等量块。

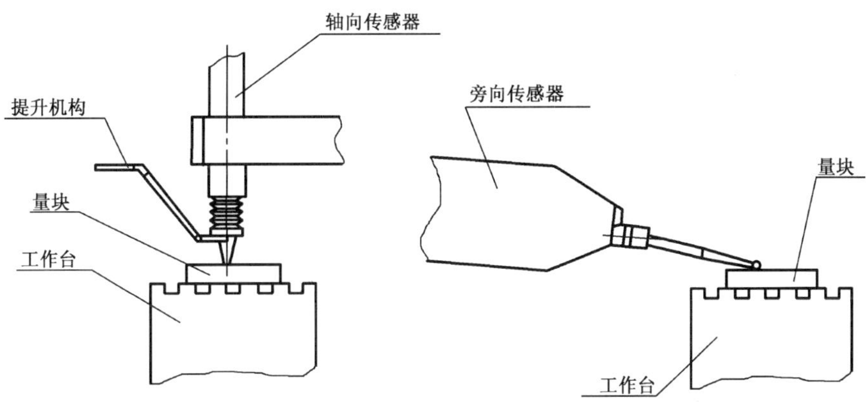

图 4 检验重复性、回程误差和示值误差的示意图

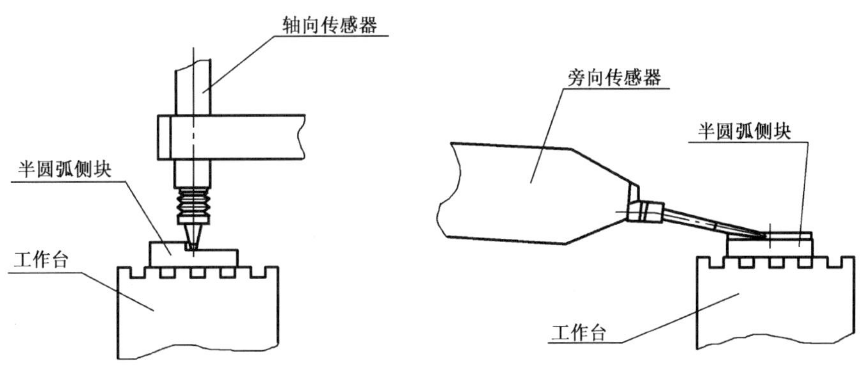

图 5 检验方向误差的示意图

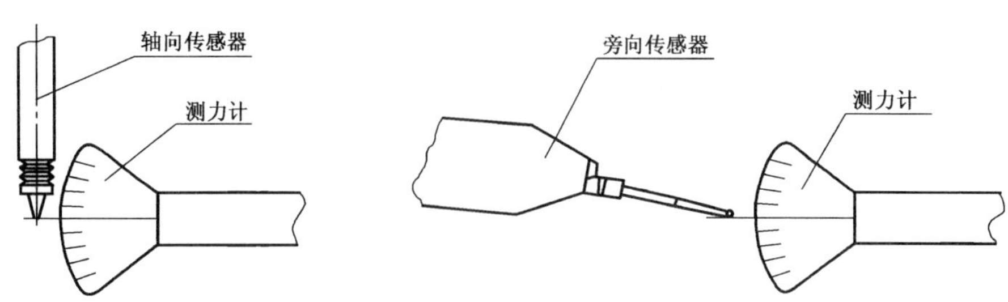

图 6　检验测量力的示意图

7　试验方法

7.1　防水、防尘试验

测微仪的防水、防尘试验应符合 GB 4208—2008 的规定。

7.2　抗静电干扰试验

测微仪的抗静电干扰试验应符合 GB/T 17626.2—2006 的规定。

7.3　抗电磁干扰试验

测微仪的抗电磁干扰试验应符合 GB/T 17626.3—2006 的规定。

8　标志与包装

8.1　标志

8.1.1　指示器的标牌或面板上应标志：

a）制造企业或注册商标；

b）仪器的名称及型号；

c）制造日期及产品序号。

8.1.2　传感器上应标志：

a）制造企业或注册商标；

b）传感器的型号；

c）制造日期及产品序号。

8.1.3　测微仪外包装的标志应符合 GB/T 191—2008 和 GB/T 6388—1986 的规定。

8.2　包装

8.2.1　测微仪的包装应符合 GB/T 4879—1999 和 GB/T 5048—1999 的规定。

8.2.2　测微仪应具有符合 GB/T 14436—1993 规定的产品合格证和符合 GB/T 9969—2008 规定的使用说明书，以及装箱单。

ICS 17.040.30
J 42

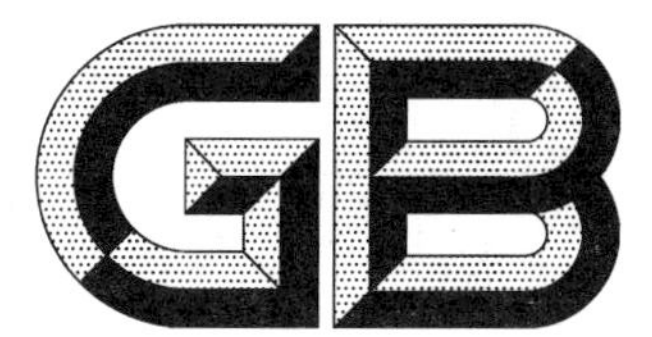

中华人民共和国国家标准

GB/T 26095—2010

电子柱电感测微仪

Electronic column micrometer

2011-01-10 发布　　　　2011-10-01 实施

中华人民共和国国家质量监督检验检疫总局
中国国家标准化管理委员会　发布

前　　言

本标准由中国机械工业联合会提出。

本标准由全国量具量仪标准化技术委员会(SAC/TC 132)归口。

本标准负责起草单位:中原量仪股份有限公司。

本标准参加起草单位:中国计量学院、江苏麦克龙测量技术有限公司、广西壮族自治区计量检测研究院、河南省计量科学研究院。

本标准主要起草人:金国顺、孔明、黄晓宾、蔡旭平、贾晓杰、皇甫真才。

电子柱电感测微仪

1 范围

本标准规定了电子柱电感测微仪的术语和定义、型式和基本参数、要求、检验方法、检验规则、标志与包装等。

本标准适用于分度值为0.1 μm、0.2 μm、1 μm，以电子柱(发光单元)显示的电子柱电感测微仪(以下简称“测微仪”)。

2 规范性引用文件

下列文件中的条款通过本标准的引用而成为本标准的条款。凡是注日期的引用文件，其随后所有的修改单(不包括勘误的内容)或修订版均不适用于本标准，然而，鼓励根据本标准达成协议的各方研究是否可使用这些文件的最新版本。凡是不注日期的引用文件，其最新版本适用于本标准。

GB/T 191—2008 包装储运图示标志(ISO 780:1997,MOD)

GB 4208—2008 外壳防护等级(IP代码)(IEC 60529:2001,IDT)

GB/T 4879—1999 防锈包装

GB/T 5048—1999 防潮包装

GB/T 6388—1986 运输包装收发货标志

GB /T 9969—2008 工业产品使用说明书 总则

GB/T 14436—1993 工业产品保证文件 总则

GB/T 17163—2008 几何量测量器具术语 基本术语

GB/T 17164—2008 几何量测量器具术语 产品术语

GB/T 17626.2—2006 电磁兼容 试验和测量技术 静电放电抗扰度试验(IEC 61000-4-2:2001,IDT)

GB/T 17626.3—2006 电磁兼容 试验和测量技术 射频电磁场辐射抗扰度试验(IEC 61000-4-3:2002,IDT)

GB/T 17627.1—1998 低压电气设备的高电压试验技术 第一部分:定义和试验要求(eqv IEC 61180-1:1992)

3 术语和定义

GB/T 17163—2008、GB/T 17164—2008中确立的术语和定义适用于本标准。

4 型式和基本参数

4.1 型式

测微仪由电子柱显示器和传感器组成，其型式见图1所示。图示仅供图解说明，不表示详细结构。

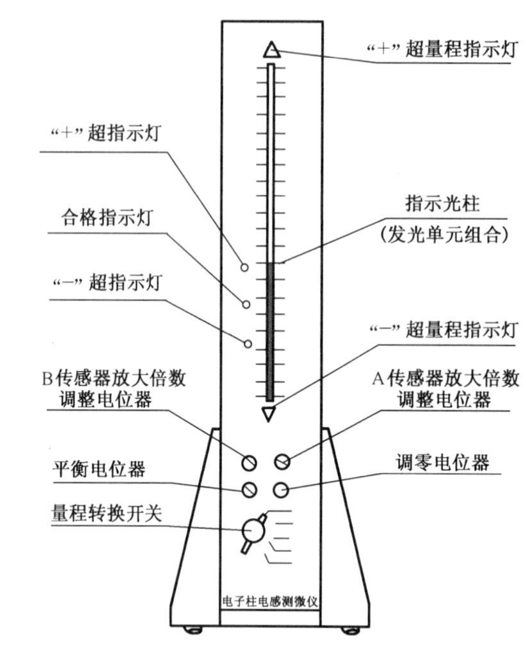

a）电子柱显示器

b）旁向式传感器　　c）轴向式传感器

图 1　电子柱电感测微仪的型式示意图

4.2　基本参数

4.2.1　旁向式传感器装夹部位的型式和尺寸见图 2 的规定。

单位为毫米

a）耳夹式　　b）支持杆式

图 2　旁向式传感器装夹部位的型式示意图

4.2.2　轴向式传感器的装夹尺寸及轴向式传感器测头的连接尺寸见表 1、图 3 的规定。

表 1

单位为毫米

D	L(参考尺寸)
ϕ28f7	≥40
ϕ16f7	≥20
ϕ8f7	≥12

尺寸单位为毫米

表面粗糙度单位为微米

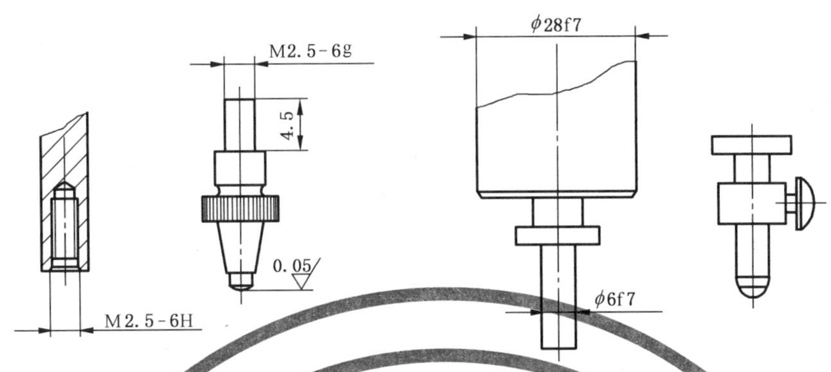

图 3　轴向式传感器测头的连接尺寸示意图

5　要求

5.1　外观

测微仪表面不应有锈蚀、碰伤和镀层脱落等缺陷,各种标志、数字、刻线应正确清晰。指示光柱应为一条直线,不应有明显歪曲现象,发光亮度应基本一致。

5.2　相互作用

测微仪各紧固部分牢固可靠,各转动部分应灵活,不应有卡滞和松动现象。

5.3　硬度和表面粗糙度

传感器测头应选用具有良好耐磨性的材料,其测量面的表面硬度不应低于 766 HV,表面粗糙度 *Ra* 不应大于 0.1 μm。

5.4　绝缘与耐压

当电压为 500 V 时,电源插座的一个带电部件与易触及部件之间的绝缘电阻不应小于 5 MΩ;按照 GB/T 17627.1—1998 的规定断开仪器电源后,仪器绝缘立即经受频率 50 Hz 或 60 Hz 的交流电压 1 000 V,历时 1 min,试验电压施加在带电部件和易触及部件之间,非金属部件用金属箔覆盖,在试验期间不应出现击穿。

5.5　响应时间

测微仪响应时间应小于 1 s。

5.6　调零范围

测微仪调零范围应大于最小分度值档位的满量程。

5.7　零位平衡

测微仪零位平衡应在±1 个分度值范围内。

5.8　误差

测微仪的重复性、方向误差、回程误差和最大允许误差见表 2 的规定。

表 2

分度值/μm	重复性		方向误差	回程误差	最大允许误差[a]/μm
	轴向式传感器	旁向式传感器			
0.1	1/2 个分度值	1 个分度值	1 个分度值	2 个分度值	$\pm(0.2+3\times L^3)$
0.2	1/2 个分度值	1 个分度值	1 个分度值	2 个分度值	$\pm(0.2+3\times L^3)$
1	1/3 个分度值	1/2 个分度值	1/2 个分度值	1 个分度值	$\pm(0.5+3\times L^3)$
[a] 最大允许误差的计算公式中 *L* 为校准零位至检测点的距离,单位为 mm。					

5.9 稳定性

在规定时间内，测微仪示值随时间变化的稳定性不应大于 2 个分度值/4 h。

5.10 电压变动对示值的影响

测微仪在电源频率为 50 Hz、电压在额定值 220 V 的 90%～110%范围内变化时，其示值变化不应大于 1 个分度值。

5.11 测量力

5.11.1 传感器的测量力不应大于表 3 的规定。

表 3

传感器型式			测量力/N
轴向式传感器	夹持部位直径/mm	ϕ8f7	0.75
		ϕ16f7	1.5
		ϕ28f7	2.5
旁向式传感器			0.25

5.11.2 传感器测量力的变化应在 75%～125%范围内。

5.12 防护等级(IP)

测微仪应具有防尘、防水能力，其防护等级不得低于 IP40(见 GB 4208—2008)。

5.13 抗静电干扰能力和抗电磁干扰能力

测微仪的抗静电干扰能力和抗电磁干扰能力均不应低于 1 级(见 GB/T 17626.2—2006、GB/T 17626.3—2006)。

5.14 工作环境

测微仪应能在环境温度 0 ℃～40 ℃、相对湿度不大于 80%的条件下进行正常工作。

6 检验方法

6.1 检验条件

测微仪的检验应在温度为 20 ℃±1 ℃，温度变化不应大于 0.5 ℃/h 的检验室内进行。受检前，测微仪和检验器具应在检验室内等温 4 h 以上。测微仪通电后应预热 30 min，正式检验在放大倍数调好后进行。

6.2 检验项目、方法和检验器具

测微仪的检验项目、检验方法和检验器具见表 4。

表 4

序号	检验项目	检 验 方 法	检验器具
1	绝缘与耐压	用绝缘电阻计加 500 V 电压测量电源插座的一个接线端与机壳之间的绝缘电阻值，然后用自动击穿装置在电源插座的一个接线端与机壳之间加电源频率 50 Hz，电压 1 000 V，观察 1 min，电子柱显示器不应有击穿现象	绝缘电阻计、自动击穿装置
2	响应时间	在最小分度值档位上，使测头与测量台架工作台上的量块相接触，然后迅速使测头移动，测出从给测头等于 1/2 示值范围的迅速变位起，到电子柱显示光柱指示在一个最小分度值之内为止的所需时间	测量台架、量块、秒表

表 4（续）

序号	检验项目	检 验 方 法	检验器具
3	调零范围	在最小分度值档位上，将零位调整旋钮从一端旋到另一端时，读出电子柱显示器变化的范围	测量台架、量块
4	零位平衡	在最小分度值档位上，使电子柱显示光柱对准零位刻度线，依次向各档转动量程转换开关，观察各档电子柱显示光柱对零位的偏移量	测量台架、量块
5	重复性	使测头与测量台架工作台上的量块相接触，将测微仪的显示光柱对准任意一条刻度线，用提升机构把测头提起，再使其自由落下，其提升量应稍大于该档的示值范围，且每次提升量基本一致，重复10次取其各次示值中最大值与最小值的差值（见图4）	测量台架、量块、提升机构
6	方向误差	使测头的运动方向垂直于测量台架工作台台面，并与测量台架工作台台面上的半圆柱侧块圆柱面顶部相接触（见图5），调整测微仪的指示光柱对准任意一个刻度线，以前、后、左、右四个方向推动半圆柱侧块，记下每次半圆柱侧块圆柱面顶部与测头接触时的读数值（示值拐点），计算指示表最大示值与最小示值之差，即为方向误差	测量台架、半圆柱侧块
7	回程误差	使测头与测量台架工作台上的量块相接触，给传感器以正向位移，使指示光柱对准指示光柱的下半部分任意一条刻度线后，用提升机构把测头提起，其提升量应稍大于该档的示值范围，再放下，求出提升前后光柱指示的差值，重复3次，取最大值（见图4），用同样方法对准指示光柱的上半部分任意一条刻度线，再检定一次	测量台架、量块、提升机构
8	示值误差	使测头与测量台架工作台上的量块相接触，将测微仪的指示光柱对准零刻度线，然后根据示值范围的四等分（或六等分）置换相对应的量块，依次检定出这些受检位置的示值误差，取其最大值（见图4）	测量台架、量块[a]
9	稳定性	在最小分度值档位上，使测头与测量台架工作面相接触，并使指示光柱与满刻度线相邻的刻度线重合，经一定的准备时间后在规定的时间内读出示值的最大变化量（见图4）	测量台架、量块、时钟
10	测量力	使装在测量台架上的传感器的测头处于自由悬垂状态，然后用测力计沿测头运动方向对测头向上加力，读出指示光柱通过零位时的测力计读数，然后使测头向下移动，当指示光柱通过零位时再次在测力计上读数，取两次读数的平均值，作为测量力（见图6）	测量台架、测力计
11	电压变动对示值的影响	将量程转换开关置最小分度值档位上，使测头与台架工作台上的量块相接触，调整示值，使接近于满量程，从电源输入AC、220 V，50 Hz。使电压在额定值的90%～110%范围内变化，读出示值的最大变化量	调压器、测量台架、测头、电压表

[a] 检验示值误差用的量块规定如下：
测微仪分度值为0.1 μm的选用二等量块；
测微仪分度值为0.2 μm的选用二等量块；
测微仪分度值为1 μm的选用三等量块。

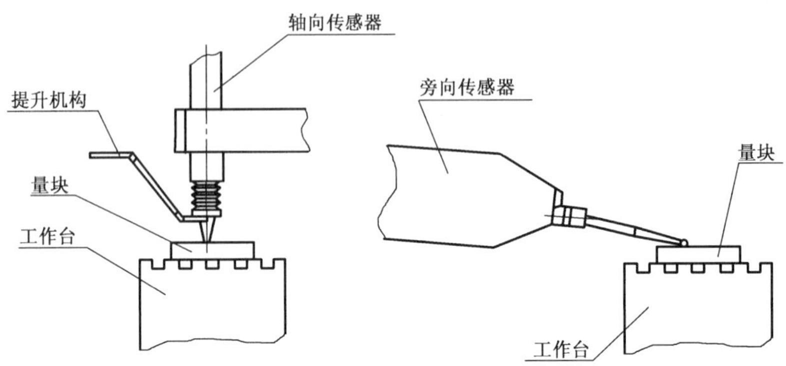

图 4　检验重复性、回程误差和示值误差的示意图

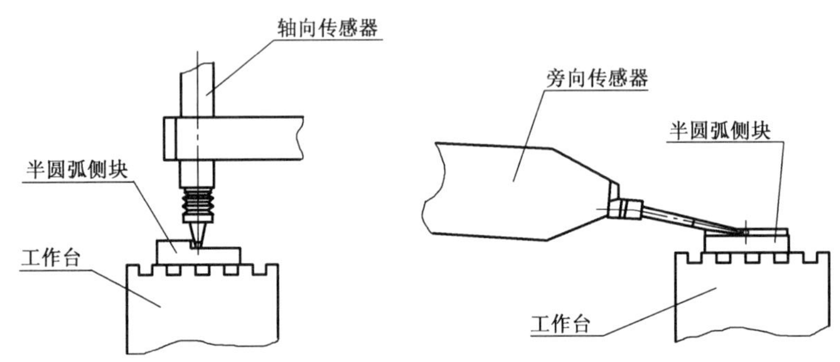

图 5　检验方向误差的示意图

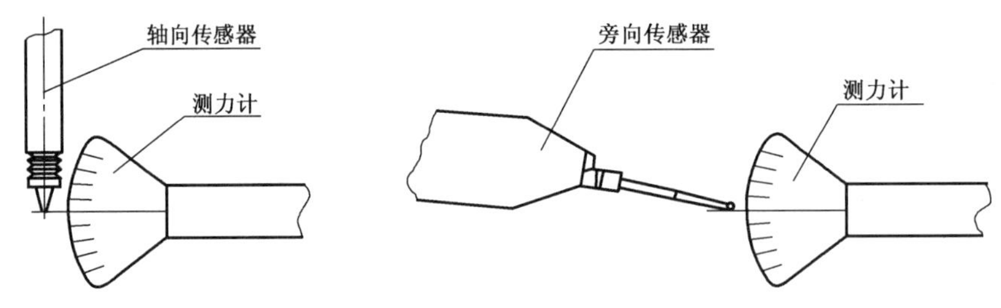

图 6　检验测量力的示意图

7　试验方法

7.1　防水、防尘试验

测微仪的防水、防尘试验应符合 GB 4208—2008 的规定。

7.2　抗静电干扰试验

测微仪的抗静电干扰试验应符合 GB/T 17626.2—2006 的规定。

7.3　抗电磁干扰试验

测微仪的抗电磁干扰试验应符合 GB/T 17626.3—2006 的规定。

8 标志与包装

8.1 标志

8.1.1 指示器的标牌或面板上应标志：

a) 制造企业或注册商标；

b) 仪器的名称及型号；

c) 制造日期及产品序号。

8.1.2 传感器上应标志：

a) 制造企业或注册商标；

b) 传感器的型号；

c) 制造日期及产品序号。

8.1.3 测微仪外包装的标志应符合 GB/T 191—2008 和 GB/T 6388—1986 的规定。

8.2 包装

8.2.1 测微仪的包装应符合 GB/T 4879—1999 和 GB/T 5048—1999 的规定。

8.2.2 测微仪应具有符合 GB/T 14436—1993 规定的产品合格证和符合 GB/T 9969—2008 规定的使用说明书，以及装箱单。

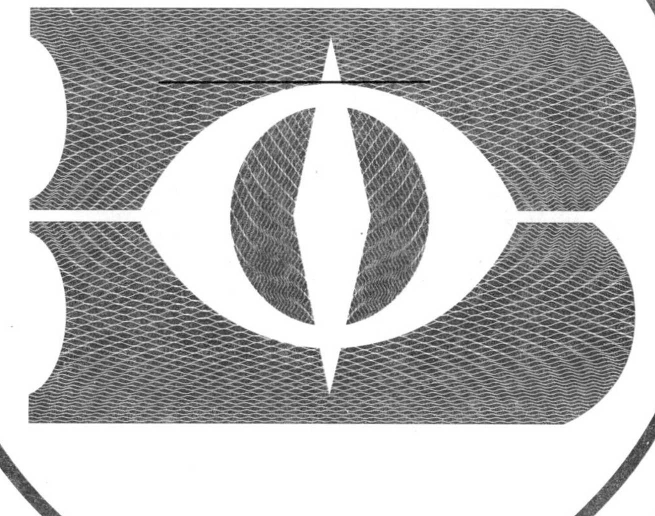

ICS 17.040.30
J 42

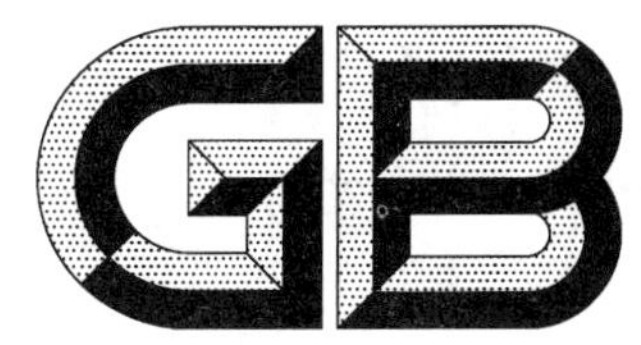

中华人民共和国国家标准

GB/T 26096—2010

峰值电感测微仪

Peak inductance micrometer

2011-01-10 发布　　　　2011-10-01 实施

中华人民共和国国家质量监督检验检疫总局
中国国家标准化管理委员会　发布

前　　言

本标准由中国机械工业联合会提出。

本标准由全国量具量仪标准化技术委员会(SAC/TC 132)归口。

本标准负责起草单位:中原量仪股份有限公司。

本标准参加起草单位:中国计量学院、江苏麦克龙测量技术有限公司、桂林市计量测试研究所、河南省计量科学研究院。

本标准主要起草人:金国顺、孔明、黄晓宾、曾勇、贾晓杰。

峰值电感测微仪

1 范围

本标准规定了峰值电感测微仪的术语和定义、型式和基本参数、要求、检验方法、检验规则、标志与包装等。

本标准适用于分度值为 0.1 μm、1 μm，以指针指示的峰值电感测微仪(以下简称"测微仪")。

2 规范性引用文件

下列文件中的条款通过本标准的引用而成为本标准的条款。凡是注日期的引用文件，其随后所有的修改单(不包括勘误的内容)或修订版均不适用于本标准，然而，鼓励根据本标准达成协议的各方研究是否可使用这些文件的最新版本。凡是不注日期的引用文件，其最新版本适用于本标准。

GB/T 191—2008 包装储运图示标志(ISO 780:1997,MOD)

GB 4208—2008 外壳防护等级(IP 代码)(IEC 60529:2001,IDT)

GB/T 4879—1999 防锈包装

GB/T 5048—1999 防潮包装

GB/T 6388—1986 运输包装收发货标志

GB/T 9969—2008 工业产品使用说明书 总则

GB/T 14436—1993 工业产品保证文件 总则

GB/T 17163—2008 几何量测量器具术语 基本术语

GB/T 17164—2008 几何量测量器具术语 产品术语

GB/T 17626.2—2006 电磁兼容 试验和测量技术 静电放电抗扰度试验(IEC 61000-4-2:2001,IDT)

GB/T 17626.3—2006 电磁兼容 试验和测量技术 射频电磁场辐射抗扰度试验(IEC 61000-4-3:2002,IDT)

3 术语和定义

GB/T 17163—2008、GB/T 17164—2008 中确立的术语和定义适用于本标准。

4 型式和基本参数

4.1 型式

测微仪由指示器和传感器组成，其型式及装夹尺寸见图 1 所示。图示仅供图解说明，不表示详细结构。

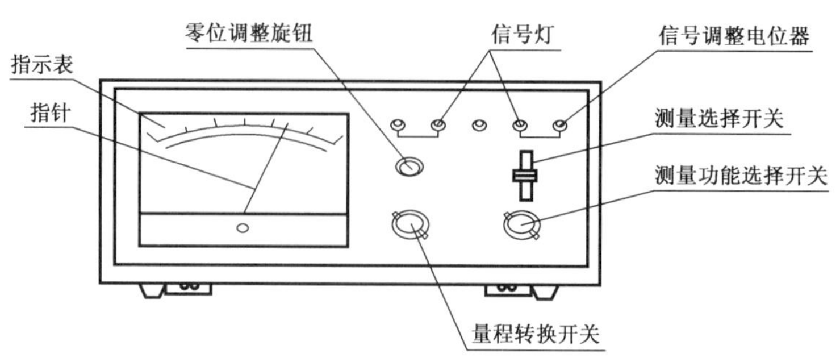

a）指示器

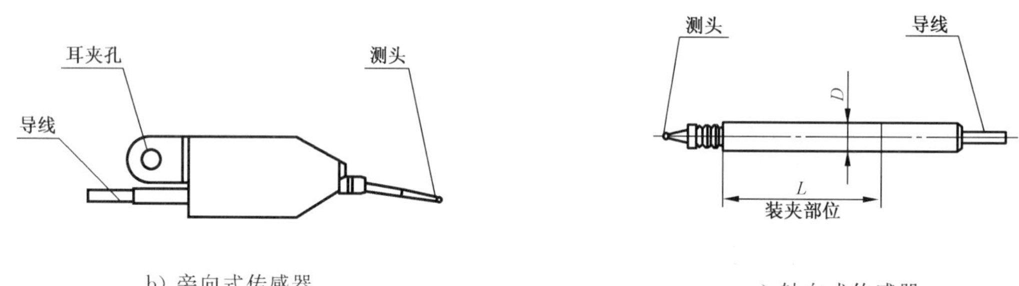

b）旁向式传感器　　c）轴向式传感器

图 1　峰值电感测微仪的型式示意图

4.2　基本参数

4.2.1　旁向式传感器装夹部位的型式和尺寸见图 2 的规定。

单位为毫米

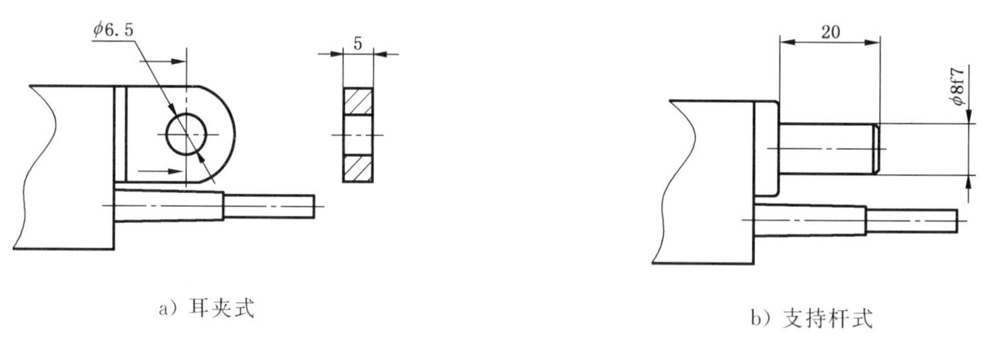

a）耳夹式　　b）支持杆式

图 2　旁向式传感器装夹部位的型式示意图

4.2.2　轴向式传感器的装夹尺寸及轴向式传感器测头的连接尺寸见表 1、图 3 的规定。

表 1

单位为毫米

D	L（参考尺寸）
φ28f7	≥40
φ16f7	≥20
φ8f7	≥12

尺寸单位为毫米
表面粗糙度单位为微米

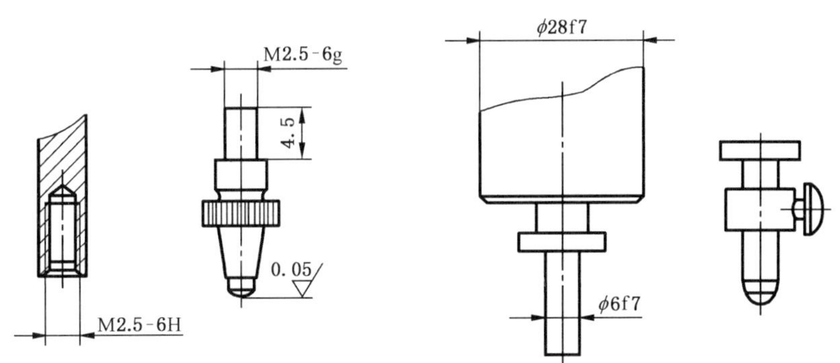

图 3 轴向式传感器测头的连接尺寸示意图

4.2.3 指示表上相邻两刻线间的距离不小于 1 mm。

5 要求

5.1 外观

测微仪表面不应有锈蚀、碰伤和镀层脱落等缺陷，各种标志、数字、刻线应正确清晰。

5.2 相互作用

测微仪各紧固部分牢固可靠，各转动部分应灵活，不应有卡滞和松动现象。

5.3 硬度和表面粗糙度

传感器测头应选用具有良好耐磨性的材料，其测量面的表面硬度不应低于 766 HV，表面粗糙度 *Ra* 不应大于 0.1 μm。

5.4 响应时间

测微仪响应时间应小于 1 s。

5.5 调零范围

测微仪调零范围应大于最小分度值档位的满量程。

5.6 零位平衡

测微仪零位平衡应小于最小刻线间距的 1/2。

5.7 误差

测微仪的重复性、方向误差、回程误差和最大允许误差见表 2 的规定。

表 2

分度值/μm	重复性		方向误差	回程误差	最大允许误差				
	轴向式传感器	旁向式传感器			电感测量档	最大值	最小值	最大值与最小值之差	最大值与最小值平均值
0.1	1/2 分度值	1 个分度值	1 个分度值	2 个分度值	±1 个分度值	±1.2 个分度值	±1.2 个分度值	±1.2 个分度值	±2.4 个分度值
1	1/3 分度值	1/2 个分度值	1/2 个分度值	1 个分度值		±0.6 个分度值	±0.6 个分度值	±0.6 个分度值	±1.2 个分度值

5.8 稳定性

在规定时间内，测微仪示值随时间变化的稳定性不应大于表 3 的规定。

表 3

分度值/μm	规定时间/h	稳　定　性
0.1	0.5	2 个分度值
1	4	1 个分度值

5.9　**测量力**

5.9.1　传感器的测量力不应大于表 4 的规定。

表 4

传感器型式			测量力/N
轴向式传感器	夹持部位直径/mm	ϕ8f7	0.75
		ϕ16f7	1.5
		ϕ28f7	2.5
旁向式传感器			0.25

5.9.2　传感器测量力的变化应在 75%～125%范围内。

5.10　**信号稳定性**

在规定的工作条件内，在“电感测量档”档位上，测微仪信号稳定性不应大于 2 个分度值/4 h。

5.11　**峰值稳定性**

在各峰值记忆档位上，测微仪的稳定性不应大于 1 个分度值/5 min。

5.12　**信号重复性**

在“电感测量档”档位上，测微仪信号触发点的示值变化不应大于 1 个分度值/15 次。

5.13　**电压变动对示值的影响**

测微仪在电源频率为 50 Hz、电压在额定值 220 V 的 90%～110%范围内变化时，其示值变化应在±1/5 个分度值内。

5.14　**防护等级(IP)**

测微仪应具有防尘、防水能力，其防护等级不得低于 IP40(见 GB 4208—2008)。

5.15　**抗静电干扰能力和抗电磁干扰能力**

测微仪的抗静电干扰能力和抗电磁干扰能力均不应低于 1 级(见 GB/T 17626.2—2006、GB/T 17626.3—2006)。

5.16　**工作环境**

测微仪应能在环境温度 0 ℃～40 ℃、相对湿度不大于 80%的条件下进行正常工作。

6　检验方法

6.1　检验条件

测微仪的检验应在温度为 20 ℃±1 ℃，温度变化不应大于 0.5 ℃/h 的检验室内进行。受检前，测微仪和检验器具应在检验室内等温 4 h 以上。测微仪通电后应预热 30 min，正式检验在放大倍数调好后进行。

6.2　检验项目、方法和检验器具

测微仪的检验项目、检验方法和检验器具见表 5。

表 5

序号	检验项目	检验方法	检验器具
1	响应时间	在最小分度值档位上，使测头与测量台架工作台上的量块相接触，然后迅速使测头移动，测出从给测头等于 1/2 示值范围的迅速变位起，到指针指示在一个最小分度值之内为止所需的时间	测量台架、量块、秒表
2	调零范围	在最小分度值档位上，将零位调整旋钮从一端旋到另一端时，读出指针移动的范围	测量台架、量块
3	零位平衡	在最小分度值档位上，使指针对准零位刻度线，依次向各档转动量程转换开关，观察各档指针对零位的偏移量	测量台架、量块
4	重复性	使测头与测量台架工作台上的量块相接触，将测微仪的指针对准任意一条刻度线，用提升机构把测头提起，再使其自由落下，其提升量应稍大于该档的示值范围，且每次提升量基本一致，重复 10 次取其各次示值中最大值与最小值的差值(见图 4)	测量台架、量块、提升机构
5	方向误差	使测头的运动方向垂直于测量台架工作台台面，并与测量台架工作台台面上的半圆柱侧块圆柱面顶部相接触(见图 5)，调整测微仪的指针对准任意一个刻度线，以前、后、左、右四个方向推动半圆柱侧块，记下每次半圆柱侧块圆柱面顶部与测头接触时的读数值(示值拐点)，计算指示表最大示值与最小示值之差，即为方向误差	测量台架、半圆柱侧块
6	回程误差	使测头与测量台架工作台上的量块相接触，给传感器以正向位移，使指针对准指示表左侧任意一条刻度线后，用提升机构把测头提起，其提升量应稍大于该档的示值范围，再放下，求出提升前后指针指示的差值，重复 3 次，取最大值(见图 4)，用同样方法对准指示表右侧任意一条刻度线，再检定一次	测量台架、量块、提升机构
7	示值误差	使测头与测量台架工作台上的量块相接触，将测微仪的指针对准零刻度线，然后根据示值范围的四等分(或六等分)置换相对应的量块，依次检定出这些受检位置的示值误差，取其最大值(见图 4)	测量台架、量块[a]
8	稳定性	在最小分度值档位上，使测头与测量台架工作面相接触，并使指针与满刻度线相邻的刻度线重合，经一定的准备时间后在规定的时间内读出示值的最大变化量(见图 4)	测量台架、量块、时钟
9	测量力	使装在测量台架上的传感器的测头处于自由悬垂状态，然后用测力计沿测头运动方向对测头向上加力，读出指针通过零位时的测力计读数，然后使测头向下移动，当指针通过零位时再次在测力计上读数，取两次读数的平均值，作为测量力(见图 6)	测量台架、测力计
10	信号稳定性	在"电感测量档"档位，量程置最小分度值档位，用调零电位器将指针分别正向、负向移动，在规定时间内，取点亮信号灯的示值的变化量	测量台架、时钟
11	峰值稳定性	在各峰值记忆档位，量程置最小分度值档的 1/2(或 1/3)刻度线相重合，将测量选择开关分别置于测量及保持档位，观察规定的时间内示值最大的变化量	测量台架、量块、时钟

表 5（续）

序号	检验项目	检验方法	检验器具
12	信号重复性	在“电感测量档”档位，量程置最小分度值档位，转动调零电位器，使指针移动到相应的刻度线上，调整信号灯调整旋钮，使指示灯在相应的刻度线准确点亮，再重复 15 次，取 15 次点亮信号灯的示值的变化量	
13	电压变动对示值的影响	在“电感测量档”档位，使传感器与台架工作面相接触，并使指针与满刻度线相重合，然后输入交流 50 Hz、220 V，将电压在额定值的 ±10% 的范围内变化，读出测微仪示值的最大变化量	测量台架、调压器、电压表
[a] 检验示值误差用的量块规定如下： 测微仪分度值为 0.1 μm 的选用二等量块； 测微仪分度值为 1 μm 的选用三等量块。			

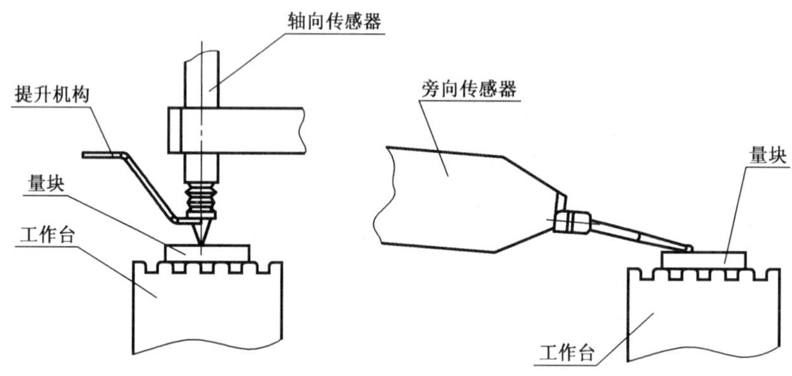

图 4 检验重复性、回程误差和示值误差的示意图

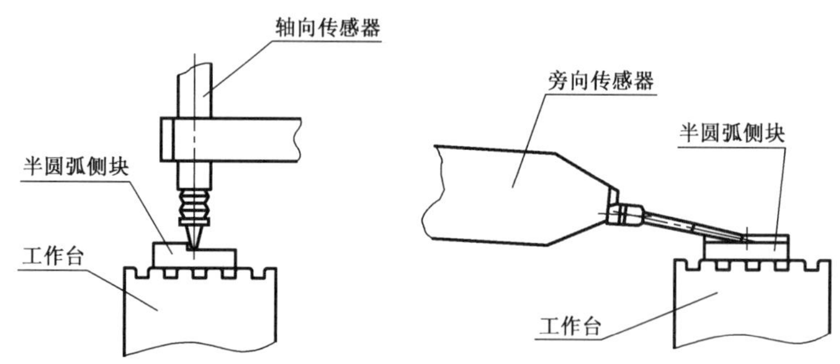

图 5 检验方向误差的示意图

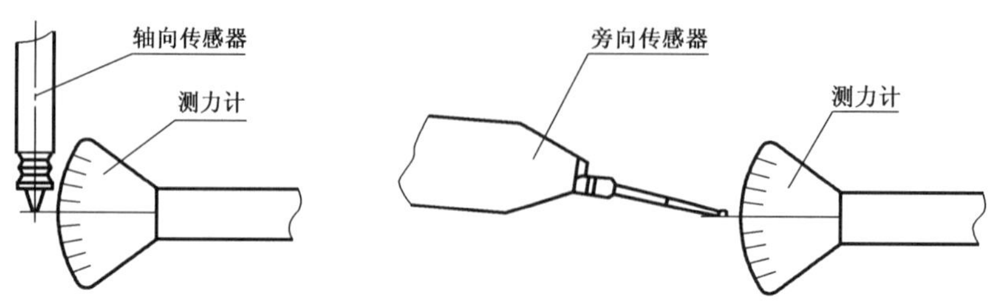

图 6 检验测量力的示意图

7 试验方法

7.1 防水、防尘试验

测微仪的防水、防尘试验应符合 GB 4208—2008 的规定。

7.2 抗静电干扰试验

测微仪的抗静电干扰试验应符合 GB/T 17626.2—2006 的规定。

7.3 抗电磁干扰试验

测微仪的抗电磁干扰试验应符合 GB/T 17626.3—2006 的规定。

8 标志与包装

8.1 标志

8.1.1 指示器的标牌或面板上应标志：

a) 制造企业名称或注册商标；

b) 仪器的名称及型号；

c) 制造日期及产品序号。

8.1.2 传感器上应标志：

a) 制造企业名称或注册商标；

b) 传感器的型号；

c) 制造日期及产品序号。

8.1.3 测微仪外包装的标志应符合 GB/T 191—2008 和 GB/T 6388—1986 的规定。

8.2 包装

8.2.1 测微仪的包装应符合 GB/T 4879—1999 和 GB/T 5048—1999 的规定。

8.2.2 测微仪应具有符合 GB/T 14436—1993 规定的产品合格证和符合 GB/T 9969—2008 规定的使用说明书，以及装箱单。

ICS 17.040.30
J 42

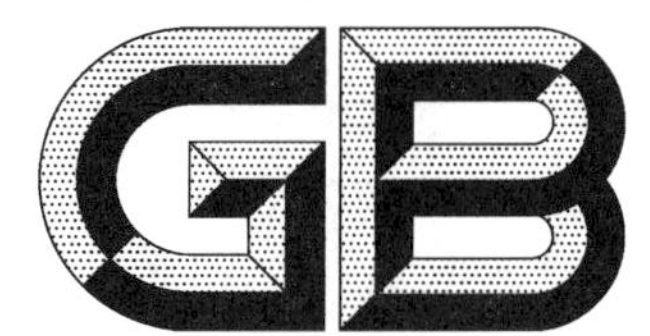

中华人民共和国国家标准

GB/T 26097—2010

数显电感测微仪

Inductive length measuring instrument with digital display

2011-01-10 发布　　　　2011-10-01 实施

中华人民共和国国家质量监督检验检疫总局
中国国家标准化管理委员会　发布

前　言

本标准的附录 A 为资料性附录。

本标准由中国机械工业联合会提出。

本标准由全国量具量仪标准化技术委员会(SAC/TC 132)归口。

本标准负责起草单位:中原量仪股份有限公司。

本标准参加起草单位:中国计量学院、江苏麦克龙测量技术有限公司、广西壮族自治区计量检测研究院、河南省计量科学研究院。

本标准主要起草人:金国顺、赵军、黄晓宾、刘俏君、黄玉珠、贾晓杰。

数显电感测微仪

1 范围

本标准规定了数显电感测微仪的术语和定义、型式和基本参数、要求、检验方法、检验规则、标志与包装等。

本标准适用于分辨力为0.01 μm、0.1 μm、1 μm，量程不大于2 mm的数显电感测微仪(以下简称"测微仪")。

2 规范性引用文件

下列文件中的条款通过本标准的引用而成为本标准的条款。凡是注日期的引用文件，其随后所有的修改单(不包括勘误的内容)或修订版均不适用于本标准，然而，鼓励根据本标准达成协议的各方研究是否可使用这些文件的最新版本。凡是不注日期的引用文件，其最新版本适用于本标准。

GB/T 191—2008　包装储运图示标志(ISO 780:1997,MOD)

GB 4208—2008　外壳防护等级(IP代码)(IEC 60529:2001,IDT)

GB/T 4879—1999　防锈包装

GB/T 5048—1999　防潮包装

GB/T 6388—1986　运输包装收发货标志

GB /T 9969—2008　工业产品使用说明书　总则

GB/T 14436—1993　工业产品保证文件　总则

GB/T 17163—2008　几何量测量器具术语　基本术语

GB/T 17164—2008　几何量测量器具术语　产品术语

GB/T 17626.2—2006　电磁兼容　试验和测量技术　静电放电抗扰度试验(IEC 61000-4-2:2001,IDT)

GB/T 17626.3—2006　电磁兼容　试验和测量技术　射频电磁场辐射抗扰度试验(IEC 61000-4-3:2002,IDT)

3 术语和定义

GB/T 17163—2008、GB/T 17164—2008中确立的术语和定义适用于本标准。

4 型式和基本参数

4.1 型式

测微仪由数字显示器和传感器组成，其型式及装夹尺寸见图1～图4所示。图示仅供图解说明，不表示详细结构。

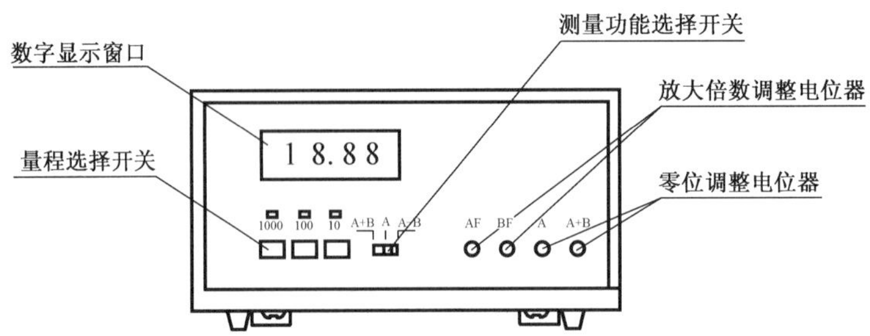

图 1　数显电感测微仪的型式示意图

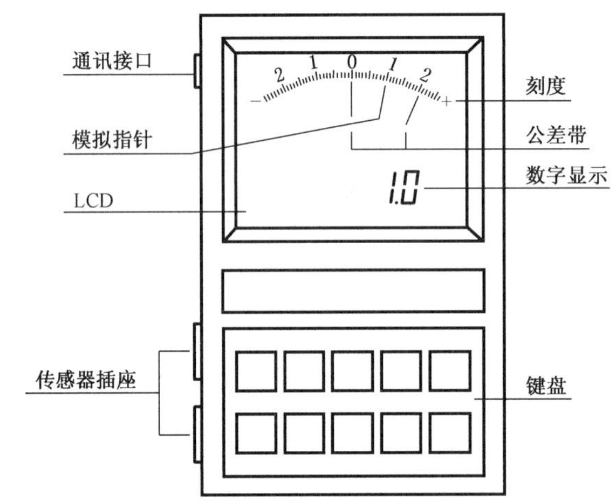

图 2　带模拟表显示的数显电感测微仪的型式示意图

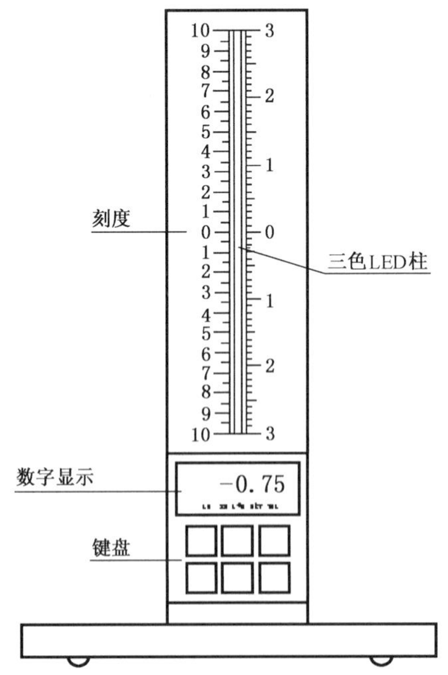

图 3　带模拟柱显示的数显电感测微仪的型式示意图

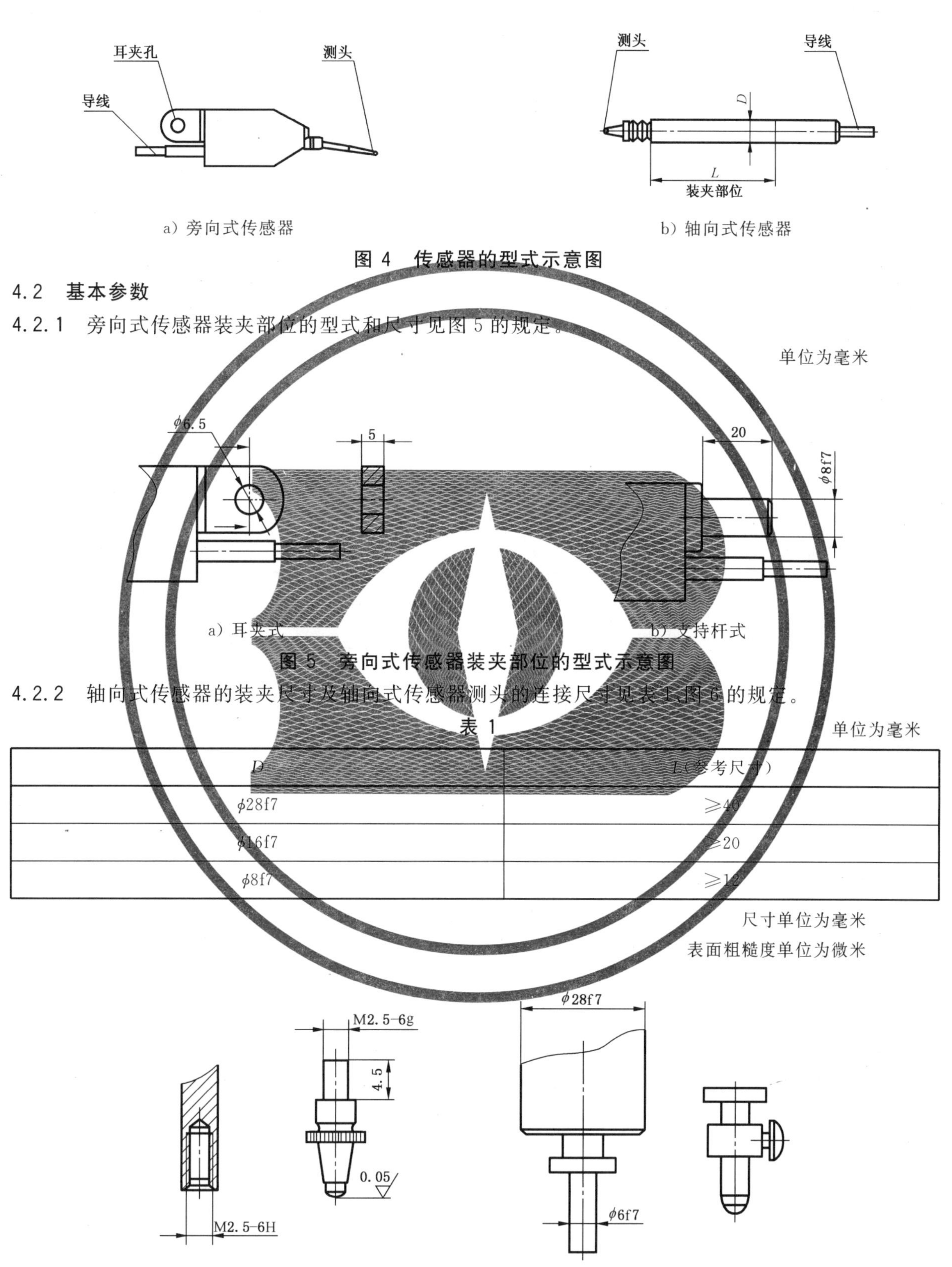

a) 旁向式传感器　　b) 轴向式传感器

图 4　传感器的型式示意图

4.2　基本参数

4.2.1　旁向式传感器装夹部位的型式和尺寸见图 5 的规定。

单位为毫米

a) 耳夹式　　b) 支持杆式

图 5　旁向式传感器装夹部位的型式示意图

4.2.2　轴向式传感器的装夹尺寸及轴向式传感器测头的连接尺寸见表 1、图 6 的规定。

表 1

单位为毫米

D	L(参考尺寸)
ϕ28f7	≥40
ϕ16f7	≥20
ϕ8f7	≥12

尺寸单位为毫米

表面粗糙度单位为微米

图 6　轴向式传感器测头的连接尺寸示意图

5 要求

5.1 外观

测微仪表面不应有锈蚀、碰伤和镀层脱落等缺陷，各种标志、数字、刻线应正确清晰。

5.2 相互作用

测微仪各紧固部分牢固可靠，各转动部分应灵活，不应有卡滞和松动现象。

5.3 硬度和表面粗糙度

传感器测头应选用具有良好耐磨性的材料，其测量面的表面硬度不应低于766 HV，表面粗糙度 *Ra* 不应大于 0.1 μm。

5.4 响应时间

测微仪响应时间应小于1 s。

5.5 调零范围

测微仪调零范围应大于 20 μm。

5.6 误差

测微仪的重复性、方向误差、回程误差和最大允许误差见表2的规定。

表 2

单位为微米

分辨力	重复性		方向误差	回程误差	最大允许误差[a]
	轴向式传感器	旁向式传感器			
0.01[b]	0.05	0.08	0.08	0.1	$\pm(0.07+0.4\times L)$
0.1	0.1	0.1	0.1	0.2	$\pm(0.2+3\times L^3)$
1	1	1	1	1	$\pm(0.2+3\times L^3)$

[a] 最大允许误差的计算公式中 *L* 为校准零位至检测点的距离，单位为 mm。

[b] 对于分辨力为 0.01 μm、量程大于 40 μm 的测微仪参见附录 A。

5.7 稳定性

在规定时间内，测微仪示值随时间变化的稳定性不应大于表3的规定。

表 3

分辨力/μm	规定时间/h	稳定性/μm
0.01	0.5	0.2
0.1	0.5	0.2
1	4	1

5.8 测量力

5.8.1 传感器的测量力不应大于表4的规定。

表 4

传感器型式			测量力/N
轴向式传感器	夹持部位直径/mm	ϕ8f7	0.75
		ϕ16f7	1.5
		ϕ28f7	2.5
旁向式传感器			0.25

5.8.2 传感器测量力的变化应在 75%～125%范围内。

5.9 防护等级(IP)

测微仪应具有防尘、防水能力,其防护等级不得低于IP40(见GB 4208—2008)。

5.10 抗静电干扰能力和抗电磁干扰能力

测微仪的抗静电干扰能力和抗电磁干扰能力均不应低于1级(见GB/T 17626.2—2006、GB/T 17626.3—2006)。

5.11 工作环境

测微仪应能在环境温度0℃~40℃、相对湿度不大于80%的条件下进行正常工作。

6 检验方法

6.1 检验条件

测微仪的检验应在温度为20℃±1℃,温度变化不应大于0.5℃/h的检验室内进行。受检前,测微仪和检验器具应在检验室内等温4h以上。测微仪通电后应预热30min,正式检验在放大倍数调好后进行。

6.2 检验项目、方法和检验器具

测微仪的检验项目、检验方法和检验器具见表5。

表5

序号	检验项目	检验方法	检验器具
1	响应时间	在最小分辨力档位上,使测头与测量台架工作台上的量块相接触,然后迅速使测头移动,测出从给测头等于1/2示值范围的迅速变位起,到指针指示在一个最小分度值之内为止的所需时间	测量台架、量块、秒表
2	调零范围	在最小分辨力档位上,将零位调整旋钮从一端旋到另一端时,读出指针移动的范围	测量台架、量块
3	零位平衡	在最小分辨力档位上,使指针对准零位刻度线,依次向各档转动量程转换开关,观察各档指针对零位的偏移量	测量台架、量块
4	重复性	使测头与测量台架工作台上的量块相接触,将测微仪的指针对准任意一条刻度线,用提升机构把测头提起,再使其自由落下,其提升量应稍大于该档的示值范围,且每次提升量基本一致,重复10次取其各次示值中最大值与最小值的差值(见图7)	测量台架、量块、提升机构
5	方向误差	使测头的运动方向垂直于测量台架工作台台面,并与测量台架工作台台面上的半圆柱侧块圆柱面顶部相接触(见图8),调整测微仪的指针对准任意一个刻度线,以前、后、左、右四个方向推动半圆柱侧块,记下每次半圆柱侧块圆柱面顶部与测头接触时的读数值(示值拐点),计算指示表最大示值与最小示值之差,即为方向误差	测量台架、半圆柱侧块
6	回程误差	使测头与测量台架工作台上的量块相接触,给传感器以正向位移,使指针对准指示表左侧任意一条刻度线后,用提升机构把测头提起,其提升量应稍大于该档的示值范围,再放下,求出提升前后指针指示的差值,重复3次,取最大值(见图7),用同样方法对准指示表右侧任意一条刻度线,再检定一次	测量台架、量块、提升机构
7	示值误差	使测头与测量台架工作台上的量块相接触,将测微仪的指针对准零刻度线,然后根据示值范围的四等分(或六等分)置换相对应的量块,依次检定出这些受检位置的示值误差,取其最大值(见图7)	测量台架、量块[a]

表 5（续）

序号	检验项目	检 验 方 法	检验器具
8	稳定性	在最小分辨力档位上，使测头与测量台架工作面相接触，并使指针与满刻度线相邻的刻度线重合，经一定的准备时间后在规定的时间内读出示值的最大变化量（见图 7）	测量台架、量块、时钟
9	测量力	使装在测量台架上的传感器的测头处于自由悬垂状态，然后用测力计沿测头运动方向对测头向上加力，读出指针通过零位时的测力计读数，然后使测头向下移动，当指针通过零位时再次在测力计上读数，取两次读数的平均值，作为测量力（见图 9）	测量台架、测力计
[a] 检验示值误差用的量块规定如下： 测微仪分度值为 0.01 μm 的选用二等量块，用配对法检验； 测微仪分度值为 0.1 μm 的选用二等量块； 测微仪分度值为 1 μm 的选用三等量块。			

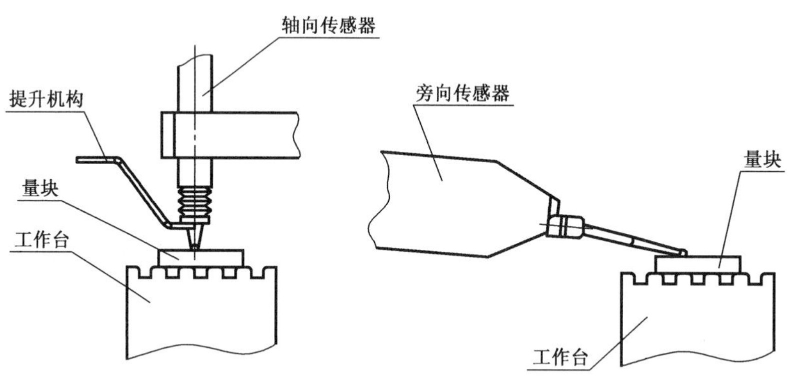

图 7　检验重复性、回程误差和示值误差的示意图

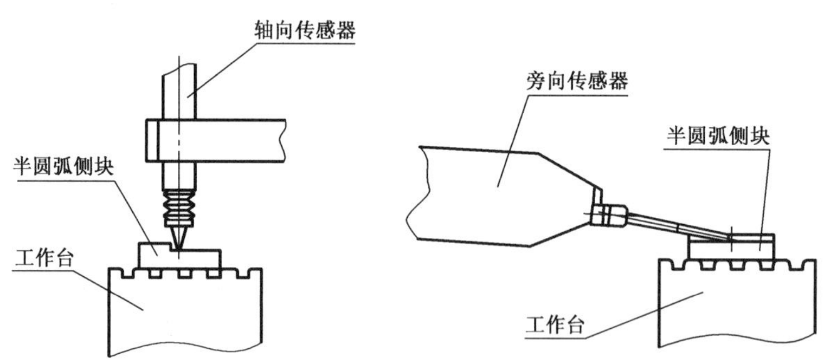

图 8　检验方向误差的示意图

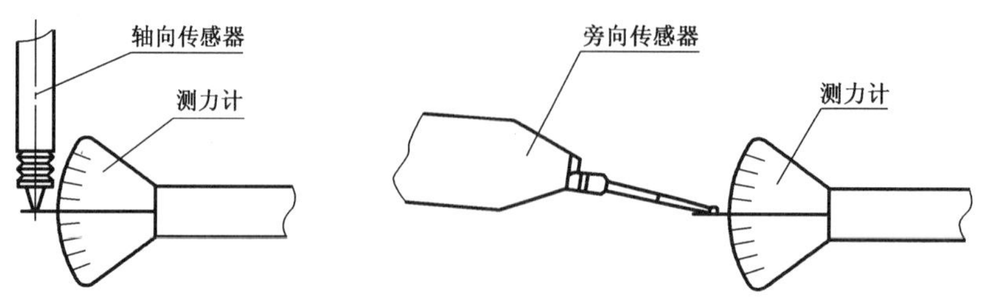

图 9　检验测量力的示意图

7 试验方法

7.1 防水、防尘试验

测微仪的防水、防尘试验应符合 GB 4208—2008 的规定。

7.2 抗静电干扰试验

测微仪的抗静电干扰试验应符合 GB/T 17626.2—2006 的规定。

7.3 抗电磁干扰试验

测微仪的抗电磁干扰试验应符合 GB/T 17626.3—2006 的规定。

8 标志与包装

8.1 标志

8.1.1 指示器的标牌或面板上应标志：

a) 制造企业名称或注册商标；

b) 仪器的名称及型号；

c) 制造日期及产品序号。

8.1.2 传感器上应标志：

a) 制造企业名称或注册商标；

b) 传感器的型号；

c) 制造日期及产品序号。

8.1.3 测微仪外包装的标志应符合 GB/T 191—2008 和 GB/T 6388—1986 的规定。

8.2 包装

8.2.1 测微仪的包装应符合 GB/T 4879—1999 和 GB/T 5048—1999 的规定。

8.2.2 测微仪应具有符合 GB/T 14436—1993 规定的产品合格证和符合 GB/T 9969—2008 规定的使用说明书，以及装箱单。

附 录 A
（资料性附录）
分辨力为0.01 μm、量程大于40 μm的数显电感测微仪的误差

分辨力为0.01 μm、量程大于40 μm的数显电感测微仪，其重复性、方向误差、回程误差和最大允许误差见表A.1。

表 A.1

单位为微米

重复性		方向误差	回程误差	最大允许误差
轴向式传感器	旁向式传感器			
0.2	0.1	0.5	0.5	±0.9

ICS 17.040.30
J 42
备案号：20827—2007

中华人民共和国机械行业标准

JB/T 3237—2007
代替 JB/T 3237—1991

杠杆卡规

Indication snap gauge

2007-05-29 发布　　2007-11-01 实施

中华人民共和国国家发展和改革委员会 发布

前　言

本标准代替 JB/T 3237—1991《杠杆卡规》。

本标准与 JB/T 3237—1991 的主要差异如下：

——增加了分度值为 0.005mm 的杠杆卡规品种及要求；

——增加了伸出量爪型杠杆卡规（如：Ⅱ型杠杆卡规）的平面度、平行度及允许误差的要求（本版的表 3、表 5）；

——增加了分度值为 0.001mm 的杠杆卡规指示机构的示值范围，即：±0.05mm 和±0.06mm（1991 年版的表 2；本版的表 1）；

——增加了测量上限小于或等于 50mm 的杠杆卡规的活动测头与可调测杆的测量面直径规格，即：ϕ8mm（本版的 4.3）；

——修改了度盘上标尺间距的要求，即：≥0.8mm 改为≥0.7mm（1991 年版的 2.5；本版的 5.5.1）；

——修改了杠杆卡规两测量面的平面度公差和平行度公差（1991 年版的表 4；本版的表 3）；

——修改了杠杆卡规的测量力下限（1991 年版的表 5；本版的表 4）；

——修改了杠杆卡规的允许误差值（1991 年版的表 3；本版的表 5）；

——将"检查方法"移入正文（1991 年版的附录 A；本版的 6）。

本标准由中国机械工业联合会提出。

本标准由全国量具量仪标准化技术委员会（SAC/TC 132）归口。

本标准负责起草单位：成都工具研究所。

本标准参加起草单位：桂林量具刃具厂和青海量具刃具有限责任公司。

本标准主要起草人：姜志刚、赵伟荣、黄晓宾。

本标准所代替标准的历次版本发布情况：

——JB 3237—1983，JB/T 3237—1991。

杠 杆 卡 规

1 范围

本标准规定了杠杆卡规的术语和定义、型式与基本参数、要求、检查方法、标志与包装等。

本标准适用于分度值为 0.001mm、0.002mm 和 0.005mm，测量范围为 0mm～200mm 的杠杆卡规。

2 规范性引用文件

下列文件中的条款通过本标准的引用而成为本标准的条款。凡是注日期的引用文件，其随后所有的修改单（不包括勘误的内容）或修订版均不适用于本标准，然而，鼓励根据本标准达成协议的各方研究是否使用这些文件的最新版本。凡是不注日期的引用文件，其最新版本适用于本标准。

GB/T 1800.1—1997 极限与配合基础 第 1 部分：词汇

GB/T 17163 几何量测量器具术语 基本术语

GB/T 17164 几何量测量器具术语 产品术语

3 术语和定义

GB/T 1800.1、GB/T 17163 和 GB/T 17164 中确立的术语和定义适用于本标准。

4 型式与基本参数

4.1 杠杆卡规的型式见图 1、图 2。图示仅供图解说明，不表示详细结构。

注：Ⅰ型和Ⅱ型杠杆卡规是以产品的设计原则是否符合阿贝原则为准则，即：Ⅰ型符合，Ⅱ型不符合。阿贝原则：测量轴线只有在基准轴线的延长线上，才能获得精确的测量结果。

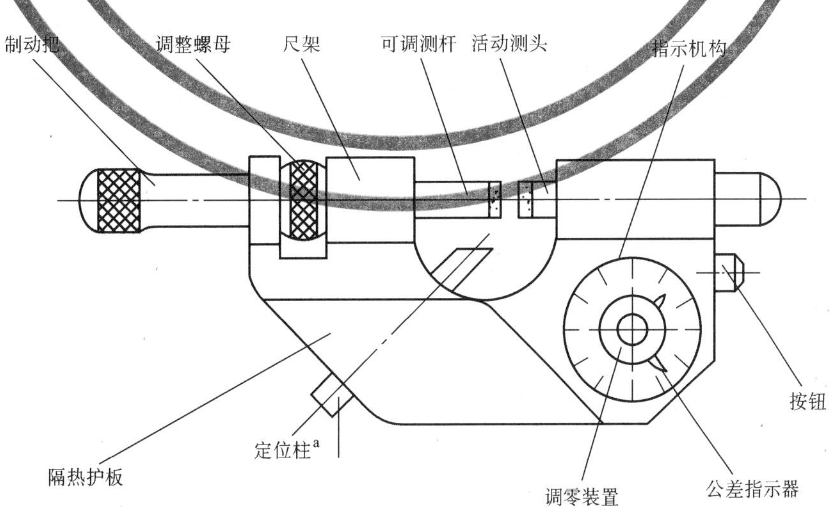

[a] 测量上限大于 50mm 的杠杆卡规应装有定位柱。

图 1 Ⅰ型杠杆卡规

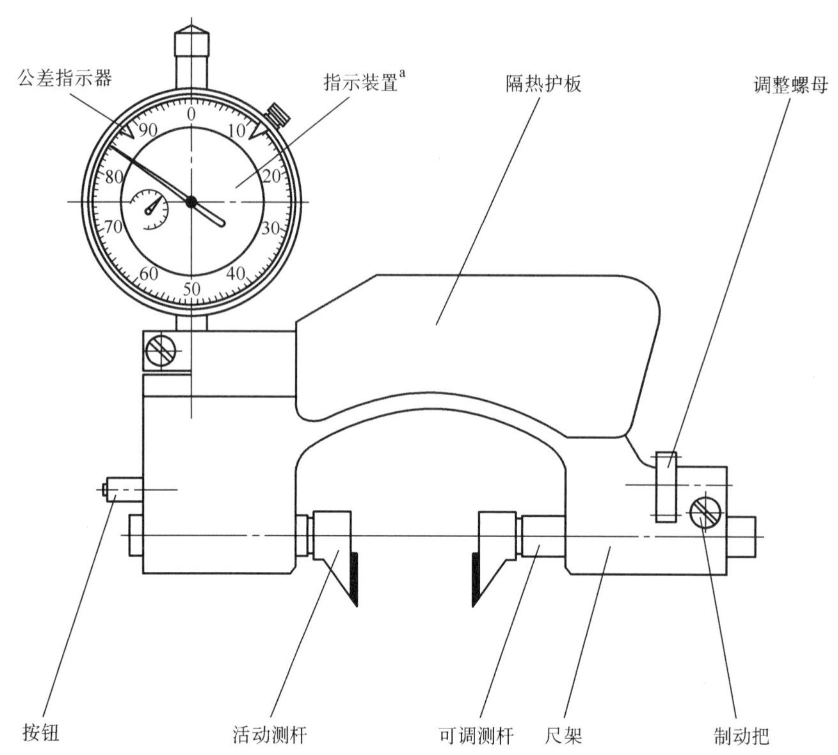

[a] Ⅱ型杠杆卡规的指示装置可以配千分表或杠杆齿轮比较仪。

图2 Ⅱ型杠杆卡规

4.2 杠杆卡规的测量范围及指示机构（指示装置）的示值范围见表1。

表 1

mm

型式	分度值	杠杆卡规的测量范围	指示机构的示值范围
Ⅰ型	0.001	0～25；25～50	±0.06 、±0.05
	0.002	0～25；25～50；50～75；75～100；100～125；125～150	±0.08
	0.005	0～25；25～50；50～75；75～100；100～125；125～150；150～175；175～200	±0.15
Ⅱ型	0.001	0～20；20～40；40～60；60～80	±0.05 、±0.06
	0.002	0～20；20～40；40～60；60～80；80～130；130～180	±0.08

4.3 Ⅰ型杠杆卡规的活动测头与可调测杆的测量面直径为：测量上限小于或等于50mm的宜为ϕ8mm或ϕ10mm，测量上限大于50mm的宜为ϕ12.5mm或ϕ16mm。活动测头的移动量不应小于1mm。

4.4 Ⅱ型杠杆卡规测量爪的悬伸长度（以测杆轴心线计）不应小于15mm。

4.5 可调测杆的移动量应大于量程至少1mm。

4.6 杠杆卡规应具有隔热装置、公差指示器和度盘调零装置。

5 要求

5.1 杠杆卡规不应有影响使用性能和明显影响外观的外部缺陷。

5.2 旋转调整螺母时，可调测杆应平稳地移动；按动按钮时，活动测头应灵活、平稳地移动，并能使指针旋转到度盘上任一标尺标记位置；指针旋转时，指针不应有跳动、爬行和卡滞现象出现。

5.3 公差指示器应能调节到度盘任意刻线位置；表盘调零装置的调整范围不应小于±5 个标尺分度。

5.4 杠杆卡规的尺架应具有足够的刚性，当尺架沿测杆的轴向方向作用 10N 的力时，其变形量不应大于表 2 的规定。

表 2

测量范围上限值 t mm	尺架受 10N 力时的变形量 μm
0<t≤50	1.5
50<t≤100	2
100<t≤150	3
150<t≤200	3.5

5.5 度盘：

5.5.1 标尺间距不应小于 0.7mm。

5.5.2 标尺标记宽度应为 0.1mm～0.2mm。

5.6 指针：

5.6.1 指针尖端宽度应为 0.1mm～0.2mm，指针尖端宽度与标尺标记宽度之差不应大于 0.05mm。

5.6.2 指针长度应保证指针尖端位于短标尺标记长度的 30%～80%之间。

5.6.3 指针尖端与度盘表面间的间隙不应大于 0.5mm。

5.6.4 自由状态时，指针应位于度盘“负”标尺标记外；压缩按钮时，指针应能超越到“正”标尺标记外。

5.6.5 当指针调节到度盘上任一标尺标记位置时，锁紧制动把，指针的变动量：

分度值为 0.001mm 的杠杆卡规不应大于 1 个标尺分度。

分度值为 0.002mm、0.005mm 的杠杆卡规不应大于 1/2 个标尺分度。

5.7 测量面：

5.7.1 测量面应经过研磨，其边缘应倒钝，其平面度不应大于表 3 的规定。

5.7.2 在规定的测量力范围内，两测量面间的平行度不应大于表 3 的规定。

5.7.3 杠杆卡规两测量面应镶硬质合金，测量面的表面粗糙度 R_a 的值为 0.1μm。

表 3

mm

测量范围上限值 t	型式	测量面的平面度公差[a]	两测量面间的平行度公差[b]			
			分度值			
			0.001		0.002、0.005	
			用平晶检查	用量块检查	用平晶检查	用量块检查
0<t≤50	Ⅰ型	0.0003	0.0006	0.0010	0.0010	0.0012
	Ⅱ型	0.0006	0.002	0.0025	0.0025	0.003
50<t≤100	Ⅰ型	0.0006	0.0012	0.0015	0.0015	0.002
	Ⅱ型		0.003	0.0035	0.0035	0.004
100<t≤200	Ⅰ型	0.0006	—	0.0025	—	0.003
	Ⅱ型	0.001	—	0.004	—	0.0045

[a] 距测量面边缘 0.5mm 的范围内不计。

[b] 平行度应在锁紧状态下进行检测。

5.8 测量力：

杠杆卡规的测量力及测量力变化应符合表 4 的规定。

表 4

<table>
<tr><td rowspan="2">测量范围上限值 t
mm</td><td>测 量 力</td><td>测量力变化</td></tr>
<tr><td colspan="2">N</td></tr>
<tr><td>0<t≤50</td><td>4～10</td><td>1.5</td></tr>
<tr><td>50<t≤100</td><td>6～12</td><td rowspan="2">2.0</td></tr>
<tr><td>100<t≤200</td><td>8～15</td></tr>
</table>

5.9 最大允许误差：

5.9.1 杠杆卡规的最大允许误差、重复性及方位误差应符合表 5 的规定。

表 5

<table>
<tr><td rowspan="3">型式</td><td rowspan="3">分度值
mm</td><td colspan="3">最大允许误差</td><td rowspan="2">重复性</td><td rowspan="2">方位误差</td></tr>
<tr><td>±10 分度内</td><td>±10 分度～±30 分度</td><td>在±30 分度外</td></tr>
<tr><td colspan="5">μm</td></tr>
<tr><td rowspan="3">I 型</td><td>0.001</td><td>±0.5</td><td>±1.0</td><td>±1.5</td><td>0.3</td><td>0.2</td></tr>
<tr><td>0.002</td><td>±1.0</td><td colspan="2">±2.0</td><td>0.5</td><td>0.5</td></tr>
<tr><td>0.005</td><td>±2.5</td><td>±5.0</td><td>—</td><td>2.5</td><td>1.0</td></tr>
<tr><td rowspan="2">II 型</td><td>0.001</td><td>±1.0</td><td>±2.0</td><td>±3.0</td><td>0.6</td><td>0.3</td></tr>
<tr><td>0.002</td><td>±1.5</td><td colspan="2">±3.5</td><td>1.0</td><td>0.5</td></tr>
<tr><td colspan="7">注：最大允许误差、重复性和方位误差值为温度在 20℃时的规定值。</td></tr>
</table>

5.9.2 当校对好零位后，第一次按动按钮时，分度值为 0.001mm 的杠杆卡规，指针的位移变动量不应大于 2/3 个标尺分度；分度值为 0.002mm、0.005mm 的杠杆卡规，指针的位移变动量不应人于一个标尺分度。随后按动按钮时，按重复性指标进行控制。

6 检查方法

6.1 尺架变形

将尺架一端固定，用分度值/分辨力为 0.001mm 的指示表接触另一端测量面，在尺架测杆一端沿测杆轴线作用 100N 的力，然后分别观察在施力和未施力条件下指示表的读数，将两次读数差值按 10N 力的比例换算，求出尺架的变形量。

6.2 指针的位移变动量

6.2.1 检查工具：量块和球面接长杆。

6.2.2 检查方法：调节指针与度盘上任一标尺标记重合，锁紧制动把，由指示表上读取指针偏离标尺标记的距离。

6.3 测量面的平面度

6.3.1 检查工具：光学平面平晶或光学平行平晶。

6.3.2 检查方法：将平晶与测量面贴合，读取光波干涉条纹的条数。

6.4 测量面的平行度

6.4.1 检查工具：光学平行平晶或 0 级量块。

6.4.2 检查方法：

用平行平晶检查：将平晶置于两测量面间，锁紧制动把，在测力的作用下，调节至两测量面上干涉条纹数最少，根据白光读取两测量面上光波干涉条纹的条数。

注：观测角应小于 30°。每一干涉条纹（或环）代表 0.3μm 的平行度误差。

用量块检查：将 0 级量块放置在测量面的位置 1 上对零位，锁紧制动把，用该量块同一位置依次测试测量面上第 2、3、4 位置上的示值，在指示装置上读数，并求出示值中的最大值与最小值的差值，即为该位置的平行度误差。此检查应在杠杆卡规测量范围内的三个不同位置上进行，并取其中的最大值为杠杆卡规的平行度误差，见图 3。

当杠杆卡规可用平行平晶和量块两种方法检查时，若两种检查方法的结论不一致，有争议时，以平行平晶的检查结果为准。

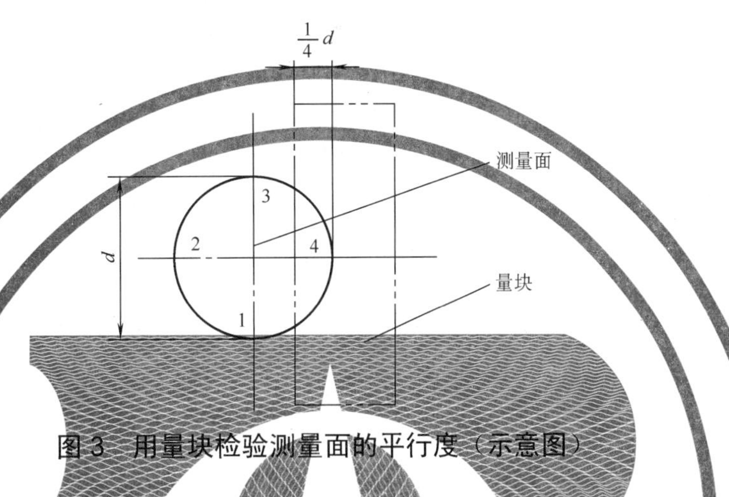

图 3 用量块检验测量面的平行度（示意图）

6.5 测力及测力变化

6.5.1 检查工具：感量不大于 0.2N 的测力计。

6.5.2 检查方法：将活动测头按其轴线垂直于水平面安装，再借助于一钢球将测量面测力作用于测力计，读取指针在“正”、“负”极限两个位置上的测力，测力最大值与最小值之差即为测力变化。

6.6 示值误差

6.6.1 检查工具：对于分度值为 0.001mm、0.002mm、0.005mm 的杠杆卡规，示值误差分别用三等（或 1 级）、四等（或 2 级）、五等（或 3 级）专用量块进行检查。其推荐检点系列见表 6。

表 6

mm

杠杆卡规的分度值	推荐检点系列
0.001	0.940；0.950；0.960；0.970；0.980；0.990；0.992；0.994；0.996；0.998；1.000；1.002；1.004；1.006；1.008；1.010；1.020；1.030；1.040；1.050；1.060；（共 21 点）
0.002	0.920；0.940；0.960；0.980；0.984；0.988；0.992；0.996；1.000；1.004；1.008；1.012；1.016；1.020；1.040；1.060；1.080；（共 17 点）
0.005	0.850；0.900；0.950；0.960；0.970；0.980；0.990；1.000；1.010；1.020；1.030；1.040；1.050；1.100；1.150；（共 15 点）
注：在±10 分度内，每隔 2 个分度为一受检点；在±10 分度外，每隔 10 个分度为一受检点。	

6.6.2 检查方法：在两测量面间夹持适当量块并对准零位，然后依次替换量块，并读取指示装置上各受检点的读数值（应加上量块的修正值），对每一受检点，按动按钮三次，取三次读数的算术平均值为该点的读数值。把该读数值代入下列公式，求得该点的示值误差，示值误差值不应超过表 5 规定的最大允许误差。

$$\delta = \Delta r_i - (\Delta L_i - \Delta L_0) \times 10^3$$

式中：

δ ——示值误差，单位为μm；

Δr_i——指示表的读数值，单位为μm；

ΔL_i——检定示值的量块尺寸，单位为 mm；

ΔL_0——对“零”位用的量块尺寸，单位为 mm。

6.7 重复性

6.7.1 检查工具：量块或球面测头。

6.7.2 检查方法：在两测量面间夹持一量块或球面测头，使指针从“负”方向朝“正”方向旋转到任一位置，锁紧制动把；第一次按动按钮，此时指针的位移量应符合第 5.9.2 的要求；然后微调度盘，使指针与受检点的标尺标记重合；按动五次按钮，求五次指针偏离受检点的最大值，即为重复性。

注 1：以零位和“正”、“负”最大示值标尺标记处为受检点。

注 2：按动按钮时，应使指针旋转到“正”方向的极限位置。

注 3：每次按动按钮的作用力和快、慢速度应尽量一致。

6.8 方位误差

6.8.1 检查工具：量块或球面测头。

6.8.2 检查方法：与 6.7.2 同。在杠杆卡规尺架平面处于水平和垂直状态两个位置进行重复性检查，其两个位置的重复性之差值即为方位误差。此值不应超过表 5 的规定。

7 标志与包装

7.1 杠杆卡规上至少应标有：

a）制造厂厂名或注册商标；

b）测量范围；

c）分度值；

d）产品序号。

7.2 杠杆卡规的包装盒上应标有：

a）制造厂厂名或注册商标；

b）产品名称；

c）测量范围；

d）分度值。

7.3 杠杆卡规在包装前应经防锈处理，并妥善包装。不得因包装不善而在运输过程中损坏产品。

7.4 杠杆卡规经检验符合本标准要求的，应附有产品合格证。产品合格证上应标有本标准的标准号、产品序号和出厂日期。

ICS 17.040.30
J 42
备案号：20829—2007

中华人民共和国机械行业标准

JB/T 6081—2007
代替 JB/T 6081—1992

深度指示表

Depth dial indicator

2007-05-29 发布　　2007-11-01 实施

中华人民共和国国家发展和改革委员会 发布

前　言

本标准代替 JB/T 6081—1992《深度百分表》。

本标准与 JB/T 6081—1992 相比，主要变化如下：

——修改了标准名称，将标准名称由《深度百分表》改称为《深度指示表》；

——增加了深度指示表的品种规格（1992 年版的 1；本版的 1）；

——删除了对深度指示表所配指示表指示范围的限制（1992 年版的 1；本版的 1）；

——修改并增加了术语和定义（1992 年版的 3；本版的 3）；

——增加了深度指示表的型式和基座的规格（1992 年版的 4.1、4.3；本版的 4.1、4.2）；

——增加了对显示屏外观的技术要求（本版的 5.1）；

——修改了基座和测量头的表面硬度要求（1992 年版的 5.5；本版的 5.3.1、5.3.2）；

——修改了基座的平面度要求（1992 年版的 5.7；本版的 5.3.4）；

——规定了测量杆压入时，随指针的转动方向度盘上标尺标数的排列规则以及数字显示读数的变化方向（1992 年版的 4.5；本版的 5.4.2）；

——用“最大允许误差”术语代替“示值误差”术语对深度指示表的准确度指标做出规定（1992 年版的 5.10；本版的 5.6）；

——用“重复性”术语替代“示值变动性”术语，并重新调整了要求（1992 年版的 5.11；本版的 5.7）；

——修改了对可换测量杆尺寸段的要求（1992 年版的 4.2；本版的 5.8）；

——修改了测量头球形中心对测量杆轴心线位置度的要求（1992 年版的 5.9；本版的 5.8.4）；

——将校对量杆改称标准块，以适应绝大多数用户在使用中用量块代替校准的习惯。并对标准块的要求作了修改（1992 年版的 5.12～5.14；本版的 5.9）；

——将“检验方法”改称“检查方法”并对检查项目的内容进行了补充（1992 年版的附录 A；本版的 6）。

本标准的附录 A 为规范性附录。

本标准由中国机械工业联合会提出。

本标准由全国量具量仪标准化技术委员会（SAC/TC 132）归口。

本标准负责起草单位：桂林量具刃具厂。

本标准参加起草单位：中国计量学院。

本标准主要起草人：赵伟荣、李琼、赵军。

本标准所代替标准的历次版本发布情况：

——JB/T 6081—1992。

深度指示表

1 范围

本标准规定了深度指示表的术语和定义、型式与基本参数、要求、检查方法、标志与包装等。

本标准适用于分度值/分辨力为 0.01mm、0.005mm、0.001mm，测量范围上限不大于 300mm 的深度指示表。

2 规范性引用文件

下列文件中的条款通过本标准的引用而成为本标准的条款。凡是注日期的引用文件，其随后所有的修改单（不包括勘误的内容）或修订版均不适用于本标准，然而，鼓励根据本标准达成协议的各方研究是否使用这些文件的最新版本。凡是不注日期的引用文件，其最新版本适用于本标准。

GB/T 1219—2000　几何量技术规范　长度测量器具：指示表　设计及计量技术要求[1]（eqv ISO/DIS 463：1996）

GB/T 6311—2004　大量程百分表[1]

GB/T 17163　几何量测量器具术语　基本术语

GB/T 17164　几何量测量器具术语　产品术语

GB/T 18761—2007　电子数显指示表

3 术语和定义

GB/T 17163、GB/T 17164 中确立的以及下列术语和定义适用于本标准。

3.1

深度指示表　depth dial indicator

对基座测量面与测头测量面间被分隔的距离，借助标准块（或量块）及指示表进行读数的深度测量器具。

注 1：指示表的分度值/分辨力为 0.01mm 的又称为深度百分表；分度值/分辨力为 0.001mm、0.005mm 的又称为深度千分表。

注 2：配备指针式指示表的称为指针式深度指示表，配备电子数显指示表的称为电子数显深度指示表。

3.2

最大允许误差（MPE）　maximum permissible error

由技术规范、规则等对深度指示表规定的误差极限值。

注：不包括可换测量杆的误差。

4 型式与基本参数

4.1　深度指示表的型式和配合尺寸见图 1～图 2。图示仅供图解说明，不表示详细结构。

1）GB/T 1219—2000 和 GB/T 6311—2004 正在进行两项标准整合修订成一项标准的工作。

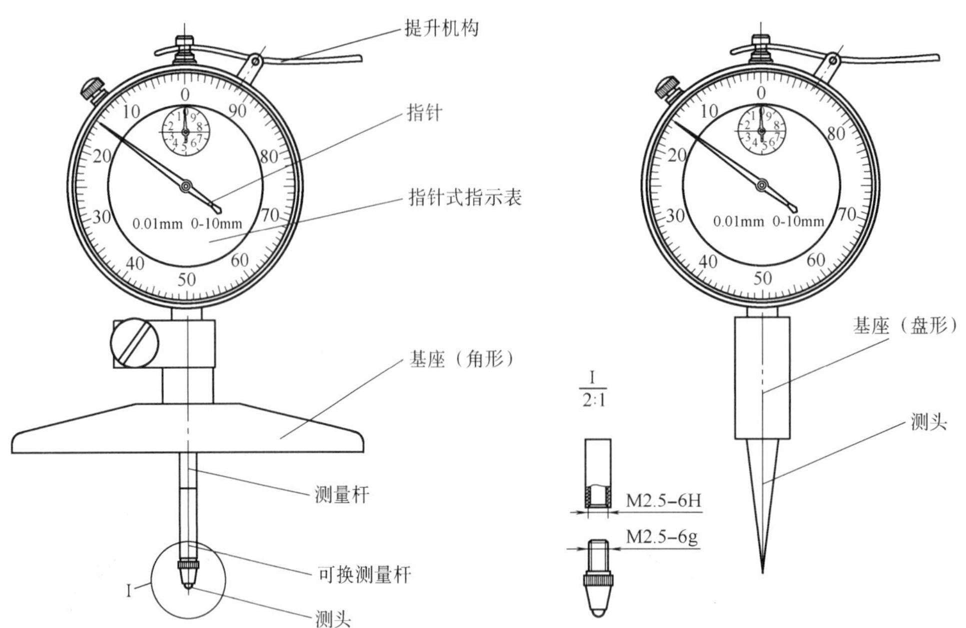

图1　指针式深度指示表的型式示意图

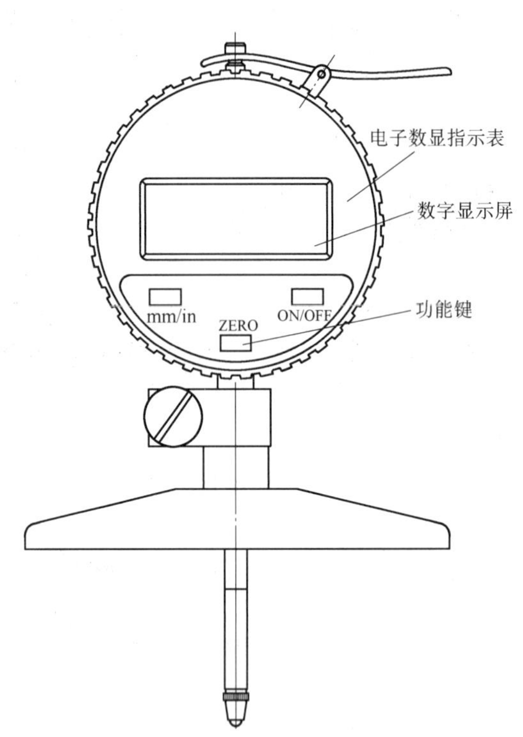

图2　电子数显深度指示表的型式示意图

4.2　深度指示表的基本参数参见表1（推荐值）。

表　1

mm

盘形基座尺寸	角形基座尺寸	基座上的安装孔径
ϕ16，ϕ25，ϕ40	63×12，80×15，100×16，160×20	$\phi 8\,H8(^{+0.022}_{0})$

4.3 深度指示表上宜有提升机构，以方便使用。

5 要求

5.1 外观

深度指示表上不应有影响使用性能的锈蚀、碰伤、划痕、裂纹等缺陷。显示屏应透明、清洁、无气泡，划痕等影响读数的现象。

5.2 相互作用

5.2.1 深度指示表在正常使用状态下，测量杆的移动应平稳、灵活，无卡滞现象。

5.2.2 深度指示表所配的指示表应与基座切实可靠连接，保证使用中无相对松动。

5.3 基座和测头测量面

5.3.1 基座一般采用碳钢、工具钢或不锈钢制造；基座测量面的硬度不应低于表 2 的规定。

表 2

基 座 材 料	基座测量面的硬度
碳钢、工具钢	664HV（或 58HRC）
不锈钢	551HV（或 52.5HRC）

5.3.2 测头应采用工具钢或其他坚硬耐磨材料（如硬质合金等）制造。钢质测头的表面硬度不应低于766HV（或 62HRC）。

5.3.3 基座测量面与测头测量面的表面粗糙度 R_a 值均不应大于 0.1μm；硬质合金测头测量面的表面粗糙度 R_a 值不应大于 0.2μm。

5.3.4 基座测量面的边缘应倒角，其平面度公差不应大于表 3 的规定。

表 3

mm

基座测量面的长度或直径尺寸	基座测量面的平面度公差[a]	
	分度值/分辨力	分度值/分辨力
	0.01, 0.005,	0.001
≤100	0.0025	0.0015
>100	0.0030	0.0020
[a] 在距基座测量面边缘 1mm 范围内的平面度不计。		

5.4 指针和读数显示

5.4.1 指针式深度指示表在零位时，指针应指向沿测量杆轴线方向的正上方 12 点钟位置。

5.4.2 测量杆被压入时，指针式深度指示表度盘上的标尺标数应随指针转动方向递减排列；电子数显深度指示表显示数字的变化方向应为递减。

5.5 指示表

深度指示表所配的指示表应符合相应的 GB/T 1219—2000、GB/T 6311—2004、GB/T 18761—2007 的规定。

5.6 允许误差

深度指示表的允许误差不应大于表 4 的规定。

表 4

mm

<table>
<tr><td rowspan="4">所配指示表的量程
S</td><td colspan="5">允许误差</td></tr>
<tr><td colspan="5">分度值/分辨力</td></tr>
<tr><td colspan="2">0.01</td><td colspan="2">0.001</td><td>0.005</td></tr>
<tr><td>指针式深度
指示表</td><td>电子数显深度
指示表</td><td>指针式深度
指示表</td><td>电子数显深度
指示表</td><td>电子数显深度
指示表</td></tr>
<tr><td>S≤1</td><td rowspan="2">—</td><td rowspan="2">—</td><td>±0.007</td><td>±0.004</td><td rowspan="2">—</td></tr>
<tr><td>1＜S≤3</td><td>±0.009</td><td>±0.006</td></tr>
<tr><td>3＜S≤10</td><td>±0.020</td><td>±0.020</td><td>±0.010</td><td>±0.008</td><td>±0.015</td></tr>
<tr><td>10＜S≤30</td><td>±0.030</td><td>±0.030</td><td>±0.015</td><td>±0.012</td><td>±0.020</td></tr>
<tr><td>30＜S≤50</td><td>±0.040</td><td>±0.040</td><td rowspan="2">—</td><td rowspan="2">—</td><td>±0.030</td></tr>
<tr><td>50＜S≤100</td><td>±0.050</td><td>±0.050</td><td>—</td></tr>
<tr><td colspan="6">注：允许误差不包括可换测量杆的误差。</td></tr>
</table>

5.7 重复性误差

深度指示表的重复性误差不应大于表 5 的规定。

表 5

mm

<table>
<tr><td rowspan="4">所配指示表的量程
S</td><td colspan="5">重复性误差</td></tr>
<tr><td colspan="5">分度值/分辨力</td></tr>
<tr><td colspan="2">0.01</td><td colspan="2">0.001</td><td>0.005</td></tr>
<tr><td>指针式深度
指示表</td><td>电子数显深度
指示表</td><td>指针式深度
指示表</td><td>电子数显深度
指示表</td><td>电子数显深度
指示表</td></tr>
<tr><td>S≤10</td><td>0.003</td><td rowspan="4">0.010</td><td>0.0005</td><td rowspan="2">0.002</td><td rowspan="3">0.005</td></tr>
<tr><td>10＜S≤30</td><td rowspan="3">0.005</td><td>0.003</td></tr>
<tr><td>30＜S≤50</td><td rowspan="2">—</td><td rowspan="2">—</td></tr>
<tr><td>50＜S≤100</td><td>—</td></tr>
<tr><td colspan="6">注：重复性误差不包括可换测量杆的误差。</td></tr>
</table>

5.8 可换测量杆

5.8.1 可换测量杆相互之间的长度差应与所配指示表的量程相对应，并保证在深度指示表的整个测量范围内各测量杆的量程段能相互连续。

5.8.2 可换测量杆的更换要方便，紧固应可靠。

5.8.3 可换测量杆（包括测头）的长度尺寸的极限偏差不应超过±0.05mm。

5.8.4 可换测量杆与指示表测量杆应同轴，不应有明显的错位或偏斜。

5.8.5 可换测量杆上应标注其标称长度值或其测量工作范围段。

5.9 标准块

5.9.1 根据用户需要，深度指示表可附有校准零位的标准块，其数量和标称尺寸 H 应与所配可换测量杆相同。标准块的尺寸偏差和两测量面的平行度公差不应超过表 6 的规定。

表 6

标准块的标称尺寸 H 的范围 mm	尺寸偏差	两测量面的平行度公差
	μm	
$H \leqslant 50$	±2	2
$50 < H \leqslant 100$	±3	3
$100 < H \leqslant 150$	±4	4
$150 < H \leqslant 200$	±5	5
$200 < H \leqslant 300$	±7	7

5.9.2 标准块的测量面硬度不应低于 766HV（或 62HRC）。

5.9.3 标准块的测量面表面粗糙度 R_a 值不应大于 0.05μm。

5.9.4 标准块应有隔热装置。

5.9.5 标准块上应标注标称尺寸。

6 检查方法

6.1 外观

目力观察。

6.2 相互作用

观察和试验。

6.3 测量面（基座和测头）

6.3.1 测量面的表面粗糙度用表面粗糙度比较样块目测比较。如有异议，用表面粗糙度检查仪检查。

6.3.2 基座工作面硬度在维氏硬度计（或洛氏硬度计）上检查。检查部位为测量面或离测量面 2mm 以内的侧面且应沿测量面长度（或圆周）方向均匀分布的三点，三点测得值的算术平均值作为测量结果。

6.3.3 基座测量面的平面度检查方法见附录 A 的规定。

6.4 指针和读数显示

观察和试验。

6.5 示值误差

6.5.1 深度指示表在进行示值检查时，无论深度指示表的测量范围怎样，仅在所配指示表的测量范围内进行示值检查。

用同一尺寸的每两块 3 级或五等量块为一组，平行地置于 1 级研磨平板上，并使深度指示表在 1 级研磨平板上校准零位（或清零）后，将基座测量面与量块工作面接触，测头测量面与平板接触（见图 3）；此时，深度指示表在各点的指示值（显示值）与相应量块尺寸之差即为该点的示值误差，取深度指示表各检定点示值误差中绝对值最大的为深度指示表的示值误差（见图 4）。

注：示值误差值不应超过表 4 规定的允许误差值。

6.5.2 深度指示表的示值检查，应在所配指示表测量范围内大致均匀分布的五个检定点进行。

6.6 重复性误差

在深度指示表量程范围的始点位置进行检查。将基座放置在 1 级研磨平板上，校准零位后，在平板上同一位置上，将深度指示表重复拿起，再轻轻放下，不少于五次，所得读数中最大值与最小值之差即为该受检深度指示表的重复性误差。

6.7 可换测量杆

可换测量杆更换和连接的可靠性可通过试验进行检查；可换测量杆长度尺寸极限偏差的检查可用分度值为 0.001mm 或 0.002 mm 的指示表与量块进行比较测量。

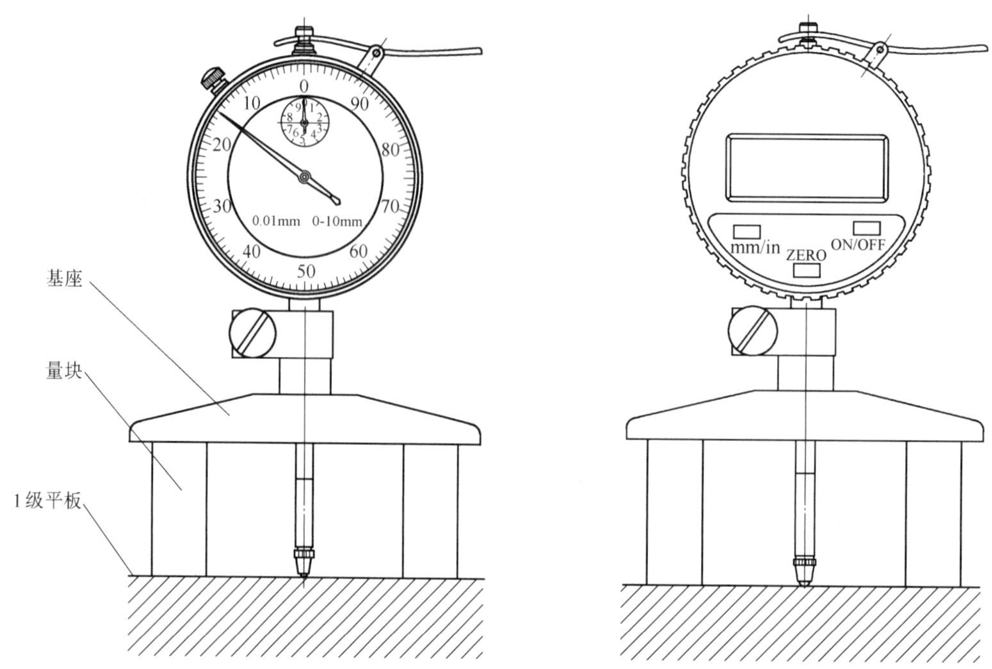

图 3　深度指示表的示值误差检查示意图

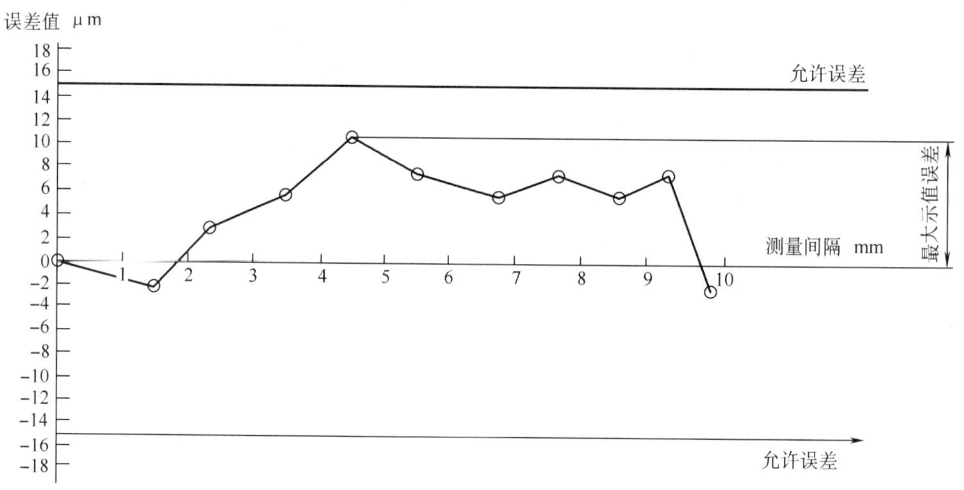

图 4　深度指示表的示值误差曲线示意图

6.8　标准块

用 4 等量块与光学计用比较法进行检查，检定点的分布应在标准块的工作面范围内不少于四点均匀分布；其各点的尺寸偏差均不应超过表 6 的规定。（两测量面的）平行度公差为各点实际尺寸偏差中的最大值与最小值之差。

7　标志与包装

7.1　深度指示表上至少应标有：

a）制造厂厂名或注册商标；

b）测量范围；

c）分度值/分辨力；

d）产品序号。

7.2 可换测量杆、标准块上应标志标称尺寸或测量工作范围段。

7.3 深度指示表的包装盒上应标有：

a）制造厂厂名或注册商标；

b）产品名称；

c）测量范围；

d）分度值/分辨力。

7.4 深度指示表在包装前应经防锈处理，并妥善包装。不得因包装不善而在运输过程中损坏产品。

7.5 深度指示表经检验符合本标准要求的，应附有产品合格证。产品合格证上应标有本标准的标准编号、产品序号和出厂日期。

附 录 A
（规范性附录）
基座测量面平面度的检查方法

A.1 测量面的平面度允许误差等于或大于 2.5μm 的，用刀口尺以光隙法进行检查。检查时，分别在测量面的长边、短边方向和对角线位置上进行，见图 A.1。

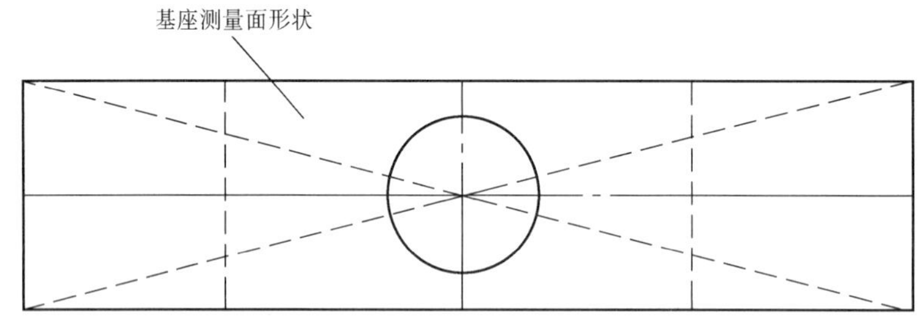

注：图中虚线为检查位置。

图 A.1 测量面平面度的检查示意图

平面度根据各方位的间隙情况确定：

——当所有检查方位上出现的间隙均在中间部位或两端部位时，取其中一方位间隙量最大的作为平面度；

——当有的方位中间部位有间隙，而有的方位两端部位有间隙时，以中间和两端最大间隙量之和作为平面度；

——当掉边、掉角（即靠量面边、角处塌陷）时，以此处的最大间隙作为平面度。但在距测量面边缘 1mm 范围内不计。

A.2 测量面的平面度允许误差小于 2.5μm 的，用 2 级平晶以技术光波干涉法进行检查。平面度δ 按下式计算：

$$\delta = n\lambda/2$$

式中：

δ——基座测量面的平面度误差；

n——干涉条纹的条数；

λ——工作光波的波长。

（也可采用特定的直线度误差小于或等于 0.5μm 的刀口尺进行检查，平面度误差的判定与 A.1 同）

ICS 17.040.30
J 42
备案号：19057—2006

中华人民共和国机械行业标准

JB/T 7429—2006
代替JB/T 7429—1994

电子塞规

Electronic plug gauges

2006-10-14 发布　　2007-04-01 实施

中华人民共和国国家发展和改革委员会 发布

前　言

本标准代替 JB/T 7429—1994《电子塞规》。

本标准与 JB/T 7429—1994 相比，主要变化如下：

——修改了电子塞规的测量范围及其对应测头凸出量（1994 年版的表 1；本版的表 1）；

——修改了被测孔的工作间隙（1994 年版的表 2；本版的表 2）；

——修改了电子塞规各档示值范围及相应的分度值（1994 年版的 4.2.3；本版的 4.2.3）；

——修改了塞规体测头的测量力并删除了允许变化量（1994 年版的表 4；本版的表 3）；

——修改了测头测量面的表面粗糙度 R_a 值（1994 年版的 5.4，本版的 5.4.3）；

——修改了电子塞规绝缘与耐压要求（1994 年版的 5.5，本版的 5.5）；

——修改了电压波动对示值的影响（1994 年版的 5.6；本版的 5.6）；

——修改了零位平衡要求（1994 年版的 5.7；本版的 5.7）；

——修改了调零范围（1994 年版的 5.8；本版的 5.8）；

——修改了误差要求（1994 年版的 5.9～5.11；本版的表 5）；

——删除了抗干扰性要求（1994 年版的 5.15）；

——修改了预热时间要求（1994 年版的 6.1.3；本版的 6.1.3）；

——修改了部分项目的检验方法（1994 年版的表 5；本版的表 6）；

——增加了检验规则要求（本版的第 7 章）；

——修改了标志与包装要求（1994 年版的第 7 章；本版的第 8 章）。

本标准由中国机械工业联合会提出。

本标准由全国量具量仪标准化技术委员会（SAC/TC132）归口。

本标准由无锡爱锡量仪有限公司和中原量仪股份有限公司负责起草。

本标准主要起草人：王永祥、丁卫耘、古麦仓、汪晓辉、吉光宏。

本标准所代替标准的历次版本发布情况为：

——JB/T 7429—1994。

电 子 塞 规

1 范围

本标准规定了电子塞规的术语和定义、型式与基本参数、要求、检验方法、检验规则、标志和包装等。

本标准适用于测量范围为ϕ6mm～ϕ130mm 的两点式电子塞规。

注：其他形式（如三点式）的电子塞规也可参照使用。

2 规范性引用文件

下列文件中的条款通过本标准的引用而成为本标准的条款。凡是注日期的引用文件，其随后所有的修改单（不包括勘误的内容）或修订版均不适用于本标准，然而，鼓励根据本标准达成协议的各方研究是否使用这些文件的最新版本。凡是不注日期的引用文件，其最新版本适用于本标准。

GB 9969.1—1998 工业产品使用说明书 总则

GB/T 14436—1993 工业产品保证文件 总则

GB/T 17163—1997 几何量测量器具术语 基本术语（neq BS 5233：1986）

GB/T 17164—1997 几何量测量器具术语 产品术语

3 术语和定义

GB/T 17163 和 GB/T 17164 中确立的以及下列术语和定义适用于本标准。

3.1

电子塞规 electronic plug gauges

由电感式传感器将被测孔径的尺寸变化（实际尺寸与标称尺寸之差）转换为电信号，并由指示装置指示的直接比较测量器具。

3.2

测头对中误差 contact variation against center-line

系指以塞规导套直径作为基准中线，测头实际轴线偏离该基准中线而产生的测量误差。

3.3

测头对称误差 contact symmetric diffcrence

系指位于塞规导套直径上，且触向相反的两测头触点部相对该塞规中心轴线的距离之差而产生的测量误差。

3.4

测头凸出量 contact outstand range

系指在自由静止状态下，电子塞规测头触点部至导套圆弧表面素线的距离。

3.5

零位平衡 zero balance

系指指示装置在量程转换时，各档示值对零位的变化量。

4 型式与基本参数

4.1 型式

电子塞规由塞规体和指示装置组成，其型式见图 1 所示。图示仅供图解说明，不表示详细结构。

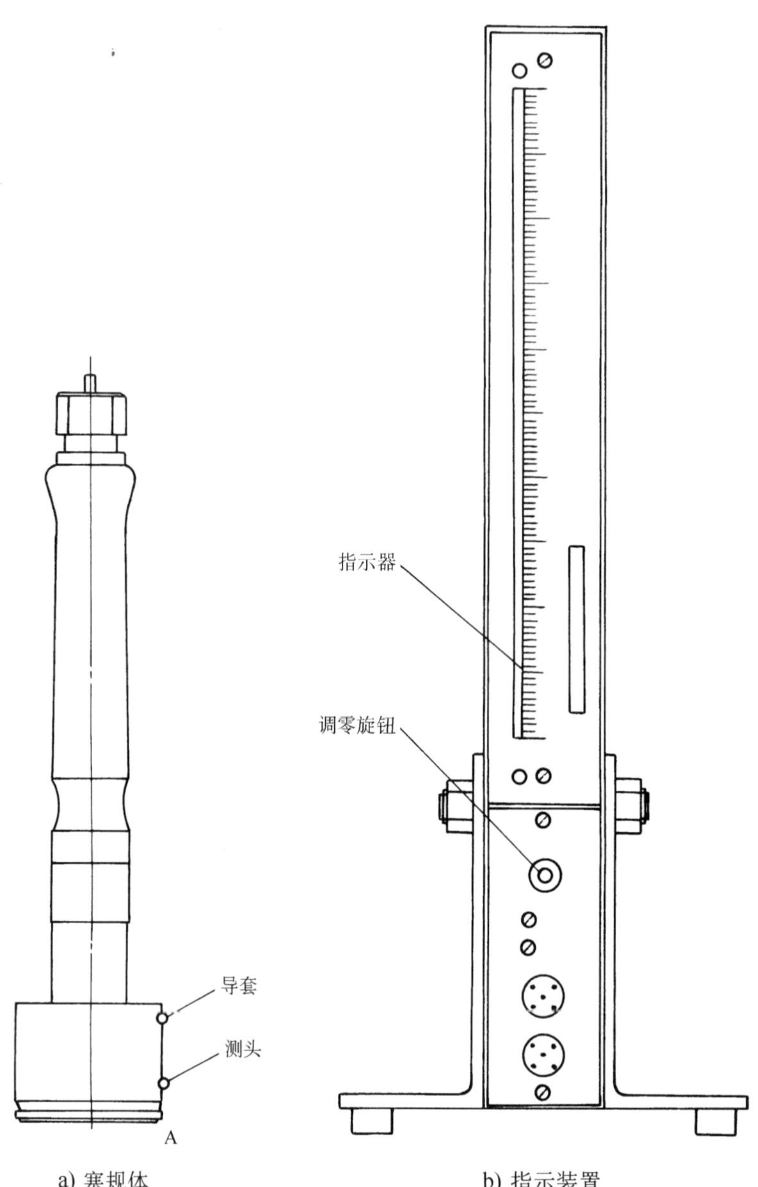

a) 塞规体　　b) 指示装置

图 1　电子塞规

4.2　基本参数

4.2.1　规格范围及测头凸出量

规格范围及测头凸出量见表 1。

表　1

mm

规 格 范 围	测头凸出量[a]
ϕ6～ϕ15	0.15～0.25
＞ϕ15～ϕ70	0.20～0.50
＞ϕ70～ϕ130	0.25～0.60
[a] 测头凸出量所列值为双向值，单向值应为所列值的 1/2。	

4.2.2　工作间隙

将塞规体插入被测孔后，在直径方向上，其导套最大尺寸与被测孔下偏差值间的间隙（工作间隙）应符合表 2 所列范围。

表 2

mm

规 格 范 围	间隙（工作间隙）
ϕ6～ϕ15	0.020～0.050
>ϕ15～ϕ70	0.030～0.060
>ϕ70～ϕ130	0.040～0.100

4.2.3 示值范围及分度值（分辨力）

电子塞规各档示值范围及相应的分度值（分辨力）按以下原则选用。

a）当 T≥10 时：示值范围≥1.25T、分度值≤T/20；

b）当 T<10 时：示值范围≥100μm、分度值≤T/10。

注：T 为被测孔径的公差值（单位为μm）。

5 要求

5.1 外观

电子塞规各表面不应有锈蚀、碰伤和镀层脱落等缺陷，各种标志应正确、清晰。

5.2 相互作用

电子塞规各紧固部分应可靠，测头伸缩灵活，不应有卡滞和松动现象。

5.3 测量力

电子塞规的测量力见表 3。

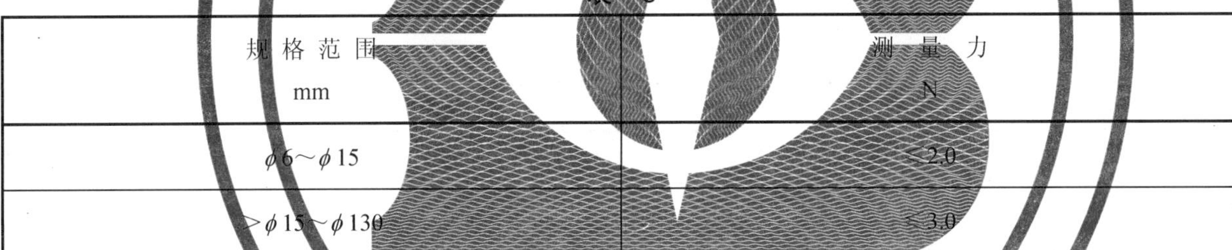

表 3

规 格 范 围 mm	测 量 力 N
ϕ6～ϕ15	≤2.0
>ϕ15～ϕ130	≤3.0

5.4 材料、硬度和表面粗糙度

5.4.1 塞规体导套、测头应选用具有良好耐磨性的材料。

5.4.2 导套工作面的表面硬度不应低于 664HV（或 58HRC），表面粗糙度 R_a 值不应大于 0.8μm。

5.4.3 测头测量面的表面硬度不应低于 766HV（或 62HRC），表面粗糙度 R_a 值不应大于 0.1μm。

5.5 绝缘与耐压

当直流电压为 500V 时，电源插座的一个接线端与机壳之间的绝缘电阻不应小于 20MΩ；交流电压为 1500V（频率为 50Hz）时，耐压试验 1min，指示装置不应有被击穿的现象出现（漏电流不应大于 1mA）。

5.6 电压波动对示值的影响

当电压在额定值的 90%～110%范围内波动时，示值的变化量不应大于最小分度值档位的一个分度值。

5.7 零位平衡

指示装置零位平衡不应大于总量程的 5‰。

5.8 调零范围

指示装置调零范围应大于 20μm。

5.9 误差

5.9.1 当 T≥10 时，测头对中误差、测头对称误差、（电子塞规的）线性误差和示值变动性不应大于表 4 的规定。

表 4

误差名称	误差值
测头对中误差	$T/20$
测头对称误差	$T/20$
线性度误差	$T/10$
示值变动性	$T/10$

5.9.2 当 $T<10$ 时，测头对中误差、测头对称误差、（电子塞规的）线性误差和示值变动性均不应大于 1μm。

注：T 为被测孔径的公差值（单位为μm）。

5.10 响应时间

电子塞规的响应时间应小于 1s。

5.11 稳定度

在环境温度为 20℃±2℃，温度变化不应大于 0.5℃/h 条件下，电子塞规的稳定度不应大于 1μm/4h。

6 检验方法

6.1 检验条件

6.1.1 环境温度为 20℃±2℃，温度变化不应大于 0.5℃/h。

6.1.2 电子塞规及检验工具应在同等温度条件下等温 4h。

6.1.3 电子塞规开机预热时间不应小于 10min。

6.2 检验项目、方法和工具

检验项目、检验方法和检验工具见表 5。

表 5

序号	检验项目	检验方法	检验工具
1	外观、相互作用	目视和手感检验	—
2	测量力	用固定装置固定塞规体，并使其测头处于自由静止状态，然后用测力器分别对各测头缓慢加力，读出指示装置示值通过零位时测力器的读数，取各测头读数的平均值作为该电子塞规的测量力	固定装置、测力器
3	绝缘与耐压	用 500V 的绝缘电阻表（兆欧表），测量电源插座的一个接线端与机壳间的绝缘电阻。然后在 50Hz 或 60Hz 的 1500V 正弦波电压条件下观察 1min，不应该击穿（漏电流不应大于 1mA）	绝缘电阻表、抗电箱或耐压试验器
4	电压波动对示值的影响	将电子塞规体垂直插入标准环规中，输入额定电压，调整指示装置示值为 0，将电压在额定值的 90%～110%范围内变化，读出示值的最大变化量（指示装置量程开关置于最小分度档位）	调压器、电压表、标准环规
5	零位平衡	将塞规体垂直插入标准环规中，在指示装置最小分度档位调整示值为 0，然后依次转换量程开关，观察各档示值对零位的变化量	标准环规
6	调零范围	在指示装置最大分度值档位上，将调零旋钮从一端旋到另一端时，读出示值变化的最大差值	—
7	测头对中误差	指示装置量程开关置于最小分度档位，将塞规体插入最大值标准环规中，并在与塞规测头轴线垂直的方向来回移动塞规体，读出示值的最大变化量，将其作为测头对中误差	标准环规

表 5（续）

序号	检 验 项 目	检 验 方 法	检 验 工 具
8	测头对称误差	指示装置量程开关置于最小分度档位，将塞规体插入最大值标准环规中，在该塞规测头轴线方向来回移动标准环规，读出示值的最大变化量，将其作为测头对称误差	标准环规
9	线性误差	将塞规体插入零位标准环规，调整零位旋钮使示值为零，然后又分别将塞规体插入最大值和最小值标准环规，并分别读数，其读出值和对应的标准环规标称值的最大差值作为线性误差	标准环规
10	示值变动性	指示装置量程开关置于最小分度档位，将塞规体按工作状态插入标准环规中，并读取偏差值，重复 10 次测量，以 10 次测量结果极差作为示值变动性	标准环规
11	响应时间	用秒表测定出从塞规体插入标准环规时起，到显示器响应到达，并保持在稳定值时刻之间的时间间隔	标准环规、秒表
12	稳定度	指示装置量程开关置于最小分度档位，将塞规体插入标准环规中，调整零位旋钮使示值为零，连续观察 4h，读出示值的最大变化量	标准环规、时钟

7 检验规则

电子塞规的检验分出厂检验和型式检验两种。

7.1 出厂检验

电子塞规出厂检验项目应包括 5.1～5.4、5.9。

注：表 4 中所列的线性误差在必要时进行。

7.2 型式检验

7.2.1 型式检验项目应包括第 5 章中规定的全部技术内容。

7.2.2 型式检验采用产品抽样的方法，样品数不少于三台。在下述情况之一时，应进行型式检验：

a）新产品定型鉴定；

b）定型产品在设计、主要元器件、工艺、材料有重大改变时；

c）定型产品停产一年以上再生产时。

7.2.3 型式检验有一项不合格时，应加倍抽样，仍不合格时，型式检验不予通过。

8 标志与包装

8.1 标志

8.1.1 产品上应标明：

a）制造厂厂名或注册商标；

b）塞规体的测量范围；

c）制造日期或出厂编号。

8.1.2 包装标志应包括 8.1.1 全部内容和收发货标志。

8.2 包装

8.2.1 产品包装应具有良好的防锈、防震、防潮措施。

8.2.2 产品包装中应具有符合 GB/T 14436 规定的产品合格证和符合 GB 9969.1 规定的使用说明书以及装箱单。

ICS 17.040.30
J 42
备案号：36485—2012

中华人民共和国机械行业标准

JB/T 8605—2012
代替 JB/T 8605—1997

电感内径比较仪

Inductance bore comparator

2012-05-24 发布 2012-11-01 实施

中华人民共和国工业和信息化部 发布

前　言

本标准按照GB/T 1.1—2009给出的规则起草。

本标准代替JB/T 8605—1997《电感瞄准式内径比较仪》，与JB/T 8605—1997相比主要技术变化如下：

——增加了规范性引用文件（本版的第2章）；

——修改了型式和基本参数（本版的第4章，1997年版的第3章）；

——修改了各项要求（本版的第5章，1997年版的第4章）；

——修改了检验条件和检验方法（本版的第6章、第7章，1997年版的第5章）；

——删除了检验规则（1997年版的第6章）；

——删除了运输要求（1997年版的7.3）。

本标准由中国机械工业联合会提出。

本标准由全国量具量仪标准化技术委员会（SAC/TC132）归口。

本标准负责起草单位：中原量仪股份有限公司。

本标准参加起草单位：哈尔滨工业大学、广西壮族自治区计量检测研究院、河南省计量科学研究院。

本标准主要起草人：金国顺、石玉林、黄景志、黄向东、莫华荣、贾晓杰。

本标准所代替标准的历次版本发布情况：

——JB/T 8605—1997。

电感内径比较仪

1 范围

本标准规定了电感内径比较仪的术语和定义、型式与基本参数、要求、检验条件、检验方法、标志与包装等。

本标准适用于分辨力为 0.1 μm、1 μm，量程不大于 2 mm 的电感内径比较仪（以下简称“比较仪”）。

2 规范性引用文件

下列文件对于本文件的应用是必不可少的。凡是注日期的引用文件，仅注日期的版本适用于本文件。凡是不注日期的引用文件，其最新版本（包括所有的修改单）适用于本文件。

GB/T 191—2008 包装储运图示标志

GB/T 4879—1999 防锈包装

GB/T 5048—1999 防潮包装

GB/T 6388—1986 运输包装收发货标志

GB/T 9969—2008 工业产品使用说明书 总则

GB/T 14436—1993 工业产品保证文件 总则

GB/T 17163—2008 几何量测量器具术语 基本术语

GB/T 17164—2008 几何量测量器具术语 产品术语

JB/T 8827—1999 机电产品防震包装

3 术语和定义

GB/T 17163、GB/T 17164 界定的术语和定义适用于本文件。

4 型式与基本参数

4.1 型式

比较仪的型式如图 1 所示。图示仅供图解说明，不表示详细结构。

4.2 基本参数

比较仪的测量范围为ϕ4 mm～ϕ200 mm。

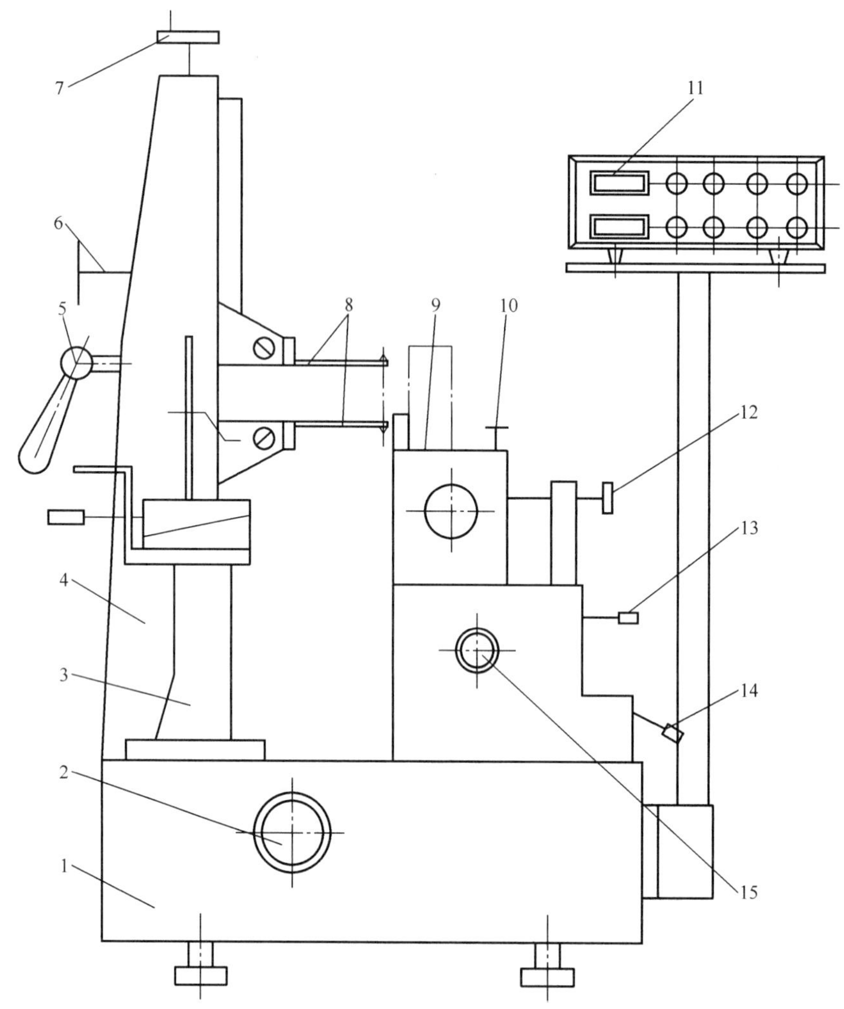

说明：

1——底座；2——工作台左右移动轮；3——校正装置；4——立柱；5——锁紧手柄；6——微动钮；7——上下移动手轮；8——上下传感器；9——工作台；10——紧固钮；11——电箱；12——锁紧钮；13——工作台倾斜钮；14——工作台升降钮；15——工作台前后移动钮。

图 1　比较仪

5　要求

5.1　外观

5.1.1　比较仪表面不应有锈蚀、碰伤、涂层脱落、镀层脱落等缺陷。

5.1.2　各种标志、数字、刻线应完整、清晰。

5.2　相互作用

各紧固部分应牢固可靠，各运动部分应灵活、平稳，不应有卡滞和松动现象。

5.3　调零范围

调零范围不应小于 20 μm。

5.4　上下传感器测头的对称度

上下传感器测头的对称度不应大于：

——侧面：0.05/100；

——前面：0.15/100。

5.5 传感器的测量力

传感器的测量力为（100～150）mN。

5.6 工作台运动对底座的上工作面的平行度

工作台前后/左右运动对底座的上工作面的平行度均不应大于 0.03 mm/100 mm。

5.7 校正装置工作面的平面度

校正装置工作面的平面度不应大于 0.5 μm。工作面的表面不允许凸面。

5.8 重复性

比较仪的重复性不应大于 0.5 μm。

5.9 最大允许误差

比较仪的最大允许误差应符合±（0.5+D/100）μm 的规定。

注：D——被测件的公称尺寸，单位为 mm。

5.10 稳定性

在规定时间内，比较仪示值随时间变化的稳定性不应大于表 1 的规定。

表 1

分辨力 μm	规定时间 h	稳定性 μm
0.1	0.5	0.4
1	4	2

5.11 电压变化对示值的影响

电源频率为 50 Hz，电压在额定值的 90%～110%内变化时，引起的示值变化量不应大于 0.2 μm。

5.12 绝缘电阻与工频耐压试验

比较仪电源输入端与机壳之间施加直流 500 V 试验电压，绝缘电阻应大于 5 MΩ。电源输入端对机壳之间施加 50 Hz、1 kV 正弦波电压，历时 1 min，应无闪烁、飞弧、击穿。

6 检验条件

比较仪应在温度为（20±1）℃，温度变化不大于 0.5℃/h 的检验室内进行检验。检验前，比较仪和检验器具应在检验室内等温 8 h 以上。比较仪安装在减震工作台上，并调平。比较仪通电后应预热 30 min，正式检验在放大倍数调好后进行。

7 检验方法

比较仪的检验项目、检验方法和检验器具见表2。

表 2

序号	检验项目	检 验 方 法	检验器具
1	调零范围	在分辨力为 0.1 μm 档将零位调整旋钮从一端旋到另一端时，读出示值的变化范围	测量台架、三等量块
2	上下传感器测头的对称度	用上下动手轮，调整两个传感器测杆分开至 100 mm，将 500 mm 一级直角尺置于底座工作面上，使其长边工作面与其中一个传感器的测杆侧面相接触，用塞尺测量另一传感器的测杆侧面与直角尺之间的间隙，用同样测量方法测量前面的间隙，其测量结果不超过规定值	500 mm 一级直角尺、塞尺
3	传感器测量力	在最小分辨力档位上，用测力计沿测头运动方向对测头加力，读出指示器数值显示零位时的测力计读数，然后重复测量三次，取三次读数的平均值，作为传感器测量力	测力计

表2（续）

序号	检验项目	检　验　方　法	检验器具
4	工作台运动对底座的上工作面的平行度	把装有杠杆千分表或电感传感器的磁力表架固紧在工作台上，使千分表或传感器测头与底座的上工作面相接触，前后、左右任意移动工作台 100 mm，指示表指示的最大读数与最小读数之差不应大于规定值	千分表或电感传感器、电感测微仪、磁力表架
5	校正装置工作面的平面度	用一级平晶以光波干涉法进行检验	一级平晶
6	重复性	用量块组合好相应的尺寸，校对好上下传感器，用校正装置的微分丝杆进行单向进给（对传感器）10 次，其最大值与最小值之差应不超过规定值	三等量块
7	示值误差	对ϕ49.95 mm、ϕ50 mm、ϕ50.05 mm 三个校准环规进行检验。在对每个校准环规进行检验时用量块组合好相应的尺寸，校对上下传感器，然后再测量校准环规，测量结果与校准环规尺寸的差值不超过规定值	三级校准环规、三等量块
8	稳定性	比较仪通电预热 30 min 后，用校准环规及调零旋钮将指示器调到零位附近任意值，记下示值，在规定的时间内，读取示值最大变化量	钟表、三级校准环规
9	电压变动对示值的影响	比较仪通电预热30 min后，指示器置最小分辨力档，用校准环规及调零旋钮将指示器调到零位附近任意值，记下示值，输入50 Hz、220 V交流电压，使电压在额定值的90%～110%内变动，读出示值最大变化量	调压器、交流电压表、三级校准环规
10	绝缘电阻与工频耐压试验	用500 V绝缘电阻表，测量比较仪电源输入端与机壳之间的绝缘电阻。将比较仪电源输入端接至耐压测试仪的高端，机壳接至低端。试验电压应平稳升到5.12的规定值，保持1 min后平稳降到零，应无闪烁、飞弧、击穿（如数字表有特殊要求，此项目可按特殊要求施加电压进行试验）	绝缘电阻表、耐压测试仪

8 标志与包装

8.1 标志

8.1.1 比较仪标牌或面板上应标志：

a）制造企业或注册商标；

b）产品名称、型号；

c）产品制造日期；

d）产品序号。

8.1.2 比较仪外包装的标志应符合 GB/T 191 和 GB/T 6388 的规定。

8.2 包装

8.2.1 比较仪的包装应符合 GB/T 4879、GB/T 5048 和 JB/T 8827 的规定。

8.2.2 比较仪经检验合格的，应具有符合 GB/T 14436 规定的产品合格证和符合 GB/T 9969 规定的使用说明书，以及装箱单。

ICS 17.040.30
J 42
备案号：36486—2012

中华人民共和国机械行业标准

JB/T 8790—2012
代替 JB/T 8790—1998

球式内径指示表

Ball-type bore dial gauges

2012-05-24 发布　　2012-11-01 实施

中华人民共和国工业和信息化部 发布

前　言

本标准按照GB/T 1.1—2009给出的规则起草。

本标准代替JB/T 8790—1998《球式内径百分表》，与JB/T 8790—1998相比主要技术变化如下：

——将钢球式内径百分表与钢球式内径千分表统称为球式内径指示表；

——增加了分度值为0.001 mm、测量范围3 mm～18 mm的球式内径指示表；

——修改了规范性引用文件（本版的第2章，1998年版的第2章）；

——增加了术语和定义（本版的3.1、3.3、3.4、3.7）；

——增加了检验条件（本版的6.8）。

本标准由中国机械工业联合会提出。

本标准由全国量具量仪标准化技术委员会（SAC/TC132）归口。

本标准负责起草单位：上海自九量具有限公司。

本标准参加起草单位：成都工具研究所、广西壮族自治区计量检测研究院。

本标准主要起草人：夏咸森、张智勇、张勇、姜志刚、陈萍。

本标准所代替标准的历次版本发布情况为：

——ZB J42 005—1987；

——JB/T 8790—1998。

球式内径指示表

1 范围

本标准规定了球式内径指示表的术语和定义、型式与基本参数、要求、检验条件、检验方法、标志与包装等。

本标准适用于分度值为 0.01 mm 和 0.001 mm、测量范围为 3 mm～18 mm 的球式内径指示表（以下简称“内径表”）。

2 规范性引用文件

下列文件对于本文件的应用是必不可少的。凡是注日期的引用文件，仅注日期的版本适用于本文件。凡是不注日期的引用文件，其最新版本（包括所有的修改单）适用于本文件。

GB/T 17163—2008　几何量测量器具术语　基本术语

GB/T 17164—2008　几何量测量器具术语　产品术语

3 术语和定义

GB/T 17163 和 GB/T 17164 界定的以及下列术语和定义适用于本文件。

3.1

预压量　preset compression travel

球式内径指示表测量头工作行程前的预先压缩量。

3.2

测量头量程　measuring head travel

测量头标称范围的两极限值之差。

3.3

测量深度　measuring depth

球式内径指示表手柄下端面至测量头中心线的距离。

3.4

行程　travel

测量头的最大移动范围。

3.5

相邻误差　adjacent error

在示值误差的曲线上，相邻两个受检点在纵坐标上的差值。

3.6

定中心误差　central error

在测量中，两定位球型定中心偏离对测量值的影响所引起的误差。

3.7

超越行程　exceed travel

超越量程的行程。

4 型式与基本参数

4.1 型式

内径表的型式如图 1 所示。图示仅供图解说明，不表示详细结构。

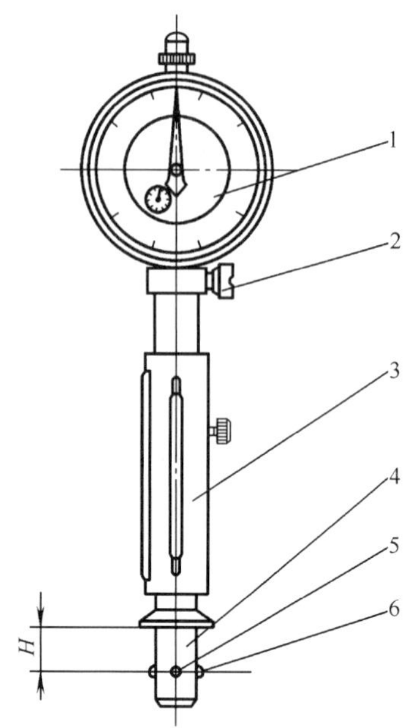

说明：

1——指示表；2——锁紧装置；3——手柄；4——可换球型测量头；

5——测量球；6——定位球。

图 1

4.2 基本参数

内径表的测量范围、测量头量程、测量头预压量、测量深度、超越行程见表1的规定。

表 1

单位为毫米

<table>
<tr><th>分度值</th><th>测量范围</th><th>测量头量程 t</th><th>测量头预压量</th><th>测量深度 H</th><th>超越行程</th></tr>
<tr><td rowspan="3">0.01</td><td>3～4</td><td>≥0.3</td><td rowspan="6">≥0.05</td><td>≥10</td><td>≥0.05</td></tr>
<tr><td>4～10</td><td>≥0.6</td><td>≥15</td><td rowspan="2">≥0.1</td></tr>
<tr><td>10～18</td><td>≥1.0</td><td>≥25</td></tr>
<tr><td rowspan="3">0.001</td><td>3～4</td><td>≥0.3</td><td>≥10</td><td rowspan="3">≥0.05</td></tr>
<tr><td>4～10</td><td>≥0.6</td><td>≥15</td></tr>
<tr><td>10～18</td><td>≥0.8</td><td>≥25</td></tr>
<tr><td colspan="6">注：内径表配有多个测量头，其对应的测量头量程和测量深度 H 也不同，表中仅规定了测量头量程和测量深度 H 的最小值。</td></tr>
</table>

5 要求

5.1 外观

内径表表面不应有影响外观和使用性能的锈蚀、碰伤、划痕等缺陷。

5.2 相互作用

内径表在正常使用状态下，测量机构的移动应平稳、灵活、无卡滞和松动现象。

5.3 材料与硬度

测量球和定位球的硬度不应低于766 HV（或62 HRC）。

5.4 表面粗糙度

测量球和定位球的表面粗糙度不应大于 *Ra*0.1 μm。

5.5 误差

内径表的最大允许误差、相邻误差、定中心误差和重复性不应超过表 2 的规定。

用浮动零位时，示值误差值不应大于表 2 中允许误差“±”符号后面对应的规定值。

表 2

<table>
<tr><td>分度值</td><td>测量头量程 t</td><td>最大允许误差</td><td>相邻误差</td><td>定中心误差</td><td>重复性</td></tr>
<tr><td colspan="2">mm</td><td colspan="4">μm</td></tr>
<tr><td rowspan="4">0.01</td><td>t≤0.5</td><td>±8</td><td>4</td><td rowspan="4">3</td><td rowspan="4">3</td></tr>
<tr><td>0.5<t≤1.0</td><td>±10</td><td rowspan="3">5</td></tr>
<tr><td>1.0<t≤2.0</td><td>±12</td></tr>
<tr><td>2.0<t≤3.5</td><td>±15</td></tr>
<tr><td>0.001</td><td>t≤3.5</td><td>±5</td><td>3</td><td>2</td><td>1.5</td></tr>
<tr><td colspan="6">注：允许误差、相邻误差、定中心误差、重复性值为温度在 20℃时的规定值。</td></tr>
</table>

5.6 测量力

内径表测量头的最大测量力见表 3。

表 3

<table>
<tr><td>分度值</td><td>测量范围</td><td>最大测量力</td></tr>
<tr><td colspan="2">mm</td><td>N</td></tr>
<tr><td rowspan="3">0.01、0.001</td><td>3～4</td><td>0.2～2.5</td></tr>
<tr><td>4～10</td><td>0.5～4</td></tr>
<tr><td>10～18</td><td>0.8～4.5</td></tr>
</table>

6 检验条件

内径表和检具在检定室内的平衡温度时间不应小于 2 h。

7 检验方法

7.1 外观

目力观察。

7.2 相互作用

手感检查。

7.3 表面粗糙度

用表面粗糙度比较样块目测比较。

7.4 示值误差和相邻误差

7.4.1 将分度值为 0.01 mm 的指示表安装在内径表表架内，使指示表测量头与球型测量头的测杆端面接触并使指示表压缩一圈，指示表指针位于零位左侧 0.05 mm 处，再将指示表锁紧。然后，将内径表安装在万能测长仪或专用检具（不确定度：2 mm 内不应大于 0.5 μm，每 0.05 mm 不应大于 0.8 μm，每 0.1 mm 不应大于 1 μm）的浮动工作台上的支臂上，使两个测量球与仪器的两测量面接触（见图 2）。再转动内径表找到转折点后，拧紧仪器的紧固装置。检测时，旋动测微头使测量球压缩到测量头量程的起点，并对指示表进行零位校准，然后每隔 0.05 mm（测量上限不大于 4 mm）或 0.1 mm（测量下限不小于 4 mm 的）检测并读数，直至测量头量程终点。根据浮动零位原则各受测点的读数值绘制校准曲线图（见图 3），确定其示值误差和相邻误差。

7.4.2 分度值为 0.001 mm 内径表的示值误差和相邻误差检验方法见 7.4.1，其中不同之处有：

a）指示表测量头与球型测量头的测杆端面接触，并使指示表压缩 1/4 圈；

b）每隔 0.05mm 检测并读数。

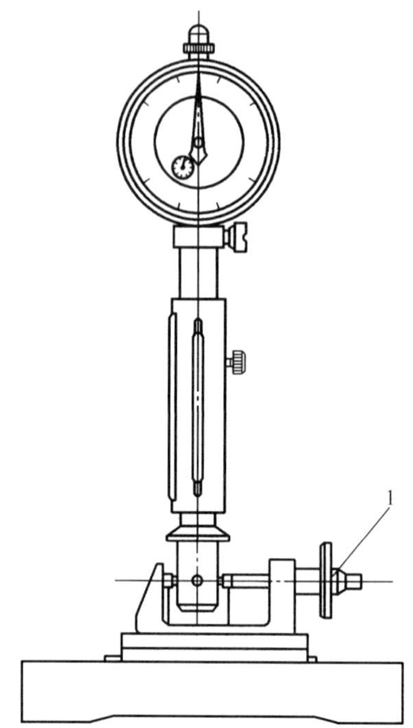

说明：

1——测微头。

图 2

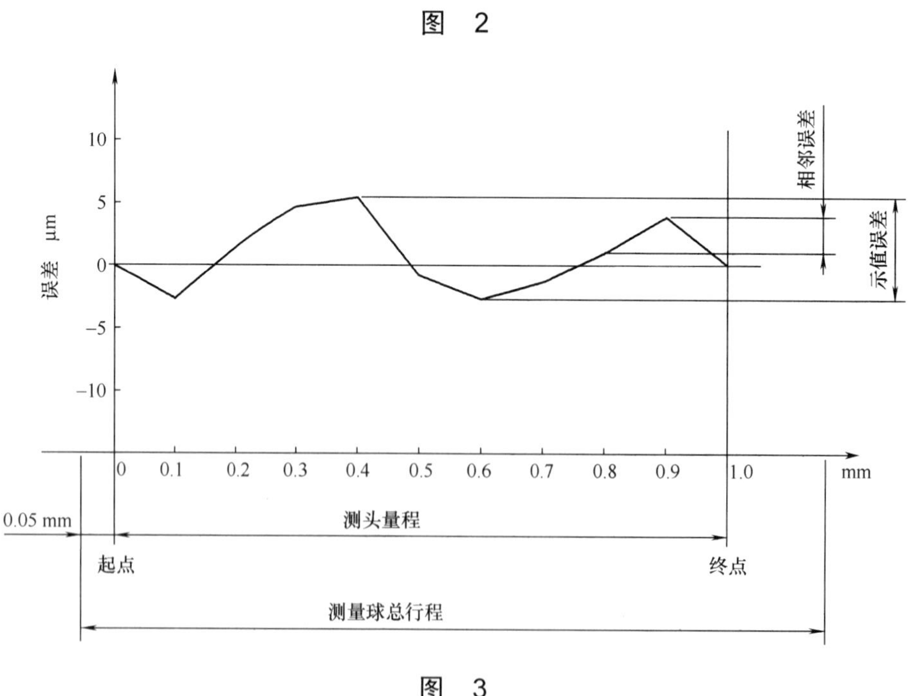

图 3

7.5 定中心误差

用 2 级或四等量块和量块附件按校对环规（不低于 3 级）实际尺寸组成内尺寸（见图 4）。然后，将两个测量钢球与量块附件的测量面接触，摆动内径表找到转折点后，读取指示表上的数值；再将内径表放入校对环规内，摆动内径表找到转折点后，再读取指示表上的数值。两次读数之差，即为定中心误差。也可用内径尺寸接近测量下限的光滑环规进行检测。当两个定位球不起作用时，测量球放进光滑环规内测得的读数值与两个定位球起作用时，放进光滑环规内测得的读数值，两次读数的差值，即为定中心误差。

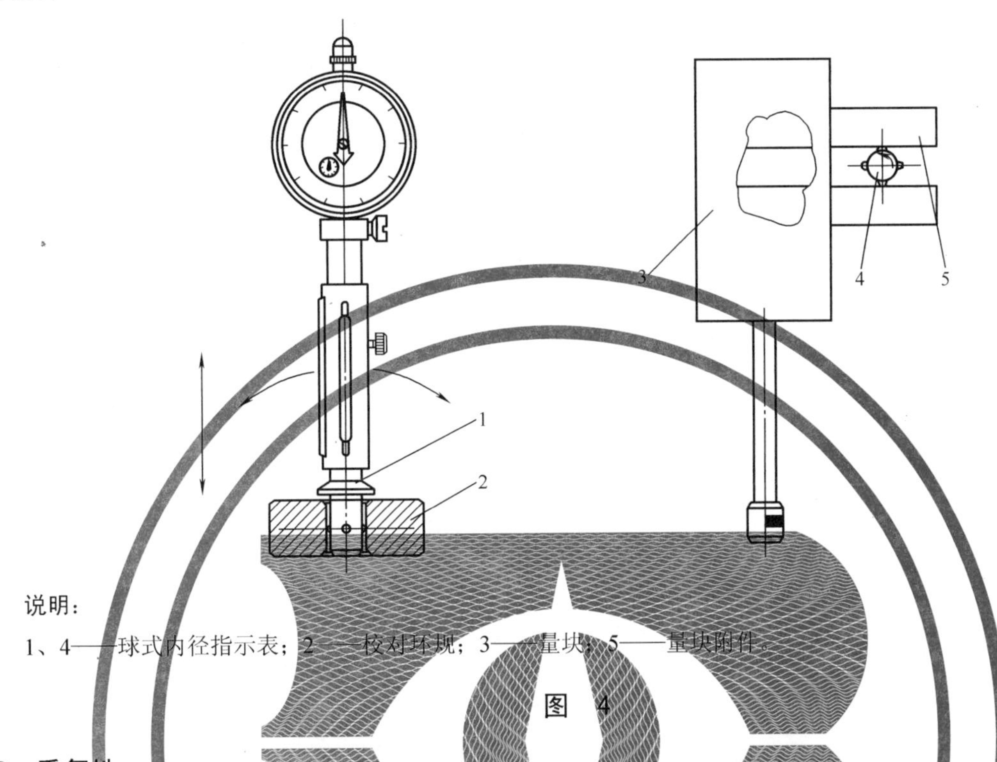

说明：

1、4——球式内径指示表；2——校对环规；3——量块；5——量块附件。

图 4

7.6 重复性

将内径表放入校对环规内，摆动内径表找到转折点后，读取指示表上的数值后，将内径表从校对环规内取出。在校对环规的同一位置上重复5次上述操作过程。取5次读数中的最大值与最小值之差，即为重复性。

7.7 测量力

将内径表两测量球分别与分辨力或分度值不大于0.2 N带升降机构的专用测力计两测量面接触，先转动内径表找到转折点后，再转动专用测力计的升降机构，在内径表工作行程的起点和终点位置由专用测力计的指示表读数。

8 标志与包装

8.1 内径表上应标志：

a）制造厂厂名或商标；

b）分度值；

c）产品序号；

d）测量头上应标志测量头量程，测量钢球上方应有明显标志。

8.2 内径表的包装盒上应标志：

a）制造厂厂名或商标；

b）产品名称；

c）分度值及测量范围。

8.3 包装前应经过防锈处理并妥善包装，不得因包装不善而在运输过程中损坏产品。

8.4 经检验符合本标准要求的，应附有产品合格证。产品合格证上应标有本标准的标准号、产品序号和生产日期。

ICS 17.040.30
J 42
备案号：36487—2012

中华人民共和国机械行业标准

JB/T 8791—2012
代替 JB/T 8791—1998

涨簧式内径指示表

Expanding head bore dial indicator

2012-05-24 发布　　2012-11-01 实施

中华人民共和国工业和信息化部 发布

前　言

本标准按照GB/T 1.1—2009给出的规则起草。

本标准代替JB/T 8791—1998《涨簧式内径百分表》，与JB/T 8791—1998相比主要技术变化如下：

——将涨簧式内径百分表与涨簧式内径千分表统称为涨簧式内径指示表。

——增加了分度值为0.001 mm、测量范围1 mm～18 mm的涨簧式内径指示表。

——修改了规范性引用文件（本版的第2章，1998年版的第2章）。

——修改并增加了术语和定义（本版的第3章。1998年版的第3章）。

——修改及增加了基本参数值（本版的4.2，1998年版的4.2）。

——用“最大允许误差”术语代替“示值总误差”术语；用“重复性”术语代替“示值变动性”对涨簧式内径指示表的技术指标做出规定（本版的5.5，1998年版的5.3）。

——修改了测量力值（本版的5.6，1998年版的5.4）。

——修改了最大允许误差和相邻误差检验方法（本版的7.5，1998年版的6.3）。

——增加了对工作面硬度的检定规定（本版的7.3）。

本标准由中国机械工业联合会提出。

本标准由全国量具量仪标准化技术委员会（SAC/TC132）归口。

本标准负责起草单位：哈尔滨量具刃具集团有限责任公司。

本标准参加起草单位：威海新威量量具有限公司、广西壮族自治区计量检测研究院。

本标准主要起草人：付冬华、张伟、武英、田世国、陈实英、李大勇、蔡旭平。

本标准所代替标准的历次版本发布情况：

——ZB J42 021—1988；

——JB/T 8791—1998。

涨簧式内径指示表

1　范围

本标准规定了涨簧式内径指示表的术语和定义、型式与基本参数、要求、检验条件、检验方法、标志与包装等。

本标准适用于分度值为 0.01 mm 和 0.001 mm、测量范围为 1 mm～18 mm 的涨簧式内径指示表（以下简称“内径表”）。

2　规范性引用文件

下列文件对于本文件的应用是必不可少的。凡是注日期的引用文件，仅注日期的版本适用于本文件。凡是不注日期的引用文件，其最新版本（包括所有的修改单）适用于本文件。

GB/T 1219—2008　指示表

GB/T 17163—2008　几何量测量器具术语　基本术语

GB/T 17164—2008　几何量测量器具术语　产品术语

3　术语和定义

GB/T 17163 和 GB/T 17164 界定的以及下列术语和定义适用于本文件。

3.1

涨簧测头量程　spring measuring head range

涨簧测头标称测量范围的两极限值之差。

3.2

相邻误差　adjacent error

在示值误差的曲线上，相邻两个受检点在纵坐标上的差值。

3.3

预压量　preset compression travel

涨簧式内径指示表涨簧测头量程前的预先压缩量。

3.4

测量深度　measuring depth

涨簧式内径指示表套管下端至涨簧测头测量线之间的距离。

4　型式与基本参数

4.1　型式

内径表的型式如图 1 所示。图示仅供图解说明，不表示详细结构。

4.2　基本参数

内径表的测量范围、涨簧测头量程、预压量、测量深度参见表 1。

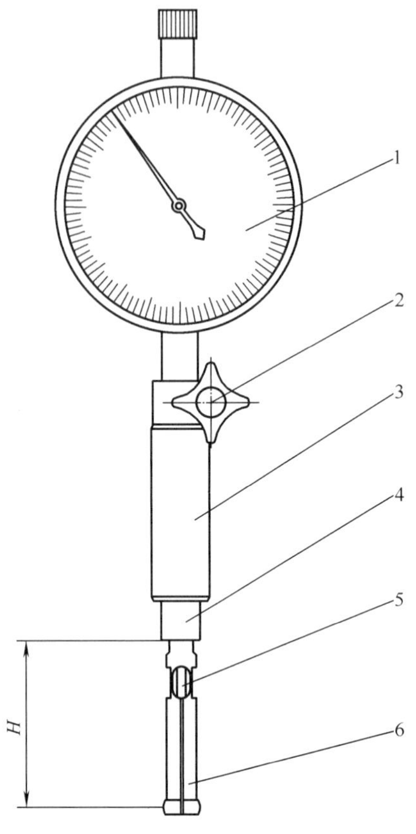

说明：

1——指示表；2——锁紧装置；3——手柄；4——套管；5——顶杆；6——涨簧测头。

图 1 涨簧式内径指示表

表 1

单位为毫米

<table>
<tr><th>分度值</th><th>测量范围</th><th>涨簧测头量程 t</th><th>预压量</th><th>测量深度 H</th></tr>
<tr><td rowspan="6">0.01</td><td>1～2</td><td>≥0.2</td><td rowspan="3">≥0.05</td><td>≥10</td></tr>
<tr><td>2～3</td><td rowspan="2">≥0.3</td><td>≥15</td></tr>
<tr><td>3～4</td><td>≥25</td></tr>
<tr><td>4～6</td><td>≥0.6</td><td rowspan="3">≥0.1</td><td>≥35</td></tr>
<tr><td>6～10</td><td rowspan="2">≥1.2</td><td rowspan="2">≥45</td></tr>
<tr><td>10～18</td></tr>
<tr><td rowspan="6">0.001</td><td>1～2</td><td>≥0.2</td><td rowspan="6">≥0.05</td><td>≥10</td></tr>
<tr><td>2～3</td><td rowspan="2">≥0.3</td><td>≥15</td></tr>
<tr><td>3～4</td><td>≥25</td></tr>
<tr><td>4～6</td><td>≥0.6</td><td>≥35</td></tr>
<tr><td>6～10</td><td rowspan="2">≥1</td><td rowspan="2">≥45</td></tr>
<tr><td>10～18</td></tr>
</table>

5 要求

5.1 外观

内径表表面不应有影响外观和使用性能的锈蚀、碰伤、划痕等缺陷。

5.2 相互作用

内径表在正常使用状态下，测量机构的移动应平稳、灵活、无卡滞和松动现象。

5.3 硬度

涨簧测头测量面的硬度不应低于 58 HRC。用不锈钢材料制造的涨簧测头测量面的硬度不应低于 52.5 HRC。

5.4 表面粗糙度

涨簧测头测量面的表面粗糙度不应大于 *Ra*0.1 μm。

5.5 误差

内径表的最大允许误差、相邻误差和重复性不应超过表 2 的规定；其中，指示表应符合 GB/T 1219 的要求。

用浮动零位时，示值误差值不应大于表 2 中允许误差“±”符号后面对应的规定值。

表 2

单位为毫米

分度值	涨簧测头量程 *t*	最大允许误差	相邻误差	重复性
0.01	$t \leqslant 0.6$	±0.01	0.005	0.003
	$0.6 < t \leqslant 1.2$	±0.012		
	$t > 1.2$	±0.015		
0.001	$t \leqslant 0.6$	±0.005	0.003	0.001 5
	$0.6 < t \leqslant 1$	±0.006		
	$t > 1$	±0.007		
注：允许误差、相邻误差、重复性为温度在 20℃时的规定值。				

5.6 测量力

内径表测量头的最大测量力不应大于表 3 的规定。

表 3

分度值	测量范围	测量力
mm		N
0.01、0.001	1～2、2～3、3～4	2.5
	4～10、10～18	5

6 检验条件

内径表和检具在检定室内的平衡温度时间不应小于 2 h。

7 检验方法

7.1 外观

目力观察。

7.2 相互作用

手感检查。

7.3 硬度

用洛氏硬度计进行检定。

7.4 表面粗糙度

用表面粗糙度比较样块目测比较。若有争议，则在表面粗糙度检查仪上进行检验。

7.5 示值误差和相邻误差

7.5.1 将分度值为 0.01 mm 的指示表安装在表架上，压缩指示表测量杆，使指示表指针旋转约 1 转，指针应指向测量杆的左上侧，然后将指示表夹紧。用环规检测，环规圆度误差不应大于 1 μm，环规两点直径尺寸误差应不超过±1 μm。将内径表在测量上限环规内进行预压量压缩并将指示表对零位，测量上限不大于 4 mm 的环规间隔 0.05 mm，测量下限不小于 4 mm 的环规间隔 0.1 mm，按递减环规逐点检测并读取示值误差，直到涨簧测头量程终点。根据浮动零位原则各受检点的示值误差绘制成示值误差曲线（见图 2）。确定示值误差和相邻误差，示值误差曲线上任意两受检点示值误差之差绝对值的最大值即为该表最大示值误差。示值误差曲线上任意相邻两受检点示值误差之差绝对值的最大值即为相邻误差。

每套内径表只取一个涨簧测头按上述方法检测，其余涨簧测头只检其测头量程的始点和终点两个位置，来确定其最大示值误差。

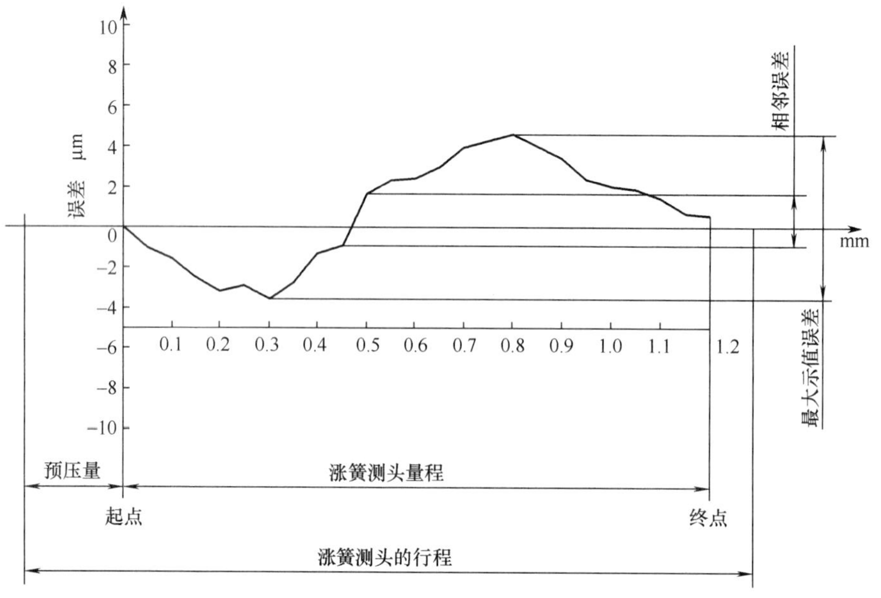

图 2 示值误差曲线图

7.5.2 分度值为 0.001 mm 内径表的示值误差和相邻误差检验方法见 7.5.1，其中不同之处有：

a）压缩指示表测量杆，使指示表压缩 1/4 圈；

b）在涨簧测头量程内，每压缩 0.05 mm 检测并读数；

c）环规圆度误差不应大于 0.5 μm，环规两点直径尺寸误差应不超过±0.5 μm。

7.5.3 允许使用专用检具，如图 3 所示，其检测点、压缩量、不确定度按 7.5.1、7.5.2。该检具与涨簧测头接触两测头应能同时定心移动。

7.6 重复性

将内径表的涨簧测头放入环规内，摆动和回转内径表找到转折点后，读取指示表上的数值后，将内径表从环规内取出。在环规的同一位置上重复 5 次上述操作。取 5 次读数中的最大值与最小值之差，即为重复性。

7.7 测量力

将内径表安装在专用测力计（感量最大允许值为 0.2 N）上，使涨簧测头与测力计接触，然后压缩涨簧测头，分别在测头量程的起点和终点位置由测力计读数。

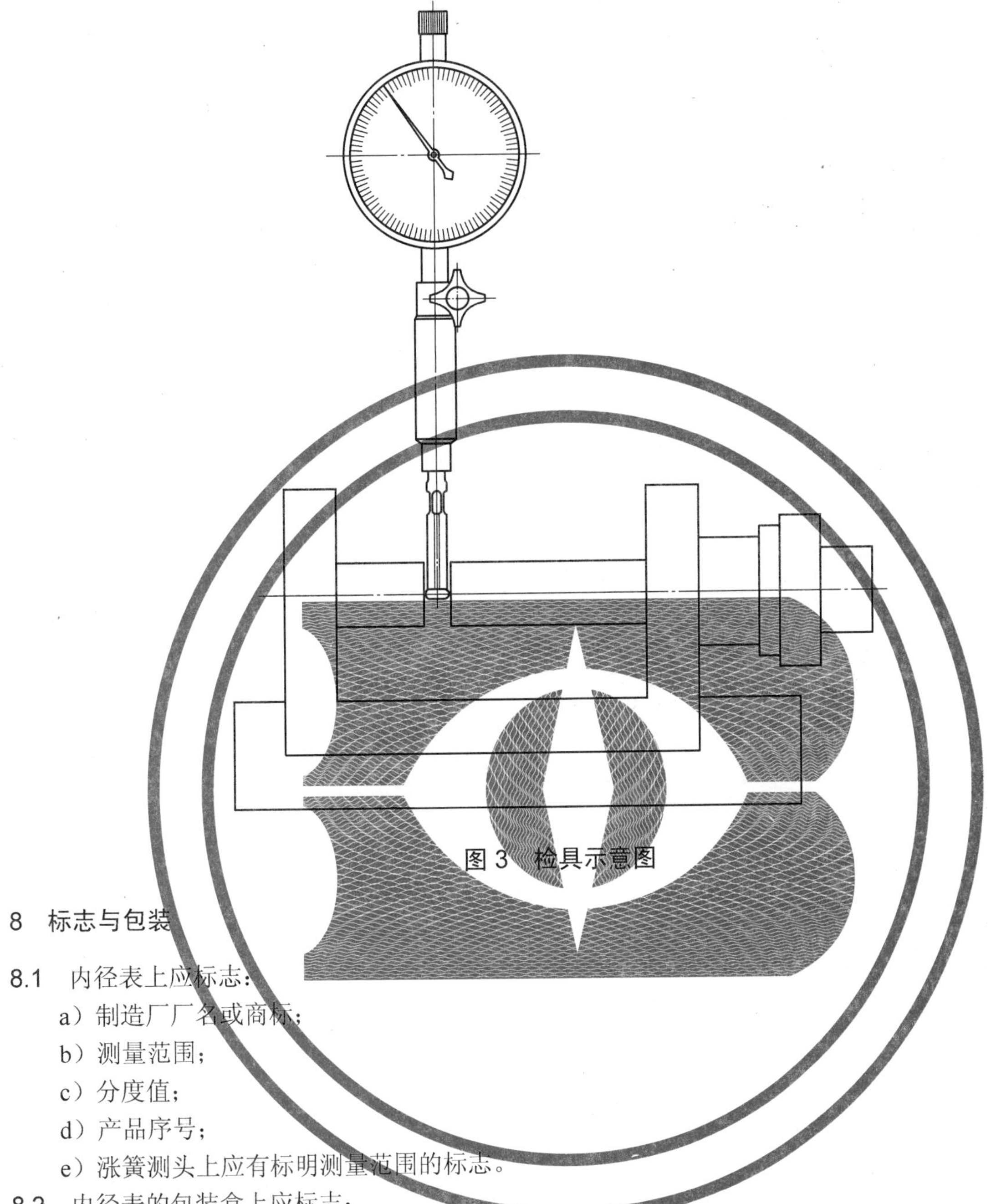

图3 检具示意图

8 标志与包装

8.1 内径表上应标志：

a）制造厂厂名或商标；

b）测量范围；

c）分度值；

d）产品序号；

e）涨簧测头上应有标明测量范围的标志。

8.2 内径表的包装盒上应标志：

a）制造厂厂名或商标；

b）产品名称；

c）分度值及测量范围；

d）包装盒内存放涨簧测头的位置应标志其测量范围。

8.3 包装前应经过防锈处理并妥善包装，不得因包装不善而在运输过程中损坏产品。

8.4 经检验符合本标准要求的，应附有产品合格证。产品合格证上应标有本标准的标准号、产品序号和生产日期。

ICS 17.040.30
J 42
备案号：36489—2012

中华人民共和国机械行业标准

JB/T 10005—2012
代替 JB/T 10005—1999

小测头千分尺

Small anvil micrometer

2012-05-24 发布　　2012-11-01 实施

中华人民共和国工业和信息化部 发布

前　言

本标准按照GB/T 1.1—2009给出的规则起草。

本标准代替JB/T 10005—1999《小测头千分尺》，与JB/T 10005—1999相比主要技术变化如下：

——增加了电子数显小测头千分尺的品种、规格及要求（本版的第1章，1999年版的第1章）；

——增加了小测头千分尺的量程规格（本版的第1章，1999年版的第1章）；

——重新定义了小测头千分尺的有关术语和定义（本版的3.1，1999年版的第2章）；

——重新规定和调整了固定套管的标尺标数的刻写方式（本版的4.2.1，1999年版的3.2）；

——修改了对小测头千分尺测量量程的规定（本版的4.2.2，1999年版的3.1）；

——增加了小测头千分尺测微螺杆和测砧测量端直径规格（本版的4.2.3，1999年版的3.3）；

——增加并调整了对标尺的要求，并引用GB/T 1216—2004的相关要求（本版的5.7）；

——用“最大允许误差”术语代替“示值误差”术语对示值指标做出规定（本版的5.9和5.11，1999年版的2.2、4.11）；

——修改了测量面硬度和表面粗糙度的要求（本版的5.10.2，1999年版的4.8和4.9）；

——修改了小测头千分尺对两测量面的偏位要求（本版的5.10.3）；

——修改了对测量面的平面度要求（本版的5.10.4，1999年版的5.11）；

——修改并调整了对测量面平行度的要求（本版的5.10.5，1999年版的5.11）；

——增加了电子数显装置性能要求（本版的5.12）；

——修改了对校对量杆尺寸偏差及平行度的要求（本版的5.16.1，1999年版的4.12）；

——修改了对校对量杆测量面表面粗糙度的要求（本版的5.16.2，1999年版的4.14）；

——增加了对数显装置的试验方法（本版的第6章）；

——增加了检查条件章节（本版的第7章）；

——增加了锁紧前后测量面间距离变化的检查方法（本版的8.5）；

——删除了1999年版标准的附录A，并将其内容经修改后收入本标准的相关章节，（本版的5.4、5.9、5.11、8.6、8.8.3及附录A，1999年版的附录A）。

本标准由中国机械工业联合会提出。

本标准由全国量具量仪标准化技术委员会（SAC/TC132）归口。

本标准负责起草单位：桂林量具刃具有限责任公司。

本标准参加起草单位：浙江省计量科学研究院、苏州麦克龙测量技术有限公司、桂林广陆数字测控股份有限公司、广西壮族自治区计量检测研究院。

本标准主要起草人：程江龙、吴庆良、茅振华、黄晓宾、董中新、陈萍。

本标准所代替标准的历次版本发布情况为：

——ZB J42 002—1987；

——JB/T 10005—1999。

小测头千分尺

1 范围

本标准规定了小测头千分尺的术语和定义、型式与基本参数、要求、试验方法、检查条件、检查方法、标志与包装等。

本标准适用于分度值为 0.01 mm、分度值/分辨力为 0.001 mm，测量范围上限至 200 mm 的机械式小测头千分尺和电子数显小测头千分尺（统称“小测头千分尺”）。

2 规范性引用文件

下列文件对于本文件的应用是必不可少的。凡是注日期的引用文件，仅注日期的版本适用于本文件。凡是不注日期的引用文件，其最新版本（包括所有的修改单）适用于本文件。

GB/T 1216—2004 外径千分尺

GB/T 2423.3—2006 电工电子产品环境试验 第2部分：试验方法 试验Cab：恒定湿热试验

GB/T 2423.22—2002 电工电子产品环境试验 第2部分：试验方法 试验N：温度变化

GB 4208—2008 外壳防护等级（IP代码）

GB/T 17163—2008 几何量测量器具术语 基本术语

GB/T 17164—2008 几何量测量器具术语 产品术语

GB/T 17626.2—2006 电磁兼容 试验和测量技术 静电放电抗扰度试验

GB/T 17626.3—2006 电磁兼容 试验和测量技术 射频电磁场辐射抗扰度试验

GB/T 20919—2007 电子数显外径千分尺

3 术语和定义

GB/T 17163 和 GB/T 17164 界定的以及下列术语和定义适用于本文件。

3.1

小测头千分尺 small anvil micrometer

利用螺旋副原理或螺旋副原理与电子测量、数字显示技术结合，对尺架上两较小测量面间分割的距离进行读数的外尺寸测量器具。

注1：改写 GB/T 17164—2008 中定义 2.3.6。

注2：利用螺旋副原理，通过微分筒标尺进行读数的小测头千分尺，又称机械式小测头千分尺。

注3：利用螺旋副原理与电子测量、数字显示技术结合进行读数的小测头千分尺，又称电子数显小测头千分尺。

注4：机械式小测头千分尺和电子数显小测头千分尺，统称“小测头千分尺”。

3.2

响应速度 response speed

电子数显小测头千分尺能正常显示数值时测微螺杆相对于测砧的最大移动速度。

3.3

数显装置 digital indicating devices

利用传感器、电子和数字显示技术计算并显示数显小测头千分尺的测量面位移的装置。

3.4

最大允许误差（MPE） maximum permissible error（MPE）

由技术规范、规则所规定的误差极限值。

［GB/T 17163—2008，定义 4.21］

3.5

测微头移动最大允许误差　maximum permissible moving error of micrometer head

忽略了测砧和尺架的影响，仅针对测微头在量程范围内，规定的误差极限值。

注 1：改写 GB/T 1216—2004 中定义 3.4。

注 2：此误差包括测微螺杆、调节螺母及微分标尺引入的误差。

4　型式与基本参数

4.1　型式

4.1.1　小测头千分尺的型式如图 1、图 2 所示。图示仅供图解说明，不表示详细结构。

4.1.2　小测头千分尺应具有测力装置、隔热装置和紧固测微螺杆的锁紧装置。

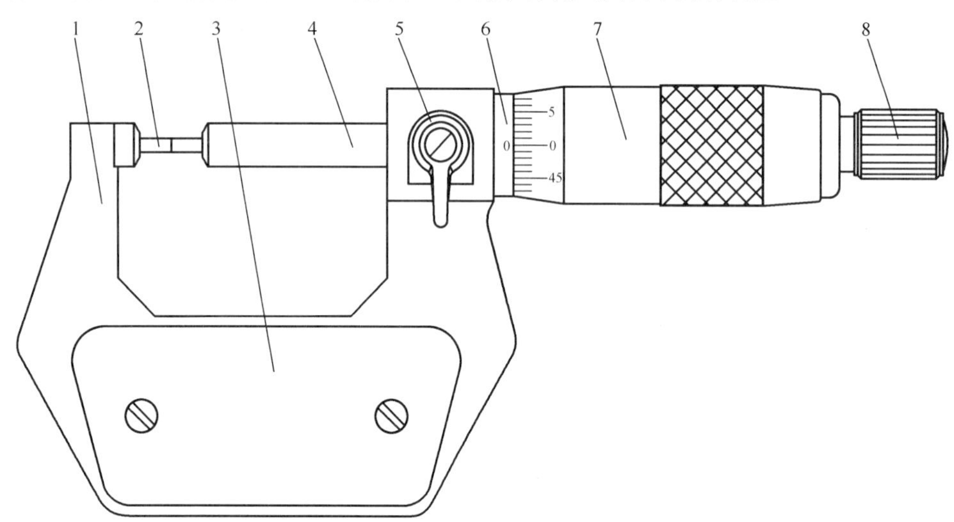

说明：

1——尺架；2——测砧；3——隔热装置；4——测微螺杆；5——锁紧装置；
6——固定套管；7——微分筒；8——测力装置。

图 1　机械式小测头千分尺

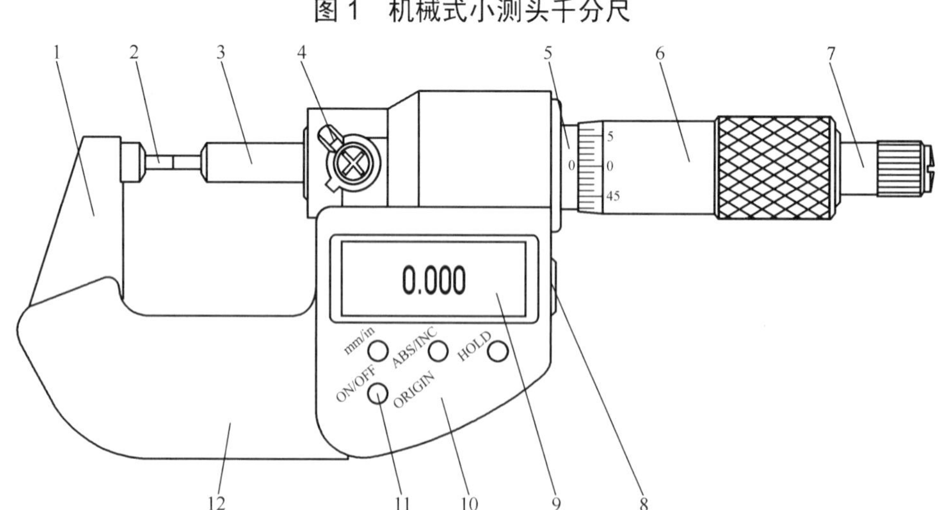

说明：

1——尺架；2——测砧；3——测微螺杆；4——锁紧装置；5——固定套管；6——微分筒；
7——测力装置；8——输出口；9——显示屏；10——数显装置；11——功能键；12——隔热装置。

图 2　电子数显小测头千分尺

4.2 基本参数

4.2.1 固定套管的标尺标数，除有特别要求的之外，应按表1的规定刻写。

表 1

单位为毫米

测微头的量程	标尺标数的刻写
15	0+*A*，5+*A*，10+*A*，15+*A*
25	0+*A*，5+*A*，10+*A*，15+*A*，20+*A*，25+*A*
30	0+*A*，5+*A*，10+*A*，15+*A*，20+*A*，25+*A*，30+*A*
注：测量范围上限至100 mm的小测头千分尺，表中*A*为测量范围下限值；测量范围下限大于100 mm的小测头千分尺，表中*A*为测量范围下限值减100。	

4.2.2 小测头千分尺的量程宜为：15 mm、25 mm、30 mm；测微螺杆螺距宜为：0.5 mm、1 mm。

4.2.3 测微螺杆和测砧测量端直径宜为：1.5 mm、2 mm、3 mm，其伸出长度不应小于5 mm。

5 要求

5.1 外观

5.1.1 小测头千分尺不应有影响使用性能的裂纹、划伤、碰伤、锈蚀、毛刺等缺陷。

5.1.2 小测头千分尺表面的镀层、涂层不应有脱落和影响外观的色泽不均等缺陷。

5.1.3 电子数显小测头千分尺的显示屏应透明、清洁、无划痕，数字显示应清晰。

5.1.4 标尺标记不应有目力可见的断线、粗细不均及影响读数的其他缺陷。

5.2 相互作用

5.2.1 小测头千分尺测微螺杆的移动应平稳、灵活，在其整个行程范围内不应有卡滞现象，其轴向窜动量和径向间隙量均不应大于0.01 mm。

5.2.2 锁紧装置应能将测微螺杆在其测量范围内任意位置可靠紧固，松开锁紧装置后测微螺杆应能灵活移动。

5.3 材料

按GB/T 1216—2004中5.2的规定。

5.4 尺架

按GB/T 1216—2004中5.3的规定。

5.5 测微螺杆和测砧

按GB/T 1216—2004中5.4的规定。

5.6 锁紧装置

用锁紧装置在锁紧测微螺杆前后，小测头千分尺两测量面间的距离变化不应超过表2的规定，且两测量面间的平行度应符合5.10.5的规定。

表 2

单位为毫米

紧固部位类型	锁紧时测量面间距离变化	
	分度值：0.01 mm	分度值/分辨力：0.001 mm
有刚性支撑	0.002	0.001 5
无刚性支撑	0.003	

5.7 标尺

按GB/T 1216—2004中5.9的规定。

5.8 测力装置

小测头千分尺的测力装置，在平面与球面接触状态下，通过测力装置作用在测量面上的测量力应在

5 N～10 N 之间、测量力变化不应大于 2 N。

5.9 测微头

小测头千分尺的测微头在其量程范围内移动位移的最大允许误差不应超过表 3 的规定。

测微头的示值误差按浮动零位原则判定，即示值误差的带宽不应超过表 3 中最大允许误差“±”号后的规定值。

表 3

单位为毫米

测微头的量程	测微头移动最大允许误差	
	分度值：0.01 mm；分辨力：0.001 mm	分度值：0.001 mm
15，25，30	±0.003	±0.002

5.10 测量面

5.10.1 测量面应为平面，并应经过研磨（特殊需要时也可做成球面及其他型面及组合）。

5.10.2 测量面的硬度及表面粗糙度应符合表 4 的规定。

表 4

测量面材料	硬　度	表面粗糙度 Ra μm
碳素钢、工具钢	≥766 HV（或 62 HRC）	0.1（0.2）
不锈钢	≥551 HV（或 52.5 HRC）	
硬质合金或其他耐磨材料	≥1 000 HV	0.05
注：括号内参数仅针对除平面形外的异型测量面。		

5.10.3 小测头千分尺两测量面的偏位量不应大于表 5 的规定。

表 5

单位为毫米

测量范围上限	偏位量
≤30	0.03
≤50	0.05
≤75	0.08
≤100	0.10
≤125	0.12
≤150	0.14
≤175	0.16
≤200	0.18

5.10.4 小测头千分尺测量面的平面度误差不应大于表 6 的规定。

表 6

单位为毫米

测量上限 t	测量面的平面度公差	
	分度值：0.01 mm	分度值/分辨力：0.001 mm
t≤100	0.000 3	0.000 3
100＜t≤200	0.000 6	
注：测量面的平面度公差在测量面边缘 0.1 mm 范围内不计。		

5.10.5 两测量面的平行度误差不应大于表 7 的规定。

表 7

测量上限 t mm	最大允许误差 μm		两测量面的平行度公差 μm	
	分度值：0.01 mm	分度值/分辨力：0.001 mm	分度值：0.01 mm	分度值/分辨力：0.001 mm
t≤30	±3	±2	1	1
30<t≤50	±4	±2	2	1.5
50<t≤100	±5	±3	3	2
100<t≤150	±6	±3	4	2.5
150<t≤200	±7	±4	5	3

5.11 最大允许误差

小测头千分尺的最大允许误差不应超过表 7 的规定。

5.12 电子数显装置

按 GB/T 20919—2007 中 5.8 的规定。

5.13 抗温度变化及抗湿热能力

电子数显小测头千分尺应具有抗温度变化及抗湿热的能力，其在表 8 规定的严酷等级下应能正常工作。

表 8

温度变化严酷等级		恒定湿热试验严酷等级	
低温 T_A	−5℃	温度	（30±2）℃
高温 T_B	40℃	相对湿度	（80±3）%
循环数	5	持续时间	12 h
转换时间	（2～3）min		—

5.14 重复性

电子数显小测头千分尺的重复性不应大于 0.001 mm。

5.15 响应速度

电子数显小测头千分尺的响应速度应能保证以测力装置操作测微螺杆运动时，显示值正常。

5.16 校对量杆

5.16.1 机械式小测头千分尺校对量杆的尺寸偏差为 js3；电子数显小测头千分尺校对量杆的尺寸偏差为 js2。当校对量杆量面采用大于ϕ3 mm 直径时，其平行度公差为其尺寸公差的 1/2。当校对量杆量面直径小于或等于ϕ3 mm 时，其两工作面平行度可不作要求。

5.16.2 校对量杆的测量面应做成平面，表面粗糙度不应大于 Ra0.1 μm。

5.16.3 校对量杆测量面硬度不应低于 766 HV1（或 62 HRC）。

5.16.4 校对量杆应有隔热装置。

6 试验方法

6.1 防尘、防水试验

电子数显小测头千分尺的防尘、防水试验应符合 GB 4208—2008 的规定。

6.2 抗静电干扰试验

电子数显小测头千分尺的抗静电干扰试验应符合 GB/T 17626.2—2006 的规定。

6.3 抗电磁干扰试验

电子数显小测头千分尺的抗电磁干扰试验应符合 GB/T 17626.3—2006 的规定。

6.4 温度变化试验

电子数显小测头千分尺应进行温度变化试验，试验应符合 GB/T 2423.22—2002 的规定。在标准大气条件下恢复至常温后，按本标准 5.1、5.11、5.12、5.14 要求进行检查。

6.5 湿热试验

电子数显小测头千分尺应进行湿热试验，试验应符合 GB/T 2423.3—2006 的规定。在标准大气条件下恢复时间 2 h 后，按本标准 5.1、5.11、5.12、5.14 要求进行检查。

7 检查条件

7.1 检查前，应将被检小测头千分尺、校对量杆与检查用设备共同置于铸铁平板或木桌上进行平衡温度，其平衡时间不应小于表 9 的要求。

表 9

测量范围上限 mm	检查室内温度对20℃的允许偏差 ℃		平衡温度时间 h	检查室内温度对20℃的允许偏差 ℃		平衡温度时间 h
	机械式 小测头千分尺	校对量杆		电子数显 小测头千分尺	校对量杆	
≤100	±5	±3	2	±3	±1	3
>100～200	±4	±2	3	±2	±1	4

7.2 电子数显小测头千分尺检查时的相对湿度应不大于 80%。

8 检查方法

8.1 外观

目力观察。

8.2 相互作用

手感、目测及试验，如有异议，则按符合附录 A 的规定进行检查。

8.3 尺架变形的检查

将尺架测砧端固定，在另一端沿测微螺杆轴线方向施加 100 N 的力，并由千分指示表在施力端的量面上读取数值，分别观察在施力和未施力条件下千分指示表的示值，将两次示值之差按 10 N 力的比例换算，求出尺架的变形量。

8.4 测微螺杆和测砧的检查

测微螺杆和测砧的伸出长度可用游标卡尺进行检查。

8.5 锁紧前后测量面间距离变化的检查

将小测头千分尺置于专用检具上紧固，用杠杆千分表测头对准测量面中心处预压少许，并对“零”，然后锁紧测微螺杆，读取杠杆千分表示值变化值，即为测量面间距离的锁紧变化量（见图 3）。

8.6 测量力和测量力变化

小测头千分尺的测量力和测量力变化，用专用测力计进行检查，该项检查应在测微螺杆整个测量行程范围内的始点、中点、末点附近进行，三点测得值均应在 5 N～10 N。三点测得值中的最大值与最小值之差为测量力变化，其值不应大于 2 N。

8.7 测微头的示值误差

将小测头千分尺安放牢固，将具有球形测量面的测微头示值专用检具安装在接近测微螺杆端的尺架上，并调整好，然后用表10所列尺寸系列的一组量块进行检查（分度值为0.01 mm的小测头千分尺用2级或四等量块。分度值/分辨力为0.001 mm的小测头千分尺用1级或三等量块）。根据测微头各点指示值与量块尺寸的差值绘制误差曲线，取误差曲线上最高点与最低点纵坐标的差值，按浮动零位原则确定测微头的示值误差，其值不应大于表3的规定。

测量上限至100 mm的小测头千分尺测微头的示值误差可不做检查，只做整体示值检查。测量下限大于100 mm的小测头千分尺可只做测微头的示值误差检查，不做整体示值检查。

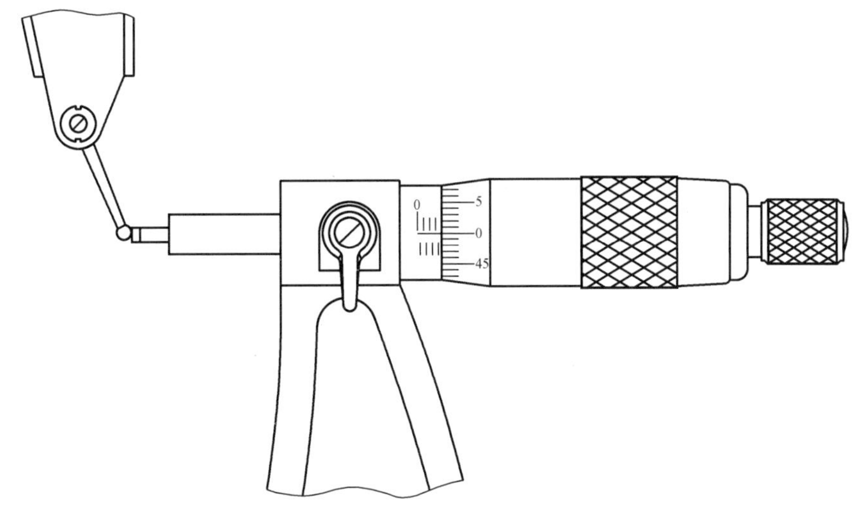

图3 锁紧前后两测量面间距离变化检查示意图

表 10

单位为毫米

测微头的行程	量块尺寸系列
15	2.5，5.1，7.7，10.3，12.9，15
25	2.5，5.1，7.7，10.3，12.9，15，17.6，20.2，22.8，25；或 5.12，10.24，15.36，21.5，25
30	2.5，5.1，7.7，10.3，12.9，17.6，20.2，22.8，25，27.5，30；或 5.12，10.24，15.36，21.5，25，27.5，30

8.8 测量面

8.8.1 测量面的表面粗糙度

用表面粗糙度检查仪检查和表面粗糙度比较样块及显微镜比较检查。

8.8.2 测量面硬度

对于未镶硬质合金或其他耐磨材料的测量面，可在距测量面1 mm的光滑圆柱部位处检查，用维氏硬度计（或洛氏硬度计）在圆周上均布三点进行检查，取三点测得值的算术平均值作为测量结果（可仅在生产过程中进行）。

对于镶装硬质合金或其他耐磨材料的测量面，其硬度可不做检查。

8.8.3 测量面偏位

将小测头千分尺尺架平放在平板上的三个可调支承架上，调整支承架使测微螺杆伸出部分轴线与平板平面平行，分别测出测微螺杆和测砧至平板平面间的距离，两距离的差值即为两测量面在水平方向的偏移量δ_x，然后，将小测头千分尺尺架绕测微螺杆轴线转动90°，使尺架平面与平板平面垂直，以尺架为支撑点。调整支撑点使测微螺杆伸出部分轴线与平板平面平行，分别测出测微螺杆和测砧至平板平面间的距离，两距离的差值即为两测量面在垂直方向上的偏移量δ_y，两测量面的偏位δ_s按公式（1）计算，其计算结果不应大于表5的规定值。

$$\delta_s = \sqrt{(\delta_x)^2 + (\delta_y)^2} \quad \cdots\cdots (1)$$

式中：

δ_s——两测量面的偏位；

δ_x——两测量面在水平方向的偏移量；

δ_y——两测量面在垂直方向的偏移量。

8.8.4 测量面的平面度

采用二级平面平晶检查，检查时应调整平面平晶，使测量面上的干涉带或干涉环数尽量少或形成封闭的干涉环。测量面的平面度δ_F按公式（2）计算，其计算结果不应大于表6的规定值。

$$\delta_F=n\lambda/2 \qquad (2)$$

式中：

δ_F——测量面的平面度，单位为微米（μm）；

n——干涉带或干涉环的数目；

λ——光波波长，$\lambda\approx0.6$ μm。

8.8.5 测量面的平行度

测量范围上限至100 mm的小测头千分尺测量面的平行度可采用四块一组的光学平行平晶进行检查，光学平行平晶长度尺寸相差测微螺杆螺距的四分之一。依次将光学平行平晶放入两测量面间，使光学平行平晶与测量面相接触，并在测力作用下，轻轻调整平晶使两测量面出现的干涉环或干涉带数目减至最少，分别在锁紧和松开测微螺杆的两种状态下，读取两测量面上光波干涉带条纹的总条数，以干涉带条纹总条数最多的状态为计算依据，测量面的平行度δ_P按公式（3）计算，其计算结果不应大于表7的规定值。

$$\delta_P=(n_1+n_2)\lambda/2 \qquad (3)$$

式中：

δ_P——测量面的平行度，单位为微米（μm）；

n_1，n_2——分别为两测量面上干涉带的数目；

λ——光波波长，$\lambda\approx0.6$ μm。

测量范围下限大于100 mm的小测头千分尺的测量面的平行度可以用其他装置（如量块与平行平晶组合或平行检查仪等）检查。

也允许用其他满足测量不确定度要求的仪器检查测量面的平行度。

8.9 最大允许误差

将小测头千分尺紧固在夹具上，在两测量面间放入尺寸系列符合表11要求的一组量块进行检查（分度值为0.01 mm的小测头千分尺用2级或四等量块。分度值/分辨力为0.001 mm的小测头千分尺用1级或三等量块）。得出小测头千分尺示值与相应量块尺寸的差值，以各检点中绝对值最大的差值作为小测头千分尺的示值误差，其值不应大于表7的规定。

对于测量范围下限大于100 mm的小测头千分尺，可用按小测头千分尺的量程选用表11中的相应专用量块，依次研合在相当于小测头千分尺测量范围下限的量块上依次进行检查，其值不应大于表7的规定。也可根据测微头的行程用测微头示值专用检具只对测微头的示值进行检查。其值不应大于表3的规定。

表 11

单位为毫米

量程	量块尺寸系列
15	A+2.5，A+5.1，A+7.7，A+10.3，A+12.9，A+15
25	A+2.5，A+5.1，A+7.7，A+10.3，A+12.9，A+15，A+17.6，A+20.2，A+22.8，A+25；或 A+5.12，A+10.24，A+15.36，A+21.5，A+25
30	A+2.5，A+5.1，A+7.7，A+10.3，A+12.9，A+17.6，A+20.2，A+22.8，A+25，A+27.5，A+30；或 A+5.12，A+10.24，A+15.36，A+21.5，A+25，A+27.5，A+30
注：表中 A 为小测头千分尺的测量下限。	

8.10　电子数显装置

遵循GB/T 20919—2007中6.5的规定执行。

8.11　重复性

电子数显小测头千分尺，在相同测量条件下，对同一量值，重复测量五次分别读数。其五次测得示值间的最大差异即为该受检位置的重复性。重复性检查应在全量程的始点、中点、末点三处附近进行，各检查点的重复性均应满足5.14的规定。

8.12　校对量杆

8.12.1　校对量杆的尺寸偏差及平行度

机械式小测头千分尺校对量杆的尺寸偏差可用在光学计或测长机上采用4等量块以比较法进行检查。电子数显小测头千分尺校对量杆的尺寸偏差可在立式接触干涉仪或测长机上采用3等量块以比较法进行检查。也可以用同等准确度的其他仪器检查。

检查时，在图 4 所示的 5 点上进行，其 5 点的检查结果均应满足校对量杆尺寸偏差的规定，并取 5 点检查结果中的最大值为校对量杆的实际尺寸。取 5 点检查结果中的最大值与最小值之差为校对量杆两工作面的平行度。

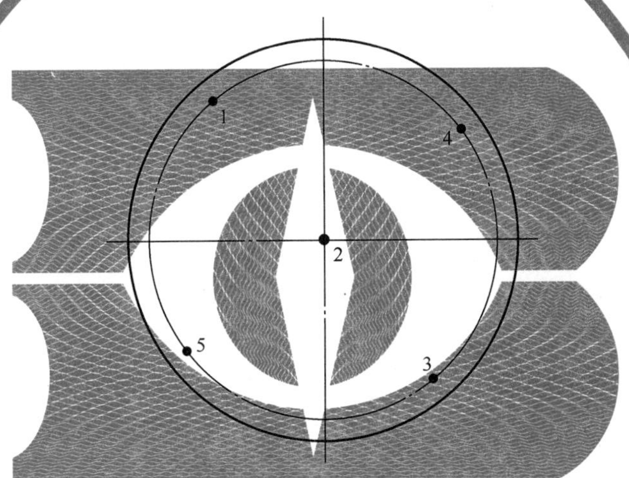

图 4　校对量杆的尺寸偏差及平行度检点示意图

8.12.2　校对量杆的测量面的表面粗糙度

用表面粗糙度比较样块和显微镜比较检查。

8.12.3　校对量杆的测量面硬度

校对量杆的测量面硬度，可在距测量面 1 mm 的光滑圆柱部位处检查，用维氏硬度计（或洛氏硬度计）在圆周上均布三点进行检查，取三点测得值的算术平均值作为测量结果。检查可仅在生产过程中进行。

9　标志与包装

9.1　小测头千分尺上至少应有标志：

a）制造厂厂名或商标；

b）分度值/分辨力（电子数显小测头千分尺的可不标注）；

c）产品序号。

9.2　小测头千分尺的包装盒上至少应标志：

a）制造厂厂名或商标；

b）产品名称；

c）分度值/分辨力及测量范围。

9.3 校对量杆上应标注其长度标称尺寸。

9.4 小测头千分尺在包装前应经过防锈处理并妥善包装，不得因包装不善而在运输过程中损坏产品。

9.5 小测头千分尺经检查符合本标准要求的，应附有产品合格证。产品合格证上应标有本标准的标准号、产品序号和出厂日期。

附 录 A
（规范性附录）
测微螺杆轴向窜动和径向间隙

A.1 小测头千分尺测微螺杆的轴向窜动和径向间隙可采用专用检查装置进行检查。检查装置的分度值或分辨力为 0.001 mm。

A.2 轴向窜动采用杠杆千分表检查，将杠杆千分表与测微螺杆的测量面接触，在沿测微螺杆轴线方向分别施加 3 N～5 N 的往返力，观察杠杆千分表的示值变化，示值的最大变化量即为测微螺杆的轴向窜动量。其值不应大于 0.01 mm。

A.3 径向间隙采用杠杆千分表检查，将测微螺杆伸出尺架 10 mm，使杠杆千分表测头接触测微螺杆端部 2 mm 左右处的外圆周上，沿杠杆千分表的测量方向在测微螺杆上施加 2 N～3 N 的往返力，观察杠杆千分表的示值变化，示值的最大变化量即为测微螺杆在此方向上的径向间隙量。然后在测微螺杆与此方向相互垂直的另一径向上进行同样的检查，取两次检查所得径向间隙量的最大值为小测头千分尺测微螺杆的径向间隙量。其值不应大于 0.01 mm。

ICS 17.040.30
J 42
备案号：36490—2012

中华人民共和国机械行业标准

JB/T 10007—2012
代替 JB/T 10007—1999

大外径千分尺
（测量范围为 1 000 mm～3 000 mm）

Large outside micrometer
（the measuring range is from 1 000 mm to 3 000 mm）

2012-05-24 发布 2012-11-01 实施

中华人民共和国工业和信息化部 发布

前　言

本标准按照GB/T 1.1—2009给出的规则起草。

本标准代替JB/T 10007—1999《大外径千分尺（测量范围为1 000～3 000 mm）》，与JB/T 10007—1999相比主要技术变化如下：

——增加了大外径千分尺测微螺杆的螺距范围规格（本版的第1章，1999年版的第1章）；
——重新定义了大外径千分尺的有关术语和定义（本版的第3章，1999年版的第3章）；
——增加了大外径千分尺的测量端直径规格（本版的4.2.1，1999年版的4.4）；
——增加了对测砧及测微螺杆（或测微头）伸出尺架（或相应的固定导向件）的长度要求（本版的4.2.2）；
——修改了对大外径千分尺测量范围的规定（本版的4.2.4，1999年版的4.1、4.2）；
——增加了对锁紧装置的作用性能要求（本版的5.2.2）；
——修改了带表大外径千分尺对指示表的预压缩量的要求，将定量要求改为定性要求（本版的5.2.4，1999年版的5.16.3）；
——增加了对带表大外径千分尺工作时活动测砧的伸缩行程范围的要求（本版的5.2.5）；
——增加了对尺架、测微螺杆、测砧的材料要求，并引用GB/T 1216—2004的相关要求（本版的5.3）；
——增加并调整了对标尺的要求，并引用GB/T 1216—2004的相关要求（本版的5.4）；
——增加了对尺架上设置吊装孔（槽）的要求（本版的5.5.2）；
——增加了对带表大外径千分尺活动测砧的测量力及测量力变化的要求（本版的5.6.2）；
——用“最大允许误差”术语代替“示值误差”术语对示值指标做出规定（本版的5.7、5.10，1999年版的5.11、5.12）；
——增加了对带表大外径千分尺指示表的表盘标尺标数的要求（本版的5.8.2）；
——删除了对指示表测量杆轴线应与测砧移动方向一致的要求（1999年版的5.16.5）；
——增加了对带表大外径千分尺测砧部件的回程误差要求（本版的5.8.3）；
——修改了测量面表面粗糙度的要求（本版的5.9.2，1999年版的5.8）；
——修改了测量面的硬度要求（本版的5.9.3，1999年版的5.7）；
——修改了对两测量面的偏位要求（本版的5.9.4，1999年版的5.3、A7）；
——修改了对测量面的平面度要求（本版的5.9.5，1999年版的5.10）；
——修改并调整了对测量面平行度的要求，并给出了计算公式（本版的5.9.6，1999年版的5.12）；
——修改并调整了对大外径千分尺最大允许误差的要求，并给出了计算公式（本版的5.10，1999年版的5.12）；
——修改了对校对量杆尺寸偏差的要求（本版的5.11.2，1999年版的5.13）；
——修改了对校对量杆测量面及表面粗糙度的要求（本版的5.11.3，1999年版的5.15）；
——增加了检查条件章节，并对大外径千分尺主要技术指标的检查方位提出了统一要求（本版的第6章）；
——删除了1999年版标准的附录A，并将其内容经修改后并入本版标准的相关章节（本版的第7章，1999年版的附录A）。

本标准由中国机械工业联合会提出。

本标准由全国量具量仪标准化技术委员会（SAC/TC132）归口。

本标准负责起草单位：桂林量具刃具有限责任公司。

本标准参加起草单位：哈尔滨量具刃具集团有限责任公司、苏州麦克龙测量技术有限公司、桂林广陆数字测控股份有限公司、广西壮族自治区计量检测研究院。

本标准主要起草人：赵伟荣、李小军、武英、黄晓宾、董中新、蔡旭平。

本标准所代替标准的历次版本发布情况为：

——ZB J42 004—1987；

——JB/T 10007—1999。

大外径千分尺（测量范围为 1 000 mm～3 000 mm）

1 范围

本标准规定了大外径千分尺的术语和定义、型式与基本参数、要求、检查条件、检查方法、标志与包装等。

本标准适用于分度值为 0.01 mm，测微螺杆螺距为 0.5 mm、1 mm 或其他规格大螺距，量程为 25 mm、50 mm，测量范围为 1 000 mm～3 000 mm 的大规格外径千分尺（简称“大外径千分尺”）。

2 规范性引用文件

下列文件对于本文件的应用是必不可少的。凡是注日期的引用文件，仅注日期的版本适用于本文件。凡是不注日期的引用文件，其最新版本（包括所有的修改单）适用于本文件。

GB/T 1216—2004 外径千分尺

GB/T 1219—2008 指示表

GB/T 1800.2—2009 产品几何技术规范（GPS）极限与配合 第 2 部分：标准公差等级和孔、轴极限偏差表

GB/T 17163—2008 几何量测量器具术语 基本术语

GB/T 17164—2008 几何量测量器具术语 产品术语

3 术语和定义

GB/T 17163 和 GB/T 17164 界定的以及下列术语和定义适用于本文件。

3.1

大外径千分尺 large outside micrometer

利用螺旋副原理，对尺架上两测量面间分隔的距离通过微分筒标尺或微分筒标尺与指示表共同进行读数的外尺寸测量器具；其分度值为 0.01 mm，测量范围下限等于或大于 1 000 mm。

注 1：测砧为可调式的大外径千分尺，又称可调测砧大外径千分尺。

注 2：测砧为带表式的大外径千分尺，又称带表大外径千分尺。

注 3：可调测砧大外径千分尺和带表大外径千分尺，统称“大外径千分尺”。

3.2

测微头移动最大允许误差 maximum permissible moving error of micrometer head

忽略了测砧和尺架的影响，仅针对测微头在量程范围内，规定的误差极限值。

注 1：改写 GB/T 1216—2004 中定义 3.4。

注 2：此误差包括测微螺杆、调节螺母及微分标尺引入的误差。

3.3

最大允许误差（MPE） maximum permissible error（MPE）

由技术规范、规则所规定的误差极限值。

［GB/T 17163—2008，定义 4.21］

3.4

浮动零位 floating zero

在测量范围内任意位置设定的零位。

4 型式与基本参数

4.1 型式

4.1.1 大外径千分尺按其测砧的结构型式分为测砧可调式和测砧带表式，其结构如图 1、图 2 所示。图示仅供图解说明，不表示详细结构。

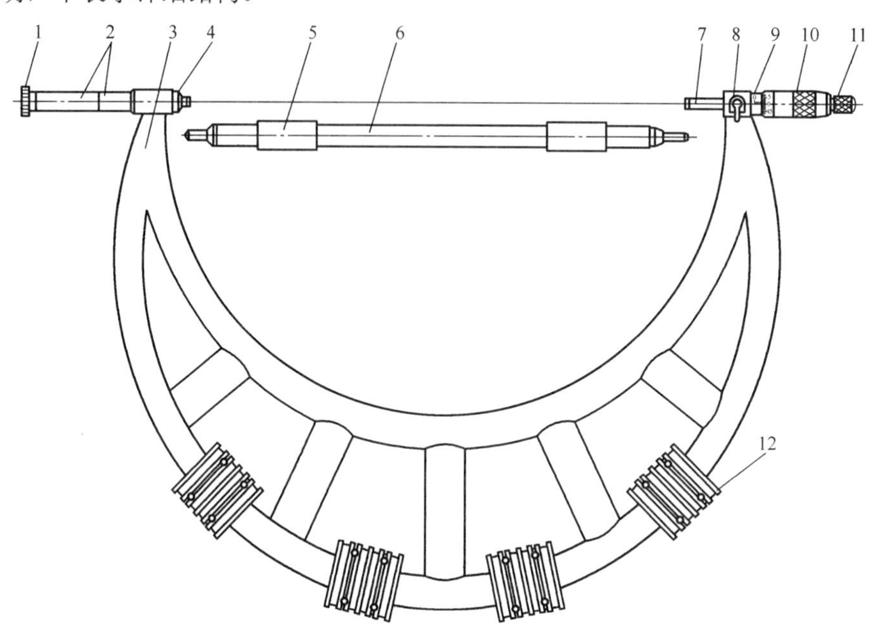

说明：

1——紧固螺母；2——可换标准套；3——尺架；4——可调测砧；5——隔热套；6——校对量杆；
7——测微螺杆；8——锁紧装置；9——固定套管；10——微分筒；11——测力装置（可选）；12——隔热装置。

图 1 可调测砧大外径千分尺

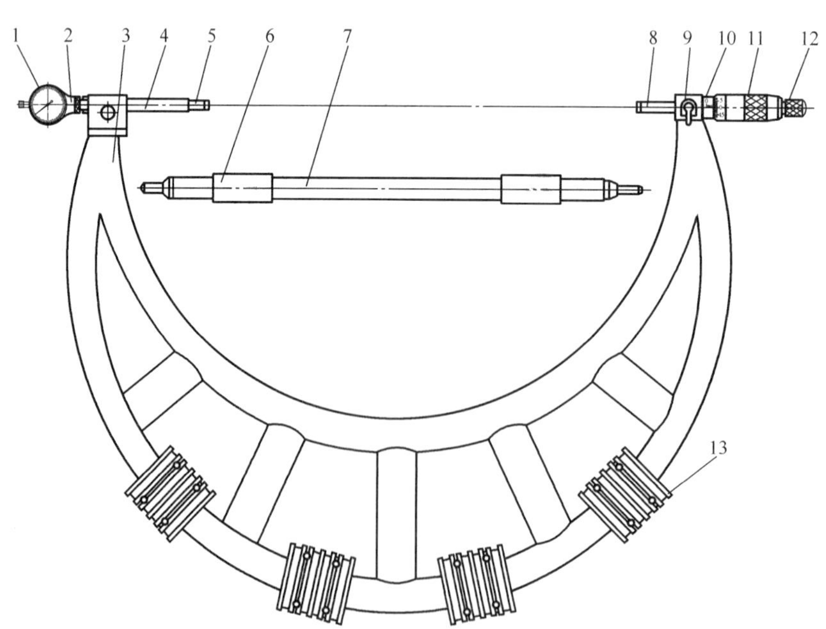

说明：

1——指示表；2——防护表罩；3——尺架；4——测砧导套；5——活动测砧；6——隔热套；7——校对量杆；
8——测微螺杆；9——锁紧装置；10——固定套管；11——微分筒；12——测力装置（可选）；13——隔热装置。

图 2 带表大外径千分尺

4.1.2 大外径千分尺固定套管的标尺标数，除有特别要求的之外，应按表1的规定刻写。

表 1

单位为毫米

测微头的量程	标尺标数的刻写
25	0，5，10，15，20，25
50	0，10，20，30，40，50

4.1.3 大外径千分尺应具有隔热装置及紧固测微螺杆的锁紧装置。根据需要可选配测力装置或不配测力装置。

4.1.4 大外径千分尺应附有调整零位的工具。

4.1.5 带表大外径千分尺的指示表宜有防护表罩。

4.2 基本参数

4.2.1 大外径千分尺测微螺杆和测砧的测量端直径宜为 8 mm 和 10 mm。

4.2.2 大外径千分尺在测量范围上极限位置时，其测砧及测微螺杆（或测微头）伸出尺架（或相应的固定导向件）的长度不应小于 3.5 mm。

4.2.3 大外径千分尺的量程应为 25 mm 和 50 mm。测微螺杆的螺距宜为 0.5 mm 和 1 mm。

4.2.4 根据结构的不同，大外径千分尺的测量范围宜按 100 mm、200 mm 和 500 mm 进行分档，其测量范围的分档参见表2。

表 2

单位为毫米

结构型式	测量范围
测砧为可调式	1 000～1 100，1 100～1 200，1 000～1 200，1 200～1 300，1 300～1 400，1 200～1 400，1 400～1 500，1 500～1 600，1 400～1 600，1 600～1 700，1 700～1 800，1 600～1 800，1 800～1 900，1 900～2 000，1 800～2 000，2 000～2 200，2 200～2 400，2 400～2 600，2 600～2 800，2 800～3 000
测砧带表式	1 000～1 500，1 500～2 000，2 000～2 500，2 500～3 000

5 要求

5.1 外观

5.1.1 大外径千分尺不应有影响使用性能的锈蚀、碰伤、划痕、裂纹等缺陷。

5.1.2 大外径千分尺表面的镀层、涂层不应有脱落和影响外观的色泽不均等缺陷。

5.1.3 标尺标记不应有目力可见的断线、粗细不均及影响读数的其他缺陷。

5.2 相互作用

5.2.1 大外径千分尺测微螺杆的移动应平稳、灵活，在其整个行程范围内不应有卡滞现象，其轴向窜动量和径向间隙量均不应大于 0.015 mm。

5.2.2 锁紧装置应能将测微螺杆在其测量范围内任意位置可靠紧固，松开锁紧装置后测微螺杆应能灵活移动。

5.2.3 带表大外径千分尺的指示表应装夹牢固、可靠。

5.2.4 带表大外径千分尺的指示表应与活动测砧可靠接触，并应有一定的预压缩量。压缩活动测砧不应有空行程，且指示表的移动应平稳、灵活，不应有卡滞或松动现象。

5.2.5 带表大外径千分尺工作时，活动测砧的伸缩行程应保证指示表的指示范围为±1.5 mm。

5.3 材料

按 GB/T 1216—2004 中 5.2 的规定。

5.4 标尺标记

按 GB/T 1216—2004 中 5.9 的规定。

5.5 尺架

5.5.1 尺架应具有足够的刚性，当尺架沿测微螺杆的轴线方向作用 12 N 的力时，其弯曲变形量不应大于表 3 的规定。

表 3

测量范围上限 mm	尺架受 12 N 力时的变形 μm
≤1 100	22
≤1 200	24
≤1 300	26
≤1 400	28
≤1 500	30
≤1 600	32
≤1 700	34
≤1 800	36
≤1 900	38
≤2 000	40
≤2 200	44
≤2 400	48
≤2 500	50
≤2 600	52
≤2 800	56
≤3 000	60

5.5.2 尺架上宜设置有使用时供悬吊用的吊装孔（槽）。

5.6 测量力和测量力变化

5.6.1 大外径千分尺的测微头，在平面与球面接触状态下，通过测力装置作用到测微螺杆测量面上的测量力应为 8 N～12 N。测量力的变化不应大于 2 N（不配带测力装置的除外）。

5.6.2 带表大外径千分尺的活动测砧，在平面与球面接触时的测量力应为 6 N～10 N，测量力的变化不应大于 2 N。

5.7 测微头

大外径千分尺的测微头在其量程范围内移动位移的最大允许误差不应超过表 4 的规定。

测微头的示值误差按浮动零位原则判定，即示值误差的带宽不应超过表 4 中最大允许误差"±"号后的规定值。

表 4

单位为毫米

测微头的量程	测微头移动最大允许误差
25	±0.004
50	±0.005

5.8 指示表

5.8.1 带表大外径千分尺所配指示表应符合 GB/T 1219—2008 中第 5 章的规定。

5.8.2 带表大外径千分尺的指示表度盘上的标尺标数宜为双向标示。

5.8.3 带表大外径千分尺测砧部件在符合 5.2.5 规定的指示表指示范围内的回程误差不应大于 0.005 mm。

5.9 测量面

5.9.1 测量面应做成平面，并应经过研磨（特殊需要时也可做成球面及其他型面及组合）。

5.9.2 测量面的表面粗糙度不应大于表 5 的规定。

表 5

单位为微米

测量面材料	表面粗糙度 *Ra*[a]
硬质合金	0.05
工具钢、不锈钢	0.10
[a] 当测量面为球面或其他特形面时，表面粗糙度可按 *Ra*0.20 μm 要求。	

5.9.3 测量面的硬度不应低于 766 HV（或 62 HRC），不锈钢材料的测量面不应低于 551 HV（或 52.5 HRC）。

5.9.4 大外径千分尺两测量面的偏位量不应大于如下规定：

——测量范围上限至 1 500 mm 时：1.0 mm；

——测量范围上限至 2 000 mm 时：2.0 mm；

——测量范围上限至 2 500 mm 时：3.0 mm；

——测量范围上限至 3 000 mm 时：4.0 mm。

5.9.5 测量面的平面度误差不应大于 1 μm。

5.9.6 大外径千分尺两测量面的平行度误差不应大于表 6 的规定。

表 6

单位为毫米

测量范围上限	最大允许误差		两平面测量面的平行度公差	
	计算公式	计算值	计算公式	计算值
≤1 100	±（6＋*A*/65）/1 000	±0.023	（6＋*A*/75）/1 000	0.021
≤1 200		±0.024		0.022
≤1 300		±0.026		0.023
≤1 400		±0.028		0.025
≤1 500		±0.029		0.026
≤1 600		±0.031		0.027
≤1 700		±0.032		0.029
≤1 800		±0.034		0.030
≤1 900		±0.035		0.031
≤2 000		±0.037		0.033
≤2 200		±0.040		0.035
≤2 400		±0.043		0.038
≤2 500		±0.044		0.039
≤2 600		±0.046		0.041
≤2 800		±0.049		0.043
≤3 000		±0.052		0.046
注 1：表中允差计算公式中的 *A* 为测量范围上限值，公式计算结果四舍五入到 0.001 mm。 注 2：可调测砧大外径千分尺示值误差的判定采用固定零位的原则。即示值误差为各受检位置示值与标准尺寸之差的最大值。				

5.10 最大允许误差

大外径千分尺的最大允许误差不应超过表 6 的规定。

带表大外径千分尺示值误差的判定采用浮动零位原则，即示值误差的带宽不应超过最大允许误差允许值“±”后面所对应的规定值。

5.11 校对量杆

5.11.1 大外径千分尺应附校对量杆。

5.11.2 校对量杆的尺寸偏差应为 js3（按 GB/T 1800.2—2009 的规定或参见本标准附录 A）。对零使用时应对校对量杆尺寸偏差进行修正。

5.11.3 校对量杆的测量面应为球面，表面粗糙度值不应大于 *Ra*0.1 μm。硬度不应低于 766 HV（或 62 HRC）。

5.11.4 校对量杆应有隔热套。

6 检查条件

6.1 平衡时间

检查前，应将被检大外径千分尺、校对量杆与检查用设备共同置于铸铁平板或木桌上进行平衡温度，其平衡时间不应小于表 7 的要求。

表 7

测量范围上限 mm	检查室内温度对20℃的允许偏差 ℃		平衡温度时间 h
	大外径千分尺	校对量杆	
≤2 000	±2	±1	5
>2 000～3 000	±1	±0.5	6

6.2 温度允许偏差

大外径千分尺及校对量杆检查时，室内标准温度为 20℃，其允许偏差不应超过表 7 的规定。

6.3 检查方位

大外径千分尺在检查时，由于测量方位的不同会使测量值发生变化。因此，在检查测量面平行度及示值误差的过程中，大外径千分尺必须保持测微螺杆水平，且对尺架平面垂直竖放方位进行检查（或由制造厂说明出厂前的调整检查位置）。在使用过程中，应保证校对零位状态与使用状态一致。

7 检查方法

7.1 外观

目力观察。

7.2 相互作用

手感、目测及试验，如有异议，则按符合附录 B 的规定进行检查。

7.3 尺架刚性的检查

将尺架水平放置并将其一端固定（测砧端或测微头端），在另一端沿测微螺杆轴线方向施加 120 N 的力，并由千分指示表在施力端的量面上读取变形量数值，分别观察在施力和未施力条件下千分表的示值，将两次示值之差按 12 N 力的比例换算，求出尺架的变形量；其值不应大于表 3 的规定。

7.4 测量力和测量力变化

7.4.1 测微头的测量力和测量力变化

测微头的测量力和测量力变化，用专用测力计进行检查，该项检查应在测微螺杆整个测量行程范围内的始点、中点、末点附近进行，三点测得值均应在8 N～12 N。三点测得值中的最大值与最小值之差为测量力变化，其值不应大于2 N。

7.4.2 带表大外径千分尺的测量力和测量力变化

带表大外径千分尺的测量力和测量力变化可拆下单检，或用专用测力计进行检查。在活动测砧的规定伸缩行程范围（见5.2.5）的始点、末点两点附近进行检查，两点的测得值均应为6 N～10 N，两点测得值中的最大值与最小值之差为测量力变化，其值不应大于2 N。

7.5 测微头的示值误差

将大外径千分尺安放牢固，将具有球形测量面的测微头示值专用检具安装在接近测微螺杆端的尺架上，并调整好，然后用表8所列尺寸系列的一组2级（或4等）的量块进行检查。根据测微头各点指示值与量块尺寸的差值绘制误差曲线，取误差曲线上最高点与最低点纵坐标的差值，按浮动零位原则确定测微头的示值误差，其值不应大于表4的规定。

表 8

单位为毫米

测微头的行程	量块尺寸系列
25	2.5，5.1，7.7，10.3，12.9，15，17.6，20.2，22.8，25；或 5.12，10.24，15.36，21.5，25
50	2.5，7.7，12.9，17.6，22.8，30.1，35.3，40.9，45.2，50；或 10.24，21.5，30.12，40.36，50

7.6 指示表

7.6.1 检查方法

带表大外径千分尺所配指示表单独检查时，应遵守GB/T 1219—2008中第6章的方法。

7.6.2 回程误差

带表大外径千分尺测砧部件的回程误差采用专用检具，在活动测砧规定行程内均布三点上进行检查，在同一受检点正、反行程上指示表的读数值之差为该点的回程误差，各受检点的回程误差均不应大于0.005 mm。

7.7 测量面

7.7.1 测量面的表面粗糙度

用表面粗糙度检查仪检查或用表面粗糙度比较样块和显微镜比较检查。

7.7.2 测量面硬度

对于未镶硬质合金或其他耐磨材料的测量面，可在距测量面1 mm的光滑圆柱部位处检查，用维氏硬度计（或洛氏硬度计）在圆周上均布三点进行检查，取三点测得值的算术平均值作为测量结果（可仅在生产过程中进行）。

对于镶了硬质合金或其他耐磨材料的测量面，其硬度可不做检查。

7.7.3 测量面偏位

将大外径千分尺尺架平放在平板上的三个可调支承架上，调整支承架使测微螺杆伸出部分轴线与平板平面平行，分别测出测微螺杆和测砧至平板平面间的距离，两距离的差值为两测量面在水平方向的偏移量δ_x，然后，将大外径千分尺尺架绕测微螺杆轴线转动90°，使尺架平面与平板平面垂直，以尺架上供悬吊用的吊装孔（槽）为支撑点。调整支撑点使测微螺杆伸出部分轴线与平板平面平行，分别测出测微螺杆和测砧至平板平面间的距离，两距离的差值为两测量面在尺架垂直方向上的偏移量δ_y，两测量面的偏位δ_s按公式（1）计算，其计算结果不应大于5.9.4的规定值。

$$\delta_s = \sqrt{(\delta_x)^2 + (\delta_y)^2} \quad \cdots\cdots (1)$$

式中：

δ_s——两测量面的偏位；

δ_x——两测量面在水平方向的偏移量；

δ_y——两测量面在垂直方向的偏移量。

7.7.4　测量面的平面度

采用二级平面平晶检查，检查时应调整平面平晶使其形成封闭的干涉环，或使测量面上的干涉带或干涉环数尽量少，测量面上不应出现三条以上相同颜色的干涉环或干涉带。

在距测量面边缘0.4 mm范围内的平面度忽略不计。

7.7.5　测量面的平行度

该项检查至少应在靠近测量上限和测量下限的两处位置上进行。每一检查位置采用一组四根尺寸相差1/4测微螺杆螺距的钢球式专用检查量杆进行检查，分别检查测量面的四个方位的平行度。每一根专用检查量杆按90°间隔转动，并从大外径千分尺上读数（带表大外径千分尺由测砧指示表读数），四次读数的最大差值即为两测量面在此方位上的平行度。每一根专用检查量杆的检查结果均不应大于表6中的规定值。

也可用满足不确定度要求的其他专用检具及测量仪器进行检查。

7.8　示值误差

7.8.1　检查工具及位置

大外径千分尺的示值误差可用经过测长机校准后带修正值的内径千分尺（或校对量杆）进行检查。检查可仅在测量范围的上限及下限两个位置附近进行。

7.8.2　可调测砧大外径千分尺的示值误差

对于可调测砧大外径千分尺，先将可调测砧调整至测量范围下限位置，进行下限位置附近的示值检查，将测微头置于其下限（或上限）位置处，用校对好的内径千分尺（或校对量杆）对零，然后转动微分头至其上限（或下限）位置附近的受检点处，并用校对后带修正值的内径千分尺（或校对量杆）进行示值检查，测微头上的指示值与内径千分尺（或校对量杆）的实际尺寸之差即为该受检点位置的示值误差；再将可调测砧调整至测量范围上限位置，用上述同样方法进行上限位置附近的示值检查；取两个受检点位置示值误差的最大值为大外径千分尺的示值误差。其值不应超过表6的规定。

7.8.3　带表大外径千分尺的示值误差

对于带表大外径千分尺，采用与7.8.2同样的方法进行检查，区别在于：对零时应使指示表和测微头同时对零，示值检查时将测微头调整至指示为内径千分尺（或校对量杆）的实际尺寸值，然后紧固测微螺杆，从带表测砧的指示表上读取各受检点的示值误差，各受检点示值误差的最大值与最小值之代数差的绝对值，即为带表测砧大千分尺的示值误差，其值不应大于表6所规定的允许值“±”后面所对应的规定值。

7.9　校对量杆

7.9.1　校对量杆的尺寸偏差

校对量杆的尺寸偏差可用测长机或双频激光干涉仪进行检查。检查时，校对量杆应支承在距两端测量面 2 L/9（L 为校对量杆长度尺寸，单位为 mm）的贝塞尔点上。重复测量 5 次，取 5 次测量结果的平均值作为校对量杆的实际尺寸，其实际偏差不应超过 5.11.2 的规定。

7.9.2　校对量杆的测量面的表面粗糙度

用表面粗糙度比较样块和显微镜比较检查。

7.9.3　校对量杆的测量面硬度

校对量杆的测量面硬度，可在距测量面 1 mm 的光滑圆柱部位处检查，用维氏硬度计（或洛氏硬度计）在圆周上均布三点进行检查，取三点测得值的算术平均值作为测量结果。检查可仅在生产过程中进行。

8　标志与包装

8.1　大外径千分尺上应标志有：

a）制造厂厂名或商标；

b）分度值；

c）测量范围；

d）产品序号。

8.2　大外径千分尺的包装盒上应标志：

a）制造厂厂名或商标；

b）产品名称；

c）测量范围；

d）分度值。

8.3　校对量杆上应标志标称尺寸。

8.4　包装前应经过防锈处理并妥善包装，不得因包装不善而在运输过程中损坏产品。

8.5　经检查符合本标准要求的，应附有产品合格证。产品合格证上应标有本标准的标准号、产品序号和出厂日期。

附　录　A
（资料性附录）
校对量杆的尺寸偏差

校对量杆的极限偏差应为 js3（见 GB/T 1800.2—2009），为便于标准使用，表 A.1 列出了校对量杆的部分极限偏差值，以供使用标准时的查阅。

表　A.1

校对量杆标称尺寸 mm	极限偏差 μm
≥1 000～1 250	±12
>1 250～1 600	±14.5
>1 600～2 000	±17.5
>2 000～2 500	±20.5
>2 500～3 000	±25

附　录　B
（规范性附录）
测微螺杆轴向窜动和径向间隙的检查方法

B.1　大外径千分尺的测微螺杆的轴向窜动量和径向间隙量宜采用专用检查装置进行检查。检查装置的分度值或分辨力为 0.001 mm。

B.2　检查轴向窜动时，采用杠杆千分表检查，将杠杆千分表与测微螺杆的测量面接触，在沿测微螺杆轴线方向分别施加 3 N～5 N 的往返力，观察杠杆千分表的示值变化，示值的最大变化量即为测微螺杆的轴向窜动量。其值不应大于 0.015 mm。

B.3　检查径向间隙时，采用杠杆千分表检查，将测微螺杆伸出尺架 10 mm，使杠杆千分表测头接触测微螺杆端部 2 mm 左右处的外圆周上，沿杠杆千分表的测量方向在测微螺杆上施加 2 N～3 N 的往返力，观察杠杆千分表的示值变化，示值的最大变化量即为测微螺杆在此方向上的径向间隙量。然后在测微螺杆与此方向相互垂直的另一径向上进行同样的检查，取两次检查所得径向间隙量的最大值为大外径千分尺测微螺杆的径向间隙量，其值不应大于 0.015 mm。

ICS 17.040.30
J 42
备案号：36482—2012

中华人民共和国机械行业标准

JB/T 10017—2012
代替 JB/T 10017—1999

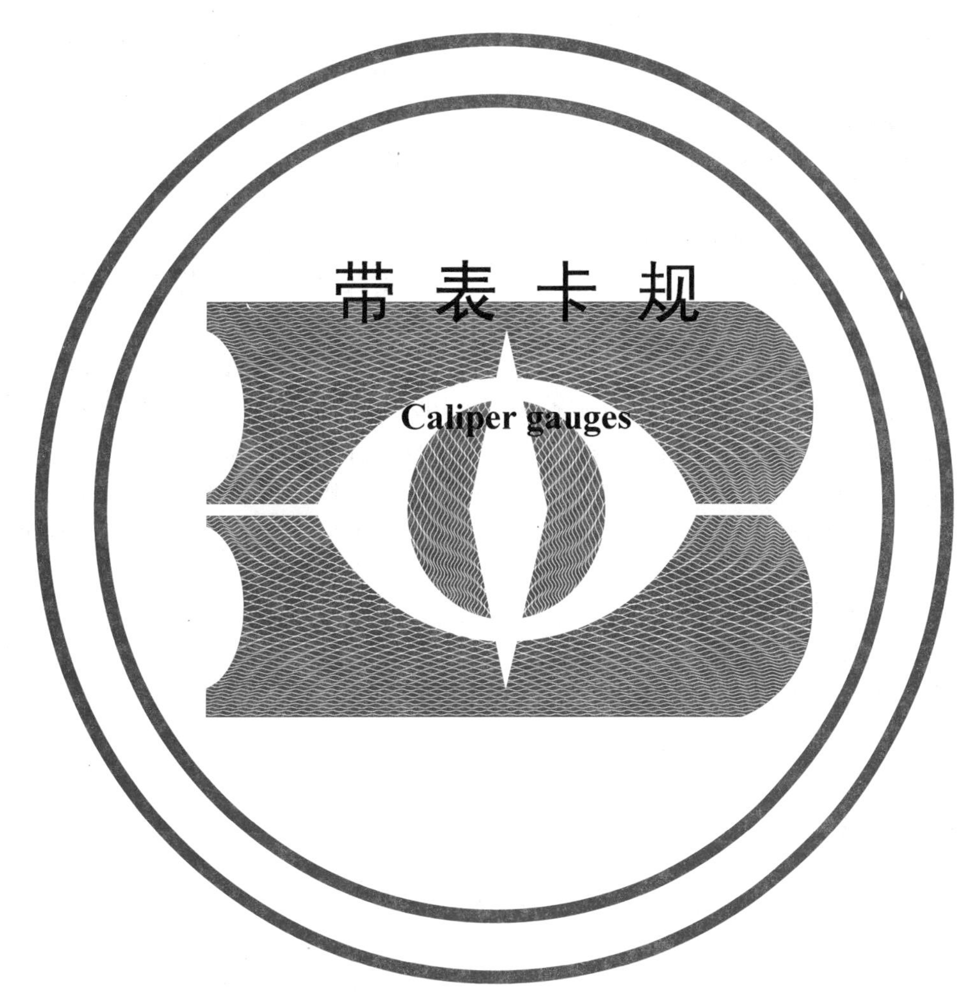

带表卡规

Caliper gauges

2012-05-24 发布　　　　2012-11-01 实施

中华人民共和国工业和信息化部 发布

前　言

本标准按照GB/T 1.1—2009给出的规则起草。

本标准代替JB/T 10017—1999《带表卡规》，与JB/T 10017—1999相比主要技术变化如下：

——增加了带表卡规的产品品种、规格（本版的第1章，1999年版的第1章）；

——修改并增加了术语和定义及本标准、产品的英文名称（本版的第3章，1999年版的第2章）；

——增加了带表卡规的型式与基本参数（本版的第4章，1999年版的第3章）；

——增加了对指针式带表卡规的“零”位要求及其调节范围要求（本版的5.2.3、5.2.4）；

——修改了带表卡规测量头材料的要求（本版的5.3.1，1999年版的4.4）；

——修改和补充了带表卡规测量面的硬度要求（本版的5.3.2，1999年版的4.4）；

——修改和补充了带表卡规测量面的粗糙度要求（本版的5.3.2，1999年版的4.5）；

——修改了对指针式带表卡规指针方位的要求，增加了对数显带表卡规数值显示的要求（本版的5.4，1999年版的4.3）；

——增加了对数显带表卡规显示性能的相关要求（本版的5.5、5.11、5.12、5.13、5.14、5.15、5.16）；

——修改了带表卡规的测量力的要求（本版的5.8，1999年版的4.6）；

——用“最大允许误差”术语代替了“示值误差”术语对带表卡规的准确度指标做出规定，并修改和补充了对带表卡规最大允许误差的要求（本版的5.9，1999年版的4.7）；

——用“重复性”术语替代“示值变动性”术语，并修改和补充了要求（本版的5.10，1999年版的4.7）；

——增加了试验方法，对数显带表卡规的相应指标说明了试验要求（本版的第6章）；

——删除了1999年版标准的附录A，将其内容收入本版标准的正文，并对相关内容进行了重新修改，提出了示值检查点的布点原则（本版的8.8、8.9，1999年版的附录A）；

——增加了对数显带表卡规相应指标的检查方法（本版的8.10、8.11）。

本标准由中国机械工业联合会提出。

本标准由全国量具量仪标准化技术委员会（SAC/TC132）归口。

本标准负责起草单位：桂林量具刃具有限责任公司。

本标准参加起草单位：苏州麦克龙测量技术有限公司、威海新威量量具有限公司、桂林广陆数字测控股份有限公司、广西壮族自治区计量检测研究院。

本标准主要起草人：李琼、赵伟荣、黄晓宾、车兆平、董中新、阳明珠。

本标准所代替标准的历次版本发布情况为：

——ZB J42 15—1987；

——JB/T 10017—1999。

带 表 卡 规

1 范围

本标准规定了带表卡规的术语和定义、型式与基本参数、要求、试验方法、检查条件、检查方法、标志与包装等。

本标准适用于测量范围上限不大于 400 mm，分度值为 0.005 mm、0.01 mm、0.02 mm、0.05 mm、0.1 mm 的指针式带表卡规和分辨力为 0.005 mm、0.01 mm、0.02 mm 的数显带表卡规（统称为“带表卡规”）。

2 规范性引用文件

下列文件对于本文件的应用是必不可少的。凡是注日期的引用文件，仅注日期的版本适用于本文件。凡是不注日期的引用文件，其最新版本（包括所有的修改单）适用于本文件。

GB/T 1219—2008 指示表

GB/T 2423.3—2006 电工电子产品环境试验 第 2 部分：试验方法 试验 Cab：恒定湿热试验

GB/T 2423.22—2002 电工电子产品环境试验 第 2 部分：试验方法 试验 N：温度变化

GB 4208—2008 外壳防护等级（IP 代码）

GB/T 17163—2008 几何量测量器具术语 基本术语

GB/T 17164—2008 几何量测量器具术语 产品术语

GB/T 17626.2—2006 电磁兼容 试验和测量技术 静电放电抗扰度试验

GB/T 17626.3—2006 电磁兼容 试验和测量技术 射频电磁场辐射抗扰度试验

GB/T 18761—2007 电子数显指示表

3 术语和定义

GB/T 17163 和 GB/T 17164 界定的以及下列术语和定义适用于本文件。

3.1

带表卡规 caliper gauges

指针式带表卡规和数显带表卡规的统称。

3.2

指针式带表卡规 dial caliper gauges

利用杠杆传动机构，将活动量爪测量面摆动的弦长量，转变为指示表指针在圆度盘上的角位移，并由圆度盘进行读数的一种剪式测量器具。其中，用于外尺寸测量的称为指针式带表外卡规，用于内尺寸测量的称为指针式带表内卡规（统称为“指针式带表卡规”）。

3.3

数显带表卡规 electronic caliper gauges

利用杠杆传动机构，将活动量爪测量面摆动的弦长量，通过传感技术、数字显示技术进行读数的一种剪式测量器具。其中，用于外尺寸测量的称为数显带表外卡规，用于内尺寸测量的称为数显带表内卡规（统称为“数显带表卡规”）。

3.4

最大测量臂长度 maximum length of measuring jaw

带表卡规在实现规定的测量范围条件下，两测量爪能伸入被测工件内腔或包含工件外尺寸的最大可使用长度。

3.5

响应速度　**response speed**

数显带表卡规能正常显示数值时，活动量爪的最大摆动速度。

3.6

行程　**moving range**

活动量爪的测头相对于固定量爪测头摆动弦长的最大距离。

4　型式与基本参数

4.1　型式

4.1.1　带表卡规的基本型式如图1～图4所示。图示仅供图解说明，不表示详细结构。其他各种型式的剪式测量器具，只要测量方式及工作原理符合带表卡规的定义，均归属带表卡规类别。

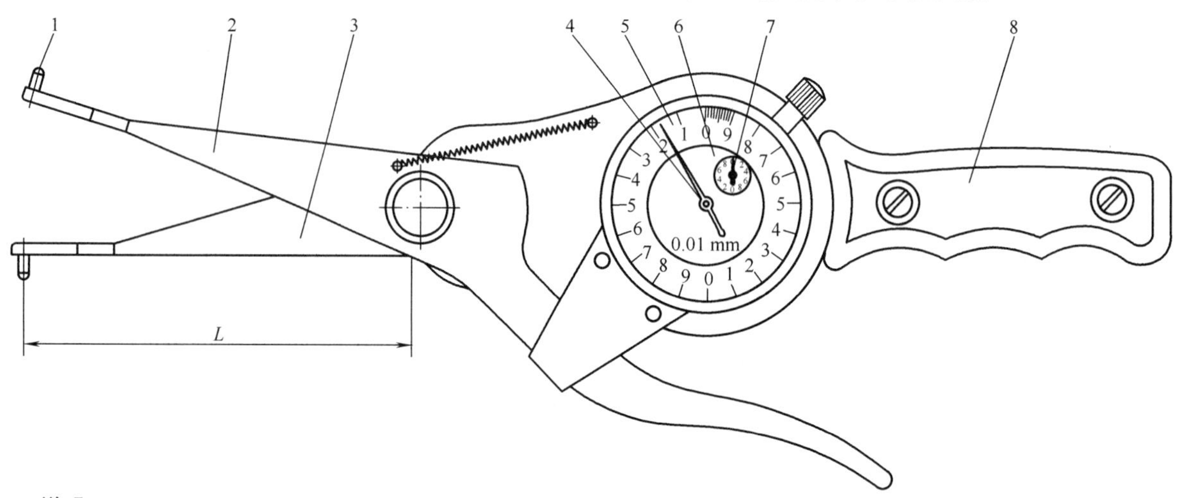

说明：

1——测头；2——活动量爪；3——固定量爪；4——指针；5——度盘；

6——指示表；7——转数指针；8——手柄（可选）。

图1　指针式带表内卡规

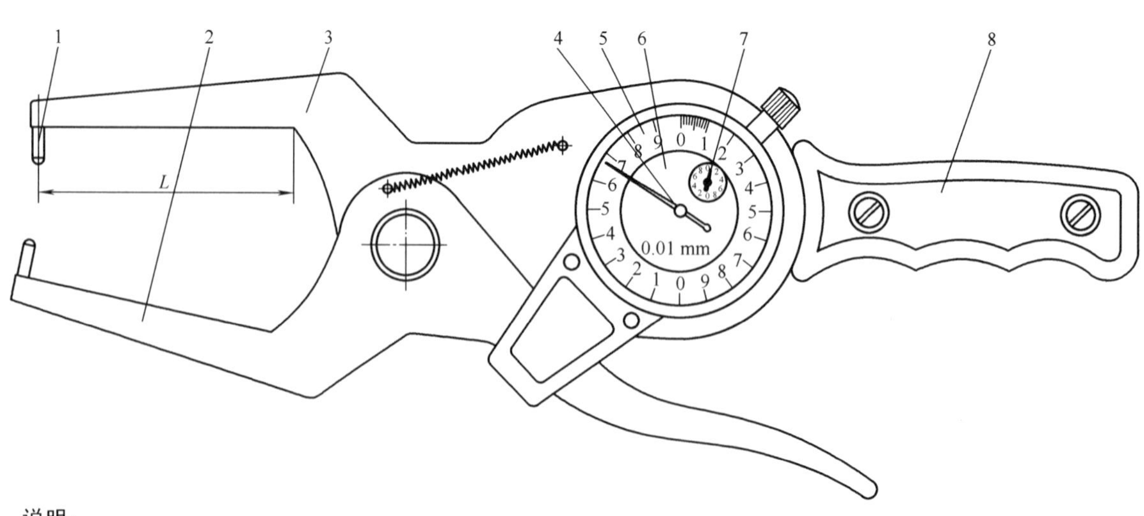

说明：

1——测头；2——活动量爪；3——固定量爪；4——指针；5——度盘；

6——指示表；7——转数指针；8——手柄（可选）。

图2　指针式带表外卡规

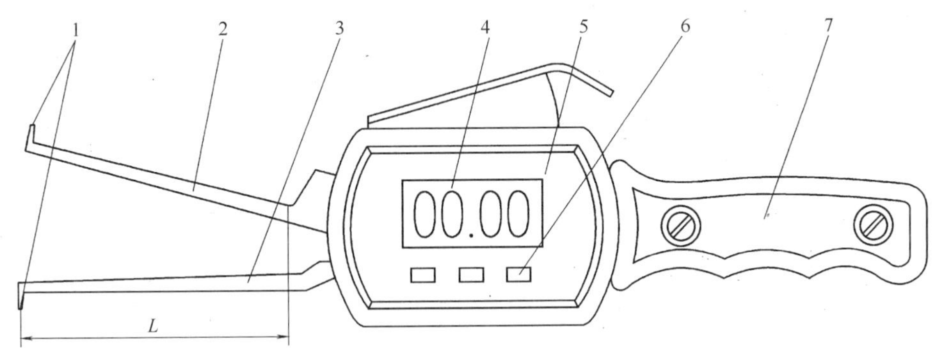

说明：

1——测头；2——活动量爪；3——固定量爪；4——显示屏；

5——电子数显装置；6——功能按键；7——手柄（可选）。

图 3　数显带表内卡规

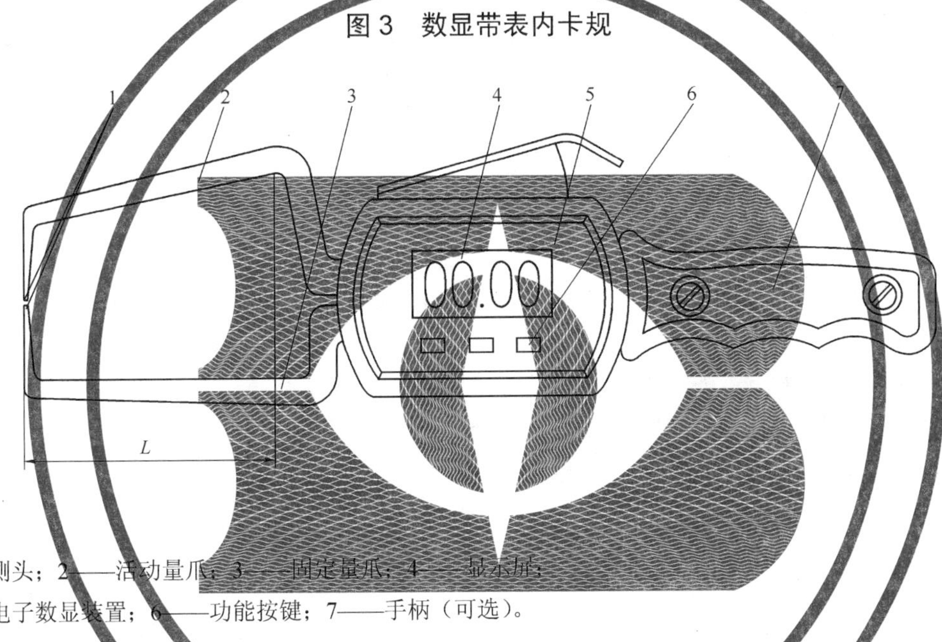

说明：

1——测头；2——活动量爪；3——固定量爪；4——显示屏；

5——电子数显装置；6——功能按键；7——手柄（可选）。

图 4　数显带表外卡规

4.1.2　带表卡规的测量爪及测量头可根据需要设计成各种特殊的形状，以满足测量很难触及的部位及绕过阻挡部位进行测量。根据需要，测量头可采用易于更换或可进行调节的结构。

4.2　基本参数

带表卡规的分度值/分辨力、量程、测量范围区间及最大测量臂长度 L 见表 1（推荐值）。

表　1

单位为毫米

名称	分度值/分辨力	量程	测量范围区间	最大测量臂长度 L
带表内卡规	0.005	5	［2.5，5］	10，20，30，40
		10		
	0.01	10	［5，160］	10，20，25，30，35，50，55，60，80，90，100，120，150，160，175，200，250
		20		
	0.02	40	［10，175］	25，30，40，55，60，70，80，115，170
	0.05	50	［15，230］	125，150，175
	0.10	100	［30，320］	380，540

表 1（续）

名称	分度值/分辨力	量程	测量范围区间	最大测量臂长度 *L*
带表外卡规	0.005	5	[0，10]	10，20，30，40
		10	[0，50]	
	0.01	10	[0，100]	25，30，40，55，60，70，80
		20		
	0.02	20	[0，100]	25，30，40，55，60，70，80，115，170
		40		
		50		
	0.05	50	[0，150]	125，150，175
	0.10	50	[0，400]	200，230，300，360，400，530
		100		

5 要求

5.1 外观

5.1.1 带表卡规的表面不应有锈蚀、碰伤、毛刺；镀层、涂层不应有脱落和明显划痕等影响外观的缺陷。

5.1.2 表蒙、显示屏应透明、清洁、无划痕、气泡等影响读数的缺陷。

5.1.3 标尺标记不应有目力可见的断线、粗细不均及影响读数的其他缺陷。

5.2 相互作用

5.2.1 活动量爪的摆动应平稳、灵活、无卡滞、突跳和松动现象。

5.2.2 带表卡规所配的指示表应固定可靠，确保使用中无松动。

5.2.3 指针式带表卡规宜有“零”位锁紧装置，锁紧装置应能锁紧可靠。

5.2.4 指针式带表卡规应有“零”位调节装置，调节装置应保证“零”位的调节范围不少于±10 个标尺标记。

5.3 测量头的材料、硬度及表面粗糙度

5.3.1 带表卡规测量头通常采用碳素钢、工具钢、不锈钢材料制成。也可采用陶瓷、硬质合金等超硬材料制作。

5.3.2 测量面的硬度及表面粗糙度应符合表 2 的规定。

表 2

测量头材料	硬　度	表面粗糙度 *Ra* μm
碳素钢、工具钢	≥664 HV（或 58 HRC）	0.1（0.2）
不锈钢	≥551 HV（或 52.5 HRC）	
陶瓷、硬质合金或其他超硬材料	≥1 000 HV	0.2
注：括号内 *Ra* 仅针对除平面形、圆球面形外的异型测量头。		

5.4 指针及显示方式

5.4.1 带表卡规两测量面间的弦长距离调整至测量范围下限值时，指针式带表卡规的指针应指向“零”标尺标记，其偏差量不应超过±1 个标尺标记。

5.4.2 指针尖端宽度应与标尺标记宽度一致，相互差不应大于 0.05 mm。

5.4.3 指针长度应保证指针尖端位于短标尺标记长度的 30%～80%之间。

5.4.4 指针尖端与度盘表面间的间隙不应大于 0.7 mm。

5.4.5 具有转数指示的机械带表卡规，当转数指针指示在整转数时，指针偏离零位不应大于 15 个标尺标记。

5.4.6 当两测量面做分离运动时，数显带表卡规数字显示的变化方向应为递增。

5.5 电子数显装置

5.5.1 电子数显装置的数字显示及其他相应显示应清晰、完整、无闪跳现象。

5.5.2 各功能键应灵活、可靠。标注符号或图文应清晰，且含义准确、易懂。

5.5.3 工作电流不宜大于 40 μA。

5.5.4 电子数显装置应能在环境温度为 0℃～40℃、相对湿度不大于 80%的条件下正常工作。

5.6 指示表

带表卡规所配装的指示表应符合 GB/T 1219—2008 或 GB/T 18761—2007 中相应的规定。

5.7 行程

带表卡规活动量爪的行程应超过量程，且应保证行程在测量范围的两个极限位置处均具有不小于 0.5 mm 的超越量（零值处除外）。

5.8 测量力

带表卡规的测量力应为 0.8 N～4 N。

5.9 最大允许误差

带表卡规的最大允许误差不应超过表 3 的规定。

5.10 重复性

带表卡规的重复性不应大于表 3 的规定。

表 3

单位为毫米

分度值/分辨力	量　程	最大测量臂长度 L	最大允许误差	重复性
0.05	≤10	≤30	±0.020	0.010
0.01	10	＜80	±0.030	
	20	≥80	±0.035（±0.040）	
0.02	≤40	≤80	±0.040	0.010（0.020）
	＞40	＞80	±0.050（±0.060）	
0.05	≤50	≤175	±0.100	0.025
0.10	≤50	≤360	±0.150	0.050
	＞50	＞360	±0.250	
注：括号内的参数仅针对数显带表卡规。				

5.11 响应速度

数显带表卡规的响应速度应能保证活动量爪以正常速度摆动时，显示值正常。

5.12 漂移

当数显带表卡规的活动量爪停留在任意位置时，其显示数值在 1 h 内的漂移不应大于 1 个分辨力值。

5.13 通讯接口

5.13.1 制造商应能够提供数显带表卡规与其他设备之间的通讯电缆和通讯软件。

5.13.2 通讯电缆应能将数显带表卡规的输出数据转化为 RS-232、USB 或其他通用的标准输出接口型式。

5.14 抗静电干扰能力和抗电磁干扰能力

数显带表卡规的抗静电干扰能力和抗电磁干扰能力均不应低于1级（按GB/T 17626.2—2006、GB/T 17626.3—2006的规定）。

5.15 抗温度变化和抗湿热能力

数显带表卡规应具有抗温度变化和抗湿热的能力，其在表 4 规定的严酷等级下应能正常工作。

表 4

温度变化严酷等级		恒定湿热试验严酷等级	
低温 T_A	−5℃	温度	（30±2）℃
高温 T_B	40℃	相对湿度	（80±3）%
循环数	5	持续时间	12 h
转换时间	（2～3）min	—	

5.16 防护等级（IP）

数显带表卡规应具有防尘、防水能力，其防护能力不应低于 GB 4208—2008 规定的 IP40。

6 试验方法

6.1 抗静电干扰试验

数显带表卡规应进行抗静电干扰试验，试验应符合 GB/T 17626.2—2006 的规定。

6.2 抗电磁干扰试验

数显带表卡规应进行抗电磁干扰试验，试验应符合 GB/T 17626.3—2006 的规定。

6.3 温度变化试验

数显带表卡规应进行温度变化试验，试验应符合 GB/T 2423.22—2002 的规定。在标准大气条件下恢复至常温后，按本标准 5.1、5.5、5.9、5.10、5.12 要求进行检查。

6.4 湿热试验

数显带表卡规应进行湿热试验，试验应符合 GB/T 2423.3—2006 的规定。在标准大气条件下恢复时间 2 h 后，按本标准 5.1、5.5、5.9、5.10、5.12 要求进行检查。

6.5 防尘、防水试验

数显带表卡规的防尘、防水试验应符合 GB 4208—2008 的规定。

7 检查条件

带表卡规检查时，室内温度应为 20℃±5℃；相对湿度应不大于 80%。

8 检查方法

8.1 外观

目力观察。

8.2 相互作用

观察和试验。

8.3 测量头的材料、硬度及表面粗糙度

8.3.1 测量头的硬度可在维氏硬度计（或洛氏硬度计）上检查，检查部位为沿测量头的外轮廓周边均布的三点及测量面中心点，以各点测得值的算术平均值作为测量结果（此项检查允许仅在工序间进行）。

8.3.2 测量面的表面粗糙度用粗糙度比较样块借助显微镜比较检查。

8.4 指针及显示方式

试验和目力观察。必要时或有异议时用工具显微镜检查。

8.5 电子数显装置

8.5.1 数字显示情况、各功能键的可靠性检查可采用试验的方法确定。

8.5.2 工作电流用万用表或专用芯片检测仪进行检测。

8.6 行程

操作试验及观察。必要时，可借助标准器进行检查。

8.7 测量力

用分度值不大于 0.1 N 的测力仪在测量范围内均布三点进行检查，三点的测得值均不应超过规定。

8.8 示值误差

8.8.1 带表内卡规的示值误差检查，可用 3 级（或 5 等）量块与量块夹子组成的标准内尺寸进行（也可用经 3 级量块校准的外径千分尺进行检查）。检查时，先以测量范围下限值的标准尺寸调整好带表卡规的“零位”，然后依次检查各检查点。使带表内卡规的两测头与量块夹子（或千分尺）的两测量面接触，通过摆动测量爪寻找到指示的转折点，此时带表内卡规指示表上的指示值与量块夹子所组成的（或经校准的外径千分尺）标准内尺寸值之差即为带表内卡规在该检查点的示值误差。

带表外卡规的示值检查，是将 3 级（或 5 等）量块置于带表卡规的两测头之间，带表外卡规指示表上的指示值与量块尺寸值之差即为带表外卡规在该检查点的示值误差。

带表卡规各检查点示值误差中的最大值即为带表卡规的示值误差。其值不应超过表3的规定。

8.8.2 带表卡规示值检查点的布点原则：

——当带表卡规的指示表为可拆装式的，所配装的指示表检查应遵守 GB/T 1219—2008 中第 6 章的规定，所配装的电子数显指示表检查应遵守 GB/T 18761—2007 中第 8 章的规定；此时，带表卡规的示值检查可仅在测量范围内均布四点进行检查。

——当带表卡规的指示表为不可拆装式的，则带表卡规的示值检查点不应少于表 5 的规定。

表 5

量程 mm	检查点布置原则
5	每间隔 1 mm 检查一点，全量程均布
10	
20	每间隔 2 mm 检查一点，全量程均布
40	
50	每间隔 5 mm 检查一点，全量程均布
100	

8.9 重复性

在测量范围内任一位置，通过拨动活动量爪对同一尺寸进行5次重复测量读数，取其最大示值与最小示值之差。

8.10 响应速度

利用手动模拟，以正常使用速度拨动数显带表卡规的活动量爪，并使其自由落下，观察数值显示情况，有无闪跳现象，数值是否正常。

8.11 漂移

将数显带表卡规测头置于测量范围内任意位置，观察其1 h的示值变化，其变化量即为漂移。

9 标志与包装

9.1 带表卡规上至少应标志：

a）制造厂厂名或商标；

b）测量范围；

c）分度值/分辨力（数显带表卡规的可不标注）；

d）产品序号。

9.2 包装盒上应标有：

a）制造厂厂名或商标；

b）产品名称；

c）测量范围；

d）分度值/分辨力。

9.3 校对量杆上应标注其长度标称尺寸。

9.4 包装前应经过防锈处理并妥善包装，不得因包装不善而在运输过程中损坏产品。

9.5 经检查符合本标准要求的，应附有产品合格证。产品合格证上应标有本标准的标准号、产品序号和出厂日期。

ICS 17.040.30
J 42
备案号：19058—2006

中华人民共和国机械行业标准

JB/T 10631—2006

针　规

Pin gauges

2006-10-14 发布　　2007-04-01 实施

中华人民共和国国家发展和改革委员会 发布

前　言

本标准对应于 DIN 2269：1998《检验几何尺寸——检验针》（1998 年德文版）的一致性程度为非等效。

本标准由中国机械工业联合会提出。

本标准由全国量具量仪标准化技术委员会（SAC/TC132）归口。

本标准由深圳市计量质量检测研究院、深圳市鹰旗实业有限公司、成都工具研究所负责起草。

本标准主要起草人：孙学明、于冀平、张锡水、邓宁。

本标准是首次发布。

针　规

1　范围

本标准规定了针规的术语和定义、分类和型号命名、要求、试验方法、标志和包装。

本标准适用于用钢、硬质合金或陶瓷等材料制造的标称值从0.1mm至25mm的所有针规。

2　规范性引用文件

下列文件中的条款通过本标准的引用而成为本标准的条款。凡是注日期的引用文件，其随后所有的修改单（不包括勘误的内容）或修订版均不适用于本标准，然而，鼓励根据本标准达成协议的各方研究是否可使用这些文件的最新版本。凡是不注日期的引用文件，其最新版本适用于本标准。

GB/T 1182—1996　形状和位置公差 通则、定义、符号和图样标示法（eqv ISO 1101：1996）

GB/T 4380—2004　圆度误差的评定　两点、三点法

GB/T 7235—1987　评定圆度误差的方法　半径变化量测量（eqv ISO 4291：1985）

GB/T 18779.1—2002　产品几何量技术规范（GPS）工件与测量设备的测量检验　第1部分：按规范检验合格或不合格的判定规则（eqv ISO 14253-1：1998）

JJF 1001—1998　通用计量术语及定义

3　术语和定义

JJF 1001和GB/T 1182中确立的以及下列术语和定义适用于本标准。

3.1

针规　pin gauge

用耐磨材料制造，以圆柱面作为工作面的实物量具。可制成单件或者具有一定尺寸间隔的成套组合。

3.2

尺寸间隔　step

成套针规中相邻标称值的差值。

注：一般为定值，推荐值为0.01mm。

3.3

工作长度　working length

可用于测量的针规工作面的轴向长度。

3.4

直径变动量　variation in diameter

在针规的工作长度内，任意直径的最大值和最小值之差。

4　产品分类

4.1　按材料分类

根据制造材料不同，针规分为钢制、硬质合金和陶瓷三大类。

4.2　按外形分类

根据外形不同，针规分为无柄型和带柄型两种，如图1所示。

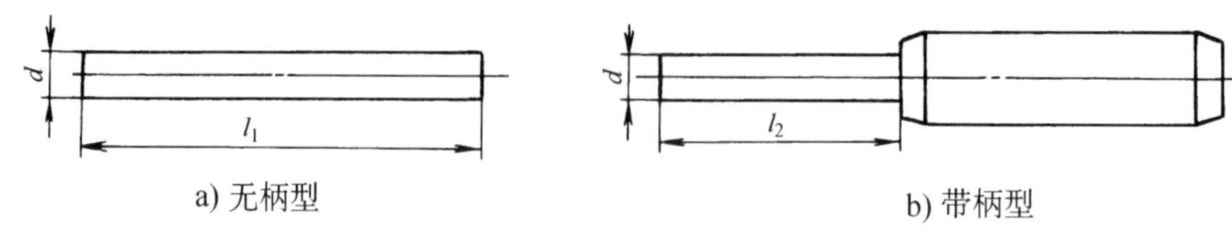

图 1　针规型式

4.3　型号命名

4.3.1　成套针规命名

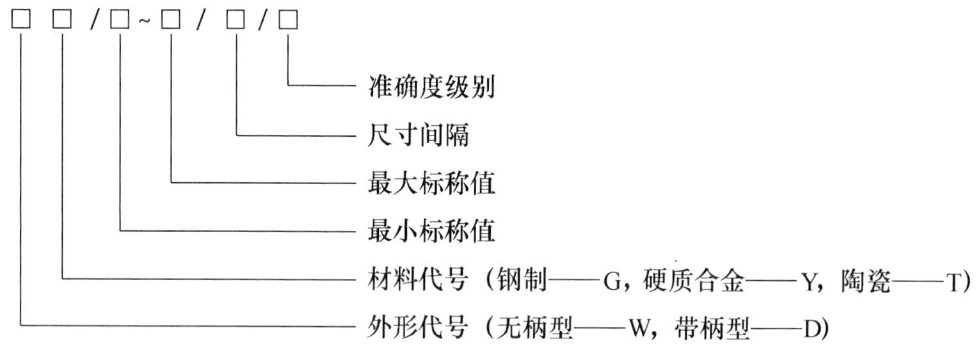

示例：WG/1.00～5.00/0.01/1

表示无柄型钢制针规，成套组合为最小标称值1.00mm、最大标称值5.00mm、尺寸间隔0.01mm，准确度级别为1级。

4.3.2　单件针规命名

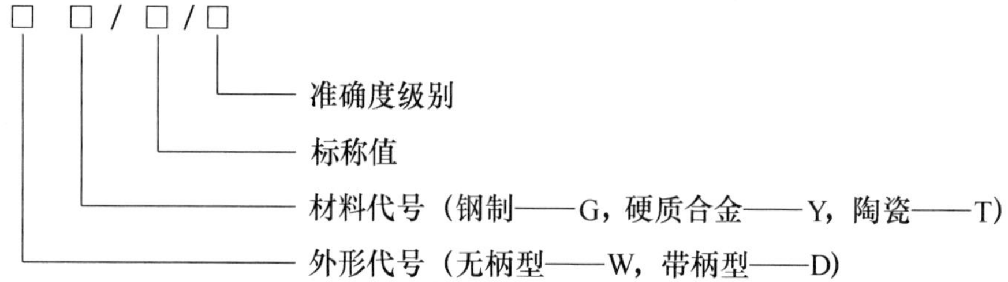

示例：DT/0.58/0

表示带柄型陶瓷针规，单件标称值为0.58mm，准确度级别为0级。

5　要求

5.1　硬度

针规工作面的硬度值应不低于表1的要求。

表 1　针规的工作面硬度

材　料	标　称　值 mm	硬　度 HV5
钢	≤0.2	480
	>0.2	650
硬质合金、陶瓷等	——	800

5.2　线膨胀系数

——钢制针规在（10～30）℃范围内的线膨胀系数应为（11.5±1）$\times10^{-6}K^{-1}$。

——非钢制针规必须给出线膨胀系数，其允差范围应在±10%内。

5.3　长度尺寸

针规的长度尺寸不应小于表2的要求。

表 2　长度尺寸

mm

<table>
<tr><td rowspan="2">标　称　值
d</td><td colspan="2">长　　度</td></tr>
<tr><td>l_1</td><td>l_2</td></tr>
<tr><td>0.1～0.3</td><td rowspan="2">25</td><td>5</td></tr>
<tr><td>>0.3～1</td><td>10</td></tr>
<tr><td>>1～3</td><td>30</td><td>20</td></tr>
<tr><td>>3～10</td><td>40</td><td rowspan="2">30</td></tr>
<tr><td>>10～25</td><td>50</td></tr>
</table>

5.4　外观

5.4.1　工作面

针规的工作面上不得有划伤、毛刺和锈斑等缺陷。

5.4.2　端部

针规的一端或两端，距端面1mm内可采用适当宽度和角度的倒角。

5.5　表面粗糙度

针规工作面的表面粗糙度R_a值不应大于0.1μm。

5.6　准确度

对应于标称值任意截面的直径尺寸偏差应符合表3的要求。圆度、直径变动量及圆柱面素线直线度误差应不大于表3的数值。

表 3　针规的准确度

<table>
<tr><td rowspan="2">标称值　d
mm</td><td colspan="3">任意直径的极限偏差
μm</td><td colspan="3">直径变动量及圆度
μm</td><td>素线直线度
μm</td></tr>
<tr><td>0级</td><td>1级</td><td>2级</td><td>0级</td><td>1级</td><td>2级</td><td>0、1、2级</td></tr>
<tr><td>0.1～1.5</td><td rowspan="4">±0.5</td><td rowspan="4">±1</td><td rowspan="4">±2</td><td rowspan="4">0.4</td><td rowspan="4">0.8</td><td rowspan="4">1.6</td><td>—</td></tr>
<tr><td>>1.5～3</td><td>5</td></tr>
<tr><td>>3～6</td><td>3</td></tr>
<tr><td>>6～10</td><td>1.5</td></tr>
<tr><td>>10～25</td><td>±0.8</td><td>±1.5</td><td>±3</td><td>0.6</td><td>1.2</td><td>2.4</td><td>1.0</td></tr>
<tr><td colspan="8">注：表内的数值应为20℃时的对应值。</td></tr>
</table>

6　试验方法

6.1　测量位置

6.1.1　无柄型针规的测量位置为距针规两端2mm处（扣除倒角）及中间三个位置。

6.1.2　工作长度小于等于10mm的带柄型针规的测量位置为距针规端部2mm处（扣除倒角）。

6.1.3　工作长度大于10mm至20mm的带柄型针规的测量位置为距针规端部2mm处（扣除倒角）及距根部5mm处两个位置。

6.1.4　工作长度大于20mm的带柄型针规的测量位置为距针规端部2mm处（扣除倒角）、中间及距根部5mm处三个位置。

6.2　测量标准器（组）选择

按照GB/T 18779.1的规定考虑测量不确定度的影响。

6.3　直径测量

6.3.1　直接测量法

使用直接测量的测长仪器，在规定位置上测量针规直径，每个位置须在相互垂直的两个方向上进行测量，测量结果应满足表3中任意直径的极限偏差的要求。

当使用接触式测量仪器时，应选用直径2mm以下的平面测头或刀口型测头。

6.3.2 比较测量法

以量块或其他标准器做标准，使用比较测量的测长仪器在规定位置上进行比较测量，计算针规直径。每个位置须在相互垂直的两个方向上进行测量，测量结果应满足表3中任意直径的极限偏差的要求。

当使用接触式测量仪器时，应选用直径2mm以下的平面测头或刀口型测头。

6.4 直径变动量测量

利用针规直径测量的结果，取最大值与最小值之差作为直径变动量，其数值不应大于表3中的相应要求。

6.5 圆度测量

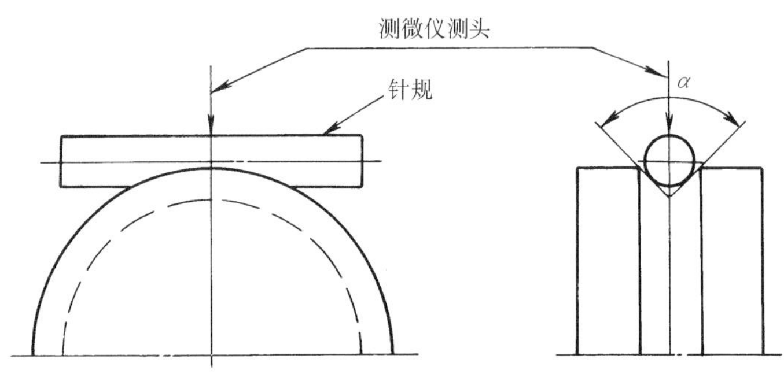

图 2 三点法测量针规圆度

6.5.1 二点、三点法测量

按GB/T 4380所述方法测量圆度误差。用三点法时，推荐采用如图2所示的环状V型槽进行测量。

用以上方法在规定的测量位置上进行测量，测量结果的最大值即为该针规圆度误差。

6.5.2 半径变化量测量

按GB/T 7235用圆度仪测量，得到针规被测截面轮廓，圆度误差评定的基准圆中心采用最小二乘方圆圆心或最小区域圆圆心。

用以上方法在规定的测量位置上进行测量，测量结果的最大值即为该针规圆度误差。

6.6 直线度测量

采用光隙法或者电动轮廓仪进行测量。

检测时，应至少在三条均分的素线上分别对针规进行直线度测量，选取最大误差值作为该针规的直线度误差。

7 标志和包装

7.1 标志

7.1.1 标称值标记

每件针规都应有标称值的永久性清晰标记。无法在针规上标记的，须加配独立包装，并在包装上标记。

7.1.2 包装标志

7.1.2.1 针规的包装上应标记：

a）产品名称和型号；

b）本标准号；

c）制造厂名或注册商标；

d）非钢制针规的线膨胀系数；

e）出厂编号；

f）准确度级别。

7.1.2.2 成套包装盒内应在放置针规的插孔旁标记标称值。

7.2 包装

7.2.1 钢制针规在包装前应进行防锈处理。

7.2.2 针规的包装应保证在运输过程中不损坏产品。

ICS 17.040.30
J 42
备案号：23240—2008

中华人民共和国机械行业标准

JB/T 10866—2008

指示卡表

Dial snap indicator

2008-03-12 发布 2008-09-01 实施

中华人民共和国国家发展和改革委员会 发布

前　言

本标准的附录A为资料性附录。

本标准由中国机械工业联合会提出。

本标准由全国量具量仪标准化技术委员会（SAC/TC 132）归口。

本标准负责起草单位：桂林量具刃具厂。

本标准参加起草单位：桂林广陆数字测控股份有限公司。

本标准主要起草人：赵伟荣、李飞鹏、吴纪岳、彭凤平。

本标准为首次发布。

指示卡表

1 范围

本标准规定了指示卡表的术语和定义、型式、要求、试验方法、检验条件、检验方法、标志与包装等。

本标准适用于分度值/分辨力为0.1 mm和0.01 mm，测量范围上限至25 mm的指示卡表。

2 规范性引用文件

下列文件中的条款通过本标准的引用而成为本标准的条款。凡是注日期的引用文件，其随后所有的修改单（不包括勘误的内容）或修订版均不适用于本标准，然而，鼓励根据本标准达成协议的各方研究是否可使用这些文件的最新版本。凡是不注日期的引用文件，其最新版本适用于本标准。

GB/T 2423.3—2006 电工电子产品环境试验 第2部分：试验方法 试验Ca：恒定湿热试验（IEC 60068-2-78: 2001，IDT）

GB/T 2423.22—2002 电工电子产品环境试验 第2部分：试验方法 试验N：温度变化（IEC 60068-2-14: 1984 Basic environmental testing procedures Part 2: Tests—Test N: Change of temperature，IDT）

GB 4208—1993 外壳防护等级（IP代码）（eqv IEC 60529: 1989）

GB/T 17626.2—2006 电磁兼容 试验和测量技术 静电放电抗扰度试验（IEC 61000-4-2: 2001，IDT）

GB/T 17626.3—2006 电磁兼容 试验和测量技术 射频电磁场辐射抗扰度试验（IEC 61000-4-3: 2002，IDT）

GB/T 17163 几何量测量器具术语 基本术语（GB/T 17163—1997，neq BS 5233: 1986）

3 术语和定义

GB/T 17163中确立的以及下列术语和定义适用于本标准。

3.1

指示卡表 dial snap indicator

将两测量爪间的相对位移通过机械传动转变为指针在圆度盘上的角位移，并由度盘进行读数，或利用传感技术、电子数显技术将两测量爪间的相对位移通过数字显示进行读数的一种长度测量工具。其中，利用机械传动将两测量爪间的相对位移转变为指针在圆度盘上的角位移进行读数的又称：机械指示卡表；利用电子数字显示原理进行读数的又称：数显指示卡表。

3.2

响应速度 response speed

数显指示卡表能正常显示数值时活动测量爪相对于固定测量爪的最大移动速度。

4 型式

指示卡表的型式见图1、图2。图示仅供图解说明，不表示详细结构之用。

5 要求

5.1 外观

5.1.1　指示卡表的表面不应有影响外观和使用性能的裂痕、划伤、碰伤、锈蚀、毛刺等缺陷。表蒙应透明洁净，无气泡和划痕。

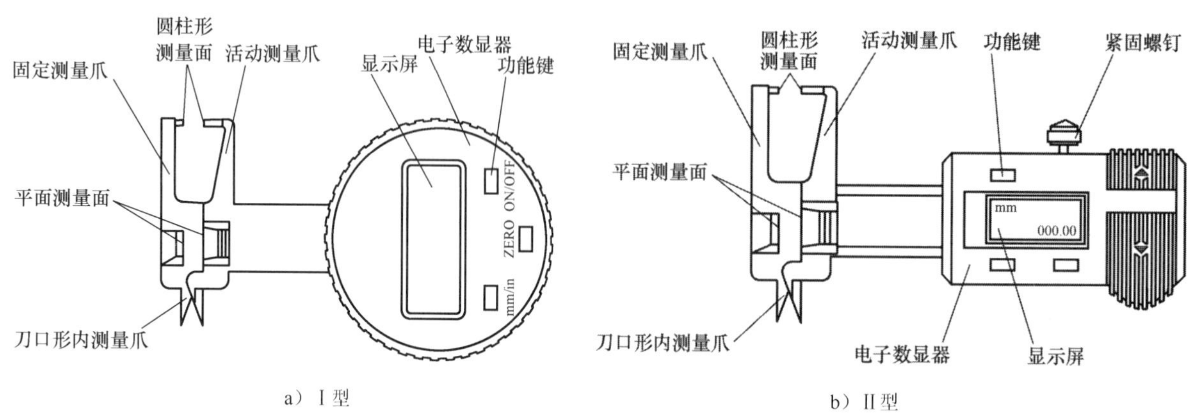

a）Ⅰ型　　b）Ⅱ型

图1　数显指示卡表

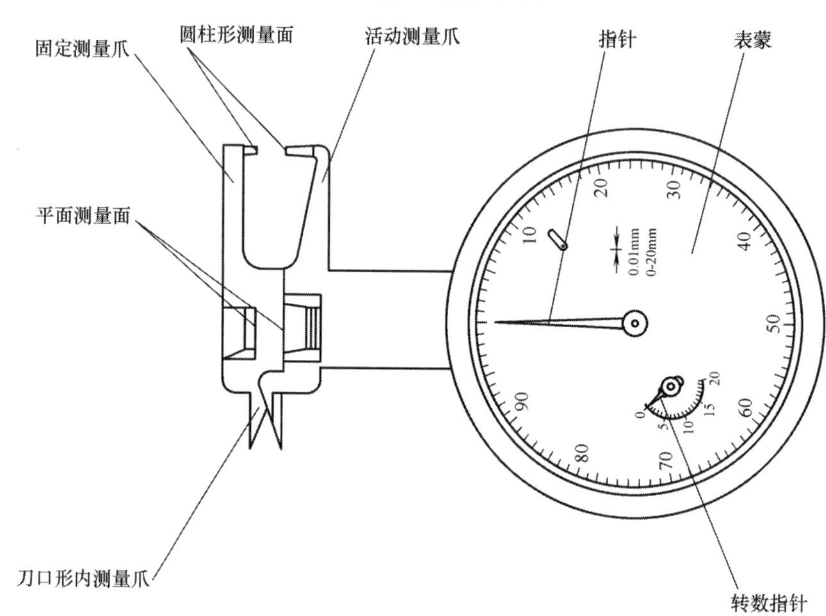

图2　机械指示卡表

5.1.2　指示卡表表面的镀、涂层不应有脱落和影响外观的色泽不均等缺陷。

5.1.3　数显指示卡表的显示屏表面应清洁、无划痕，数字显示应清晰，不应有缺字、缺笔划等影响读数的现象。

5.1.4　固定测量爪、活动测量爪的各测量面不应有锈迹、斑点、碰伤及明显的划痕。

5.2　各部分相互作用

5.2.1　机械指示卡表在正常工作状态下，活动测量爪和指针的运动应平稳、灵活，无卡滞现象。

5.2.2　数显指示卡表的活动测量爪应能平稳移动，无卡滞和松动现象。

5.2.3　活动量爪对固定量爪应无明显晃动，晃动量不应大于0.2 mm。

5.2.4　指示卡表测量外尺寸时的测量力为0.5 N～1.5 N。

5.2.5　指示卡表的活动测量爪最大移动力不应大于3 N。

5.3　度盘

5.3.1　标尺应按0.1 mm或0.01 mm分度值排列，且标尺标记清晰，背景反差适当。分度值应清晰地标记在度盘上，见图3。

5.3.2　标尺间距不应小于1 mm。

5.3.3 标尺标记宽度应一致，且宽度应为0.15mm～0.25mm。

5.3.4 标尺标记长度不应小于标尺间距。

5.3.5 度盘上每5个标尺标记应为长标尺标记，每10个标尺标记应有标尺标数。

5.3.6 度盘应具有调零装置，且应保证具有5个～7个标尺分度的调整范围。

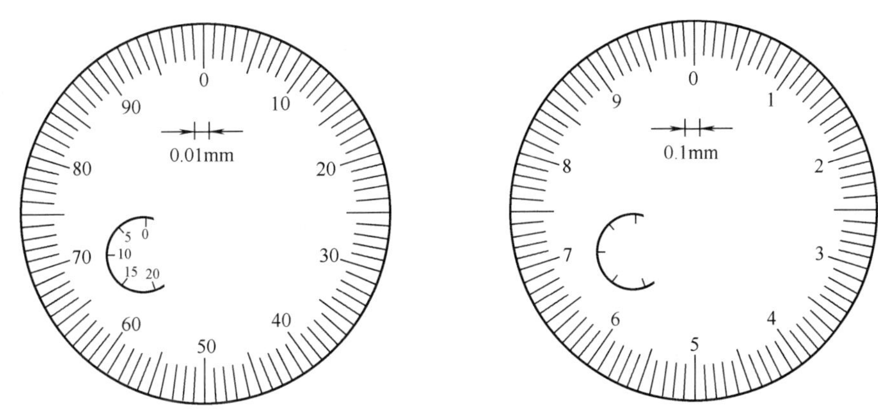

图3 度盘标尺标记示意图

5.4 指针

5.4.1 活动测量爪沿与固定测量爪分开方向移动时，指针宜按顺时针方向转动。

5.4.2 活动测量爪与固定测量爪测量面相接触时，指针应指向零位。

5.4.3 指针尖端宽度应与标尺标记宽度尽量一致，其相互差不应大于0.10 mm。

5.4.4 指针长度应保证指针尖端位于短标尺标记长度的30%～80%之间。

5.4.5 指针尖端与度盘表面间的间隙不应大于0.7 mm。

5.4.6 当转数指针指示在整数转时（或指示在标定的特定值时），指针偏离零位不应大于15个标尺分度。

5.5 行程

活动测量爪的实际行程应超过测量范围上限1 mm。

5.6 电子数显器的性能

5.6.1 数字显示应清晰、完整、无闪跳现象。

5.6.2 响应速度不应小于1 m/s。

5.6.3 功能键应灵活、可靠、标注符号或图文应清晰且含义准确。

5.6.4 数字漂移不应大于1个分辨力值：工作电流不宜大于40 μA。

5.6.5 电子数显器应能在环境温度0 ℃～40 ℃，相对湿度不大于80%的条件下正常工作。

5.7 通讯接口

5.7.1 制造商应能够提供数显指示卡表与其他设备之间的通讯电缆和通讯软件。

5.7.2 通讯电缆应能将数显指示卡表的输出数据转换为RS—232、USB或其他通用的标准输出接口型式。

5.8 防护等级（IP）

指示卡表应具有防尘、防水能力，其防护等级不应低于IP40（见GB 4208—1993）。

5.9 抗静电干扰能力和电磁干扰能力

数显指示卡表的抗静电干扰能力和电磁干扰能力均不应低于1级（见GB/T 17626.2—2006、GB/T 17626.3—2006）。

5.10 测量面的平面度、平行度及合并间隙

指示卡表圆柱形测量面、平面测量面的平面度及其手感接触时的合并间隙（无论活动测量爪紧固与否）均不应大于表1的规定。

表 1

单位：mm

测量面类型	平面度[a]	平行度及合并间隙
圆柱形测量面、平面测量面	0.006	0.010
刀口形内测量面	—	0.010
[a] 距测量面边缘不大于测量面直径（或宽度）的1/20范围（但最小为0.1 mm），测量面的平面度不计。		

5.11 最大允许误差

5.11.1 指示卡表以平面测量面测量时的最大允许误差应符合表2的规定。

表 2

单位：mm

<table>
<tr><th rowspan="3">分度值/分辨力</th><th rowspan="3">测量范围</th><th colspan="4">最大允许误差</th></tr>
<tr><th colspan="2">机械指示卡表</th><th colspan="2">数显指示卡表</th></tr>
<tr><th>任意1 mm</th><th>全量程</th><th>任意5 mm</th><th>全量程</th></tr>
<tr><td rowspan="3">0.1</td><td>0～15</td><td rowspan="3">±0.05</td><td rowspan="2">±0.08</td><td rowspan="3">—</td><td>±0.10</td></tr>
<tr><td>0～20</td><td rowspan="2">±0.20</td></tr>
<tr><td>0～25</td><td>±0.10</td></tr>
<tr><td rowspan="3">0.01</td><td>0～15</td><td rowspan="3">±0.02</td><td rowspan="2">±0.03</td><td rowspan="3">±0.02</td><td rowspan="3">±0.03</td></tr>
<tr><td>0～20</td></tr>
<tr><td>0～25</td><td>±0.04</td></tr>
<tr><td colspan="6">注：任意测量段最大允许误差是指：相对应于各个规定的连续测量段内示值误差的最大值极限值。如：任意1 mm的最大示值误差是指：0 mm～1 mm，1 mm～2 mm，…24 mm～25 mm等一系列连续1 mm测量段内示值误差中的最大值。</td></tr>
</table>

5.11.2 刀口内测量爪的精度

5.11.2.1 两刀口内测量爪相对平面间的间隙不应大于0.12 mm。

5.11.2.2 当调整平面测量面间的距离为10 mm时，刀口内测量爪的尺寸极限偏差不应超过表3的规定。

表 3

单位：mm

刀口形内测量爪的尺寸极限偏差[a]	
分度值/分辨力	
0.01	0.10
$^{+0.02}_{0}$	$^{+0.04}_{0}$
[a] 测量要求：刀口内测量爪的尺寸极限偏差，应按沿平行于测量爪平面方向的实际偏差计；在其他方向的实际偏差均不应大于平行于测量爪平面方向测得的实际偏差。	

5.12 重复性

指示卡表的重复性不应大于其一个分辨力值（或分度值）。

6 试验方法

6.1 温度变化试验

数显指示卡表的温度变化试验应符合GB/T 2423.22—2002的规定。

6.2 湿热试验

数显指示卡表的湿热试验应符合GB/T 2423.3—2006的规定。

6.3 抗静电干扰试验

数显指示卡表的抗静电干扰试验应符合GB/T 17626.2—2006的规定。

6.4 抗电磁干扰试验

数显指示卡表的抗电磁干扰试验应符合GB/T 17626.3—2006的规定。

6.5 防尘、防水试验

指示卡表的防尘、防水试验应符合GB 4208—1993的规定。

7 检查条件

数显指示卡表检查时，室内温度应为20 ℃±5 ℃；相对湿度不应大于80%。

8 检查方法

8.1 外观

目力观察。

8.2 相互作用

目测和手感检查。如有异议，参见附录A。

8.3 度盘

目力观察，也可借助工具显微镜或读数显微镜检查。

8.4 指针

目测或试验；指针尖端宽度与标尺标记宽度可借助工具显微镜检查（至少应抽检任意三条刻线）；指针与度盘表面的间隙可借助塞尺或工具显微镜检查。

8.5 行程

试验观察。

8.6 电子数显器的性能

8.6.1 数字显示情况、响应速度及功能键的作用三项性能宜同时检查。试验并观察功能键的作用是否正常、灵活、可靠；用手动速度模拟，移动活动测量爪后观察数字显示是否正常。

8.6.2 工作电流用万用表或专用芯片检测仪进行检测。

8.6.3 数字漂移采用试验方法进行检查，拉动活动测量爪并使其停止在任意位置上，观察显示数值在1 h内的变化。

8.7 测量面平面度、平行度及合并间隙

8.7.1 指示卡表圆柱形测量面、平面测量面平面度的检查可用刀口形直尺以光隙法进行检查。

8.7.2 平面测量面的平行度检查，可用一量块，放入两测量面间，分别在测量面的上、下两个部位处接触测量，测量面与量块的接触部位不应超过2 mm，两个部位的读数值之代数差即为其平行度。

8.7.3 测量爪外测量面合并间隙的检查可与测量面的平行度检查合并进行。

8.8 示值误差

用一组3级或5等量块检验指示卡表的示值误差，将量块分别放在两平面测量面间进行检查，测得各点的读数值与量块约定真值之差即为该点的示值误差。各检测点的示值误差均不应大于表2规定的最大允许误差。推荐检定点见表4。

8.9 刀口内测量爪的精度

8.9.1 两刀口内测量爪相对平面间的间隙检查，是移动指示卡表的活动测量爪使两内测量爪间的重叠区域至尽量大，用0.12 mm的塞尺进行检查。

8.9.2 刀口内测量爪尺寸实际偏差的检查，是将尺寸为10 mm的一块3级或5等量块的长边平放于两平测量面之间，移动活动测量爪使两平测量面和量块工作面相接触并能正常滑动，然后用测力为（6～7）N的外径千分尺在平行于测量爪杆平面方向上，沿刀口内测量面的长度方向进行检测，于测量爪的尖端、

中部和根部进行检查，检查至尖端和根部时，外径千分尺测量面与刀口内测量面的接触长度不应大于2 mm。所测得的实际偏差不应大于表3中规定的尺寸极限偏差；在其他方向上检查时，所测得的实际偏差均不应大于平行于测量爪杆平面方向测得的实际偏差。

表 4

单位：mm

分度值/分辨力	推荐检定点	
	机械指示卡表	数显指示卡表
0.10	以1 mm间隔为一检定点，直至全量程。	
0.01	1）头1 mm～2 mm间，以每间隔0.1 mm为一检定点； 2）从2 mm～10 mm间，以每隔0.5 mm为一检定点； 3）从10 mm开始，以每隔1 mm为一检定点，直至全量程。	1.0，2.0，3.0，4.0，5.0，7.5，10，12.5，15，17.5，20，25

平行度由刀口型测量爪根部、中部、尖端三个位置的最大与最小尺寸之差确定。

8.10 重复性

指示卡表的重复性检查应在测量范围内正向行程中的始、中、末三个位置上进行，在每个位置上用同一标准量块置于平面测量面间，重复检查示值五次，各位置的五次测得示值间的最大差异即为该受检位置的重复性，取始、中、末三个位置上重复性的最大值为指示卡表的重复性。

注：此处重复性检查结果的数据处理，不采用分散性表述，仅取示值变化的特性表述。

9 标志与包装

9.1 指示卡表上至少应标志：

a）制造厂厂名或注册商标；

b）分度值/分辨力；

c）产品序号；

d）用不锈钢制造的指示卡表，应有识别标志。

9.2 指示卡表的包装盒上至少应标志：

a）制造厂厂名或注册商标；

b）产品名称；

c）分度值/分辨力及测量范围。

9.3 指示卡表在包装前应经过防锈处理并妥善包装，不得因包装不善而在运输过程中损坏产品。

9.4 指示卡表经检查符合本标准要求的应附有产品合格证，产品合格证上应标有本标准的标准号、产品序号和出厂日期。

附 录 A
（资料性附录）
相互作用的定量检查方法

A.1 晃动量的检查

指示卡表活动测量爪在固定测量爪杆宽度方向上相对于固定测量爪的晃动量，用下述方法检查：

将指示卡表以固定测量爪进行安装固定，沿固定测量爪杆宽度方向对活动测量爪施以两个方向的力，施力大小为3 N～5 N，并用百分表指示出活动测量爪在正反两个方向的摆动量，其二者中的最大值即为晃动量。

A.2 测量力的检查

指示卡表测量力的检查，可用下述方法进行：

用分度值不大于0.1 N的测力仪检查，将指示卡表的固定测量爪部位固定在专用支架上，调节支架使指示卡表的活动测量爪在某一规定受检位置上与测力仪测量头相接触（在指示卡表全量程的起点、中间点、终点三个位置上进行检查），由测力仪上读取测量力值，取测力仪在各受检点上读数值的最大值和最小值即为指示卡表的最大测量力和最小测量力。

A.3 移动力的检查

指示卡表的活动测量爪和固定测量爪相对移动的移动力可用弹簧测力计定量检查。

将指示卡表水平放置，用测力计钩住固定测量爪（或活动测量爪）的外测量爪根部，拉动测力计，当固定测量爪（或活动测量爪）开始移动后从测力计上读数，在整个测量范围内，测得的最大值即为移动力，其值不应大于3 N。

ICS 17.040.30
J 42
备案号：28718—2010

中华人民共和国机械行业标准

JB/T 10977—2010

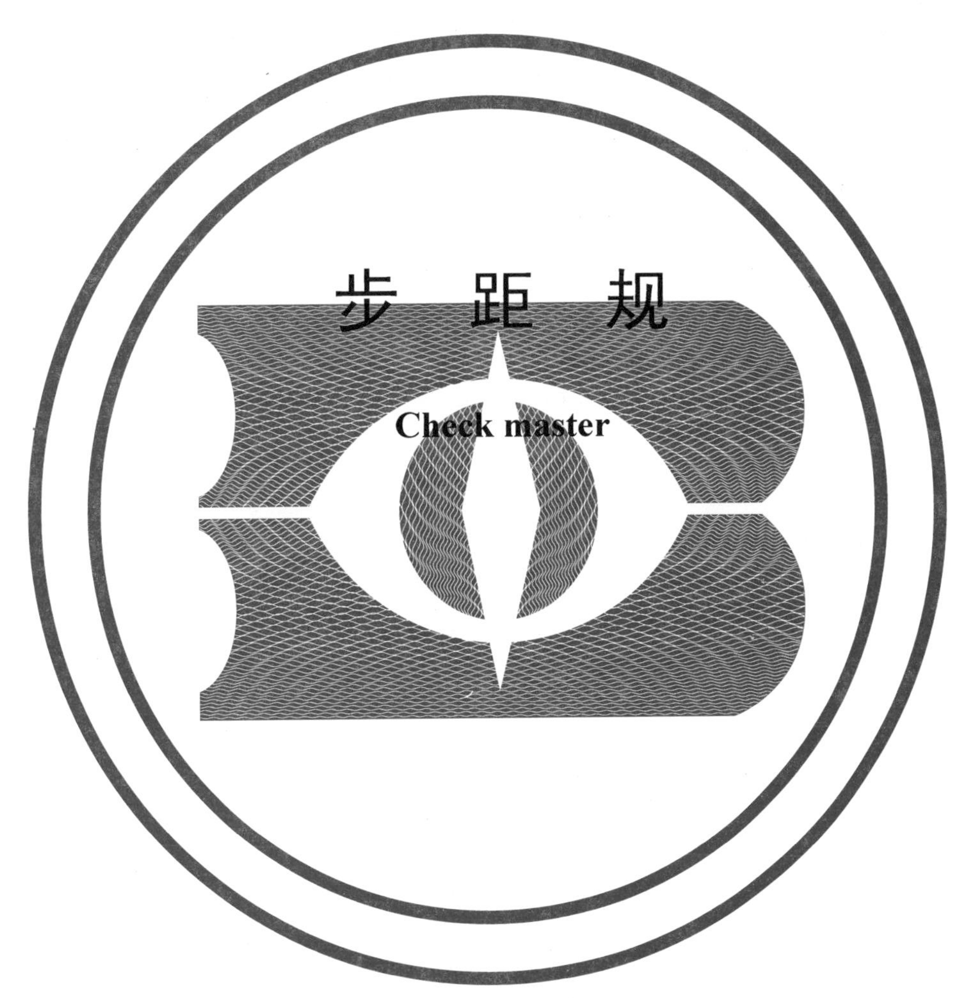

步距规

2010-02-11 发布 2010-07-01 实施

中华人民共和国工业和信息化部 发布

前　　言

本标准由中国机械工业联合会提出。

本标准由全国量具量仪标准化技术委员会（SAC/TC 132）归口。

本标准负责起草单位：桂林广陆数字测控股份有限公司。

本标准参加起草单位：桂林安一量具有限公司、成都成量工具有限公司、广西计量检测研究院。

本标准主要起草人：彭凤平、闫列雪 、李海平、吴峰山、卞宙、全贻智。

本标准为首次发布。

步 距 规

1 范围

本标准规定了步距规的术语和定义、型式与基本参数、要求、检验方法、标志与包装等。

本标准适用于准确度级别为0级、1级和2级，测量范围上限至1 000 mm测量块为钢或陶瓷材料制造的步距规。

2 规范性引用文件

下列文件中的条款通过本标准的引用而成为本标准的条款。凡是注有日期的引用文件，其随后所有的修改单（不包括勘误的内容）或修订版均不适用于本标准，然而，鼓励根据本标准达成协议的各方研究是否使用这些文件的最新版本。凡是不注日期的引用文件，其最新版本适用于本标准。

GB/T 191—2008　包装储运图示标志（ISO 780：1997，MOD）

GB/T 4879—1999　防锈包装

GB/T 5048—1999　防潮包装

GB/T 6388—1986　运输包装收发货标志

GB/T 9969—2008　工业产品使用说明书　总则

GB/T 14436—1993　工业产品保证文件　总则

GB/T 17163　几何量测量器具术语　基本术语

GB/T 17164　几何量测量器具术语　产品术语

3 术语和定义

GB/T 17163、GB/T 17164中确立的以及下列术语和定义适用于本标准。

3.1

步距规　check master

将系列尺寸测量块和垫块按一定的间距排列装夹在基座上，组成具有系列尺寸的长度量规，用于长度校准、检验的实物量具。

3.2

步距尺寸　link distance

相邻测量块同向测量面之间的距离。

3.3

工作尺寸　working size

Ⅰ型步距规的工作尺寸为测量块工作面至基准平面之间的距离或测量块同一方向工作面之间的距离；Ⅱ型步距规的工作尺寸为测量块同一方向工作面之间的距离。

3.4

工作尺寸变动量　working size variation

测量面任意点工作尺寸中最大长度L_{max}与最小长度L_{min}之差。

4 型式与基本参数

4.1　步距规的型式见图1、图2所示。图示仅作图解说明，不表示详细结构。

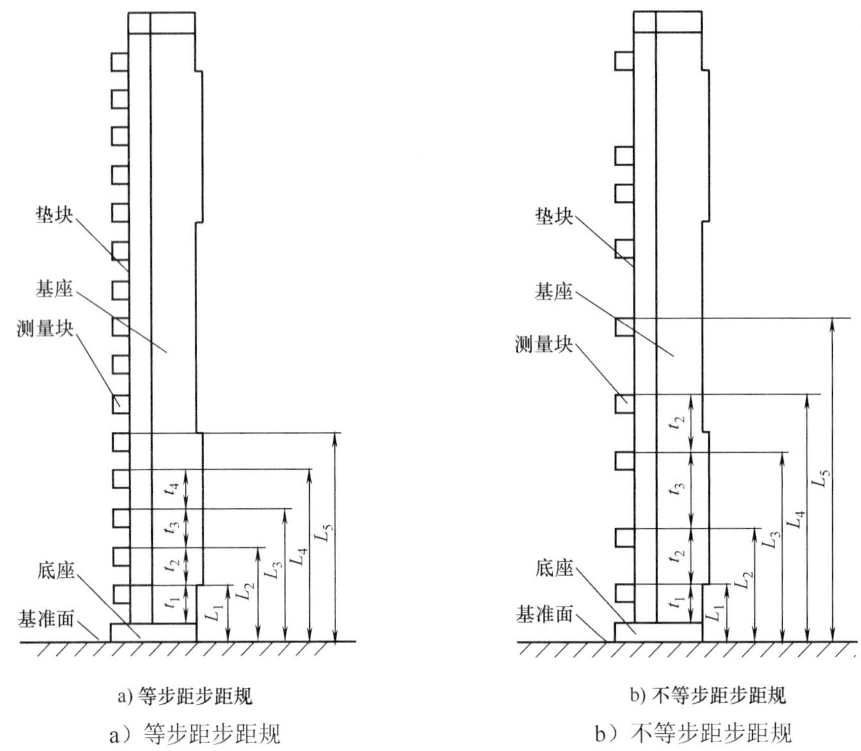

a）等步距步距规　　　　b）不等步距步距规

图 1　Ⅰ型步距规

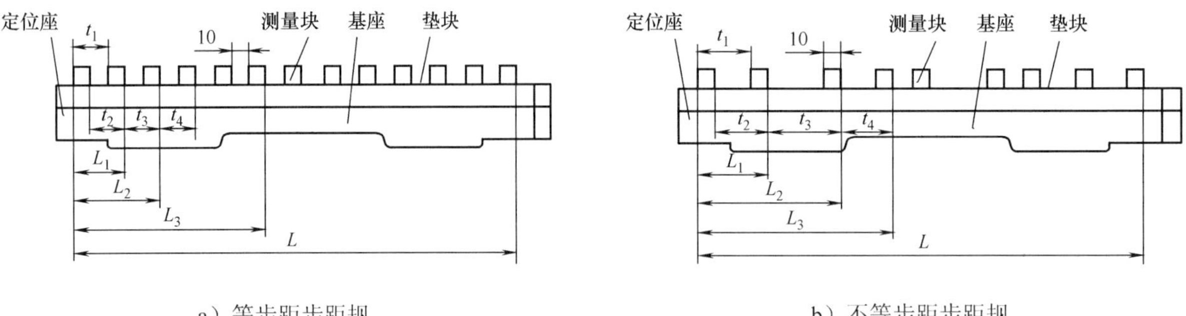

a）等步距步距规　　　　b）不等步距步距规

图 2　Ⅱ型步距规

4.2　Ⅰ型步距规和Ⅱ型步距规按步距尺寸分为等步距尺寸（$t_1=t_2=t_3=\cdots\cdots=20$、30、40、50）和不等步距尺寸（$t_1=20$，$t_2=30$，$t_3=40$，……，$t_1 \neq t_2 \neq t_3 \neq t_4 \cdots\cdots$）两种型式。

5　要求

5.1　外观

5.1.1　步距规工作面不应有影响使用性能的裂痕、划伤、碰伤、锈蚀、毛刺等缺陷。

5.1.2　步距规非工作面镀、涂层不应有脱落和影响外观的色泽不均等缺陷。

5.2　材料

测量块应采用钢、陶瓷或其他硬质材料制造。

5.3　工作面硬度和表面粗糙度

工作面的硬度及表面粗糙度 *Ra* 值见表 1 的规定。

表 1

工 作 面	硬 度 ≥	表面粗糙度 *Ra* 值 ≤
底座基准面	551 HV（或 52.5 HRC）	0.20 μm
定位座工作面	551 HV（或 52.5 HRC）	0.40 μm

5.4 底座基准面的平面度

底座基准面的平面度不大于 2 μm，不允许呈凸形，底座基准平面边缘处 1 mm 范围内不计。

5.5 工作尺寸变动量

步距规的工作尺寸变动量不应大于表 2 的规定。

5.6 工作尺寸最大允许误差

步距规的工作尺寸最大允误差不应超过表 2 的规定。

表 2

测量范围上限 mm	工作尺寸变动量			工作尺寸最大允许误差		
	μm					
	准确度级别					
	0 级	1 级	2 级	0 级	1 级	2 级
≤100	0.5	1.0	1.2	±1.0	±2	±4.0
>100～200	0.5	1.1	1.5	±1.1	±2.2	±4.4
>200～300	0.6	1.3	2.0	±1.3	±2.6	±5.2
>300～400	0.7	1.4	2.5	±1.6	±3.2	±6.4
>400～500	0.8	1.5	3.0	±2.0	±4.0	±8.0
>500～600	1.0	1.6	3.5	±2.5	±5.0	±10.0
>600～800	1.4	2.0	4.0	±3.0	±6.0	±12.0
>800～1 000	1.8	2.5	4.5	±4.0	±8.0	±16.0

5.7 工作尺寸稳定性

步距规在不受异常温度、振动、冲击、磁场或机械力影响的环境下，每年尺寸变化量不超过工作尺寸最大允许误差的 1/2。

6 检查条件

受检步距规及检验工具应置于检验室内，其平衡温度时间不小于 24 h。

检验时，检验室内温度及温度变化符合表 3 要求。

表 3

准确度级别	温 度 ℃	温 度 变 化 ℃/h
0 级	20±0.5	<0.2
1 级	20±1.0	<0.5
2 级	20±1.5	<1.0

7 检查方法

7.1 外观

目力观察。

7.2 底座和定位座的工作面硬度

底座和定位座的工作面硬度在维氏硬度计（或洛氏硬度计）上进行测量。取均匀分布三点测量值的算术平均值作为检查结果。

7.3 底座和定位座的工作面表面粗糙度

用表面粗糙度比较样块目测比较。如有异议，用表面粗糙度检查仪检查。

7.4 底座和定位座的平面度

用刀口尺在工作面的长边、短边和对角线位置上以光隙法检查。

7.5 工作尺寸最大允许误差和工作尺寸变动量

采用三坐标测量机，或者可以满足测量要求的其他测量仪器，对步距规的工作尺寸最大允许误差和工作尺寸变动量进行测量。以测量块工作面中心点至底座基准平面的距离为工作尺寸，其工作尺寸最大允许误差不超过表 2 的规定；在测量块工作面上的五个位置进行测量（见图 3），其最大值与最小值之差为工作尺寸变动量，不大于表 2 规定。测量各工作尺寸时的不确定度（$K=2$），1 级、2 级步距规不应超过相对应工作尺寸最大允许误差绝对值的 1/3，0 级为 1/2。

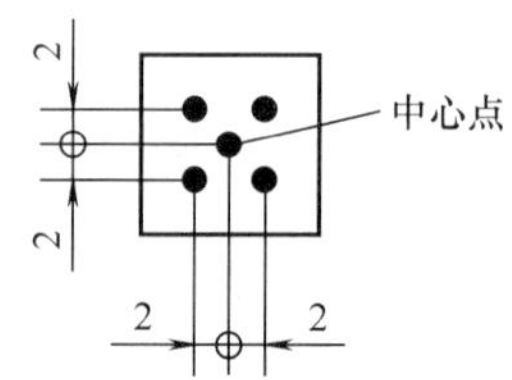

图 3 工作尺寸变动量检测点示意图

8 标志与包装

8.1 标志

8.1.1 步距规上应标有：

a）制造厂厂名或注册商标；

b）准确度级别；

c）测量范围上限；

d）产品序号。

8.1.2 步距规外包装的标志应符合 GB/T 191 和 GB/T 6388 的规定。

8.2 包装

8.2.1 步距规的包装应符合 GB/T 4879 和 GB/T 5048 的规定。

8.2.2 步距规经检验符合本标准要求的应具有符合 GB/T 14436 规定的产品合格证，产品合格证上应标有本标准的标准号、产品序号和出厂日期；以及符合 GB/T 9969 规定的使用说明书。

ICS 17.040.30
J 42
备案号：34855—2012

中华人民共和国机械行业标准

JB/T 11102—2011

游标、带表和数显异型卡尺

Vernier，dial and digital display special calipers

2011-12-20 发布　　2012-04-01 实施

中华人民共和国工业和信息化部 发布

前　言

本标准的附录A和附录C为规范性附录，附录B和附录D为资料性附录。

本标准由中国机械工业联合会提出。

本标准由全国量具量仪标准化技术委员会（SAC/TC132）归口。

本标准负责起草单位：靖江量具有限公司、桂林量具刃具有限责任公司、桂林广陆数字测控股份有限公司。

本标准参加起草单位：广西壮族自治区计量检测研究院。

本标准主要起草人：杨东顺、赵伟荣、董中新、张长水。

本标准为首次发布。

请注意本标准的某些内容有可能涉及专利。本标准的发布机构不应承担识别这些专利的责任。

游标、带表和数显异型卡尺

1 范围

本标准规定了游标、带表和数显异型卡尺的术语和定义、型式与基本参数、要求、检验方法、标志与包装等。

本标准适用于分度值/分辨力为 0.01 mm、0.02 mm、0.05 mm 和 0.10 mm，测量范围上限至 1 000 mm 的游标、带表和数显异型卡尺（以下统称“异型卡尺”）。

2 规范性引用文件

下列文件中的条款通过本标准的引用而成为本标准的条款。凡是注日期的引用文件，其随后所有的修改单（不包括勘误的内容）或修订版均不适用于本标准，然而，鼓励根据本标准达成协议的各方研究是否使用这些文件的最新版本。凡是不注日期的引用文件，其最新版本适用于本标准。

GB/T 2423.3—2006 电工电子产品环境试验 第 2 部分：试验方法 试验 Cab：恒定湿热试验（IEC 60068-2-78:2001，IDT）

GB/T 2423.22—2002 电工电子产品环境试验 第 22 部分：试验方法 试验 N：温度变化（IEC 60068-2-14:1984，IDT）

GB 4208—2008 外壳防护等级（IP 代码）（IEC 60529:2001，IDT）

GB/T 17163—2008 几何量测量器具术语 基本术语

GB/T 17164—2008 几何量测量器具术语 产品术语

GB/T 17626.2—2006 电磁兼容 试验和测量技术 静电放电抗扰度试验（IEC 61000-4-2:2001，IDT）

GB/T 17626.3—2006 电磁兼容 试验和测量技术 射频电磁场辐射抗扰度试验（IEC 61000-4-3:2002，IDT）

3 术语和定义

GB/T 17163、GB/T 17164 中确立的以及下列术语和定义适用于本标准。

3.1

异型卡尺 special calipers

根据特定功能需要，将卡尺量爪制成特殊型式的一种测量器具。

3.1.1

游标异型卡尺 vernier special caliper

利用游标原理对两同名测量面相对移动分隔的距离进行读数的一种异型卡尺。

3.1.2

带表异型卡尺 dial special caliper

利用机械传动系统，将两同名测量面相对移动转变为指示表指针的回转运动，并借助尺身标尺和指示表对两同名测量面相对移动所分隔的距离进行读数的一种异型卡尺。

3.1.3

数显异型卡尺 digital display special caliper

利用电子测量、数字显示原理，对两同名测量面相对移动分隔的距离进行读数的一种异型卡尺。

4 型式与基本参数

4.1 异型卡尺的型式如图 1、图 2 所示。图示仅作图解说明，不表示详细结构，实际中的结构可以是测量爪、各种形式测量面的不同组合。

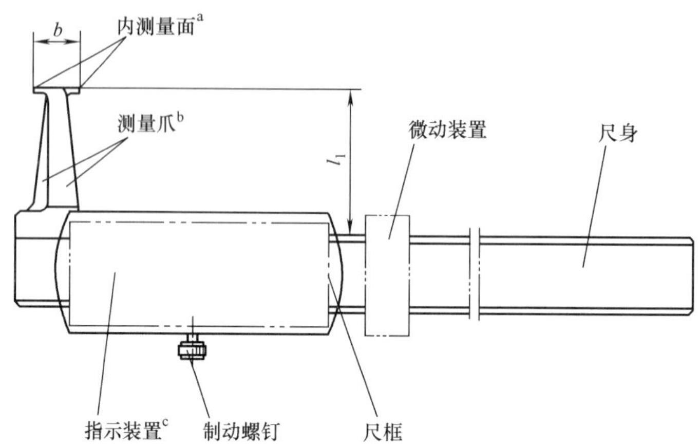

a 测量面（头）分平面形、刀口形、圆柱形、圆锥形、圆弧形等形式。

b 本形式的测量爪分在尺身上方或下方或上、下方，均有三种形式。

c 指示装置形式如图 3 所示。

图 1 内测异型卡尺

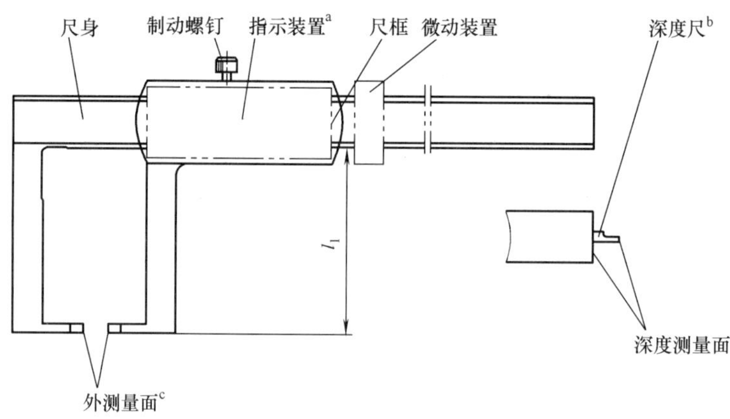

a 指示装置形式如图 3 所示。

b 本形式分为带深度尺和不带深度尺两种；若带深度尺，测量范围上限不宜超过 300 mm。

c 测量面（头）分平面形、刀口形、圆柱形、单圆柱形、圆锥形、单圆锥形、圆弧形、蝶形等形式。

图 2 外测异型卡尺

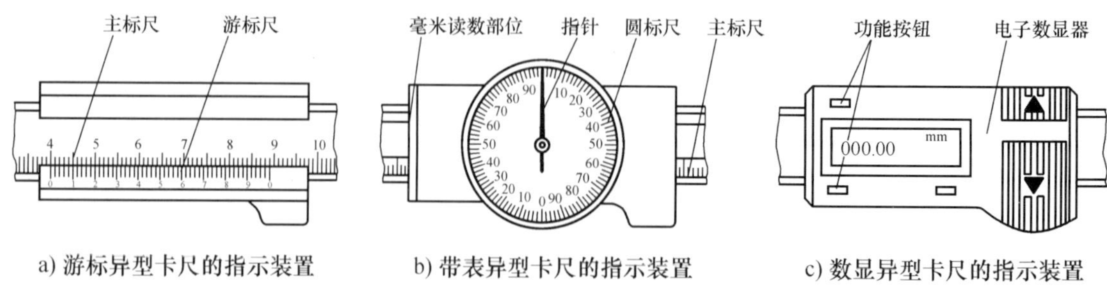

a) 游标异型卡尺的指示装置　b) 带表异型卡尺的指示装置　c) 数显异型卡尺的指示装置

图 3 异型卡尺的指示装置示意图

4.2 异型卡尺的测量范围及基本参数的推荐值见表1。

表 1

单位为毫米

测量范围上限	基本参数（推荐值）		
	l_1[a]	l_1[a]（长爪）	b
100	25	$25<l_1\leqslant100$	8～80
150	40	$40<l_1\leqslant100$	
200	50	$50<l_1\leqslant120$	
300	65	$65<l_1\leqslant130$	
500	100	$100<l_1\leqslant150$	
1 000	130	$130<l_1\leqslant200$	
注：b 为内测量起始尺寸，具体尺寸允许根据客户需要确定。			
[a] 当测量爪的伸出长度 l_1 大于表中推荐值时，其技术指标由供需双方技术协议确定。			

5 要求

5.1 外观

5.1.1 异型卡尺表面不应有影响外观和使用性能的裂痕、划伤、碰伤、锈蚀、毛刺等缺陷。

5.1.2 异型卡尺表面的镀、涂层不应有脱落和影响外观的色泽不均等缺陷。

5.1.3 标尺标记不应有目力可见的断线、粗细不均及影响读数的其他缺陷。

5.1.4 指示装置的表蒙、显示屏应透明、清洁，无划痕、气泡等影响读数的缺陷。

5.2 相互作用

异型卡尺的尺框、微动装置沿尺身的移动应平稳、无卡滞和松动现象，用制动螺钉能将尺框准确、可靠地紧固在尺身上。

5.3 材料和测量面硬度

异型卡尺一般采用碳素钢、工具钢或不锈钢制造，测量面的硬度不应低于表2的规定。

表 2

测量面名称	材　料[a]	硬　度
内、外测量面	碳素钢、工具钢	664 HV（或 58 HRC）
	不锈钢	551 HV（或 52.5 HRC）
其他测量面	碳素钢、工具钢、不锈钢	377 HV（或 40 HRC）
[a] 测量面的材料也可采用硬质合金或其他超硬材料。		

5.4 测量面的表面粗糙度

异型卡尺测量面的表面粗糙度 Ra 不应大于表3的规定。

表 3

单位为微米

测量面名称	表面粗糙度 Ra
外测量面	0.4
内测量面	0.4
其他测量面	0.8

5.5 标尺标记

5.5.1 游标异型卡尺的主标尺和游标尺的标记宽度及其标记宽度差应符合表 4 的规定。

表 4

单位为毫米

分度值	标记宽度	标记宽度差 ≤
0.02	0.08～0.18	0.02
0.05		0.03
0.10		0.05

5.5.2 带表异型卡尺主标尺的标记宽度及其标记宽度差，圆标尺的标记宽度及标尺间距应符合表 5 的规定；指针末端的宽度应与圆标尺的标记宽度一致。

表 5

单位为毫米

标尺名称	标记宽度	标记宽度差 ≤	标尺间距 ≥
主标尺	0.10～0.25	0.05	—
圆标尺	0.10～0.20	—	0.8

5.6 指示装置各部分相对位置

5.6.1 游标异型卡尺的游标尺标记表面棱边至主标尺标记表面的距离不应大于 0.30 mm。

5.6.2 带表异型卡尺的指针末端应盖住圆标尺上短标尺标记长度的 30%～80%，指针末端与圆标尺标记表面间的间隙不应大于表 6 的规定。

表 6

单位为毫米

分度值	指针末端与圆标尺标记表面间的间隙
0.01、0.02	0.7
0.05	1.0

5.7 零值误差

5.7.1 游标异型卡尺的零位限位部位手感接触或内测量头（爪）调整至测量下限尺寸时游标尺上的“零”、“尾”标尺标记与主标尺相应标尺标记应相互重合，其重合度不应超过表 7 的规定。

表 7

单位为毫米

分度值	“零”标尺标记重合度		“尾”标尺标记重合度	
	游标尺（可调）	游标尺（不可调）	游标尺（可调）	游标尺（不可调）
0.02	±0.005	±0.010	±0.01	±0.015
0.05			±0.02	±0.025
0.10	±0.010	±0.015	±0.03	±0.035

5.7.2 带表异型卡尺的零位限位部位手感接触或内测量头（爪）调整至测量下限尺寸时，指针应指向圆标尺上的“零”标尺标记，并处于正上方 12 点钟方位，左右偏位不应大于 1 个标尺分度；此时，毫米读数部位至主标尺“零”标记（或测量范围起始值标记）的距离不应超过标记宽度，压线不应超过标记宽度的 1/2。

5.8 电子数显器的性能

5.8.1 数字显示应清晰、完整、无闪跳现象，响应速度不应小于 1 m/s。

5.8.2 功能键应灵活、可靠，标注符号或图文应清晰且含义准确。

5.8.3 数字漂移不应大于 1 个分辨力值，工作电流不宜大于 40 μA。

5.8.4 电子数显器应能在环境温度 0℃～40℃、相对湿度不大于 80%的条件下，进行正常工作。

5.9 通讯接口

5.9.1 制造商应能够提供数显异型卡尺与其他设备之间的通讯电缆和通讯软件。

5.9.2 通讯电缆应能将数显异型卡尺的输出数据转换为 RS-232、USB 或其他通用的标准输出接口型式。

5.10 外壳防护等级（IP）

数显异型卡尺的外壳防护等级不应低于 IP40（见 GB 4208—2008）。

5.11 抗静电干扰能力和电磁干扰能力

数显异型卡尺的抗静电干扰能力和电磁干扰能力均不应低于 1 级（见 GB/T 17626.2—2006、GB/T 17626.3—2006）。

5.12 外测量面的平面度、平行度及合并间隙

5.12.1 具有平面形外测量面的异型卡尺，其两外测量面的平面度不应大于 0.006 mm；两外测量面手感接触时的合并间隙（无论尺框紧固与否），在非刀口形量面处不应透光。距外测量面边缘不大于测量面宽度的 1/20 范围内（但最小为 0.2 mm），外测量面的平面度不计。

5.12.2 当异型卡尺具有两平面型外测量面时，其外测量面在测量范围内任意位置时的平行度（无论尺框紧固与否，且在测量爪紧固的状态下）均不应大于表 8 的规定。

表 8

分度值/分辨力 mm	平行度公差计算公式 μm	
	正常爪	长爪
0.01，0.02	12+0.03L	12+0.03L+30l_1/150
0.05	30+0.03L	30+0.03L+30l_1/150
0.10	50+0.03L	50+0.03L+30l_1/150

注 1：L 为两外测量面在测量范围内任意位置时的测量长度（L≠0），单位为毫米。

注 2：计算结果一律四舍五入至 10 μm。

注 3：测量爪可调式异型卡尺，其平行度允许值在按表中公式计算结果基础上增加 0.02 mm。

5.12.3 测量面为非平面形的异型卡尺，当零位限位部位手感接触时，两量面间的合并间隙（无论尺框紧固与否，且在测量爪紧固的状态下），在非平面形量面处不应大于 0.01 mm。

5.13 内测量头（爪）合并宽度的极限偏差及内测量面的平行度

带有内测量头（爪）的异型卡尺，其内测量头（爪）的合并宽度 b（见图 1 及表 1）的极限偏差及内测量面的平行度不应超过表 9 的规定。

表 9

单位为毫米

分度值/分辨力	合并宽度 b 的极限偏差		内测量面的平行度
0.01，0.02	内测量面长度≤15	内测量面长度＞15	0.015
	±0.01	±0.015	
0.05，0.10	±0.02		0.020

5.14 最大允许误差

5.14.1 外尺寸测量时的最大允许误差

异型卡尺外尺寸测量的最大允许误差应符合表 10 的规定。最大允许误差的计算公式见附录 A。

表 10

单位为毫米

<table>
<tr><td rowspan="3">测量范围
上限</td><td colspan="5">最 大 允 许 误 差</td></tr>
<tr><td colspan="5">分度值/分辨力</td></tr>
<tr><td>0.01，0.02</td><td>长爪
0.01，0.02</td><td>0.05</td><td>0.05（长爪）</td><td>0.10</td></tr>
<tr><td>100</td><td>±0.03</td><td>±0.04</td><td>±0.05</td><td>±0.06</td><td rowspan="5">±0.11</td></tr>
<tr><td>150</td><td>±0.04</td><td>±0.05</td><td>±0.06</td><td>±0.07</td></tr>
<tr><td>200</td><td>±0.04</td><td>±0.05</td><td>±0.06</td><td>±0.07</td></tr>
<tr><td>300</td><td>±0.05</td><td>±0.06</td><td>±0.07</td><td>±0.08</td></tr>
<tr><td>500</td><td>±0.06</td><td>±0.07</td><td>±0.08</td><td>±0.09</td></tr>
<tr><td>1 000</td><td>±0.08</td><td>±0.09</td><td>±0.10</td><td>±0.11</td><td>±0.16</td></tr>
<tr><td colspan="6">注：测量爪可调式异型卡尺，其外测量允许值在按附录 A 公式计算结果基础上增加 0.01 mm。</td></tr>
</table>

5.14.2 内尺寸测量时的最大允许误差

5.14.2.1 异型卡尺内尺寸测量的最大允许误差应符合表 11 的规定。最大允许误差的计算公式见附录 A。

表 11

单位为毫米

<table>
<tr><td rowspan="3">测量范围
上限</td><td colspan="5">最 大 允 许 误 差</td></tr>
<tr><td colspan="5">分度值/分辨力</td></tr>
<tr><td>0.01，0.02</td><td>长爪
0.01，0.02</td><td>0.05</td><td>0.05（长爪）</td><td>0.10</td></tr>
<tr><td>100</td><td>±0.04</td><td>±0.05</td><td>±0.06</td><td>±0.06</td><td rowspan="5">±0.12</td></tr>
<tr><td>150</td><td>±0.05</td><td>±0.06</td><td>±0.07</td><td>±0.08</td></tr>
<tr><td>200</td><td>±0.05</td><td>±0.06</td><td>±0.07</td><td>±0.08</td></tr>
<tr><td>300</td><td>±0.06</td><td>±0.07</td><td>±0.08</td><td>±0.09</td></tr>
<tr><td>500</td><td>±0.07</td><td>±0.08</td><td>±0.09</td><td>±0.10</td></tr>
<tr><td>1 000</td><td>±0.09</td><td>±0.10</td><td>±0.11</td><td>±0.12</td><td>±0.17</td></tr>
<tr><td colspan="6">注：测量爪可调式异型卡尺，其内测量允许值在按附录 A 公式计算结果基础上增加 0.01 mm。</td></tr>
</table>

5.14.2.2 对于既有外测量爪又带有内测量头（爪）的异型卡尺，当用户仅要求保证内测量头（爪）合并宽度极限偏差 b 尺寸时，内测量头（爪）尺寸不执行表 11 中内尺寸测量的最大允许误差的规定值。而以保证内测量头（爪）合并宽度极限偏差为准。

5.14.3 深度、台阶尺寸测量时的最大允许误差

带有深度或台阶尺寸测量的异型卡尺，其深度、台阶测量 20 mm 时的最大允许误差不应超过表 12 的规定。

表 12

单位为毫米

分度值/分辨力	最大允许误差
0.01，0.02	±0.03
0.05，0.10	±0.05

5.15 重复性

带表异型卡尺和数显异型卡尺的重复性不应大于表 13 的规定。

表 13

单位为毫米

分度值/分辨力	重复性	
	带表异型卡尺	数显异型卡尺
0.01	0.01	0.01
0.02，0.05	0.02	—

6 试验方法

6.1 温度变化试验

数显异型卡尺的温度变化试验应符合 GB/T 2423.22—2002 的规定。

6.2 湿热试验

数显异型卡尺的湿热试验应符合 GB/T 2423.3—2006 的规定。

6.3 抗静电干扰试验

数显异型卡尺的抗静电干扰试验应符合 GB/T 17626.2—2006 的规定。

6.4 抗电磁干扰试验

数显异型卡尺的抗电磁干扰试验应符合 GB/T 17626.3—2006 的规定。

6.5 防尘、防水试验

数显异型卡尺的防尘、防水试验应符合 GB 4208—2008 的规定。

7 检验条件

7.1 检验前，应将被检异型卡尺及量块等检验用设备同时置于铸铁平板或木桌上，其平衡温度时间参见表 14。

表 14

测量范围上限 mm	平衡温度时间 h	
	置于铸铁平板上	置于木桌上
≤300	1	2
＞300～500	1.5	3
＞500～1 000	2	4

7.2 数显异型卡尺检验时，室内温度应为 20℃±5℃；相对湿度不应大于 80%。

8 检验方法

8.1 外观

目力观察。

8.2 相互作用

目测和手感检验。如有异议，参见附录 B。

8.3 测量面硬度

在维氏硬度计（或洛氏硬度计）上检验。检查部位为测量面或离测量面 2 mm 以内的侧面且应沿测量面长度方向（或周边）均匀分布的三点，三点测得值的算术平均值作为测量结果。

8.4　测量面的表面粗糙度

用表面粗糙度比较样块目测比较。

8.5　标尺标记

目测。如有异议，用工具显微镜或读数显微镜检验。

8.6　指示装置各部分相对位置

目测或借助塞尺比较检验。

8.7　零值误差

目测或借助 5 倍放大镜检验。如有异议，用工具显微镜或读数显微镜检验。

8.8　电子数显器的性能

8.8.1　数字显示情况、响应速度及功能键的作用三项性能宜同时检验。试验并观察功能键的作用是否正常、灵活、可靠；用手动速度模拟，移动尺框后观察数字显示是否正常。

8.8.2　工作电流用万用表或专用芯片检测仪进行检测。

8.8.3　数字漂移采用试验方法进行检验，拉动尺框并使其停止在任意位置上，紧固尺框，观察显示数值在 1h 内的变化。

8.9　外测量面的平面度、平行度及合并间隙

8.9.1　外测量面平面度的检验方法，见附录 C。两外测量面合并间隙的检验方法为目测观察。

8.9.2　平面形外测量面的平行度，测量面长度大于 10 mm 时，宜通过与外测量示值检验合并进行（见 8.11.1）。测量面长度小于或等于 10 mm 时，仅检验两测量面间的合并间隙。

8.10　内测量头（爪）合并宽度的实际偏差及内测量面的平行度

移动卡尺尺框至零位限位部位手感接触或内测量爪调整至测量下限尺寸 b 时，用外径千分尺在平行于尺身平面的方向上检查。在量面长度大于 10 mm 时，分里、中、外三个位置进行检查；在量面长度小于或等于 10 mm 并大于 5 mm 时，分里、外两个位置进行检查（在各测量位置检查时，千分尺测量面含入异型卡尺内测量面的长度不应大于 2 mm）；量面长度小于或等于 5 mm 时，不检查平行度仅检查尺寸 b，其各点测得值中的最大实际偏差值为合并宽度的实际偏差值。平行度由各检测点测得值的最大值与最小值之差确定。

8.11　示值误差

8.11.1　外尺寸测量的示值误差

8.11.1.1　用一组 3 级或 5 等量块分别置于两外测量面里端和外端两位置（圆形平面的测量面为圆中心位置）检验。量块工作面的长边和异形卡尺外测量面长边应垂直，无论尺框紧固与否，使异形卡尺外测量面和量块工作面相接触并能正常滑动。每个检测点测得的异形卡尺读数值与量块标称值之代数差，即为异形卡尺的示值误差。各检测点的示值误差均不应超过表 10 规定的最大允许误差。

在测量范围内任意位置处，两外测量面里端和外端两位置示值误差的代数差的绝对值即为其平行度，其值不应大于表 8 中平行度计算公式的计算结果。

8.11.1.2　异型卡尺外测量所需专用量块的数量和尺寸应使卡尺受检点分布情况满足如下要求：

a）游标异型卡尺和带表异型卡尺受检点应在测量范围内近似均匀分布，测量范围上限小于或等于 300 mm 的，不少于三点；测量范围上限大于 300 mm 的，不少于六点。上述受检点还应满足：

　1）游标异型卡尺受检点应在测量范围内的若干个点上选用游标尺整个刻度长度内近似均匀分布的三点；

　2）带表异型卡尺受检点应在测量范围内的若干个点上选用圆标尺一圈刻度内近似均匀分布的三点。

b）数显异型卡尺受检点在测量范围内近似均匀分布，测量范围上限小于或等于 300 mm 的，不少于八点；测量范围上限大于 300 mm 至 1 000 mm 的，不少于十点。上述受检点还应在测量范围内的若干个点上选用包含传感器主栅一个节距内近似均匀分布的五点（也可分别检查传感器主

栅一个节距内近似均匀分布的五点及测量范围内近似均匀分布的若干检点)。

异型卡尺示值检查点参见附录D。

8.11.2 内尺寸测量的示值误差

内尺寸测量爪的示值误差，可用一组3级或5等量块与量块夹子组成内尺寸（或用同等测量不确定度的标准环规）进行检验，对内尺寸测量爪进行示值检验时，应使内尺寸测量面与量块手感接触，测得值与量块标称值的代数差即为内尺寸测量的示值误差，其值均不应超过表11的最大允许误差。

所需专用量块的数量和尺寸及卡尺受检点分布情况同8.11.1.2的规定。

8.11.3 深度、台阶测量的示值误差

用一块3级或5等尺寸为20 mm量块置于一级平板上，将异形卡尺尺身尾端深度测量面（或尺框前端台阶测量面）与量块测量面接触，然后推出深度尺深度测量面（或尺身前端台阶测量面）与平板接触。测得值与量块标称值之代数差即为深度（或台阶）测量的示值误差，其值不应超过表12的规定。

8.12 重复性

带表、数显异型卡尺应重复对某一固定标准量在重复性条件下，进行五次测量，其五次测得值间的最大差异即为重复性。

注：此处重复性检查结果的数据处理，不采用分散性表述。仅取示值变化的特性表述。

9 标志与包装

9.1 异型卡尺上至少应标有：

a）制造厂厂名或注册商标；

b）分度值/分辨力；

c）产品序号；

d）用不锈钢制造的异型卡尺，应标有识别标志。

9.2 异型卡尺的包装盒上至少应标有：

a）制造厂厂名或注册商标；

b）产品名称；

c）分度值/分辨力及测量范围。

9.3 异型卡尺在包装前应经防锈处理，并妥善包装。不得因包装不善而在运输过程中损坏产品。

9.4 异型卡尺经检验符合本标准要求的，应附有产品合格证。产品合格证上应标有本标准的标准号、产品序号和出厂日期。

附　录　A
（规范性附录）
异型卡尺最大允许误差计算公式

异型卡尺最大允许误差计算公式见表A.1。

表　A.1

单位为毫米

<table>
<tr><td rowspan="4">测量范围上限</td><td colspan="5">最大允许误差计算公式</td></tr>
<tr><td colspan="5">分度值/分辨力</td></tr>
<tr><td rowspan="2">0.01，0.02</td><td>长爪</td><td rowspan="2">0.05</td><td rowspan="2">0.05（长爪）</td><td rowspan="2">0.10</td></tr>
<tr><td>0.01，0.02</td></tr>
<tr><td>100</td><td>±（30＋0.03L）μm</td><td>±（40＋0.03L）μm</td><td>±（50＋0.03L）μm</td><td>±（60＋0.03L）μm</td><td rowspan="6">±（70＋0.085L）μm</td></tr>
<tr><td>150</td><td rowspan="5">±（30＋0.05L）μm</td><td rowspan="5">±（40＋0.05L）μm</td><td rowspan="5">±（50＋0.05L）μm</td><td rowspan="5">±（60＋0.05L）μm</td></tr>
<tr><td>200</td></tr>
<tr><td>300</td></tr>
<tr><td>500</td></tr>
<tr><td>1 000</td></tr>
<tr><td colspan="6">注1：表中最大允许误差计算公式中的L为测量范围上限值，以毫米计。计算结果应四舍五入到10 μm，且其值不能小于数字级差（分辨力）或游标标尺间隔。
注2：内测量时最大允许误差按表中计算结果的基础上增加0.01 mm。</td></tr>
</table>

附　录　B
（资料性附录）
相互作用的定量检验方法

B.1　移动力和移动力变化的检验

异型卡尺尺身和尺框相对移动的移动力和移动力变化可用弹簧测力计定量检验。

将异型卡尺水平放置，并保持外测量爪垂直向下，用测力计钩住尺框（或尺身）的外测量爪根部，拉动测力计，当尺框（或尺身）开始移动后从测力计上读数，在整个测量范围内，测得的最大值和最小值即为最大移动力和最小移动力，最大值和最小值之差即为移动力变化，其允许值参照表B.1。

表　B.1

测量范围上限 mm	移动力	移动力变化
	N	
150	3～7	2
200	4～8	2
300		
500	8～15	3
1 000	10～20	4

测力计水平使用时与竖直使用时零位不一致，应调整好零位后使用。

测量范围上限小于或等于300 mm的卡尺，宜钩住尺身的外测量爪根部；测量范围上限大于300 mm的卡尺，因尺身较重宜钩住尺框外测量爪根部。

B.2　晃动量的检验

异型卡尺尺框在尺身厚度方向相对尺身的晃动量，推荐以下两种检查方法：

方法一：将卡尺外测量爪竖直向上安放并将尺身紧固，用指示表（分度值为0.01 mm）测头在距尺身下侧面$4l_1/5$处（l_1等于表1给定的长度）与尺框外测量爪侧面垂直接触，然后在该处对尺框外测量爪正、反两个方向加力，由指示表两次读数，其最大值即为晃动量。加力值及允许晃动量参见表B.2。

方法二：将卡尺两外测量爪合并竖直向上用手握住（或紧固住）尺身，用手对尺框外测量爪加力，使尺框外测爪产生来回晃动，晃动量的大小用塞尺比对，在距尺身下侧面$4l_1/5$处（l_1等于表1给定的长度），最大一侧的晃动值即为晃动量，其允许晃动量参见表B.2。

用手对尺框测量爪加力大小应合适，不应使尺身和尺框外测量爪产生弹性变形，否则需放开施力的手，使其消除弹性变形后，再用塞尺进行比对。

表　B.2

测量范围上限　mm	加力值　N	晃动量　mm
150	2	0.15
200	3	0.18
300	3	0.22
500	4	0.30
1 000	5	0.35

附　录　C
（规范性附录）
平面度的检验方法

测量面的平面度误差，用刀口形直尺以光隙法检验。检验时，分别在外测量面的长边、短边方向和对角线位置上进行（见图C.1）。

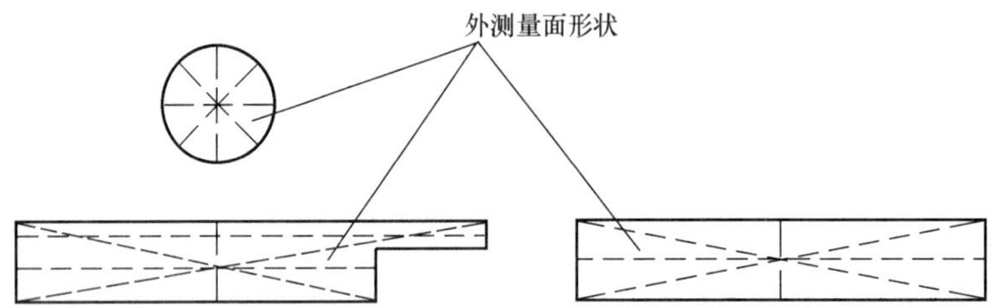

注：图中虚线为检查位置。

图 C.1　外测量面平面度的检验示意图

平面度根据各方位的间隙情况确定：

——当所有检查方位上出现的间隙均在中间部位或两端部位时，取其中一方位间隙量最大的作为平面度。

——当有的方位中间部位有间隙，而有的方位两端部位有间隙时，以中间和两端最大间隙量之和作为平面度。

——当掉边、掉角（即靠量面边、角处塌陷）时，以此处的最大间隙作为平面度。但在距测量面边缘不大于测量面宽度的1/20（最小为0.2 mm）范围内不计。

附　录　D
（资料性附录）
异型卡尺示值检验推荐量块尺寸

异型卡尺示值检查点量块尺寸推荐参见表D.1。

表　D.1　　单位为毫米

测量范围上限	异型卡尺示值检查点量块尺寸（推荐）	
	游标异型卡尺、带表异型卡尺	数显异型卡尺
150	41.2，92.5，123.8	11，32，53，74，95，110，130，150
200	51.2，123.8，192.5	25，54，83，102，131，160，180，200
300	101.2，192.5，293.8	35，74，113，152，171，220，260，300
500	101.2，180，293.8，340，422.5，500	51，102，153，204，255，300，350，400，450，500
1 000	161.2，340，500，663.8，822.5，1 000	101，202，303，404，505，600，700，800，900，1 000
注：表中数显异型卡尺的示值检查点量块尺寸（推荐）是按栅距为5.08 mm为例给出的。		

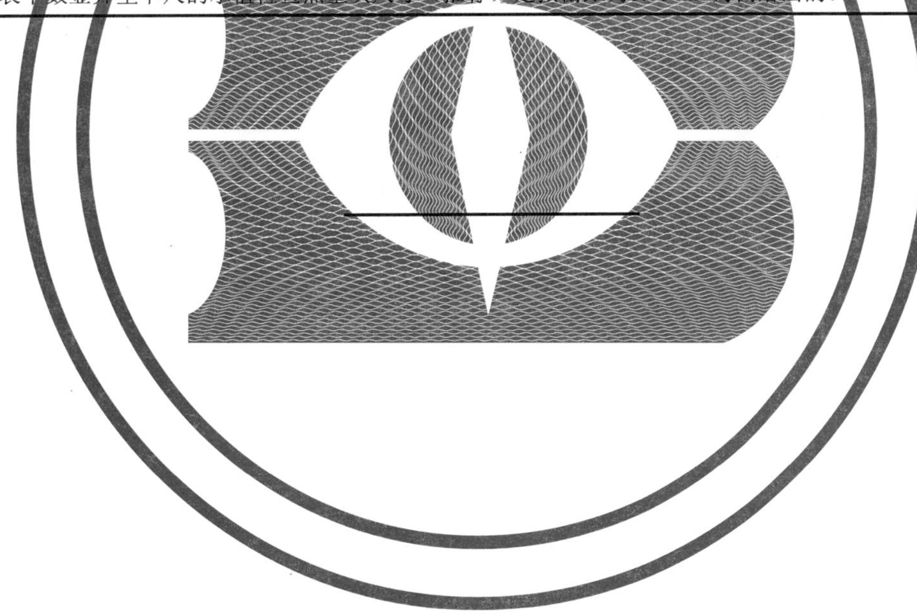

ICS 17.040.30
J 42
备案号：34856—2012

中华人民共和国机械行业标准

JB/T 11103—2011

对 刀 器

Dial tool setter

2011-12-20 发布　　　　2012-04-01 实施

中华人民共和国工业和信息化部 发布

前　言

本标准由中国机械工业联合会提出。

本标准由全国量具量仪标准化技术委员会（SAC/TC132）归口。

本标准负责起草单位：威海新威量量具有限公司。

本标准参加起草单位：广西壮族自治区计量检测研究院、威海市计量所。

本标准主要起草人：车兆平、李书胜、刘莉萍、阳明珠、于新建。

本标准为首次发布。

对 刀 器

1 范围

本标准规定了对刀器的术语和定义、型式与基本参数、要求、检验方法、标志与包装等。

本标准适用于分度值/分辨力不低于 0.01 mm，对刀尺寸为 50 mm、100 mm、120 mm 和 150 mm 的对刀器。

2 规范性引用文件

下列文件中的条款通过本标准的引用而成为本标准的条款。凡是注日期的引用文件，其随后所有的修改单（不包括勘误的内容）或修订版均不适用于本标准，然而，鼓励根据本标准达成协议的各方研究是否使用这些文件的最新版本。凡是不注日期的引用文件，其最新版本适用于本标准。

GB/T 1219—2008 指示表

GB/T 17163—2008 几何量测量器具术语 基本术语

GB/T 18761—2007 电子数显指示表

JB/T 10010—2009 磁性表座

3 术语和定义

GB/T 17163 中确立的以及下列术语和定义适用于本标准。

3.1

对刀器 dial tool setter

由指示表、对刀杆、主体及调整与工作变换钮等组成，用于各种加工中心及各式数控机床的刀具基准位置的调整、设定等，通过指示表读数。

3.2

对刀尺寸 working size

对刀器工作状态下压缩对刀杆，当指示表指零时，对刀杆工作面中心至主体基准面之间的距离。

3.3

对刀尺寸变动量 working size variation

对刀杆工作状态的工作面和主体基准面之间任意点对刀尺寸中最大值与最小值之差。

4 型式与基本参数

对刀器的型式如图 1～图 3 所示。图示仅作图解说明，不表示详细结构。

a）Ⅰ型对刀器：内置指示表，有调整与工作变换钮，带或不带磁性装置，如图 1 所示。

b）Ⅱ型对刀器：外置指示表，无调整与工作变换按钮，带或不带磁性装置，如图 2 所示。

c）Ⅲ型对刀器：内置指示表，无调整与工作变换钮，配有校零棒，带或不带磁性装置，如图 3 所示。

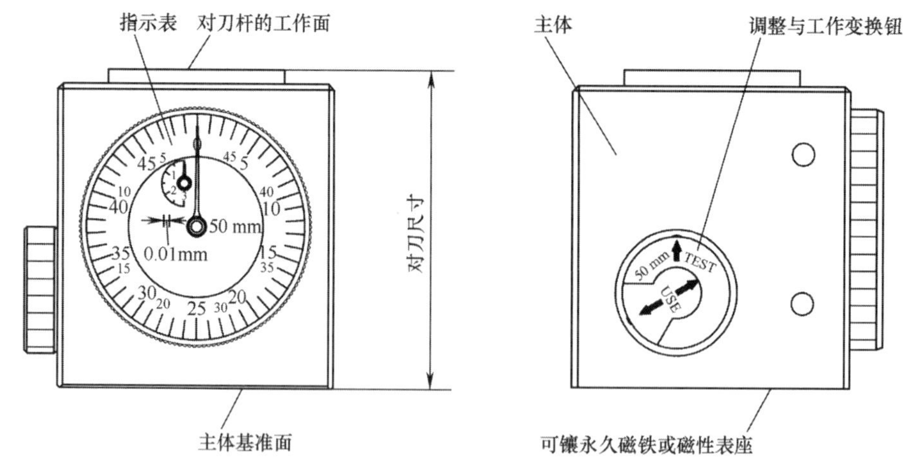

图1 Ⅰ型对刀器

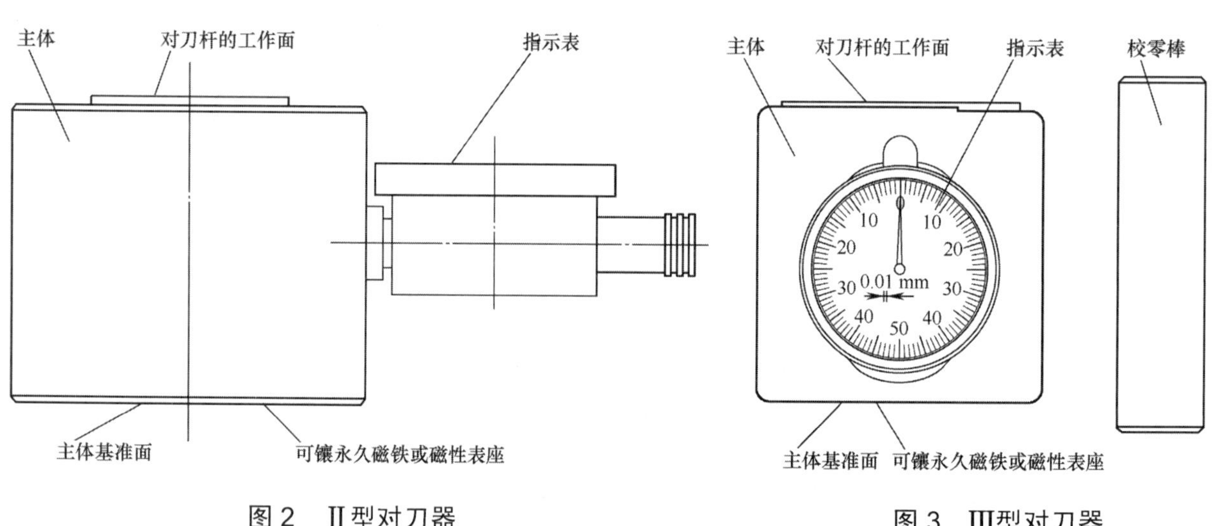

图2 Ⅱ型对刀器

图3 Ⅲ型对刀器

5 要求

5.1 外观

对刀器表面不应有锈斑、划痕、毛刺等缺陷，镀、涂层表面不得有脱落、起泡和明显影响外观的色泽不均等缺陷。

5.2 相互作用

5.2.1 对刀器各紧固部分应锁紧牢固可靠，对刀杆移动应灵活、平稳，无卡滞现象。Ⅰ型对刀器的调整与工作变换按钮的旋转应灵活，定位应可靠。

5.2.2 对刀器的磁性装置的开关应灵活可靠。

5.3 指示表

5.3.1 对刀器指示表的要求应该符合 GB/T 1219 和 GB/T 18761 的要求。

5.3.2 对刀器在对零状态时，大指针应在时钟 12 点的方位对零，允差±3 个分度。

5.3.3 对零前的预压缩行程不小于 0.3 mm，不大于 0.8 mm。

5.3.4 对刀杆使用状态下的工作行程不小于 2 mm。

5.4 工作面表面硬度和表面粗糙度

5.4.1 对刀器对刀杆工作面的表面硬度不应低于 509 HV（或 50 HRC）。

5.4.2 对刀器对刀杆工作面和主体基准面的表面粗糙度应为 *Ra*0.8 μm。

5.4.3 对刀器对刀杆工作面的材料为不锈钢、轴承钢或其他类似性能的材料。

5.5 工作面平面度

对刀器对刀杆工作面的平面度不大于 2 μm，距工作面边缘处 2 mm 范围内不计。

5.6 校零棒的素线直线度

III型对刀器的校零棒的素线直线度误差不应大于 4 μm。

5.7 对刀尺寸允许误差

对刀器对刀尺寸误差不超过±10 μm。

5.8 对刀尺寸变动量

对刀器对刀尺寸变动量不超过 5 μm。

5.9 对刀器的重复性

5.9.1 指示表对刀器的重复性不大于 3 μm。

5.9.2 电子数显指示表对刀器的重复性不大于 1 个分辨力。

5.10 对刀测力

对刀器对刀测力不大于 5 N。

5.11 工作磁力和剩余磁力

5.11.1 带磁性表座的对刀器工作磁力和剩余磁力应符合 JB/T 10010 的规定。

5.11.2 带永久磁铁的对刀器的工作磁力应便于装卸。

6 检查条件

对刀器的各项性能检验应在温度为 20℃±5℃，温度变化不应大于 1℃/h 的检验室内进行。受检前，对刀器和检验工具应在检验室内等温 2 h 以上。

7 检查方法

7.1 外观

目力观察。

7.2 相互作用

目力观察和手感检查。

7.3 指示表

操作试验及观察。

7.4 工作面表面硬度

工作面硬度在维氏硬度计（或洛氏硬度计）上进行测量。取均匀分布三点测量值的算术平均值作为检查结果。

7.5 工作面表面粗糙度

用表面粗糙度比较样块目测比较工作面表面粗糙度。如有异议，用表面粗糙度测量仪检查。

7.6 对刀杆工作面和主体基准面的平面度误差

用 1 级刀口形直尺以光隙法检验，分别按“米”字线 4 个方向接触被检平面，根据光隙大小，取其中的最大值作为被验平面的平面度误差。

7.7 III型对刀器的校零棒的素线直线度误差

将校零棒圆柱面与标准平尺相贴合，然后滚动一圈，用光隙法进行检测。

7.8 对刀器允许误差、对刀尺寸变动量和重复性

采用杠杆千分表，或者可以满足测量要求的其他测量仪器，使用专用夹具以比较法测量。在对刀器工作状态下，先使用相同公称尺寸的四等量块将杠杆千分表对零。在对刀杆工作面上的前、后、左、右和中间五个位置进行测量（见图 4)。对刀杆工作面五个位置指示表的读数均不允许大于对刀器的最大允许误差，对刀杆工作面前、后、左、右和中间五个位置的指示表读数的最大值与最小值之差即为对刀

器对刀尺寸变动量。

在对刀器调整状态下使用上述的四等量块将杠杆千分表对零，在对刀杆工作面中间位置分别检查五次，读取指示表读数的最大差值作为对刀器的重复性。

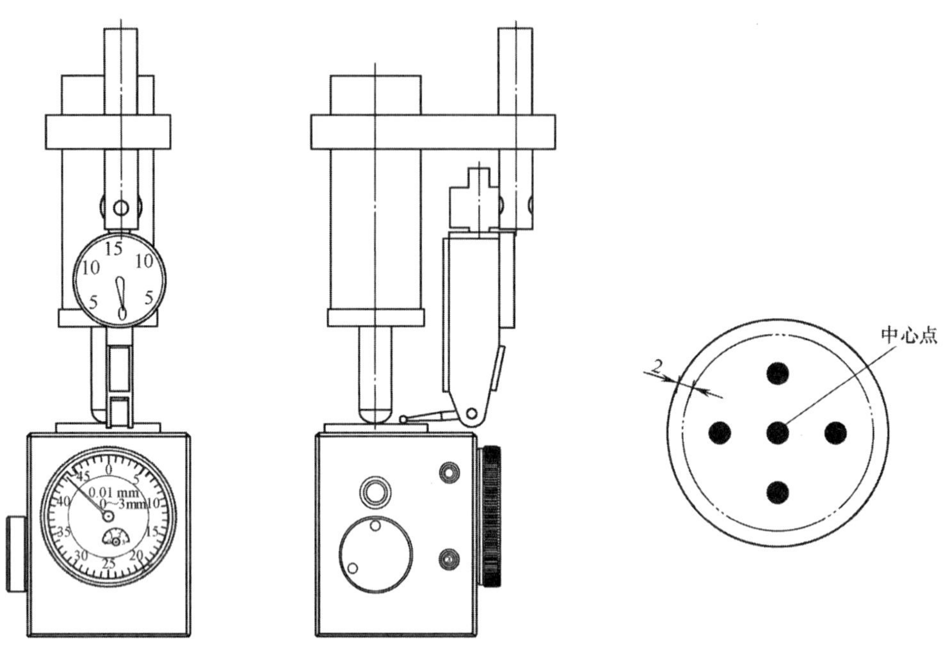

图4 对刀尺寸检测示意图

7.9 对刀测力

用分度值不大于 0.2 N 的压簧测力计检验，在对刀尺寸位置附近检查三次，取其中的最大值作为对刀器的对刀测力。

7.10 剩余磁力

将座体放在铸铁样块上，接通磁路，吸起铸铁样块，然后断开磁路，铸铁样块应自然脱落。铸铁样块含碳量不大于 0.20%，被吸附表面为平面，其表面粗糙度应为 *Ra*1.6 μm。

8 标志与包装

8.1 对刀器上应标有：

a）制造厂厂名或注册商标；

b）产品序号。

8.2 对刀器的包装盒上应标有：

a）制造厂厂名或注册商标；

b）产品名称；

c）对刀尺寸。

8.3 对刀器在包装前应经防锈处理，并妥善包装。不得因包装不善而在运输过程中损坏产品。

8.4 对刀器经检验符合本标准要求的，应附有产品合格证。产品合格证上应标有本标准的标准号和出厂日期。

ICS 17.040.30
J 42
备案号：36494—2012

中华人民共和国机械行业标准

JB/T 11233—2012

校准环规

Calibration ring gauge

2012-05-24 发布 2012-11-01 实施

中华人民共和国工业和信息化部 发布

前　言

本标准按照GB/T 1.1—2009给出的规则起草。

本标准由中国机械工业联合会提出。

本标准由全国量具量仪标准化技术委员会（SAC/TC132）归口。

本标准负责起草单位：中原量仪股份有限公司。

本标准参加起草单位：中国计量科学研究院、中国计量学院、广西壮族自治区计量检测研究院。

本标准主要起草人：皇甫真才、石玉林、张恒、赵军、周波。

本标准为首次发布。

校准环规

1 范围

本标准规定了校准环规的术语和定义、型式与尺寸、要求、检验条件、检验方法、标志与包装等。

本标准适用于 4 mm≤d≤300 mm，准确度等级为 1 级、2 级、3 级、4 级和 5 级的校准环规。

2 规范性引用文件

下列文件对于本文件的应用是必不可少的。凡是注日期的引用文件，仅注日期的版本适用于本文件。凡是不注日期的引用文件，其最新版本（包括所有的修改单）适用于本文件。

GB/T 4879—1999 防锈包装

GB/T 5048—1999 防潮包装

GB/T 17163—2008 几何量测量器具术语 基本术语

3 术语和定义

GB/T 17163 界定的以及下列术语和定义适用于本文件。

3.1

校准环规 calibration ring gauge

以指定方向上垂直于轴线的中截面内孔直径作为内尺寸的标准量具。通过它对内径测量仪器及量具进行检定和校准，使机械加工中的孔径等内尺寸长度溯源到米定义的量值。

4 型式与尺寸

4.1 型式

校准环规的推荐型式如图 1、图 2 和图 3 所示。

4.2 尺寸

校准环规的外形推荐尺寸见表 1 和表 2。

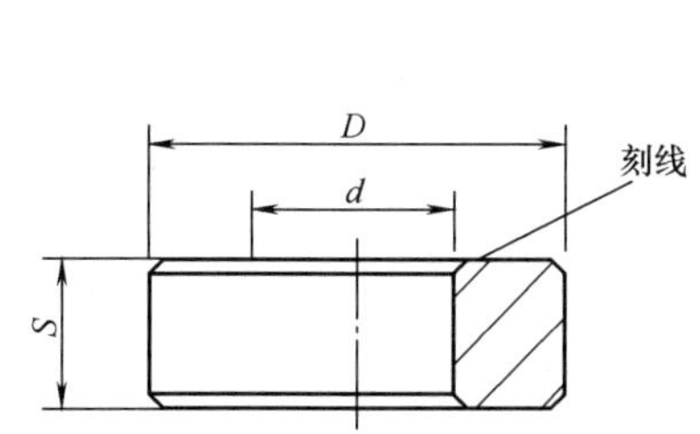

图 1 圆环（滚花）形校准环规

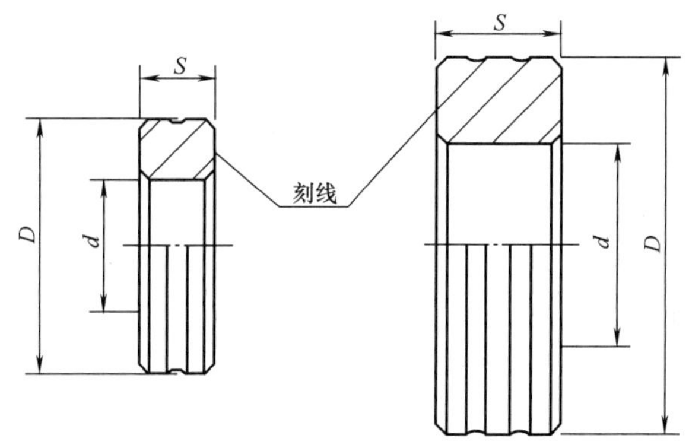

图 2 圆周槽形校准环规

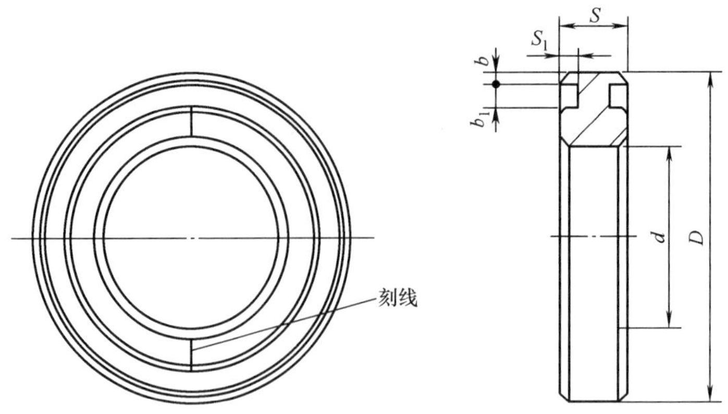

图3　端面槽形校准环规

表1　圆环（滚花）形校准环规和圆周槽形校准环规的推荐尺寸

单位为毫米

d	D	S
4≤d≤5	26	10
5<d≤8		12
8<d≤14	34	15
14<d≤20	42	
20<d≤26	50	
26<d≤32	58	20
32<d≤38	66	
38<d≤44	74	25
44<d≤50	84	
50<d≤65	104	
65<d≤80	124	

表2　端面槽形校准环规的推荐尺寸

单位为毫米

d	D	S	S_1	b_1	b
80<d≤95	144	30	8	10	5
95<d≤110	164				6
110<d≤130	192	34	10	12	7
130<d≤150	220			14	8
150<d≤170	248	36		15	9
170<d≤190	276			16	10
190<d≤210	300	38		17	
210<d≤230	324			18	
230<d≤250	350	40	12	19	11
250<d≤270	375			20	
270<d≤290	400	42		21	12
290<d≤300	425			22	

5 要求

5.1 外观

5.1.1 校准环规的工作表面不应有裂纹、锈蚀、碰伤、划痕等缺陷。

5.1.2 校准环规表面的镀层、涂层不应有脱落和影响外观的色泽不均等缺陷。

5.1.3 校准环规表面上的标记应清晰、完整。

5.2 材料和硬度

校准环规一般采用轴承钢或等同于量块线膨胀系数的材料制造，其表面硬度不应低于 700 HV（或 60 HRC）。

5.3 表面粗糙度

校准环规工作面的表面粗糙度 *Ra* 不应大于表 3 的规定；1 级、2 级和 3 级校准环规上、下端面的表面粗糙度不应大于 *Ra*0.4 μm，4 级和 5 级校准环规上、下端面的表面粗糙度不应大于 *Ra*1.6 μm。

表 3 校准环规工作面的表面粗糙度

d mm	工作面的表面粗糙度 *Ra* μm				
	准确度等级				
	1 级	2 级	3 级	4 级	5 级
4≤d≤10	0.025	0.05	0.05	0.1	0.1
10＜d≤30	0.025	0.05	0.05	0.1	0.2
30＜d≤80	0.05	0.05	0.1	0.1	0.2
80＜d≤200	0.1	0.1	0.1	0.2	0.4
200＜d≤300	0.2	0.2	0.4	0.4	0.4

5.4 圆度

校准环规的圆度误差不应大于表 4 的规定。

表 4 校准环规的圆度公差

d mm	圆度公差 μm				
	准确度等级				
	1 级	2 级	3 级	4 级	5 级
4≤d≤10	0.15	0.2	0.3	0.5	0.8
10＜d≤30	0.15	0.25	0.4	0.5	0.8
30＜d≤50	0.15	0.30	0.5	0.8	1.0
50＜d≤80	0.2	0.4	0.5	0.8	1.5
80＜d≤150	0.3	0.6	1.0	1.0	2.5
150＜d≤200	0.4	0.8	1.5	2.5	3.0
200＜d≤300	0.5	1.0	2.0	3.5	4.0

5.5 直线度和直径变动量

校准环规的直线度误差和直径变动量误差不应大于表 5 的规定。

5.6 垂直度

校准环规孔中心线与下端面的垂直度误差不应大于表 6 的规定。

5.7 直径尺寸

校准环规直径尺寸 d 的极限偏差Δd 不应大于表 7 的规定。

表 5　校准环规的直线度公差和直径变动量

d mm	直线度公差和直径变动量　μm				
	准确度等级				
	1 级	2 级	3 级	4 级	5 级
4≤*d*≤10	0.15	0.25	0.5	1.0	1.2
10＜*d*≤30	0.2	0.4	0.8	1.0	1.5
30＜*d*≤50	0.25	0.5	1.0	1.5	2.0
50＜*d*≤80	0.3	0.6	1.2	1.5	2.5
80＜*d*≤150	0.4	0.8	1.5	2.0	3.0
150＜*d*≤200	0.6	1.2	2.5	3.0	5.0
200＜*d*≤300	0.8	1.5	3.0	4.0	6.0

表 6　校准环规的垂直度公差

d mm	垂直度公差　μm/10 mm				
	准确度等级				
	1 级	2 级	3 级	4 级	5 级
4≤*d*≤300	6	12	16	24	30

表 7　校准环规直径尺寸的极限偏差Δ*d*

d mm	极限偏差Δ*d*　μm				
	准确度等级				
	1 级	2 级	3 级	4 级	5 级
4≤*d*≤10	±0.2	±0.4	±0.8	±1.25	±1.5
10＜*d*≤30	±0.25	±0.5	±1.0	±1.5	±2.0
30＜*d*≤50	±0.3	±0.6	±1.25	±2.0	±2.5
50＜*d*≤80	±0.4	±0.8	±1.5	±2.5	±3.0
80＜*d*≤150	±0.6	±1.25	±2.5	±3.0	±5.0
150＜*d*≤200	±0.8	±1.5	±3.0	±4.0	±6.0
200＜*d*≤300	±1.0	±2.0	±4.0	±6.0	±8.0

5.8　稳定性

在不受异常温度、振动、冲击、磁场或机械力影响的环境下，校准环规直径的相邻年变化量不应超过表 8 的规定。校准环规应去磁。

表 8　校准环规直径的相邻年变化量

d mm	相邻年变化量　μm		
	准确度等级		
	1级	2级、3级	4级、5级
4≤*d*≤100	±0.7	±1.5	±2.0
100＜*d*≤200	±1.0	±2.0	±3.0
200＜*d*≤300	±1.5	±3.0	±4.0

6 检验条件

6.1 温度

6.1.1 检验前，校准环规应与检验器具一起进行等温，直至其温度偏差δ_t不大于表 9 的规定后，方能进行检验。

表 9 校准环规的温度偏差δ_t

d mm	温度偏差δ_t				
	准确度等级				
	1 级	2 级	3 级	4 级	5 级
$4 \leqslant d \leqslant 50$	0.05℃	0.2℃	0.4℃	0.6℃	0.8℃
$50 < d \leqslant 300$	0.05℃	0.1℃	0.2℃	0.3℃	0.4℃

6.1.2 校准环规检验时，检验室内温度及其温度变化Δt_t，不应大于表 10 的规定。

表 10 检验室内温度及其温度变化Δt_t

准确度等级	室内温度	室内温度变化Δt_t
1 级	20℃±0.5℃	0.2℃/h
2 级	20℃±1℃	0.3℃/h
3 级		0.5℃/h
4 级		0.8℃/h
5 级	20℃±2℃	1℃/h

6.2 相对湿度

检验室内的相对湿度RH不应大于65%。

6.3 环境条件

检验室应避免不受外界震动、噪声、烟和尘等影响检验工作。

7 检验方法

7.1 外观

目力观察。

7.2 表面粗糙度

校准环规工作面的表面粗糙度用表面粗糙度测量仪或表面轮廓测量仪检验。校准环规上下端面的表面粗糙度可用表面粗糙度比较样块检验。

7.3 圆度

将校准环规固定在圆度仪的工作台上，在校准环规的中截面及分别距上、下端面 $S/5$ 处，测量其三个截面的圆度，取其测量的最大值作为被测校准环规的圆度误差。

注：S 值见表 1 和表 2 的规定。

7.4 直线度和直径变动量

在测量仪上安放好被测校准环规，分别测得校准环规检定位置中截面和距上、下端面 $S/5$ 的直径值，其三个直径的最大值与最小值之差为校准环规的直径变动量误差。校准环规的直线度误差用表面轮廓测量仪进行轴向跟踪检验。

注：S 值见表 1 和表 2 的规定。

7.5 垂直度

将校准环规固定在圆度仪的工作台上，调平，在上、下端面 $S/5$ 处截面分别测得其圆中心，其两圆心的位置偏差值乘以 3*S*/5 与 10 mm 的比值，即为校准环规孔中心线与下端面的垂直度。

注：*S* 值见表 1 和表 2 的规定。

7.6 直径尺寸

用直接测量或比较测量，在校准环规中截面，刻线方向的直径，至少测量 10 次，取其平均值，作为校准环规的实际直径尺寸。

8 标志与包装

8.1 标志

校准环规上应标志：

a）制造厂厂名或注册商标；

b）准确度等级；

c）检定位置刻线；

d）实际直径尺寸；

e）产品序号。

8.2 包装

8.2.1 包装均应符合 GB/T 4879 和 GB/T 5048 的规定。

8.2.2 经检验符合本标准要求的，应附有产品合格证，产品合格证上应标有本标准的标准号、产品序号、实际直径尺寸和出厂日期。

ICS 17.040.30
J 42
备案号：44078—2014

中华人民共和国机械行业标准

JB/T 11506—2013

游标、带表和数显中心距卡尺

Vernier，dial and digital center distance calipers

2013-12-31 发布　　2014-07-01 实施

中华人民共和国工业和信息化部 发布

前　言

本标准按照GB/T 1.1—2009给出的规则起草。

本标准由中国机械工业联合会提出。

本标准由全国量具量仪标准化技术委员会（SAC/TC132）归口。

本标准负责起草单位；桂林量具刃具有限责任公司。

本标准参加起草单位：桂林广陆数字测控股份有限公司、广西壮族自治区计量检测研究院、桂林市计量测试研究所。

本标准主要起草人：赵伟荣、陈学仁、董中新、张长水、郭力。

本标准为首次发布。

游标、带表和数显中心距卡尺

1 范围

本标准规定了游标中心距卡尺、带表中心距卡尺和数显中心距卡尺的术语和定义、型式与基本参数、要求、试验方法、检查条件、检查方法、标志与包装等。

本标准适用于分度值/分辨力为 0.01 mm、0.02 mm、0.05 mm 和 0.10 mm，测量范围自（5～150）mm 至（30～2 000）mm 的游标中心距卡尺、带表中心距卡尺和数显中心距卡尺（以下统称“中心距卡尺”）。

2 规范性引用文件

下列文件对于本文中的应用是必不可少的。凡是注日期的引用文件，仅注日期的版本适用于本文件。凡是不注日期的引用文件，其最新版本（包括所有的修改单）适用于本文件。

GB/T 2423.3—2006 电工电子产品环境试验 第 2 部分：试验方法 试验 Cab：恒定湿热试验

GB/T 2423.22—2012 环境试验 第 2 部分：试验方法 试验 N：温度变化

GB 4208—2008 外壳防护等级（IP 代码）

GB/T 17163—2008 几何量测量器具术语 基本术语

GB/T 17164—2008 几何量测量器具术语 产品术语

GB/T 17626.2—2006 电磁兼容 试验和测量技术 静电放电抗扰度试验

GB/T 17626.3—2006 电磁兼容 试验和测量技术 射频电磁场辐射抗扰度试验

GB/T 21389—2008 游标、带表和数显卡尺

3 术语和定义

GB/T 17163、GB/T 17164 界定的以及下列术语和定义适用于本文件。

3.1

游标中心距卡尺 vernier center distance calipers

利用游标读数原理对两圆锥（或圆柱）测头中心线相对移动分隔的距离进行读数的测量器具。

3.2

带表中心距卡尺 dial center distance calipers

利用机械传动系统，将两圆锥（或圆柱）测头中心线相对移动转变为指示表指针的回转运动，并借助尺身上的标尺和指示表对两圆锥（或圆柱）测头中心线相对移动分隔的距离进行读数的测量器具。

3.3

数显中心距卡尺 digital display center distance calipers

利用电子测量、数字显示原理，对两圆锥（或圆柱）测头中心线相对移动分隔的距离进行读数的测量器具。

3.4

响应速度 response speed

数显中心距卡尺能正常显示数值时，尺框相对于尺身的最大移动速度。

3.5

最大允许误差（MPE）　maximum permissible error

由技术规范、规则等对中心距卡尺规定的误差极限值。

注：允许误差的极限值不能小于数字级差（分辨力或分度值）。

4　型式与基本参数

4.1　型式

4.1.1　中心距卡尺

中心距卡尺的型式如图1、图2所示。图示仅供图解说明，不表示详细结构。

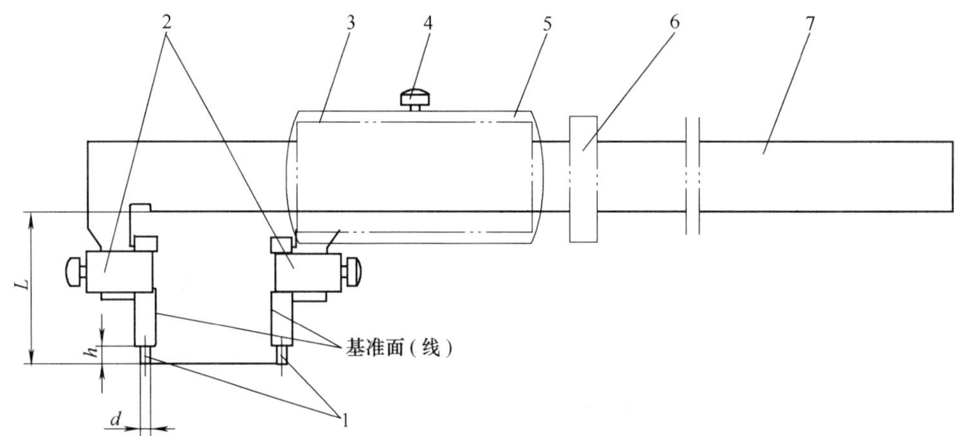

说明：

1——圆柱测头；2——紧固压块；3——尺框；4——制动螺钉；5——指示装置；6——微动装置；7——尺身。

图1　Ⅰ型中心距卡尺（圆柱测头）

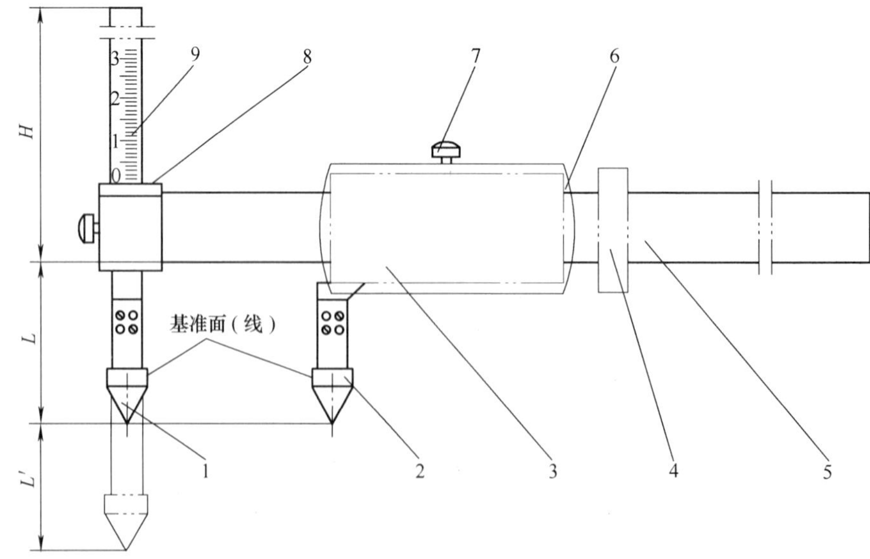

说明：

1——伸缩圆锥测头；2——圆锥测头；3——尺框；4——微动装置；5——尺身；6——指示装置；
7——制动螺钉；　8——读数部位；9——伸缩标尺。

图2　Ⅱ型中心距卡尺（圆锥测头）

4.1.2 其他各类多功能组合卡尺

对于其他各类多功能组合的非标卡尺，只要其测量头的结构型式及测量功能满足 3.1、3.2、3.3 的定义，则该项功能均可归属为中心距测量功能，并应按本标准相应条款对该项功能进行要求。

4.1.3 指示装置

中心距卡尺的指示装置型式如图 3 所示。

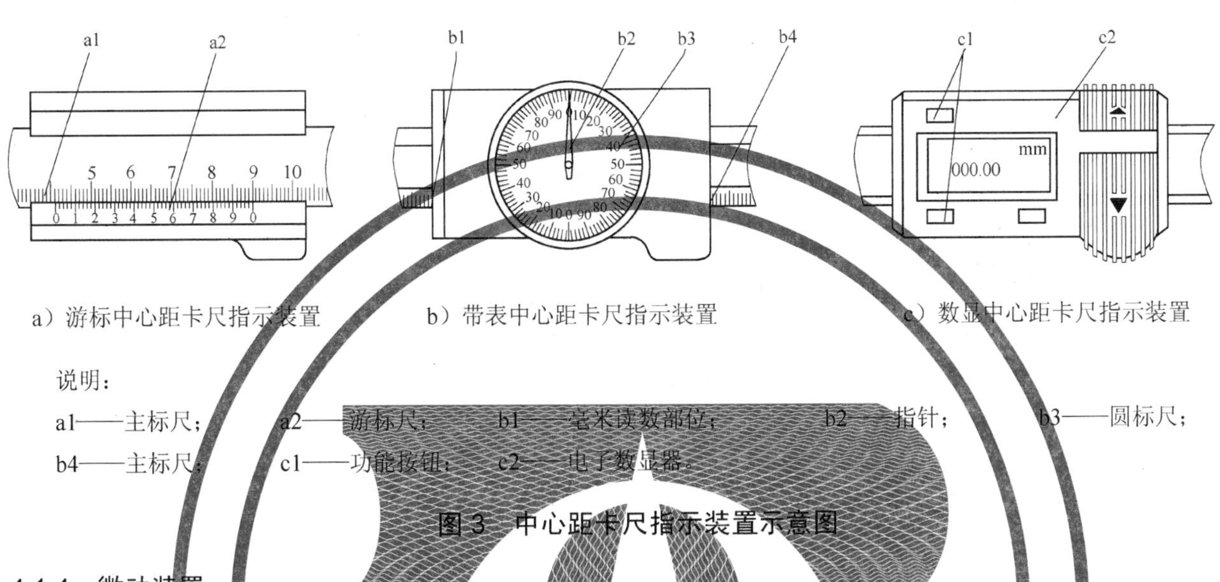

a）游标中心距卡尺指示装置　　b）带表中心距卡尺指示装置　　c）数显中心距卡尺指示装置

说明：

a1——主标尺；　a2——游标尺；　b1——毫米读数部位；　b2——指针；　b3——圆标尺；

b4——主标尺；　c1——功能按钮；　c2——电子数显器。

图 3　中心距卡尺指示装置示意图

4.1.4 微动装置

测量范围上限大于 200 mm 的中心距卡尺宜具有微动装置。

4.2 中心距卡尺结构基本参数

4.2.1 尺身

按 GB/T 21389—2008 中 4.3.1 的规定。

4.2.2 测头

4.2.2.1　测头的最大伸出长度 L 及伸缩测头的最大延伸长度 L' 不应大于表 1 中的推荐值。

表　1

单位为毫米

测量范围	测头最大伸出长度 L[a]	测头最大延伸长度 L'[b]	圆柱测头测量面长度 h
5～150	35	—	≤15
5～200	40		
5～300	45		
10～150	35	10	≤50
10～200	40	40	
10～300	50	50	
20～150	50	50	—
20～200			
20～300			

表 1（续）

测量范围	测头最大伸出长度 L[a]	测头最大延伸长度 L'[b]	圆柱测头测量面长度 h
20～500	60	60	—
20～1 000	70	70	
20～1 500			
30～2 000	110	90	—
注：表中各字母所代表的基本参数如图 1、图 2 所示。			
[a] 当测头最大伸出长度 L 大于表中推荐值时，其最大允许误差由供需双方技术协议确定。 [b] 当测头最大延伸长度 L'大于表中推荐值时，其最大允许误差由供需双方技术协议确定。			

4.2.2.2 测头上宜设置有校对“初始值”的基准面或线（见图 1、图 2）或在中心距卡尺上设置有“初始值”校对装置。

4.2.3 测量范围及基本参数

中心距卡尺的测量范围及基本参数的推荐值见表 1。

5 要求

5.1 外观

按 GB/T 21389—2008 中 5.1 的规定。

5.2 相互作用

5.2.1 按 GB/T 21389—2008 中 5.2 的规定。

5.2.2 当松开伸缩标尺杆上的制动螺钉时，伸缩测头在自重作用下不应下滑。

5.3 测头伸出长度差

中心距卡尺两基准面（线）合并时，两测头伸出长度 L 的差不应大于 0.2 mm。此时，伸缩测头的读数部位应指在伸缩标尺的“零”标尺标记处，其压线不应大于 1/2 个标尺标记宽度，离线不应大于 1 个标尺标记宽度。

5.4 材料和测量面硬度

中心距卡尺一般采用碳钢、工具钢或不锈钢制造，测头、基准面（线）的硬度不应低于表 2 的规定。

表 2

测量面名称	材　　料[a]	硬　　度
测头	碳钢、工具钢	664 HV（或 58 HRC）
	不锈钢	551 HV（或 52.5 HRC）
基准面（线）	碳钢、工具钢、不锈钢	551 HV（或 52.5 HRC）
[a] 测头材料也可采用硬质合金或其他超硬材料制造。		

5.5 测量面及基准面（线）的表面粗糙度

中心距卡尺的测量面、基准面（线）的表面粗糙度 Ra 不应大于 0.4 μm。

5.6 标尺标记

按 GB/T 21389—2008 中 5.6 的规定（该条文中的游标卡尺、带表卡尺分别对应本标准中的游标中心距卡尺、带表中心距卡尺）。

5.7 指示装置各部分相对位置

按 GB/T 21389—2008 中 5.7 的规定（该条文中的游标卡尺、带表卡尺分别对应本标准中的游标中心距卡尺、带表中心距卡尺）。

5.8 初始对线误差

按 GB/T 21389—2008 中 5.8 的规定（该条文中的游标卡尺、带表卡尺分别对应本标准中的游标中心距卡尺、带表中心距卡尺）。

5.9 电子数显器的性能

按 GB/T 21389—2008 中 5.8 的规定。

5.10 初始值

两测头基准面（线）手感接触时，两测头轴心线间距离应等于中心距卡尺测量范围的初始值。其允许误差为±0.01 mm。此时，指示装置的指示宜为初始值的名义值（或宜可设置为初始值的名义值）。

5.11 通讯接口

按 GB/T 21389—2008 中 5.10 的规定。

5.12 防护等级（IP）

数显中心距卡尺的防护能力不应低于 IP40（见 GB 4208—2008）。

5.13 抗静电干扰能力和电磁干扰能力

数显中心距卡尺的抗静电干扰能力和电磁干扰能力均不应低于 1 级（见 GB/T 17626.2—2006、GB/T 17626.3—2006）。

5.14 抗温度变化及抗湿热能力

数显中心距卡尺应具有抗温度变化及抗湿热的能力，其在表 3 规定的严酷等级下应能正常工作。

表 3

温度变化严酷等级	恒定湿热试验严酷等级
低温 T_A：0℃	温度：（30±2）℃
高温 T_B：40℃	相对湿度：（80±3）%
循环数：5	持续时间：12 h
转换时间：（2～3）min	—

5.15 基准面（线）的合并间隙及平面度

中心距卡尺两基准面（线）手感接触时的合并间隙，若为面接触不应透光，若为线接触不应透白光。基准面的平面度不应大于 0.005 mm。

5.16 测头测量面圆度和素线直线度

中心距卡尺圆锥测头、圆柱测头测量面的圆度及素线直线度不应大于表4的规定。

表 4

单位为毫米

分度值/分辨力	圆锥测头素线直线度	圆柱测头测量面的素线直线度	测头测量面的圆度
0.01、0.02	0.005	15：0.002	0.005
0.05、0.10	0.010	20：0.005	

5.17 最大允许误差

5.17.1 测量中心距的最大允许误差

中心距卡尺以圆柱测头或圆锥测头对中心距标准样块进行测量时的最大允许误差应符合表 5 的规定。标准样块的尺寸及要求见附录A。

5.17.2 两基准面（线）进行外尺寸测量的最大允许误差

中心距卡尺以两基准面（线）进行外尺寸测量时的最大允许误差应符合表5的规定。

表 5

单位为毫米

<table>
<tr><td rowspan="4">测量范围上限
t</td><td colspan="6">最大允许误差</td></tr>
<tr><td colspan="3">以测头对中心距标准样块进行测量时</td><td colspan="3">以两基准面（线）进行外尺寸测量时[a]</td></tr>
<tr><td colspan="6">分度值/分辨力</td></tr>
<tr><td>0.01、0.02</td><td>0.05</td><td>0.10</td><td>0.01、0.02</td><td>0.05</td><td>0.10</td></tr>
<tr><td>t≤200</td><td>±0.05</td><td>±0.09</td><td rowspan="3">±0.15</td><td>±0.03</td><td>±0.05</td><td rowspan="3">±0.10</td></tr>
<tr><td>200<t≤300</td><td>±0.07</td><td>±0.10</td><td>±0.04</td><td>±0.06</td></tr>
<tr><td>300<t≤500</td><td>±0.09</td><td>±0.13</td><td>±0.05</td><td>±0.07</td></tr>
<tr><td>500<t≤1 000</td><td>±0.14</td><td>±0.20</td><td>±0.25</td><td>±0.07</td><td>±0.10</td><td>±0.15</td></tr>
<tr><td>1 000<t≤1 500</td><td rowspan="2">±0.20</td><td rowspan="2">±0.25</td><td rowspan="2">±0.30</td><td>±0.11</td><td>±0.16</td><td>±0.20</td></tr>
<tr><td>1 500<t≤2 000</td><td>±0.14</td><td>±0.20</td><td>±0.25</td></tr>
<tr><td colspan="7">[a] 以两基准面（线）进行外尺寸测量时的最大允许误差计算公式应符合GB/T 21389—2008中表12的规定。</td></tr>
</table>

5.18 重复性

按GB/T 21389—2008中5.16的规定（该条文中的带表卡尺、数显卡尺分别对应本标准中的带表中心距卡尺、数显中心距卡尺）。

6 试验方法

6.1 抗静电干扰试验

数显中心距卡尺应进行抗静电干扰试验，试验应符合GB/T 17626.2—2006的规定。

6.2 抗电磁干扰试验

数显中心距卡尺应进行抗电磁干扰试验，试验应符合GB/T 17626.3—2006的规定。

6.3 温度变化试验

数显中心距卡尺应进行温度变化试验，试验应符合 GB/T 2423.22—2002 的规定。在标准大气条件下恢复至常温后，按 5.1、5.9、5.17、5.18 要求进行检查。

6.4 湿热试验

数显中心距卡尺应进行湿热试验，试验应符合 GB/T 2423.3—2006 的规定。在标准大气条件下恢复时间 2h 后，按 5.1、5.9、5.17、5.18 要求进行检查。

6.5 防尘、防水试验

数显中心距卡尺的防尘、防水试验应符合 GB 4208—2008 的规定。

7 检查条件

按 GB/T 21389—2008 中第 7 章的规定。

8 检查方法

8.1 外观

目力观察。

8.2 相互作用

目测和手感检查、试验。如有异议，参见附录 B。

8.3 测头伸出长度差

目测或借助工具显微镜检查。

8.4 测量面硬度

在维氏硬度计（或洛氏硬度计）上检查（仅在制造过程中进行抽样检查）。

8.5 测量面及基准面（线）的表面粗糙度

用表面粗糙度比较样块借助放大镜目测比较，如有异议，用表面粗糙度检查仪检查。

8.6 标尺标记

按 GB/T 21389—2008 中 8.6 的规定。

8.7 指示装置各部分相对位置

按 GB/T 21389—2008 中 8.7 的规定。

8.8 初始对线误差

按 GB/T 21389—2008 中 8.8 的规定。

8.9 电子数显器的性能

按 GB/T 21389—2008 中 8.9 的规定。

8.10 初始值

使两测头基准面（线）手感接触，采用工具显微镜对两测头轴线间距离进行检查；也可采用孔距尺寸为初始值 10 mm 的标准孔距样块或用量块组成的槽中心距等于初始值 10 mm 的量块组合进行检查，直接由中心距卡尺读出两测头的初始值误差，其误差值不应超过 5.10 的规定。

8.11 基准面（线）的合并间隙及平面度

合并间隙以目测检查。基准面平面度的检查方法，按 GB/T 21389—2008 中附录 B 的规定。

8.12 测头测量面的圆度和素线直线度

测头测量面的圆度可采用圆度仪或专用检具及装置进行检查（可仅在制造过程中进行检查）。

测头测量面的素线直线度可用量块以光隙法进行检查，使测头测量面素线与量块工作面贴合，并与标准光隙进行比较检查。检查应至少在测头测量面圆周上不同位置的三条素线上进行，各受检素线的直线度均不应大于表 4 的规定。

8.13 示值误差

8.13.1 示值误差的判定依据

8.13.1.1 中心距卡尺的示值检查，原则上应以检查中心距示值为准。

8.13.1.2 采用中心距标准样块（或用量块组合成槽中心距的量块组）进行示值检查时，若中心距标准样块（或量块组合的槽中心距）的数量、尺寸及受检点分布情况按 GB/T 21389—2008 中 8.12.1.3 的规定满足要求，则中心距卡尺可不对两基准面（线）进行外尺寸测量的示值检查。而仅以中心距示值检查结果作为示值误差的判定依据。

8.13.1.3 在没有足够多的中心距标准样块的情况下，也可以基准面（线）进行外尺寸测量的示值检查，加检一至三块标准中心距样块（或用量块组合成槽中心距的量块组）的示值检查结果，作为示值误差的判定依据。

8.13.2 采用中心距标准样块检中心距示值误差的方法

8.13.2.1 中心距示值检查时，采用标准样块（或用量块组合成槽中心距的量块组）进行检查，使中心距卡尺的两测头测量面与标准样块上的两孔（或量块组合成的槽）壁相接触，无论尺框紧固与否，根据测头形式的不同，按下述方法从中心距卡尺上读取示值，经数据处理得到各检查点的中心距测量值，各检查点的中心距测量值减去标准样块（或用量块组合成槽中心距的量块组）的中心距标称值之代数差，即为中心距卡尺的示值误差。各检查点的示值误差均不应超过表 5 规定的最大允许误差。

各种不同形式的测头，从中心距卡尺上读取示值的方法如下：

——圆柱形测头的示值读取，先使中心距卡尺两圆柱测头测量面的最外侧素线分别与标准样块上两孔的最远侧素线相接触（或用量块组合成槽中心距的槽宽外侧面相接触），并能正常上、下滑动，无论尺框紧固与否，记下此时中心距卡尺的第一次读数值（设为 M）；然后，再使两圆柱测头测量面的最内侧素线与标准样块上两孔的最近侧素线相接触（或用量块组合成槽中心距的槽宽内侧面相接触），并能正常上、下滑动，无论尺框紧固与否，再记下此时中心距卡尺的第二次读数值（设为 N）。根据中心距卡尺设定的初始值的不同（“零”值或中心距卡尺测量范围标定的初始值），由两次读数值经数据处理得出中心距卡尺最终测得的中心距测量值。数据处理方法参见附录 C。

——圆锥形测头的示值读取，使两圆锥测头的素线与标准样块上两孔边缘均匀接触（或与用量块组合成槽中心距的槽宽边缘相接触），并使尺身下侧面与标准样块上平面处于平行状态（对可伸缩圆锥测头的，应先将可伸缩圆锥测头调整至与固定圆锥测头伸出长度相等），无论尺框紧固与否，记下此时中心距卡尺的读数值（设为M）；根据中心距卡尺设定的初始值的不同（“零”值或中心距卡尺测量范围标定的初始值），由读数值经数据处理得出中心距卡尺最终测得的中心距测量值。数据处理方法参见附录C。

8.13.2.2 可伸缩测头中心距卡尺的示值检查，在按8.13.2.1给出的细节检查完成后，还应松开伸缩测头连接块上的制动螺钉，将可伸缩测头调至最大延伸长度处，按8.13.2.1所述方法对任一受检点进行检查，其示值误差也不应超过表5规定的最大允许误差。

8.13.3 检两基准面（线）外尺寸示值误差的方法

8.13.3.1 用一组3级或5等量块分别置于两基准面（线）之间，并以基准面（线）沿长度方向的两端与量块工作面接触（以2 mm～5 mm为宜），无论尺框紧固与否，使两基准面（线）和量块工作面相接触并能正常滑动，中心距卡尺在每个检查点测得的读数值（需考虑初始值的设定不同）与量块标称值之代数差即为中心距卡尺外尺寸测量在该点的示值误差，各检查点的外尺寸测量示值误差均不应超过表5规定的最大允许误差。

8.13.3.2 在按8.13.3.1给出的细节检查完成后，还应加检一至三块标准中心距样块（或用量块组合成槽中心距的量块组）的示值，其示值误差不应超过表5规定的检查中心距标准样块的最大允许误差。

8.13.3.3 可伸缩测头中心距卡尺的示值检查，在按8.13.3.1给出的细节检查完成后，还应松开伸缩测头连接块上的制动螺钉，将可伸缩测头调至最大延伸长度处，按8.13.3.2所述方法对任一受检点进行检查，其示值误差也不应超过表5规定的最大允许误差。

8.13.3.4 测量范围上限较大的中心距卡尺，检查时应消除因其自重引起的尺身弯曲。为此，宜用等高垫块或专用平台在适当的位置将尺身垫起（见图4）。

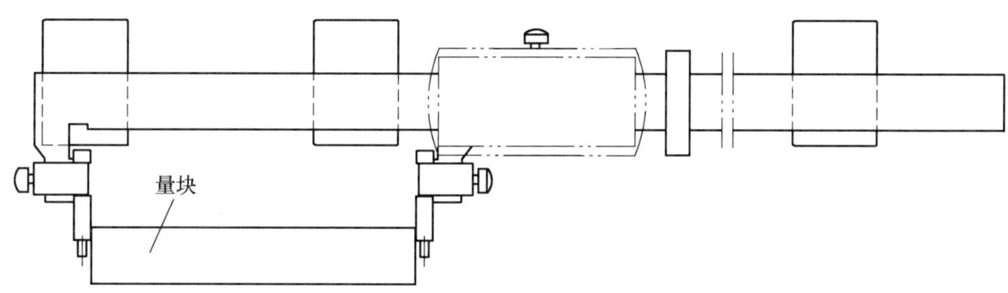

图4 测量范围上限较大的中心距卡尺检查示意图

8.13.3.5 中心距卡尺外尺寸测量所需专用量块的数量和尺寸及受检点分布情况应满足的要求，按GB/T 21389—2008中8.12.1.3的规定（该条文中的游标卡尺、带表卡尺、数显卡尺分别对应本标准中的游标中心距卡尺、带表中心距卡尺和数显中心距卡尺）。

8.14 重复性

按GB/T 21389—2008中8.13的规定（该条文中的带表卡尺、数显卡尺分别对应本标准中的带表中心距卡尺、数显中心距卡尺）。

9 标志与包装

9.1 中心距上至少应标志：

a）制造厂厂名或注册商标；

b）分度值/分辨力；

c）测量范围；

d）产品序号；

e）用不锈钢制造的中心距卡尺，应标有识别标志。

9.2 中心距卡尺包装盒上至少应标志：

a）制造厂厂名或注册商标；

b）产品名称；

c）测量范围；

d）分度值/分辨力。

9.3 中心距卡尺在包装前应经防锈处理并妥善包装，不得因包装不善而在运输过程中损坏产品。

9.4 中心距卡尺经检验符合本标准要求的应附有产品合格证，产品合格证上应标有本标准的标准编号、产品序号和出厂日期。

附 录 A
（规范性附录）
中心距标准样块的尺寸及要求

A.1 中心距标准样块的要求

A.1.1 中心距标准样块应能准确传递两孔中心距的标准尺寸，其中心距尺寸的极限偏差 t_E［单位为微米（μm）］应满足公式（A.1）规定：

$$t_E = \pm(0.80+16L) \tag{A.1}$$

式中：

L——孔距的标称尺寸，单位为米（m）。

A.1.2 中心距标准样块上孔的几何形状公差要求为：

——孔的圆柱度≤0.002 mm；

——孔边缘的共面性≤0.01 mm。

A.2 中心距标准样块的尺寸

A.2.1 中心距卡尺示值检查点所用标准样块尺寸，原则上应符合 GB/T 21389—2008 中表 C.1 的规定。

A.2.2 当中心距卡尺示值检查采用以基准面（线）进行外尺寸检查加检标准中心距样块的方式进行示值检查时，其所采用的中心距标准样块尺寸见表 A.1（推荐值）。

表 A.1

单位为毫米

测量范围上限	中心距标准样块尺寸（推荐值）
～200	60、100、200
＞200～300	60、150、300
＞300～500	60、300、500
＞500～2 000	300、500、1 000

附　录　B
（资料性附录）
相互作用的定量检查方法

B.1　移动力和移动力变化的检查

按 GB/T 21389—2008 中 A.1 的规定和检查方法。

B.2　晃动量的检查

中心距卡尺尺框在尺身厚度方向相对尺身的晃动量，以手感定性检查为主，以适当的力摇晃尺框，不应有明显的晃动感。当有争议时，推荐以下检查方法：

将中心距卡尺测量爪竖直向上安放并将尺身紧固，用杠杆指示表在测头最大伸出长度减 5mm 处，与尺框测头外圆素线接触，然后，在尺框爪上正、反两个方向上施力，由杠杆指示表读出测头沿尺身厚度方向相对尺身的变动量读数值，两次读数的最大值即为晃动量。施力值及允许晃动量参见表 B.1。

表　B.1

<table>
<tr><th>测头最大伸出长度
mm</th><th>施力值
N</th><th>允许晃动量
mm</th></tr>
<tr><td>35</td><td rowspan="2">2</td><td rowspan="2">0.15</td></tr>
<tr><td>40</td></tr>
<tr><td>45</td><td rowspan="3">3</td><td rowspan="3">0.22</td></tr>
<tr><td>50</td></tr>
<tr><td>60</td></tr>
<tr><td>70</td><td rowspan="2">4</td><td rowspan="2">0.30</td></tr>
<tr><td>110</td></tr>
</table>

附　录　C
（资料性附录）
中心距卡尺最终测量值的数据处理

C.1　圆柱测头最终测量值的数据处理

C.1.1　当初始值为（或可设为）中心距卡尺测量范围标定的初始值时，其读数示意图如图 C.1 所示，其最终测量值 S 按式（C.1）计算：

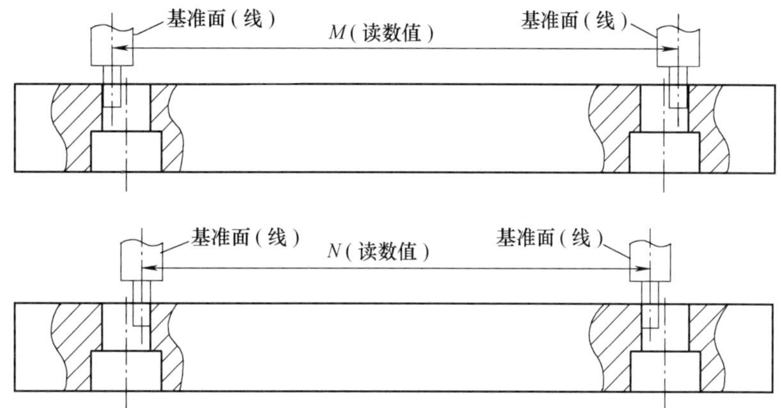

图 C.1　初始值设定为测量范围标定初始值时的示值检查读数示意图（圆柱测头）

$$S=(M+N)/2 \qquad (C.1)$$

式中：

S——中心距卡尺的最终测量值；

M——中心距卡尺的第一次读数值；

N——中心距卡尺的第二次读数值。

C.1.2　当初始值为“零”值时，其读数示意图如图 C.2 所示，其最终测量值 S 按式（C.2）计算：

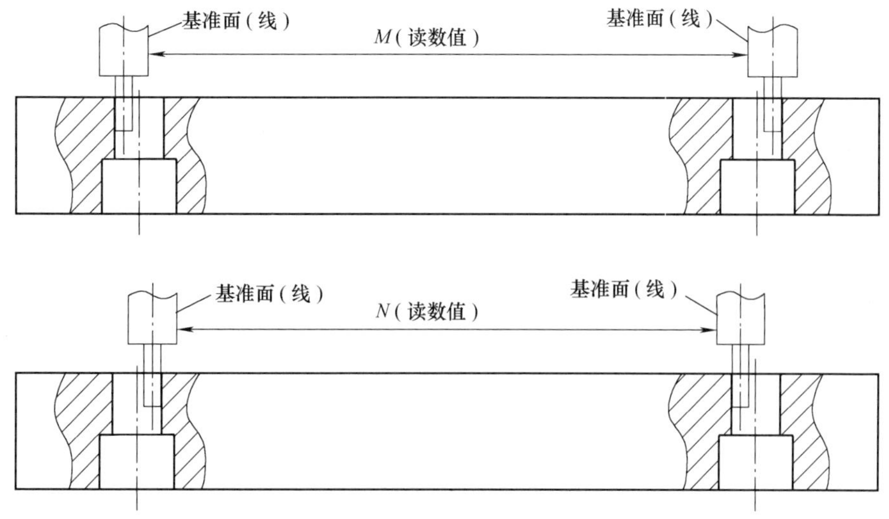

图 C.2　初始值设定为“零”值时的示值检查读数示意图（圆柱测头）

$$S=(M+N)/2+b \quad\text{(C.2)}$$

式中：

S——中心距卡尺的最终测量值；

M——中心距卡尺的第一次读数值；

N——中心距卡尺的第二次读数值；

b——中心距卡尺的测量范围初始值。

C.2 圆锥测头最终测量值的数据处理

C.2.1 当初始值为（或可设为）中心距卡尺测量范围标定的初始值时，其读数示意图如图 C.3 所示，其最终测量值 S 按式（C.3）计算：

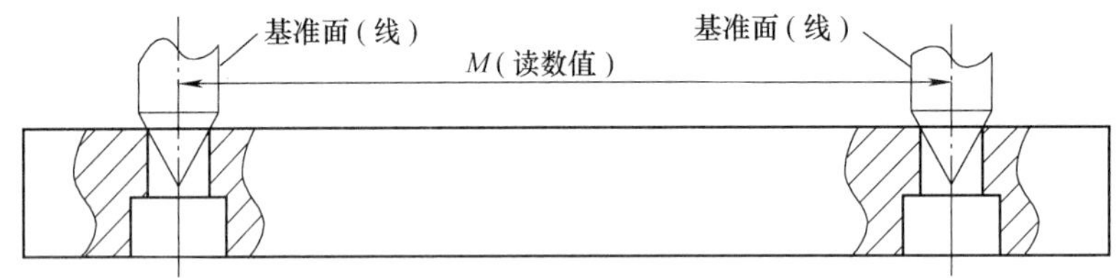

图 C.3 初始值设定为测量范围标定初始值时的示值检查读数示意图（圆锥测头）

$$S=M \quad\text{(C.3)}$$

式中：

S——中心距卡尺的最终测量值；

M——中心距卡尺的读数值。

C.2.2 当初始值为“零”值时，其读数示意图如图 C.4 所示，其最终测量值 S 按式（C.4）计算：

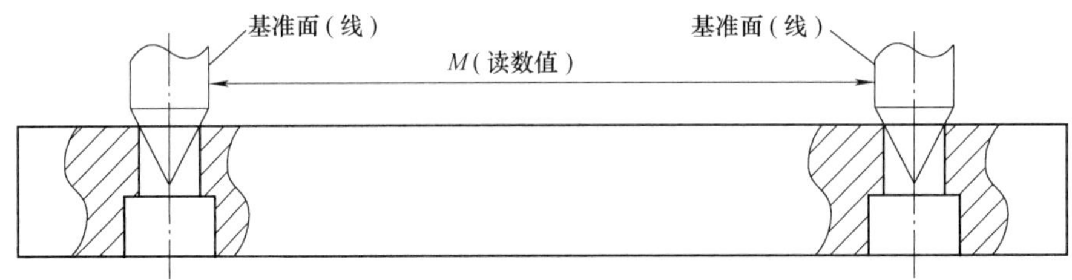

图 C.4 初始值设定为“零”值时的示值检查读数示意图（圆锥测头）

$$S=M+b \quad\text{(C.4)}$$

式中：

S——中心距卡尺的最终测量值；

M——中心距卡尺的读数值；

b——中心距卡尺的测量范围初始值。

ICS 17.040.30
J 42
备案号：49917—2015

中华人民共和国机械行业标准

JB/T 12200—2015

游标、带表和数显简易卡尺

Vernier，dial and digital display simple calipers

2015-04-30 发布　　2015-10-01 实施

中华人民共和国工业和信息化部 发布

前　言

本标准按照GB/T 1.1—2009给出的规则起草。

本标准由中国机械工业联合会提出。

本标准由全国量具量仪标准化技术委员会（SAC/TC132）归口。

本标准负责起草单位：桂林广陆数字测控股份有限公司。

本标准参加起草单位：桂林市计量测试研究所、成都工具研究所有限公司、桂林迪吉特电子有限公司。

本标准主要起草人：董中新、闫列雪、苏春佑、林伟光、姜志刚、李莉、林坚。

本标准为首次发布。

游标、带表和数显简易卡尺

1 范围

本标准规定了游标、带表和数显简易卡尺的术语和定义、型式与基本参数、要求、检查条件、检查方法、标志与包装等。

本标准适用于分辨力/分度值为 0.01 mm、0.1 mm，测量范围上限至 300 mm 的游标、带表和数显简易卡尺（以下简称简易卡尺）。

本标准规定的简易卡尺专用于在教学、家用、果蔬及林业等非工业领域。

2 规范性引用文件

下列文件对于本文件的应用是必不可少的。凡是注日期的引用文件，仅注日期的版本适用于本文件。凡是不注日期的引用文件，其最新版本（包括所有的修改单）适用于本文件。

GB/T 17163—2008 几何量测量器具术语 基本术语

3 术语和定义

GB/T 17163—2008 界定的以及下列术语和定义适用于本文件。

3.1

游标简易卡尺 vernier simple caliper

制造简易、成本低廉、精度适中，利用游标原理对两同名测量面相对移动所分隔的距离进行读数的测量器具。

3.2

数显简易卡尺 digital display simple caliper

制造简易、成本低廉、精度适中，利用电子测量、数字显示原理对两同名测量面相对移动所分隔的距离进行读数的测量器具。

3.3

带表简易卡尺 dial simple caliper

制造简易、成本低廉、精度适中，通过机械传动系统，将两同名测量面相对移动转变为指示表指针的回转运动，并借助尺身标尺和指示表对两同名测量面相对移动所分隔的距离进行读数的测量器具。

4 型式与基本参数

4.1 型式

简易卡尺的型式如图 1 所示。图示仅供图解说明，不表示详细结构。

4.2 简易卡尺结构基本参数的遵循原则

简易卡尺的测量范围及基本参数推荐值见表 1。

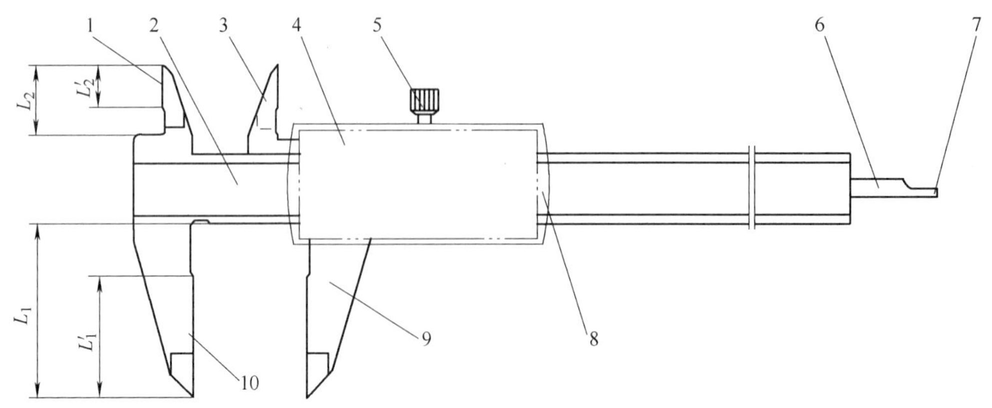

说明：

1——内测量面；
2——尺身；
3——内测量爪；
4——指示装置；
5——止动螺钉；
6——深度尺；
7——深度测量面；
8——尺框；
9——外测量爪；
10——外测量面。

注：指示装置型式见图 2。

图 1　简易卡尺

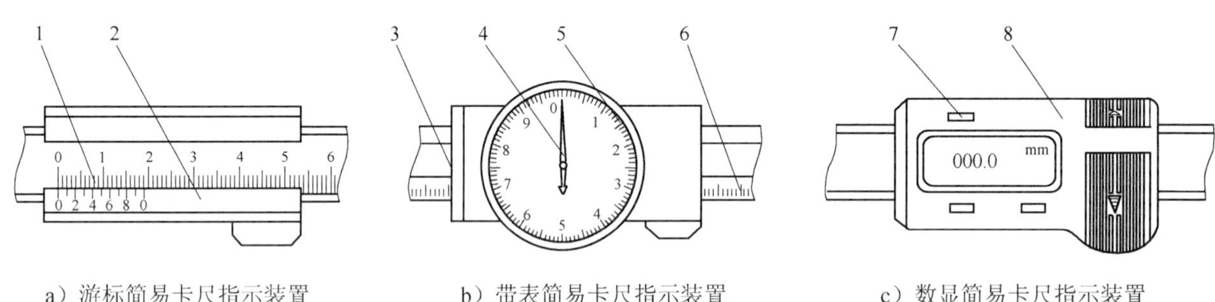

a）游标简易卡尺指示装置　　b）带表简易卡尺指示装置　　c）数显简易卡尺指示装置

说明：

1——游标主标尺；
2——游标尺；
3——毫米读数部分；
4——指针；
5——圆标尺；
6——带表主标尺；
7——功能按键；
8——电子数显器。

图 2　简易卡尺的指示装置

表　1

单位为毫米

测量范围	外测量爪伸出长度 l_1	内测量爪伸出长度 l_2
0～75	25	10
0～100	30	14
0～150	40	16
0～200	50	18
0～300	65	22

5 要求

5.1 外观

5.1.1 简易卡尺表面不得有影响使用性能的裂痕、划痕、飞边等外部缺陷。

5.1.2 简易卡尺表面的镀、涂层不应有脱落和色泽不均等影响外观的缺陷。

5.1.3 标尺标记不应有影响读数的缺陷。

5.1.4 指示装置的表蒙、显示屏应透明、清洁，无明显划痕、气泡等影响读数的缺陷。

5.2 各部分相互作用

5.2.1 游标、带表简易卡尺：尺框应能沿尺身平稳移动，无卡滞现象。

5.2.2 数显简易卡尺：尺框应能沿尺身平稳移动，无卡滞和松动现象，各按钮应灵活、可靠。

5.3 测量爪伸出长度差

外测量爪 l_1 伸出长度差、内测量爪 l_2 伸出长度差不应大于 0.3 mm。

5.4 材料

简易卡尺一般采用铝合金、工程塑料等材料制造，也可采用其他性能相近材料制造。

5.5 电子数显器的性能

5.5.1 数字显示应清晰、完整、无闪跳现象；字高不应低于 4.5 mm；响应速度不应小于 1 m/s。

5.5.2 功能键应灵活、可靠，标注符号或图文应清晰且含义准确。

5.5.3 数字漂移不应大于 1 个分辨力值，工作电流不应大于 40 μA。

5.5.4 电子数显器应能在环境温度为 0℃～40℃、相对湿度不大于 80%的条件下进行正常工作。

5.6 外测量爪测量面平面度

简易卡尺外测量爪测量面平面度误差不应大于 0.02 mm。

5.7 外测量面合并间隙与平行度

两外测量爪测量面合并的最大间隙与两外测量爪测量面在测量范围内任何位置的平行度公差应符合表 2 的规定。

表 2

单位为毫米

测量范围	两外测量面合并的最大间隙	两外测量面的平行度公差
≤200	0.04	0.1
＞200～300	0.06	0.1

5.8 最大允许误差

无论尺框紧固与否，简易卡尺外测量的最大允许误差和内测量 25 mm 及深度、台阶测量 20 mm 时的最大允许误差均不超过表 3 的规定。

5.9 重复性

带表、数显简易卡尺的重复性，分度值/分辨力为 0.01 mm 的不应大于 0.03 mm，分度值/分辨力为 0.1 mm 的不应大于 0.1 mm。

表 3

单位为毫米

测量范围	最大允许误差	
	分度值/分辨力	
	0.01	0.1
≤200	±0.08	±0.2
>200～300	±0.2	±0.3
内测量 25	±0.1	±0.2
深度、台阶测量 20	±0.1	±0.2

6 检查条件

6.1 检查前，应将被检简易卡尺及量块等检查用设备同时置于铸铁平板或木桌上，其平衡温度时间为 1 h。

6.2 简易卡尺检查时，室内温度应为 25℃±5℃，相对湿度不应大于 80%。

7 检查方法

7.1 外观

目力观察。

7.2 相互作用

目测和手感检查。

7.3 两测量爪伸出长度差

目测或借助塞尺比较检查。

7.4 电子数显器的性能

7.4.1 数字显示情况、响应速度及功能键的作用三项性能宜同时检查。用手动速度模拟，移动尺框后观察数字显示是否正常，功能键的作用是否灵活、可靠。

7.4.2 工作电流用万用表或专用芯片检验仪检查。

7.4.3 数字漂移采用试验方法进行检验，拉动尺框并使其停止在任意位置上，放置在水平面上，观察显示数值在 1 h 内的变化。

7.5 外测量爪测量面平面度

借助塞尺比较检查。

7.6 外测量爪测量面合并间隙与平行度

7.6.1 两外测量面合并间隙的检查方法是目测观察或借助塞尺检查。

7.6.2 外测量面的平行度检验宜与外测量示值检验合并进行（见 7.7.1）。

7.7 示值误差

7.7.1 外测量示值误差

用一组 3 级量块分别置于两外测量面根部和端部两位置检查。量块工作面的长边和卡尺外测量面长边应垂直，无论尺框紧固与否，使简易卡尺外测量面和量块工作面相接触并能正常滑动。每个检测点测得的简易卡尺读数值与量块标称值的代数差即为简易卡尺的示值误差。各检测点的示值误差均不应超过表3规定的最大允许误差。

在测量范围内任意位置处，两外测量面根部和端部两位置示值误差的代数差的绝对值即为其平行度误差，其值不应超过表2的规定。

表4为推荐的量块尺寸。

表 4

单位为毫米

测量范围	推荐的量块尺寸系列
0～200	10，30，50，80，100，150，200
＞200～300	30，50，80，100，150，200，300

7.7.2 内测量示值误差

用尺寸为25 mm的环规检查。将简易卡尺内测量爪伸入环规内孔，移动尺框，使两内测量爪与环规手感接触，所测得的读数值与环规标称值的代数差即为简易卡尺内测量示值误差，其值不应超过表3的规定。

7.7.3 深度、台阶测量的示值误差

用两块3级精度的20 mm量块置于一级平板上，将简易卡尺尺身尾端深度测量面（或尺框前端台阶测量面）与量块测量面接触，然后推出深度尺深度测量面（或尺身前端台阶测量面）与平板接触。测得值与量块标称值的代数差即为深度、台阶测量的示值误差。其值不应超过表3的规定。

7.8 重复性

带表、数显简易卡尺应重复五次移动尺框使两外测量面手感接触，其五次测得值间的最大差异即为重复性。

注：此处重复性检查结果的数据处理不采用分散性表述，仅取示值变化的特性表述。

8 标志与包装

8.1 简易卡尺上至少应标志：

a）制造厂名称或商标；

b）分辨力/分度值；

c）产品序号。

8.2 简易卡尺的包装盒上至少应标志：

a）制造厂名称或商标；

b）产品名称；

c）分辨力/分度值及测量范围。

8.3 简易卡尺在包装前应经过防锈处理并妥善包装，不得因包装不善而在运输过程中损坏产品。

8.4 简易卡尺经检查符合本标准要求的应附有产品合格证，产品合格证上应标有本标准的标准编号、产品序号和出厂日期。

ICS 17.040.30
J 42
备案号：49918—2015

中华人民共和国机械行业标准

JB/T 12201—2015

焊接检验尺

Welding inspection caliper

2015-04-30 发布　　2015-10-01 实施

中华人民共和国工业和信息化部 发布

前　　言

本标准按照GB/T 1.1—2009给出的规则起草。

本标准由中国机械工业联合会提出。

本标准由全国量具量仪标准化技术委员会（SAC/TC132）归口。

本标准负责起草单位：桂林广陆数字测控股份有限公司。

本标准参加起草单位：河南省计量科学研究所、成都工具研究所有限公司。

本标准主要起草人：闫列雪、董中新、黄玉珠、贾晓杰、姜志刚、林坚。

本标准为首次发布。

焊接检验尺

1 范围

本标准规定了焊接检验尺的术语和定义、型式与基本参数、要求、试验方法、检查条件、检查方法、标志与包装等。

本标准适用于分度值/分辨力为 0.01 mm、0.05 mm、0.1 mm、1 mm，测量范围上限至 60 mm 的焊接检验尺。

2 规范性引用文件

下列文件对于本文件的应用是必不可少的。凡是注日期的引用文件，仅注日期的版本适用于本文件。凡是不注日期的引用文件，其最新版本（包括所有的修改单）适用于本文件。

GB/T 2423.22—2012 环境试验 第 2 部分 试验方法 试验 N：温度变化

GB/T 2423.3—2006 电工电子产品环境试验 第 2 部分：试验方法 试验 Cab：恒定湿热试验

GB 4208—2008 外壳防护等级（IP 代码）

GB/T 17163—2008 几何量测量器具术语 基本术语

GB/T 17164—2008 几何量测量器具术语 产品术语

GB/T 17626.2—2006 电磁兼容 试验和测量技术 静电放电抗扰度试验

GB/T 17626.3—2006 电磁兼容 试验和测量技术 射频电磁场辐射抗扰度试验

3 术语和定义

GB/T 17163—2008、GB/T 17164—2008 界定的以及下列术语和定义适用于本文件。

3.1

游标焊接检验尺 welding inspection caliper

具有主尺、游标尺及测角尺，用于对焊缝宽度、高度、焊接间隙及坡口角度等尺寸读数的测量器具。

3.2

数显焊接检验尺 digital display welding inspection caliper

利用电子测量、数字显示原理，用于对焊缝宽度、高度、焊接间隙及坡口角度等尺寸读数的测量器具。

4 型式与基本参数

4.1 型式

焊接检验尺分为游标焊接检验尺和数显焊接检验尺两种类别，其常见型式组合如图 1～图 6 所示，也包含其余各种针对焊接参数不同测量功能进行组合的产品组合型式。图示仅供图解说明，不表示详细结构。其他特殊型式焊接检验尺参见附录 A。

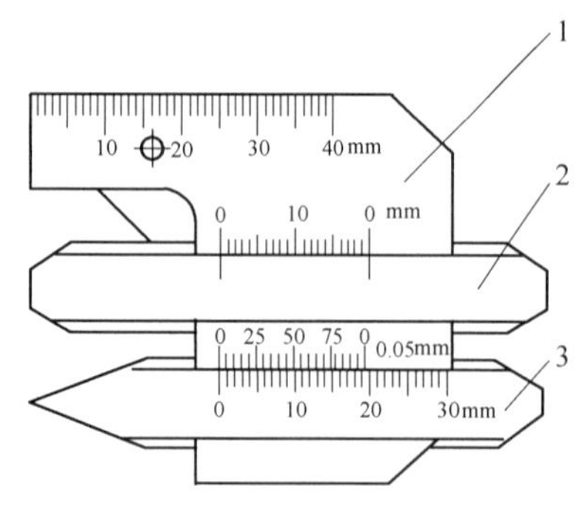

a）正视

b）后视

说明：

1——主尺；

2——高度尺；

3——咬边深度尺；

4——宽度尺标记；

5——多用尺（包括宽度尺、角度尺和间隙尺）；

6——锁紧装置；

7——角度尺标记；

8——间隙尺标记。

图1　I型焊接检验尺

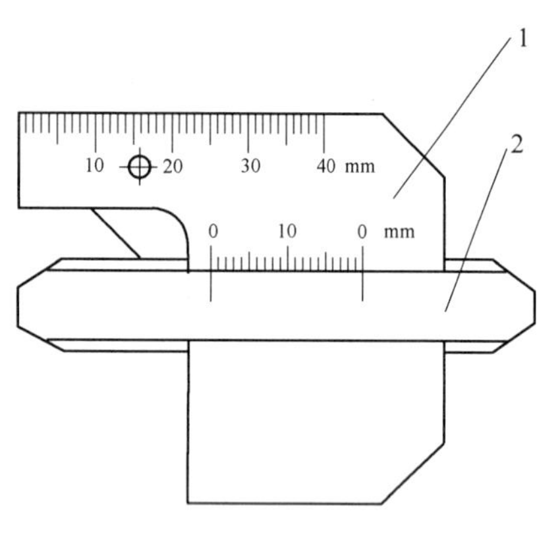

a）正视

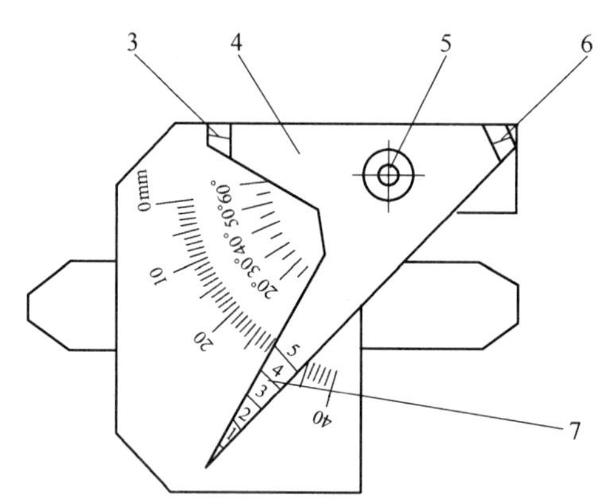

b）后视

说明：

1——主尺；

2——高度尺；

3——宽度尺标记；

4——多用尺（包括宽度尺、角度尺和间隙尺）；

5——锁紧装置；

6——角度尺标记；

7——间隙尺标记。

图2　II型焊接检验尺

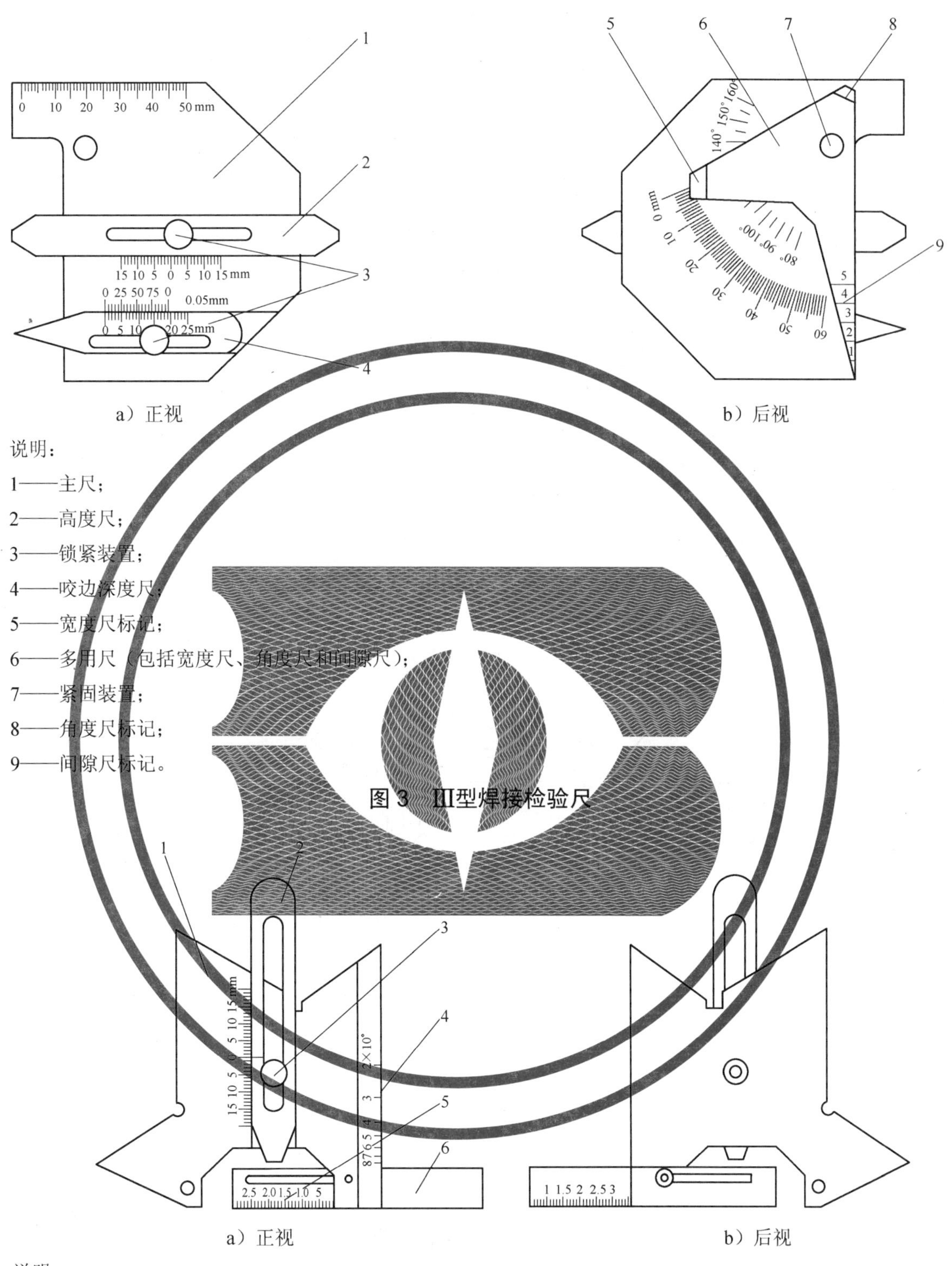

a）正视　　　　b）后视

说明：

1——主尺；

2——高度尺；

3——锁紧装置；

4——咬边深度尺；

5——宽度尺标记；

6——多用尺（包括宽度尺、角度尺和间隙尺）；

7——紧固装置；

8——角度尺标记；

9——间隙尺标记。

图3　Ⅲ型焊接检验尺

a）正视　　　　b）后视

说明：

1——主尺；

2——高度尺；

3——锁紧装置；

4——角度尺标记；

5——宽度尺标记；

6——多用尺（包括宽度尺和角度尺）。

图4　Ⅳ型焊接检验尺

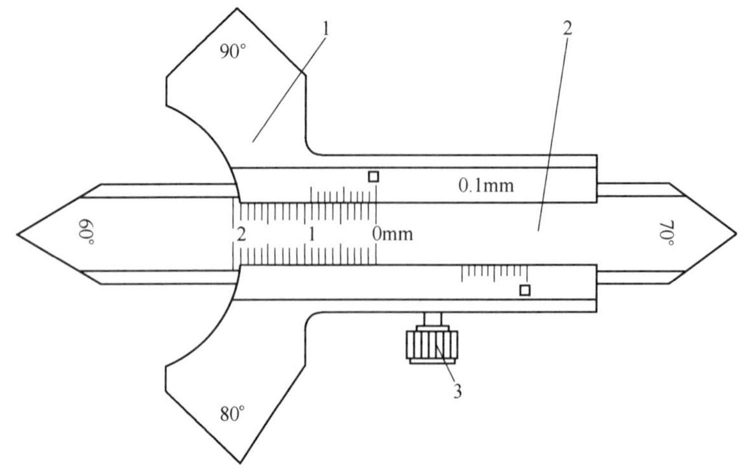

说明：

1——主尺；

2——高度尺；

3——锁紧装置。

图5　V型焊接检验尺

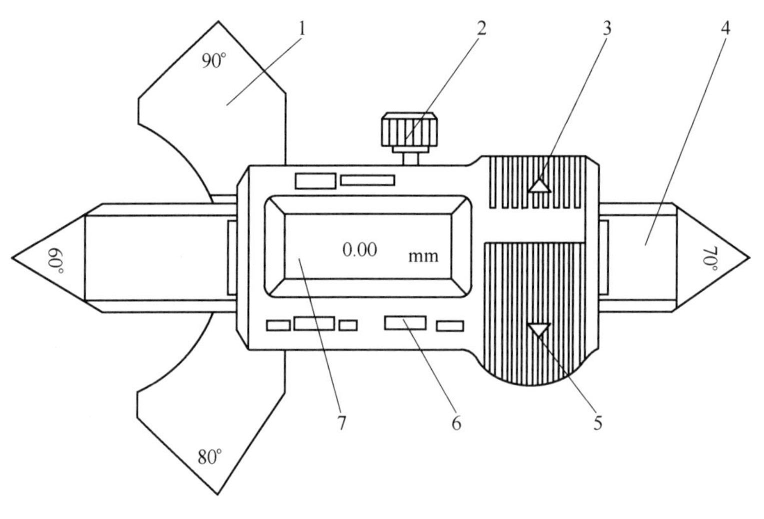

说明：

1——主尺；

2——锁紧装置；

3——数据口；

4——高度尺；

5——电池盖；

6——功能按钮；

7——电子数显器。

图6　Ⅵ型焊接检验尺

4.2　基本参数

焊接检验尺的基本参数推荐值见表1。

表1　焊接检验尺的基本参数推荐值

名称	测量范围
主尺标尺	（0～50）mm
高度尺	（0～30）mm

表 1 焊接检验尺的基本参数推荐值（续）

名称	测量范围
咬边深度尺	（0～30）mm
宽度尺	（0～60）mm
间隙尺	（0～7）mm
角度尺	≤160°
角度样板角度值	60°，70°，80°，90°

5 要求

5.1 外观

5.1.1 焊接检验尺表面不得有影响使用性能的裂痕、划痕、毛刺等外部缺陷。
5.1.2 焊接检验尺表面的镀、涂层不应有脱落和色泽不均等影响外观缺陷。
5.1.3 标尺标记不应有影响读数的明显断线、粗细不均的缺陷。
5.1.4 指示装置的显示屏应透明、清洁，无明显划痕、气泡等影响读数的缺陷。

5.2 相互作用

焊接检验尺的高度尺、咬边深度尺和多用尺等各移动和转动部分的移动和转动应平稳，无卡滞和松动现象。锁紧装置能准确、可靠地把主尺紧固在高度尺、咬边深度尺和多用尺上。

5.3 标尺标记

主尺标尺、高度尺、咬边深度尺和多用尺的标记宽度及标记宽度差应符合表 2 的规定。

表 2 标记宽度及标记宽度差

单位为毫米

分度值	标记宽度	标记宽度差 ≤
0.05	0.08～0.18	0.03
0.10		0.05
1		0.05

5.4 指示装置各部分相对位置

焊接检验尺的高度尺、咬边深度尺和多用尺标记表面棱边至主尺标记表面的距离不应大于 0.3 mm。

5.5 测量面硬度

焊接检验尺的各测量面硬度应符合表 3 的规定。

表 3 焊接检验尺的各测量面硬度

名 称	材 料	硬度 ≥
测量面	碳钢、工具钢	664 HV（≈58 HRC）
	不锈钢	551 HV（≈52.5 HRC）

5.6 测量面表面粗糙度

焊接检验尺的各测量面表面粗糙度 *Ra* 值应不大于 0.8 μm。

5.7 测量面平面度

焊接检验尺的主尺、高度尺和咬边深度尺的测量面平面度误差应不大于 0.02 mm。

5.8 角度误差

焊接检验尺的角度样板的角度误差不应大于 30′，角度尺的最大允许误差不应大于 1°。

5.9 零值误差

游标焊接检验尺的高度尺和咬边深度尺的零值误差应符合表 4 的规定。

表 4 游标焊接检验尺的零值误差

单位为毫米

名称	零值误差
高度尺	±0.10
咬边深度尺	±0.05

5.10 电子数显器的性能

5.10.1 数字显示应清晰、完整、无闪跳现象；字高不应小于 4.5 mm；响应速度不应小于 1 m/s。
5.10.2 功能键应灵活、可靠，标注符号或图文应清晰且含义准确。
5.10.3 电子数显器应能在环境温度为 0℃～40℃、相对湿度不大于 80%的条件下进行正常工作。

5.11 通信接口

5.11.1 制造商应能够提供数显焊接检验尺与其他设备之间的通信电缆和通信软件。
5.11.2 通信电缆应能将数显焊接检验尺的输出数据转换为 RS-232、USB 或其他通用的标准输出接口形式。

5.12 防护等级（IP）

数显焊接检验尺的防护等级不应低于 IP40（见 GB 4208—2008）。

5.13 抗静电干扰能力和电磁干扰能力

数显焊接检验尺的抗静电干扰能力和抗电磁干扰能力均不应低于 1 级（见 GB/T 17626.2—2006、GB/T 17626.3—2006）。

5.14 重复性

数显焊接检验尺的重复性不应大于 0.03 mm。

5.15 最大允许误差

无论主尺紧固与否，焊接检验尺的最大允许误差均应符合表 5 的规定。

表 5 焊接检验尺的最大允许误差

单位为毫米

名称	最大允许误差			
	游标焊接检验尺			数显焊接检验尺
	分度值			分辨力
	0.05	0.1	1	0.01
主尺标尺	—	—	±0.2	—

表5 焊接检验尺的最大允许误差（续）

单位为毫米

名称	最大允许误差			
	游标焊接检验尺			数显焊接检验尺
	分度值			分辨力
	0.05	0.1	1	0.01
高度尺	—	±0.2	±0.3	±0.05
咬边深度尺	±0.1	—	—	—
宽度尺	—	—	±0.3	—
间隙尺	—	—	±0.2	—

6 试验方法

6.1 温度变化试验

数显焊接检验尺的温度变化试验应符合 GB/T 2423.22—2012 的规定。

6.2 湿热试验

数显焊接检验尺的湿热试验应符合 GB/T 2423.3—2006 的规定。

6.3 抗静电干扰试验

数显焊接检验尺的抗静电干扰试验应符合 GB/T 17626.2—2006 的规定。

6.4 抗电磁干扰试验

数显焊接检验尺的抗电磁干扰试验应符合 GB/T 17626.3—2006 的规定。

6.5 防尘、防水试验

数显焊接检验尺的防尘、防水试验应符合 GB 4208—2008 的规定。

7 检查条件

7.1 检查前应将被检焊接检验尺及检查用设备同时置于铸铁平板或木桌上，其平衡温度时间参见表6。

表6 焊接检验尺的平衡温度时间

单位为小时

平衡温度时间	
置于铸铁平板上	置于木桌上
1	2

7.2 焊接检验尺检查时，室内温度应为 20℃±5℃，相对湿度不应大于 80%。

8 检查方法

8.1 外观

目力观察。

8.2 相互作用

目测和手感检查。若有异议，可参见附录 B。

8.3 标尺标记

目测。若有异议，则用工具显微镜或读数显微镜检查。

8.4 指示装置各部分相对位置

目测或借助塞尺比较检查。

8.5 测量面硬度

在维氏硬度计（或洛氏硬度计）上检查。

8.6 测量面表面粗糙度

用表面粗糙度比较样块目测比较检查。若有异议，则用表面粗糙度检查仪检查。

8.7 测量面平面度

借助塞尺比较检查。

8.8 角度误差

8.8.1 用万能角度尺测量比较检查。若有异议，则用工具显微镜或影像测量仪检查。
8.8.2 将万能角度尺的两测量面与角度样板两边均匀接触，万能角度尺上的示值与角度样板的示值之差即为角度样板误差。
8.8.3 用角度尺进行角度误差检查时，检测点分布推荐见表 7。

表 7 检测点分布推荐

名称	检测点
Ⅰ型、Ⅱ型角度尺	在测量范围内均布两点或三点
Ⅲ型角度尺	
Ⅳ型角度尺	

Ⅰ型、Ⅱ型角度尺角度误差Δ_i由公式（1）计算：

$$\Delta_i=(\alpha_i+90°)-\alpha_1 \qquad (1)$$

式中：

Δ_i——角度尺角度误差，单位为度（°）；

α_i——角度尺示值，单位为度（°）；

α_1——万能角度尺示值，单位为度（°）。

Ⅲ型和Ⅳ型角度尺角度误差可直接由角度尺示值与万能角度尺的示值之差确定。

8.9 零值误差

8.9.1 目测或借用 5 倍放大镜检查。若有异议，则用工具显微镜或读数显微镜检查。
8.9.2 将主尺测量面置于 1 级平板上，移动高度尺使测量面与平板接触，读取高度尺标记与主尺零标记的差值作为高度尺的零值误差。
8.9.3 将主尺测量面置于 1 级平板上，咬边深度尺测量端面与平板接触，读取主尺游标上的零标记和尾标记与咬边深度尺相应标记的重合度差值作为咬边深度尺的零值误差。

8.10 电子数显器的性能

8.10.1 数字显示情况、响应速度及功能键的作用三项性能宜同时检查。用手动速度模拟，移动主尺后观察数字显示是否正常，功能键是否灵活、可靠。

8.10.2 数字漂移采用试验方法进行检查，拉动主尺并使其停止在某一任意位置上，紧固主尺，观察显示数值在 1 h 内的变化。

8.11 重复性

数显焊接检验尺应重复五次移动主尺使两外测量面手感接触，其五次测得值间的最大差异即为重复性。

注：此处重复性检查结果的数据处理不采用分散性表述，仅取示值变化的特性表述。

8.12 示值误差

8.12.1 主尺标尺示值误差

用工具显微镜在主尺标尺全长范围进行检查，主尺标尺示值与工具显微镜示值之差即为主尺标尺的示值误差，主尺标尺的示值误差不应超过表 5 的规定。

8.12.2 高度尺示值误差

将焊接检验尺置于 1 级平板上，使高度尺测量面和主尺测量面与平板接触（数显焊接检验尺数字显示置零），把按表 8 推荐的一组尺寸系列为 3 级量块平行地置于平板上，主尺测量面与平板接触，移动高度尺使高度尺测量面与量块组工作面接触，测得的各点显示值与量块尺寸之差值即为高度尺示值误差，各点的示值误差不应超过表 5 的规定。焊接检验尺示值检查点推荐的量块尺寸见表 8。

表 8 焊接检验尺示值检查点推荐的量块尺寸

单位为毫米

推荐的量块尺寸系列
5，10，15，20，25，30

高度尺另一端示值误差（见图 7）：在宽座直角尺内角处放一直径为（6～10）mm 的 2 级针规，使主尺两个基准面与宽座直角尺两个内角边均匀接触，移动高度尺与圆柱面接触，读取并记下高度尺示值，所测得示值误差不应超过表 5 的规定。示值误差Δ由公式（2）计算：

$$\Delta = h - 1.21d \qquad (2)$$

式中：

Δ——示值误差，单位为毫米（mm）；

h——高度尺示值，单位为毫米（mm）；

d——圆柱直径，单位为毫米（mm）。

8.12.3 咬边深度尺示值误差

将焊接检验尺置于 1 级平板上，使咬边深度尺测量面和主尺测量面与平板接触（数显焊接检验尺数字显示置零），把按表 8 推荐的一组尺寸系列的 3 级量块平行地置于平板上，主尺测量面与平板接触，移动咬边深度尺使咬边深度尺测量面与量块组工作面接触，测得的各点显示值与量块尺寸之差值即为咬边深度尺示值误差，各点的示值误差不应超过表 5 的规定。

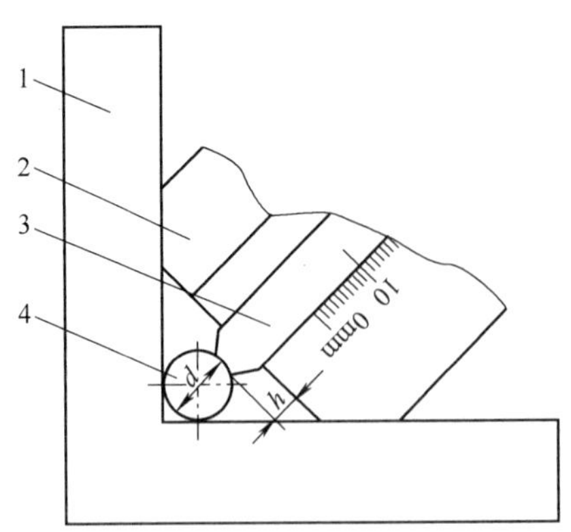

说明：

1——宽座直角尺；　　3——高度尺；

2——主尺；　　4——针规。

图 7　高度尺示值误差测量示意图

8.12.4　宽度尺示值误差

用宽度尺标准样块（见附录 C）测量检查，见图 8。

将宽度尺标准样块置于 1 级平板上，使主尺测量面与宽度尺标准样块一边接触，转动多用尺使内侧面与宽度尺标准样块另一边接触。从多用尺上读取的宽度值与宽度尺标准样块宽度的差值即为宽度尺的示值误差。检查测量位置参见表 9，各点的示值误差不应超过表 5 的规定。

表 9　检查测量位置

单位为毫米

测量范围	测量位置
0～30	6，24
0～45	8，32
0～60	12，48

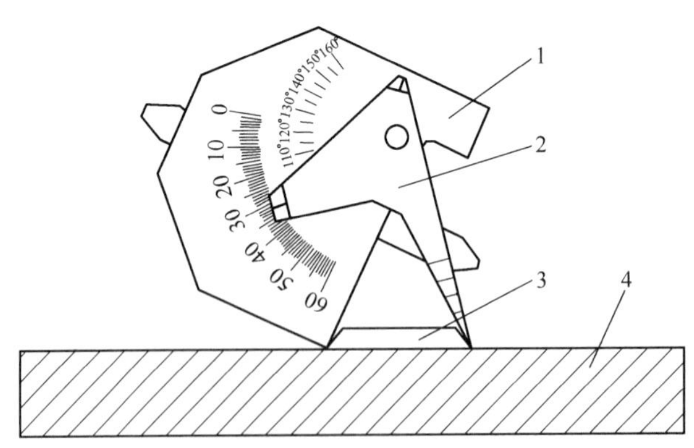

说明：

1——主尺；　　3——宽度尺标准样块；

2——宽度尺；　　4——平板。

图 8　宽度尺示值误差测量示意图

8.12.5 间隙尺的示值误差

用卡尺的刀口形外测量爪沿被检间隙尺标记中心方向测量，测量点为 1 mm 和 5 mm，被检间隙尺示值与卡尺示值的差值即为间隙尺的示值误差，各点的示值误差不应超过表 5 的规定。

9 标志与包装

9.1 焊接检验尺上至少应标志：

a）制造厂名称或注册商标；

b）分辨力/分度值；

c）产品序号。

9.2 焊接检验尺的包装盒上至少应标志：

a）制造厂名称或注册商标；

b）产品名称；

c）分辨力/分度值及测量范围。

9.3 焊接检验尺在包装前应经过防锈处理并妥善包装，不得因包装不善而在运输过程中损坏产品。

9.4 焊接检验尺经检查符合本标准要求的应附有产品合格证及使用说明书，产品合格证上应标有本标准的标准编号、产品序号和出厂日期。

附　录　A
（资料性附录）
其他特殊型式焊接检验尺示意图

其他特殊型式的焊接检验尺参见图 A.1 和图 A.2。

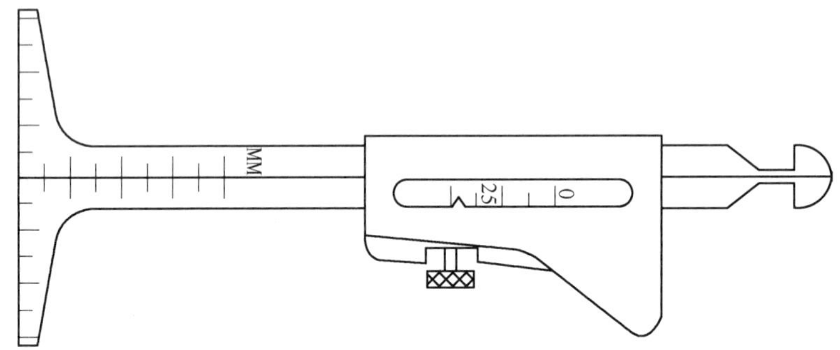

图 A.1　管子焊接检验尺

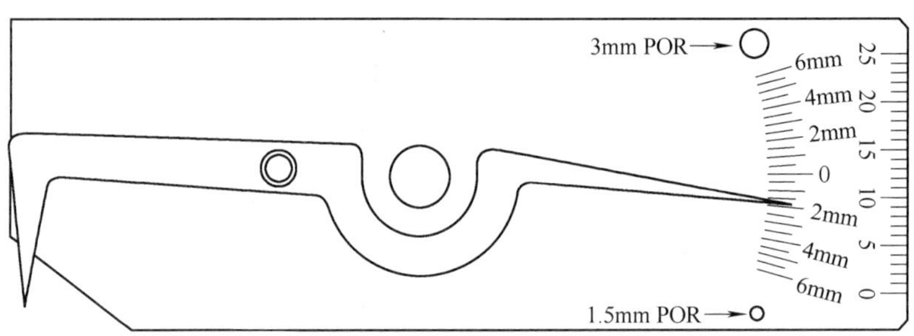

图 A.2　焊接检验尺

附　录　B
（资料性附录）
相互作用的定量检查方法

焊接检验尺的高度尺和咬边深度尺相对主尺移动的移动力和移动力变化可用测力计定量检验。

将焊接检验尺水平放置，用测力计钩住主尺，拉动测力计，当主尺开始移动后从测力计上读数，在整个测量范围内，测得的最大值和最小值即为移动力，最大值和最小值之差即为移动力变化，其允许值参照表B.1。

测力计水平使用时与竖直使用时零位不一致，应调整好零位后使用。

表B.1　移动力变化允许值

测量范围 mm	移动力	移动力变化
	N	
0～30	2～6	1.5

附　录　C
（规范性附录）
宽度尺标准样块的尺寸及要求

C.1　宽度尺标准样块的几何形状及表面粗糙度要求参见图 C.1。

尺寸单位为毫米
角度单位为度

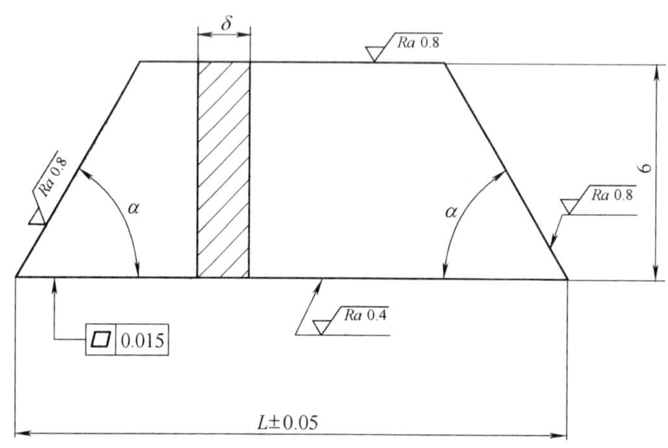

图 C.1　宽度尺标准样块

C.2　宽度尺标准样块的尺寸参见表 C.1 和图 C.1。

表 C.1　宽度尺标准样块的尺寸

尺寸	参数值
L	6 mm，8 mm，12 mm，24 mm，32 mm，48 mm
δ	≥10 mm
α	≤60°

ICS 17.040.30
J 42
备案号：49919—2015

中华人民共和国机械行业标准

JB/T 12202—2015

楔形塞尺

Wedge-shape filler gauge

2015-04-30 发布　　2015-10-01 实施

中华人民共和国工业和信息化部 发布

前　　言

本标准按照GB/T 1.1—2009给出的规则起草。

本标准由中国机械工业联合会提出。

本标准由全国量具量仪标准化技术委员会（SAC/TC132）归口。

本标准负责起草单位：浙江省计量科学研究院。

本标准参加起草单位：桂林量具刃具有限责任公司、浙江豪情汽车制造有限公司、中国计量学院。

本标准主要起草人：周闻青、茅振华、朱隽、张晓、赵伟荣、吴玲萍、赵军、周原冰。

本标准为首次发布。

楔形塞尺

1 范围

本标准规定了楔形塞尺的术语和定义、型式与基本参数、要求、检验方法、标志与包装等。

本标准适用于分度值为 0.05 mm、0.1 mm 和 0.5 mm，准确度等级为 1 级、2 级、3 级，测量范围不大于 60 mm 的楔形塞尺。

2 规范性引用文件

下列文件对于本文件的应用是必不可少的。凡是注日期的引用文件，仅注日期的版本适用于本文件。凡是不注日期的引用文件，其最新版本（包括所有的修改单）适用于本文件。

GB/T 17163—2008　几何量测量器具术语　基本术语

3 术语和定义

GB/T 17163—2008 界定的以及下列术语和定义适用于本文件。

3.1

楔形塞尺　wedge-shape filler gauge

具有楔形角度且有一组或多组有序的标尺标记及标尺数码所构成的板状或楔块状的测量器具。利用其宽度或厚度测量沟槽、缝隙、孔径。

4 型式与基本参数

4.1 型式

楔形塞尺的型式如图 1 和图 2 所示。图示仅供图解说明。

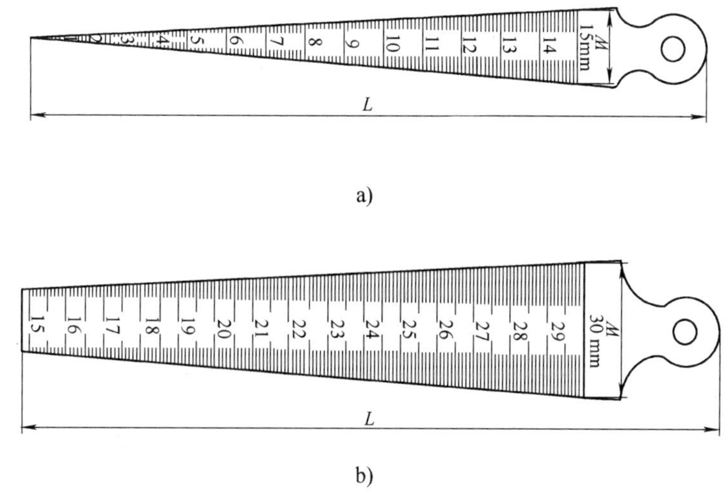

a)

b)

图 1　Ⅰ型楔形塞尺

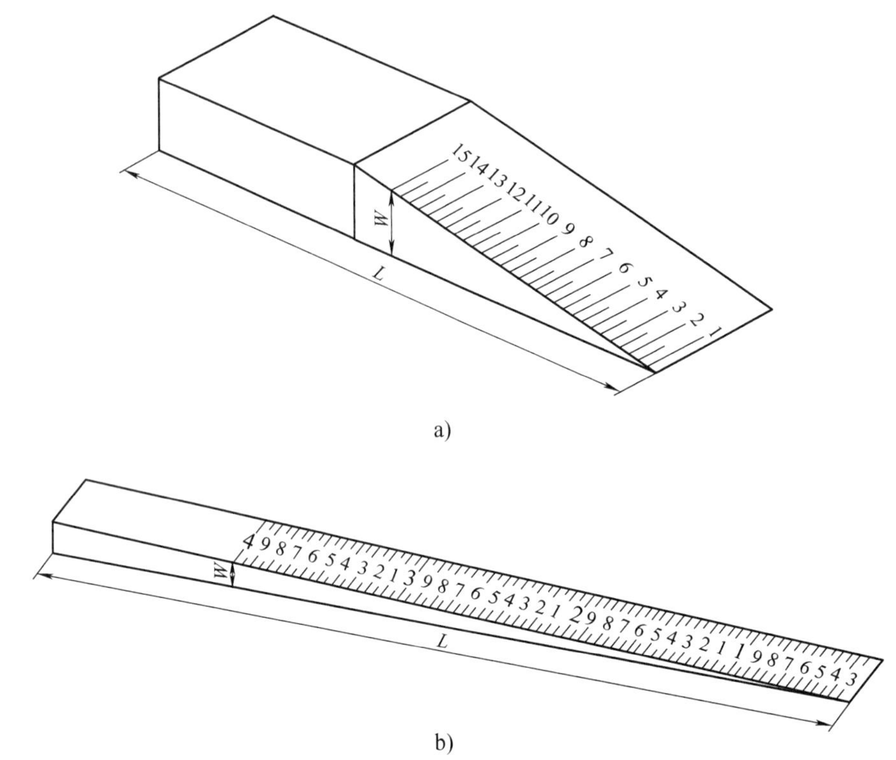

图 2 Ⅱ型楔形塞尺

4.2 基本参数

楔形塞尺的基本参数见表 1 的规定。

表 1 楔形塞尺的基本参数

单位为毫米

型式	分度值	测量范围 W	全长 L	宽度	板厚度	斜度
Ⅰ型	0.05	1＜W≤8	144	—	1.2	1∶8
		8＜W≤15				
		15＜W≤22				
		22＜W≤29				
	0.1	1＜W≤15	150	—	1.2	1∶8
		15＜W≤30	155			
		30＜W≤45	160			
		45＜W≤60	160			
Ⅱ型	0.05	0.3＜W≤3	127.5	6	—	1∶30
		0.3＜W≤6	160	6		1∶20
		0.3＜W≤4	160	11		1∶30
		0.4＜W≤6	160	11		1∶20
	0.5	1＜W≤15	150	15	—	1∶4.5

5 要求

5.1 外观

楔形塞尺上不应有影响使用性能的碰伤、划痕、断线和漆层脱落等缺陷。

5.2 材料

楔形塞尺应选择不锈钢、黄铜、工程塑料或其他类似性能的材料制造。

5.3 硬度和表面粗糙度

5.3.1 不锈钢材料的硬度不应小于 342 HV，黄铜材料的硬度不应小于 130 HV，工程塑料材料硬度不应小于 50 HD。

5.3.2 楔形塞尺的测量面的表面粗糙度值 *Ra* 不应大于 1.6 μm。

5.4 标尺

5.4.1 Ⅰ型楔形塞尺每 10 个分度应有 1 个标尺标数，Ⅱ型楔形塞尺每 2 个分度应有 1 个标尺标数。

5.4.2 楔形塞尺上的标尺标记应清晰笔直，不应有毛刺、断线等缺陷。

5.4.3 标尺标记的宽度应在 0.10 mm～0.20 mm 之间，宽度差不应大于 0.05 mm。

5.5 平面度和直线度

5.5.1 Ⅰ型楔形塞尺的工作面的直线度公差不应大于表 2 的规定。

5.5.2 Ⅱ型楔形塞尺的刻线面及底面的平面度公差不应大于表 2 的规定。

表 2 楔形塞尺的公差要求

单位为毫米

型 式	分度值	直线度公差	平面度公差
Ⅰ型	0.05	0.01	—
	0.1		
Ⅱ型	0.05	—	0.01（呈凹形）
	0.5		0.10（呈凹形）

5.6 允许误差

楔形塞尺的示值误差不应大于表 3 的规定。

表 3 楔形塞尺的示值误差

单位为毫米

型 式	分度值	允许误差		
		1级	2级	3级
Ⅰ型	0.05	±0.03	±0.05	—
	0.1			
Ⅱ型	0.05	±0.03	±0.05	—
	0.5	—	—	±0.02

6 检验方法

6.1 标尺

常温下，采用工具显微镜或相同准确度等级的其他仪器在标尺的全长范围内抽检 5 条标记宽度作为测量结果，标记宽度差以受检标记中最大宽度与最小宽度之差作为测量结果。

6.2 直线度误差

Ⅰ型楔形塞尺测量面的直线度误差用研磨平尺以光隙法测量。检测时，使研磨平尺测量面与Ⅰ型楔形塞尺测量面轻轻接触，观察它们之间的间隙，其测量结果应满足表 2 的规定。

6.3 平面度误差

Ⅱ型楔形塞尺刻线面及底面的平面度误差用刀口形直尺以光隙法测量。检测分别在刻线面及底面工作面的长边、短边和对角线位置方向进行，使刀口形直尺测量面与Ⅱ型楔形塞尺刻线面及底面轻轻接触，观察它们之间的间隙，其测量结果应满足表 2 的规定。

6.4 允许误差

将Ⅰ型楔形塞尺放在工作台上，用工具显微镜或相同准确度等级的其他仪器进行测量。检测时，应在全部测量范围内对均匀分布的 5 个间隔进行检测，用仪器的米字线瞄准刻线宽度方向的中间位置，测量刻线的长度，楔形塞尺的标称值与工具显微镜测得的标准值之间的差值即为示值误差，各位置示值误差均需满足表 3 的规定。

将Ⅱ型楔形塞尺放在 0 级平板上，用千分表或相同准确度等级的其他仪器对楔形塞尺进行直接测量。检测时，将千分表的测头对准楔形塞尺刻度线，应在全部测量范围内对均匀分布的 5 个间隔进行检测，各位置示值误差均需满足表 3 的规定。

7 标志与包装

7.1 楔形塞尺上至少应标有：

a）制造厂名称或注册商标；

b）分度值；

c）测量范围；

d）产品序号。

7.2 楔形塞尺包装盒上至少应标有：

a）制造厂名称、地址或注册商标；

b）产品名称；

c）分度值；

d）测量范围；

e）准确度等级。

7.3 金属楔形塞尺在包装前应经过防锈处理并妥善包装，不得因包装不善而在运输过程中损坏产品。

7.4 楔形塞尺经检验符合本标准要求的应附有产品合格证，产品合格证上应标有本标准的标准编号、准确度等级、产品序号和出厂日期。

ICS 17.040.30
J 42
备案号：49920—2015

中华人民共和国机械行业标准

JB/T 12203—2015

电子柱气电测微仪

Air-electronic column micrometer

2015-04-30 发布　　2015-10-01 实施

中华人民共和国工业和信息化部 发布

前　言

本标准按照GB/T 1.1—2009给出的规则起草。

本标准由中国机械工业联合会提出。

本标准由全国量具量仪标准化技术委员会（SAC/TC132）归口。

本标准负责起草单位：中原量仪股份有限公司。

本标准参加起草单位：成都工具研究所有限公司、河南省计量科学研究院。

本标准主要起草人：金国顺、姜志刚、贾晓杰。

本标准为首次发布。

电子柱气电测微仪

1 范围

本标准规定了电子柱气电测微仪的术语和定义、型式与基本参数、要求、检验条件、检验方法、标志与包装等。

本标准适用于分辨力为 0.2 μm、0.5 μm、1 μm，以电子柱（发光单元）显示的电子柱气电测微仪（以下简称气电测微仪）。

2 规范性引用文件

下列文件对于本文件的应用是必不可少的。凡是注日期的引用文件，仅注日期的版本适用于本文件。凡是不注日期的引用文件，其最新版本（包括所有的修改单）适用于本文件。

GB/T 191—2008 包装储运图示标志

GB 4208—2008 外壳防护等级（IP 代码）

GB/T 4879—1999 防锈包装

GB/T 5048—1999 防潮包装

GB/T 6388—1986 运输包装收发货标志

GB/T 9969—2008 工业产品使用说明书 总则

GB/T 14436—1993 工业产品保证文件 总则

GB/T 17163—2008 几何量测量器具术语 基本术语

GB/T 17164—2008 几何量测量器具术语 产品术语

GB/T 17626.2—2006 电磁兼容 试验和测量技术 静电放电抗扰度试验

GB/T 17626.3—2006 电磁兼容 试验和测量技术 射频电磁场辐射抗扰度试验

GB/T 17627.1—1998 低压电气设备的高电压试验技术 第一部分：定义和试验要求

JB/T 3760—2008 浮标式气动量仪

JB/T 5212—2006 气动测量头 技术条件

JB/T 8827—1999 机电产品防震包装

JB/T 11233—2012 校准环规

3 术语和定义

GB/T 17163—2008、GB/T 17164—2008、JB/T 3760—2008、JB/T 5212—2006 和 JB/T 11233—2012 界定的以及下列术语和定义适用于本文件。

3.1

电子柱气电测微仪 air-electronic column micrometer

一种由气动传感器将被测零件尺寸的变化经气电转换器转换成电信号，并用电子柱（发光二极管单元）显示出被测尺寸变化的比较测量仪器。

4 型式与基本参数

4.1 型式

气电测微仪的型式如图 1 所示。图示仅供图解说明，不表示详细结构。

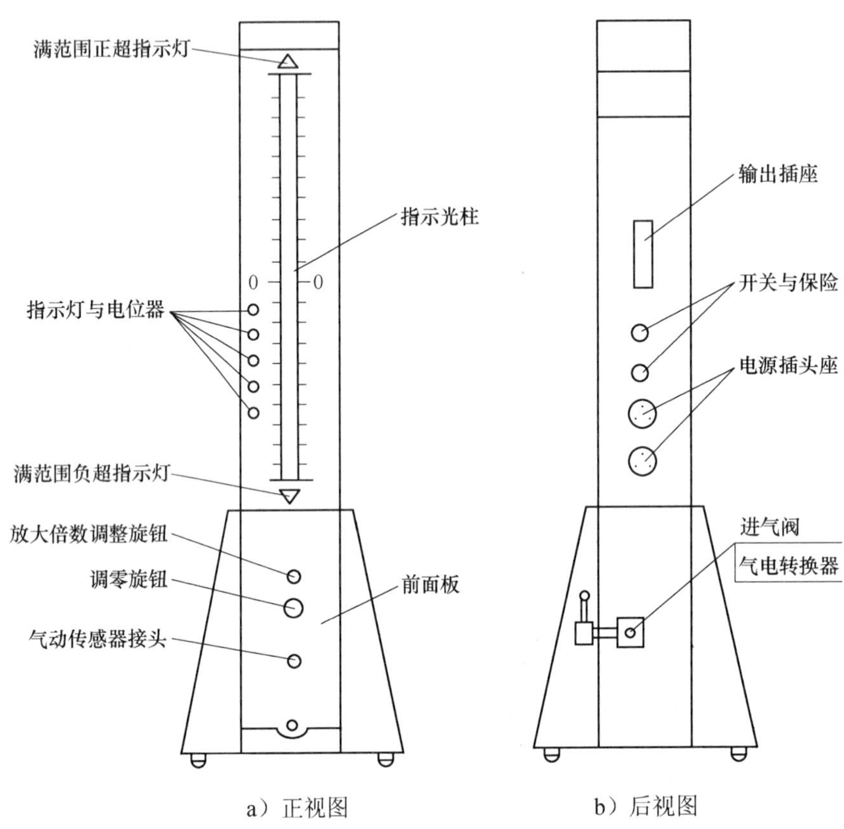

a）正视图　　b）后视图

图 1　气电测微仪

4.2 基本参数

气电测微仪的基本参数见表 1 的规定。

表 1　气电测微仪的基本参数

单位为微米

分辨力	示值范围
0.2	20
0.5	50
1	100

5 要求

5.1 外观

气电测微仪表面不应有锈蚀、碰伤和镀层脱落等缺陷，各种标志、数字、刻线应正确清晰。指示光柱应为一条直线，不应有明显歪曲现象，发光亮度应基本一致。

5.2 相互作用

气电测微仪各紧固部分牢固可靠，各转动部分应灵活，不应有卡滞和松动现象。

5.3 绝缘与耐压

当电压为 500 V 时，电源插座的一个带电部件与易触及部件之间的绝缘电阻不应小于 5 MΩ；按照 GB/T 17627.1 的规定断开仪器电源后，仪器绝缘立即经受频率 50 Hz 或 60 Hz 的交流电压 1 000 V，历时 1 min，试验电压施加在带电部件与易触及部件之间，非金属部件用金属箔覆盖，在试验期间不应出现击穿。

5.4 响应时间

气电测微仪的响应时间应小于 2 s。

5.5 误差

气电测微仪的重复性、回程误差和最大允许误差见表 2 的规定。

表 2 气电测微仪的重复性、回程误差和最大允许误差

单位为微米

分辨力	重复性	回程误差	最大允许误差
0.2	0.2	0.2	0.4
0.5	0.5	0.5	1
1	1	1	3

5.6 稳定性

在规定时间内，气电测微仪示值随时间变化的稳定性不应大于 2 个分辨力/0.5 h。

5.7 电压变动对示值的影响

气电测微仪在电源频率为 50 Hz、电压在额定值 220 V 的 90%～110%范围内变化时，其示值变化不应大于 1 个分辨力。

5.8 供气压力变化对示值的影响

气电测微仪在供气压力为 0.45 MPa～0.65 MPa 范围内变化时，其示值变化不应大于 1 个分辨力。

5.9 防护等级（IP）

气电测微仪应具有防尘、防水能力，其防护等级不得低于 IP40（按 GB 4208—2008 的规定）。

5.10 抗静电干扰能力和抗电磁干扰能力

气电测微仪的抗静电干扰能力和抗电磁干扰能力均不应低于 1 级（按 GB/T 17626.2—2006、GB/T 17626.3—2006 的规定）。

5.11 工作环境

气电测微仪应能在环境温度为 0℃～40℃，相对湿度不大于 80%，供气压力为 0.4 MPa～0.7 MPa 的条件下进行正常工作。

6 检验条件

气电测微仪的检验应在温度为20℃±1℃，供气压力为0.4 MPa，温度变化速率不应大于0.5℃/h的检验室内进行。受检前，气电测微仪和检验器具应在检验室内等温4 h以上。气电测微仪通电后应预热30 min，然后在放大倍数调整好后进行检验。

7 检验方法

气电测微仪的检验项目、检验方法和检验器具见表3。

表3 气电测微仪的检验项目、检验方法和检验器具

序号	检验项目	检 验 方 法	检验器具
1	绝缘与耐压	用绝缘电阻计加500 V电压测量电源插座的一个接线端与机壳之间的绝缘电阻值，然后用自动击穿装置在电源插座的一个接线端与机壳之间加电源频率50 Hz，电压1 000 V，观察1 min，电子柱显示器不应有击穿现象	绝缘电阻计、自动击穿装置
2	响应时间	在最小分度值档位上使测头与测量台架工作台上的量块相接触，然后迅速使测头移动，测出从给测头等于1/2示值范围的迅速变位起，到电子柱显示光柱指示在一个最小分度值之内为止的所需时间	台架、量块、秒表
3	重复性	使测头与测量台架工作台上的量块相接触，将测微仪的显示光柱对准任意一条刻度线，用提升机构把测头提起，再使其自由落下，其提升量应稍大于该档的示值范围，且每次提升量基本一致，重复10次，取其各次示值中最大值与最小值的差值	台架、量块、提升机构
4	示值误差	使测头与测量台架工作台上的量块相接触，将测微仪的指示光柱对准零刻度线，然后根据示值范围的四等分（或六等分）置换相对应的量块，依次检定出这些受检位置的示值误差，取其最大值	台架、量块[a]
5	回程误差	使测头与测量台架工作台上的量块相接触，给传感器以正向位移，使指示光柱对准指示光柱的下半部分任意一条刻度线后，用提升机构把测头提起，其提升量应稍大于该档的示值范围，再放下，求出提升前后光柱指示的差值，重复三次，取最大值，用同样方法对准指示光柱的上半部分任意一条刻度线，再检定一次	台架、量块、提升机构
6	气源压力变动对示值的影响	使喷嘴间隙为零位间隙，使气源压力在0.4 MPa～0.65 MPa范围内变化三次，读出示值的最大变化量	量块、测头、台架、减压阀（0.4 MPa～0.65 MPa）
7	稳定性	在最小分度值档位上使测头与测量台架工作面相接触，并使指示光柱与满刻度线相邻的刻度线重合，经一定的准备时间后在规定的时间内读出示值的最大变化量	台架、量块、时钟

表 3 气电测微仪的检验项目、检验方法和检验器具（续）

序号	检验项目	检验方法	检验器具
8	电压变动对示值的影响	将量程转换开关置最小分度值档位上，使测头与台架工作台上的量块相接触，调整示值，使接近于满量程，输入220 V、50 Hz交流电源，使电压在额定值的90%～110%范围内变化，读出示值的最大变化量	量块、测头、台架、调压器、电压表
[a] 检验示值误差用的量块规定如下： 气电测微仪分辨力为0.2 μm的选用0级量块。 气电测微仪分辨力为0.5 μm的选用1级量块。 气电测微仪分辨力为1 μm的选用1级量块。			

8 试验方法

8.1 防水、防尘试验

气电测微仪的防水、防尘试验应符合 GB 4208—2008 的规定。

8.2 抗静电干扰试验

气电测微仪的抗静电干扰试验应符合 GB/T 17626.2—2006 的规定。

8.3 抗电磁干扰试验

气电测微仪的抗电磁干扰试验应符合 GB/T 17626.3—2006 的规定。

9 标志与包装

9.1 标志

9.1.1 气电测微仪标牌或面板上应标志：

a）制造厂名称或注册商标；

b）产品名称、型号；

c）产品制造日期；

d）产品序号。

9.1.2 气电测微仪外包装的标志应符合 GB/T 191—2008 和 GB/T 6388—1986 的规定。

9.2 包装

9.2.1 气电测微仪的包装应符合 GB/T 4879—1999、GB/T 5048—1999 和 JB/T 8827—1999 的规定。

9.2.2 气电测微仪经检验合格的，应具有符合 GB/T 14436—1993 规定的产品合格证和符合 GB/T 9969—2008 规定的使用说明书以及装箱单。

角度测量器具

ICS 17.040.30
J 42

中华人民共和国国家标准

GB/T 6092—2004
代替 GB/T 6092—1985

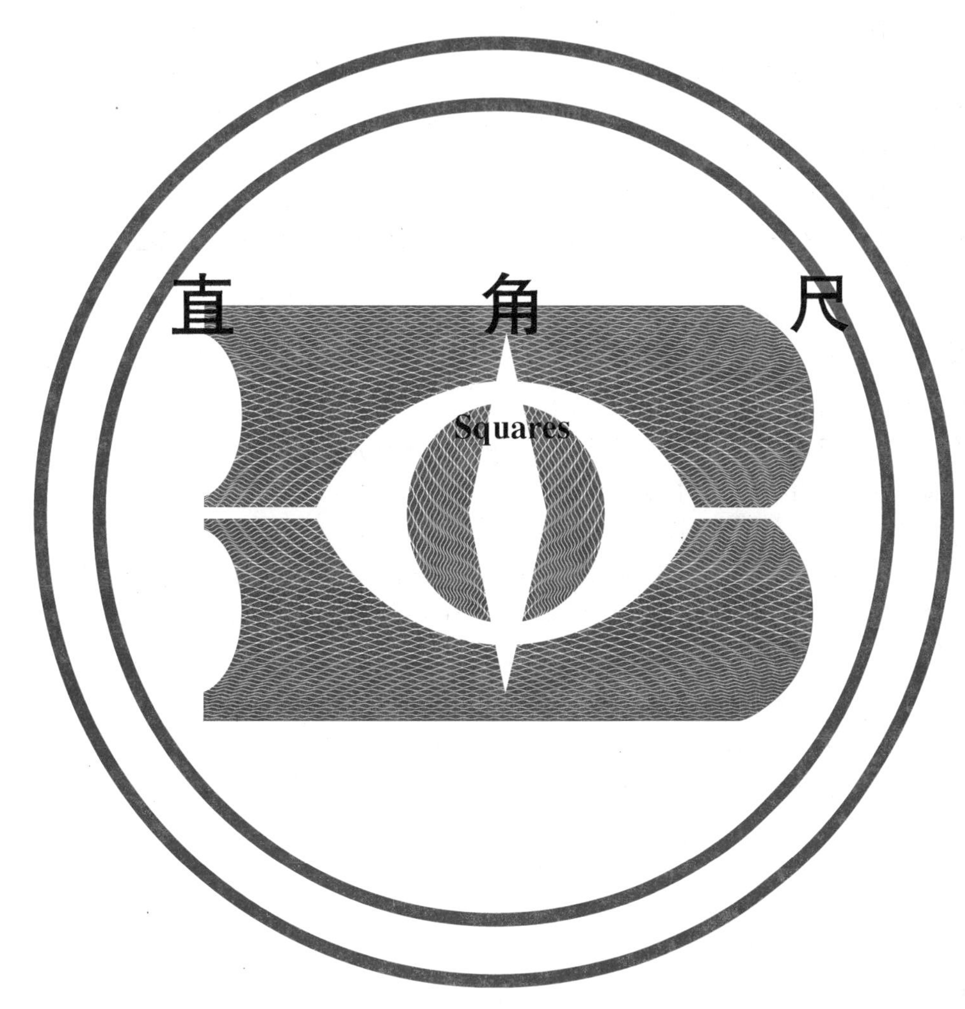

2004-02-10 发布　　2004-08-01 实施

中华人民共和国国家质量监督检验检疫总局
中国国家标准化管理委员会　发布

前　言

本标准是依据 JIS B 7526《直角尺》(1995 年日文版)对 GB/T 6092—1985《90°角尺》进行修订的。

本标准与 JIS B 7526 的一致性程度为非等效,主要差异如下:

——按 GB/T 1.1—2000 对编排格式进行了修改;

——增加了圆柱直角尺、矩形直角尺、刀口矩形直角尺、三角形直角尺、带座刀口直角尺和带座平行直角尺的型式;

——删除了 I 形直角尺的型式;

——增加了测量面的平面度公差、两基面间的平行度公差、侧面的平面度公差和平行度公差;

——删除了两侧面间的平行度公差;

——增加了精度等级为 00 级和 0 级的直角尺;

——测量面相对于基面的垂直度公差值和测量面的直线度公差值的计算公式按所有型式统一规定。

本标准自实施之日起,代替 GB/T 6092—1985《90°角尺》。

本标准与 GB/T 6092—1985 相比主要变化如下:

——修改了标准名称 90°角尺为直角尺;

——增加了宽座刀口形直角尺、平面形直角尺和带座平面形直角尺的要求;

——增加了规范性引用文件(本版的 2);

——增加了术语和定义(本版的 3);

——增加了刀口形直角尺的规格,即 L 为 50 mm、80 mm、100 mm 和 160 mm(本版的 4.4);

——增加了宽座直角尺的规格,即 L 为 80 mm、100 mm、160 mm、250 mm、400 mm、630 mm 和 1 000 mm(本版的 4.6);

——修改了测量面和侧面的表面粗糙度 Ra 值(1985 年版的 2.10;本版的 5.3.3);

——删除了圆测量面的表面粗糙度 Rz 值(1985 年版的 2.10);

——检验方法不再作为附录(1985 年版的附录 B;本版的 6);

——删除了 90°角尺的使用说明(1985 年版的附录 A);

——删除了仲裁的规定(1985 年版的附录 B)。

本标准的附录 A 为资料性附录。

本标准由中国机械工业联合会提出。

本标准由全国量具量仪标准化技术委员会(SAC/TC 132)归口。

本标准由靖江量具有限公司负责起草。

本标准主要起草人:杨东顺。

本标准所代替标准的历次版本发布情况为:

——GB/T 6092—1985。

直　角　尺

1　范围

本标准规定了圆柱直角尺、矩形直角尺、刀口矩形直角尺、三角形直角尺、刀口形直角尺、宽座刀口形直角尺、平面形直角尺、带座平面形直角尺和宽座直角尺(统称“直角尺或 90°角尺”)的术语和定义、型式与基本参数、精度等级、要求、检验方法和标志与包装等。

本标准适用于测量面长度 L 小于等于 1 600 mm 的直角尺。

2　规范性引用文件

下列文件中的条款通过本标准的引用而成为本标准的条款。凡是注日期的引用文件,其随后所有的修改单(不包括勘误的内容)或修订版均不适用于本标准,然而,鼓励根据本标准达成协议的各方研究是否可使用这些文件的最新版本。凡是不注日期的引用文件,其最新版本适用于本标准。

GB/T 17163—1997 几何量测量器具术语　基本术语

3　术语和定义

GB/T 17163—1997 中确立的以及下列术语和定义适用于本标准。

3.1

直角尺　squares

测量面和基面相互垂直,用于检验直角、垂直度和平行度误差的测量器具,又称 90°角尺。

3.2

圆柱直角尺　cylinder squares

测量面为一圆柱面的直角尺。

3.3

矩形直角尺　squares squares

截面形状为矩形的直角尺。

3.4

三角形直角尺　three angle squares

截面形状为三角形的直角尺。

3.5

刀口形直角尺　edge squares

两测量面为刀口形的直角尺。

3.6

平面形直角尺　fiat squares

测量面与基面宽度相等的直角尺。

3.7

宽座直角尺　wide-stand squares

基面宽度大于测量面宽度的直角尺。

4　型式、基本参数与精度等级

4.1　圆柱直角尺

圆柱直角尺的型式见图 1 所示,图示仅供图解说明;基本参数见表 1 的规定。

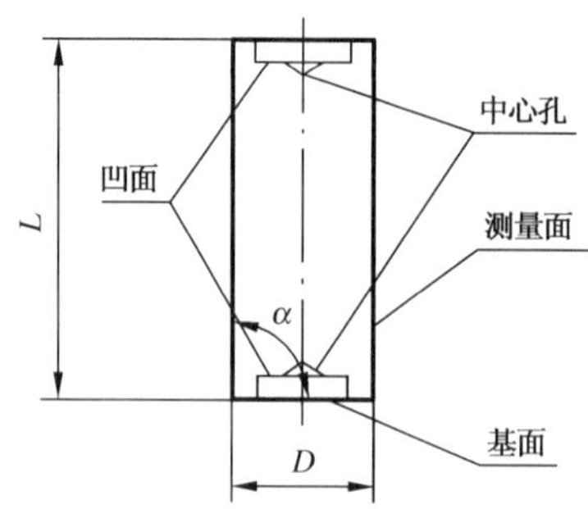

注：图中 α 角为直角尺的工作角。

图 1

表 1

单位为毫米

精度等级		00 级、0 级				
基本尺寸	D	200	315	500	800	1 250
	L	80	100	125	160	200

4.2 矩形直角尺

矩形直角尺的型式见图 2 所示，图示仅供图解说明；基本参数见表 2 的规定。

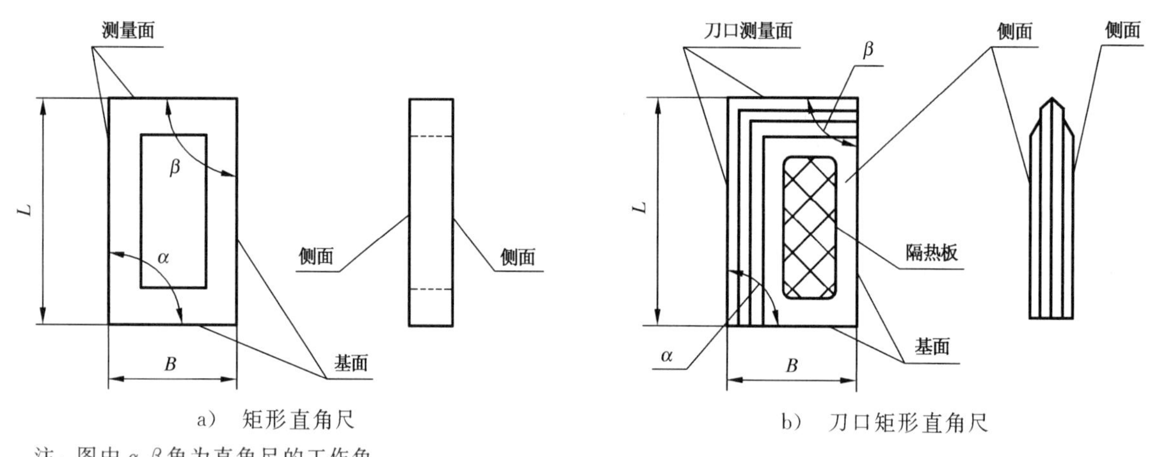

a） 矩形直角尺　　b） 刀口矩形直角尺

注：图中 α、β 角为直角尺的工作角。

图 2

表 2

单位为毫米

矩形直角尺	精度等级		00 级、0 级、1 级				
	基本尺寸	L	125	200	315	500	800
		B	80	125	200	315	500
刀口矩形直角尺	精度等级		00 级、0 级				
	基本尺寸	L	63		125		200
		B	40		80		125

4.3 三角形直角尺

三角形直角尺的型式见图 3 所示，图示仅供图解说明；基本参数见表 3 的规定。

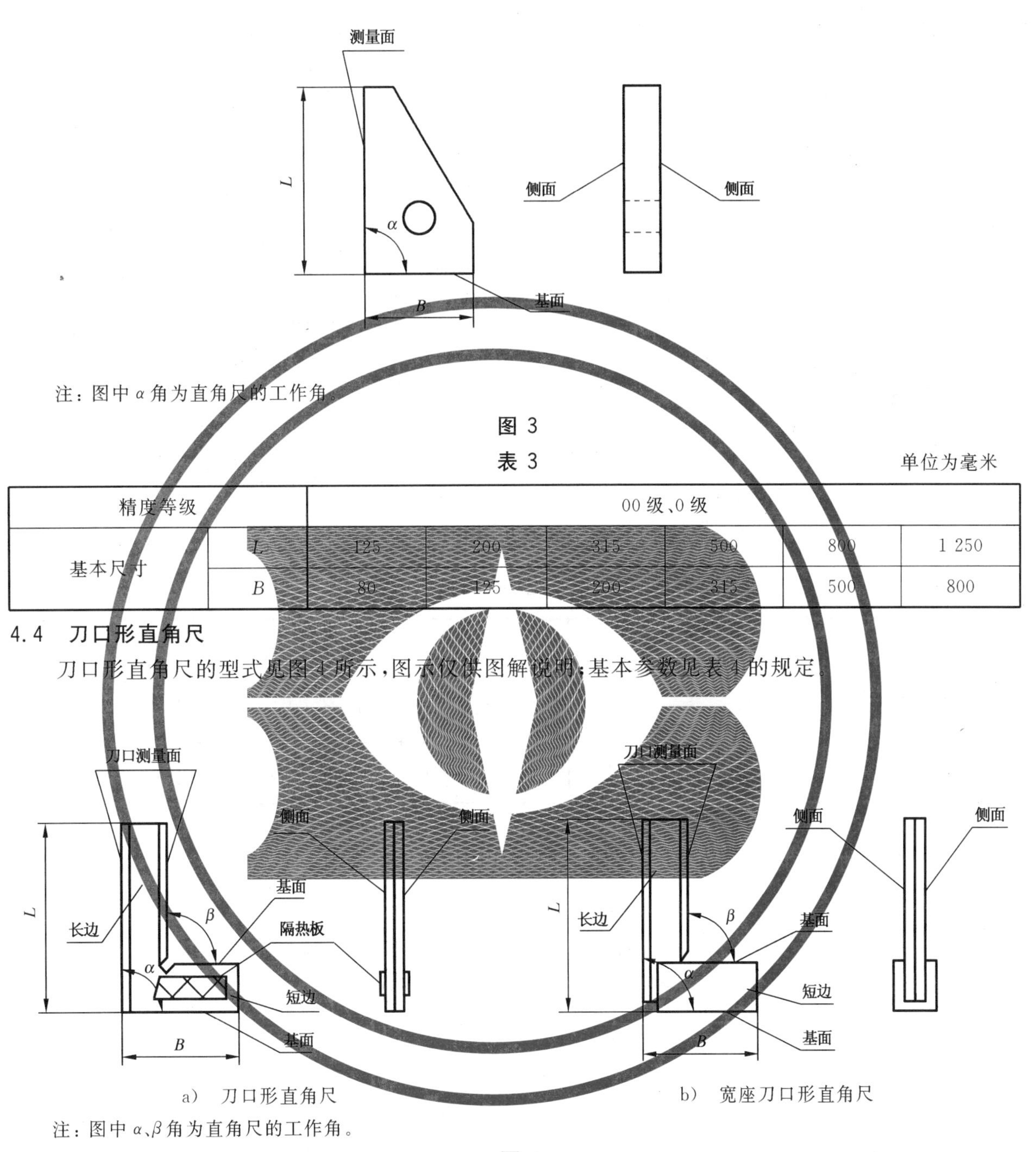

注：图中 α 角为直角尺的工作角。

图 3

表 3

单位为毫米

精度等级		00 级、0 级					
基本尺寸	L	125	200	315	500	800	1 250
	B	80	125	200	315	500	800

4.4 刀口形直角尺

刀口形直角尺的型式见图 4 所示，图示仅供图解说明；基本参数见表 4 的规定。

a） 刀口形直角尺　　b） 宽座刀口形直角尺

注：图中 α、β 角为直角尺的工作角。

图 4

表 4

单位为毫米

刀口形直角尺	精度等级		0 级、1 级						
	基本尺寸	L	50	63	80	100	125	160	200
		B	32	40	50	63	80	100	125

宽座刀口形直角尺	精度等级		0 级、1 级									
	基本尺寸	L	50	75	100	150	200	250	300	500	750	1 000
		B	40	50	70	100	130	165	200	300	400	550

4.5 平面形直角尺

平面形直角尺的型式见图5所示，图示仅供图解说明；基本参数见表5的规定。

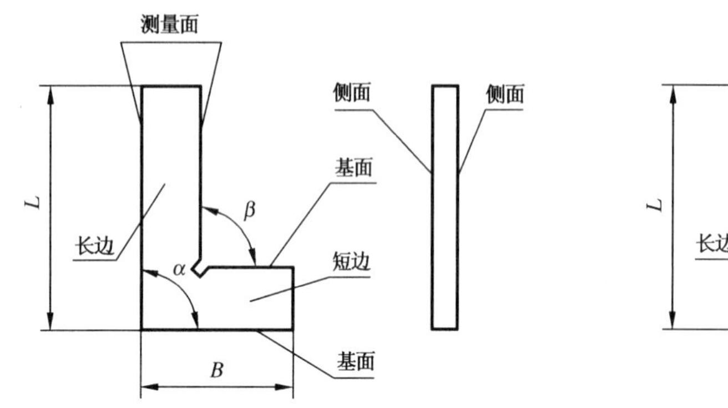

a） 平面形直角尺

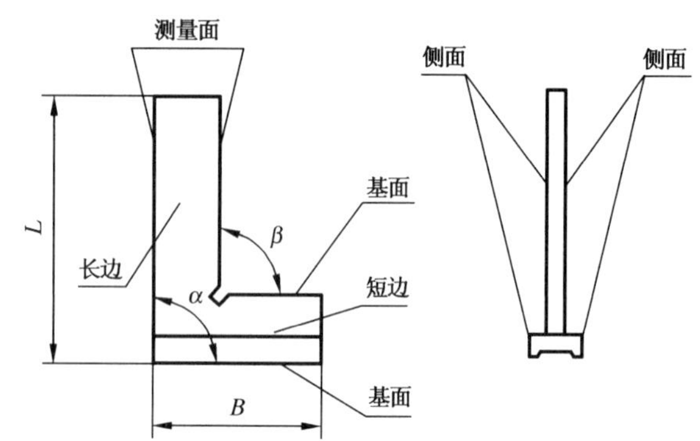

b） 带座平面形直角尺

注：图中 α、β 角为直角尺的工作角。

图5

表5

单位为毫米

	精度等级		0级、1级和2级									
平面形直角尺和带座平面形直角尺	基本尺寸	L	50	75	100	150	200	250	300	500	750	1 000
		B	40	50	70	100	130	165	200	300	400	550

4.6 宽座直角尺

宽座直角尺的型式见图6所示，图示仅供图解说明；基本参数见表6的规定。

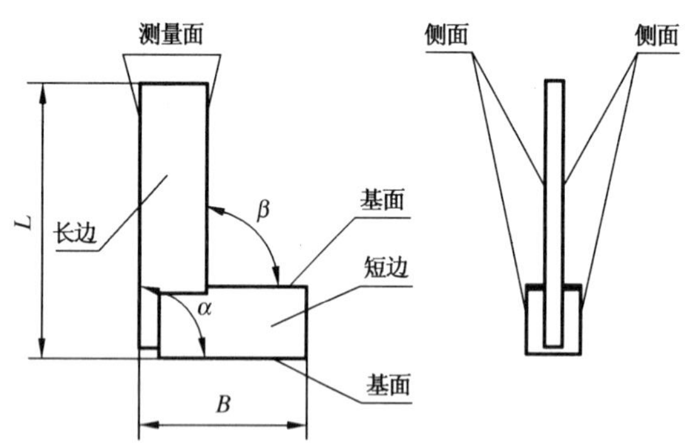

注：图中 α、β 角为直角尺的工作角。

图6

表 6

单位为毫米

精度等级		0级、1级和2级														
基本尺寸	L	63	80	100	125	160	200	250	315	400	500	630	800	1 000	1 250	1 600
	B	40	50	63	80	100	125	160	200	250	315	400	500	630	800	1 000

5 要求

5.1 外观

直角尺测量面上不应有影响使用性能的锈蚀、碰伤、崩刃等缺陷。

5.2 材料

直角尺应选择表7规定的材料或其他类似性能的材料制造。

表 7

型　式	材　料
圆柱直角尺、矩形直角尺、三角形直角尺	合金工具钢、碳素工具钢、花岗岩、铸铁
刀口直角尺、宽座刀口直角尺	合金工具钢、碳素工具钢、不锈钢
刀口矩形直角尺	合金工具钢、不锈钢
平面形直角尺、带座平面形直角尺、宽座直角尺	碳素工具钢、不锈钢

5.3 测量面

5.3.1 直角尺刀口测量面的圆弧面半径不应大于0.2 mm。

5.3.2 直角尺测量面的硬度不应小于表8的规定。

表 8

测量面的材料	硬　度
合金工具钢	688HV(或59HRC)
碳素工具钢	620HV(或56HRC)
不锈钢	561HV(或53HRC)
铸铁	436HV(或45HRC)
花岗岩	70HS(或52HRC)

5.3.3 直角尺测量面和侧面上的表面粗糙度 Ra 值不应大于表9的规定。

表 9

测量面长度 L/mm	平测量面的表面粗糙度 Ra 值/μm				侧面的表面粗糙度 Ra 值/μm
	00级	0级	1级	2级	
$L<500$	0.10	0.20	0.20	0.40	1.60
$500\leqslant L\leqslant 1\,600$			0.40		

5.4 形位公差

5.4.1 直角尺测量面相对于基面的垂直度公差、测量面的平面度公差和直线度公差不应大于表10的规定。计算公式参见附录A。

表 10

<table>
<tr><th rowspan="2">测量面长度 L/mm</th><th colspan="4">垂直度公差/μm</th><th colspan="4">平面度公差、直线度公差/μm</th></tr>
<tr><th>00 级</th><th>0 级</th><th>1 级</th><th>2 级</th><th>00 级</th><th>0 级</th><th>1 级</th><th>2 级</th></tr>
<tr><td>40、50</td><td>1</td><td>2</td><td>4</td><td>8</td><td rowspan="5">1</td><td rowspan="2">1</td><td rowspan="2">2</td><td rowspan="2">4</td></tr>
<tr><td>63、75、80、100</td><td>1.5</td><td>3</td><td>6</td><td>12</td></tr>
<tr><td>125</td><td rowspan="2">2</td><td rowspan="2">4</td><td rowspan="2">8</td><td rowspan="2">16</td><td>1.5</td><td>3</td><td>6</td></tr>
<tr><td>150、160、200、250</td><td rowspan="2">2</td><td rowspan="2">4</td><td rowspan="2">8</td></tr>
<tr><td>300、315</td><td rowspan="2">3</td><td rowspan="2">6</td><td rowspan="2">12</td><td rowspan="2">24</td></tr>
<tr><td>400</td><td rowspan="2">1.5</td><td rowspan="2">3</td><td rowspan="2">6</td><td rowspan="2">12</td></tr>
<tr><td>500</td><td rowspan="2">4</td><td rowspan="2">8</td><td rowspan="2">16</td><td rowspan="2">32</td></tr>
<tr><td>630</td><td rowspan="2">2</td><td rowspan="2">4</td><td rowspan="2">8</td><td rowspan="2">16</td></tr>
<tr><td>750、800</td><td>5</td><td>10</td><td>20</td><td>40</td></tr>
<tr><td>1 000</td><td>6</td><td>12</td><td>24</td><td>48</td><td>2.5</td><td>5</td><td>10</td><td>20</td></tr>
<tr><td>1 250</td><td>7</td><td>14</td><td>28</td><td>56</td><td>3</td><td>6</td><td>12</td><td>24</td></tr>
<tr><td>1 600</td><td>9</td><td>18</td><td>36</td><td>72</td><td>4</td><td>7</td><td>14</td><td>28</td></tr>
<tr><td colspan="9">注：垂直度公差值、平面度公差值、直线度公差值为温度在 20℃时的规定值。</td></tr>
</table>

5.4.2 直角尺测面相对于基面的垂直度公差、短边上两基面的平行度公差不应大于表 11 的规定。计算公式参见附录 A。

表 11

<table>
<tr><th rowspan="2">测量面长度 L/mm</th><th colspan="4">垂直度公差/μm</th><th colspan="4">平行度公差/μm</th></tr>
<tr><th>00 级</th><th>0 级</th><th>1 级</th><th>2 级</th><th>00 级</th><th>0 级</th><th>1 级</th><th>2 级</th></tr>
<tr><td>40</td><td>—</td><td>—</td><td>—</td><td>—</td><td rowspan="2">1</td><td rowspan="2">2</td><td rowspan="2">4</td><td rowspan="2">8</td></tr>
<tr><td>50</td><td>10</td><td>20</td><td>40</td><td>80</td></tr>
<tr><td>63、75、80、100</td><td>15</td><td>30</td><td>60</td><td>120</td><td>1.5</td><td>3</td><td>6</td><td>12</td></tr>
<tr><td>125、150、160、200、250</td><td>20</td><td>40</td><td>80</td><td>160</td><td>2</td><td>4</td><td>8</td><td>16</td></tr>
<tr><td>300、315、400</td><td>30</td><td>60</td><td>120</td><td>240</td><td>3</td><td>6</td><td>12</td><td>24</td></tr>
<tr><td>500、630</td><td>40</td><td>80</td><td>160</td><td>320</td><td>4</td><td>8</td><td>16</td><td>32</td></tr>
<tr><td>750、800</td><td>50</td><td>100</td><td>200</td><td>400</td><td>5</td><td>10</td><td>20</td><td>40</td></tr>
<tr><td>1 000</td><td>60</td><td>120</td><td>240</td><td>480</td><td>6</td><td>12</td><td>24</td><td>48</td></tr>
<tr><td>1 250</td><td>70</td><td>140</td><td>280</td><td>560</td><td>7</td><td>14</td><td>28</td><td>56</td></tr>
<tr><td>1 600</td><td>90</td><td>180</td><td>360</td><td>720</td><td>9</td><td>18</td><td>36</td><td>72</td></tr>
<tr><td colspan="9">注：垂直度公差值、平行度公差值为温度在 20℃时的规定值。</td></tr>
</table>

5.4.3 直角尺侧面的平面度公差、两侧面的平行度公差不应大于表 12 的规定。计算公式参见附录 A。

表 12

<table>
<tr><th rowspan="2">测量面长度 L/mm</th><th colspan="2">平面度公差/μm</th><th colspan="2">平行度公差/μm</th></tr>
<tr><th>00 级、0 级</th><th>1 级、2 级</th><th>00 级、0 级</th><th>1 级、2 级</th></tr>
<tr><td>40</td><td>—</td><td>—</td><td>—</td><td>—</td></tr>
<tr><td>50</td><td rowspan="2">6</td><td rowspan="2">24</td><td>12</td><td>48</td></tr>
<tr><td>63</td><td rowspan="2">18</td><td rowspan="2">72</td></tr>
<tr><td>75、80、100</td><td>8</td><td>32</td></tr>
<tr><td>125</td><td>9</td><td>36</td><td rowspan="2">24</td><td rowspan="2">96</td></tr>
<tr><td>150、160、200、250</td><td rowspan="2">12</td><td rowspan="2">48</td></tr>
<tr><td>300、315</td><td rowspan="2">36</td><td rowspan="2">144</td></tr>
<tr><td>400</td><td>15</td><td>60</td></tr>
<tr><td>500</td><td>18</td><td>72</td><td rowspan="2">48</td><td rowspan="2">192</td></tr>
<tr><td>630</td><td>21</td><td>84</td></tr>
<tr><td>750、800</td><td>24</td><td>96</td><td>60</td><td>240</td></tr>
<tr><td>1 000</td><td>30</td><td>120</td><td>72</td><td>288</td></tr>
<tr><td>1 250</td><td>36</td><td>144</td><td>84</td><td>336</td></tr>
<tr><td>1 600</td><td>42</td><td>168</td><td>108</td><td>432</td></tr>
<tr><td colspan="5">注：垂面度公差值、平行度公差值为温度在 20℃ 时的规定值。</td></tr>
</table>

5.5 刚性

5.5.1 刀口形直角尺和宽座直角尺应具有足够的刚度；当按图 7 所示在距长边上端 $0.1\times L$ 处对测量面施载 3 N 的力时，其弹性变形量不应大于表 10 中规定的垂直度公差值。

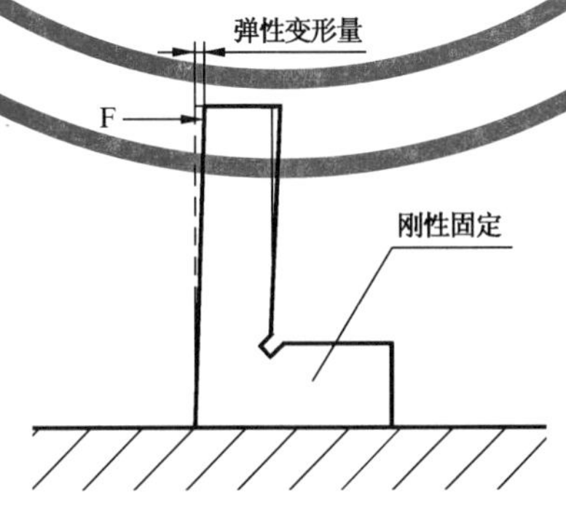

图 7

5.5.2 非整体式宽座直角尺的连接部位应可靠；当按图 8 所示在距长边上端 $0.1\times L$ 处对测量面施载 F 力见表 13 的规定，并作用 1 min 后卸载时，其垂直度误差不应大于表 10 中的规定值。

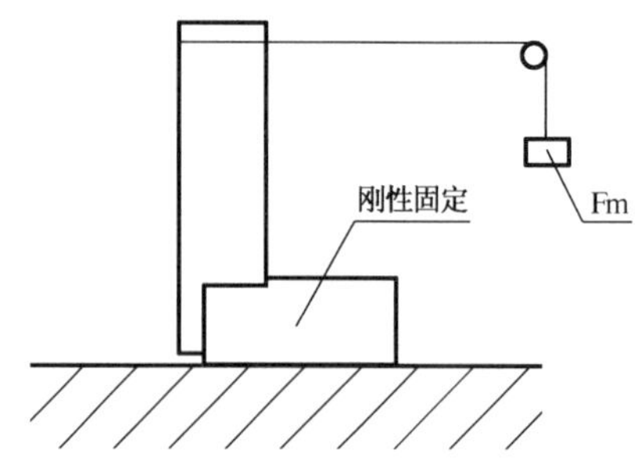

图 8

表 13

测量面长度 L/mm	施载力 F/N
63≤L≤200	98.1
200<L≤1 600	147.1

5.6 稳定性和去磁

00 级和 0 级的直角尺应经过稳定性处理;直角尺应经过去磁处理。

6 检验方法

6.1 测量面相对于基面的垂直度误差

6.1.1 将被检直角尺与已知垂直度误差的标准检具,采用光隙比较法或填隙法进行检测。

6.1.2 采用直角尺检定仪进行检测。

6.2 测量面的平面度误差

采用刀口形直尺和量块或平面平晶进行检测。

6.3 测量面的直线度误差

将刀口测量面与标准平尺相贴合,然后向两侧转动 0°至 15°范围内用光隙法进行检测。

7 标志与包装

7.1 直角尺上至少应标有:

a) 制造厂厂名或注册商标;

b) 测量面长度 L;

c) 精度等级;

d) 产品序号。

7.2 直角尺包装盒上至少应标有:

a) 制造厂厂名或注册商标;

b) 测量面长度 L;

c) 精度等级。

7.3 直角尺在包装前应经过防锈处理并妥善包装,不得因包装不善而在运输过程中损坏产品。

7.4 直角尺经检定符合本标准要求的应附有产品合格证,产品合格证上应标有本标准的标准号、产品序号和出厂日期。

附 录 A
（资料性附录）
直角尺的形位公差值的计算公式

直角尺的形位公差值的计算公式参见表 A.1。

表 A.1

单位为微米

形位公差名称	精 度 等 级	计 算 公 式
测量面相对于基面的垂直度公差值、短边上两基面的平行度公差值	00 级	1+ln/200
	0 级	2×(1+ln/200)
	1 级	4×(1+ln/200)
	2 级	8×(1+ln/200)
测量面的平面度公差值、测量面的直线度公差值	00 级	0.5×(1+ln/250)
	0 级	1+ln/250
	1 级	2×(1+ln/250)
	2 级	4×(1+ln/250)
侧面相对于基面的垂直度公差值	00 级	10×(1+ln/200)
	0 级	20×(1+ln/200)
	1 级	40×(1+ln/200)
	2 级	80×(1+ln/200)
侧面的平面度公差值	00 级、0 级	6×(1+ln/250)
	1 级、2 级	24×(1+ln/250)
两侧面的平行度公差值	00 级、0 级	12×(1+ln/200)
	1 级、2 级	48×(1+ln/200)
注：ln 为直角尺的基本尺寸，单位为毫米。		

ICS 17.040.30
J 42

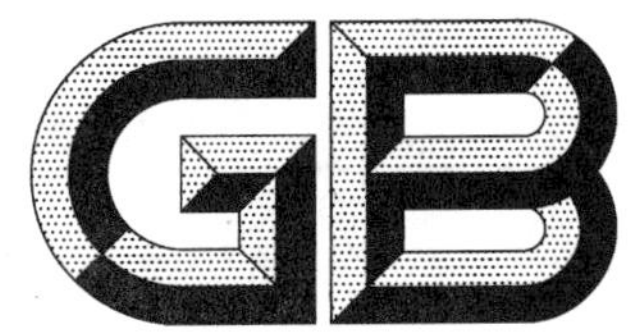

中华人民共和国国家标准

GB/T 6315—2008
代替 GB/T 6315—1996

游标、带表和数显万能角度尺

Vernier, dial and digital display universal bevel protractors

2008-02-02 发布 2008-07-01 实施

中华人民共和国国家质量监督检验检疫总局
中国国家标准化管理委员会 发布

前　言

本标准是对 GB/T 6315—1996《游标万能角度尺》和 JB/T 10026—1999《带表万能角度尺》2 项标准进行整合修订的。

本标准代替 GB/T 6315—1996《游标万能角度尺》。自本标准实施之日起，JB/T 10026—1999《带表万能角度尺》作废。

本标准与 GB/T 6315—1996 的主要差异如下：

——修改了标准名称；

——增加了带表万能角度尺、数显万能角度尺的要求。

本标准的附录 A 为资料性附录。

本标准由中国机械工业联合会提出。

本标准由全国量具量仪标准化技术委员会(SAC/TC 132)归口。

本标准负责起草单位：哈尔滨量具刃具集团有限责任公司、桂林广陆数字测控股份有限公司。

本标准参加起草单位：成都成量工具有限公司和无锡锡工量具有限公司。

本标准主要起草人：于晓霞、武英、张伟、朱鸿杰、林强兴、李隆勇、孔福宝、陈永琪、陆惠良。

本标准所代替标准的历次版本发布情况为：

——GB/T 6315—1986；

——GB/T 6315—1996。

游标、带表和数显万能角度尺

1 范围

本标准规定了游标、带表和数显万能角度尺(以下简称“万能角度尺”)的术语和定义、形式与基本参数、要求、检验方法、标志与包装等。

本标准适用于分度值为 2′和 5′,测量范围为 0°～320°和 0°～360°的游标万能角度尺;分度值为 2′和 5′,测量范围为 0°～360°的带表万能角度尺;分辨力为 30″,测量范围为 0°～360°的数显万能角度尺。

2 规范性引用文件

下列文件中的条款通过本标准的引用而成为本标准的条款。凡是注日期的引用文件,其随后所有的修改单(不包括勘误的内容)或修订版均不适用于本标准,然而,鼓励根据本标准达成协议的各方研究是否可使用这些文件的最新版本。凡是不注日期的引用文件,其最新版本适用于本标准。

GB/T 2423.3—1993 电工电子产品基本环境试验规程 试验 Ca:恒定湿热试验方法(eqv IEC 60068-2-3:1984)

GB/T 2423.22—2002 电工电子产品环境试验 第 2 部分:试验方法 试验 N:温度变化(IEC 60068-2-14:1984, IDT)

GB 4208—1993 外壳防护等级(IP 代码)(eqv IEC 529:1989)

GB/T 17163 几何量测量器具术语 基本术语

GB/T 17164 几何量测量器具术语 产品术语

GB/T 17626.2—1998 电磁兼容 试验和测量技术 静电放电抗扰度试验(IEC 61000-4-2:1995, IDT)

GB/T 17626.3—1998 电磁兼容 试验和测量技术 射频电磁场辐射抗扰度试验(IEC 61000-4-3:1995,IDT)

3 术语和定义

GB/T 17163、GB/T 17164 中确立的以及下列术语和定义适用于本标准。

3.1

数显万能角度尺 universal bevel protractor with a digital display

利用电子数字显示原理对两测量面相对转动所分隔的角度进行读数的角度测量器具。

3.2

最大允许误差(MPE) maximum permissible error

由技术规范、规则等对万能角度尺规定的误差极限值。

4 形式与基本参数

4.1 万能角度尺的形式见图 1～图 3 所示。图示仅供图解说明,不表示详细结构。

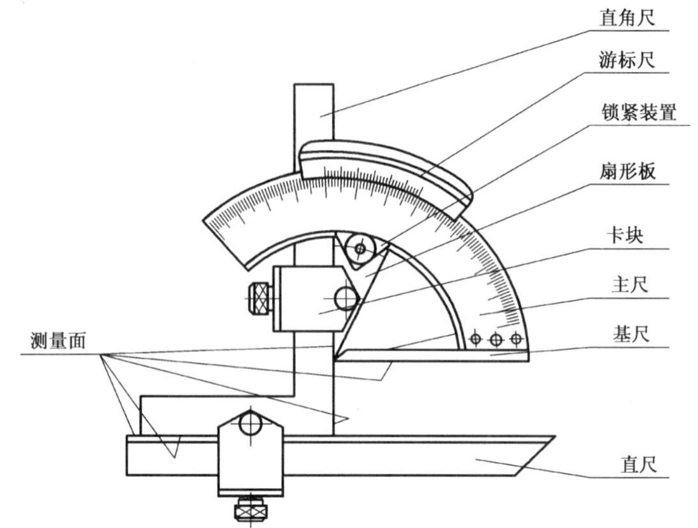

a) Ⅰ型游标万能角度尺

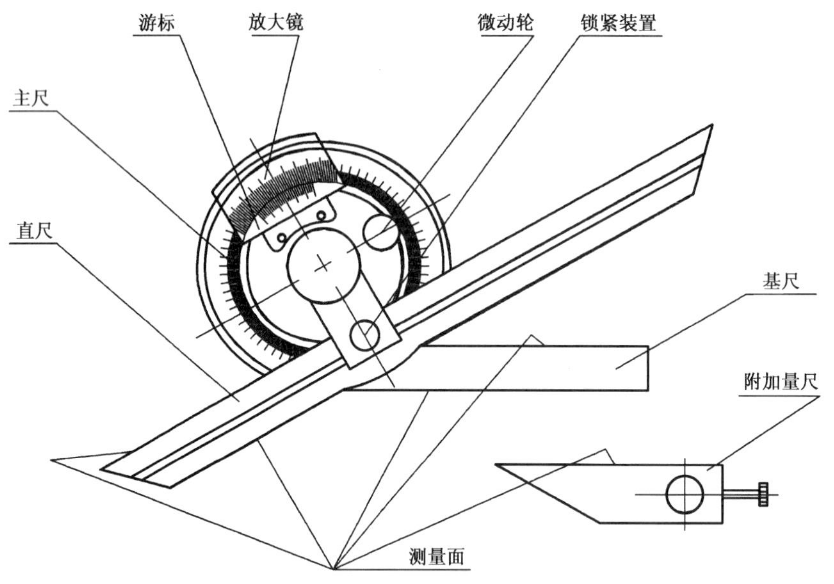

b) Ⅱ型游标万能角度尺

图 1 游标万能角度尺的形式示意图

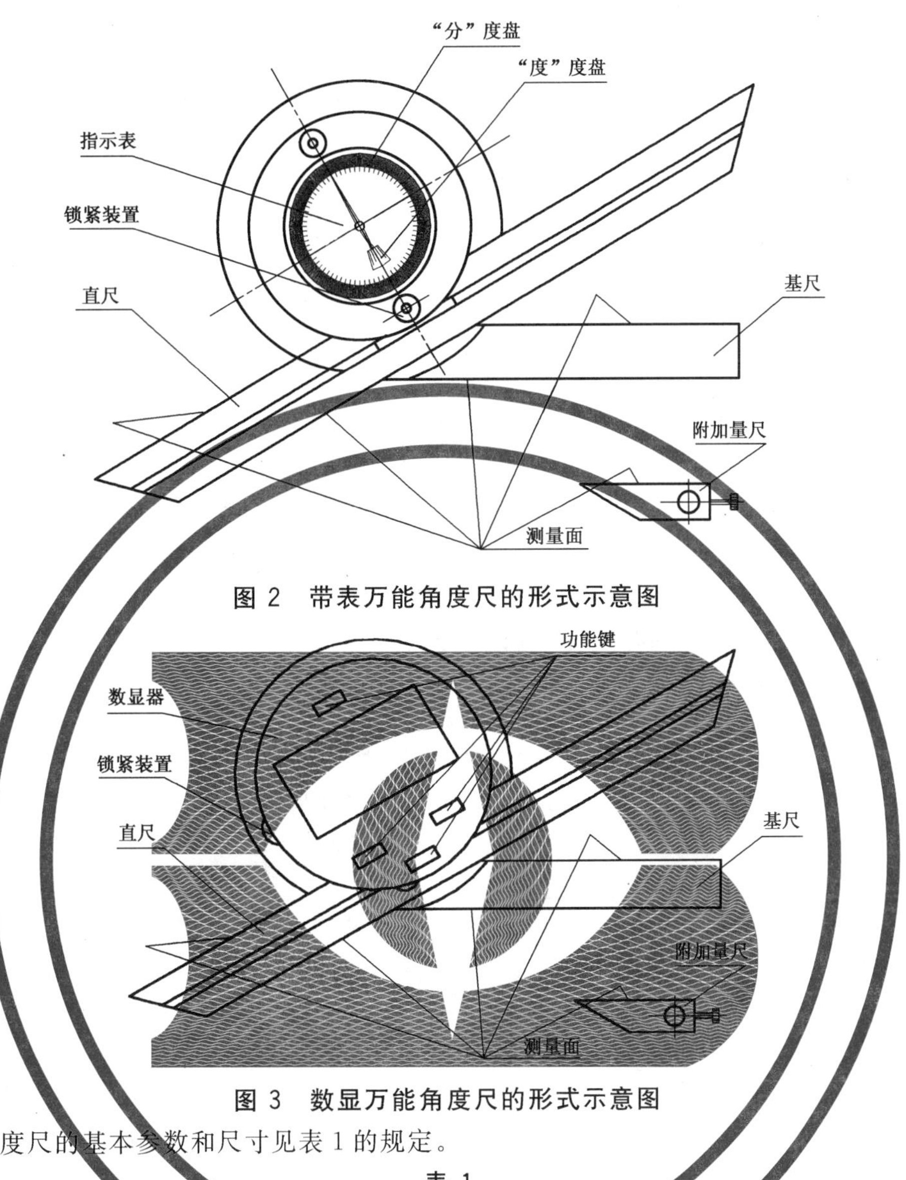

图 2 带表万能角度尺的形式示意图

图 3 数显万能角度尺的形式示意图

4.2 万能角度尺的基本参数和尺寸见表 1 的规定。

表 1

<table>
<tr><th rowspan="2">形　式</th><th rowspan="2">测量范围</th><th>直尺测量面标称长度</th><th>基尺测量面标称长度</th><th>附加量尺测量面标称长度</th></tr>
<tr><th colspan="3">mm</th></tr>
<tr><td>Ⅰ型游标万能角度尺</td><td>(0～320)°</td><td>≥150</td><td rowspan="4">≥50</td><td>—</td></tr>
<tr><td>Ⅱ型游标万能角度尺</td><td rowspan="3">(0～360)°</td><td rowspan="3">150 或 200 或 300</td><td rowspan="3">≥70</td></tr>
<tr><td>带表万能角度尺</td></tr>
<tr><td>数显万能角度尺</td></tr>
</table>

4.3 万能角度尺应具有锁紧装置。

5 要求

5.1 外观

5.1.1 万能角度尺表面不应有影响外观和使用性能的裂痕、划伤、碰伤、锈蚀、毛刺等缺陷。

5.1.2 万能角度尺表面的镀、涂层不应有脱落和影响外观的色泽不均等缺陷。

5.1.3 标尺标记不应有目力可见的断线、粗细不均及影响读数的其他缺陷。

5.1.4 指示表的表蒙、数显器显示屏应透明、清洁，无划痕、气泡等影响读数的缺陷。

5.2 相互作用

万能角度尺上各移动或转动部件的运动应平稳、灵活，无卡滞现象，且紧固可靠。

5.3 材料和测量面硬度

万能角度尺一般采用碳素工具钢或不锈钢制造，测量面的硬度不应低于表2的规定。

表2

材　料	硬　度
碳素工具钢	664 HV(或58 HRC)
不锈钢	551 HV(或52.5 HRC)
注：测量面的材料也可采用硬质合金或其他超硬材料制造。	

5.4 测量面的表面粗糙度

万能角度尺上直尺测量面的表面粗糙度不应超过Ra0.10 μm，其他测量面的表面粗糙度不应超过Ra0.20 μm。

5.5 标尺标记

5.5.1 游标万能角度尺的主尺和游标尺的标记宽度、标记宽度差和标尺间距应符合表3的规定；主尺的短标记长度(可见)和游标尺的短标记长度不应小于2 mm。

表3

分度值	标记宽度	标记宽度差	相邻标记宽度差	标尺间距	
				Ⅰ型	Ⅱ型
	mm				
2′	0.08～0.15	≤0.02	≤0.01	≥0.80	≥0.45
5′		≤0.03	≤0.02		

5.5.2 带表万能角度尺圆标尺的标记宽度应为0.15 mm～0.25 mm，指针尖端的宽度应接近圆标尺的标记宽度。

5.6 指示装置各部分相对位置

5.6.1 游标万能角度尺的游标尺标记表面棱边至主尺标记表面的距离不应大于0.22 mm；游标尺的标记长度覆盖主尺的标记长度不应小于0.5 mm。

5.6.2 带表万能角度尺的指针与圆标尺标记表面间的间隙不应大于0.25 mm；指针尖端应覆盖“分”度盘短标记长度的30%～80%；指针尖端与“分”度盘之间的间隙不应大于0.5 mm；“分”度盘与“度”度盘之间的间隙不应大于0.2 mm，且不应产生相互摩擦或相碰。

5.7 零值误差

5.7.1 移动Ⅰ型游标万能角度尺的主尺，使基尺测量面与直尺测量面均匀接触，无论锁紧装置紧固与否，游标尺“零”标记与主尺“零”标记的重合度不应大于分度值的1/4，且两测量面之间的间隙不应大于表4的规定。

表4

分　度　值	基尺测量面与直尺测量面之间的间隙/mm
2′	0.006
5′	0.010

5.7.2 当Ⅱ型游标万能角度尺在“零”位状态时，“零”标记应位于正上方，且垂直于基尺测量面。

5.7.3 游标万能角度尺游标尺“零”标记与主尺“零”标记重合时，游标尺“尾”标记与主尺相应标记的重合度不应大于分度值的 1/2。

5.7.4 当带表万能角度尺指针在“零”位状态时，“分”度盘标记与“度”度盘“零”标记在四个象限的重合度均不应大于 0.15 mm。

5.8 电子数显器的性能

5.8.1 数字显示应清晰、完整、无闪跳现象；响应速度不应小于 540°/s。

5.8.2 功能键应灵活，可靠，标注符号或图文应清晰且含义准确。

5.8.3 数字漂移不应大于 1 个分辨力值。

5.8.4 电子数显器应能在环境温度 0℃～40℃、相对湿度不大于 80%的条件下进行正常工作。

5.9 通讯接口

5.9.1 制造商应能够提供数显万能角度尺与其他设备之间的通讯电缆和通讯软件。

5.9.2 通讯电缆应能将数显万能角度尺的输出数据转换为 RS-232、USB 或其他的输出接口型式。

5.10 防护等级(IP)

数显万能角度尺防护等级不应低于 IP40(见 GB 4208—1993)。

5.11 抗静电干扰能力和电磁干扰能力

数显万能角度尺的抗静电干扰能力和电磁干扰能力均不应低于 1 级(见 GB/T 17626.2—1998、GB/T 17626.3—1998)。

5.12 形位误差

5.12.1 Ⅰ型游标万能角度尺各测量面的平面度不大于 0.003 mm。

注：距各测量面两边缘不大于量面宽度的 1/20(最小为 0.2 mm)范围内其平面度可不计。

5.12.2 Ⅱ型游标万能角度尺、带表万能角度尺和数显万能角度尺的直尺测量面的平面度应符合表 5 的规定。

表 5

单位为毫米

检测长度	直尺测量面的平面度
任意 100	0.003
任意 200	0.004
300	0.005
注：直尺测量面两端 5 mm 长度范围内允许有塌边，其平面度可不计。	

5.12.3 Ⅱ型游标万能角度尺、带表万能角度尺或数显万能角度尺在“零”位状态时，直尺测量面和基尺测量面间不共面不应大于 0.15 mm。

5.12.4 Ⅱ型游标万能角度尺、带表万能角度尺和数显万能角度尺的直尺两测量面间的平行度为 0.02 mm，基尺两测量面间的平行度为 0.006 mm。

5.12.5 Ⅱ型游标万能角度尺、带表万能角度尺和数显万能角度尺的直尺测量面与基尺测量面间的平行度为 0.006 mm(在每 100 mm 长度上)。

5.12.6 当Ⅱ型游标万能角度尺、带表万能角度尺或数显万能角度尺在“零”位状态时，直尺测量面对基尺测量面间的平行度应符合表 6 的规定。

表 6

分度值或分辨力	直尺测量面对基尺测量面间的平行度/mm
2′	0.02
5′	0.04
30″	0.02
注：在直尺测量面位于正上方位置上测量，直尺测量面两端 5 mm 长度范围内，其平行度可不计；基尺测量面两端 1 mm 长度范围内，其平行度可不计。	

5.12.7 万能角度尺的直角尺外角的垂直度为0.01 mm(在每100 mm长度上)。

5.12.8 万能角度尺的附加量尺测量面对基尺测量面的垂直度为0.006 mm。

5.13 **最大允许误差**

无论锁紧装置紧固与否，万能角度尺的最大允许误差不应超过表7的规定。

表7

万能角度尺名称	最大允许误差		
	分度值或分辨力		
	2′	5′	30″
游标万能角度尺	±2′	±5′	—
带表万能角度尺			
数显万能角度尺	—	—	±4′
注：当使用附加量尺测量时，其允许误差在上述值基础上增加±1.5′。			

5.14 **重复性**

5.14.1 当正反重复转动带表万能角度尺指示表时，无论锁紧装置紧固与否，“零”位重复性不应超过1/4分度值。

5.14.2 数显万能角度尺的重复性(示值)不应超过1′。

6 试验方法

6.1 温度变化试验

数显万能角度尺的温度变化试验应符合GB/T 2423.22—2002的规定。

6.2 湿热试验

数显万能角度尺的湿热试验应符合GB/T 2423.3—1993的规定。

6.3 抗静电干扰试验

数显万能角度尺的抗静电干扰试验应符合GB/T 17626.2—1998的规定。

6.4 抗电磁干扰试验

数显万能角度尺的抗电磁干扰试验应符合GB/T 17626.3—1998的规定。

6.5 防尘、防水试验

数显万能角度尺的防尘、防水试验应符合GB 4208—1993的规定。

7 检验条件

7.1 数显万能角度尺检验时，室内温度应为20℃±5℃，相对湿度不应大于80%。

7.2 其他形式的万能角度尺检验时室内温度应为20℃±10℃。检验前，应将被检万能角度尺或角度量块等检验用设备置于检定室内平板上，平衡温度时间不小于1 h。

8 检验方法

8.1 外观

用目力观察检验。

8.2 相互作用

通过移动试验检验。

8.3 测量面硬度

用洛氏硬度计检验。

8.4 测量面的表面粗糙度

用表面粗糙度样板以比较法检验。如有异议时,则在表面粗糙度检查仪上进行检验。

8.5 标尺标记

8.5.1 标记宽度可用工具显微镜直接检验。

8.5.2 标记宽度差可用目力观察检验;或用5倍放大镜观察主尺和游标尺任一标记重合时,在读数部位的标记宽度差。发生争议时,则在工具显微镜上进行检验。

8.5.3 标尺间距和短标记长度可用游标卡尺检验。

8.6 指示装置各部分相对位置

8.6.1 游标尺标记表面棱边至主尺标记表面的距离及指针与圆标尺标记表面间的间隙用2级塞尺检验。

8.6.2 游标尺的标记长度覆盖主尺的标记长度可用游标卡尺检验。

8.7 零值误差

8.7.1 移动游标万能角度尺的主尺,当基尺测量面与直尺测量面均匀接触时,无论锁紧装置紧固与否,用光隙法检验两测量面之间的间隙,并观察游标尺"零"、"尾"标记与主尺"零"、"相应"标记的重合度,重合度用目力或5倍放大镜观察。有争议时,则在工具显微镜上进行检验。

8.7.2 带表万能角度尺在检验直尺测量面对基尺测量面的平行度的同时,正反重复转动指示表(重复次数不少于3次)目力观察"零"位的变化。

8.7.3 调整带表万能角度尺直尺测量面与基尺测量面平行或在90°位置上,用0级矩形直角尺调整直尺测量面与基尺测量面垂直,检验指针与零刻线偏移值。

8.8 电子数显器的性能

8.8.1 数字显示情况、响应速度及功能键的作用三相性能宜同时检验。用手动速度模拟,移动或转动部件后观察数字显示是否正常,功能键的作用是否灵活、可靠。

8.8.2 漂移采用试验方法进行检验,观察显示数值在1 h内的变化,数值漂移不应大于1个分辨力值。

8.9 形位误差

8.9.1 各测量面的平面度用0级刀口尺或四棱平尺以光隙法检验,参见附录A。

8.9.2 直尺测量面和基尺测量面间的平行度在0级平板上用分度值为0.001 mm的指示表检验。

8.9.3 直角尺外角的垂直度在0级平板上用0级直角尺或专用检具比较检验。

8.9.4 附加量尺测量面对基尺测量面的垂直度用0级直角尺进行检验。

8.9.5 Ⅱ型游标万能角度尺,当游标尺"零"标记与主标尺"零"标记重合时,直尺测量面与基尺测量面的平行度在0级平板上用分度值为0.001 mm的指示表或专用检具检验。

8.9.6 当带表万能角度尺指针在"零"位时,直尺和基尺测量面间不共面用目测或手感检验,有争议时用塞尺检验。

8.9.7 当带表万能角度尺指针在"零"位时,"分"度盘窗口指示线与"度" 度盘"零"刻线在四个象限的重合度用目测比较检验。

8.10 示值误差

在各检验点,用相应角度的2级角度量块与万能角度尺的两测量面均匀接触,在锁紧装置松开与紧固时各检验一次,指示值与角度量块实际角度之差即为万能角度尺的示值误差,其值不应超过表7规定。2级角度量块的角度宜见表8。

表 8

形　　式	2 级角度量块的角度
Ⅰ型游标万能角度尺	15°10′;30°20′;45°30′;50°;60°40′;75°50′;90°
Ⅱ型游标万能角度尺[a]	30°20′;60°40′;90°
带表万能角度尺[a]	
数显万能角度尺[a]	
[a] Ⅱ型游标万能角度尺、带表万能角度尺和数显万能角度的检定点应分别在 0°～90°(第Ⅰ象限)和 270°～360°(第Ⅳ象限)内及 90°位置上进行检定。	

8.11　重复性

在万能角度尺零位及其他任意两个位置上测量。对同一位置连续测量不少于 5 次,其示值误差的最大差值。

9　标志与包装

9.1　万能角度尺上至少应标有:

a)　制造厂厂名或注册商标;

b)　分度值或分辨力;

c)　产品序号。

9.2　万能角度尺的包装盒上至少应标有:

a)　制造厂厂名或注册商标;

b)　产品名称;

c)　测量范围。

9.3　万能角度尺在包装前应经防锈处理,并妥善包装。不得因包装不善而在运输过程中损坏产品。

9.4　万能角度尺经检验符合本标准要求的,应附有产品合格证和使用说明书。产品合格证上应标有本标准的标准号、产品序号和出厂日期。

附 录 A
（资料性附录）
平面度的检验方法

测量面的平面度用 0 级刀口形直尺或四棱平尺以光隙法检查。检查测量面的平面时，分别在测量面的长边，短边方向和对角线位置上进行（见图 A.1）。

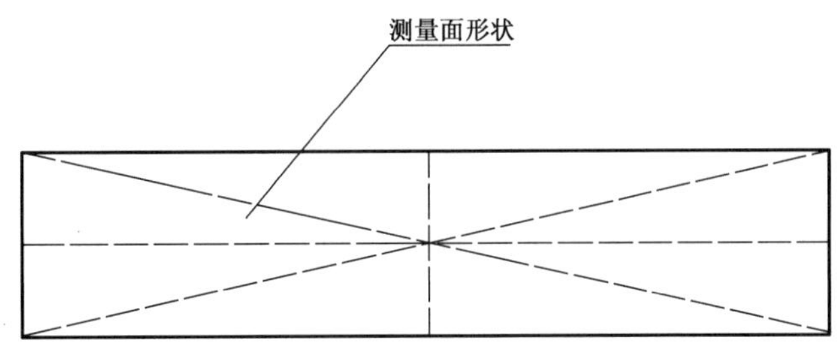

注：图中虚线为检查位置。

图 A.1 测量面平面度的检查示意图

平面度根据各方位的间隙情况确定：

——当所有检查方位上出现的间隙均在中间部位或两端部位时，取其中一方位间隙量最大的作为平面度；

——当有的方位中间部位有间隙，而有的方位两端部位有间隙时，以中间和两端最大间隙量之和作为平面度；

——当掉边、掉角（即靠量面边、角处塌陷）时，以此处的最大间隙作为平面度。但在距量面边缘不大于量面宽度的 1/20（最小为 0.2 mm）范围不计。

ICS 21.010
J 04

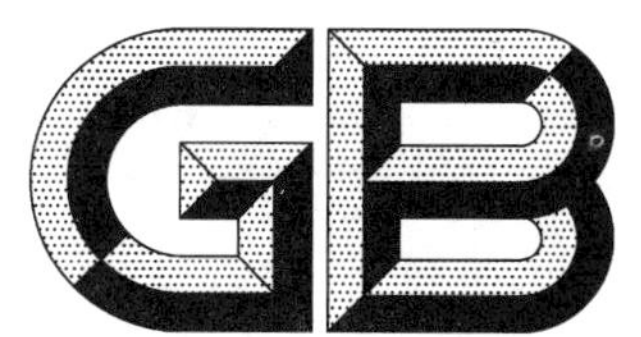

中华人民共和国国家标准

GB/T 11852—2003
代替 GB/T 11852—1989

圆锥量规公差与技术条件

Tolerances and specification of taper gauges

2003-11-10 发布　　　　2004-06-01 实施

中华人民共和国
国家质量监督检验检疫总局　发布

前　言

本标准是对 GB/T 11852—1989《圆锥量规公差与技术条件》的修订。

本标准自实施之日起，代替 GB/T 11852—1989《圆锥量规公差与技术条件》。

本标准与 GB/T 11852—1989 相比主要变化如下：

——按 GB/T 1.1 对编排格式进行了修订；

——统一了名词术语：用“锥角公差”代替了“锥角误差”；用“公差等级”代替了“精度等级”等(1989 年版的 3.3.2，3.3.3，4.3；本版的 4.1.3.2，4.1.3.3，4.2.3)。

——统一规定了不同等级圆锥量规的测量表面硬度(1989 年版的 4.2；本版的 4.2.2)。

本标准的附录 A 为规范性附录。

本标准由中国机械工业联合会提出。

本标准由全国量具量仪标准化技术委员会(SAC/TC 132)归口。

本标准由成都工具研究所负责起草。

本标准主要起草人：韩春阳。

本标准所代替标准的历次版本发布情况为：GB/T 11852—1989。

圆锥量规公差与技术条件

1 范围

本标准规定了圆锥量规的名称、代号、用途与使用规则、公差和要求。

本标准适用于锥度 C 从 1∶3 至 1∶50，圆锥长度 L 从 6 mm 至 630 mm 的圆锥量规。

2 规范性引用文件

下列文件中的条款通过本标准的引用而成为本标准的条款。凡是注日期的引用文件，其随后所有的修改单(不包括勘误的内容)或修订版均不适用于本标准，然而，鼓励根据本标准达成协议的各方研究是否可使用这些文件的最新版本。凡是不注日期的引用文件，其最新版本适用于本标准。

GB/T 1184—1996 形状和位置公差 未注公差值(eqv ISO 2786-2:1989)

GB/T 1800.3—1998 极限与配合 基础 第3部分:标准公差和基本偏差数值表(eqv ISO 286-1:1988)

GB/T 11334—1989 圆锥公差(eqv ISO 1947:1973)

3 名称、代号、用途与使用规则

3.1 圆锥量规的名称、代号与用途见表1。

表1 圆锥量规的名称、代号与用途

量规名称	代 号	型 式	用 途
圆锥工作量规	G	外锥或内锥	检验工件的圆锥尺寸和锥角
	GD	外锥或内锥	检验工件的圆锥尺寸
	GR	外锥或内锥	检验工件的圆锥锥角
圆锥塞规	—	外锥	检验工件的内锥
圆锥环规	—	内锥	检验工件的外锥
圆锥校对塞规	J	外锥	检验工作环规的圆锥尺寸和锥角

3.2 圆锥量规的使用规则见附录A的A.3。

4 要求

4.1 公差

4.1.1 标准条件

本标准规定的圆锥量规的各项公差均以标准测量条件为准，即:温度为20℃，测量力为零。

4.1.2 圆锥直径公差 T_D

4.1.2.1 圆锥量规的圆锥直径公差 T_D 应以最大圆锥直径 D 或最小圆锥直径 d 为基本尺寸，按GB/T 1800.3—1998中规定的标准公差选取，此公差适用于圆锥全长范围，其公差带位置见附录A的A.2。

4.1.2.2 圆锥工作量规的圆锥直径公差应小于被检验的圆锥工件直径公差的三分之一。

4.1.2.3 圆锥校对塞规的圆锥直径公差应小于圆锥工作量规的圆锥直径公差的二分之一。

4.1.3 圆锥锥角公差 AT

4.1.3.1 圆锥量规的圆锥锥角公差 AT 有两种表示方法，即用角度值表示的圆锥锥角公差 AT_α 和用线值表示的圆锥锥角公差 AT_D。其换算关系如下：

$$AT_D = AT_\alpha \times L \times 10^{-3}$$

式中：

AT_D——用线值表示的圆锥锥角公差，单位为微米(μm)；

AT_α——用角度值表示的圆锥锥角公差，单位为微弧度(μrad)；

L——圆锥长度，单位为毫米(mm)。

4.1.3.2 用于检验工件圆锥尺寸的圆锥量规或用于检验锥角公差没有特殊要求的工件的圆锥量规，其圆锥锥角公差 AT 由圆锥量规的圆锥直径公差 T_D 来确定。表 2 给出圆锥长度 L 为 100 mm 时，圆锥量规的圆锥直径公差 T_D 所对应的圆锥锥角公差 AT_α。当圆锥长度 L 大于或小于 100 mm 时，用表 2 中对应数值乘以 $100/L$ 计算出相应的圆锥锥角公差 AT_α。

表 2 圆锥量规的锥角公差

直径尺寸公差等级	圆锥直径/mm												
	≤3	>3~6	>6~10	>10~18	>18~30	>30~50	>50~80	>80~120	>120~180	>180~250	>250~315	>315~400	>400~500
	锥角公差 AT_α/μrad												
IT01	3	4	4	5	6	6	8	10	12	20	25	30	40
IT0	5	6	6	8	10	10	12	15	20	30	40	50	60
IT1	8	10	10	12	15	15	20	25	35	45	60	70	80
IT2	12	15	15	20	25	25	30	40	50	70	80	90	100
IT3	20	25	25	30	40	40	50	60	80	100	120	130	150
IT4	30	40	40	50	60	70	80	100	120	140	160	180	200
IT5	40	50	60	80	90	110	130	150	180	200	230	250	270
IT6	60	80	90	110	130	160	190	220	250	290	320	360	400
IT7	100	120	150	180	210	250	300	350	400	460	520	570	630
IT8	140	180	220	270	330	390	460	540	630	720	810	890	970
IT9	250	300	360	430	520	620	740	870	1 000	1 150	1 300	1 400	1 550
IT10	400	480	580	700	840	1 000	1 200	1 400	1 600	1 850	2 100	2 300	2 500
IT11	600	750	900	1 100	1 300	1 600	1 900	2 200	2 500	2 900	3 200	3 600	4 000
IT12	1 000	1 200	1 500	1 800	2 100	2 500	3 000	3 500	4 000	4 600	5 200	5 700	6 300

4.1.3.3 对于符合 GB/T 11334—1989 中锥角公差等级为 AT3 至 AT8 的工件，其所用圆锥工作量规的圆锥锥角公差分为 1、2 和 3 三个等级见表 3。圆锥工作量规锥角公差用 AT_D 表示时，应标明其可行的测量长度 L_P，并换算出相应的 AT_{DP}，即：

$$AT_{DP} = AT_D \times L_P/L = AT_\alpha \times L_P \times 10^{-3}$$

表 3　圆锥工作量规的锥角公差等级

圆锥长度 L/mm		圆锥工作量规的锥角公差等级											
		1				2				3			
		AT_α		AT_D		AT_α		AT_D		AT_α		AT_D	
大于	至	μrad	(″)	μm 大于	μm 至	μrad	(″)	μm 大于	μm 至	μrad	(″)	μm 大于	μm 至
6	10	50	10	0.3	0.5	125	26	0.8	1.3	315	65	2.0	3.2
10	16	40	8	0.4	0.6	100	21	1.0	1.6	250	52	2.5	4.0
16	25	31.5	6	0.5	0.8	80	16	1.3	2.0	200	41	3.2	5.0
25	40	25	5	0.6	1.0	63	13	1.6	2.5	160	33	4.0	6.3
40	63	20	4	0.8	1.3	50	10	2.0	3.2	125	26	5.0	8.0
63	100	16	3	1.0	1.6	40	8	2.5	4.0	100	21	6.3	10.0
100	160	12.5	2.5	1.3	2.0	31.5	6	3.2	5.0	80	16	8.0	12.5
160	250	10	2	1.6	2.5	25	5	4.0	6.3	63	13	10.0	16.0
250	400	8.0	1.5	2.0	3.2	20	4	5.0	8.0	50	10	12.5	20.0
400	630	6.3	1	2.5	4.0	16	3	6.3	10.0	40	8	16.0	25.0

4.1.3.4　根据被检验圆锥工件公差与配合的要求，圆锥量规锥角极限偏差可以是单向($\alpha+AT$，$\alpha-AT$)分布或双向(对称($\alpha \pm AT/2$)和不对称)分布。见图 1 所示。

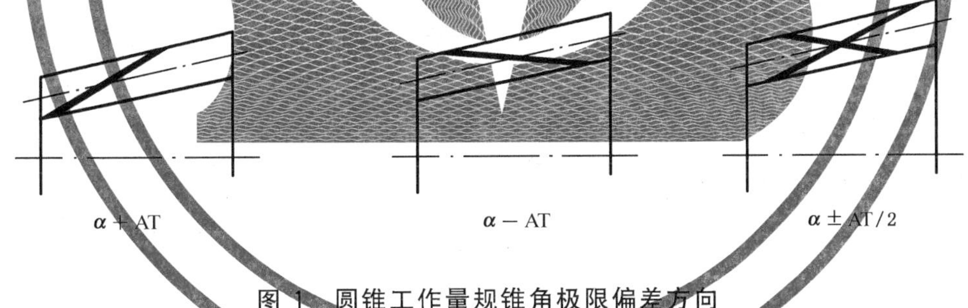

图 1　圆锥工作量规锥角极限偏差方向

4.1.3.5　对于锥角公差带为单向分布($\alpha+AT$ 或 $\alpha-AT$)的圆锥环规，其圆锥校对塞规的锥角公差带分布方向与圆锥环规的相同；对于锥角公差带为对称分布($\alpha \pm AT/2$)的圆锥环规，其圆锥校对塞规的基本偏差为零，而锥角公差带为正向分布。圆锥量规锥角公差带的分布类型见附录 A 的 A.1。

4.1.4　**圆锥形状公差 T_F**

4.1.4.1　圆锥量规的圆锥形状公差 T_F 包含了任一轴向截面内素线直线度公差和任一径向截面内圆度公差。

4.1.4.2　圆锥量规的圆锥形状公差应小于圆锥工作量规锥角公差 AT_D 的二分之一，并应不大于研合检验所采用的涂层厚度 δ。当 T_F 小于 0.3 μm 时，按 0.3 μm 计。推荐按 GB/T 1184—1996 中附录 A“图样注出公差值的规定”选取。

4.2　**其他要求**

4.2.1　圆锥量规应采用优质碳素工具钢或具有与其性能同等及以上的材料制造。

4.2.2　圆锥量规的测量表面的硬度应不低于 713HV5(或 60 HRC)。

4.2.3　圆锥量规的测量表面的表面粗糙度按轮廓算术平均偏差 Ra 值应不大于表 4 的规定。

表 4 圆锥量规的测量表面的表面粗糙度

单位为微米

量规类型	圆锥工作量规的锥角公差等级			检验工件圆锥直径的量规	校对塞规
	1	2	3		
圆锥塞规	0.025	0.05	0.1	0.1	0.025
圆锥环规	0.05	0.05	0.1	0.2	—

4.2.4 圆锥量规上用于标明被检工件的轴向位移公差极限的标尺标记宽度应不大于 0.15 mm。标尺标记应清晰、牢固。

4.2.5 圆锥量规的测量表面不得有划伤、斑点、裂纹及其他影响使用和外观的严重缺陷。

4.2.6 圆锥量规应经过稳定性处理、去磁和防锈处理。

4.2.7 圆锥量规的非测量表面上应清晰地标志规格、型号和生产序号、量规用途代号，有等级的圆锥量规应标志等级，检验圆锥直径的量规不标志等级。

4.2.8 圆锥量规应设置有为检验其圆度所需要的基准面。

4.2.9 允许将圆锥量规作成带孔的型式以减轻重量。

4.3 检验

4.3.1 圆锥量规的检验通常应采用数值测量方法。对于圆锥工作环规允许采用与圆锥校对塞规进行研合检验。圆锥工作环规与圆锥工作塞规的公差带相同时，也可采用与圆锥工作塞规进行研合检验，但对于涂色层厚度及接触率的指标，应比采用校对塞规进行检验有更高的要求。

4.3.2 用圆锥校对塞规检验圆锥工作环规时，在研合检验中所采用的涂色层厚度 δ 应不大于及接触率 Ψ 应不小于表 5 的规定。

表 5 涂色层厚度及接触率

工作量规代号	圆锥工作环规等级	圆锥长度 L/mm					接触率 Ψ/%
		>6~16	>16~40	>40~100	>100~250	>250~630	
		涂色层厚度 δ/μm					
G 和 GR	1	—	—	—	0.5	0.5	90
	2	—	0.5	0.5	1.0	1.5	
	3	0.5	1.0	1.5	2.0	3.0	

4.3.3 检验圆锥量规的操作规范按有关检定规程的规定。

附　录　A
（规范性附录）
圆锥量规公差带分布及使用规则

A.1　圆锥量规的圆锥锥角公差带分布

A.1.1　圆锥量规的圆锥锥角公差带分布，有表 A.1 所示的五种类型。

表 A.1　圆锥量规的圆锥锥角公差带分布类型

类　型	锥角公差带				
	工件内锥	工作塞规	工件外锥	工作环规	校对塞规
1	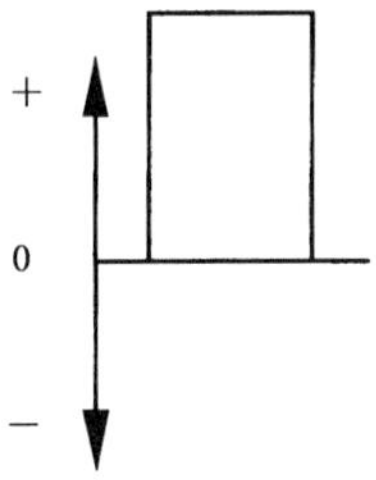 + 0 −		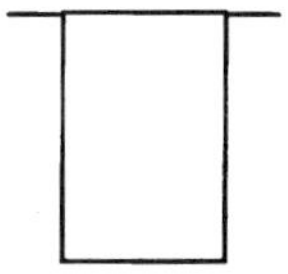	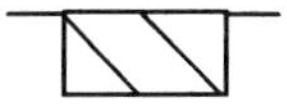	
2	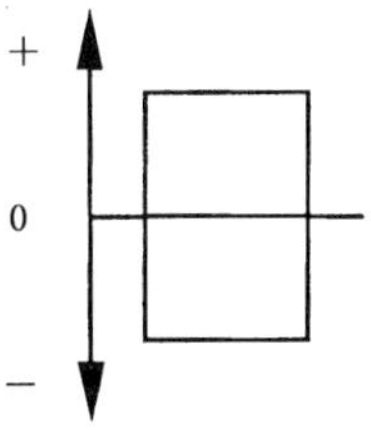 + 0 −	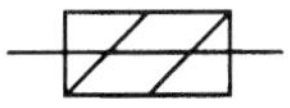	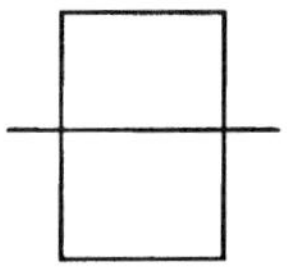		
3	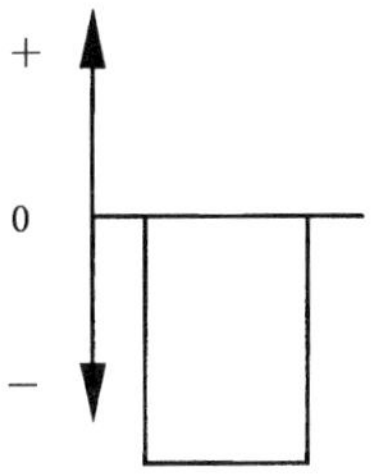 + 0 −		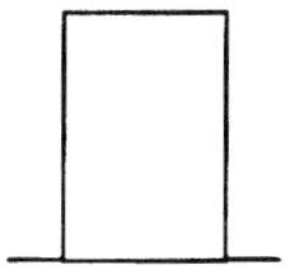	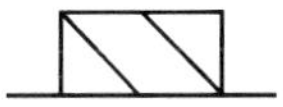	
4	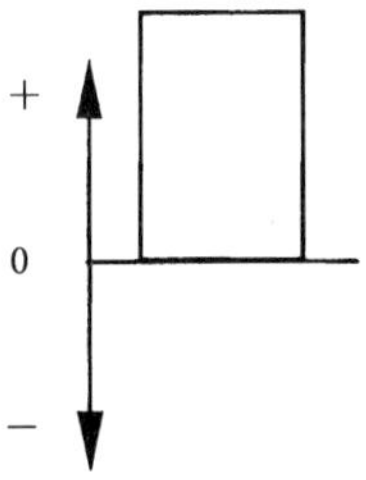 + 0 −		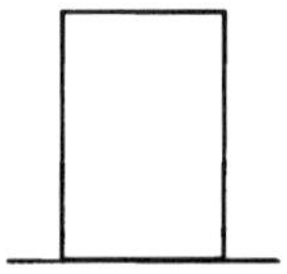	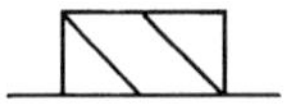	
5	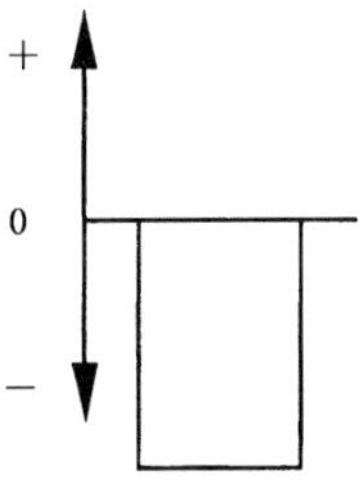 + 0 −		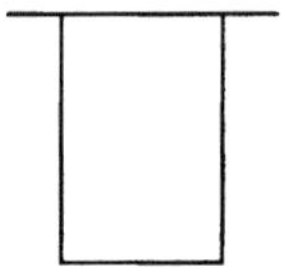	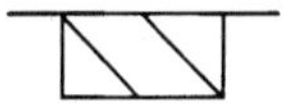	

A.2 圆锥直径公差带分布

圆锥量规的圆锥直径公差带分布如图 A.1 所示。

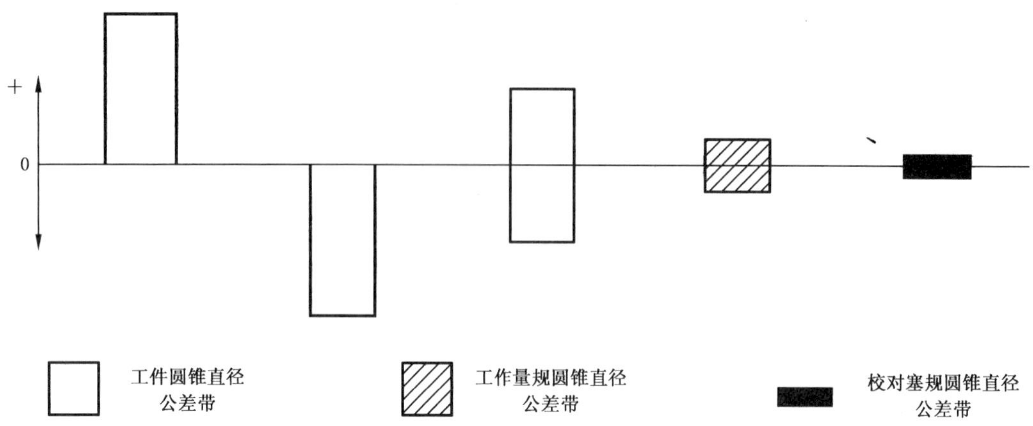

图 A.1 圆锥量规的圆锥直径公差带分布

A.3 使用规则

A.3.1 用工作量规检验工件的圆锥直径时，工件的大端直径 D 的平面或小端直径 d 的平面应处于 Z 标尺标记内。Z 标尺标记是根据工件圆锥直径公差和锥度计算出允许的轴向位移量。即：

$$Z = \mathrm{T}_{\mathrm{D工件}} / C \times 10^{-3}$$

式中：

$\mathrm{T}_{\mathrm{D工件}}$——工件的圆锥直径公差，单位为微米(μm)；

C——工件的圆锥锥度；

Z——允许的轴向位移量，单位为毫米(mm)。

Z 值的界限如用标尺标记时，其计量位置为标尺标记的前边缘(塞规)和后边缘(环规)。如图 A.2 所示。

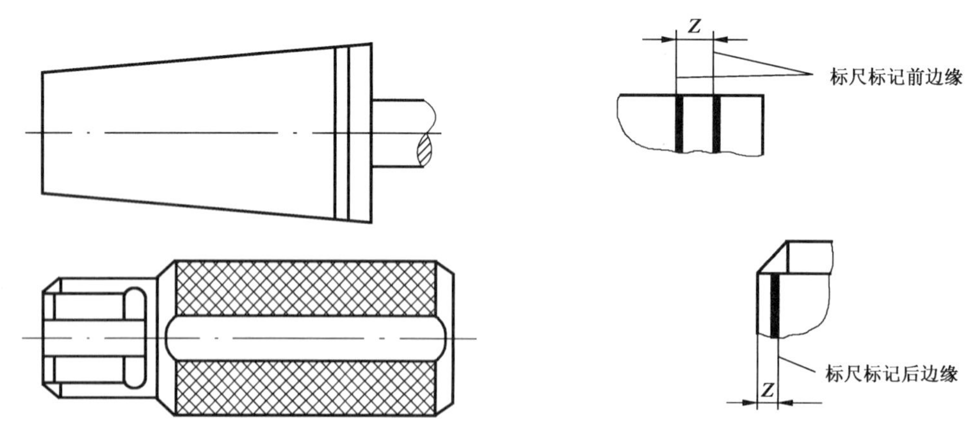

图 A.2 Z 值的界限标志

A.3.2 用圆锥校对塞规检验圆锥工作环规的圆锥直径公差时，圆锥工作环规的圆锥大端直径端面应与圆锥校对塞规的圆锥大端直径 D 的平面标志重合，允许向外有不大于 ΔZ 的轴向差距，见图 A.3 所示。

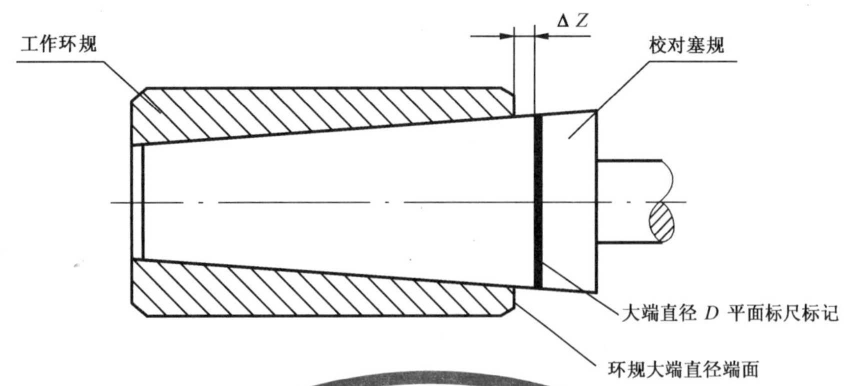

图 A.3 轴向差距 ΔZ

ΔZ 的计算公式如下：

$$\Delta Z = 1.5T_D/2C \times 10^{-3}$$

式中：

T_D——圆锥工作环规的圆锥直径公差，单位为微米(μm)；

C——圆锥工作环规的圆锥锥度；

ΔZ——允许的轴向差距，单位为毫米(mm)。

A.3.3 本标准规定的1、2、3级三个圆锥锥角公差等级的圆锥量规可以用涂色研合的方法分别检验如下锥角公差等级的工件的锥角：

1级圆锥量规用于检验锥角公差等级为AT3、AT4的工件的锥角；

2级圆锥量规用于检验锥角公差等级为AT5、AT6的工件的锥角；

3级圆锥量规用于检验锥角公差等级为AT7、AT8的工件的锥角。

检验上述工件时，所采用的涂层厚度δ应不大于以及接触率Ψ应不小于表A.2中的规定。研合时的轴向测力应控制在100 N以下。圆锥锥角公差等级为AT3～AT6的工件的表面粗糙度按轮廓算术平均偏差 Ra 值应小于0.04 μm，圆锥锥角公差等级为AT7～AT8的工件的表面粗糙度按轮廓算术平均偏差 Ra 值应小于1.60 μm。

采用表A.2的数据时，应考虑工件公差的分布位置。对于单向分布的公差带应规定相应的接触方位，并应将涂色层厚度乘以2。

表 A.2 涂色层厚度及接触率

圆锥工作塞规锥角公差等级	工件锥角公差等级	圆锥长度 L/mm					接触率 Ψ/%
		>6～16	>16～40	>40～100	>100～250	>250～630	
		涂色层厚度 δ/μm					
1	AT3	—	—	—	0.5	1.0	85
	AT4	—	—	0.5	1.0	1.5	80
2	AT5	—	—	0.5	1.0	1.5	75
	AT6	—	0.5	1.0	1.5	2.5	70
3	AT7	—	0.5	1.0	1.5	2.5	65
	AT8	0.5	1.0	1.5	3.0	5.0	60

ICS 21.010
J 42

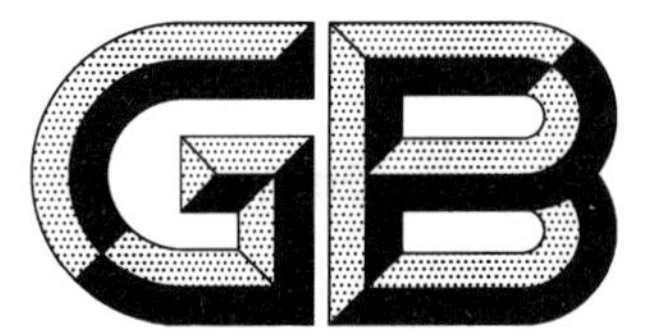

中华人民共和国国家标准

GB/T 11853—2003
代替 GB/T 11853—1989

莫氏与公制圆锥量规

Gauges of Morse tapers and metric tapers

2003-11-10 发布　　2004-06-01 实施

中华人民共和国
国家质量监督检验检疫总局　发布

前　言

本标准是对 GB/T 11853—1989《莫氏与公制圆锥量规》的修订。

本标准自实施之日起，代替 GB/T 11853—1989《莫氏与公制圆锥量规》。

本标准与 GB/T 11853—1989 相比主要变化如下：

——按 GB/T 1.1 对编排格式进行了修订；

——统一了名词术语：用“公差等级”代替了“精度等级”；用“锥角极限偏差”代替了“锥角公差”（1989 年版的 4、4.1、4.2；本版的 3.3、3.3.1、3.4.1）；

——修改了莫式 6 号基本直径尺寸（1989 年版的 3.2；本版的 3.2）。

本标准由中国机械工业联合会提出。

本标准由全国量具量仪标准化技术委员会（SAC/TC132）归口。

本标准由成都工具研究所负责起草。

本标准主要起草人：韩春阳。

本标准所代替标准的历次版本发布情况为：GB/T 11853—1989。

莫 氏 与 公 制 圆 锥 量 规

1 范围

本标准规定了莫氏与公制圆锥量规的要求、检验及标志与包装。

本标准适用于机械制造业中所使用的莫氏与公制圆锥量规。

2 规范性引用文件

下列文件中的条款通过本标准的引用而成为本标准的条款。凡是注日期的引用文件，其随后所有的修改单(不包括勘误的内容)或修订版均不适用于本标准，然而，鼓励根据本标准达成协议的各方研究是否可使用这些文件的最新版本。凡是不注日期的引用文件，其最新版本适用于本标准。

GB/T 11852—2003 圆锥量规公差与技术条件

3 要求

3.1 型式

莫氏与公制圆锥量规规定有A型(不带扁尾的)和B型(带扁尾的)两种型式，如图1和图2所示。图示仅供图解说明。

B型圆锥量规用于检验圆锥尺寸，不检验圆锥锥角。

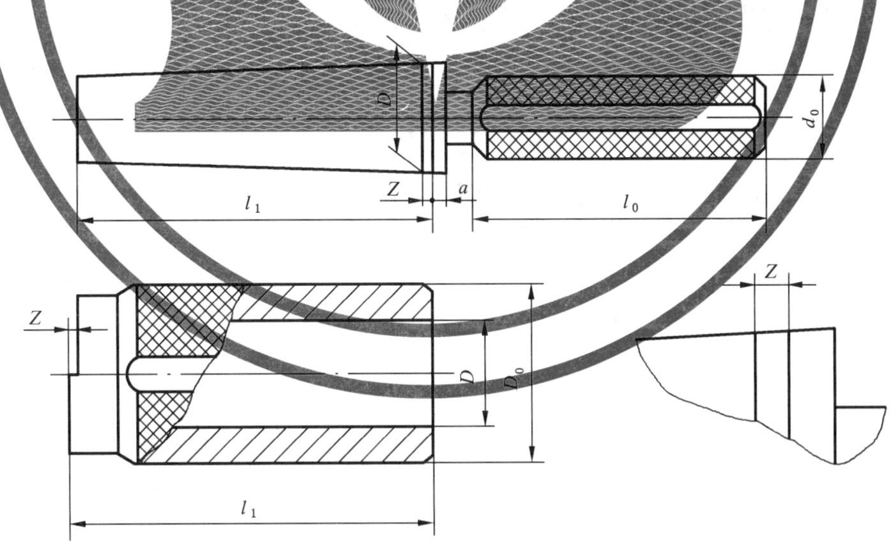

图1 A型圆锥量规

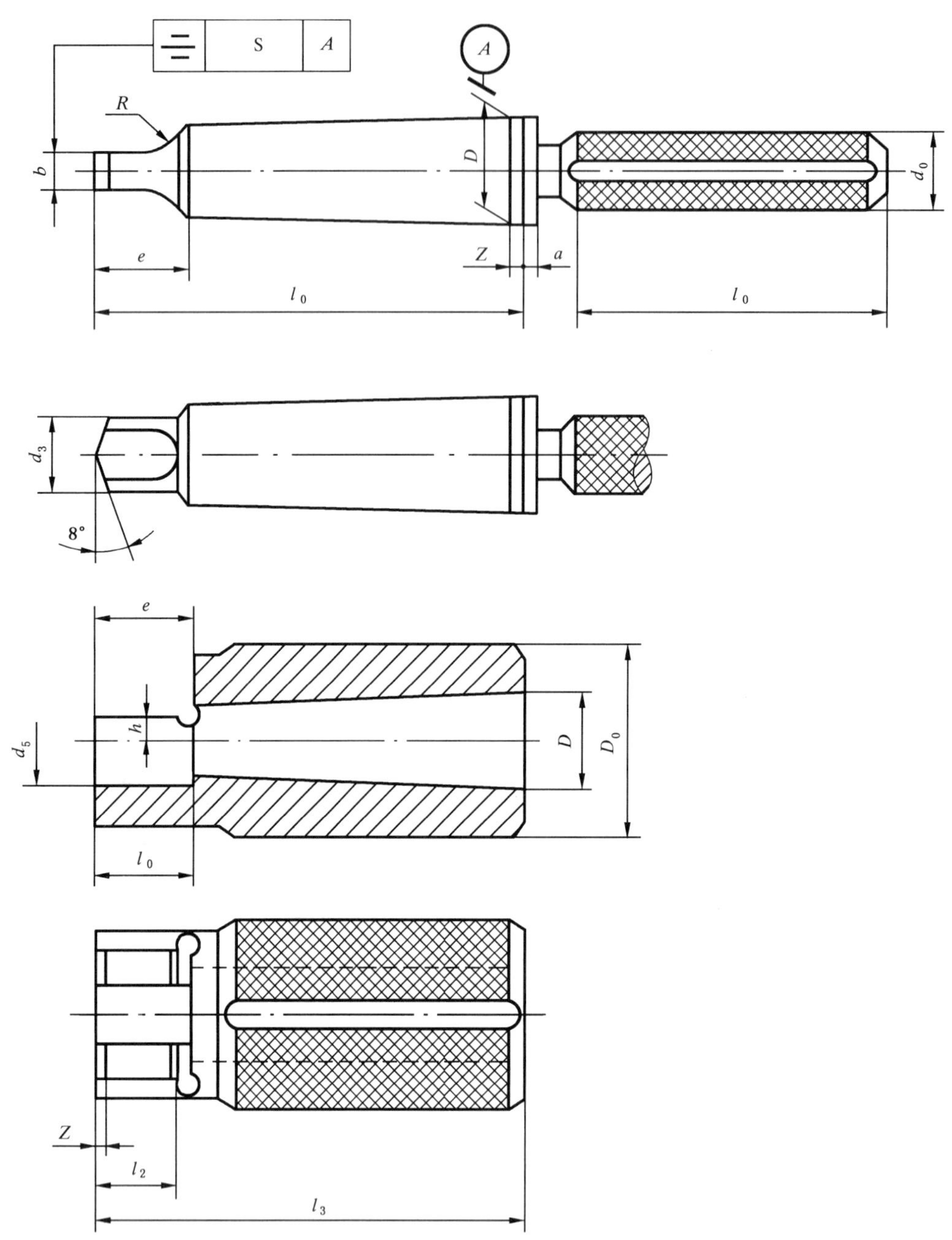

图 2 **B 型圆锥量规**

3.2 尺寸

莫氏与公制圆锥塞规的尺寸见表 1;莫氏与公制圆锥环规的尺寸见表 2。

3.3 锥角公差等级及极限偏差

3.3.1 莫氏与公制 A 型圆锥的量规锥角公差 AT 等级符合 GB/T 11852—2003 的规定，其锥角极限偏差见表 3、表 4 和表 5。表中测量长度 L_P 的大小按下式计算，其起止位置见图 3。

$$L_P = l_3 - a - e_{max}$$

表 3 圆锥工作塞规的锥角极限偏差

圆锥规格		测量长度 L_P	圆锥工作量规的锥角公差等级								
			1			2			3		
			圆锥工作塞规的锥角极限偏差								
			AT_α		AT_{DP}	AT_α		AT_{DP}	AT_α		AT_{DP}
		mm	μrad	(″)	μm	μrad	(″)	μm	μrad	(″)	μm
公制圆锥	4	19	—	—	—	±40	±8	±0.8	−200	−41	−4
	6	26	—	—	—	±31.5	±6	±0.8	−160	−33	−4
莫氏圆锥	0	43	±10	±2	±0.5	±25	±5	±1.0	−125	−26	−5
	1	45	±10	±2	±0.5	±25	±5	±1.1	−125	−26	−6
	2	54	±8	±1.5	±0.5	±20	±4	±1.1	−100	−21	−5
	3	69	±8	±1.5	±0.6	±20	±4	±1.4	−100	−21	−7
	4	87	±6.3	±1.3	±0.6	±16	±3	±1.4	−80	−16	−7
	5	114	±6.3	±1.3	±0.8	±16	±3	±1.8	−80	−16	−9
	6	162	±5	±1	±0.8	±12.5	±2.5	±2.0	−63	−13	−10
公制圆锥	80	164	±5	±1	±0.8	±12.5	±2.5	±2.0	−63	−13	−10
	100	192	±5	±1	±1.0	±12.5	±2.5	±2.4	−63	−13	−12
	120	220	±4	±0.8	±0.9	±10	±2.0	±2.2	−50	−10	−11
	160	276	±4	±0.8	±1.1	±10	±2.0	±2.8	−50	−10	−14
	200	332	±3.2	±0.5	±1.1	±8	±1.5	±2.7	−40	−8	−13

表 4　圆锥工作环规的锥角极限偏差

圆锥规格		测量长度 L_P	圆锥工作量规的锥角公差等级								
			1			2			3		
			圆锥工作环规的锥角极限偏差								
			AT_α		AT_{DP}	AT_α		AT_{DP}	AT_α		AT_{DP}
		mm	μrad	(″)	μm	μrad	(″)	μm	μrad	(″)	μm
公制圆锥	4	19	—	—	—	±40	±8	±0.8	+200	+41	+4
	6	26	—	—	—	±31.5	±6	±0.8	+160	+33	+4
莫氏圆锥	0	43	±10	±2	±0.5	±25	±5	±1.0	+125	+26	+5
	1	45	±10	±2	±0.5	±25	±5	±1.1	+125	+26	+6
	2	54	±8	±1.5	±0.5	±20	±4	±1.1	+100	+21	+5
	3	69	±8	±1.5	±0.6	±20	±4	±1.4	+100	+21	+7
	4	87	±6.3	±1.3	±0.6	±16	±3	±1.4	+80	+16	+7
	5	114	±6.3	±1.3	±0.8	±16	±3	±1.8	+80	+16	+9
	6	162	±5	±1	±0.8	±12.5	±2.5	±2.0	+63	+13	+10
公制圆锥	80	164	±5	±1	±0.8	±12.5	±2.5	±2.0	+63	+13	+10
	100	192	±5	±1	±1.0	±12.5	±2.5	±2.4	+63	+13	+12
	120	220	±4	±0.8	±0.9	±10	±2.0	±2.2	+50	+10	+11
	160	276	±4	±0.8	±1.1	±10	±2.0	±2.8	+50	+10	+14
	200	332	±3.2	±0.5	±1.1	±8	±1.5	±2.7	+40	+8	+13

表 5　校对塞规的锥角极限偏差

圆锥规格		测量长度 L_P	圆锥工作量规的锥角公差等级								
			1			2			3		
			校对塞规的锥角极限偏差								
			AT_α		AT_{DP}	AT_α		AT_{DP}	AT_α		AT_{DP}
		mm	μrad	(″)	μm	μrad	(″)	μm	μrad	(″)	μm
公制圆锥	4	19	—	—	—	+40	+8	+0.8	+100	+21.0	+2.0
	6	26	—	—	—	+31.5	+6	+0.8	+80	+17.0	+2.0
莫氏圆锥	0	43	+10	+2	+0.5	+25	+5	+1.0	+63	+13.0	+2.5
	1	45	+10	+2	+0.5	+25	+5	+1.1	+63	+13.0	+3.0
	2	54	+8	+1.5	+0.5	+20	+4	+1.1	+50	+11.0	+2.5
	3	69	+8	+1.5	+0.6	+20	+4	+1.4	+50	+11.0	+3.5
	4	87	+6.3	+1.3	+0.6	+16	+3	+1.4	+40	+8.0	+3.5
	5	114	+6.3	+1.3	+0.8	+16	+3	+1.8	+40	+8.0	+4.5
	6	162	+5	+1	+0.8	+12.5	+2.5	+2.0	+31.5	+6.0	+5.0

表 5（续）

圆锥规格		测量长度 L_P	圆锥工作量规的锥角公差等级								
			1			2			3		
			校对塞规的锥角极限偏差								
			AT_{α}		AT_{DP}	AT_{α}		AT_{DP}	AT_{α}		AT_{DP}
		mm	μrad	(″)	μm	μrad	(″)	μm	μrad	(″)	μm
公制圆锥	80	164	+5	+1	+0.8	+12.5	+2.5	+2.0	+31.5	+6.0	+5.0
	100	192	+5	+1	+1.0	+12.5	+2.5	+2.4	+31.5	+6.0	+6.0
	120	220	+4	+0.8	+0.9	+10	+2.0	+2.2	+25	+5.0	+5.5
	160	276	+4	+0.8	+1.1	+10	+2.0	+2.8	+25	+5.0	+7.0
	200	332	+3.2	+0.5	+1.1	+8	+1.5	+2.7	+40	+4.0	+6.5

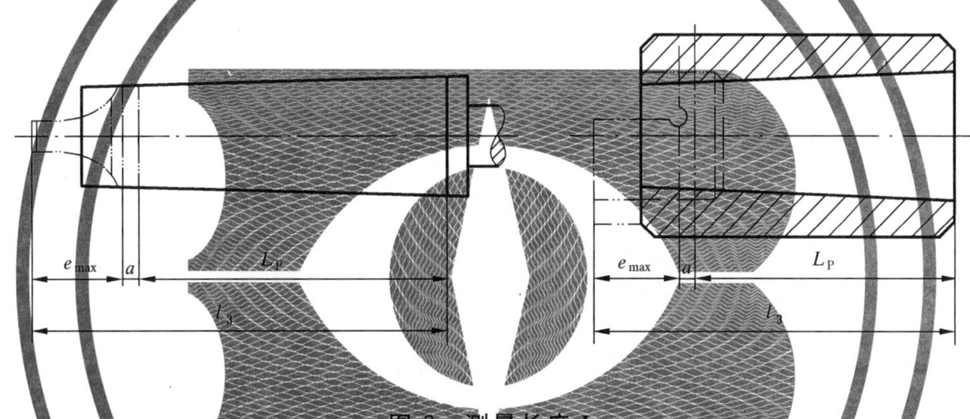

图 3　测量长度 L_P

3.3.2　莫氏与公制 B 型圆锥量规的锥角极限偏差，限制在其圆锥直径公差 T_D 所确定的圆锥直径公差空间之内，不再单独规定。

3.4　圆锥形状公差 T_F

3.4.1　莫氏与公制 A 型圆锥工作量规的圆锥形状公差 T_F 见表 6。

表 6　圆锥工作量规的圆锥形状公差

圆锥量规公差等级	公制圆锥		莫氏圆锥							公制圆锥				
	4	6	0	1	2	3	4	5	6	80	100	120	160	200
	圆锥形状公差 T_F/μm													
1	—		0.5									1.0		
2	0.5		0.7			0.9		1.3			1.6		1.7	
3	1.3		1.6			2.3		3.0			3.6		4.3	

3.4.2　莫氏与公制 A 型圆锥校对塞规的圆锥形状公差 T_F，应符合 GB/T 11852—2003 中 4.1.4.2 的规定。

3.4.3　莫氏与公制 B 型圆锥量规的圆锥形状公差 T_F，限制在其圆锥直径公差 T_D 所确定的圆锥直径公差空间之内，不再单独规定。

3.5　其他要求

莫氏与公制圆锥量规的其他要求应符合 GB/T 11852—2003 中 4.2 的规定。

4 检验

4.1 对于莫氏与公制圆锥工作环规，当用圆锥校对塞规检验时，其研合的接触率应达到90%以上；如果采用与圆锥工作塞规配对研合时，则研合的接触率应达到98%以上；涂色层厚度应按GB/T 11852—2003中4.3.2的规定。

4.2 用圆锥校对塞规或圆锥工作塞规检验莫氏与公制圆锥工作环规的直径时，圆锥工作环规的圆锥大端端面应与校对塞规的大端直径D平面标尺标记的前边缘重合，允许有不大于0.1 Z的差距。当该端面超越了塞规的大端直径D平面标尺标记的后边缘时，即认为圆锥工作环规已达到磨损极限，见图4所示。

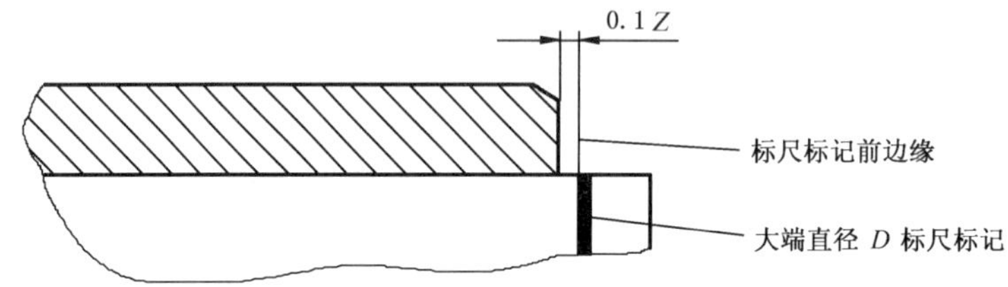

图4 莫氏与公制圆锥工作环规的直径检验

5 标志与包装

5.1 在圆锥量规的非工作面上，应清晰地标志制造厂商标，圆锥量规的规格、型号、量规的用途代号和生产序号，工作量规可以省略用途代号，有等级的圆锥量规应标志等级。

莫氏圆锥代号为MS，公制圆锥代号为MT。

标记示例：

A型莫氏5号1级的圆锥工作量规，标记为：

MS 5 A-1-GR

B型公制80号3级的圆锥环规的校对塞规，标记为：

MT 80 B-3-J

5.2 圆锥量规应经防锈处理，妥善包装。包装盒上应标志与5.1相同的内容。

5.3 按本标准生产的圆锥量规应附有合格证。在合格证上应注明本标准的代号。

ICS 21.010
J 42

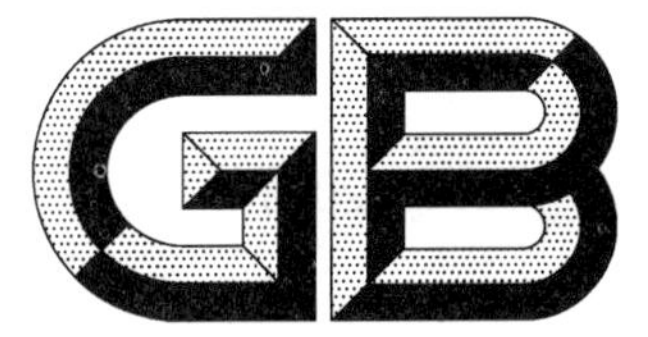

中华人民共和国国家标准

GB/T 11854—2003
代替 GB/T 11854—1989

7/24 工具圆锥量规

Gauges of 7/24 tapers

2003-11-10 发布　　2004-06-01 实施

中华人民共和国
国家质量监督检验检疫总局　发布

前　言

本标准是对 GB/T 11854—1989《7∶24工具圆锥量规》的修订。

本标准自实施之日起，代替 GB/T 11854—1989《7∶24工具圆锥量规》。

本标准与 GB/T 11854—1989 相比主要变化如下：

——按 GB/T 1.1—2000 对编排格式进行了修订；

——统一了名词术语：用“公差等级”代替了“精度等级”；用“锥角极限偏差”代替了“锥角公差”等(1989 年版的 4.4.1，4.2；本版的 3.3，3.4)。

本标准由中国机械工业联合会提出。

本标准由全国量具量仪标准化技术委员会(CSAC/TC 132)归口。

本标准由成都工具研究所负责起草。

本标准主要起草人：韩春阳。

本标准所代替标准的历次版本发布情况为：GB/T 11854—1989。

7/24工具圆锥量规

1 范围

本标准规定了7/24工具圆锥量规的要求、检验及标志与包装。

本标准适用于机械制造业中所使用的7/24工具圆锥量规。

2 规范性引用文件

下列文件中的条款通过本标准的引用而成为本标准的条款。凡是注日期的引用文件,其随后所有的修改单(不包括勘误的内容)或修订版均不适用于本标准,然而,鼓励根据本标准达成协议的各方研究是否可使用这些文件的最新版本。凡是不注日期的引用文件,其最新版本适用于本标准。

GB/T 11852—2003 圆锥量规公差与技术条件

3 要求

3.1 型式

7/24工具圆锥量规规定有A型和C型两种型式,如图1和图2所示。图示仅供图解说明。

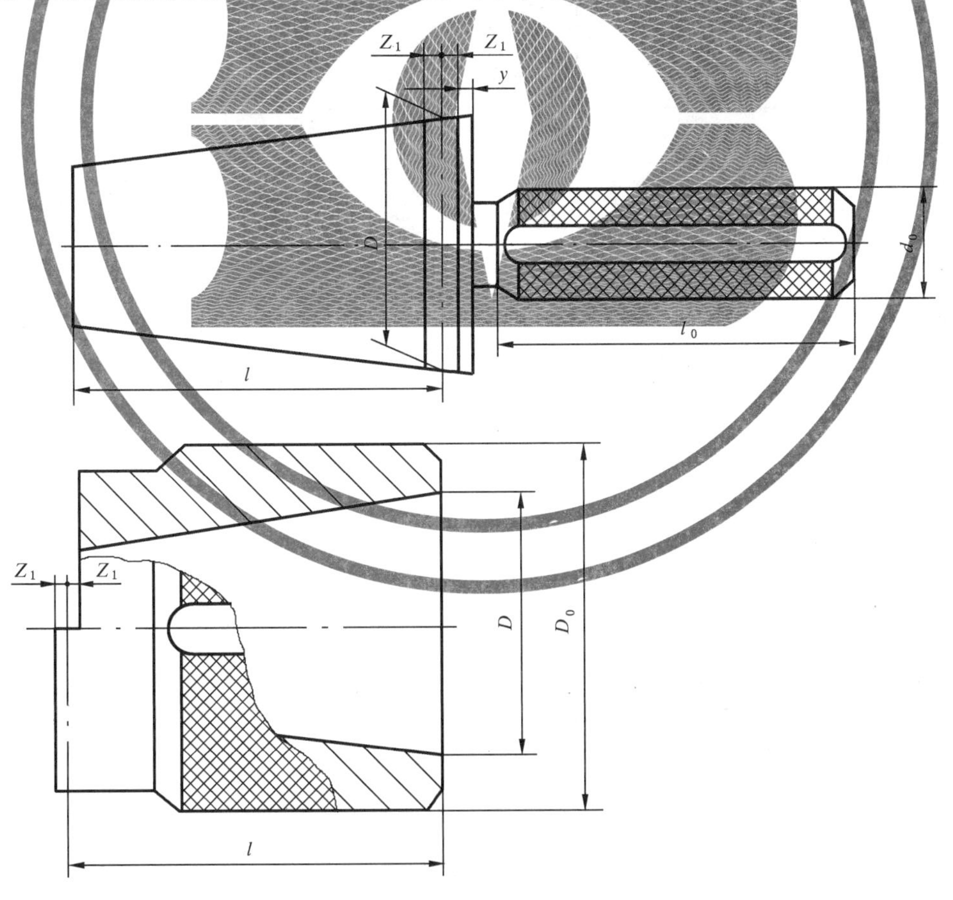

图1 A型

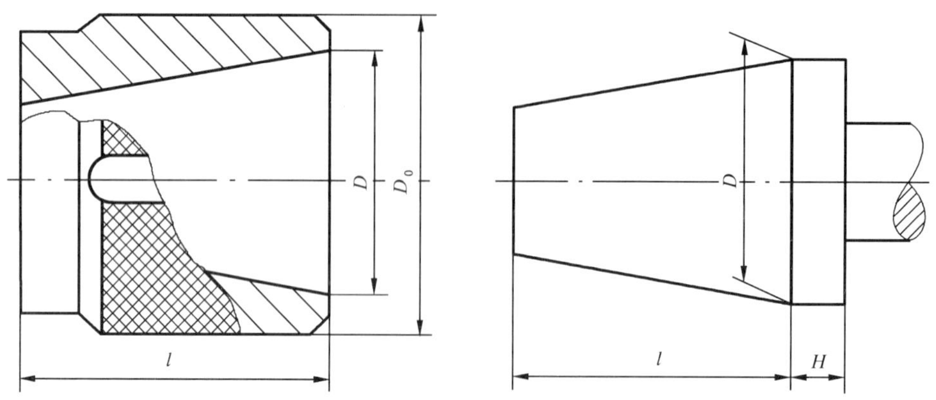

图 2 C型

3.2 尺寸

7/24工具圆锥塞规的尺寸见表 1;7/24工具圆锥环规的尺寸见表 2。

表 1 7/24工具圆锥塞规的尺寸

圆锥规格	锥度 C	锥角 α	基本尺寸/mm				参考尺寸/mm		
			D ±IT 5/2	l ±IT 11/2	y	Z_1 ±0.05	H	d_0	l_0
30	1:3.428 571 =0.291 667	16°35′39.4″	31.750	48.4	1.6	0.4	10	25	90
40			44.450	65.4	1.6			32	100
45			57.150	82.8	3.2			32	100
50			69.850	101.8	3.2			35	110
55			88.900	126.8	3.2			40	115
60			107.950	161.8	3.2			40	115
65			133.350	202.0	4			40	115
70			165.100	252.0	4			40	115
75			203.200	307.0	5			45	120
80			254.000	394.0	6			50	120

表 2　7/24工具圆锥环规的尺寸

圆锥规格	锥度 C	锥角 α	基本尺寸/mm			参考尺寸/mm
			D ±IT 5/2	l ±IT 11/2	Z_1 ±0.05	D_0
30	1:3.428 571 =0.291 667	16°35′39.4″	31.750	48.4	0.4	58
40			44.450	65.4		64
45			57.150	82.8		80
50			69.850	101.8		95
55			88.900	126.8		118
60			107.950	161.8		140
65			133.350	202.0		168
70			165.100	252.0		204
75			203.200	307.0		245
80			254.000	394.0		300

3.3　锥角公差等级及极限偏差

3.3.1　7/24工具圆锥量规锥角公差 AT 等级应符合 GB/T 11852—2003 的规定，其锥角极限偏差见表 3 和表 4。表中测量长度 L_P 的大小按下式计算，其起止位置见图 3。

$$L_P = l - 2(y + Z_1)$$

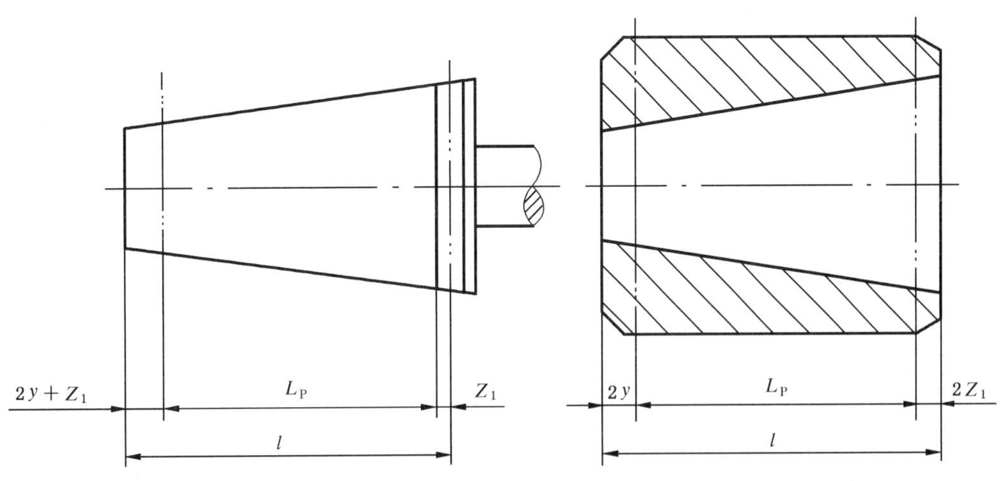

图 3　测量长度 L_P

表 3　7/24工具圆锥工作量规的锥角极限偏差

圆锥规格	测量长度 L_P	圆锥工作量规的锥角公差等级								
		1			2			3		
		7/24工具圆锥量规的锥角极限偏差								
		AT_α		AT_{DP}	AT_α		AT_{DP}	AT_α		AT_{DP}
	mm	μrad	(″)	μm	μrad	(″)	μm	μrad	(″)	μm
30	44	±10	±2.0	±0.5	±25	±5.0	±1.2	±63	±13.0	±3.0
40	61	±8	±1.5	±0.5	±20	±4.0	±1.3	±50	±11.0	±3.0
45	76	±8	±1.5	±0.6	±20	±4.0	±1.6	±50	±11.0	±4.0
50	95	±6.3	±1.3	±0.6	±16	±3.0	±1.6	±40	±8.0	±4.0
55	120	±6.3	±1.3	±0.8	±16	±3.0	±2.0	±40	±8.0	±5.0
60	155	±5	±1.0	±0.8	±13	±2.5	±2.0	±31.5	±6.5	±5.0
65	193	±5	±1.0	±1.0	±13	±2.5	±2.6	±31.5	±6.5	±6.0
70	243	±4	±0.8	±1.0	±10	±2.0	±2.5	±25	±5.0	±6.0
75	296	±4	±0.8	±1.2	±10	±2.0	±3.0	±25	±5.0	±8.0
80	381	±4	±0.8	±1.5	±10	±2.0	±3.9	±25	±5.0	±10.0

表 4　校对塞规的锥角极限偏差

圆锥规格	测量长度 L_P	圆锥工作量规的锥角公差等级								
		1			2			3		
		校对塞规的锥角极限偏差								
		AT_α		AT_{DP}	AT_α		AT_{DP}	AT_α		AT_{DP}
	mm	μrad	(″)	μm	μrad	(″)	μm	μrad	(″)	μm
30	44	+10	+2.0	+0.5	+25	+5.0	+1.2	+63	+13.0	+3.0
40	61	+8	+1.5	+0.5	+20	+4.0	+1.3	+50	+11.0	+3.0
45	76	+8	+1.5	+0.6	+20	+4.0	+1.6	+50	+11.0	+4.0
50	95	+6.3	+1.3	+0.6	+16	+3.0	+1.6	+40	+8.0	+4.0
55	120	+6.3	+1.3	+0.8	+16	+3.0	+2.0	+40	+8.0	+5.0
60	155	+5	+1.0	+0.8	+13	+2.5	+2.0	+31.5	+6.5	+5.0
65	193	+5	+1.0	+1.0	+13	+2.5	+2.6	+31.5	+6.5	+6.0
70	243	+4	+0.8	+1.0	+10	+2.0	+2.5	+25	+5.0	+6.0
75	296	+4	+0.8	+1.2	+10	+2.0	+3.0	+25	+5.0	+8.0
80	381	+4	+0.8	+1.5	+10	+2.0	+3.9	+25	+5.0	+10.0

3.4　圆锥形状公差

3.4.1　7/24工具圆锥量规的圆锥形状公差 T_F 见表 5。

表5 7/24工具圆锥工作量规的圆锥形状公差

圆锥工作量规公差等级	圆锥量规规格									
	30	40	45	50	55	60	65	70	75	80
	圆锥形状公差 T_F/μm									
1	0.5		0.5		0.8		1.0		1.2	1.5
2	0.8		1.1		1.3		1.7		2.0	2.6
3	2.0		2.7		3.3		4.0		5.3	6.7

3.4.2 7/24工具圆锥校对塞规的圆锥形状公差 T_F 应符合 GB/T 11852—2003 中 4.1 和 4.2 的规定。

3.5 其他要求

7/24工具圆锥量规的其他要求应符合 GB/T 11852—2003 中 4.2 的规定。

4 检验

4.1 对于7/24工具圆锥工作环规，当用圆锥校对塞规检验时，其研合的接触率应达到90%以上；如果采用与圆锥工作塞规配对研合时，则研合的接触率应达到98%以上；涂色层厚度按 GB/T 11852—2003 中 4.3.2 的规定。

4.2 用圆锥校对塞规检验7/24工具圆锥工作环规的直径时，圆锥工作环规的圆锥大端端面应与圆锥校对塞规的大端直径 D 平面标尺标记的前边缘重合，允许有不大于 0.3 Z 的差距；用圆锥工作塞规检验7/24工具圆锥工作环规的直径时，圆锥工作环规的圆锥大端端面与圆锥工作塞规的第二条 Z 标尺标记前边缘的距离不应小于 Z，允许有不大于 1.3 Z 的距离。当该端面超越了圆锥校对塞规的大端直径 D 平面标尺标记的后边缘时或距离工作塞规的第二条 Z 标尺标记前边缘为 0.8 Z 时，即认为圆锥工作环规已达到磨损极限，见图4所示。

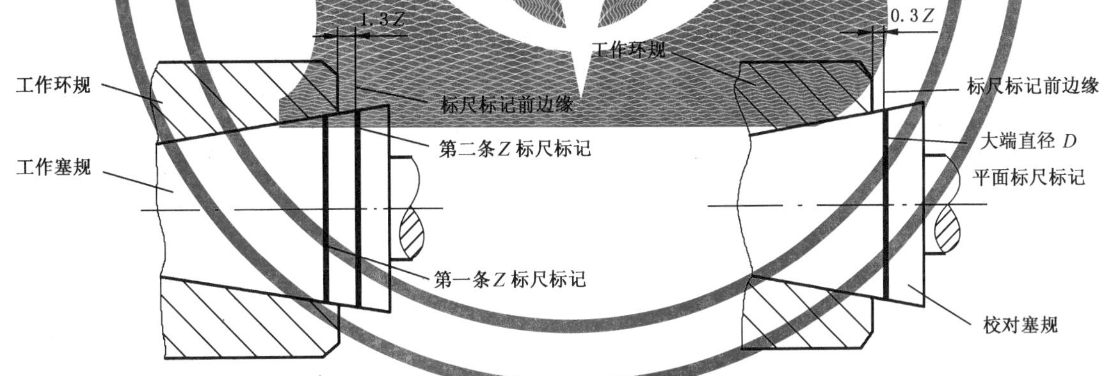

图4 7/24工具圆锥工作环规的直径检验

5 标志与包装

5.1 在圆锥量规的非工作面上，应清晰地标志出制造厂商标，圆锥量规的规格、型号、量规的用途代号和生产序号，工作量规可以省略用途代号，有等级的圆锥量规应标志等级。

标记示例：

C型规格为45号1级的7/24工具圆锥工作量规，标记为：

7/24 45 C-1-GR

A型规格为45号1级的7/24工具35号3级的圆锥环规的校对塞规，标记为：

7/24 35 A-3-J

5.2 圆锥量规应经防锈处理，妥善包装。包装盒上应标志与5.1相同的内容。

5.3 按本标准生产的圆锥量规应附有合格证。在合格证上应注明本标准的代号。

ICS 21.010
J 42

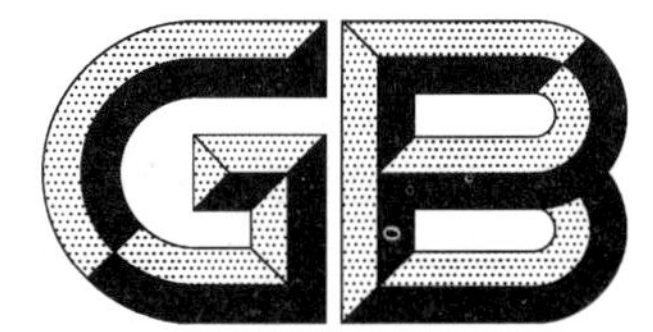

中华人民共和国国家标准

GB/T 11855—2003
代替 GB/T 11855—1989

钻 夹 圆 锥 量 规

Gauges of drill chuck tapers

2003-11-10 发布 2004-06-01 实施

中华人民共和国
国家质量监督检验检疫总局 发布

前　　言

本标准是对 GB/T 11855—1989《钻夹圆锥量规》的修订。

本标准自实施之日起，代替 GB/T 11855—1989《钻夹圆锥量规》。

本标准与 GB/T 11855—1989 相比主要变化如下：

——按 GB/T 1.1—2000 对编排格式进行了修订；

——统一了名词术语：用“公差等级”代替了“精度等级”；用“锥角极限偏差”代替了“锥角公差”等（1989 年版的 4，4.2；本版的 3.3，3.3.1，3.4.1）。

本标准由中国机械工业联合会提出。

本标准由全国量具量仪标准化技术委员会（SAC/TC 132）归口。

本标准由成都工具研究所负责起草。

本标准主要起草人：韩春阳。

本标准所代替标准的历次版本发布情况为：GB/T 11855—1989。

钻 夹 圆 锥 量 规

1 范围

本标准规定了钻夹圆锥量规的要求、检验及标志与包装。

本标准适用于机械制造业中所使用的钻夹圆锥量规。

2 规范性引用文件

下列文件中的条款通过本标准的引用而成为本标准的条款。凡是注日期的引用文件，其随后所有的修改单(不包括勘误的内容)或修订版均不适用于本标准，然而，鼓励根据本标准达成协议的各方研究是否可使用这些文件的最新版本。凡是不注日期的引用文件，其最新版本适用于本标准。

GB/T 11852—2003 圆锥量规公差与技术条件

3 要求

3.1 型式

钻夹圆锥量规形式如图1所示。图示仅供图解说明。

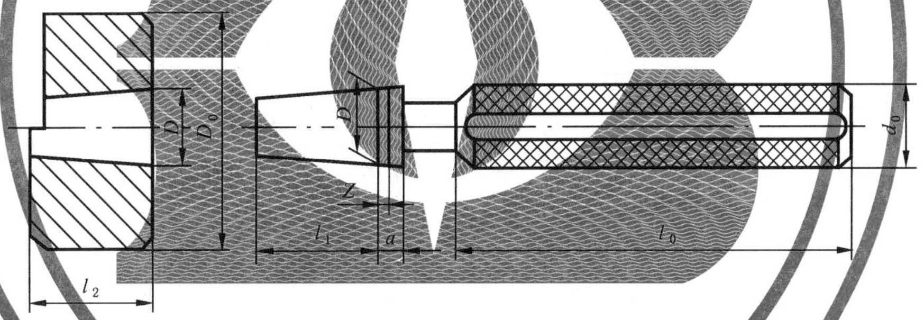

图1 钻夹圆锥量规型式

3.2 尺寸

钻夹圆锥量规的尺寸见表1。

表 1　钻夹圆锥量规的尺寸

圆锥种类和规格		锥度 C	锥角 α	基本尺寸/mm					参考尺寸/mm		
				D ±IT 5/2	l_1 ±IT 8/2	l_2 ±IT 8/2	a 不小于	Z±0.05	D_0	d_0	l_0
莫氏短锥	B10	0.598 58∶12=1∶20.047=0.049 88	2°51′26.7″	10.094	16	14.5	3.5	1	25	12	65
	B12			12.065	20	18.5					
	B16	0.599 41∶12=1∶20.020=0.049 95	2°51′ 41.0″	15.733	26	24	5	1	35	16	70
	B18			17.780	34	32					
	B22	0.602 35∶12=1∶19.922=0.050 20	2°52′31.5″	21.793	42.5	40.5	5	1	40	20	80
	B24			23.825	52.5	50.5					
贾格圆锥	0	1∶20.288=0.049 29	2°49′24.7″	6.350	11.5	11.1	3	0.5	16	7	60
	1	1∶12.912=0.077 09	4°24′53.1″	9.754	17.0	16.7	3.5	0.5	25	12	65
	2	1∶ 12.262=0.081 55	4°40′11.6″	14.199	22.5	22.2	3.5	0.5	35	12	65
	33	1∶ 15.748=0.063 50	3°38′13.4″	15.850	25.7	25.4	5	0.5	35	16	70
	6	1∶19.264=0.051 91	2°58′24.8″	17.170	25.7	25.4	5	1	35	16	70
	3	1∶18.779=0.053 25	3°3′1.0″	20.599	31.3	31	5	1	40	20	80

3.3 锥角公差等级及极限偏差

3.3.1 钻夹圆锥工作量规锥角公差 AT 等级应符合 GB/T 11852—2003 的规定，其锥角极限偏差见表 2和表 3。表中测量长度 L_P 的大小按下式计算，其起止位置见图 2。

$$L_P = l_1 - a$$

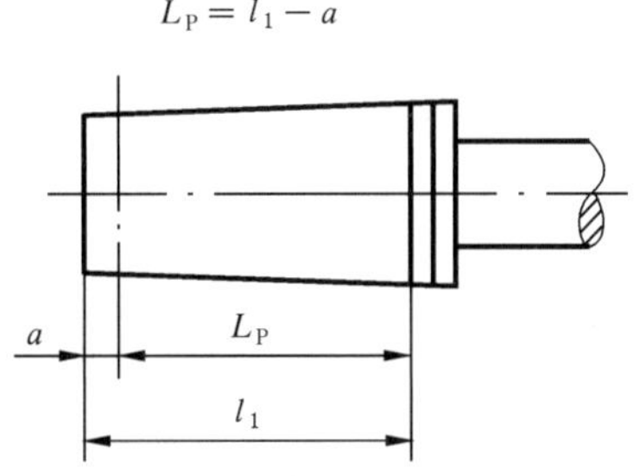

图 2 测量长度 L_P

表 2 钻夹圆锥工作量规的锥角极限偏差和圆锥形状公差

圆锥种类和规格		测量长度 L_P	圆锥量规的锥角公差等级							
			2			3			2	3
			圆锥锥角极限偏差						圆锥形状公差	
			AT_α		AT_{DP}	AT_α		AT_{DP}	T_F	
		mm	μrad	(″)	μm	μrad	(″)	μm	μm	
莫氏短锥	B10	12.5	±50	±10.0	±0.6	±125	±26	±1.6	0.5	1.0
	B12	16.5	±40	±8.0	±0.7	±100	±20	±1.7		
	B16	21	±31.5	±6.5	±0.7	±80	±16	±1.7		
	B18	29	±31.5	±6.5	±0.9	±80	±16	±2.3		
	B22	37.5	±25	±5.0	±0.9	±63	±13	±2.4	1.0	1.5
	B24	47.5	±25	±5.0	±1.2	±63	±13	±3.0		
贾格圆锥	0	8.5	±50	±10.0	±0.4	±125	±26	±1.0	0.5	1.0
	1	13.5	±40	±8.0	±0.5	±100	±20	±1.4		
	2	19	±40	±8.0	±0.8	±100	±20	±1.9		
	33	20.7	±31.5	±6.5	±0.7	±80	±16	±1.7		
	6	20.7	±31.5	±6.5	±0.7	±80	±16	±1.7		
	3	26.3	±31.5	±6.5	±0.8	±80	±16	±2.1		

表 3 校对塞规的锥角极限偏差

圆锥种类和规格		测量长度 L_P	圆锥工作量规的锥角公差等级					
			2			3		
			校对塞规的锥角极限偏差					
			AT_α		AT_{DP}	AT_α		AT_{DP}
		mm	μrad	(″)	μm	μrad	(″)	μm
莫氏短锥	B10	12.5	+50	+10.0	+0.6	+125	+26	+1.6
	B12	16.5	+40	+8.0	+0.7	+100	+20	+1.7
	B16	21	+31.5	+6.5	+0.7	+80	+16	+1.7
	B18	29	+31.5	+6.5	+0.9	+80	+16	+2.3
	B22	37.5	+25	+5.0	+0.9	+63	+13	+2.4
	B24	47.5	+25	+5.0	+1.2	+63	+13	+3.0
贾格圆锥	0	8.5	+50	+10.0	+0.4	+125	+26	+1.0
	1	13.5	+40	+8.0	+0.5	+100	+20	+1.4
	2	19	+40	+8.0	+0.8	+100	+20	+1.9
	33	20.7	+31.5	+6.5	+0.7	+80	+16	+1.7
	6	20.7	+31.5	+6.5	+0.7	+80	+16	+1.7
	3	26.3	+31.5	+6.5	+0.8	+80	+16	+2.1

3.4 圆锥形状公差

3.4.1 钻夹圆锥工作量规的圆锥形状公差 T_F 见表 2。

3.4.2 钻夹圆锥校对塞规圆锥形状公差 T_F 应符合 GB/T 11852—2003 中 4.1 和 4.2 的规定。

3.5 其他要求

钻夹圆锥量规的其他要求应符合 GB/T 11852—2003 中 4.2 的规定。

4 检验方法

4.1 对于钻夹圆锥工作环规，当用圆锥校对塞规检验时，其研合的接触率应达到 90% 以上；如果采用与圆锥工作塞规配对研合时，则研合的接触率率应达到 98% 以上；涂色层厚度按 GB/T 11852—2003 中 4.3.2 的规定。

4.2 用圆锥校对塞规或圆锥工作塞规检验钻夹圆锥工作环规的直径时，圆锥工作环规的圆锥大端端面应与圆锥塞规的大端直径 D 平面标尺标记的前边缘重合，允许有不大于 0.2 Z 的差距。当该端面超越了圆锥塞规的大端直径 D 平面标尺标记的后边缘时，即认为圆锥工作环规已达到磨损极限，见图 3 所示。

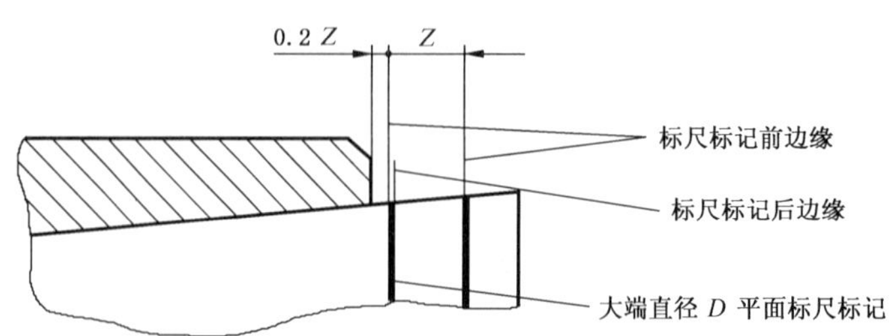

图 3 钻夹圆锥工作环规的直径检验

5 标志与包装

5.1 在圆锥量规的非工作面上，应清晰地标志出制造厂商标，圆锥量规的规格、型号、量规的用途代号和生产序号，工作量规可以省略用途代号，有等级的圆锥量规应标志等级。

莫氏短锥代号为B，贾格圆锥代号为J。

标记示例：

10号莫氏短锥的3级钻夹圆锥工作量规，标记为：

B 10-3-G

0号贾格圆锥的2级钻夹圆锥环规的校对塞规，标记为：

J 0-2-J

5.2 圆锥量规应经防锈处理，妥善包装。包装盒上应标志与5.1相同的内容。

5.3 按本标准生产的圆锥量规应附有合格证。在合格证上应注明本标准的代号。

ICS 17.040.30
J 42

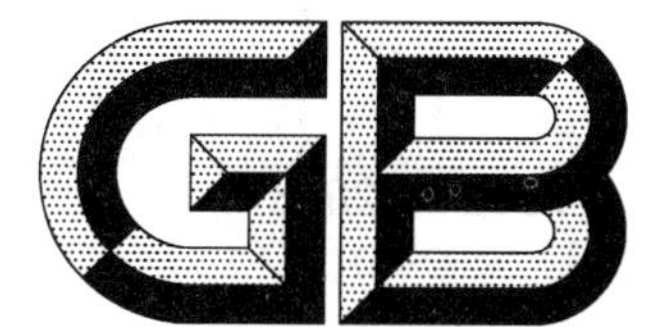

中华人民共和国国家标准

GB/T 22521—2008

角 度 量 块

Angle block gauge

2008-11-12 发布 2009-05-01 实施

中华人民共和国国家质量监督检验检疫总局
中国国家标准化管理委员会 发布

前 言

本标准的附录 A、附录 B 为资料性附录。

本标准由中国机械工业联合会提出。

本标准由全国量具量仪标准化技术委员会(SAC/TC 132)归口。

本标准负责起草单位:成都成量工具集团有限公司。

本标准参加起草单位:成都工具研究所、哈尔滨量具刃具集团有限责任公司。

本标准主要起草人:卞宙、丁华、姜志刚、王琦、宋长滨。

角　度　量　块

1　范围

本标准规定了角度量块的术语和定义、型式与基本参数、要求、检验方法、标志与包装等。

本标准适用于测量面间具有一定角度的块形角度量块。

2　规范性引用文件

下列文件中的条款通过本标准的引用而成为本标准的条款。凡是注日期的引用文件，其随后所有的修改单(不包括勘误的内容)或修订版均不适用于本标准，然而，鼓励根据本标准达成协议的各方研究是否可使用这些文件的最新版本。凡是不注日期的引用文件，其最新版本适用于本标准。

GB/T 17163　几何量测量器具术语　基本术语

GB/T 17164　几何量测量器具术语　产品术语

3　术语和定义

GB/T 17163、GB/T 17164 中确立的以及下列术语和定义适用于本标准。

3.1

角度量块　angle block gauge

其形状为三角形或四角形，以相邻理想测量面的夹角为工作角，并具有准确角度值的角度测量工具。

3.2

工作角　working angle

通过角度量块两测量面交线上的一点，且垂直于该交线并分别平行于各测量面基准平面的两条射线所形成的夹角。

3.3

基准面　base level

角度量块测量中作为定位基准的表面。

4　型式与基本参数

4.1　角度量块的型式见图 1、图 2 所示。图示仅供图解说明，不表示详细结构。

单位为毫米

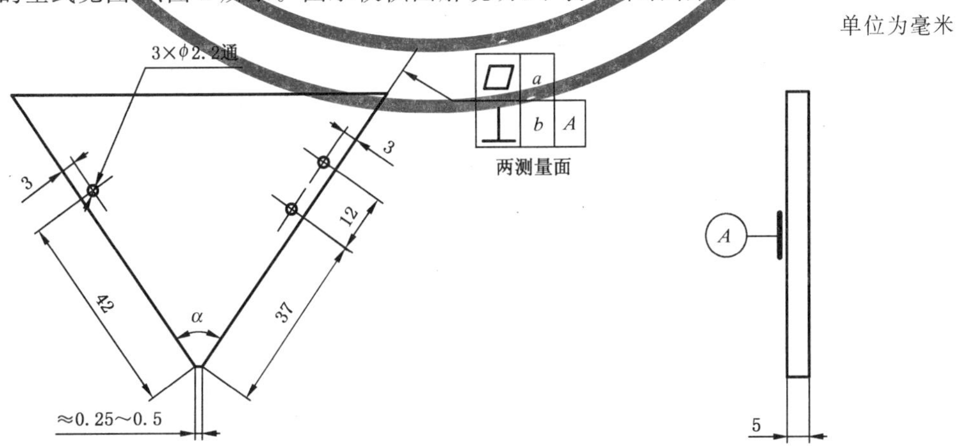

注 1：不组合使用的角度量块，可不带 ϕ2.2 通孔。

注 2：非刻字面为基准面。

图 1　Ⅰ型角度量块的型式示意图

单位为毫米

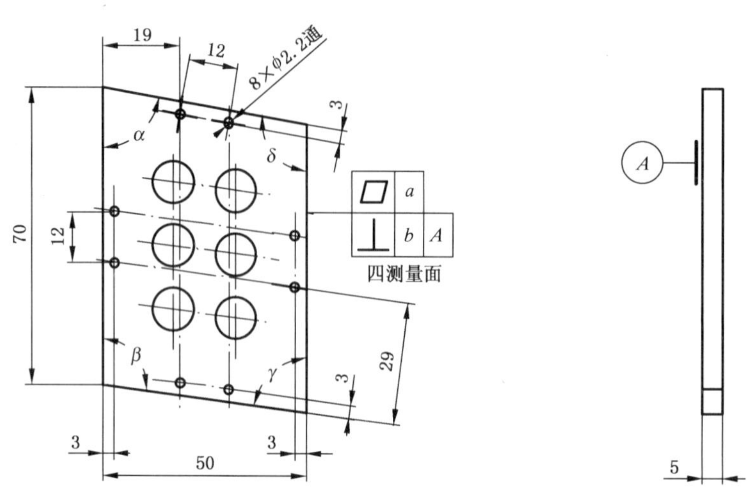

注 1：Ⅱ型角度量块可带有减重孔。不组合使用的角度量块，可不带 φ2.2 通孔。

注 2：非刻字面为基准面。

图 2 Ⅱ型角度量块的型式示意图

4.2 Ⅰ型角度量块的基本参数见表 1；Ⅱ型角度量块的基本参数见表 2。

表 1

工作角度递增值	工作角度标称值(α)	块 数
1°	10°,11°,……,78°,79°	70
—	10°0′30″	1
15″	15°0′15″,15°0′30″,15°0′45″	3
1′	15°1′,15°2′,……,15°8′,15°9′	9
10′	15°10′,15°20′,15°30′,15°40′,15°50′	5
15°10′	30°20′,45°30′,60°40′,75°50′	4

表 2

工作角度标称值(α—β—γ—δ)	块 数
80°—99°—81°—100°,82°—97°—83°—98°,84°—95°—85°—96° 86°—93°—87°—94°,88°—91°—89°—92°,90°—90°—90°—90°	6
89°10′—90°40′—89°20′—90°50′, 89°30′—90°20′—89°40′—90°30′	2
89°50′—90°0′30″—89°59′30″—90°10′, 89°59′30″—90°0′15″—89°59′45″—90°0′30″	2

5 要求

5.1 外观

角度量块的测量面不应有明显影响外观和使用质量的缺陷。

5.2 材料和硬度

角度量块应采用滚动轴承钢：GCr15，合金工具钢：CrWMn 或 Cr 制造，其硬度不应低于 795HV（或 63HRC）。

5.3 测量面的表面粗糙度

角度量块测量面的表面粗糙度 Ra 的最大值不应超过 0.02 μm。

5.4 准确度级别

角度量块分为 0、1、2 三种准确度级别，其工作角度的偏差、测量面的平面度公差、测量面对基准面的垂直度公差见表 3 的规定。

表 3

准确度级别	工作角度的偏差	测量面的平面度公差 a[a]/μm	测量面对基准面 A 的垂直度公差 b
0	±3″	0.1	30″
1	±10″	0.2	90″
2	±30″	0.3	

[a] 距测量面边缘 3 mm 范围内的平面度公差允许放大到 0.6 μm。

5.5 研合性

角度量块的测量面应具有研合性。

5.6 倒棱

角度量块测量面的顶端应倒钝或倒圆，钝面宽度 0.25 mm～0.5 mm 或倒圆半径不应大于 0.25 mm。根据用户需要亦可切去尖部。

5.7 稳定性

角度量块应进行稳定性处理，消除内应力。

5.8 角度量块的分组与配套

角度量块的分组与配套见表 4。

表 4

组别	角度量块型式	工作角度递增值	工作角度标称值	块数	准确度级别
第 1 组（7 块）	Ⅰ型	15°10′	15°10′，30°20′，45°30′，60°40′，75°50′	5	1，2
		—	50°	1	
	Ⅱ型	—	90°—90°—90°—90°	1	
第 2 组（36 块）	Ⅰ型	1°	10°，11°……，19°，20°	11	0，1
		1′	15°1′，15°2′，……，15°8′，15°9′	9	
		10′	15°10′，15°20′，15°30′，15°40′，15°50′	5	
		10°	30°，40°，50°，60°，70°	5	
		—	45°	1	
		—	75°50′	1	
	Ⅱ型	—	80°—99°—81°—100°， 90°—90°—90°—90°， 89°10′—90°40′—89°20′—90°50′， 89°30′—90°20′—89°40′—90°30′	4	

表 4（续）

组 别	角度量块型式	工作角度递增值	工作角度标称值	块 数	准确度级别
第 3 组（94 块）	Ⅰ型	1°	10°,11°,……,78°,79°	70	0,1
		—	10°0′30″	1	
		1′	15°1′,15°2′,……,15°8′,15°9′	9	
		10′	15°10′,15°20′,15°30′,15°40′,15°50′	5	
	Ⅱ型	—	80°—99°—81°—100°，82°—97°—83°—98°，84°—95°—85°—96°，86°—93°—87°—94°，88°—91°—89°—92°，90°—90°—90°—90° 89°10′—90°40′—89°20′—90°50′， 89°30′—90°20′—89°40′—90°30′， 89°50′—90°0′30″—89°59′30″—90°10′	9	
第 4 组（7 块）	Ⅰ型	15″	15°,15°0′15″,15°0′30″,15°0′45″,15°1′	5	0
	Ⅱ型	—	89°59′30″—90°0′15″—89°59′45″—90°0′30″， 90°—90°—90°—90°	2	

5.9 角度量块附件

角度量块在组合时应使用角度量块附件，角度量块附件参见附录 A。

角度量块在组合时，使用夹持具示例见附录 B。

6 检验方法

根据角度量块不同的准确度级别，可在多齿分度台上检定或在高精度测角仪上考虑度盘修正或以全组合比较法检定角度量块工作角的偏差，亦允许选用其他检定方法。检定时，均以基准面为定位面。

不论采用上述哪一种检定方法，其检定不确定度不应大于表 5 的规定。

表 5

准确度级别	检定不确定度
0	1″
1	2.5″
2	6″

7 标志与包装

7.1 角度量块上应标有：

a) 制造厂厂名或注册商标；

b) 工作角度标称值；

c) 角度量块流水号。

7.2 角度量块的包装盒上应标有：

a) 制造厂厂名或注册商标；

b) 产品名称；

c) 准确度级别。

7.3 角度量块在包装前应经防锈处理，并妥善包装。不得因包装不善而在运输过程中损坏产品。

7.4 经检验符合本标准要求的成组角度量块，应附有产品合格证。产品合格证上应标有本标准的标准号、准确度级别、产品序号和出厂日期。

附　录　A
（资料性附录）
角度量块附件

A.1　角度量块附件应包括：

a)　夹持具，见图 A.1、图 A.2、图 A.3；

b)　直尺，见图 A.4；

c)　插销，见图 A.5。

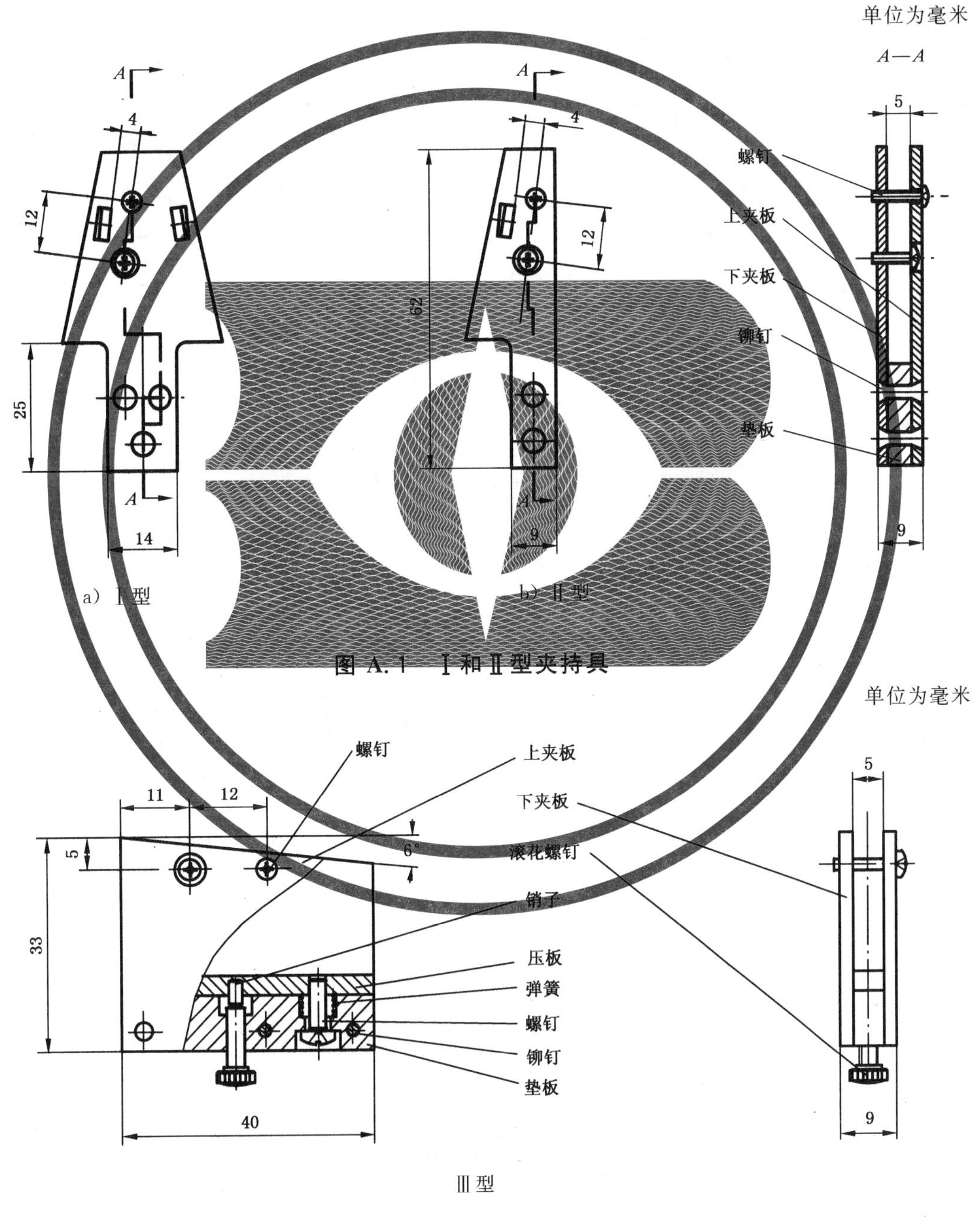

图 A.1　Ⅰ和Ⅱ型夹持具

图 A.2　Ⅲ型夹持具

单位为毫米

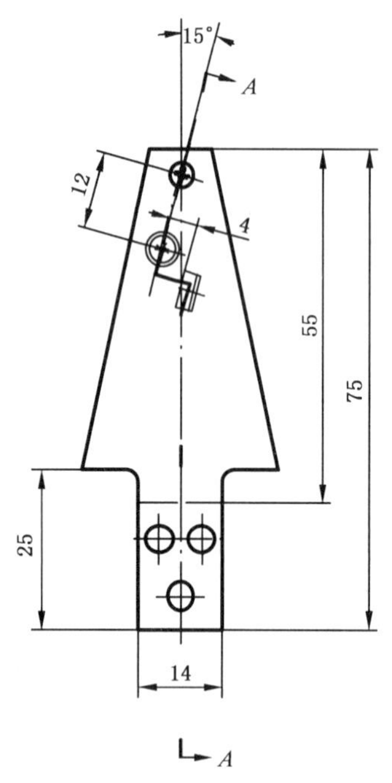

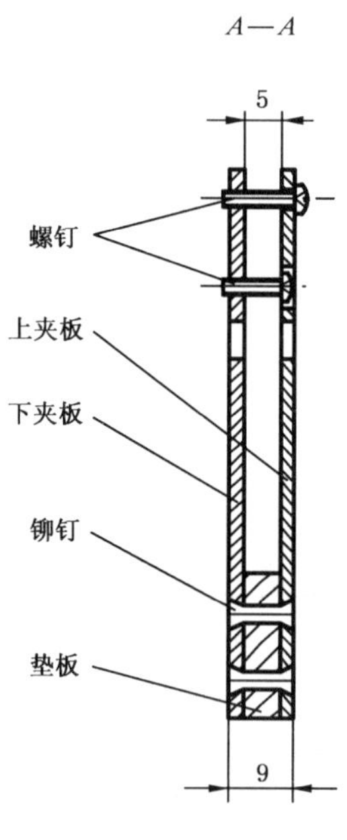

Ⅳ型

图 A.3　Ⅳ型夹持具

单位为毫米

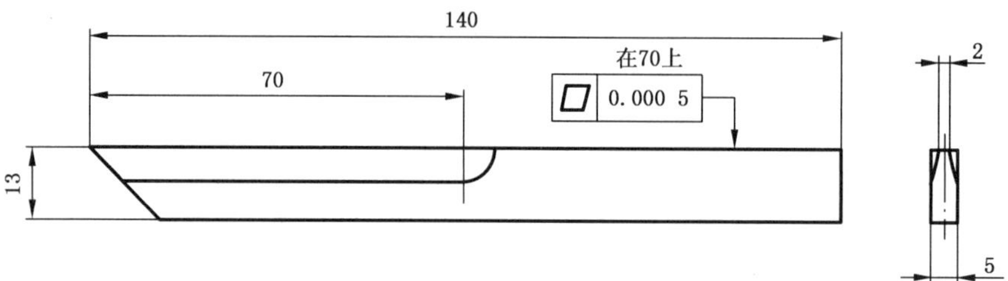

图 A.4　直尺

单位为毫米

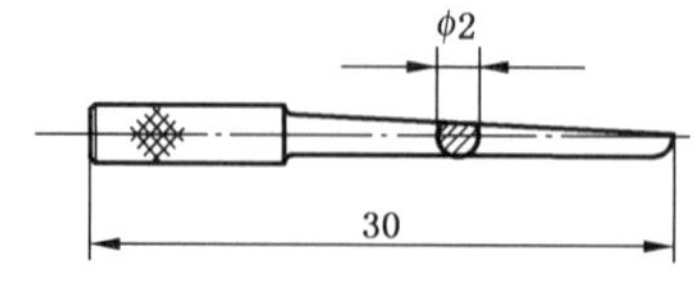

图 A.5　插销

附 录 B
（资料性附录）
夹持具使用示例

B.1 夹持具使用示例如下：

a) Ⅰ和Ⅱ型夹持具使用示例见图 B.1；

b) Ⅲ夹持具使用示例见图 B.2；

c) Ⅳ型夹持具使用示例见图 B.3。

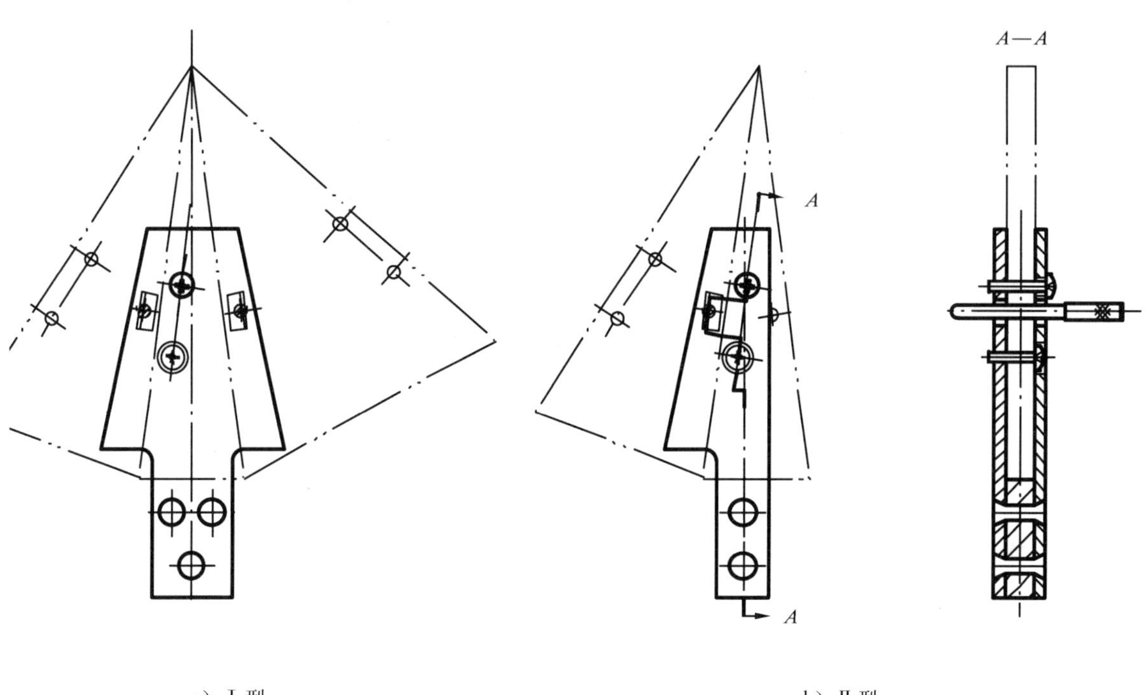

a) Ⅰ型　　b) Ⅱ型

图 B.1　Ⅰ和Ⅱ型夹持具使用示例

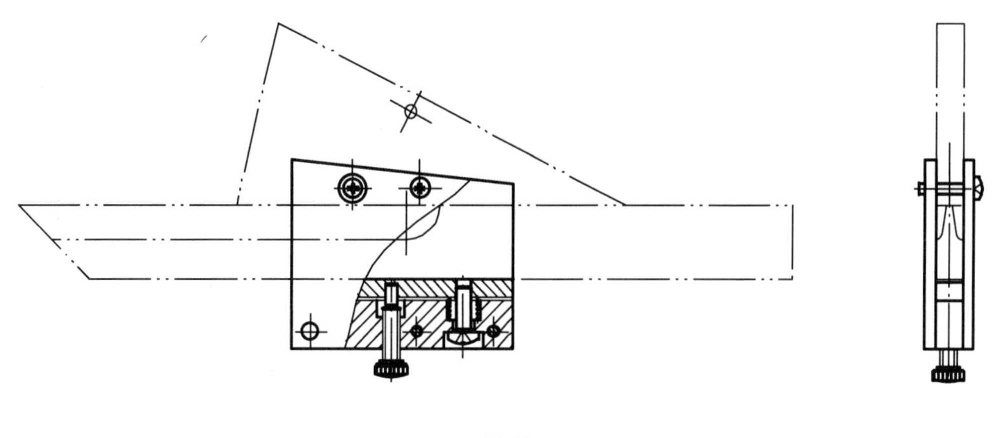

Ⅲ型

图 B.2　Ⅲ型夹持具使用示例

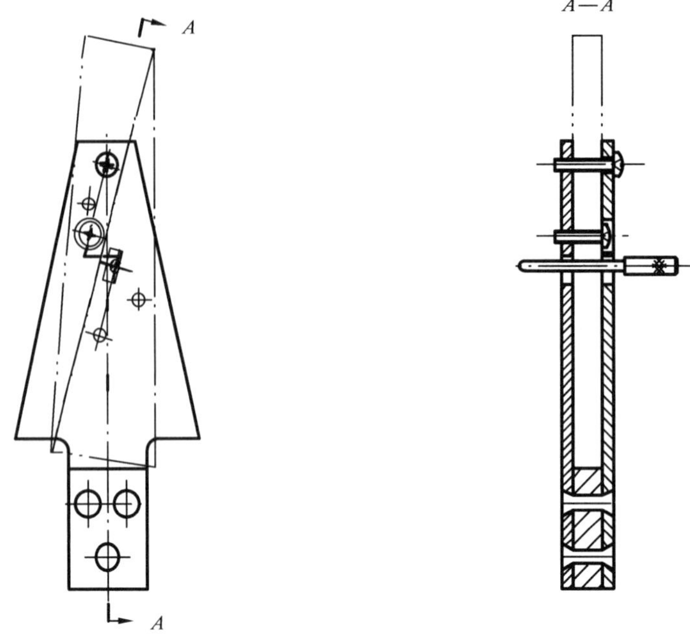

Ⅳ型

图 B.3 Ⅳ型夹持具使用示例

ICS 17.040.30
J 42

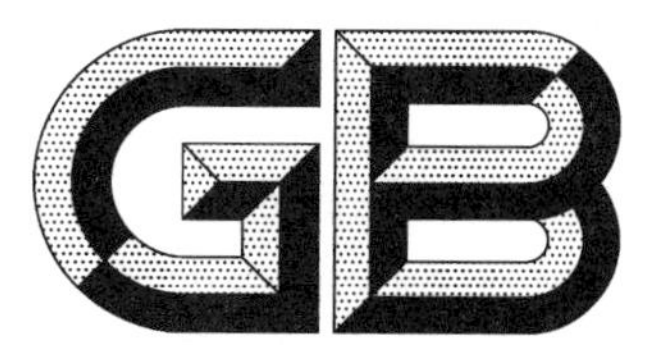

中华人民共和国国家标准

GB/T 22525—2008

正多面棱体

Regular polygon mirror

2008-11-12 发布　　2009-05-01 实施

中华人民共和国国家质量监督检验检疫总局
中国国家标准化管理委员会　发布

前　　言

本标准由中国机械工业联合会提出。

本标准由全国量具量仪标准化技术委员会(SAC/TC 132)归口。

本标准负责起草单位:哈尔滨量具刃具集团有限责任公司。

本标准参加起草单位:成都工具研究所。

本标准主要起草人:于亚静、王琦、宋长滨、武英、姜志刚。

正 多 面 棱 体

1 范围

本标准规定了正多面棱体的术语和定义、型式、基本参数与尺寸、要求、检验方法、标志与包装等。

本标准适用于准确度等级为0、1、2、3的正多面棱体(以下简称“棱体”)。

2 规范性引用文件

下列文件中的条款通过本标准的引用而成为本标准的条款。凡是注日期的引用文件,其随后所有的修改单(不包括勘误的内容)或修订版均不适用于本标准,然而,鼓励根据本标准达成协议的各方研究是否可使用这些文件的最新版本。凡是不注日期的引用文件,其最新版本适用于本标准。

GB/T 17163 几何量测量器具术语 基本术语

3 术语和定义

GB/T 17163中确立的以及下列术语和定义适用于本标准。

3.1

正多面棱体 regular polygon mirror

各相邻平面法线间的夹角为等值测量角,并具有准确角度值的正多边形的实物量具,见图1所示,图示仅供图解说明。

3.2

测量平面 measuring level

垂直于棱体中心线并通过棱体工作面的中截面的平面,见图1。

3.3

工作角 working angle

任意两工作面的法线在测量平面上形成的夹角,见图1。

3.4

基准面 base level

测量中作为定位基准的表面,见图1。

3.5

上表面 up level

与基准面相对的有标志的表面,见图1。

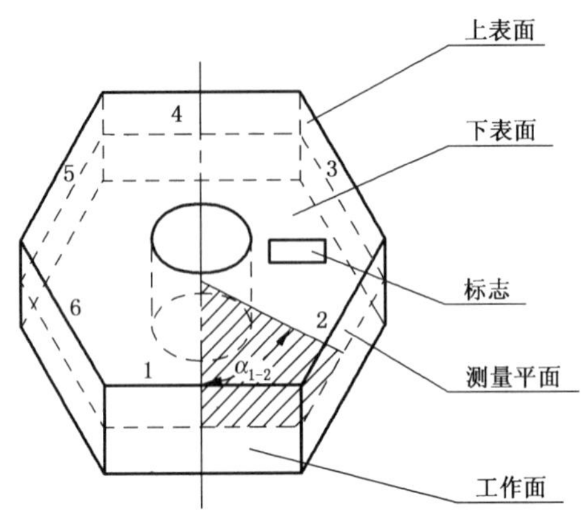

α_{1-2}——工作角。

图 1 棱体示意图

4 型式、基本参数与尺寸

棱体的型式、基本参数与尺寸见图 2 和表 1，图示仅供图解说明。

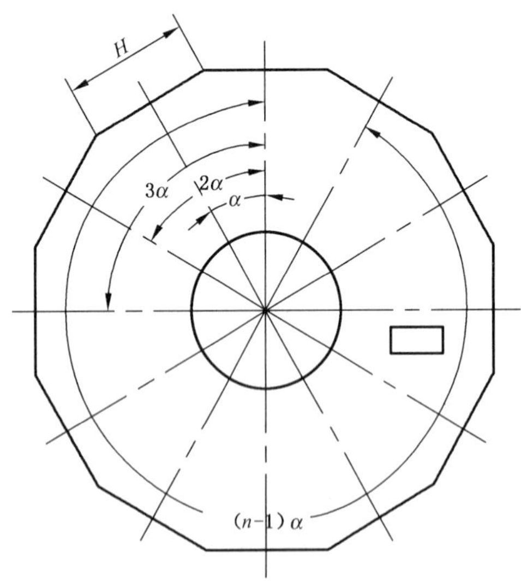

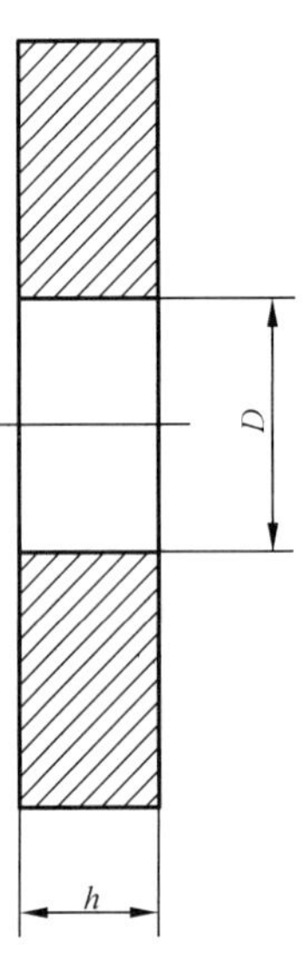

图 2 棱体型式示意图

表 1　工作面的面数、标称工作角、工作面尺寸及孔径

<table>
<tr><th>序　　号</th><th>工作面的面数</th><th>标称工作角</th><th>工作面尺寸(H×h)/mm</th><th>孔径 D/mm</th></tr>
<tr><td>1</td><td>4</td><td>90°</td><td rowspan="16">15×15</td><td rowspan="18">ϕ25H8</td></tr>
<tr><td>2</td><td>6</td><td>60°</td></tr>
<tr><td>3</td><td>8</td><td>45°</td></tr>
<tr><td>4</td><td>9</td><td>40°</td></tr>
<tr><td>5</td><td>10</td><td>36°</td></tr>
<tr><td>6</td><td>12</td><td>30°</td></tr>
<tr><td>7</td><td>15</td><td>24°</td></tr>
<tr><td>8</td><td>16</td><td>22°30′</td></tr>
<tr><td>9</td><td>17</td><td>21°10′35.3″</td></tr>
<tr><td>10</td><td>18</td><td>20°</td></tr>
<tr><td>11</td><td>19</td><td>18°56′50.5″</td></tr>
<tr><td>12</td><td>20</td><td>18°</td></tr>
<tr><td>13</td><td>23</td><td>15°39′7.8″</td></tr>
<tr><td>14</td><td>24</td><td>15°</td></tr>
<tr><td>15</td><td>28</td><td>12°51′25.7″</td></tr>
<tr><td>16</td><td>32</td><td>11°15′</td></tr>
<tr><td>17</td><td>36</td><td>10°</td><td rowspan="2">* 12×15</td></tr>
<tr><td>18</td><td>40</td><td>9°</td></tr>
<tr><td>19</td><td>45</td><td>8°</td><td rowspan="2">* 10×20</td><td rowspan="2">* ϕ40H8</td></tr>
<tr><td>20</td><td>72</td><td>5°</td></tr>
<tr><td colspan="5">注：表中带有“＊”的工作面尺寸仅供参考。</td></tr>
</table>

5　要求

5.1　棱体的工作面不得有明显影响外观和使用质量的缺陷。

5.2　棱体有 0、1、2、3 四种准确度等级，其工作角的偏差、工作面的平面度公差、工作面对基准面的垂直度公差、上表面与基准面的平行度公差以及基准面与上表面的平面度公差见表 2。

表 2　工作角偏差及工作面形位公差

<table>
<tr><th rowspan="3">准确度等级</th><th colspan="2">工作面的面数</th><th rowspan="3">工作面对基准面的垂直度公差(″)</th><th rowspan="2">工作面的平面度公差[b]</th><th rowspan="2">上表面与基准面的平面度公差[a]</th><th rowspan="2">上表面与基准面的平行度公差(每 100 mm 长度上)</th></tr>
<tr><th>≤24</th><th>>24</th></tr>
<tr><th colspan="2">工作角偏差(″)</th><th colspan="3">μm</th></tr>
<tr><td>0</td><td>±1</td><td>±2</td><td>5</td><td>0.03</td><td>1.0</td><td rowspan="4">1.5</td></tr>
<tr><td>1</td><td>±2</td><td>±3</td><td>10</td><td rowspan="2">0.05</td><td rowspan="3">1.5</td></tr>
<tr><td>2</td><td colspan="2">±5</td><td>15</td></tr>
<tr><td>3</td><td colspan="2">±10</td><td>20</td><td>0.1</td></tr>
<tr><td colspan="7">[a] 基准面的平面度误差只允许中间向材料内凹下。
[b] 工作面的平面度误差在其边缘 0.5 mm 范围内不计。</td></tr>
</table>

5.3　棱体应采用轴承钢 GCr15、CrMn 或 Cr 高性能合金钢制造，亦可用氮化钢、石英玻璃或光学玻璃等制造。

5.4 钢制棱体应去磁。

5.5 钢制棱体的硬度不低于766 HV。

5.6 钢制棱体各面表面粗糙度见表3的规定。

表3 各面表面粗糙度

各表面名称	表面粗糙度/μm
工作面	Ra0.025或Rz0.125
基准面、上表面	Ra0.05
基准面、上表面与工作面之间的倒棱边	Ra0.20

5.7 用石英玻璃或光学玻璃制造的棱体，其工作面应镀全反射膜。

5.8 棱体的尺寸应稳定。

6 检验方法

6.1 棱体工作角的偏差

根据棱体准确度等级的不同，可在多齿分度台上检定或在高精度测角仪上考虑度盘修正或以全组合比较法检定，亦允许选用其他检定方法。检定时，均以棱体孔为定位中心并以基准面为定位面。

6.2 不论采用上述哪一种检定方法，其检定不确定度应不大于表4的规定。

表4 棱体工作角的检定不确定度

准确度等级	检定不确定度
0	$1/3\Delta\alpha$
1	$1/4\Delta\alpha$
2、3	$1/5\Delta\alpha$

7 标志与包装

7.1 棱体上表面应标志：

a) 制造厂厂名或注册商标；

b) 产品序号；

c) 工作面的面数；

d) 工作角顺序号。

7.2 棱体的包装盒上应标志：

a) 制造厂厂名或注册商标；

b) 产品名称；

c) 工作面的面数；

d) 准确度等级。

7.3 钢制棱体在包装前应经防锈处理并妥善包装。

7.4 棱体经过检定符合本标准要求的，应附有产品合格证。产品合格证上应标有本标准的标准号、准确度等级、产品序号和出厂日期。

ICS 17.040.30
J 42

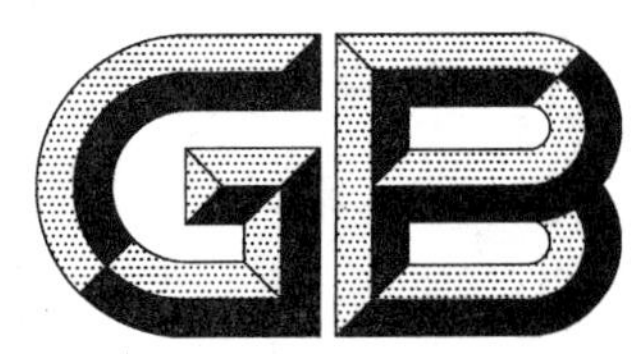

中华人民共和国国家标准

GB/T 22526—2008

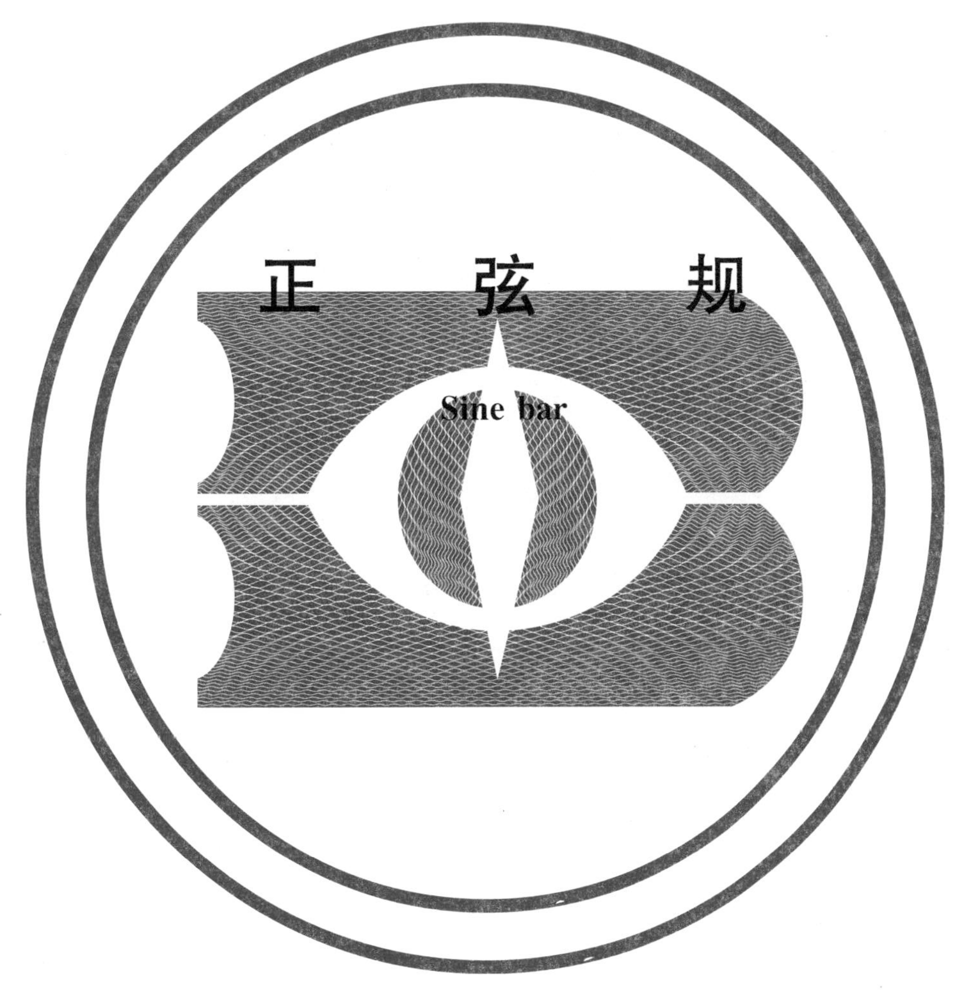

2008-11-12 发布　　　　2009-05-01 实施

中华人民共和国国家质量监督检验检疫总局
中国国家标准化管理委员会　发布

前　　言

本标准的附录 A 为资料性附录。

本标准由中国机械工业联合会提出。

本标准由全国量具量仪标准化技术委员会(SAC/TC 132)归口。

本标准负责起草单位:成都成量工具集团有限公司。

本标准参加起草单位:成都工具研究所。

本标准主要起草人:王静、丁华、姜志刚。

正　弦　规

1　范围

本标准规定了正弦规的术语和定义、型式与基本参数、要求、检验方法、标志与包装等。

本标准适用于两圆柱中心距小于或等于 200 mm、准确度等级为 0 级和 1 级的正弦规。

2　规范性引用文件

下列文件中的条款通过本标准的引用而成为本标准的条款。凡是注日期的引用文件，其随后所有的修改单(不包括勘误的内容)或修订版均不适用于本标准，然而，鼓励根据本标准达成协议的各方研究是否可使用这些文件的最新版本。凡是不注日期的引用文件，其最新版本适用于本标准。

GB/T 17163　几何量测量器具术语　基本术语

GB/T 17164　几何量测量器具术语　产品术语

3　术语和定义

GB/T 17163、GB/T 17164 中确立的术语和定义适用于本标准。

4　型式与基本参数

4.1　正弦规的型式见图 1 和图 2 所示。图示仅供图解说明，不表示详细结构。

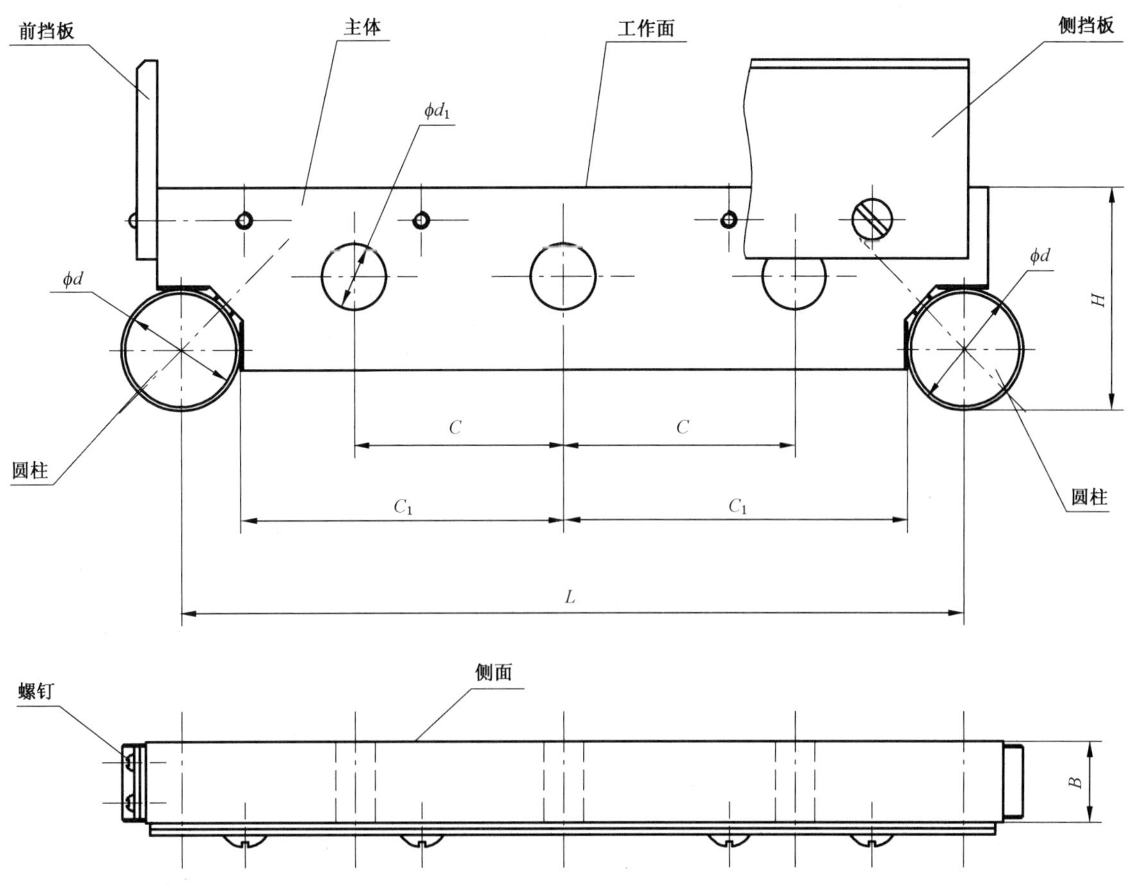

图 1　Ⅰ型正弦规的型式示意图

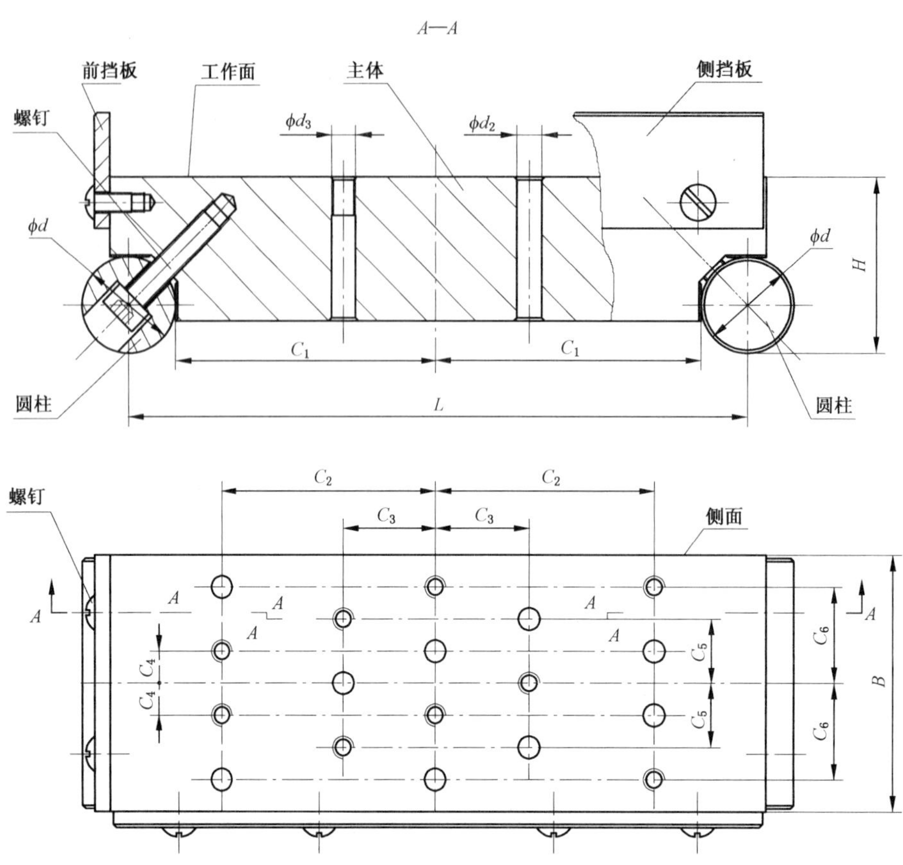

图 2 Ⅱ型正弦规的型式示意图

4.2 正弦规的基本参数见表1。

表 1

单位为毫米

基本参数	Ⅰ型正弦规		Ⅱ型正弦规	
	两圆柱中心距 L			
	100	200	100	200
B	25	40	80	80
d	20	30	20	30
H	30	55	40	55
C	20	40	—	—
C_1	40	85	40	85
C_2	—	—	30	70
C_3			15	30
C_4			10	10
C_5			20	20
C_6			30	30
d_1	12	20	—	—
d_2	—	—	7B12	7B12
d_3			M6	M6

5 要求

5.1 外观

正弦规各表面不应有裂纹和锈迹，工作面上不应有刻痕、划伤、毛刺等影响外观和使用的缺陷。各零件非工作面应有保护性防锈层。

5.2 结构要求

正弦规的结构应满足下列要求：

——应能装置成 0°～80°范围内的任何角度；

——结构的刚性和零件的强度应适应磨削工作条件；

——零件更换和修理应方便。

5.3 紧固螺钉和螺孔

正弦规的圆柱应采用螺钉可靠地紧固在主体件上，并不得引起圆柱和主体件变形。紧固后的螺钉头不得露出圆柱的表面。

主体上固定圆柱用的螺孔不得露出工作面。

5.4 工作面的硬度及表面粗糙度

正弦规各工作面的硬度及表面粗糙度 *Ra* 的最大值见表 2 的规定。

表 2

正弦规各工作面	硬度（≥）	表面粗糙度 *Ra* 的最大值/μm
主体的工作面	58HRC	0.08
圆柱的工作面	60HRC	0.04
前挡板和侧挡板的工作面	48HRC	1.25

5.5 准确度等级

正弦规分为 0 级和 1 级两种准确度等级，其两圆柱中心距的偏差、两圆柱轴线的平行度、主体工作面上各孔中心线间距离的偏差、同一正弦规的两圆柱直径差、圆柱工作面的圆柱度、正弦规主体工作面平面度、正弦规主体工作面与两圆柱下部母线公切面的平行度、侧挡板工作面与圆柱轴线的垂直度、前挡板工作面与圆柱轴线的平行度及正弦规装置成 30°时的综合误差见表 3 的规定。

5.6 稳定性

正弦规的主体和圆柱应进行稳定性处理；正弦规各零件均应去磁。

5.7 附件

若客户需要，制造商可与客户商议，提供配合使用正弦规的有关附件，附件参见附录 A。

表 3

项目[a]		Ⅰ型正弦规				Ⅱ型正弦规			
		两圆柱中心距 *L*/mm							
		100		200		100		200	
		准确度等级							
		0	1	0	1	0	1	0	1
两圆柱中心距的偏差	μm	±1	±2	±1.5	±3	±2	±3	±2	±4
两圆柱轴线的平行度[b]	μm	1	1	1.5	2	2	3	2	4
主体工作面上各孔中心线间距离的偏差	μm	—	—	—	—	±150	±200	±150	±200

表 3（续）

项目[a]		Ⅰ型正弦规				Ⅱ型正弦规			
		两圆柱中心距 L/mm							
		100		200		100		200	
		准确度等级							
		0	1	0	1	0	1	0	1
同一正弦规的两圆柱直径差	μm	1	1.5	1.5	2	1.5	3	2	3
圆柱工作面的圆柱度	μm	1	1.5	1.5	2	1.5	2	1.5	2
正弦规主体工作面平面度[c]	μm	1	2	1.5	2	1	2	1.5	2
正弦规主体工作面与两圆柱下部母线公切面的平行度	μm	1	2	1.5	3	1	2	1.5	3
侧挡板工作面与圆柱轴线的垂直度[b]	μm	22	35	30	45	22	35	30	45
前挡板工作面与圆柱轴线的平行度[b]	μm	5	10	10	20	20	40	30	60
正弦规装置成 30°时的综合误差		±5″	±8″	±5″	±8″	±8″	±16″	±8″	±16″

[a] 表中所有值均按标准温度 20 ℃的条件给定的，且距工作面边缘 1 mm 范围内的均不计。

[b] 两圆柱轴线的平行度、侧挡板工作面与圆柱轴线的垂直度和前挡板工作面与圆柱轴线的平行度均为在全长上。

[c] 工作面应为中凹，不允许凸。

6 检验方法

6.1 圆柱工作面的圆柱度

按图 3 a）所示，以“0”级 V 形架支承圆柱，用分度值为 0.001 mm 的测微仪在圆柱全长的中间及两端 A、B、C 三个截面上分别测量出转动一周时的最大值和最小值之差。

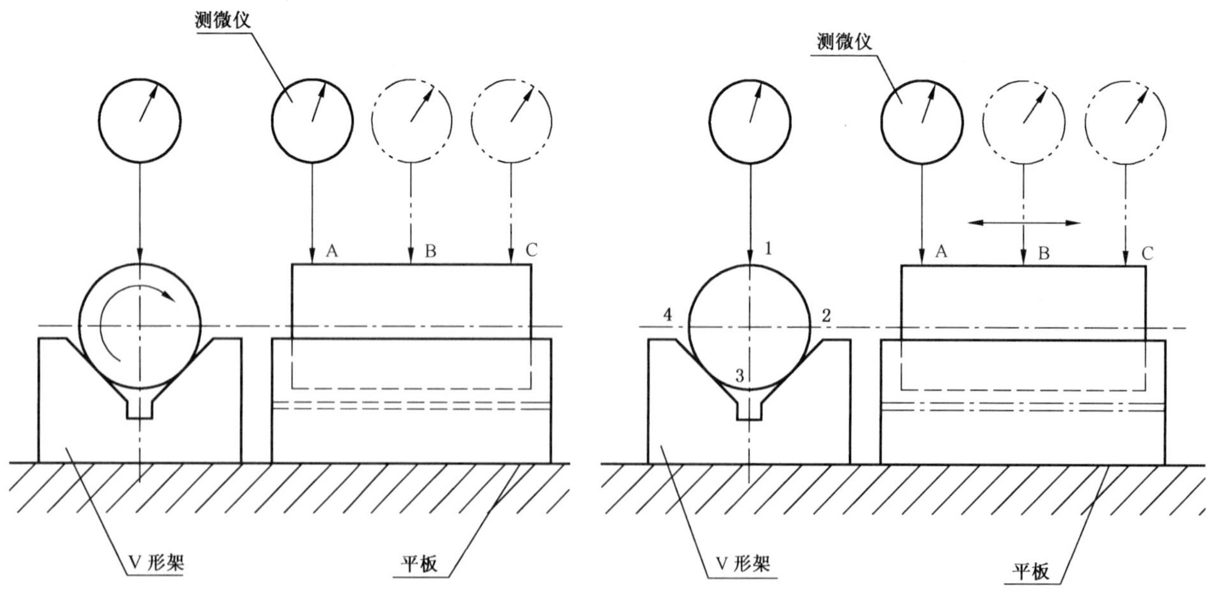

a）转动一周测量　　b）沿母线移动测量

图 3 圆柱工作面的圆柱度检测示意图

按图 3 b)仍以“0”级 V 形架支承圆柱，用分度值为 0.001 mm 的测微仪在圆柱相隔 90°的四条母线(1、2、3、4)上，分别测出 A、B、C 三个位置上的最大值和最小值之差。

两种测量差值中取最大值，即为圆柱的圆柱度误差。

6.2 同一正弦规的两圆柱直径差

按图 4 所示，用分度值为 0.001 mm 的测微仪在圆柱全长的中间及两端 A、B、C 三个截面上分别测量出相互垂直的两个位置 a—a、b—b 上的实际尺寸，以这些实际尺寸的平均值作为该圆柱的直径。用同样方法测得另一圆柱的直径。由两圆柱的直径求两圆柱的直径差。

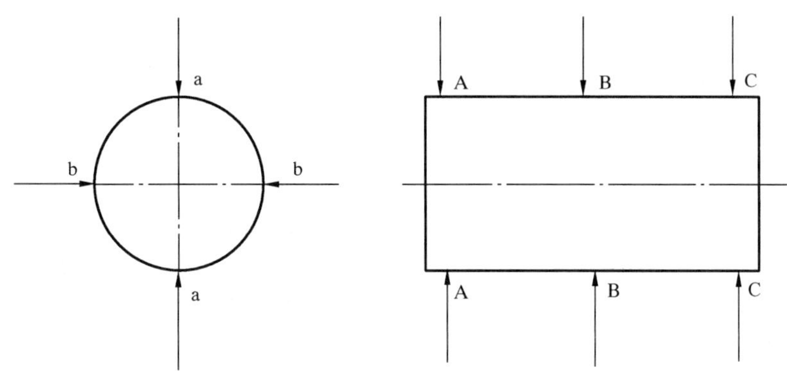

图 4 同一正弦规的两圆柱直径差检测示意图

6.3 两圆柱中心距的偏差

按图 5 所示，通过两个圆柱轴线的平面，在圆柱全长的中间位置上用比较测量法测量两圆柱的外侧距离 A。圆柱中心距的实际距离 L_i 按公式(1)进行计算：

$$L_i = A - \frac{d_a + d_b}{2} \qquad \cdots\cdots(1)$$

两圆柱中心距的偏差 ΔL 按公式(2)进行计算：

$$\Delta L = L_i - L_b \qquad \cdots\cdots(2)$$

式中：

L_i——两圆柱中心距的实际距离，单位为毫米(mm)；

A——两圆柱外侧的实际尺寸，单位为毫米(mm)；

d_a、d_b——两圆柱的实际直径，单位为毫米(mm)；

L_b——两圆柱中心的标称值。

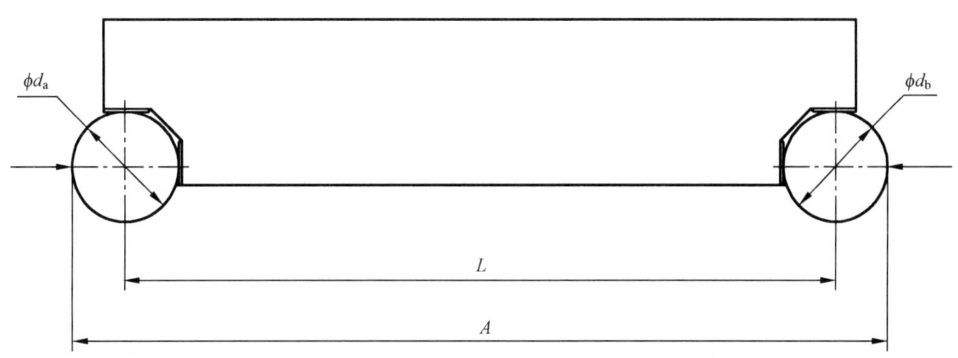

图 5 两圆柱中心距的偏差检测示意图

6.4 两圆柱轴线的平行度

按图 6 a)所示，通过两个圆柱轴线的平面，在圆柱全长的 A—A、B—B、C—C 三个位置上(对Ⅰ型正弦规，只在 A—A、C—C 两个位置上)分别测量 L 的实际尺寸，其最大值与最小值之差，即为该测量方向上的圆柱轴线平行度误差。

将正弦规主体工作面向下置于平板上，按图 6 b)所示，沿上母线方向在圆柱全长的 A′、B′、C′三个位置上(对Ⅰ型正弦规，只在 A′、C′两个位置上)分别测量两圆柱 H 值的变动量，其最大值与最小值之差，即为该测量方向上的圆柱轴线平行度误差。

将上述两种测量中得到的平行度误差的较大值作为两圆柱轴线的平行度误差。

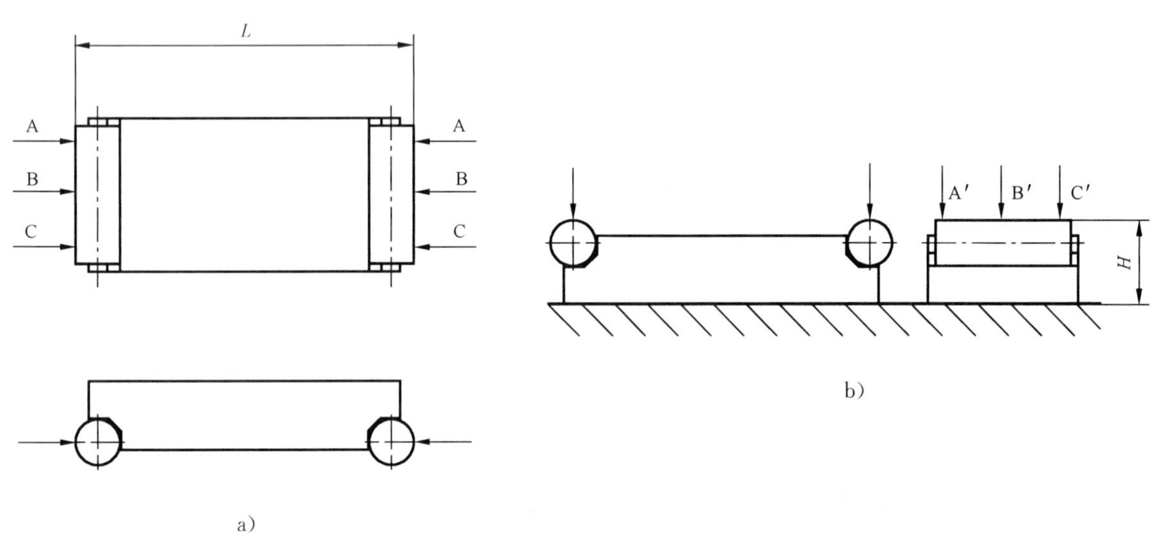

图 6　两圆柱轴线的平行度检测示意图

6.5　正弦规主体工作面平面度

在主体工作面上，按图 7 所示的四个位置用“0”级刀口尺以光隙法检定工作面的平面度。

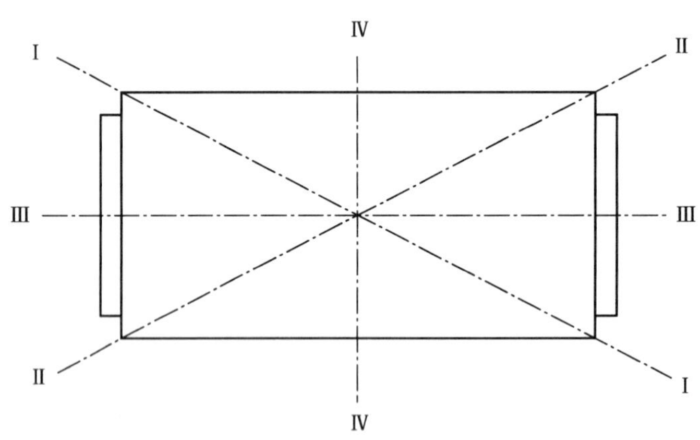

图 7　正弦规主体工作面平面度检测示意图

6.6　正弦规主体工作面与两圆柱下部母线公切面的平行度

按图 8 所示，将正弦规放置在平板上，在主体工作面的 A、B、C、D 四个位置，用分度值为 0.001 mm 的测微仪测得的最大值与最小值之差。

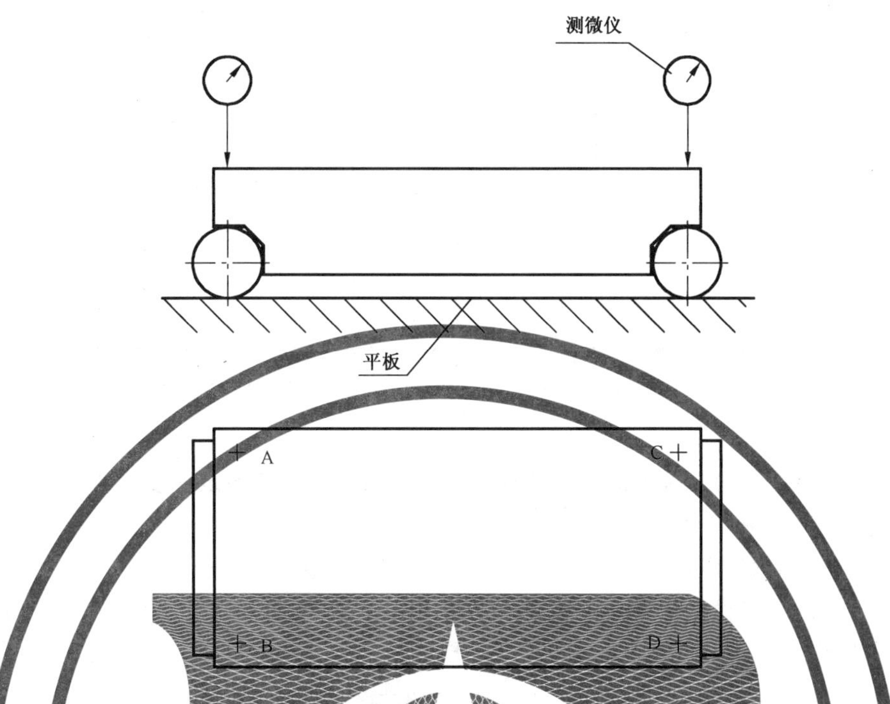

图 8 正弦规主体工作面与两圆柱下部母线公切面的平行度检测示意图

6.7 侧挡板工作面与圆柱轴线的垂直度

按图 9 所示，将固定有正弦规的方箱置于平板上，调整正弦规，使圆柱的母线与 90°角尺紧密贴合并紧固，然后用分度值为 0.01 mm 的指示表的测量头接触在正弦规主体侧面两端的 A、B 位置上，读出指示表两次读数之差。

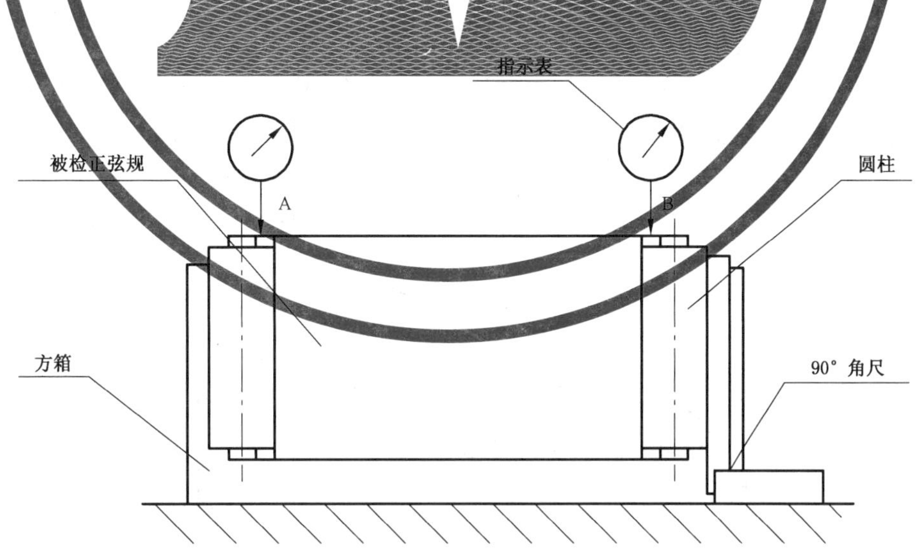

图 9 侧挡板工作面与圆柱轴线的垂直度检测示意图

6.8 前挡板工作面与圆柱轴线的平行度

按图 10 所示，将固定有正弦规的方箱置于平板上，用分度值为 0.01 mm 的指示表的测量头接触在圆柱两端的 A、B 位置上，读出指示表两次读数之差。

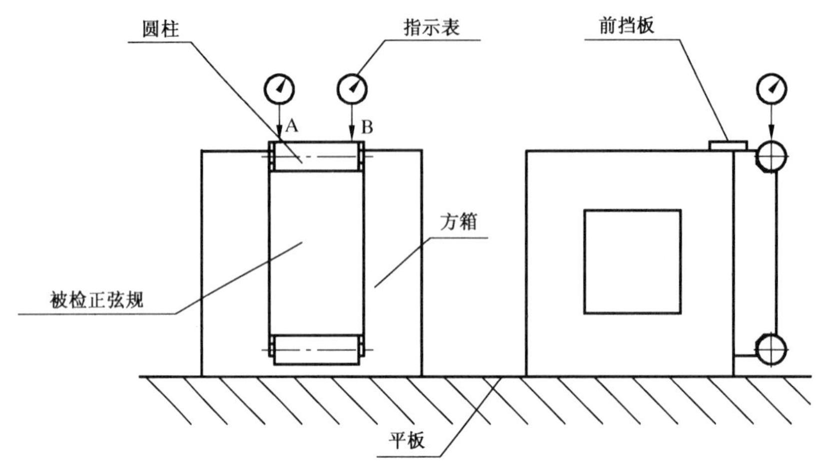

图 10　前挡板工作面与圆柱轴线的平行度检测示意图

6.9　正弦规装置成 30°时的综合误差

按图 11 所示，用量块使正弦规置成 30°，将 30°的"1"级角度量块的侧面紧贴侧挡板的工作面，然后用分度值为 0.001 mm 的测微仪，使其测量头与角度量块两端 A、B 位置接触，由测微仪两次读数之差，通过计算求出正弦规在装置成 30°时的综合误差。正弦规综合误差 $\Delta\alpha$ 按公式(3)进行计算。

$$\Delta\alpha = \arcsin \frac{a-b}{l} \qquad \cdots\cdots(3)$$

式中：

$\Delta\alpha$——正弦规装置成 30°时的综合误差，单位为秒(″)；

a、b——测微仪分别在 A、B 两点的读数值，单位为毫米(mm)；

l——测微仪两次读数的 A、B 点间的距离，单位为毫米(mm)。

注：计算时应将角度量块的实际值代入。

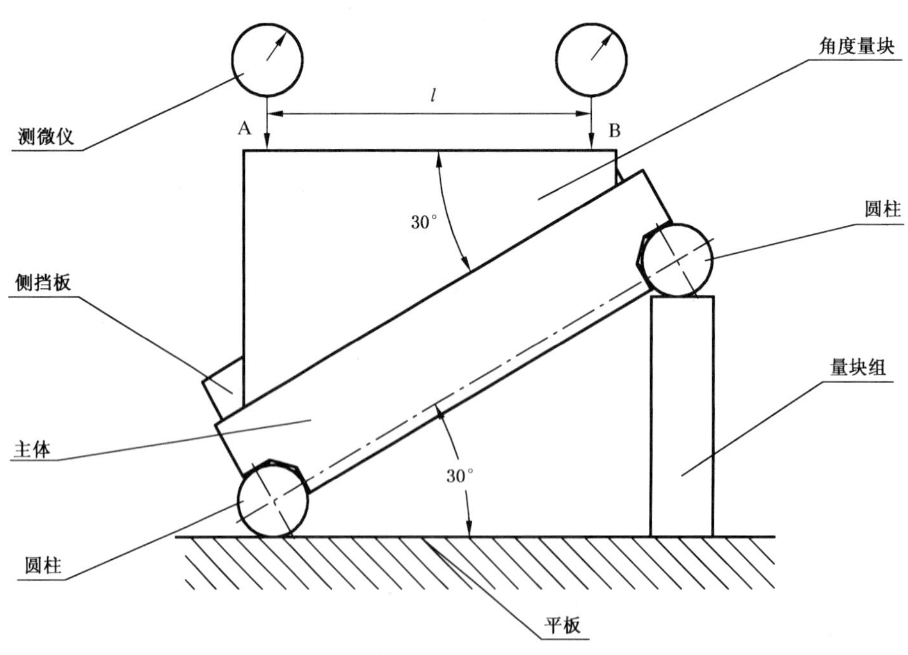

图 11　正弦规装置成 30°时的综合误差检测示意图

7 标志与包装

7.1 正弦规上应标有：

a) 制造厂厂名或注册商标；

b) 两圆柱的公称中心距（单位 mm 可以省略）；

c) 产品序号；

d) 制造年号。

7.2 正弦规的包装盒上应标有：

a) 制造厂厂名或注册商标；

b) 产品名称；

c) 中心距及型式；

d) 准确度等级。

7.3 正弦规在包装前应经防锈处理，并妥善包装。不得因包装不善而在运输过程中损坏产品。

7.4 正弦规经检验符合本标准要求的，应附有产品合格证。产品合格证上应标有本标准的标准号、准确度等级、中心距及型式、产品序号和出厂日期。

附　录　A
（资料性附录）
配合使用正弦规的有关附件

A.1 按用户和制造厂双方商议，正弦规可供下列附件：

a) 正弦规工作面上为固定工件的虎钳、V形架等夹具。

b) 在机床台面上为固定Ⅰ型正弦规用的角铁。

c) 具有圆棱工作面的前挡板（见图 A.1），圆棱工作面表面粗糙度 *Ra* 的最大值不应大于 0.16 μm，与圆柱轴线的平行度见表 3 中"前挡板工作面与圆柱轴线的平行度"。

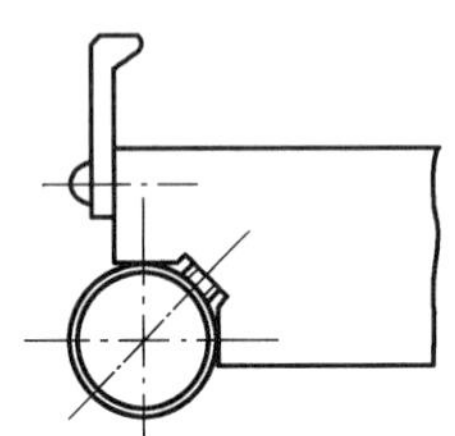

图 **A.1**

d) 在机床上固定Ⅱ型正弦规用的支承板，其结构见图 A.2 所示，要求如下：

——支承板上工作面表面粗糙度 *Ra* 的最大值不应大于 0.04 μm；

——支承板下工作面表面粗糙度 *Ra* 的最大值不应大于 1.25 μm；

——支承板工作面的硬度不应低于 58HRC；

——支承板工作面的平面度公差：*L*＝100 mm 为 2 μm；*L*＝200 mm 为 3 μm。

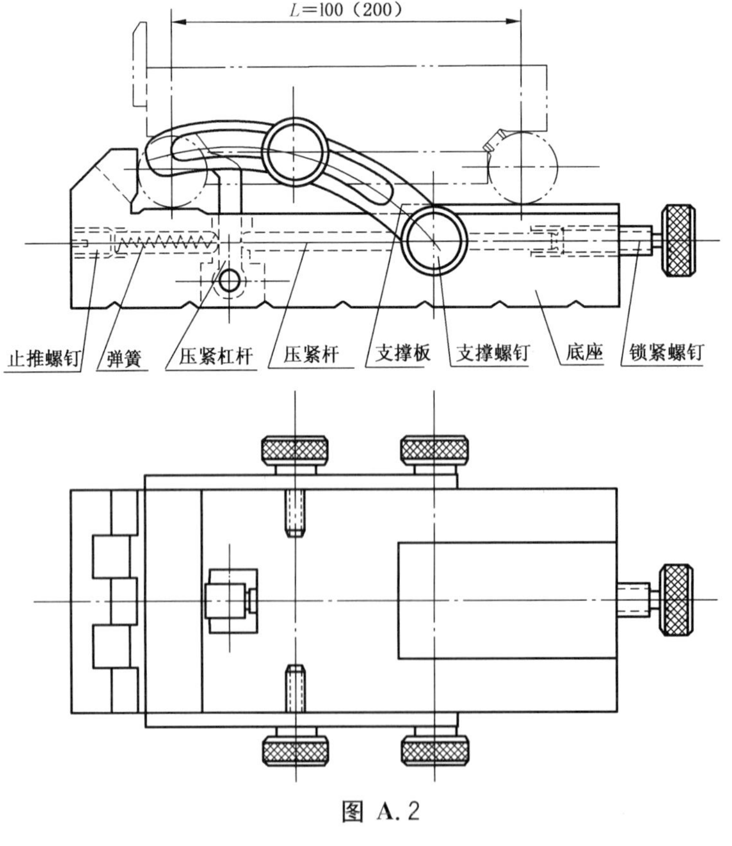

图 **A.2**

ICS 17.040.30
J 42
备案号：28716—2010

中华人民共和国机械行业标准

JB/T 10015—2010
代替 JB/T 10015—1999

2010-02-11 发布 2010-07-01 实施

中华人民共和国工业和信息化部 发布

前　言

本标准代替 JB/T 10015—1999《直角尺检查仪》。

本标准与 JB/T 10015—1999 相比，主要变化如下：

——改变和增加引用标准；

——增加III型直角尺检查仪基本参数、技术要求和检查方法；

——原标准附录 A《直角尺检查仪主要精度项目的检验》取消，其主要项目，在增加的第 6 章《检验方法》叙述；

——增加规范性附录 A—检查仪的标准直角尺要求；

——原标准附录 A《直角尺检查仪主要精度项目的检验》中 A2.3 条“工作台工作面的平面度”，经修改作为资料性附录 B；

——删除检查仪的立柱导轨工作面直线度、I 型检查仪的活动测杆和固定测杆相对工作台台面和靠板定位面的平行度、I 型检查仪的活动测杆在全行程两个极限位置对固定测杆中心的对称度、I 型检查仪的活动测杆与固定测杆长度的一致性等技术要求和检验方法；

——修改示值变动性为重复性，增加重复性计算公式；

——修改示值误差为示值最大允许误差；

——修改左右工作台面的平行度检验方法；

——修改检查仪示值误差的计算公式。

本标准的附录 A 为规范性附录，附录 B 为资料性附录。

本标准由中国机械工业联合会提出。

本标准由全国量具量仪标准化技术委员会（SAC/TC 132）归口。

本标准负责起草单位：中国计量学院。

本标准参加起草单位：郑州瑞达量仪科技有限公司、河南省计量科学研究院、广西壮族自治区计量检测研究院、浙江省计量科学研究院。

本标准主要起草人：赵军、刘维、王伯俭、张卫东、阳明珠、茅振华、孔明、罗哉。

本标准所代替标准的历次版本发布情况为：

——ZB J42 013—1987；

——JB/T 10015—1999。

直角尺检查仪

1 范围

本标准规定了直角尺检查仪的型式与基本参数、要求、检验条件、检验方法、标志与包装等。

本标准适用于分度值不大于 0.001 mm 的直角尺检查仪（以下简称检查仪）。

2 引用标准

下列文件中的条款通过本标准的引用而成为本标准的条款，凡是注日期的引用文件，其随后所有的修改单（不包括勘查的内容）或修改版均不适用于本标准，然而，鼓励根据本标准达成协议的各方研究是否使用这些文件的最新版本。凡是不注日期的引用文件，其最新版本适用于本标准。

GB/T 191—2008 包装储运图示标志（ISO 780：1997，MOD）

GB/T 4755—2004 扭簧比较仪（ΓOCT 6933：1981，NEQ）

GB/T 4879—1999 防锈包装

GB/T 5048—1999 防潮包装

GB/T 6320—2008 杠杆齿轮比较仪

GB/T 6388—1986 运输包装收发货标志

GB/T 9969—2008 工业产品使用说明书 总则

GB/T 11337—2004 平面度误差检测

GB/T 14436—1993 工业产品保证文件 总则

GB/T 17163 几何量测量器具术语 基本术语

3 定义

GB/T 17163 中确立的以及下列术语和定义适用于本标准。

3.1

直角尺检查仪 square measuring instrument

根据比较测量法或直接测量法，以比较仪沿立柱导轨移动测量取值，用于测量直角尺及其他 90 °样板外角的线值误差测量仪器。

4 型式与基本参数

4.1 型式

4.1.1 Ⅰ型检查仪见图 1 所示，其工作台为左右两端固定式或一端固定、一端可调式，仪器有换向装置。图示仅供图解说明，不表示详细结构。

4.1.2 Ⅱ型检查仪见图 2 所示，其工作台为整体式，仪器无换向装置。图示仅供图解说明，不表示详细结构。

4.1.3 Ⅲ型检查仪见图 3 所示，其工作台为整体式，仪器有换向装置。图示仅供图解说明，不表示详细结构。

4.2 基本参数

检查仪的基本参数见表 1 的规定。

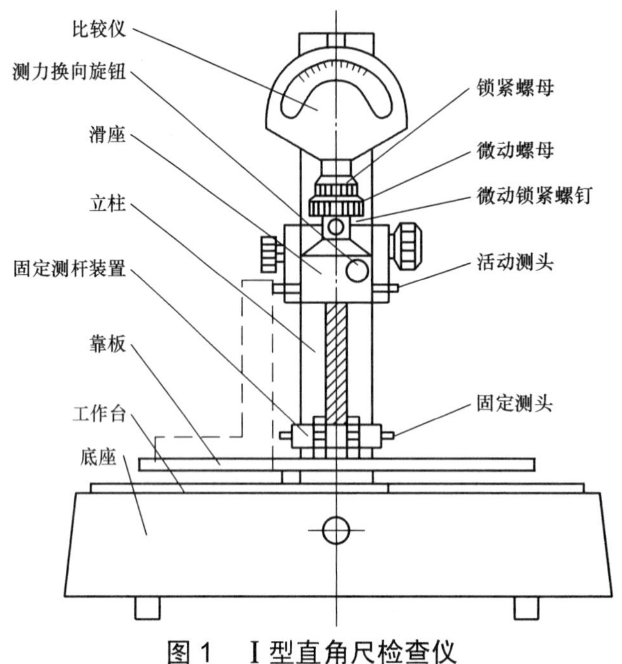

图1　Ⅰ型直角尺检查仪

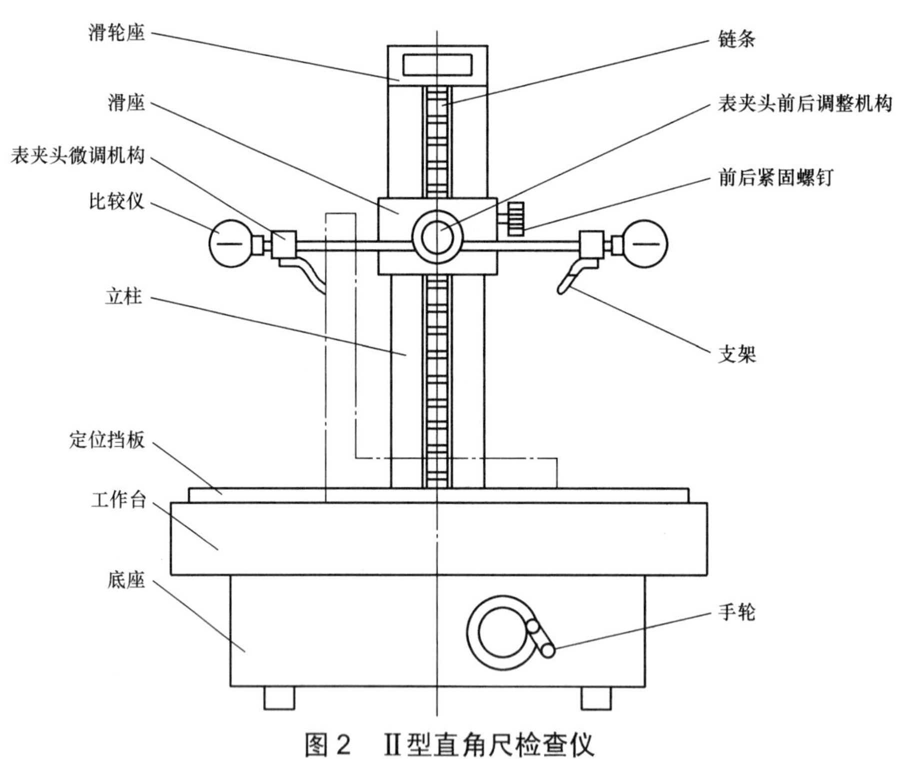

图2　Ⅱ型直角尺检查仪

表　1

单位：mm

检查仪的型式	测量范围	夹持比较仪的孔径	比较仪的分度值	比较仪的示值范围
Ⅰ型	0～400	ϕ8H7 或ϕ28H7	≤0.001	±0.05
Ⅱ型	0～500			
Ⅲ型	0～500			
注：Ⅰ型检查仪采用固定式测量的测量方法；Ⅱ型和Ⅲ型检查仪采用连续式测量的测量方法。				

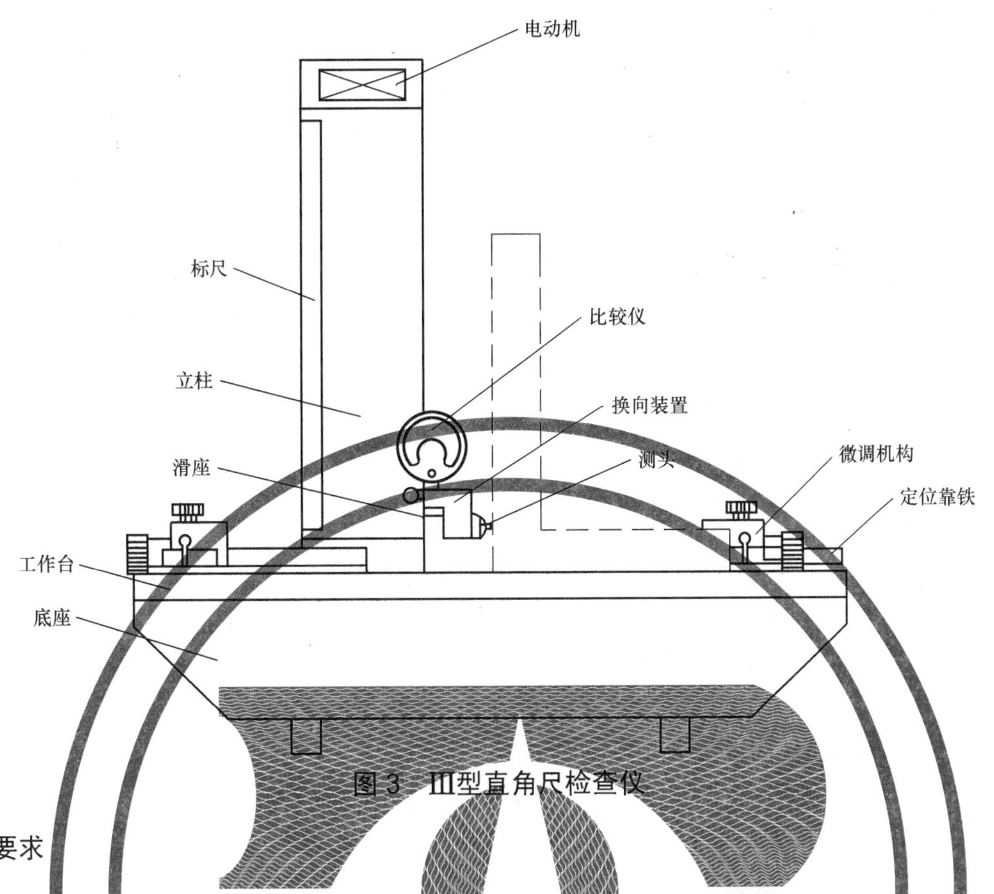

图3 Ⅲ型直角尺检查仪

5 技术要求

5.1 外观

检查仪的工作表面不应有锈蚀、碰伤、划痕、毛刺等缺陷。喷漆表面不应有漆皮脱落及漆色不均现象。电镀表面不应产生水纹及脱落现象。

5.2 相互作用

检查仪的移动和运转部位运动平稳、灵活，不允许有卡滞和跳动现象。可调部位应灵敏，紧固装置应牢固可靠。

5.3 比较仪

检查仪上所采用的杠杆齿轮比较仪或扭簧比较仪的分度值不应大于 0.001 mm，且符合 GB/T 4755 或 GB/T 6320 的规定。也可采用同等准确度等级的其他比较仪。

5.4 测力

在比较仪量程内，检查仪的测力不应大于 3 N。变换测量方向后，在比较仪的同一指示位置上，两个方向的测力之差不应大于 0.3 N。

5.5 工作台面的表面粗糙度和硬度

工作台面选用的材料及其对应的表面粗糙度和硬度见表 2 的规定。

表 2

材料名称	表面粗糙度 *Ra* 值 μm	工作面硬度
合金工具钢	≤0.10	≥713HV
优质灰铸铁	≤0.80	≥180HB
花岗岩石	≤0.63	≥70HS
注：允许选用优于表中性能的材料。		

5.6 滑座移动相对工作台面垂直度

滑座移动相对工作台面垂直度在200 mm测量范围内，纵向垂直度不应大于0.01 mm，横向垂直度不应大于0.05 mm。

5.7 工作台面的平面度

5.7.1 I型检查仪的左右两个工作台面的平面度不应大于0.001 mm，不允许呈凸形，在两端5 mm及沿长边的边缘2 mm范围内允许塌边。

5.7.2 II型、III型检查仪的工作台面的平面度不应大于0.002 mm，不允许呈凸形，在两端5 mm及沿长边的边缘2 mm范围内允许塌边。

5.8 左右两工作台面的平行度

左右两工作台面的平行度不应大于0.001 mm。

5.9 重复性

检查仪的重复性不应大于0.0005 mm。

5.10 示值最大允许误差

在测量范围内任意高度，检查仪的示值最大允许误差不应超过$\pm\left(1+\frac{H}{200}\right)$μm。

注：H——检查仪的测量高度，单位为mm。

6 检查条件

检查前，应将检查仪及相关的检验用设备和器具等同时放置在温度为20 ℃±5 ℃、每1 h温差变化不应大于1 ℃的室内等温，等温时间不应少于3 h；室内相对湿度不应大于70%。

7 检查方法

7.1 外观

目力观察。

7.2 相互作用

目测和试验。

7.3 测力

用分度值为0.1 N的测力计进行检验。

7.4 工作台面的表面粗糙度和硬度

7.4.1 工作台面的表面粗糙度用粗糙度比较样块目测比较。如有异议，用表面粗糙度检查仪检查。

7.4.2 工作台面的硬度可根据需要用硬度计进行检验。

7.5 滑座移动相对工作台面垂直度

7.5.1 将标准直角尺(见附录A)放置在检查仪的左侧工作台面上，把活动测头移到标准直角尺的60 mm位置处，并同时调整比较仪指针使其读数为零；然后将活动测头移到标准直角尺的260 mm位置处，在比较仪上得读数A'，A'即为滑座移动对工作台面的纵向垂直度。

7.5.2 将磁力表座吸附于滑座上，将扭簧比较仪装夹与磁力表座，将300 mm标准圆柱角尺置于工作台面上，将扭簧比较仪测头置于标准直角尺的60 mm位置处，并同时调整比较仪指针使其读数为零；然后将活动测头移到标准直角尺的260 mm位置处，在比较仪上得读数A'，A'即为滑座移动对工作台面的横向垂直度。

7.6 工作台面的平面度

检查仪工作台面的平面度的检验方法见附录B。

7.7 左右两工作台面的平行度

将分度值为0.2″或0.001mm/m的电子水平仪放在左工作台面上，沿纵向方向对左右两工作台面进行测量，测量四点，按两端点连线法进行数据处理，然后再将水平仪分别偏转两个角度，按上述方法重新测量两次，三个方向的平行度的最大值即为左右两工作台面的平行度。

7.8 重复性

7.8.1 I型检查仪的重复性，是用标准直角尺（见附录A）在检查仪左右两工作台面上进行检验。将检查仪的活动测头移至顶端位置处，把标准直角尺分别置于检查仪的左（右）工作台面上，使标准直角尺的侧面与靠板定位面贴附，用手推动标准直角尺靠紧固定测头，在比较仪上进行读数。重复测量五次，取五次计算值中的最大值和最小值之差作为极差，重复性 s 按公式（1）分别计算左（右）两位置的重复性，取最大值为检验结果。

$$s=\frac{x_{\max}-x_{\min}}{d_{\mathrm{n}}} \qquad (1)$$

式中：

s ——重复性，单位为μm；

$x_{\max}$——读数值中的最大值，单位为μm；

$x_{\min}$——读数值中的最小值，单位为μm；

d_{n}——极差系数（测量次数 $n=5$ 时，查表得 $d_{\mathrm{n}}=2.33$）。

7.8.2 II型、III型检查仪的重复性，是用7.8.1相同的方法在检查仪左右两位置上进行测量。将标准直角尺的侧面与挡板定位面贴附，调整滑座使左（右）侧比较仪测头与标准直角尺底端工作面相接触，并同时调整比较仪指针使其读数为零。然后摇动手轮或按动电钮直到标准直角尺的顶端，记下比较仪在顶端的读数值。重复测量五次，取五次读数值中的最大值和最小值之差作为极差，重复性 s 按公式（1）分别计算左（右）两位置的重复性，取最大值为检验结果。

7.9 示值误差

7.9.1 I型检查仪示值误差的检验方法如下：

将标准直角尺以长边为基面置于左工作台上，使标准直角尺侧面与靠板定位面贴附。把活动测杆调整到距离工作台面125 mm的位置，并锁紧。用手推动直角尺靠紧固定测头，并同时调整比较仪指针使其读数为零。然后换向，把标准直角尺置于右工作台上。使标准直角尺侧面与靠板定位面贴附。用手推动直角尺靠紧固定测头进行检测，重复测量2～3次，记下比较仪的读数值，取平均值为 A_i。则检查仪在该受检点的示值误差 δ_i 按公式（2）计算。各检测点的示值误差均不应超过5.10规定的最大允许误差。

然后，以100 mm间隔依次向上移动活动测杆至顶端，以同样方法进行测量，则绝对值最大的示值误差 δ_i 即为检查仪的示值误差。检查仪的示值误差不应超过5.10规定的最大允许误差 。

注：固定测杆与工作台面间的距离为25 mm。

$$\delta_i=\frac{0+A_i}{2}-\varDelta_i \qquad (2)$$

式中：

δ_i ——各检测点的示值误差，单位为μm；

A_i——比较仪读数值的平均值，单位为μm；

$\varDelta_i$——为标准直角尺在第 i 测量位置实际垂直度，单位为μm。

7.9.2 II型检查仪示值误差的检验方法如下：

将标准直角尺以长边为基面置于工作台中间部位，使标准直角尺侧面与挡板定位面贴附。调整滑座使左侧比较仪测头与标准直角尺底端工作面相接触，并同时调整比较仪指针使其读数为零。然后摇动手轮，以100 mm间隔依次向上移动使比较仪从标准直角尺底端工作面向上连续检测到标准直角尺的顶端，记下比较仪由底端到各测量点的读数值，以 A_{1i} 表示。将标准直角尺在原来位置上翻转180°，用右侧比较仪以同样的方法进行测量，可得到各测量点的第二次读数值，以 A_{2i} 表示，则检查仪在该受检点的示值误差 δ_i 按公式（3）计算。取绝对值最大的示值误差 δ_i 即为检查仪示值误差。检查仪的示值误差不应超过5.10规定的最大允许误差 。

$$\delta_i = \frac{A_{1i} + A_{2i}}{2} - \Delta_i \cdots\cdots (3)$$

式中：

δ_i ——各检测点的示值误差，单位为μm；

A_{1i} ——比较仪各测量点的第一次读数差，单位为μm；

A_{2i} ——比较仪各测量点的第二次读数差，单位为μm；

Δ_i ——标准直角尺在第 i 测量位置实际垂直度，单位为μm。

7.9.3 III型检查仪示值误差的检验方法如下：

将标准直角尺以长边为基面置于工作台左边，使标准直角尺侧面与挡板定位面贴附。升降滑座使左侧比较仪测头与标准直角尺底端工作面相接触，并同时调整比较仪指针使其读数为零。然后按动电钮，以 100 mm 间隔依次向上移动使比较仪由标准直角尺底端工作面向上检测到标准直角尺的顶端，记下比较仪由底端到各测量点的读数值，以 A_{1i} 表示。将标准直角尺翻转 180° 置于工作台右边，并将比较仪转向，以同样的方法进行测量，可得到各测量点的第二次读数值，以 A_{2i} 表示，则检查仪在该受检点的示值误差 δ_i 按公式（3）计算。取绝对值最大的示值误差 δ_i 即为检查仪示值误差。检查仪的示值误差不应超过 5.10 规定的最大允许误差。

8 标志与包装

8.1 标志

8.1.1 检查仪上应标志：

a）制造厂厂名或商标；

b）名称和型号；

c）产品制造日期及产品序号。

8.1.2 检查仪外包装的标志应符合 GB/T 191 和 GB/T 6388 的规定。

8.2 包装

8.2.1 检查仪的包装应符合 GB/T 4879 和 GB/T 5048 的规定。

8.2.2 检查仪经检验符合本标准要求的应具有符合 GB/T 14436 规定的产品合格证。产品合格证上应标有本标准的标准号、产品序号和出厂日期，以及符合 GB/T 9969 规定的使用说明书，装箱单。

附 录 A
（规范性附录）
检查仪的标准直角尺要求

A.1 规格

标准直角尺的规格为 500 mm×315 mm。

A.2 材料

标准直角尺采用合金工具钢或花岗岩制造。

A.3 硬度

合金工具钢标准直角尺的工作面硬度不低于 766 HV，花岗岩标准直角尺的工作面硬度不低于 70 HS。

A.4 表面粗糙度

合金工具钢标准直角尺的工作面和底面的表面粗糙度 *Ra* 不大于 0.1 μm，花岗岩标准直角尺的工作面和底面的表面粗糙度 *Ra* 不大于 0.63 μm。

A.5 平面度

标准直角尺的工作面和底面的平面度不大于 0.6 μm。

A.6 垂直度

标准直角尺的工作面相对于底面的垂直度不大于 0.004 mm，且工作面相对于底面的垂直度的测量不确定度不大于 0.001 mm。

附　录　B
（资料性附录）
检查仪工作台面的平面度的检验方法

B.1　概述

GB/T 11337 中规定的各种检验方法，在保证测量不确定度要求的条件下，都适用于检查仪工作台面的平面度的检验。但检验方法的不同会给最终检测结果带来一定的差异。这种差异在制造方与购买方达成一致意见的基础上是可以接受的。

本附录仅提供一种参考检验方法。

原则上，对研磨工作台面的平面度用直径为 100 mm 的 1 级平面平晶，以光波干涉法分段进行检验。对合金工具钢或花岗岩石工作台面以及整体工作台面的平面度用分度值为 1″ 或 0.005 mm/m 的自准直仪、电子水平仪检验。

B.2　Ⅰ型检查仪工作台面的平面度

Ⅰ型检查仪左右两工作台工作面的平面度分别按下述方法检验：

用直径为 100 mm 的 1 级平面平晶，以光波干涉法分段进行检测。检测时，将平面平晶放在被检工作面上，使呈现的光波干涉带的方向与被检工作面纵向相平行，根据干涉带的弯曲程度和方向，计算各段被检工作面的局部平面度δ。其大小按公式（B.1）计算：

$$\delta = B \times \frac{\lambda}{2} \qquad \text{(B.1)}$$

式中：

δ ——各段被检工作面的局部平面度，单位为μm；

B ——干涉带弯曲量与宽度之比；

λ ——使用的光波波长，单位为μm。

分段检验如图 B.1 所示，在 S_1、S_2、S_3 和 S_4 位置上进行。平面平晶从被检工作面一端开始，首先测得 S_1 位置得 B_1 值，再使平晶沿被检工作面纵向移动平晶直径的一半距离，分别测得 S_2 位置的 B_2 值，S_3 位置的 B_3 值，S_4 位置的 B_4，将 B_1、B_2、B_3 和 B_4 的值代入公式（B.1），经计算得到各段的局部平面度δ_1、δ_2、δ_3 和δ_4，通过计算确定整个被检工作面的平面度。

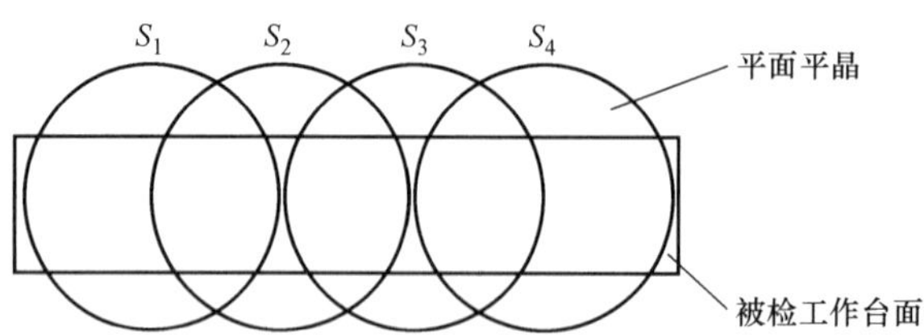

图 B.1　分段测量工作面的平面度

根据平面平晶在各个所得到的局部平面度δ_1，按公式（B.2）可求得各段相对于两端的偏差δy_i。工作台面的平面度由δy_i 面的最大值和最小值的绝对值之和确定。

$$\delta y_i = 2\left\{\frac{i}{n}\left[(n-1)\delta_1+(n-2)\delta_2+\cdots+\delta_{n-1}\right]-\left[(i-1)\delta_1+(i-2)\delta_2+\cdots+\delta_{i-1}\right]\right\} \qquad \text{(B.2)}$$

式中：

δy_i——各段被检工作面的局部平面度相对于两端的偏差，单位为μm；

n ——测量段数；

i ——测量段序号。(i–1)，(i –2)，… ，(i–n+1) 的值不大于 0 时，取值为 0。

B.3 Ⅱ型或Ⅲ型检查仪工作台面的平面度

Ⅱ型或Ⅲ型检查仪工作台面平面度的检验，用分度值为 1″ 或 0.005 mm/m 的自准直仪、电子水平仪检验。其检验方法如下：

将工作台面放在平板上，把反射镜放在被测量表面上，调整自准直仪与被测表面平行。按对角线法布点将反射镜按节距 L（L=100mm）沿被测表面两条对角线布点依次移动，同时记录垂直为方向各点的读数值。根据记录的读数值用计算方法（或图解法）计算出被检面的平面度。

ICS 17.040.30
J 42
备案号：20831—2007

中华人民共和国机械行业标准

JB/T 10742—2007

HSK工具圆锥量规

Gauges of HSK tapers

2007-05-29 发布 2007-11-01 实施

中华人民共和国国家发展和改革委员会 发布

前　言

本标准对应于 GB/T 19449—2004/ISO 12164：2001《带有法兰接触面的空心圆锥接口》，其中所列出的圆锥规格与 GB/T 19449—2004/ISO 12164：2001 标准中的规格是一致的。

本标准中所列出的 1∶9.98 工具圆锥量规用于检验 GB/T 19449.1—2004/ISO 12164-1：2001《带有法兰接触面的空心圆锥接口　第 1 部分：柄部——尺寸》中所规定的 HSK 工具圆锥锥度；1∶10 工具圆锥量规用于检验 GB/T 19449.2—2004/ISO 12164-2：2001《带有法兰接触面的空心圆锥接口　第 2 部分：安装孔——尺寸》中所规定的 HSK 工具圆锥锥度。

本标准的附录 A 和附录 B 均为资料性附录。

本标准由中国机械工业联合会提出。

本标准由全国量具量仪标准化技术委员会（SAC/TC 132）归口。

本标准负责起草单位：成都工具研究所、哈尔滨量具刃具集团有限责任公司。

本标准主要起草人：邓宁、许刚、李彬方、孟广达、朱鸿杰。

本标准为首次发布。

HSK 工具圆锥量规

1 范围

本标准规定了 HSK 工具圆锥量规的型式尺寸、锥角公差等级和数值、圆锥形状公差、检验及标志与包装等。

本标准规定的 HSK 工具圆锥量规适用于检验 HSK 工具圆锥中的 A 型和 C 型圆锥。

2 规范性引用文件

下列文件中的条款通过本标准的引用而成为本标准的条款。凡是注日期的引用文件，其随后所有的修改单（不包括勘误的内容）或修订版均不适用于本标准，然而，鼓励根据本标准达成协议的各方研究是否使用这些文件的最新版本。凡是不注日期的引用文件，其最新版本适用于本标准。

GB/T 11852—2003　圆锥量规公差与技术条件

GB/T 19449.1—2004　带有法兰接触面的空心圆锥接口　第 1 部分：柄部—尺寸（ISO 12164-1:2001，IDT）

GB/T 19449.2—2004　带有法兰接触面的空心圆锥接口　第 2 部分：安装孔—尺寸（ISO 12164-2:2001，IDT）

3 要求

3.1 型式

HSK 工具圆锥量规有 1∶10 圆锥塞规、1∶9.98 圆锥环规，以及 1∶9.98 圆锥校对塞规三种；而 1∶9.98 圆锥环规又分为 1∶9.98 大径圆锥环规和 1∶9.98 小径圆锥环规，如图 1～图 4 所示。图示仅供图解说明。

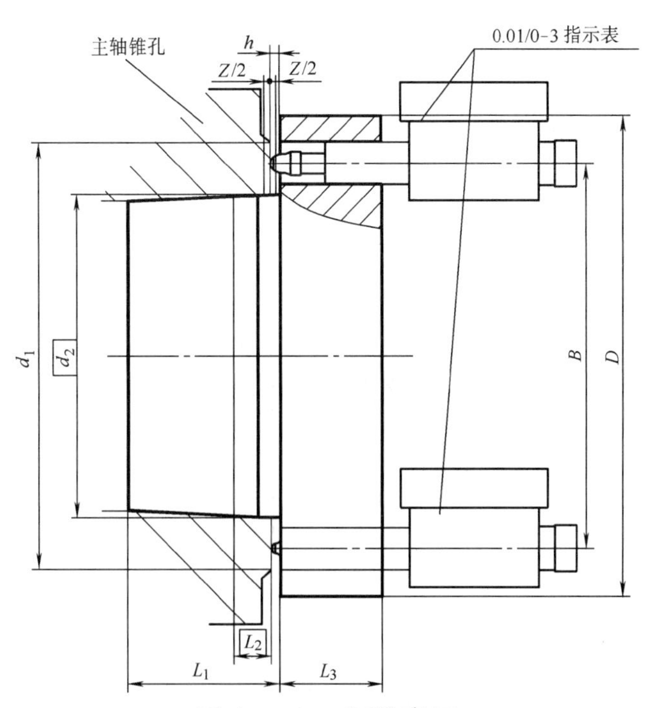

图 1　1∶10 圆锥塞规

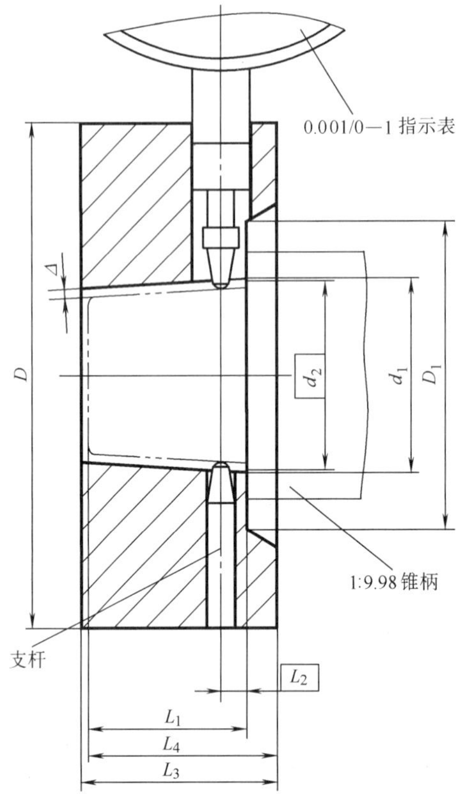

图 2　**1∶9.98** 大径圆锥环规

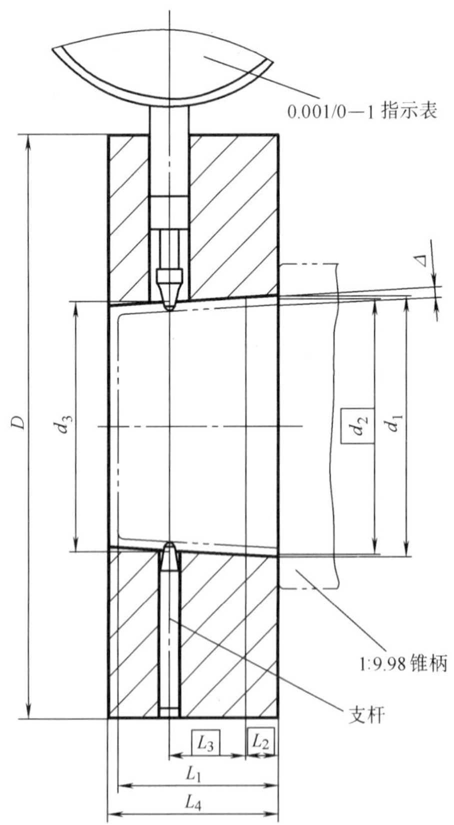

图 3　**1∶9.98** 小径圆锥环规

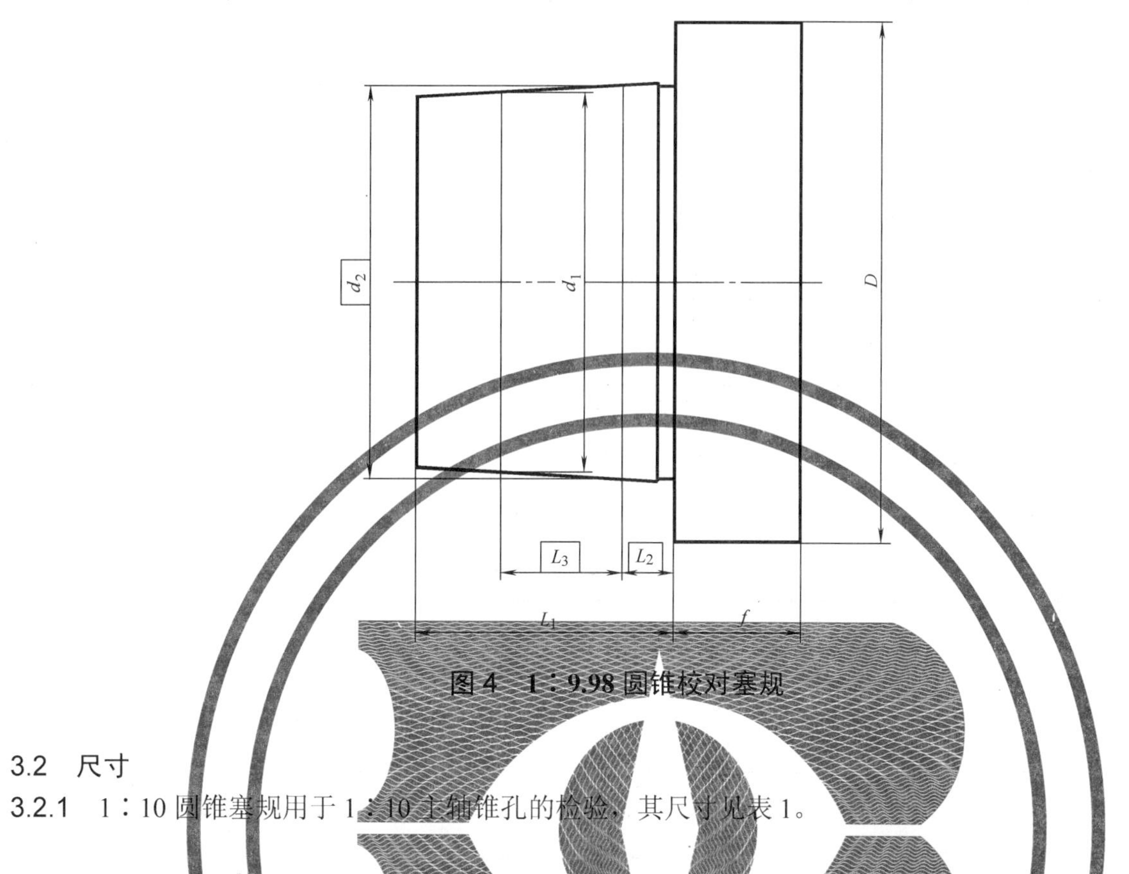

图4　1∶9.98 圆锥校对塞规

3.2　尺寸

3.2.1　1∶10 圆锥塞规用于 1∶10 主轴锥孔的检验，其尺寸见表 1。

表1　1∶10 圆锥塞规尺寸

圆锥规格	圆锥半角 $\alpha/2$	基本尺寸 mm								
		d_1	d_2 ±IT3/2	L_1	L_2	Z	L_3	h	D	B
32	2°51′45″	32	23.998	10.60	3.2	0.02	18	0.2	45	28
40		40	29.998	13.60	4.0				54	36
50		50	37.998	17.10	5.0	0.03			63	45
63		63	47.998	21.35	6.3	0.04			75	56
80		80	59.997	27.20	8.0	0.05	20	0.3	90	72
100		100	74.997	34.20	10.0	0.06			110	90
125		125	94.996	42.70	12.5	0.07			135	115
160		160	119.995	55.70	16.0				160	140

3.2.2　1∶9.98 圆锥环规的尺寸见表 2 和表 3。1∶9.98 大径圆锥环规用于 1∶9.98 锥柄大端直径的检验，1∶9.98 小径圆锥环规用于 1∶9.98 锥柄小端直径的检验。

表 2　1∶9.98 大径圆锥环规尺寸

圆锥规格	圆锥半角 $\alpha/2$	基本尺寸 mm								
		d_1	d_2 ±IT3/2	L_1	L_2	L_3	D	Δ	L_4	D_1
32	2° 52′ 05″	24.73	24.007	16	3.2	21	85	0.2	20	40
40		30.81	30.007	20	4.0	24	90		23	50
50		38.91	38.009	25	5.0	28	100		27	60
63		49.04	48.010	32	6.3	33	110		—	—
80		61.31	60.012	40	8.0	42	120	0.25	—	—
100		76.52	75.013	50	10.0	52	135		—	—
125		96.77	95.016	63	12.5	65	155		—	—
160		122.12	120.016	80	16.0	82	180		—	—

表 3　1∶9.98 小径圆锥环规尺寸

圆锥规格	圆锥半角 $\alpha/2$	基本尺寸 mm								
		d_1	d_2 ±IT3/2	d_3	L_1	L_2	L_3	D	L_4	Δ
32	2° 52′ 05″	24.73	24.007	23.276	16	3.2	7.3	85	17	0.2
40		30.81	30.007	29.055	20	4.0	9.5	90	21	
50		38.91	38.009	36.907	25	5.0	12.0	100	26	
63		49.04	48.010	46.537	32	6.3	14.7	110	33	
80		61.31	60.012	58.108	40	8.0	19.0	120	42	0.25
100		76.52	75.013	72.608	50	10.0	24.0	135	52	
125		96.77	95.016	91.960	63	12.5	30.5	155	65	
160		122.12	120.016	116.008	80	16.0	40.0	180	82	

3.2.3　1∶9.98 圆锥校对塞规用于 1∶9.98 大径圆锥环规和小径圆锥环规的检验，其尺寸见表 4。

表 4　1∶9.98 圆锥校对塞规尺寸

圆锥规格	圆锥半角 $\alpha/2$	基本尺寸 mm						
		d_1	d_2 ±IT3/2	D	L_1	L_2	L_3	f
32	2° 52′ 05″	23.276	24.007	32	16	3.2	7.3	16
40		29.055	30.007	40	20	4.0	9.5	
50		36.907	38.009	50	25	5.0	12.0	
63		46.537	48.010	63	32	6.3	14.7	
80		58.108	60.012	80	40	8.0	19.0	20
100		72.608	75.013	100	50	10.0	24.0	
125		91.960	95.016	125	63	12.5	30.5	
160		116.008	120.016	160	80	16.0	40.0	

3.3 锥角公差等级及极限偏差

HSK 工具圆锥量规为 1 级圆锥量规，其锥角公差应符合 GB/T 11852 的规定。

1∶10 圆锥塞规的锥角极限偏差见表 5；1∶9.98 圆锥校对塞规的锥角极限偏差见表 6。

表 5　1∶10 圆锥塞规的锥角极限偏差

圆锥规格	测量长度 L_P mm	圆锥塞规的锥角极限偏差		
		AT_α		AT_D
		μrad	(″)	μm
32	7.2	±25.0	±5.0	±0.2
40	9.4	±25.0	±5.0	±0.2
50	11.9	±20.0	±4.0	±0.2
63	14.85	±20.0	±4.0	±0.2
80	18.9	±15.8	±3.0	±0.3
100	23.9	±15.8	±3.0	±0.3
125	29.9	±12.5	±2.5	±0.4
160	39.4	±12.5	±2.5	±0.4

表 6　1∶9.98 圆锥校对塞规的锥角极限偏差

圆锥规格	测量长度 L_P mm	圆锥校对塞规的锥角极限偏差		
		AT_α		AT_D
		μrad	(″)	μm
32	7.3	±25.0	±5.0	±0.2
40	9.5	±25.0	±5.0	±0.2
50	12.0	±20.0	±4.0	±0.2
63	14.7	±20.0	±4.0	±0.2
80	19.0	±15.8	±3.0	±0.3
100	24.0	±15.8	±3.0	±0.3
125	30.5	±12.5	±2.5	±0.4
160	40.0	±12.5	±2.5	±0.4

3.4 圆锥形状公差

HSK 工具圆锥量规的圆锥形状公差 T_F 不应大于表 7 的规定。

表 7　HSK 工具圆锥量规的圆锥形状公差

圆锥量规规格							
32	40	50	63	80	100	125	160
HSK 工具圆锥量规的圆锥形状公差 T_F μm							
0.3						0.4	

3.5 测量面的表面粗糙度

HSK 工具圆锥量规测量面的表面粗糙度按轮廓算术平均偏差 R_a 值不应大于表 8 的规定。

表 8 **HSK** 工具圆锥量规测量面的表面粗糙度

μm

量 规 类 型	圆锥工作量规	校 对 塞 规
圆锥塞规	0.025	0.025
圆锥环规	0.05	—

3.6 指示表的配用

3.6.1 1∶10 圆锥塞规所用指示表的量程为（0～3）mm，分度值为 0.01mm，重复性误差不应大于 0.003mm；1∶9.98 圆锥环规所用指示表的量程为（0～1）mm，分度值为 0.001mm，重复性误差不应大于 0.0005mm。1∶10 圆锥塞规中，32 和 40 两种规格可用一只指示表。

3.6.2 圆锥量规固定孔与指示表测杆的配合应能满足测量的需要，1∶9.98 圆锥环规中安置的支杆与圆锥量规固定孔的配合应同指示表测杆与固定孔的配合一致。

3.7 其他要求

HSK 工具圆锥量规的其他要求应符合 GB/T 11852—2003 中 4.2 的规定。

4 检验

4.1 对于 1∶10 圆锥塞规和 1∶9.98 圆锥校对塞规的检验通常应采用数值测量方法，也允许用保证测量准确度的其他方法检验。

4.2 1∶9.98 大径圆锥环规和小径圆锥环规采用 1∶9.98 圆锥校对塞规检验；检验时，应保证校对塞规大径 d_2 和小径 d_1 与大径圆锥环规和小径圆锥环规上的指示表触头和支杆触头的接触。

5 标志与包装

5.1 在 HSK 工具圆锥量规的非工作面上，应清晰地标志出制造厂商标，圆锥量规的种类、型号、规格、等级和量规的用途代号和生产序号，工作量规可以省略用途代号。

标记示例：

种类 1∶10，规格为 50 的圆锥塞规，标记为：

HSK 1∶10　50－G

种类 1∶9.98，规格为 50 的大径圆锥环规，标记为：

HSK 1∶9.98　50　D－G

种类 1∶9.98，规格为 50 的小径圆锥环规，标记为：

HSK 1∶9.98　50　X－G

种类 1∶9.98，规格为 50 的圆锥校对塞规，标记为：

HSK 1∶ 9.98　50－J

5.2 HSK 工具圆锥量规应经防锈处理，妥善包装。包装盒上应标志与 5.1 相同的内容。

5.3 按本标准生产的 HSK 工具圆锥量规应附有注明了本标准代号的合格证。

附 录 A
（资料性附录）
测量长度 L_P 数值的确定

A.1 1∶10 圆锥塞规和 1∶9.98 圆锥环规的测量长度 L_P 按下式计算：

$$L_P = L - L_a$$

对于 1∶10 圆锥塞规，L 等于本标准表 1 中的 L_1；L_a 等于 GB/T 19449.2—2004 中 3.2 的表 1 里的 L_2+h，见表 A.1。

表 A.1

圆锥规格	32	40	50	63	80	100	125	160
$L_a=L_2+h$ mm	3.4	4.2	5.2	6.5	8.3	10.3	12.8	16.3

对于 1∶9.98 圆锥环规，L 等于本标准表 1 中的 L_1 减去 L_2；L_a 等于 GB/T 19449.1—2004 中第 3 章表 1 里的 L_3，再按照圆锥规格分别加上 0.5 或 1，圆锥规格 32、40 和 50 的 L_3 加 0.5（$L_a=L_3+0.5$），圆锥规格 63、80、100、125 和 160 的 L_3 加 1（$L_a=L_3+1$），见表 A.2。

表 A.2

圆锥规格	32	40	50	63	80	100	125	160
L_a mm	5.5	6.5	8.0	11	13	16	20	24
注：圆锥规格 32、40 和 50 的 $L_a=L_3+0.5$；圆锥规格 63、80、100、125 和 160 的 $L_a=L_3+1$。								

A.2 1∶9.98 圆锥校对塞规的测量长度 L_P 等于本标准表 4 中的 L_3。

附 录 B
（资料性附录）
1∶10 圆锥塞规和 1∶9.98 圆锥环规的使用方法

B.1 1∶10 圆锥塞规的使用：

用于 1∶10 主轴锥孔锥度的检验时，采用涂色法，涂色层厚度可参照 GB/T 11852—2003 中 4.3.2 的规定，其研合的接触率应达到 90%以上。

当用于 1∶10 主轴锥孔大径尺寸检验时，在 1∶10 圆锥塞规大径端面直径方向装上两只指示表（见图 1），先用一端面平面度不大于 0.001mm 的圆环或平晶将两只指示表均压缩 h 值对表，检验时，以两只指示表示值的平均值应在 h～（h+z）之间为合格（h 和 z 值见本标准的表 1），从而间接得出 1∶10 主轴锥孔大径。32 和 40 两种规格可用一只指示表检验。

B.2 1∶9.98 圆锥环规的使用：

对于 1∶9.98 大径圆锥环规，当用于 1∶9.98 锥柄大端直径的检验时，在该环规外圆面大端直径方向装上指示表和支杆，将该环规端面紧靠住 1∶9.98 圆锥校对塞规的法兰端面，以 1∶9.98 圆锥校对塞规将指示表校准，再将 1∶9.98 锥柄法兰端面靠紧该环规端面，由指示表检测锥柄大端直径。推荐大端直径采用表 B.2 中所列的公差。

对于 1∶9.98 小径圆锥环规，当用于 1∶9.98 锥柄小端直径的检验时，在该环规外圆面小端直径方向装上指示表和支杆，同样采用上述的方法检测锥柄小端直径。推荐小端直径采用表 B.1 中所列的公差。

在上述检测中，应避免工件锥柄圆锥面与大径圆锥环规圆锥面和小径圆锥环规圆锥面的接触。

完成锥柄大、小端直径的检测，再计算出锥柄的锥度和直径公差。

表 B.1

圆锥规格	32	40	50	63	80	100	125	160
锥柄大、小端直径公差 mm	0.002		0.003	0.004	0.005	0.006	0.007	

B.3 用户在购买 HSK 工具圆锥量规时，生产厂应向用户提供圆锥量规出厂检验时的实际检验值及相关使用说明，以便使用时加以修正。

ICS 17.040.30
J 42
备案号：36495—2012

中 华 人 民 共 和 国 机 械 行 业 标 准

JB/T 11243—2012

电子数显角度尺

Electronic digital display protractor

2012-05-24 发布　　2012-11-01 实施

中华人民共和国工业和信息化部 发布

前　言

本标准按照GB/T 1.1—2009给出的规则起草。

本标准由中国机械工业联合会提出。

本标准由全国量具量仪标准化技术委员会（SAC/TC132）归口。

本标准负责起草单位：广西壮族自治区计量检测研究院、桂林市晶瑞传感技术有限公司。

本标准参加起草单位：桂林市计量测试研究所。

本标准主要起草人：梁琦、全学明、李广金、黄桂云、曾勇、全贻智。

本标准为首次发布。

电子数显角度尺

1 范围

本标准规定了电子数显角度尺的术语和定义、型式与基本参数、要求、试验方法、检验条件、检验方法、标志和包装等。

本标准适用于分辨力为0.05°和0.1°，测量范围为（0°～360°）的电子数显角度尺。

2 规范性引用文件

下列文件对于本文件的应用是必不可少的。凡是注日期的引用文件，仅注日期的版本适用于本文件。凡是不注日期的引用文件，其最新版本（包括所有的修改单）适用于本文件。

GB/T 2423.3—2006 电工电子产品环境试验 第2部分：试验方法 试验Cab：恒定湿热试验方法

GB/T 2423.22—2002 电工电子产品环境试验 第2部分：试验方法 试验N：温度变化

GB 4208—2008 外壳防护等级（IP代码）

GB/T 17163—2008 几何量测量器具术语 基本术语

GB/T 17626.2—2006 电磁兼容 试验和测量技术 静电放电抗扰度试验

GB/T 17626.3—2006 电磁兼容 试验和测量技术 射频电磁场辐射抗扰度试验

3 术语和定义

GB/T 17163界定的以及下列术语和定义适用于本文件。

3.1

电子数显角度尺 electronic digital display protractor

利用直尺相对于基尺的旋转，测量两测量面间的夹角，并以数字显示技术显示角度值的测量器具。

4 型式与基本参数

4.1 型式

4.1.1 电子数显角度尺的型式如图1所示。图示仅供图解说明，不表示详细结构。

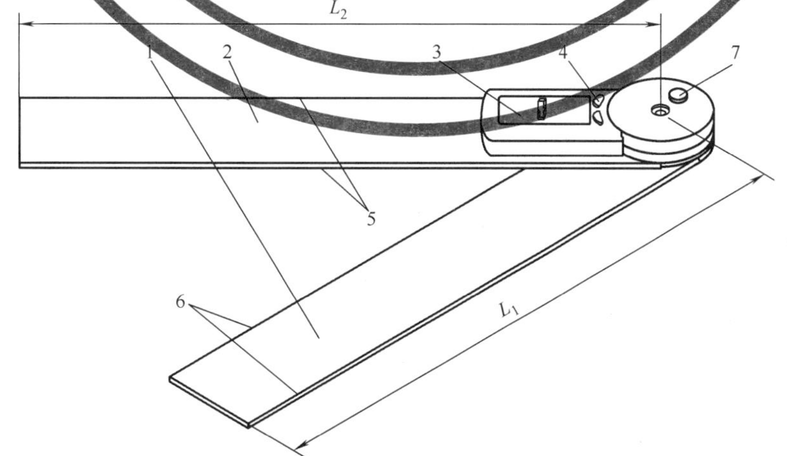

说明：

1——基尺；2——直尺；3——显示器；4——功能按键；5、6——测量面；7——锁紧装置。

图1 电子数显角度尺

4.1.2 电子数显角度尺宜带锁紧装置。

4.2 基本参数

电子数显角度尺的分辨力、测量范围和工作边长度见表 1。

表 1 基本参数

分辨力	测量范围	工作边长度 L_1、L_2（推荐值） mm
0.05°、0.1°	0°～180°	150，200，250，300，400，500
	0°～360°	

5 要求

5.1 外观

5.1.1 电子数显角度尺表面不应有影响外观和使用性能的锈斑、碰伤、划痕、毛刺等缺陷；表面的涂层、镀层不应有脱落、起泡和明显影响外观的色泽不均匀等缺陷。

5.1.2 显示屏应清洁、无划痕和无气泡，数字显示应清晰稳定，不应有缺字符、缺笔划等影响读数的现象。功能键标注的符号或图文应清晰且含义准确。

5.2 相互作用

电子数显角度尺的直尺相对基尺转动应平稳、灵活，无卡滞和松动现象，锁紧装置作用应可靠。功能键应灵活、可靠。

5.3 材料及表面粗糙度

直尺和基尺一般采用铝合金、碳素工具钢或不锈钢等材料制造，其工作面的表面粗糙度不应大于 *Ra*3.2 μm。

5.4 数值漂移

数值漂移每小时不应大于 1 个分辨力值。

5.5 测量面的平面度

测量面的平面度不应大于表 2 的规定。

表 2 测量面的平面度

分辨力	测量面的平面度 μm
0.05°	0.15*L*
0.1°	0.30*L*
注：*L* 为测量面的长度，单位为米（m）。	

5.6 通讯接口

5.6.1 制造商宜提供电子数显角度尺与其他设备之间的通讯电缆和通讯软件。

5.6.2 通讯电缆应能将电子数显角度尺的输出数据转换为 RS-232、USB 或其他通用的标准输出接口形式。

5.7 最大允许误差

各受检点的最大允许误差不超过±3 个分辨力。

5.8 防护等级（IP）

电子数显角度尺应具有防尘、防水能力，其防护等级不得低于 GB 4208—2008 中 IP40。

5.9 温度变化试验

电子数显角度尺的温度变化试验严酷等级按 GB/T 2423.22—2002 的规定，见表 3。

表 3 温度变化试验严酷等级

低温 T_A	-10℃
高温 T_B	50℃
循环次数	5
转换时间	（2～3）min

5.10 湿热试验

电子数显角度尺的湿热试验严酷等级按 GB/T 2423.3—2006 的规定，见表 4。

表 4 湿热试验严酷等级

温度	（40±2）℃
相对湿度	（85±3）%
持续时间	12 h

5.11 静电放电抗扰度能力和射频电磁场辐射抗扰度能力

电子数显角度尺的静电放电抗扰度能力和射频电磁辐射抗扰度能力均不应低于 1 级（按 GB/T 17626.2—2006、GB/T 17626.3—2006 的规定）。

6 试验方法

6.1 温度变化试验

将电子数显角度尺置于高低温试验箱中，温度从室温降到-10℃，保温 1 h 后，再升高到 50℃；从低温到高温的转换时间为 3 min 以内，保温时间 2 h，恢复时间 2 h 后按 5.1、5.2、5.4、5.5、5.7 进行检验。

6.2 湿热试验

将电子数显角度尺置于湿热试验箱中，在控制温度（40±2）℃、相对湿度（85±3）%的试验条件下，存放 12 h，恢复时间 2 h 后，按 5.1、5.2、5.4、5.5、5.7 进行检验。

6.3 防尘、防水试验

电子数显角度尺的防尘、防水试验应符合 GB 4208—2008 的规定。

6.4 静电放电抗扰度试验

电子数显角度尺的静电放电抗干扰度试验应符合 GB/T 17626.2—2006 的规定。对该电子数显角度尺金属部分选取 2 个点进行接触放电，绝缘部分选取 2 个点进行空气放电，放电电压均为 2 kV，每个点均用正负极性电压施加 10 次的单次放电。试验结束后按 5.1、5.2、5.4、5.5、5.7 进行检验。

6.5 射频电磁场辐射抗扰度试验

电子数显角度尺的抗电磁干扰试验应符合 GB/T 17626.3—2006 的规定。用频率为 1 kHz 的正弦波对场强为 1 V/m 的信号进行 80%的幅度调制，在频率范围为 80 MHz～1 000 MHz 对电子数显角度尺的几个侧面分别在发射天线的垂直和水平极化状态下进行扫描试验。试验结束后按 5.1、5.2、5.4、5.5、5.7 进行检验。

7 检验条件

电子数显角度尺的各项性能检验应在 20℃±5℃、相对湿度≤80%、无振动的检验室内进行。检验前，被检电子数显角度尺及其检验器具置于室内平板上，等温时间≥2 h。

8 检验方法

8.1 外观

目力观察。

8.2 相互作用

手感检查。

8.3 工作面表面粗糙度

用表面粗糙度比较样块目测比较；如有异议，用表面粗糙度测量仪进行测量。

8.4 数值漂移

把电子数显角度尺直尺旋至任意角度，观察 1 h 的示值变化。

8.5 测量面的平面度

在 0 级检验平板上用塞尺或打表法进行测量。

8.6 示值误差

在 0 级检验平板上用 11 块组专用角度样块或专用精密角度尺进行检验。专用角度样块与专用精密角度尺的最大允许误差均不超过±40″。

首先，对电子数显角度尺的零位和 180° 受检点进行检验。即将基尺与直尺旋转至 0°，使两测量面紧贴在 0 级平板上置零，保持基尺不动，再转动直尺至另一测量面紧贴平板上检验 180° 受检点；将直尺旋转回零位并保持不动，转动基尺至测量面紧贴于平板上来检测另一侧测量面的 180° 受检点。

然后，再对电子数显角度尺的 15°、30°、45°、60°、75°、90°、105°、120°、135°、150°、165° 各受检点进行检验。即采用 11 块组专用角度样块或专用精密角度尺的相应角度与电子数显角度尺的两测量面紧密接触进行测量。同理，检测 180°～360° 测量范围内各受检点的示值误差。在测量范围内各受检点的示值误差不应超过 5.7 的规定。

9 标志与包装

9.1 电子数显角度尺上应标志：

a）制造商名称或商标；

b）分辨力；

c）产品序号。

9.2 电子数显角度尺的包装盒上应标志：

a）制造商名称或商标；

b）产品名称；

c）分辨力及测量范围。

9.3 包装前应经过防锈处理并妥善包装，不得因包装不善而在运输过程中损坏产品。

9.4 经检验符合本标准要求的，应附有产品合格证。产品合格证上应标有本标准的标准号、产品序号和生产日期。

ICS 17.040.30
J 42
备案号：36498—2012

中华人民共和国机械行业标准

JB/T 11272—2012

2012-05-24 发布　　2012-11-01 实施

中华人民共和国工业和信息化部 发布

前　　言

本标准按照GB/T 1.1—2009给出的规则起草。

本标准由中国机械工业联合会提出。

本标准由全国量具量仪标准化技术委员会（SAC/TC132）归口。

本标准负责起草单位：浙江省计量科学研究院。

本标准参加起草单位：中国计量学院、杭州巨星科技股份有限公司、浙江天球工量具实业有限公司、金华市质量技术监督检测院。

本标准主要起草人：茅振华、赵军、仇建平、何毅、周闻青、陈挺、陈允睿、汪顺生。

本标准为首次发布。

水 平 尺

1 范围

本标准规定了水平尺的术语和定义、型式与基本参数、要求、检查方法、标志与包装等。

本标准适用于准确度等级为 0 级、1 级、2 级和 3 级，尺体长度 L 不大于 1 800 mm 的金属材料或塑料材料制造的水平尺。

2 规范性引用文件

下列文件对于本文件的应用是必不可少的。凡是注日期的引用文件，仅注日期的版本适用于本文件。凡是不注日期的引用文件，其最新版本（包括所有的修改单）适用于本文件。

GB/T 191—2008 包装储运图示标志

GB/T 1146—2009 水准泡

GB/T 4879—1999 防锈包装

GB/T 5048—1999 防潮包装

GB/T 6388—1986 运输包装收发货标志

GB/T 9969—2008 工业产品使用说明书 总则

GB/T 14436—1993 工业产品保证文件 总则

GB/T 17163—2008 几何量测量器具术语 基本术语

JB/T 9329—1999 仪器仪表运输、运输贮存基本环境条件及试验方法

3 术语和定义

GB/T 1146—2009 和 GB/T 17163 界定的以及下列术语和定义适用于本文件。

3.1

水平尺 spirit level

利用水准泡液面水平的原理，检测被测表面相对水平位置、铅垂位置和倾斜位置偏离程度的一种计量器具。

3.2

水平尺的零位误差 zero error of spirit level

水平尺置于水平（铅垂或倾斜）位置时，水平尺水准泡的气泡中心线与两刻线的中心线的距离。

3.3

角值 angle of inclination

使水平尺水准泡的气泡沿其轴向移动 0.23 mm 时，水平尺一端抬高（或降低）的量。

3.4

稳定时间 steady time

涨簧式内径指示表套管下端至涨簧测头测量线之间的距离。

4 型式与基本参数

4.1 型式

水平尺尺体主要外形示意图如图 1 所示，主要截面形状示意图如图 2 所示。图示仅供图解说明，不表示详细结构。

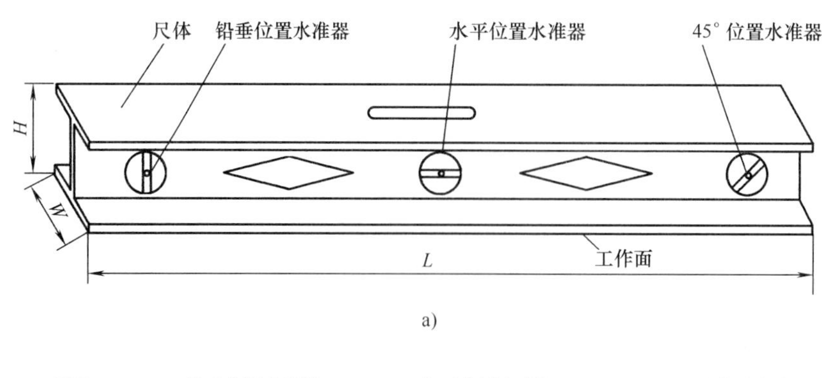

a)

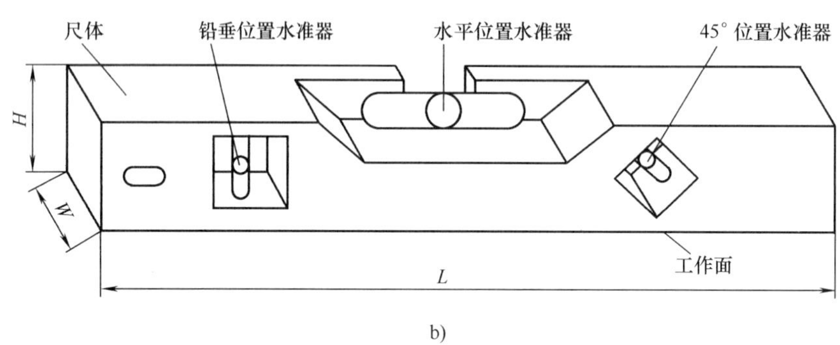

b)

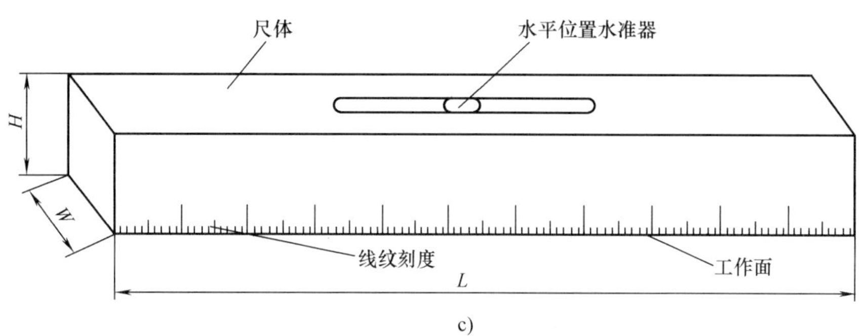

c)

图 1　水平尺外形示意图

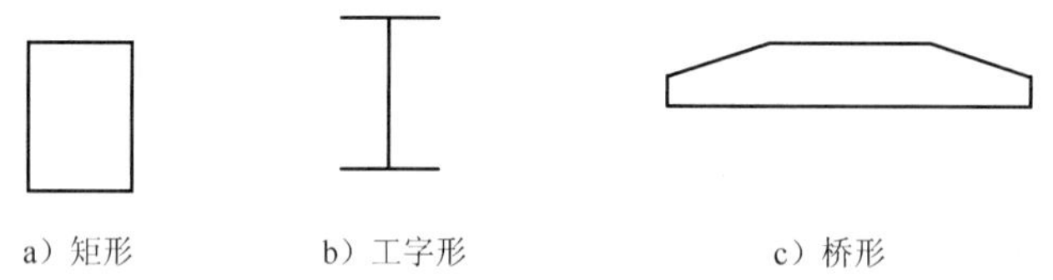

a）矩形　　b）工字形　　c）桥形

图 2　水平尺截面示意图

4.2　基本参数

水平尺尺体的基本参数见表 1。

表　1

单位为毫米

长 L	$0<L\leqslant150$	$150<L\leqslant250$	$250<L\leqslant350$	$350<L\leqslant600$	$600<L\leqslant1\ 200$	$1\ 200<L\leqslant1\ 800$
高 H	40			60		100
工作面宽 W	30		40			
尺体高 H 参数和尺体工作面宽 W 参数为参考值。						

5 要求

5.1 外观

5.1.1 塑料尺体、塑料件

塑料尺体无冷隔、缩痕、飞边、白印等，塑料件外观要求光滑平整，无明显的缩影、缩孔、翘曲变形等缺陷。

5.1.2 金属件

金属件表面不应有锈蚀、碰伤、划痕和毛刺等缺陷。

5.1.3 水准泡

水准泡应透明清晰；水准泡的气泡在使用范围内应能均匀移动，无肉眼可见的停滞和跳动现象；水准泡的填充液体应清洁、透明，不准许存在影响水平尺示值的各种杂物；水准泡内壁不准许存在肉眼可见的结晶，不准许存在影响水平尺示值的各种瑕疵；水准泡的分划线应清晰、无毛边和断线，颜色采用黑色或红色，色泽须清晰，粘附牢固，并能经受乙醚或其他有机溶剂的擦拭；水准泡与尺体应装配牢固，无松动脱落现象。

5.1.4 装配件、标准件

装配件应牢固，可靠。结合面合缝，无胶水渗漏，标准件无滑牙，生锈现象。

5.2 计量性能

5.2.1 漏液检测

在常温下，水平尺在真空度大于 0.06 MPa 条件下保持 24 h，水平尺上的水准泡应无缺液、漏液现象。

5.2.2 角值

水平尺的角值应不小于表 2 的规定。

表 2

准确度等级	0 级	1 级	2 级	3 级
角值 mm/m	0.25	0.5	1	2

5.2.3 零位误差

水平尺的零位误差应不超过表 3 的规定。

表 3

准确度等级	0 级	1 级	2 级	3 级
水平尺的最大允许零位误差 mm	±0.11	±0.22	±0.44	±1.10

5.2.4 平面度

水平尺工作面不允许呈凸形，经加工的水平尺工作面的平面度误差应不超过表 4 的规定。未经加工的水平尺工作面的平面度误差应不超过表 4 规定的 1.5 倍。

5.2.5 平行度

经加工的水平尺工作面的平行度误差应不超过表 4 的规定。未经加工的水平尺工作面的平行度误差应不超过表 4 规定的 1.5 倍。

5.2.6 稳定时间

水平尺水准泡移动的稳定时间应不超过 8 s。

5.2.7 线纹示值误差

有线纹刻度的水平尺，其任意线纹刻度的示值误差应在±（0.7+l）mm 范围内。

注：l 是以米为单位的尺体标称长度。

表 4

单位为毫米

尺体长度 L	平面度公差				平行度公差			
	0 级	1 级	2 级	3 级	0 级	1 级	2 级	3 级
0＜L≤150	0.05	0.06	0.07	0.07	0.06	0.07	0.09	0.09
150＜L≤250	0.07	0.08	0.10	0.10	0.09	0.10	0.13	0.13
250＜L≤350	0.10	0.12	0.14	0.14	0.13	0.15	0.18	0.18
350＜L≤600	0.15	0.17	0.20	0.20	0.20	0.23	0.26	0.26
600＜L≤1 200	0.32	0.34	0.40	0.40	0.40	0.44	0.48	0.48
1 200＜L≤1 800	0.50	0.55	0.60	0.60	0.72	0.76	0.82	0.82

5.2.8 表面粗糙度

水平尺工作面的表面粗糙度应不大于表 5 的规定。

表 5

准确度等级	0 级	1 级	2 级	3 级
表面粗糙度 *Ra* μm	3.2	3.2	6.3	6.3

5.2.9 水平尺长度

水平尺长度相对于其标称长度的极限偏差为±2.5 mm。

5.2.10 跌落试验

水平尺呈水平状以自由落体方式跌落，跌落高度 1 000 mm，跌落次数为 3 次。试验后产品性能应符合 5.2.2、5.2.3 规定的要求。

5.3 高、低温试验

水平尺应做高温和低温试验，试验方法按 JB/T 9329—1999 中 4.1 和 4.2 的要求进行。

6 检查方法

6.1 检查条件

检查前，应将水平尺及相关的检验设备和器具进行等温处理，检查温度为（20±5）℃。

6.2 外观

目力观察。

6.3 计量性能

6.3.1 漏液检测

把水平尺装入真空箱内进行漏液检测。

6.3.2 角值

把水平尺放在检测台上，检测台下固定支座与支座间距为 1 m，百分表测头与检测台垂直接触，将读数显微镜放在水平尺水准泡上方，使十字线对准气泡。将百分表的指针调至零刻线，旋转检测台的调整螺母，使气泡移动 0.23 mm（由读数显微镜监测），读取百分表读数为角值。如图 3 所示。

6.3.3 零位误差

将水平尺置于调整水平的平板或平尺上，用读数显微镜读得 a_1 和 a_2，两数差的 1/2 为水平位置的第一个零位读数；将水平尺转 180°，同理用读数显微镜读得 a_1' 和 a_2'，两数差的 1/2 为水平位置的第二个零位读数；取两个零位读数之和的 1/2 为水平尺的零位误差。如图 4 所示。

6.3.4 平面度

将水平尺放在平板或平尺上，分别在尺体两侧和中间三个部位，用塞尺检测工作面的平面度。

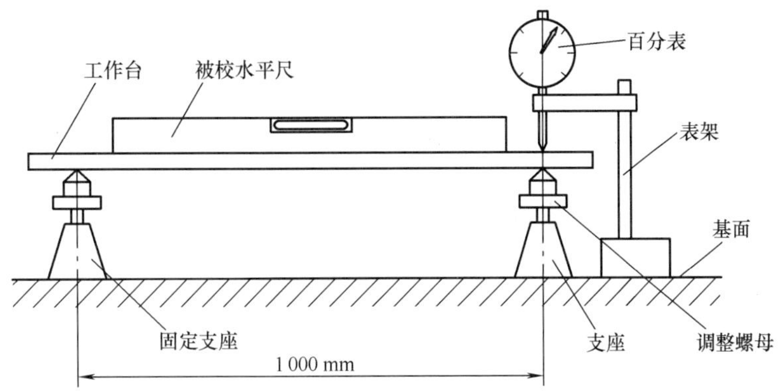

图 3　角值检测

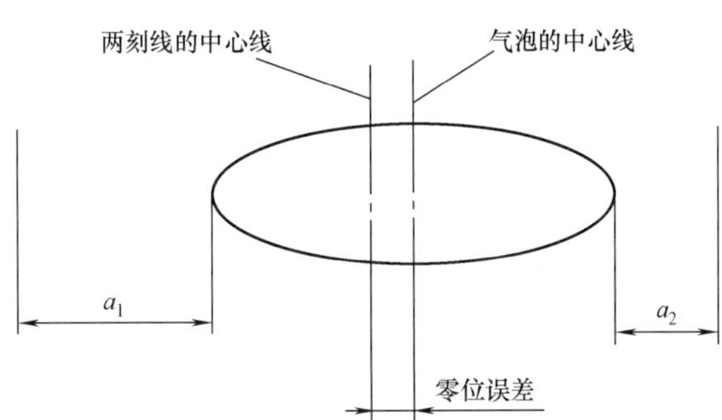

图 4　零位误差的检查

6.3.5　平行度

将水平尺放在平板或平尺上，用百分表检测工作面平行度。

6.3.6　稳定时间

将水平尺放在平板或平尺上，并使水准泡气泡居中稳定，然后拿起水平尺的一端，使气泡移动到工作范围边缘，再放下水平尺，同时用秒表计时，气泡自动回复并稳定居中时间为稳定时间。

6.3.7　线纹示值误差

用钢直尺检测有线纹刻度的水平尺刻度的示值误差。

6.3.8　表面粗糙度

用粗糙度比较样块检测水平尺工作面的表面粗糙度。

6.2.9　水平尺长度

用钢直尺或钢卷尺检测水平尺长度。

6.3.10　跌落试验

选择平整坚硬的水泥地面或钢板做试验台面，水平尺呈水平状以自由落体方式跌落，跌落高度 1 000 mm，跌落次数为 3 次；然后按照 5.2.2、5.2.3 规定的要求检测。

6.4　高、低温试验

带运输包装的水平尺在运输环境条件下按JB/T 9329的规定进行。

7　标志与包装

7.1　标志

7.1.1　水平尺上应标志：

a）制造厂厂名或商标；

b）产品名称和型号；

c）准确度等级；

d）制造日期及产品序号或批号。

7.1.2 外包装的标志应符合GB/T 191和GB/T 6388的规定。

7.2 包装

7.2.1 包装应符合 GB/T 4879 和 GB/T 5048 的规定。

7.2.2 经检验符合本标准要求的，应具有符合 GB/T 14436 规定的产品合格证。产品合格证上应标有本标准的标准号、产品序号或批号和出厂日期，以及符合 GB/T 9969 规定的使用说明书、装箱单。